液压元件故障诊断与维修大全

陆望龙 编著

化学工业出版社
·北京·

内容简介

液压元件主要分为四大类，即动力元件（液压泵）、执行元件（液压缸和液压马达）、控制元件（液压阀）、辅助元件。本书共五章，第一章介绍液压元件故障诊断与维修的基础知识，后四章分别介绍动力元件、执行元件、控制元件、辅助元件的故障诊断与维修方法，力求内容全面、系统、实用。本书结合笔者五十余年从事液压维修工作的实践，以及多年来指导多个单位和企业液压维修工作的实际经验，介绍了液压设备维修过程中经常遇到的一些重点、难点和一些容易被维修人员疏忽的问题。

本书可供液压维修工、初中级液压工程技术人员、职业院校机械及自动化相关专业师生、液压企业培训机构使用。

图书在版编目（CIP）数据

液压元件故障诊断与维修大全/陆望龙编著. —北京：化学工业出版社，2022.10

ISBN 978-7-122-41516-5

Ⅰ.①液… Ⅱ.①陆… Ⅲ.①液压元件-故障诊断②液压元件-故障修复 Ⅳ.①TH137.5

中国版本图书馆CIP数据核字（2022）第092085号

责任编辑：张燕文　黄　滢　　　　装帧设计：刘丽华

责任校对：边　涛

出版发行：化学工业出版社（北京市东城区青年湖南街13号　邮政编码100011）

印　　装：高教社（天津）印务有限公司

787mm×1092mm　1/16　印张19½　字数510千字　2022年9月北京第1版第1次印刷

购书咨询：010-64518888　　　　售后服务：010-64518899

网　　址：http://www.cip.com.cn

凡购买本书，如有缺损质量问题，本社销售中心负责调换。

定　　价：99.00元

前 言

作为一名液压维修技工，要想成为高级别的人才，不仅要有深入的液压理论知识功底，还要有维修液压设备的实际操作能力。液压技术的掌握需要艰难而有成效的训练。例如美国福特汽车公司克利夫兰发动机厂有一项针对液压维修工的训练计划，想要成为一位液压师傅的学徒工，必须完成一项历时约 4 年的在职训练和学习计划，在此期间他将获得液压方面的各种经验而不仅仅是书本知识。对于液压技师，该公司的做法是提拔其有相当专长和经验的师傅或招用大学毕业生，并在工作岗位上进行训练。可见，要想成为一名一流的液压维修技工，必须要下苦功夫，用比较长的时间，扎扎实实地系统学习和训练，不断实践与积累。

为帮助广大液压维修技工快速掌握液压维修技能，提高液压维修本领，笔者特编写了本书。本书结合笔者五十余年从事液压维修工作的实践，以及多年来指导多个单位和企业液压维修工作的实际经验，介绍了液压设备维修过程中经常遇到的一些重点、难点和容易被维修人员疏忽的问题，贴合实际，实用性强。

液压系统是由液压基本回路构成的，回路又是由液压元件构成的，因此本书主要介绍各种液压元件的外观、工作原理、结构及故障排查的内容。了解了元件，也就了解了回路，了解了回路也就了解了液压系统。

液压设备的液压系统由五个部分组成，即动力元件（液压泵）、执行元件（液压缸和液压马达）、控制元件（各种液压控制阀）、辅助元件及工作介质。本书第一章介绍了液压维修的基础知识，第二章到第五章分别介绍了组成液压系统的几个部分的维修问题。通过元件外观的介绍，可以帮助我们找到某个液压元件在液压设备上的准确位置；工作原理的介绍，可以帮助我们了解这些元件的功能；结构的介绍，可以帮助我们在修理这些元件时正确拆装；故障分析与排除的内容，可以帮助我们找出故障位置、出现故障的原因以及处理故障的方法。

本书由陆望龙编著。湖南长海矿业机电设备有限公司刘兴甫、湖北金力液压件厂张和平与周幼海对本书的编写工作给予了指导和帮助。此外，还要感谢陈黎明、陆桦、马文科、谭平华、宋伟丰、罗霞、朱皖英、李刚、陆泓宇等为本书编写过程中所做的各项工作。

书中不足之处，欢迎读者批评指正！

编著者

目录

第一章　液压元件故障诊断与维修基础

第二章　动力元件——液压泵的故障诊断与维修

第三章　执行元件——液压缸和液压马达的故障诊断与维修

第四章　控制元件——液压阀的故障诊断与维修

第五章 辅助元件的故障诊断与维修

第一章

液压元件故障诊断与维修基础

第一节

液压传动基本知识

一、液压传动的工作原理

液压传动是以液体作为工作介质，利用液体的压力能来实现能量传递的传动方式。

液压传动的工作原理是帕斯卡原理。帕斯卡原理如图 1-1 所示，加于密闭容腔内液体由力 F 产生的压强 $p=F/A$（液压传动中称为“压力”），压强由液体向各个方向传递，垂直作用于容器的表面上，如忽略重力因素，则压强 p 在各点上均相等。

利用帕斯卡原理可以将力进行放大，这正是液压传动应用时所需要的。

$$p=F_1/A_1=F_2/A_2 \rightarrow F_2=F_1A_2/A_1$$

因 $A_2/A_1>1$，故 $F_2>F_1$。通过液压来传递力方式简单，并可将力放大 ，还可传递运动，例如如果将活塞 1 下压位移 x_1，则可使活塞 2 上移 x_2。

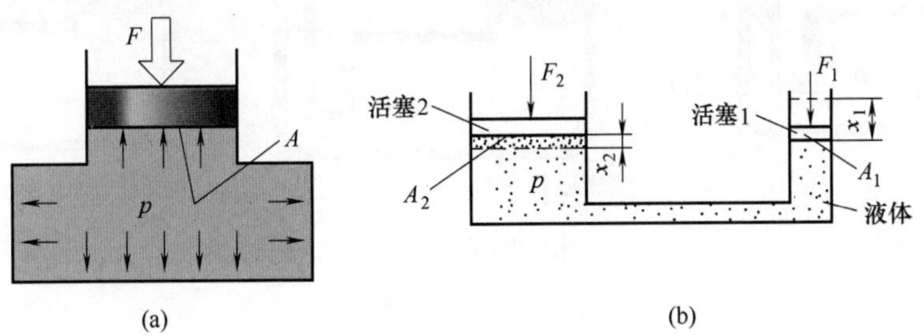

图 1-1　帕斯卡原理

在图 1-2 所示活塞断面面积为 $1cm^2$ 的 A_1 面积上加上 100N 的力，根据帕斯卡原理，在封闭容腔内会产生处处均等的 1MPa 的压力（压强）p。这个压力再作用在面积为 $100cm^2$ 的大活塞上，便可产生举升 10000N 的力，力被放大 100 倍，形成一个“液压杠杆”，用小的力撬起重物。

二、最简单经典的液压设备

图 1-3 所示为利用帕斯卡原理制成的液压千斤顶，它清楚地说明了液压系统的工作原理

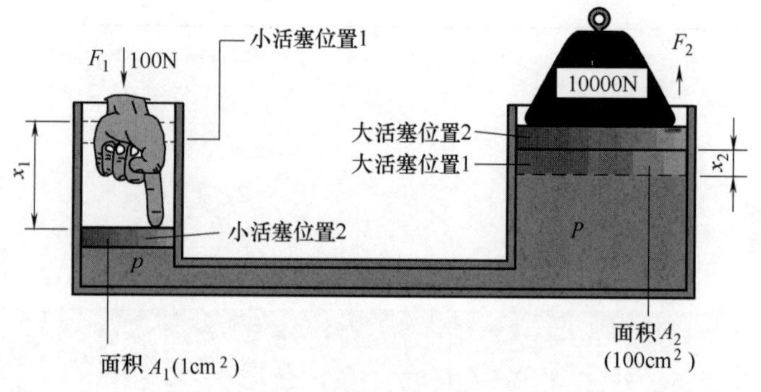

图 1-2 帕斯卡原理的应用——液压杠

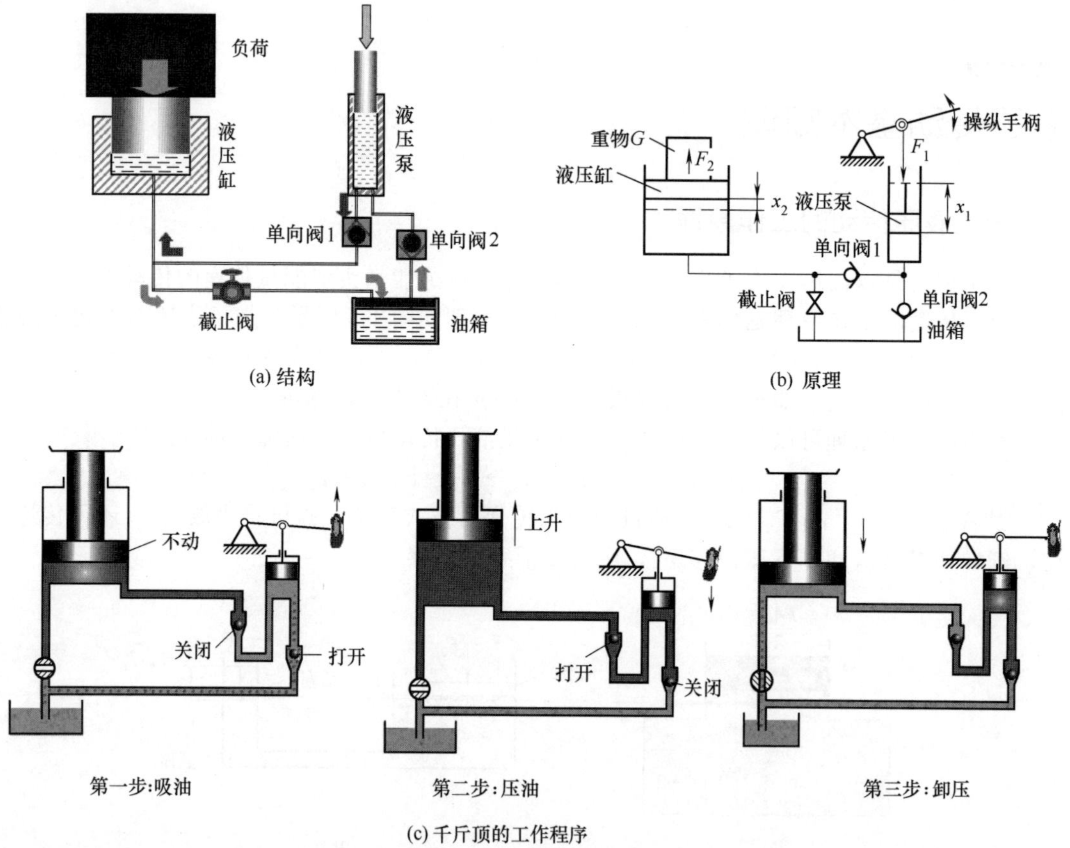

(a) 结构

(b) 原理

第一步:吸油

第二步:压油

第三步:卸压

(c) 千斤顶的工作程序

图 1-3 最简单经典的液压设备

就是帕斯卡原理的应用，液压千斤顶是最简单经典的液压设备。

液压千斤顶由液压缸、液压泵、单向阀、油箱、截止阀及操纵手柄等组成。当上提操纵手柄时，液压泵柱塞上移，液压泵下腔的容积逐渐增大而形成真空，单向阀 2 在大气压的作用下打开，而单向阀 1 在负载压力的作用下处于关闭状态，油箱中的油经单向阀 2 进入液压泵；当下压操纵手柄时，液压泵柱塞下移，挤压其下腔的油液，油液压力增高，顶开单向阀 1 进入液压缸，推动其活塞上移而顶起重物，此时由于油液压差使单向阀 2 关闭油液不会倒流回油箱；再次提起手柄时，液压缸内的压力油也不会倒流入液压泵，因为此时单向阀 1 因油液压差作用而自动关闭，所以液压腔维持顶起重物的状态。这样，当复上提和下压操纵手柄时，液压泵不断从油箱吸油并将油压入液压缸，将重物一点一点地顶起。当需要放下重物时，打开截止阀，液压缸与油箱相通而卸压，液压缸中的油液流回油箱，液压缸活塞在重力的作用下下移。千斤顶的工作程序如图 1-3（c）所示。

通过对液压千斤顶的工作原理和平时操纵液压千斤顶的工作实践可知：压力的大小取决于外负载，如果液压缸活塞上没有重物（外负载），则摇动操纵手柄的力就很小，液压缸活塞上的重物越重，摇动手柄所需的力就越大，缸内的油液被挤压的程度就越大，即缸内封闭腔内的压力就越高，也就是说，缸内的压力的大小取决于外负载；速度是由流量大小决定的，如果操纵手柄摇动的速度快，液压泵柱塞往复运动挤进液压缸的液体量（流量）就多，液压缸活塞上升的速度就快，也就是说，速度是由流量大小决定的。

三、液压系统的组成和功用

1. 液压系统的组成

如图 1-4 所示，一般液压系统由下述五个部分所组成。

（1）动力元件　将原动机（电机、发动机）输出的机械能转变为液体的压力能的液压装置（液压泵）。

（2）执行元件　液压缸（油缸）和液压马达（油马达）。

（3）控制元件　压力控制阀、方向控制阀、流量控制阀等。

（4）辅助元件　过滤器、油箱、管路等。

（5）工作介质　液压油、液压液。

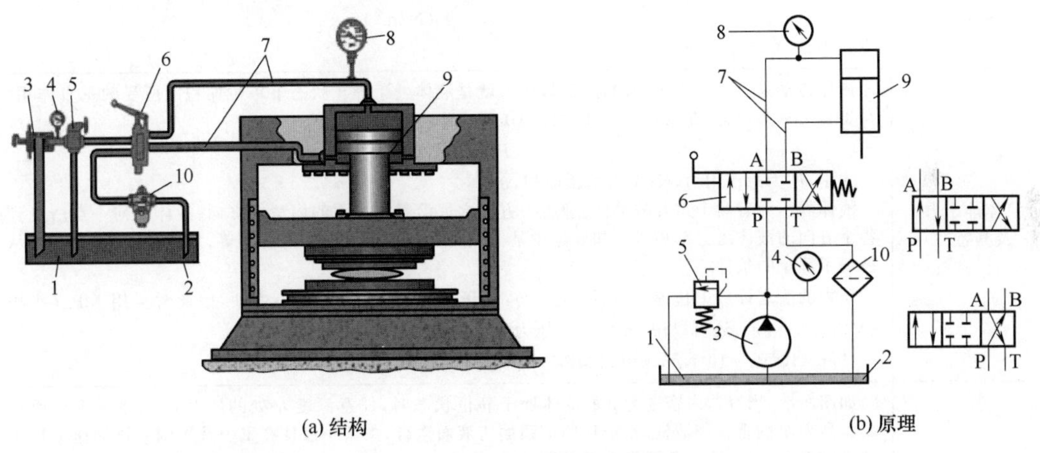

图 1-4　液压系统的结构与原理

1—液压油；2—油箱；3—液压泵；4,8—压力表；5—溢流阀；6—手动换向阀；7—管路；9—液压缸；10—过滤器

2. 液压系统各组成部分的功用

（1）动力元件　将原动机（电机或发动机）提供的机械能转换为液体的压力能，为液压系统提供能向外做功的压力油源。

（2）执行元件　将液体的压力能转变为向外做功的机械能，并输出运动。例如，液压马达输出转矩和旋转运动；液压缸输出直线推（拉）力和直线运动；摆动缸和摆动马达输出小于 300°转角的转矩和回转摆动；伺服执行机构跟踪负载向外做功（等值），输出位移等。

（3）控制元件　方向控制阀控制液体流动方向；压力控制阀控制液体压力大小；流量控制阀控制液体流量大小；比例阀按比例控制液压系统的压力、流量和方向；伺服阀按负载要求跟踪放大，控制液压系统的压力、流量和方向；插装阀多用于大流量液压系统的压力、流量、方向控制等。

（4）辅助元件　管路为传输工作介质的通路，管接头实现各组成部分之间的连接；油箱用于存放和回收工作介质；冷却器（加热器）控制液压系统介质的温度；过滤器对工作介质进行过滤，以保证其清洁度；蓄能器储存能量，以备急用；密封件用于阻隔高压区向低压区的泄漏；各种仪表和传感器等用于显示系统压力、温度等液压参数。

（5）工作介质　起传递动力、润滑、密封、散热等作用。

第二节 流体力学基础知识

一、流体静力学

不流动的流体称为静止流体，静止流体的力学规律称为流体静力学（表 1-1）。

表 1-1　流体静力学

项目	说　明
重力 G	质量为 m 的流体受地球引力产生的力 $G=mg$ (N) 式中，m 为质量，kg；g 为重力加速度，m/s^2
密度 ρ 重度 γ	单位体积的流体质量称为密度，单位体积的流体重量称为重度 $\rho=m/V$ (kg/m^3) $\gamma=\rho g$ (N/m^3) 式中，V 为流体体积，m^3
液体静压力及其特性	液压传动是靠静压力传动的，所谓静压力就是液体处于静止状态下单位面积上所受的垂直作用力。在工程上称为压力，在物理学中通常称为压强 $P=F/A$ (N/m^2) 式中，F 为总作用力，N；A 为承压面积，m^2 液体静压力有两个重要的特性：静压力方向永远沿着作用面的内法线方向；液体任何一点所受到的各个方向的液体压力都相等。如液体中某一点所受到各个方向的压力不等，那么液体就要运动，从而破坏了静止的条件 压力的法定计量单位是 Pa（帕，N/m^2），由于此单位很小，使用不方便，因此常采用 MPa（兆帕），$1MPa=10^6$ Pa。还可以用 bar(巴)。压力的单位的换算关系为 $1bar=10^5Pa=10^5N/m^2=0.1MPa$
静力学基本方程——压力的产生	如图所示，当容器内密度为 ρ 的液体处于静止状态时，任意深度 h 处的压力 p，考虑一个底面积为 ΔA、高为 h 的垂直小液柱，小液柱的上顶面与液面重合，由于小液柱在重力及周围液体的压力作用下处于平衡状态，由该小液柱的力学平衡方程 $p\Delta A=p_0\Delta A+\rho gh\Delta A$ 可得出液体静力学基本方程为 $p=p_0+\rho gh$ p_0　h　p　$p_0\Delta A$　h　G　$p\Delta A$ 在液压技术中，由外力引起的表面压力 p_0 往往是很大的，一般在数兆帕到数十兆帕，液重所引起的压力 γgh 与 p_0 相比则很小，如油液平均重度为 $8829N/m^3$，液压设备高度一般不超过 10m，此时油液自重产生的静压力一般不超过 0.088MPa，因此可以忽略不计

续表

<table>
<tr><th colspan="2">项目</th><th>说明</th></tr>
<tr><td rowspan="3">压力的表示方法</td><td>绝对压力</td><td>以没有气体存在的绝对真空为测量基准测得的压力称为绝对压力 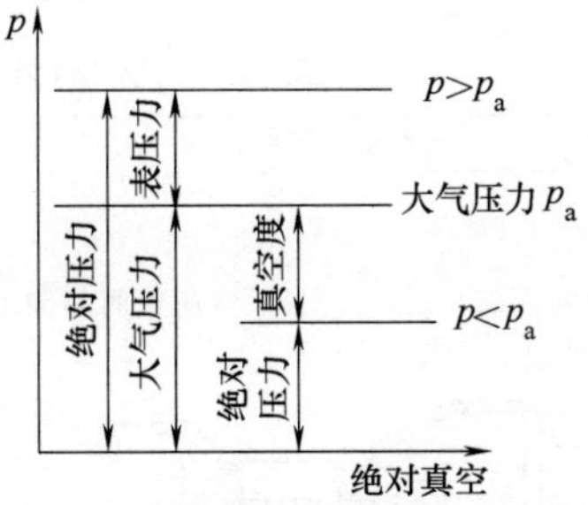
p；p>p_a；表压力；大气压力p_a；绝对压力；大气压力；真空度；$p<p_a$；绝对压力；绝对真空</td></tr>
<tr><td>相对压力</td><td>以大气压力 p_a 为基准零线，在此线以上的压力称为相对压力，即由压力表测得的压力，故又称为表压力。在液压传动中，一般所说的压力 p 都是指表压力，绝对压力与相对压力的关系为
绝对压力＝相对压力(表压力)＋大气压力</td></tr>
<tr><td>真空度</td><td>若液体中某点的绝对压力小于大气压力，那么在这个点上的绝对压力比大气压力小的那部分数值称为真空度，即以大气压力 p_a 为基准零线，在此线以下的压力称为真空度
真空度＝大气压力－绝对压力
如图所示，泵吸油腔要能形成 $h=(p_a-p)/\gamma$ 的真空度，大气压 p_a 才能将油箱内的油液压至安装在高度为 h 的泵吸油口处，泵方可吸入油液 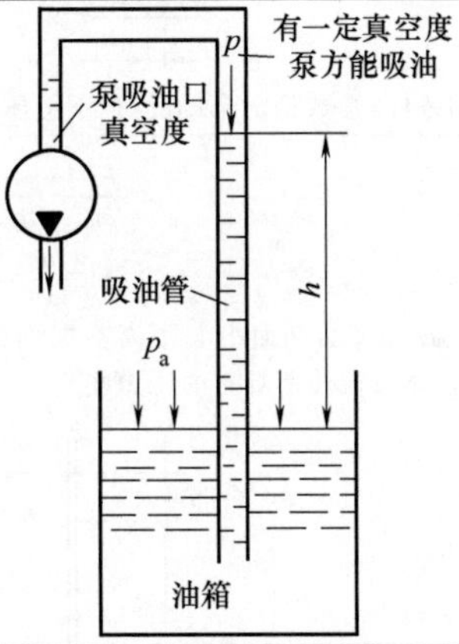
有一定真空度泵方能吸油；p；泵吸油口真空度；h；吸油管；p_a；油箱</td></tr>
<tr><td colspan="2">流体对平面的作用力</td><td>在液压系统中，静止油液中的压力可以认为是处处相等的，因此可以把作用在固体壁面的液体压力看作是均匀分布的压力
如图所示，液压缸活塞底面的承压表面为平面，则压力油作用在此面上的力等于油的压力与承压面积的乘积，即
$F=pA=p\cdot\pi D^2/4$
式中，F 为压力油作用在平面上的力，N；p 为油的压力，Pa；D 为液压缸活塞直径，m
F 的方向垂直指向活塞下端面，其作用点在该面的形心即圆心上 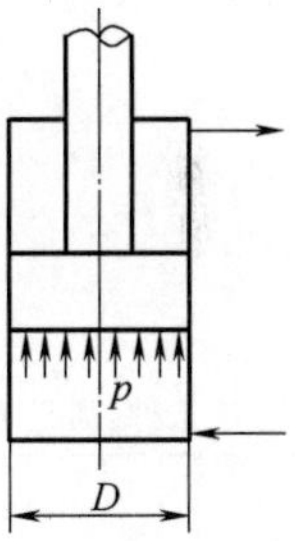
p；D</td></tr>
<tr><td colspan="2">流体对曲面的作用力</td><td>如图所示，如果承受压力的表面是曲面(如管壁、缸壁、阀芯等)，工程上往往只需要计算压力油在受压曲面上沿某个方向的作用力，例如图(a)中所示的 x 方向或 y 方向，有 $F_x=F_y=2plR$
图(b)中钢球在弹簧力的作用下压在阀座上，阀座下面与压力油相通，则钢球受力为 $F=p\pi d^2/4$ 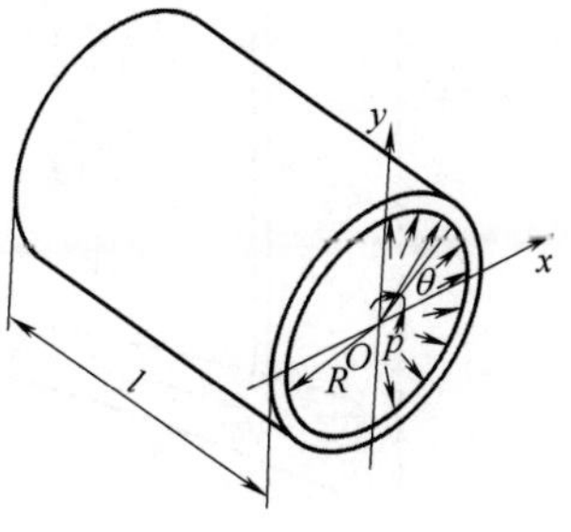
y；x；θ；R；O；p；l；D；p；d
(a) 圆管壁上的力 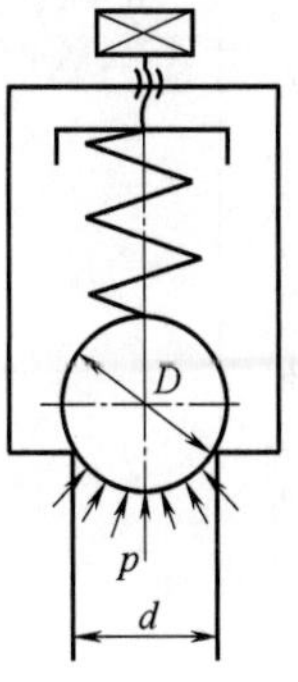　(b) 钢球阀芯上的力</td></tr>
<tr><td colspan="2">结论</td><td>力的传递靠流体压力实现，系统工作压力取决于负载的大小而与流入的流体多少无关</td></tr>
</table>

二、流体动力学

流动液体的力学规律称为流体动力学（表 1-2）。

表 1-2　流体动力学

项目	计算公式与图示	说　　明
连续性方程	$v_1A_1=v_2A_2=$常数 $Q_1=Q_2=$常数 式中，A_1、A_2 为任意两断面面积，m^2；v_1、v_2 为任意两断面平均流速，m/s；Q_1、Q_2 为通过任意两断面的流量，m^3/s 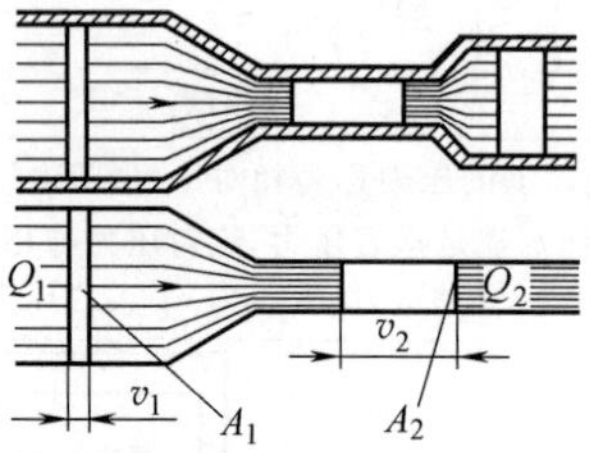 Q_1　Q_2　v_2　v_1　A_1　A_2 适用条件：常数稳定流；流体是不可压缩的	流体沿管道流动时，如果不考虑流体的压缩和管道的变形，则流过管道任何断面的流体的质量（流量）均相等，这是质量守恒定律在流体力学中的一种表达形式，表明流动的连续性 另一个重要的基本概念是，运动速度取决于流量，而与流体的压力无关
理想流体的伯努利方程	$$z_1+\frac{p_1}{\rho g}+\frac{v_1^2}{2g}=z_2+\frac{p_2}{\rho g}+\frac{v_2^2}{2g}$$ $$z+\frac{p}{\rho g}+\frac{v^2}{2g}=常数$$ 式中，z_1、z_2 为断面中心距离基准面的垂直高度，m；$p/(\rho g)$ 为流体的比压能（即单位质量流体所具有的压力能）；$v^2/(2g)$ 为比动能；z 为比势能 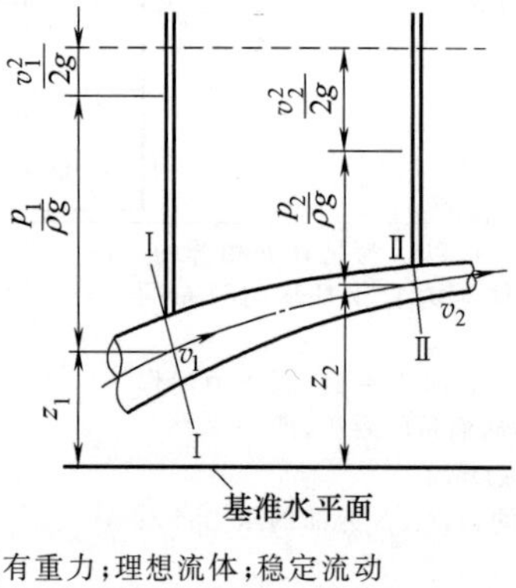 $\frac{v_1^2}{2g}$　$\frac{v_2^2}{2g}$　$\frac{p_1}{\rho g}$　$\frac{p_2}{\rho g}$　Ⅰ　Ⅱ　v_1　v_2　z_1　z_2 基准水平面 适用条件：质量力只有重力；理想流体；稳定流动	伯努利方程式的物理意义：在密封管道内作稳定流动的理想流体具有三种形式的能量，即压力能、动能和势能，它们之间可以互相转化，并且流体在管道内任一处这三种能量的总和是一定的。这就是伯努利定律，也可称为理想流体作稳定流动时的能量守恒定律。在伯努利方程式中它们都具有长度的单位，一般常分别称它们为压力头、速度头和位置头
实际流体的伯努利方程	$$z_1+\frac{p_1}{\rho g}+\frac{\alpha_1 v_1^2}{2g}=z_2+\frac{p_2}{\rho g}+\frac{\alpha_2 v_2^2}{2g}+h_w$$ 式中，α 为动能修正系数，一般工程计算可取 $\alpha_1=\alpha_2=1$；h_w 为总流断面 A_1 及 A_2 之间单位重力流体的平均能量损失，m 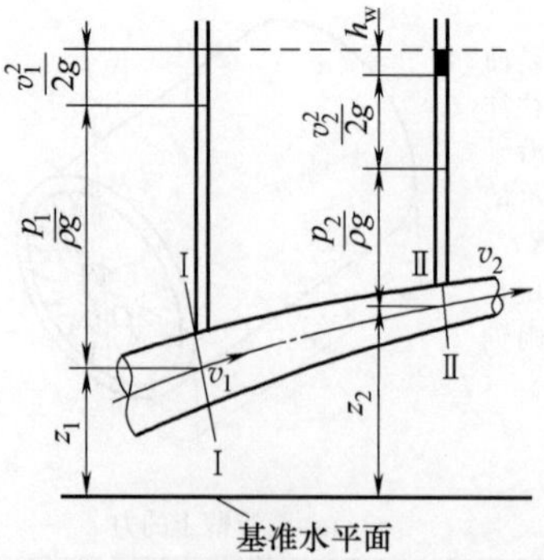 h_w　$\frac{v_1^2}{2g}$　$\frac{v_2^2}{2g}$　$\frac{p_1}{\rho g}$　$\frac{p_2}{\rho g}$　Ⅰ　Ⅱ　v_1　v_2　z_1　z_2 基准水平面 适用条件：质量力只有重力；稳定流动；不可压缩流体；缓变流；流量为常数	上面是对理想流体进行分析的，即假想流体是没有黏性和不可压缩的。但是实际流体是有黏性和可压缩的，在它运动时由于摩擦要消耗一部分能量，这部分能量损耗用损失水头 h_w 表示 管路中损耗的能量都转变为热能，使系统的温度升高

续表

项目	计算公式与图示	说　　明
伯努利方程的应用	列出断面 0-0、1-1 的伯努利方程，并将两边乘以 g 得 $$gz_0+\frac{p_0}{\rho}+\frac{v_0^2}{2}=gz_1+\frac{p_1}{\rho}+\frac{v_1^2}{2}+gh_w$$ 式中，p_0 为液面上的大气压力 上式变形后为 $$\frac{p_0-p_1}{\rho}=g(z_1-z_0)+\frac{v_1^2-v_0^2}{2}+gh_w$$ $z_1-z_0=h$，$\frac{v_1^2-v_0^2}{2}\approx\frac{v_1^2}{2}$，则： $$\frac{p_0-p_1}{\rho g}=h+\frac{v_1^2}{2g}+h_w$$	因为 p_1 是泵的进口压力，故 p_0-p_1 为泵进口处的真空度，此处 h_w 为吸油管的能量损失。泵进口处的真空度受三个量，h、h_w 和 v_1 的影响，因为 h_w 和 v_1 总为正值，如果泵安装在油箱液面之上，h 也为正值，这就要求泵进口处有一定的真空度才行，此时油液的吸入是靠油箱液面 0-0 上的大气压压进去的，如果没有此真空度，液压泵便吸不上油。如将泵安装在油箱液面之下，那么 h 为负值，只要 $\|h\|>v_1^2/2q+h_w$，泵进口处即使没有真空度也能泵油，此时油液是倒灌进泵的 如果泵进口处真空度太大，即泵进口压力 p_1 过低，一旦低于油液在该温度下的空气分离压，油液中溶解空气就要析出；当 p_1 低于该液体的饱和蒸气压时，就会产生气穴现象。两种情况都会使泵和整个液压系统产生噪声和振动，影响到液压系统的正常工作。由于 v_1 与泵的进口尺寸有关，对于某一具体的泵，例如定量泵，v_1 基本上是定值，只有尽可能减小 h 和 h_w，必要时可以采用负的 h 值，即把泵装在油箱液面以下，减小 h_w 的方法是使吸油管尽可能短些、粗些，过滤器容量大些并不要被污物堵塞而导致 h_w 的加大 空气分离压一般为 0.02～0.03MPa。在实际使用中，泵的吸油高度 h 一般应小于 0.5m。有时为使吸油条件得以改善，除将泵安装在油箱液面以下，也可使用在油箱液面加压的充压油箱
结论	①液压系统运行时省力但不省功；系统的动力传递符合能量守恒定律，压力与流量的乘积等于功率 ②运动速度的传递靠容积变化相等原则实现，运动速度取决于流量而与流体压力大小无关，调节流量即可实现无级调速 ③如果当时油液处于不流动状态，无论在液压元件还是液压系统内部，只要当时是一个相连通的区域，则此区或内任一点的压力处处相等。也就是说，施加到静止液体上的力，经液体传递到多么远也不会发生损失，因为此时液体静止不流动，不存在摩擦，所以没有损失。液压维修人员在分析液压故障时，如果遇到执行元件不运动等情况，即系统内无油液流动且无泄漏的工况，只要是相通的同一油腔，不管管路如何弯曲，也不管内部形状多么复杂，则处处压力相等 ④如果当时油液是流动的，则要考虑油液流动因摩擦而带来的压力损失，压力损失包括液体沿管路流动与管壁之间产生的摩擦损失（沿程损失）以及液体流经狭缝、小孔和阀口等处所产生的局部损失 在液压系统中，静止和运动两种情况均存在，但主要情况是运动着的油液。液压维修人员在分析液压故障时，如果遇到执行元件不运动等情况，即系统内无油液流动且无泄漏的工况时，只要是相通的同一油腔，不管管路如何弯曲，也不管连通腔内的形状如何，各点处的压力处处相等；而当有油液流动时，液压系统中上游的压力一定比下游的高	

液体的流态有两种：层流和紊流。层流是指液体质点呈互不混杂的线状或层状流动，其特点是液体中各质点平行于管道轴线运动，流速较低，受黏性的制约不能随意运动，黏性力起主导作用。紊流是指液体质点呈混杂紊乱状态的流动，其特点是液体质点除了平行于管道轴线运动外，还或多或少具有横向运动，流速较高，黏性的制约作用减弱，惯性力起主导作用。

液体流态的判据是临界雷诺数，光滑金属圆管的临界雷诺数为 2320。当所计算的雷诺数 $Re<2320$ 时，液体为层流；当 $Re>2320$ 时，液体为紊流。

三、液体流经小孔和缝隙的流量

液压传动与控制系统中，包括液压元件在内，有许多小孔与缝隙的流量问题，例如元件设计中用到的阻尼、薄刃口节流、相对运动零件间的缝隙等，探讨小孔与缝隙油液的流动规律，对液压元件的设计和在故障（如泄漏）分析等方面有一定的帮助（表 1-3）。

表 1-3 液体流经小孔和缝隙的流量

项目		图示	液体流经小孔与缝隙的流量计算	
小孔	细长小孔		细长小孔(如液压阀中的阻尼孔)是指小孔的长度 l 与直径 d 之比 $l/d>4$ 时的小孔,经推导可得出细长小孔的流量公式为 $q=\dfrac{\pi d^4\Delta p}{128\mu l}$ 式中,d 为小孔的直径;Δp 为小孔两端的压差;μ 为油液的黏度;l 为小孔的长度	
	薄壁小孔		薄壁小孔指小孔的长径比 $l/d\leqslant 0.5$,阀类元件的节流口一般属于薄壁小孔类,其流量公式为 $q=CA\sqrt{\dfrac{2}{\rho}\Delta p}$ 式中,C 为流量系数;A 为小孔通道面积;ρ 为油液的密度;Δp 为小孔前后的压差。	
缝隙	平行平板缝隙		$q=\dfrac{b\delta^3\Delta p}{12\mu l}$	式中,q 为通过间隙的流量;b 为间隙垂直于液流方向的宽度;δ 为间隙的尺寸;Δp 为间隙前后的压差;μ 为油液的黏度;l 为沿液流方向间隙的长度;d 为环状间隙的直径或圆盘的中心孔径;ε 为间隙的相对偏心度,即内外圆柱面的偏心距 e 对间隙 δ 的比值 $\varepsilon=e/\delta$;D 为圆盘外圆直径
	同心环形缝隙		$q=\dfrac{\pi d\delta^3\Delta p}{12\mu l}$	
	偏心环形缝隙		$q=\dfrac{\pi d\delta^3\Delta p}{12\mu l}(1+1.5\varepsilon^2)$	

四、液体流动中的压力损失

由于液体具有黏性，在管路中流动时又不可避免地存在着摩擦力，所以液体在流动过程中必然要损耗一部分能量，这部分能量损耗主要表现为压力损失。

压力损失有沿程损失和局部损失两种（表 1-4）。沿程损失是当液体在直径不变的直管中流过一段距离时，因摩擦而产生的压力损失。局部损失是由于管子截面形状突然变化、液流方向改变或其他形式的液流阻力而引起的压力损失。总的压力损失等于沿程损失和局部损失之和。

由于压力损失的存在，泵的额定压力要略大于系统工作时所需的最大工作压力，一般可将系统工作所需的最大工作压力乘以一个系数（1.3～1.5）来估算。

表 1-4　液体流动中的压力损失

项目	说　明	附图与附表
沿程损失	液体在等径的圆管中流动时，由于液体分子间的内摩擦以及液体与管壁之间的摩擦，不可避免地会有能量损失，表现为沿程压力损失（压降），根据流体力学理论推导，沿程压力损失的计算公式为 $\Delta p=\lambda\gamma\,\frac{L}{d}\times\frac{v^2}{2g}$ 式中，λ 为摩擦阻力系数；γ 为液体的重度；L 为管子的长度；d 为管子的内径；v 为液体的平均流速；g 为重力加速度 若流动为层流，摩擦阻力系数 $\lambda=75/Re$，若流动为紊流时，可根据管子内表面粗糙度及雷诺数从有关图表曲线查出 λ 值，或按 $\lambda=0.11(\varepsilon/d)^{0.25}$ 计算，其中 ε 为管壁粗糙度，d 为管径	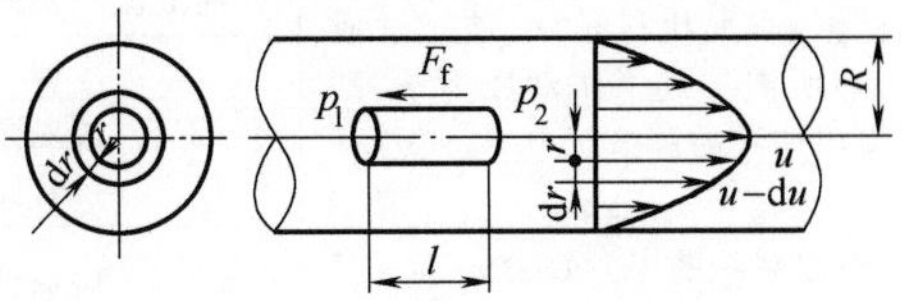F_f p_1 p_2 R u u−du dr r l F_f 为内摩擦力
局部损失	液压系统不仅在等直径的长管中产生沿程损失，在管路入口、通流截面的突然扩大或缩小处、弯头、阀口和节流口等位置，液流会产生涡流、旋转摩擦碰撞、流速大小及方向急剧变化等现象，因而会引起局部压力损失。局部压力损失的计算公式为 $\Delta p=\frac{\zeta\gamma v^2}{2g}$ 式中，ζ 为局部阻力系数；γ 为液体的重度；v 为液体的平均流速；g 为重力加速度 急剧扩大与急剧缩小、弯曲管路、管路入口处以及管路分支汇流处、集成块或阀体上的油路压力损失计算公式中的 K 值可参阅附图 液流通过各种阀的局部压力损失可由阀产品目录中查得，查得的压力损失为在公称流量下的压力损失。当实际通过阀的流量小于或大于公称流量时，则通过该阀的压力损失会小些或显著增大	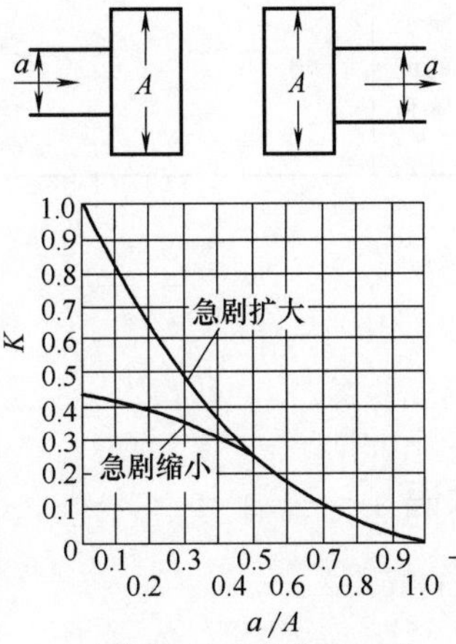a A K 1.0 0.9 0.8 0.7 0.6 0.5 0.4 0.3 0.2 0.1 0 急剧扩大 急剧缩小 0.1 0.3 0.5 0.7 0.9 0.2 0.4 0.6 0.8 1.0 a/A 急剧扩大、急剧缩小的K值 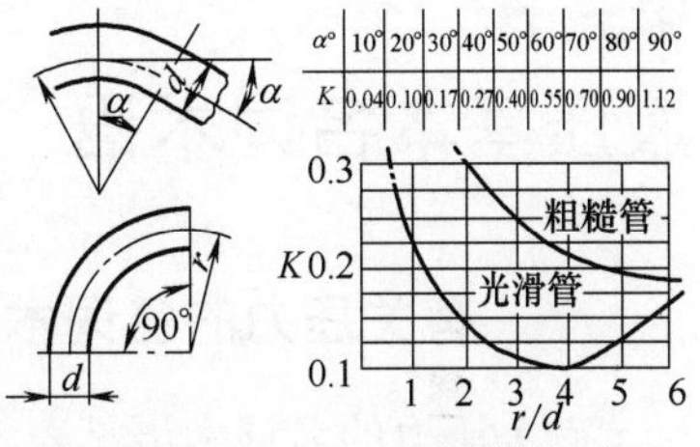α° 10° 20° 30° 40° 50° 60° 70° 80° 90° K 0.04 0.10 0.17 0.27 0.40 0.55 0.70 0.90 1.12 α r 90° d 0.3 K 0.2 0.1 粗糙管 光滑管 1 2 3 4 5 6 r/d 弯曲管路的K值 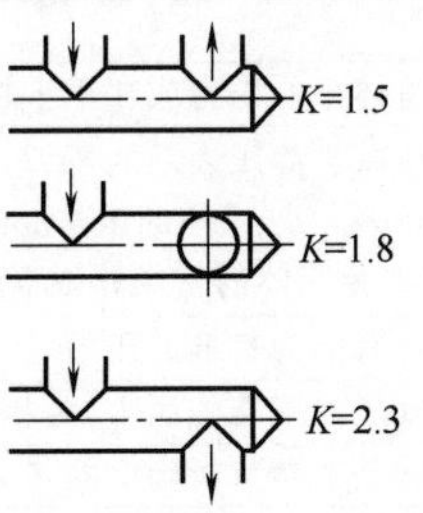K=1.5 K=1.8 K=2.3 集成块或阀体上的油路 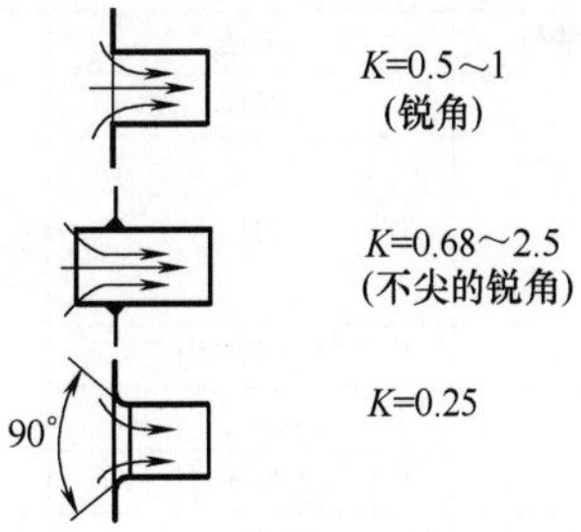K=0.5～1 （锐角） K=0.68～2.5 （不尖的锐角） 90° K=0.25 管路入口的K值 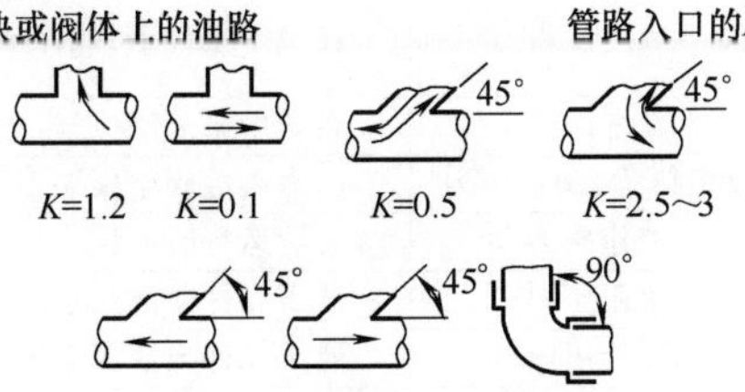45° 45° K=1.2 K=0.1 K=0.5 K=2.5～3 45° 45° 90° K=0.06 K=0.15 K=1.12 分支汇流处的K值

续表

<table>
<tr><th>项目</th><th>说 明</th><th>附图与附表</th></tr>
<tr><td>管路总的压力损失</td><td>管路系统的总压力损失 $\Delta p_{总}$ 等于系统中各段直管的压力损失 $\Delta p_{沿}$ 与所有局部压力损失 $\Delta p_{局}$ 的和，即
$\Delta p_{总}=\sum\Delta p_{沿}+\sum\Delta p_{局}$
$=\sum\lambda\gamma\frac{L}{d}\times\frac{v^2}{2g}+\sum\zeta\gamma\frac{v^2}{2g}$
在设计和使用液压系统时要考虑压力损失的影响，如执行元件（液压缸或液压马达）所需有效工作油压为 p，则液压泵输出油液的调整压力 $p_{调}$ 应为
$p_{调}=p+\Delta p_{总}$
因此，管路系统的压力效率 η_p 为
$\eta_p=p/p_{调}=(p_{调}-\Delta p_{总})/p_{调}$
$=1-\Delta p_{总}/p_{调}$
从上式可以看出，管路系统总的压力损失 $\Delta p_{总}$ 影响管路系统的压力效率，而压力损失均会转变为热能放出，造成系统温升，增大泄漏，从而影响系统的工作性能。从压力损失的计算公式中可以看出，流速的影响最大。为了减少系统中的压力损失，液体在管道中的流速不应过高，但流速过低将会使油管和液压元件的尺寸加大、成本增高</td><td>油液流经不同元件时的推荐流速见下表
<table>
<tr><th colspan="2">油液流经的管路与液压元件</th><th>流速/(m/s)</th></tr>
<tr><td rowspan="2">液压泵的吸油管路管径</td><td>12～25mm</td><td>0.6～1.2</td></tr>
<tr><td>≥32mm</td><td>1.5</td></tr>
<tr><td rowspan="2">压油管路管径</td><td>12～50mm</td><td>3.0</td></tr>
<tr><td>>50mm</td><td>4.0</td></tr>
<tr><td colspan="2">流经液压阀等短距离的缩小截面的通道</td><td>6.0</td></tr>
<tr><td colspan="2">溢流阀</td><td>15</td></tr>
<tr><td colspan="2">安全阀</td><td>30</td></tr>
</table></td></tr>
</table>

第三节 液压基本名词术语

一、有关压力的名词术语

有关压力的名词术语见表 1-5。

表 1-5 有关压力的名词术语

序号	术语	说 明
1	静压	静止流体中的压力或在不干扰流体流动条件下测得的压力
2	动压	用总压减去静压表示的压力，对不可压缩流体可表示为 动压 $=\gamma v^2/(2g)$ 或动压 $=\rho v^2/2$ 式中，γ 为流体的重度；ρ 为流体的密度；v 为流体的速度；g 为重力加速度
3	绝对压力	以绝对真空为基准的压力
4	表压力	以大气压为基准的压力，为相对压力
5	公称压力	装置按基本参数所确定的名义压力
6	额定压力	在规定条件下，能保证性能的压力，作为设计和使用所规定的一般不能超过的压力
7	系统压力	系统中第一阀（通常为溢流阀）进口处测得的压力
8	设定压力、调定压力	压力阀等阀中所调节的压力
9	工作压力	装置运行时的压力
10	使用压力	液压元件或液压系统中实际工作时所用的压力
11	最高使用压力	液压元件或液压系统中实际工作时能最高采用的使用压力
12	最低使用压力	液压元件或液压系统中实际工作时能最低采用的使用压力
13	进口压力	按规定条件在元件进口处测得的压力

续表

序号	术语	说 明
14	出口压力	按规定条件在元件出口处测得的压力
15	压降、压差	在规定条件下，测得的系统或元件内两点(如进、出口处)的压力之差
16	压力损失	液体流动过程中产生的压力减小值，包括沿程压力损失和局部压力损失
17	启动压力	开始动作所需的最低压力
18	开启压力	阀(如单向阀、压力阀等)开始打开通油的压力
19	峰值压力	在相当短的时间内超过允许最大压力的压力
20	运行压力	运行工况时的压力
21	冲击压力	由于冲击产生的压力
22	背压	装置中因下游阻力或元件进、出口阻抗比值变化而产生的压力，作用在液压回路的回油侧的压力
23	控制压力	液压系统或液压元件中控制管路或控制回路的压力
24	充气压力	蓄能器充液前气体的压力
25	吸入压力	泵进口处流体的绝对压力，常用 p_s 表示
26	空气分离压力	溶解有一定比例空气的油液，开始产生气泡，即空气开始析出的压力，常用 p_g 表示，$p_s \leqslant p_g$ 时，产生气穴
27	调压偏差	压力控制阀从规定的最小流量调到规定的工作流量时压力的增加值
28	补油压力、充油压力	向系统(通常是闭式传动或二级泵)充液的压力

二、有关流量的名词术语

有关流量的名词术语见表 1-6。

表 1-6 有关流量的名词术语

序号	术 语	说 明
1	流量	单位时间内通过流道横截面的流体数量(体积或质量)
2	额定流量	在额定工况下的流量
3	空载流量	在规定最低工作压力(卸荷)下，以不同转速时的两次测试而算得的流量
4	排量	每行程或每循环吸入或排出的流体体积
5	有效排量	在规定工况下实际排出的流体体积，有效输出流量被转速所除得的商(有效排量=有效输出流量/转速)
6	几何排量	不计尺寸公差、间隙或变形，按几何尺寸计算所得的排量
7	泄漏量	流体流经密封装置不做有用功浪费掉了的流量
8	内泄漏量	元件内腔之间的泄漏量
9	外泄漏量	从元件内腔向大气的泄漏量

第四节 液压系统图的识读方法

液压系统图是指用标准化的元件图形符号表示出液压系统工作原理的图。看懂并熟悉液压系统图，是从事液压设计、使用、调整、维修等方面工作的工程技术人员和技术工人的基本功。液压系统图是排除液压故障的基础资料。

一、液压系统图形符号

构成液压系统图形符号的基本要素如下。

点：表示管路的连接点，表示两条管路或阀板内部流道是彼此相通的。

线：表示油道或管路，实线表示主油路，虚线表示控制油路，点画线框表示若干个液压元件装于一个集成块体上，或者表示组合阀，或者表示一些阀都装在泵上控制该台泵。

圆：大圆加一个实心小三角形表示液压泵或液压马达（两者三角形方向相反），中圆表示测量仪表，小圆用来构成单向阀与旋转接头、机械铰链或滚轮的要素。

半圆：为限定旋转角度的液压马达或摆动液压缸的构成要素。

正方形：构成控制阀和辅助元件的要素，例如阀体、过滤油器壳体等。

长方形：表示液压缸与阀等的壳体、缸的活塞以及某种控制方式等的组成要素。

半矩形：表示油箱。

囊形：表示蓄能器及加压油箱等。

实心三角形：表示传压方向，并且表示所使用的工作介质为液体。

箭头：表示液流的通路和方向，液压泵、液压马达、弹簧、比例电磁铁等上面加的箭头表示它们是可进行调节的。

弧线单、双向箭头：表示电机、液压泵与液压马达的旋转方向，双向箭头表示它们可以正反转。

其他：ϟ表示电气，⊥表示封闭油口，)(表示节流阻尼小孔等。

液压系统图形符号中的控制方式如图 1-5 所示。

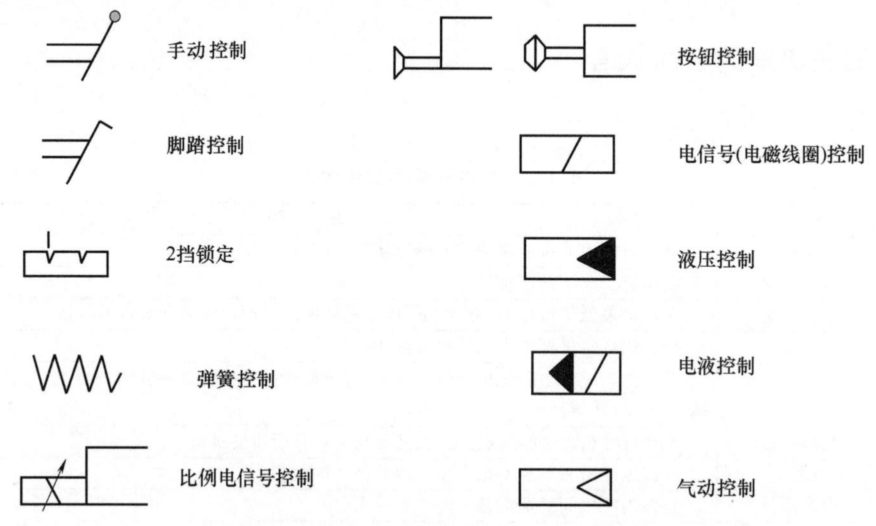

图 1-5　液压系统图形符号中的控制方式

图 1-6 所示为一个简单的液压系统图，图中包含液压泵、液压缸、控制阀以及一些辅助元件，要看清图（a）中的液压系统，先要了解图（b）中各元件的图形符号与工作原理。

液压泵的外观与图形符号如图 1-7 所示。

图 1-8 所示为电液换向阀的外观与图形符号，电液换向阀的图形符号是电磁换向阀、单向节流阀和液动换向阀的组合。换向阀的几位，就是看它有几个方框，有两个方框就是二位，三个方框就是三位；换向阀的几通，就是看它有几个油口，如有 P、T、A、B 四个油口，就是四通。例如图形符号 A B 1DT P T 2DT 表示一个三位四通电磁阀，有三个正方形的方框，两侧的小长方形加一根短斜线表示电磁铁，折线表示弹簧，当两端的电磁铁 1DT、2DT 不通电时，两端弹簧使阀芯对中，油液通路用中间的方框表示，即 A、B、T 三个油口相通，P 油口不与它们相通，1DT 或 2DT 通电后的油路接通情况，为该电磁铁靠近的那个方框（左或右）。

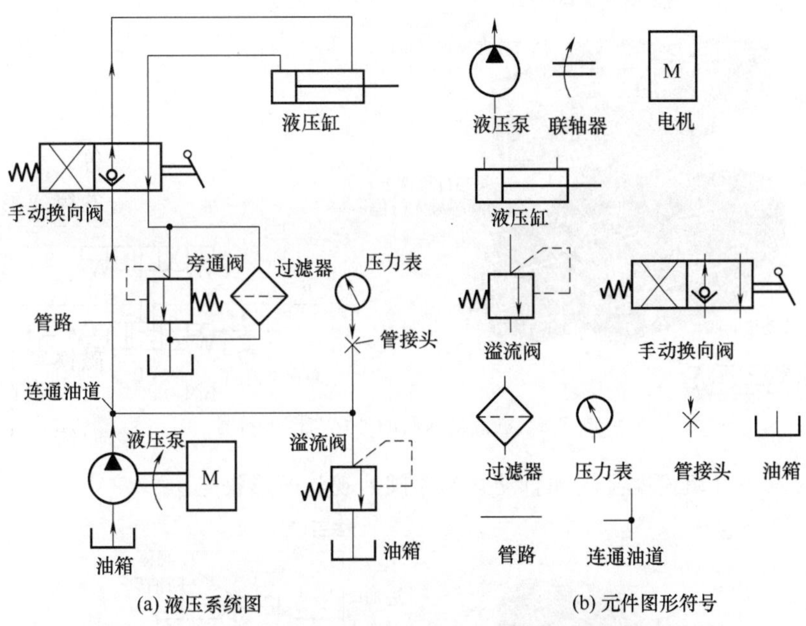

图 1-6　液压系统图及其中的元件图形符号

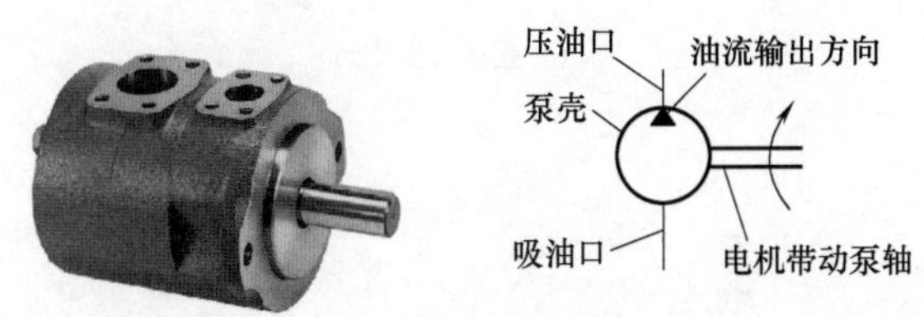

(a) 定量叶片泵

(b) 变量柱塞泵

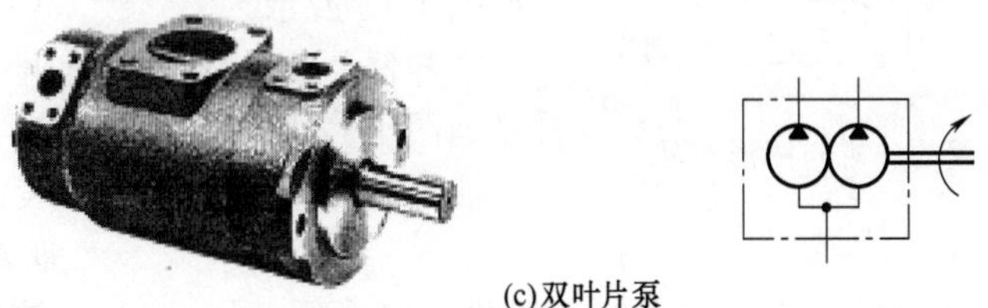

(c)双叶片泵

图 1-7　液压泵的外观与图形符号

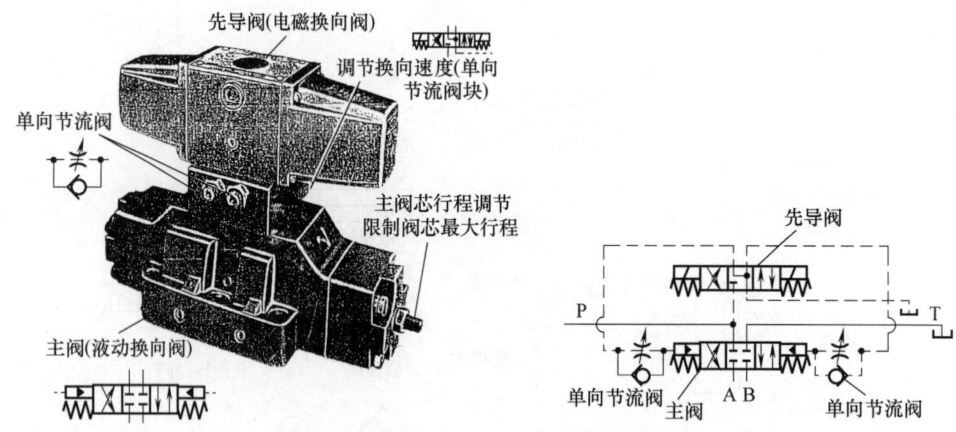

图 1-8 电液换向阀的外观与图形符号

图 1-9 所示为直动式溢流阀和直动式顺序阀外观与图形符号。

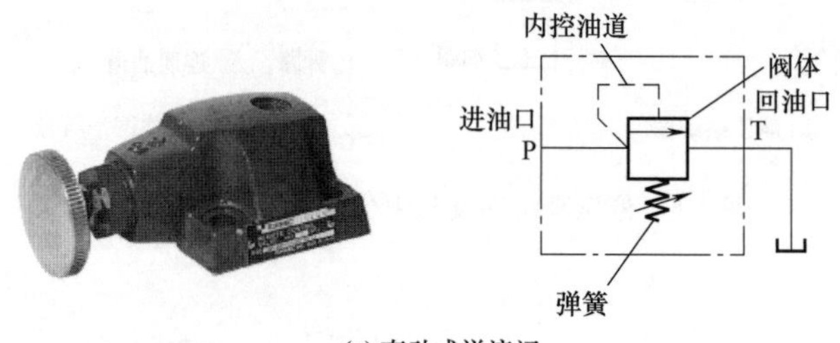

(a) 直动式溢流阀

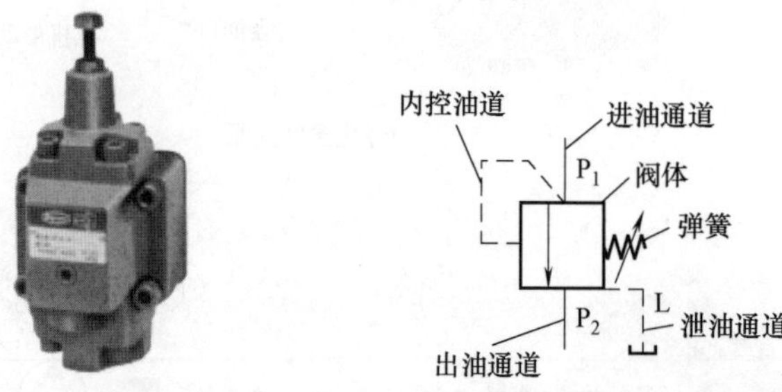

(b) 直动式顺序阀

图 1-9 直动式溢流阀和直动式顺序阀的外观与图形符号

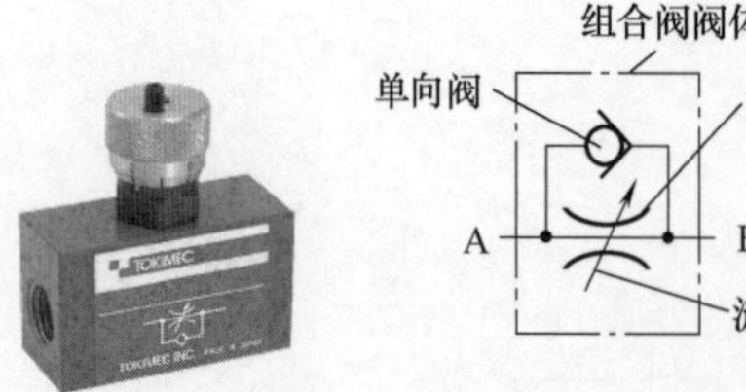

图 1-10 单向节流阀的外观与图形符号

图 1-10 所示为单向节流阀的外观与图形符号。

相连通的管路与不连通的管路图形符号的区别如图 1-11 所示。

冷却器、加热器、温度调节器的外观与图形符号如图 1-12 所示。

液位计、温度计、压力表的外观与图形符号如图 1-13 所示。

过滤器与空气滤清器的外观与图形符号如图 1-14 所示。

蓄能器的外观与图形符号如图 1-15 所示。

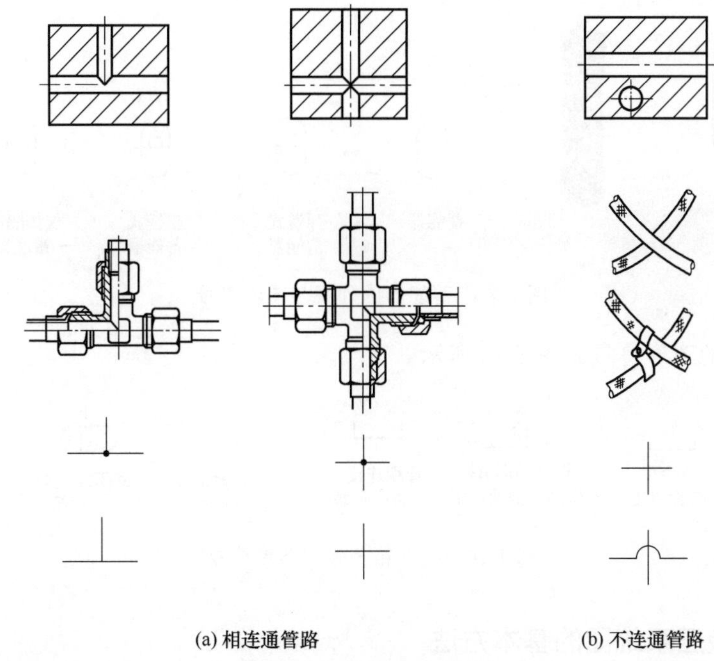

图 1-11　管路的图形符号

图 1-12　冷却器、加热器、温度调节器的外观与图形符号

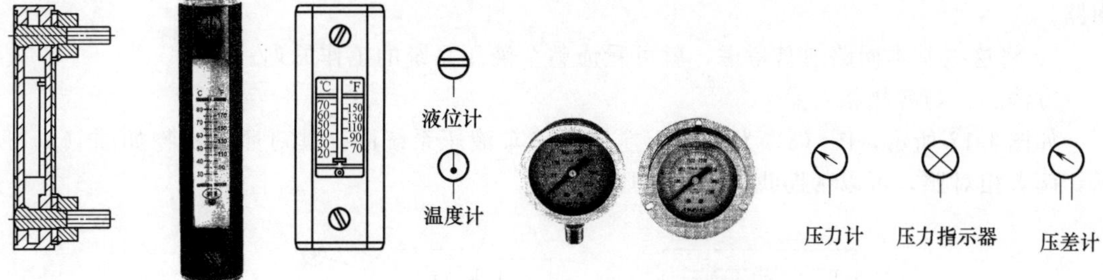

图 1-13　液位计、温度计与压力表的外观与图形符号

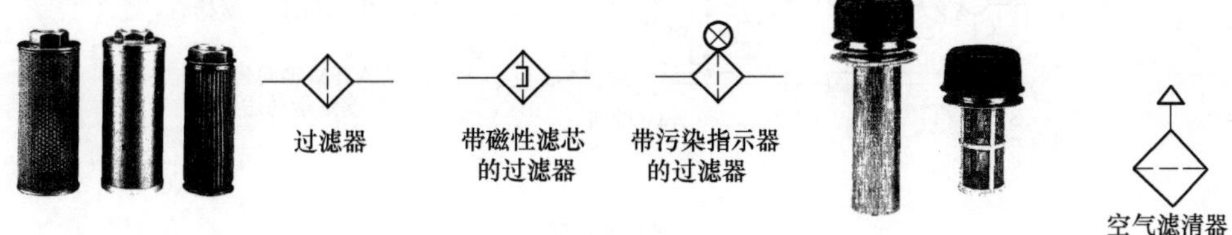

图 1-14　过滤器与空气滤清器的外观与图形符号

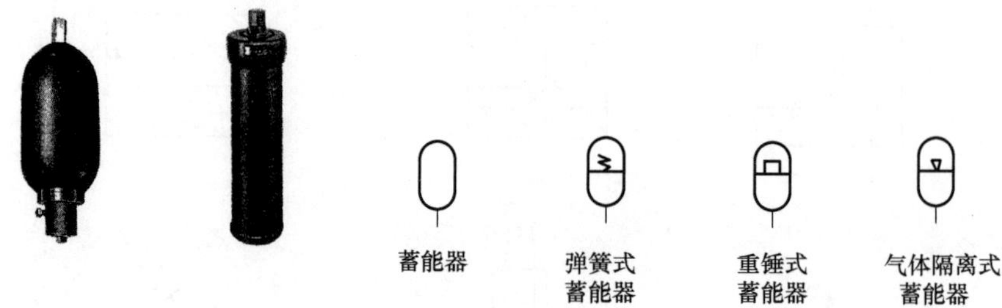

图 1-15 蓄能器的外观与图形符号

与油箱相关的图形符号如图 1-16 所示。

图 1-16 与油箱相关的图形符号

二、识读液压系统图的基本方法

方法一：抓两头连中间

① 先从系统图中找出两头：一头是泵源，另一头是执行元件（液压缸和液压马达）。

② 了解每个执行元件在系统中各执行什么动作（了解各执行元件的动作循环）。

③ 了解各执行元件动作的相互关系。

④ 在前三步的基础上，根据系统图中各液压元件的工作原理，判断其在系统中可能起的作用。

⑤ 从油源（泵源回路）开始，遵循“油液由高压处流向低压处”和“油液尽可能沿液阻小的油路流动”这两条原则，沿油液走向分解出各执行元件完成自身动作的基本回路。

⑥ 将这些基本回路通盘考虑，就可看懂整个液压系统的工作原理。

方法二：与实物相对照

如图 1-17 所示，图（a）为混凝土搅拌运输车液压系统图，其对照的实物如图（b）所示，两者相对照，可以帮助我们看懂液压系统图。

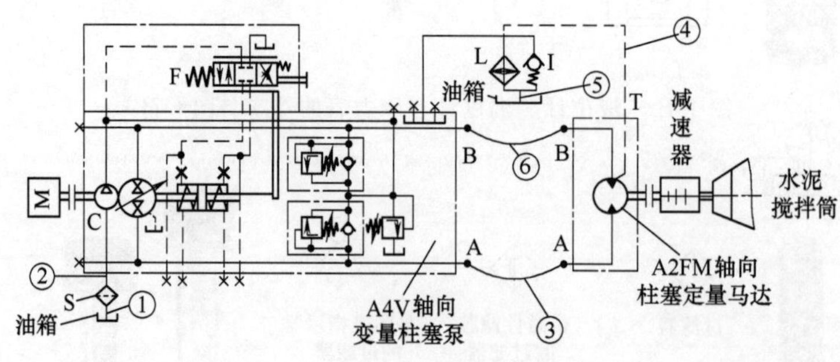

(a) 液压系统图

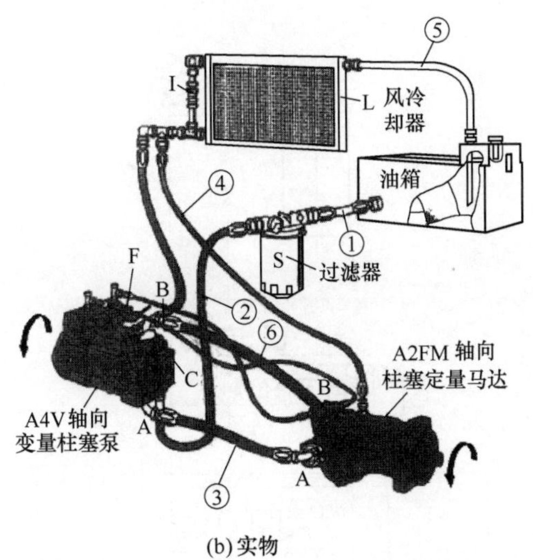

(b) 实物

图 1-17　混凝土搅拌运输车液压系统图与实物

方法三：化整为零

任何一台设备的液压系统都是由若干个执行元件根据需要完成一些基本的动作及动作循环，控制执行元件完成这些动作需要一些基本回路。执行元件的数量越多，动作越多，整个液压系统图便越复杂。这时可采用化整为零的方法，各个击破。将整张液压系统图按一个一个执行元件为单位，独立拆分，先只考虑该单个执行元件是受哪些控制阀和哪一两种液压基本回路所控制，而不考虑与此无关的其他部分（控制阀和回路）。有些液压系统包含若干相同的回路，可只取其中一个回路，略去其他相同的回路。这样可大大简化整个液压系统图，看似复杂的液压系统图变得简单明了。

图 1-18（a）所示为 LLY-815×1000×4 型定型硫化机液压系统图，图中有四个相同的基本回路，看图时可只看一个［图 1-18（b）］，其他暂时略去。

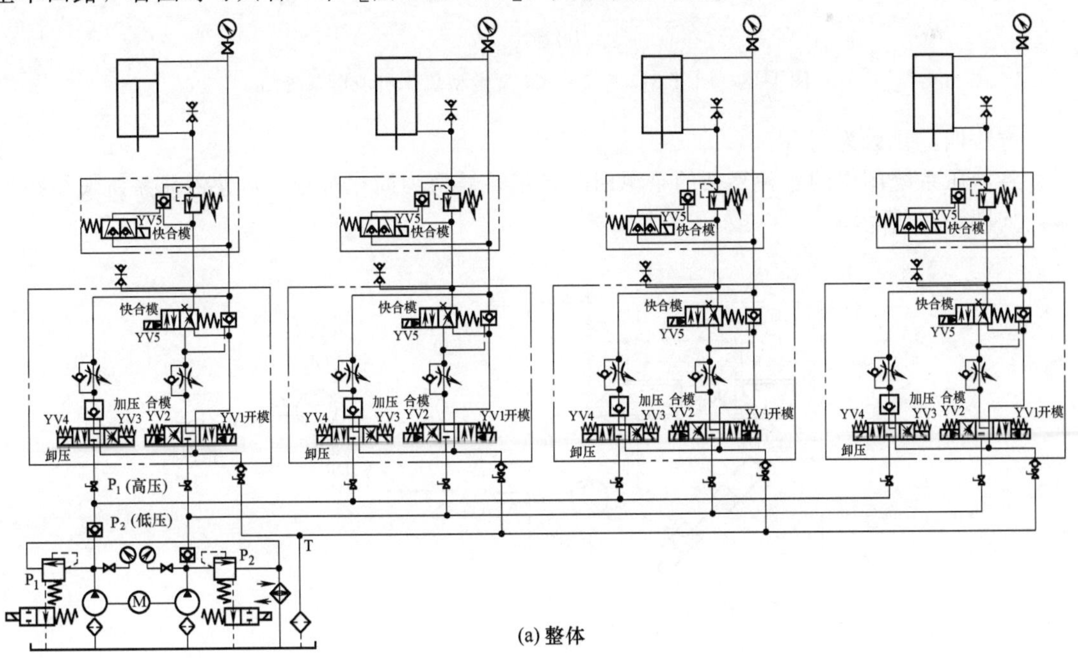

(a) 整体

图 1-18

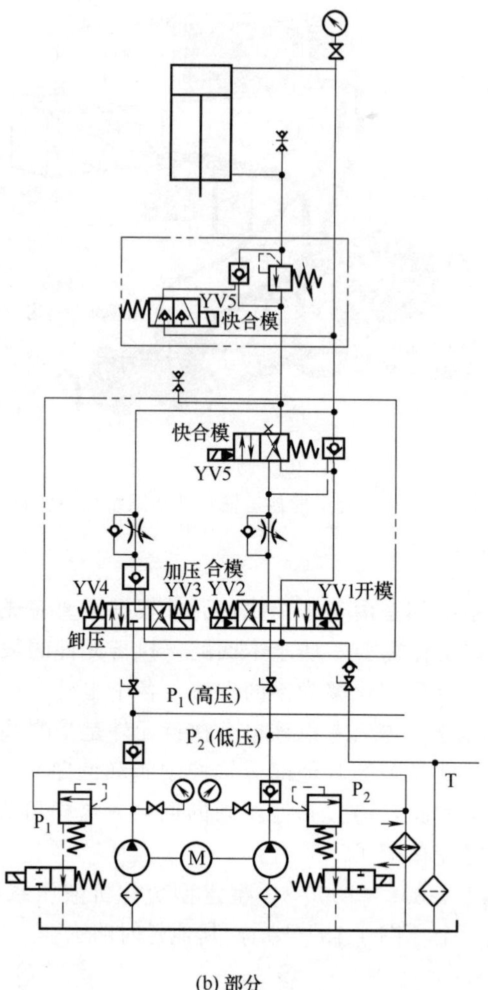

(b) 部分

图 1-18 LLY-815×1000×4 型定型硫化机液压系统图

方法四：化繁为简

将液压系统图中的各种复杂的泵源回路详细符号换为简化符号，可使液压系统图变得简单，如图 1-19 所示。

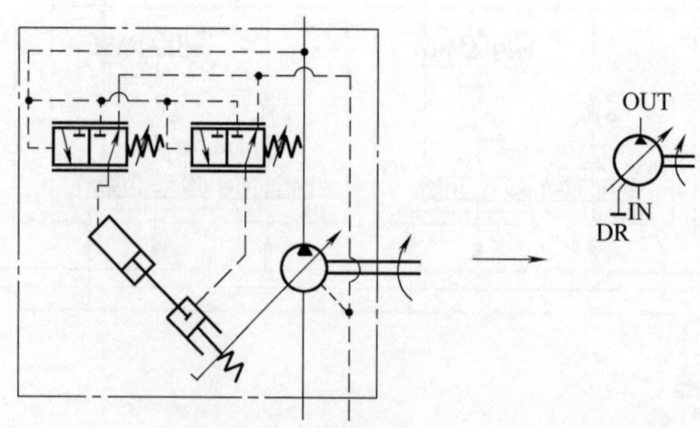

图 1-19 变量泵的图形简化

第五节 常用液压维修工具的使用

一、基本维修工具

为了做好维修工作，准备图 1-20 中的一些基本工具是必需的。

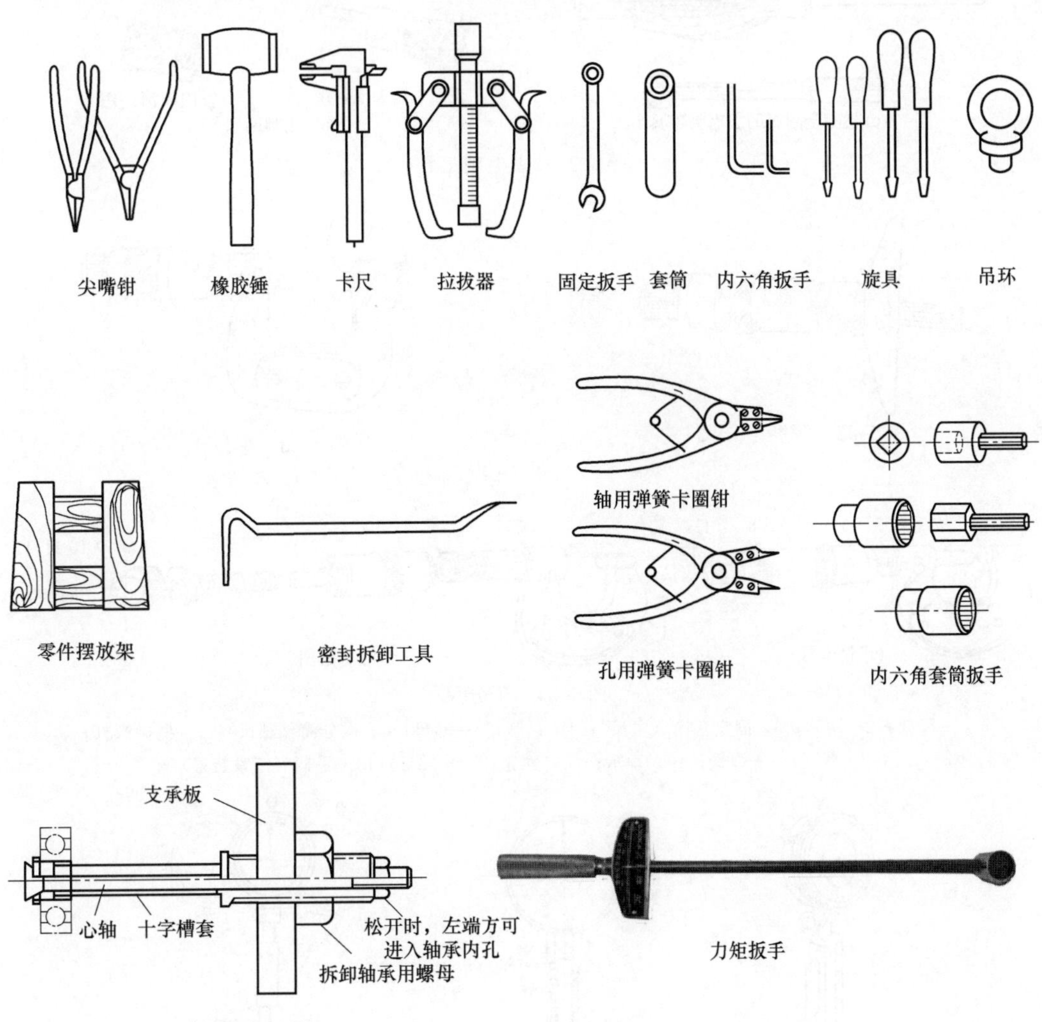

图 1-20 基本维修工具

二、去毛刺工具

去毛刺工具有图 1-21 所示的几种，在维修中可利用这些工具手工消除液压件的毛刺。

三、测量工具

维修中的基本测量工具如图 1-22～图 1-28 所示。

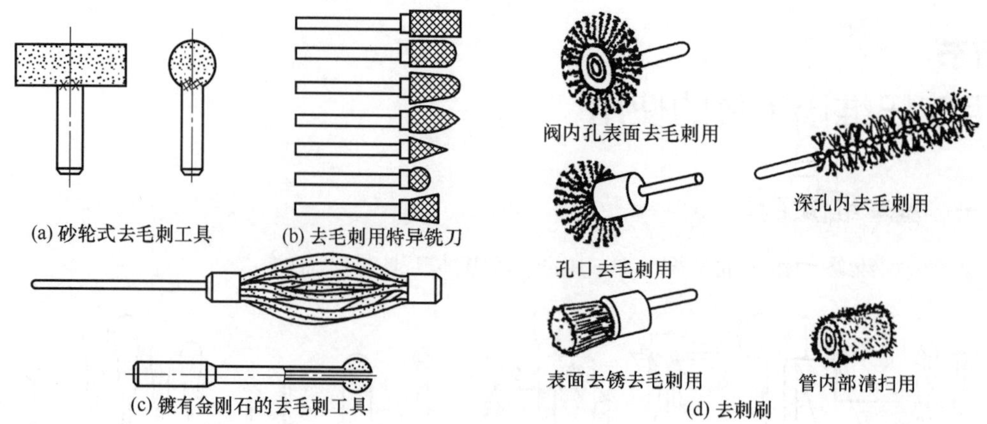

图 1-21 去毛刺工具

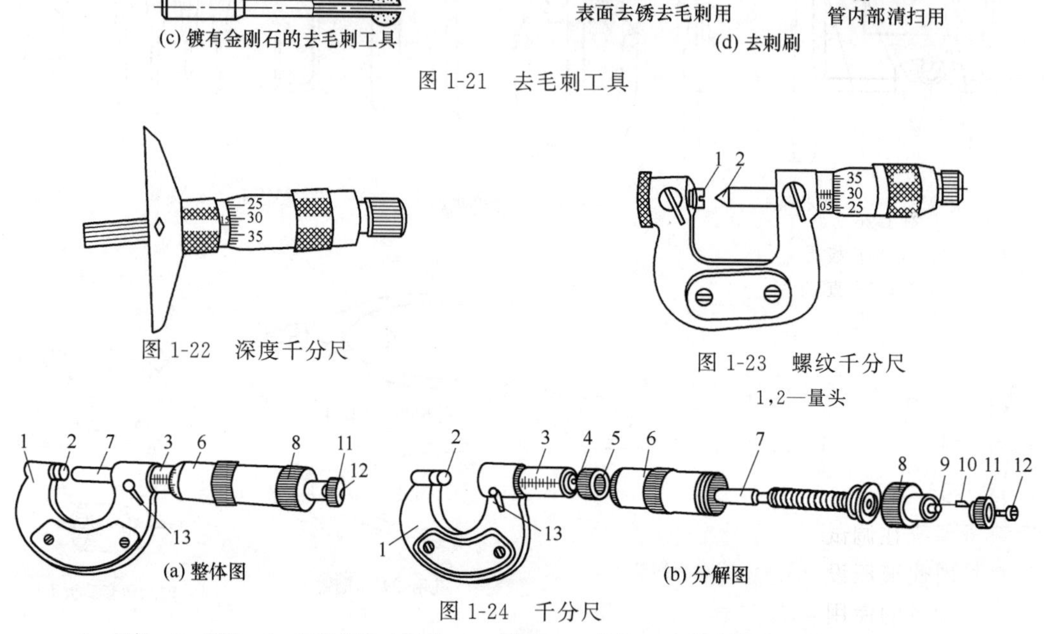

图 1-22 深度千分尺

图 1-23 螺纹千分尺

1,2—量头

图 1-24 千分尺

1—尺架；2—测砧；3—固定套筒（主尺）；4—衬套；5—螺母；6—微分筒（副尺）；7—侧微螺杆；8—罩壳；9—弹簧；10—棘爪；11—棘轮；12—螺钉；13—手柄（锁紧装置）

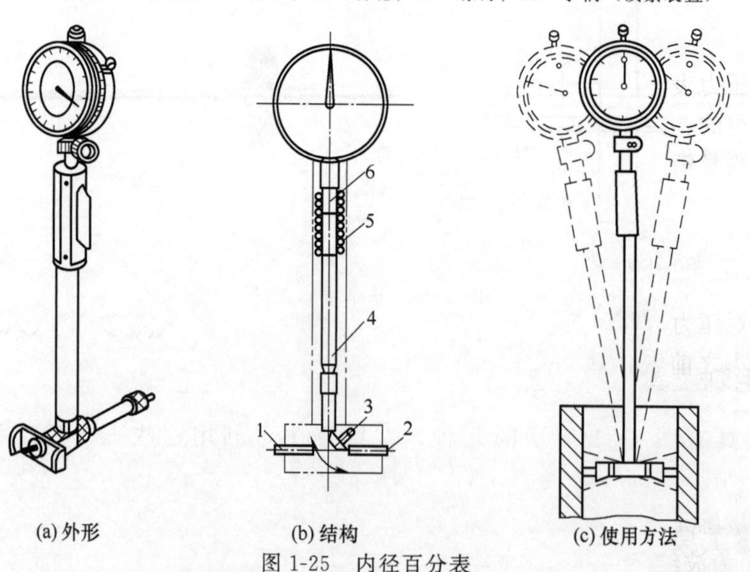

图 1-25 内径百分表

1—可换测头；2—活动测头；3—摆块；4—杆件；5—弹簧；6—量杆（百分表触头）

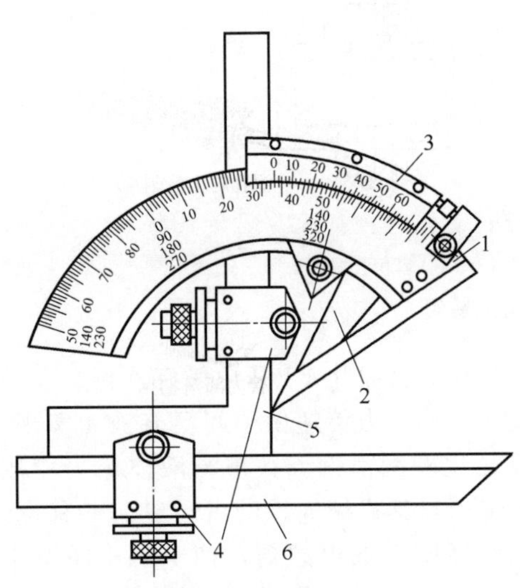

图 1-26 万能角尺

1—主尺；2—扇形板；3—副尺（游标）；4—套箍；5—直角尺；6—直尺

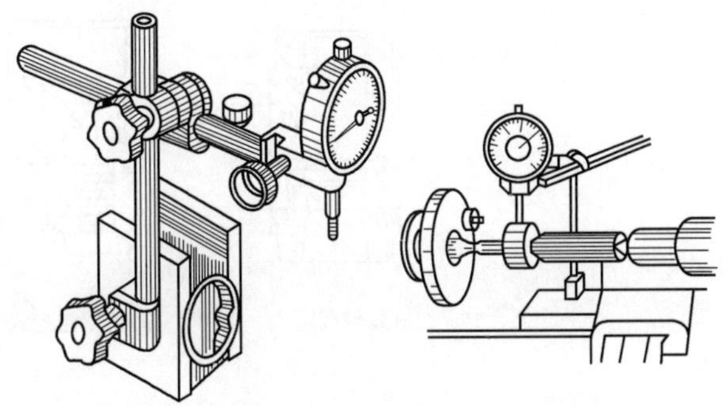

(a) 百分表在支架上的安装　(b) 测量圆柱轴的径向跳动

图 1-27 百分表的使用

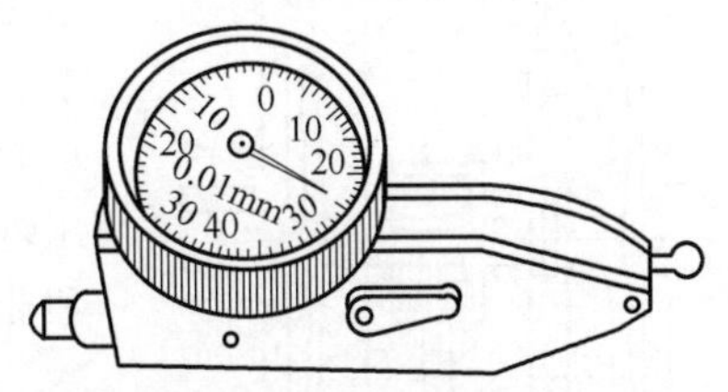

图 1-28 杠杆百分表

第六节 常用液压测量装置的使用

液压系统在调试、维修与整个使用过程中，要对压力、流量、油温等液压参数进行调节和测量，现代液压设备上出于自动控制和故障自诊断功能的需要，往往用到各种测量装置，因此液压设备的使用与维修人员必须掌握使用各种装置对各种液压参数进行测试的方法。

一、压力测量装置

1. 弹簧管式压力表

弹簧管式压力表是利用截面为腰形的弹簧管（波登管）在受压后产生弹性变形带动指针摆动来测量压力的，图 1-29 所示为其结构。

压力表的测量精度有 0.5、1.0、1.5、2.0、2.5 等几个等级，一般测量用 1.5 级精度的压力表即可，用来校正压力表精度的压力表要用 0.5 级的。被测压力的最大值不应超过表量程的 2/3。

为了减少对压力表的冲击，保证指针稳定，便于读数，可在压力表接头之前安装图 1-30 所示的几种常用的阻尼装置以吸收振动。

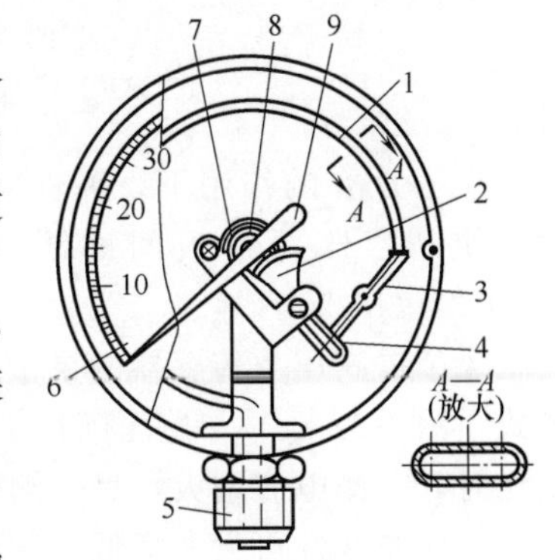

图 1-29 弹簧管式压力表结构

1—弹簧管；2—扇形齿轮；3—拉杆；4—调节螺钉；5—接头；6—表盘；7—游丝；8—中心齿轮；9—指针

2. 压力传感器

(1) 电感式压力传感器　如图 1-31 所示，电感式压力传感器的压力敏感元件多采用金属制的圆形膜片（平形与波纹形），膜片 1 为波纹膜片（可输出较大位移，但不抗振和抗冲击），用来感受被测压力，膜片 1 与可变电感的活动磁

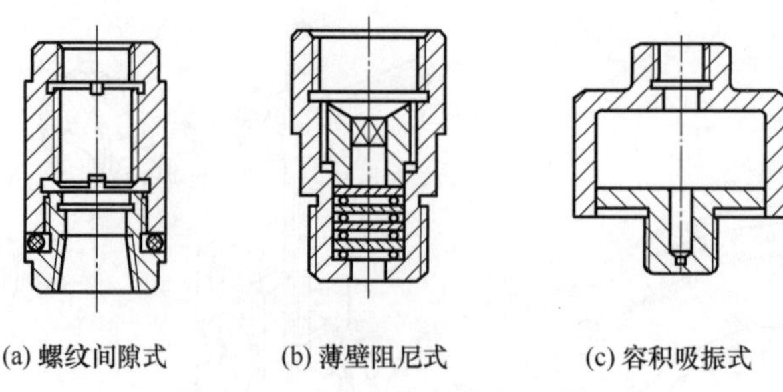

图 1-30　压力表常用的阻尼装置

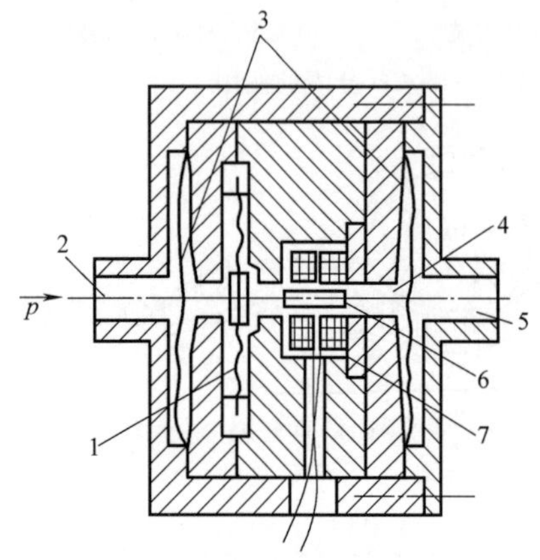

图 1-31　电感式压力传感器的结构原理
1—测量膜片；2—流体入口；3—隔离膜片；4—填充液；5—大气口；6—活动磁芯；7—电感线圈

芯 6 机械相连，膜片 3 将膜片 1（压电敏感元件）和被测液体隔开，膜片 3 的压力传递由中间填充液 4 实现，填充液为硅油或氟化碳润滑剂。在被测液体压力作用下，膜片 1 变形带动与其机械连接的可动磁芯 6 移动，从而改变两个电感线圈 7 的电感值，使电感电桥有电压输出，其值与被测量有确定的关系。为了减少温度和非线性对测量精度的影响，设有补偿电路。

（2）电容式压力传感器　利用压力的作用，改变平板电容器两极板间的距离来改变其电容量，通过测量电容量的变化达到测量液体压力的目的。

图 1-32 所示为电容式压力传感器的结构原理。弹性感压膜片 1 四周固压在壳体 2 上，电容器的活动极板 5 与膜片 1 连在一起。固定极板 3 用绝缘件 4 与壳体隔开。

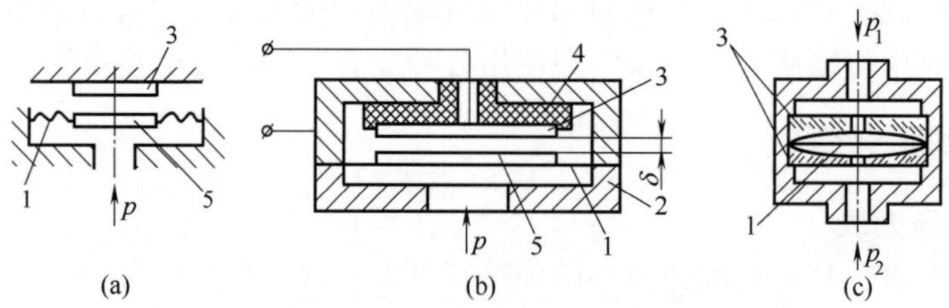

图 1-32　电容式压力传感器的结构原理
1—膜片；2—壳体；3—固定极板；4—绝缘件；5—可动感应极板

在压力 p 的作用下，弹性感压膜片 1 与极板 5 一起平行移动，使电容器两极板间的距离 δ 改变，从而改变其电容量［图 1-32（b）］。

为了提高压力传感器的灵敏度和改善输出特性，常采用差动形式［图 1-32（c）］，感压膜片 1 置于两固定极板 3 之间，当压力变化时，一侧电容增大，另一侧电容减小，因此其灵敏度可提高一倍，而非线性可大大降低。

电容式压力传感器的测量电路有交流电桥、双 T 网络、调频电路等。图 1-33 所示为交流电桥测量电路，C_x 为传感器的电容，C_0 为固定电容，R_1、R_2 为配接电阻，电桥的 A、C 两端接有等

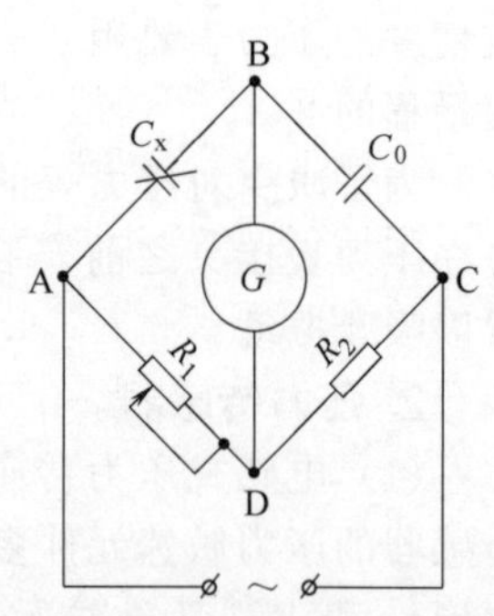

图 1-33　交流电桥测量电路

幅高频交流电压，B、D两端为电桥的输出。电桥事先调整至平衡，当传感器电容 C_x 因压力变化而变化时，电桥失去平衡而输出电流信号，该电流信号的振幅随 C_x 而变，经放大与检波后，即可由指示仪表或记录仪器得出测量结果。

电容式压力传感器的优点是灵敏度高，可测量很低的压力，动态响应性好，适于测量高频压力变化。但由于传感器内部存在寄生电容和分布电容，线路对外界环境也很敏感，因此不易获得高的测量精度。

(3) 电阻应变片式压力传感器 由压力敏感元件和电阻应变片组成。压力敏感元件有膜片式、溅射薄膜式、应变筒式、应变筒支梁式和组合式等。电阻应变片常用的有电阻丝应变片、箱式应变片和半导体应变片。

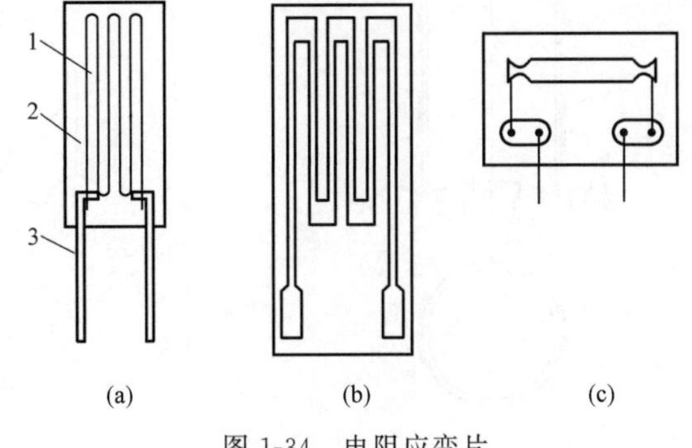

图 1-34 电阻应变片

1—金属丝；2—绝缘片基；3—引出线

电阻丝应变片［图 1-34 (a)］由一根直径为 0.012～0.05mm 的高电阻系数的金属丝 1（如康铜丝、镍铬合金丝等）绕成栅状，用胶水牢固地粘贴在绝缘片基 2（薄纸片或胶片）上，电阻丝两端各焊接一根较粗的紫铜丝 3 作为引出线，上面再贴一层覆盖物制成。

箔式应变片［图 1-34 (b)］由厚度为 0.005～0.01mm 的高弹性合金（如铜基、铁基、镍基）材料制成的合金箔加热附着在厚度为 0.05mm 的塑料片基上，再用腐蚀加工的方法制成栅形。

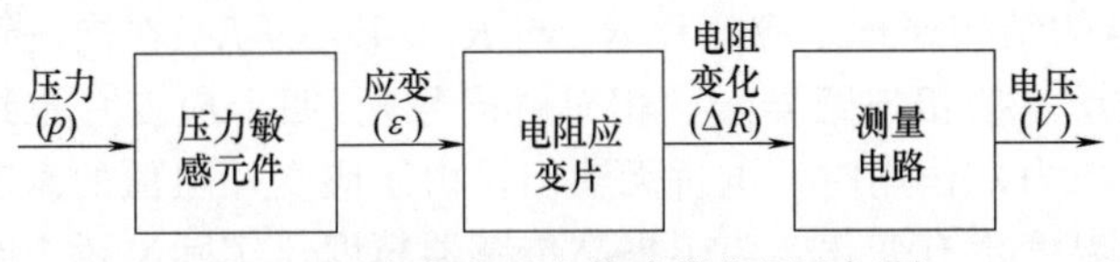

图 1-35 应变式压力传感器的原理框图

半导体应变片［图 1-34 (c)］是将 P 型或 N 型半导体晶体沿一定晶向切取细薄片代替金属丝或金属箔制成的应变片，其体积小、灵敏度高，但受温度影响大。

应变片式压力传感器的原理框图如图 1-35 所示。压力敏感元件承受压力 p 后产生应变，电阻应变片则将应变量变换为电阻的变化量 ΔR，ΔR 再通过惠斯通电桥变成电量（电压 V）而输出。

电阻应变片的电阻变化量 ΔR 一般是很小的，需要用电桥来测量，即要采用测量电路（直流电桥、交流电桥或专门的电阻应变仪）来测量，目前应变片电桥大多采用交流电桥。

弹性敏感元件的受力筒采用圆筒、椭圆筒和扁平腰形筒的结构，应变片粘贴在筒的外围上。图 1-36 所示为 BYY 型压力传感器的工作原理，被测压力 p 通入椭圆形筒内，使之力图变成圆形截面，在圆周方向上产生的应变量 ε 如图 1-36 (b) 所示，在每一个应变区的正中央分

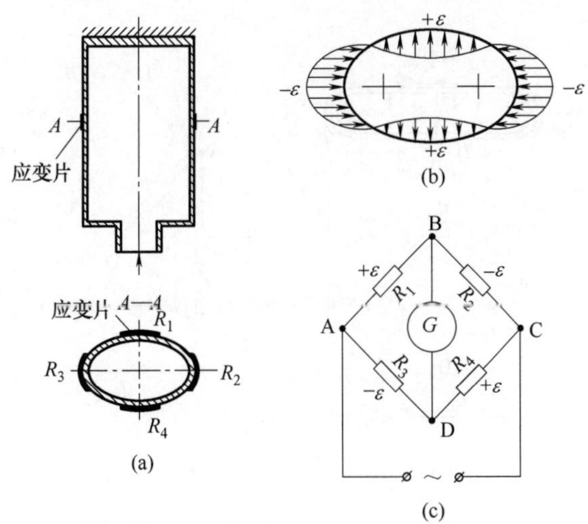

图 1-36 BYY 型压力传感器的工作原理

别粘贴四个应变片 R_1、R_2、R_3、R_4，正应变（$+\varepsilon$）区的两片 R_1 与 R_4 接在电桥两个相对的臂上，负应变（$-\varepsilon$）区的两片 R_2 与 R_3 接在电桥另两个相对的臂上。四个桥臂都是测量应变片电阻，因而称为全桥连接的桥路。这种桥路中一个应变片电阻受温度影响所产生的误差被另一个相邻应变片所抵消，例如 R_1 与 R_2 抵消，R_3 与 R_4 互相抵消，所以这也是一种补偿电路。

图 1-37 所示为 BPR 型压力传感器的工作原理，它先将液体的分布压力作用在薄而柔软的悬链形金属膜片上变成集中力，再作用在应变筒上，这样液体可不充满筒内，减少了这部分液体体积，可提高传感器的自振频率，从而可改善传感器的动态响应性能。悬链膜较之平膜，不会出现平膜受压变形而因自身的弹性产生的弹性力，而悬链膜在受压变形时几乎不产生弹性力，能真实地把受到的全部分布压力变为集中力传到筒上。这种圆形截面筒在轴向集中力作用下，将产生轴向压缩应变和圆周方向的拉伸应变。沿轴向粘贴两个应变片 R_3 和 R_2，以感受压缩应变（$-\varepsilon$），沿圆周方向粘贴两个应变片 R_1 与 R_4，以感受拉伸应变（$+\varepsilon$），并将它们连成全桥连接的形式。

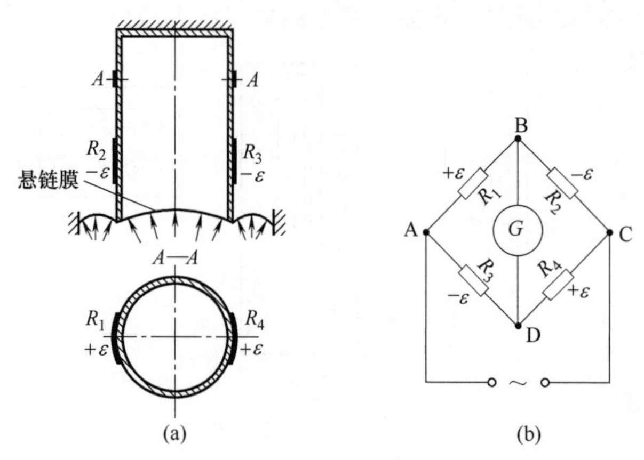

图 1-37 BPR 型压力传感器的工作原理

图 1-38 所示为扁平腰形铜筒传感器的结构原理。应变片 R_1 与 R_3、R_2 与 R_4 在同一环向对称粘贴，且阻值相同，两两符号相反（按相邻臂异号、相对臂同号）。四个应变片也组成一个桥路，在传感器不受外力（液体压力）作用时，电桥无输出。由于应变片阻值的离散性很大，各片粘贴质量不一，另外测量温度也有变化，为了提高传感器精度，实际电桥中有零点补偿 R_D、零点温漂补偿 R_T、灵敏度补偿 R_M、非线性补偿 R_L、输出阻抗标准化补偿 R_P 以及灵敏度标准化补偿 R_S 等。因而，由基本测量电桥［图 1-38（a）］电路变成了图 1-38（b）的形式，图中 ΔU 为传感器的输出电压，U_0 为传感器的供桥电压。图 1-38（c）

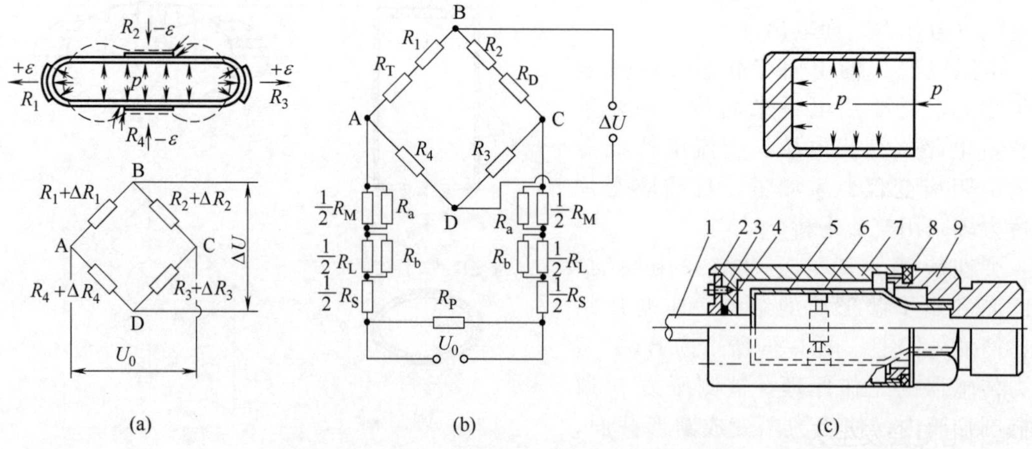

图 1-38 扁平腰形铜筒传感器的结构原理

1—四芯屏蔽线；2—密封盖；3—螺钉；4，8—O 形圈；5—应变管；6—应变片；7—外壳；9—接头

所示为这种传感器的实际结构。

(4) 压阻式压力传感器 采用半导体材料沿其晶向切取细薄片作为应变片（压力敏感元件）所制成的压力传感器。

半导体材料在某一方向承受压力时，电阻率将发生显著变化，可将 P 型或 N 型半导体晶体细薄片作为电阻应变片用胶水牢固地粘贴在能感受压力变化的弹性元件上。当弹性元件随压力变化而产生应变时，半导体电阻应变片也受压产生应变，使其电阻发生变化，电阻值的变化量与弹性元件的应变量成正比。测量此电阻值的变化量便可测出弹性元件的应变量，从而测出压力的大小。

图 1-39 所示为压阻式压力传感器的结构，被测压力先作用在钢膜片上，通过硅油将压力传给硅膜片，使压敏电阻变化并通过电桥将信号输出，从而测出液体压力的大小。钢膜片隔开被测液体和硅膜膜片，可保护硅膜片，使其性能稳定。钢膜片和硅油的不可压缩性保证了被测压力可等效传到硅膜片上，它们也不影响传感器的灵敏度、线性和迟滞等性能，只影响零点效应和频率特性。

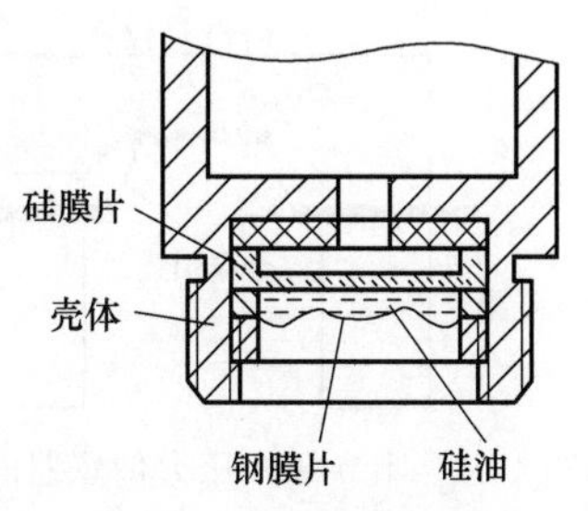

图 1-39 压阻式压力传感器的结构

压阻式压力传感器测压范围宽、精度高、固有频率高、动特性好、重量轻、耐冲击振动，因而广泛用于生产科研中。

(5) 压电式压力传感器 利用晶体的正压电效应制成。压电效应是指压电晶体在外载荷（液体压力）的作用下产生机械变形，在其极化面上会产生电荷，且产生的电荷量与外部施加的力成正比，因此测得电荷量便可测出液体压力的大小。

压电效应是一种静电效应，压电元件受力所产生的电荷很微弱，加上其他因素，输出信号很弱，所以传感器的输出信号必须由低噪声电缆引入高输入阻抗的电荷放大器，该放大器是具有深度电容负反馈的高增益放大器，其等效电路如图 1-40 (b) 所示。

图 1-40 (a) 所示为压电式压力传感器的结构原理。被测液体压力作用在膜片上，膜片将力传给压电晶体，晶体受沿极化方向的力作用后，产生厚度方向的压缩形变，因压电效应产生电荷，再由两极板收集引向测量电路。

压电式压力传感器结构简单，性能优良，测压范围广，工作频带宽，耐冲击，可在高温环境下工作，应用较广泛。

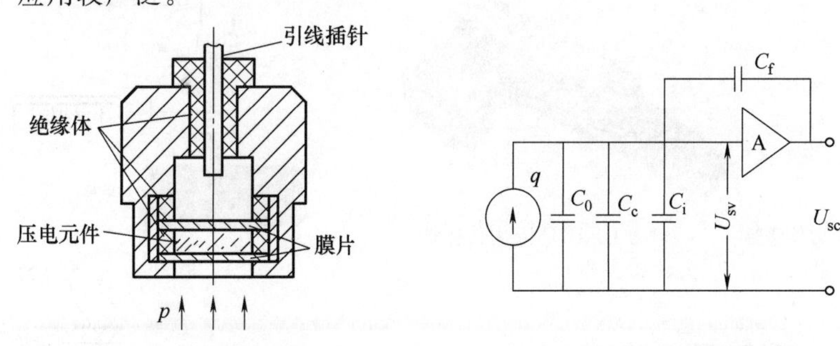

(a) 压电式压力传感器的结构原理　(b) 电荷放大器等效电路

图 1-40 压电式压力传感器的结构原理及电荷放大器等效电路

(6) 半导体式压力传感器 半导体晶体在受到一个外力作用时，因半导体的压阻效应，其内部的电阻会发生大的改变，因此制成的压力传感器称半导体传感器，其工作原理如图 1-41 所示。将硅单晶基板的中央部分腐蚀成薄膜状的硅环，再利用 IC 的扩散工艺制成由四个半导体应变片构成的惠斯通电桥，测量出电阻改变量，便可测出液体的压力。

3. 几种典型的压力测量装置

图 1-42（a）所示为西德福数字式压力表，是测压系统中理想的新型压力表，是用来检测液压系统压力变化、发现故障的基本工具。SPWF 型电子压力控制器［图 1-42（b）］将压力开关、压力变送器及数字显示的功能结合于一体。压力检测采用了陶瓷元件，可通过显示面板上的按钮对显示进行设置和对触点输出等参数现场编程。带 LED 显示，显示部分可任意旋转，方便读数。应用领域包括液压系统、加工机械。

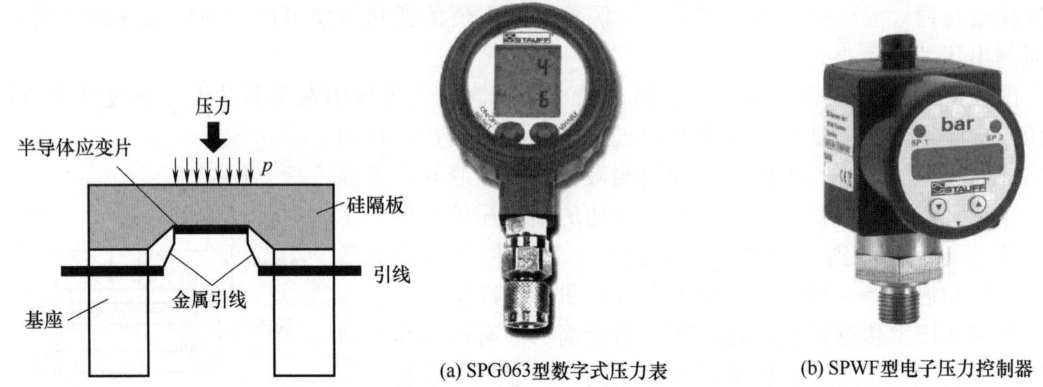

图 1-41 半导体式压力传感器的结构原理　　图 1-42 数字式压力表例

图 1-43（a）所示为西德福公司 SPE51 型压力传感器，测压元件为陶瓷，精度高。

图 1-43（b）所示为力士乐公司 HM 型压力传感器，用于压力测量，并将测量值转化为电信号。该传感器的高精度和高温度稳定性使它非常适用于控制回路中。由于输出的是标准信号，HM 型压力传感器广泛用于各类液压系统。

由压力传感器和专用放大电路组可组成压力变送器，如图 1-44 所示。

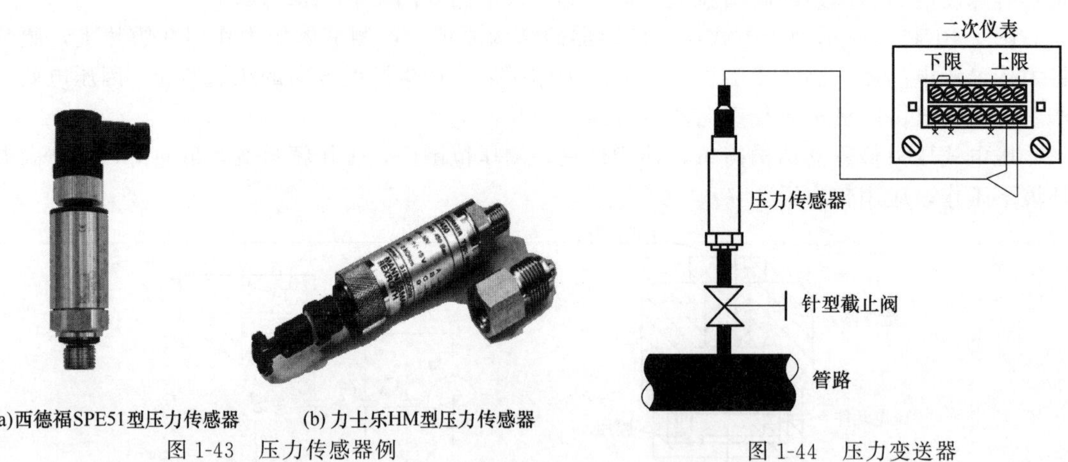

图 1-43 压力传感器例　　图 1-44 压力变送器

二、流量测量装置

测量液体流量的装置有很多，如浮子式流最计、椭圆齿轮流量计、罗茨流量计、计量马达流量计、转子或活塞式流量计、文丘里管差压式流量计、超声波流量计以及涡轮式流量计等，下面仅介绍生产实践中常用的几种流量测量装置。

1. 涡轮式流量计

涡轮式流量计由前置放大器、涡轮流量变送器和指示仪表组成，图 1-45 所示为涡轮流量变送器的结构原理。它利用液体流动的动压使涡轮1转动，涡轮的转动速度与平均流速大致成正比，因而测得涡轮的转速便可求得瞬时流量，由涡轮转数的累计值便可求得累积流量。

液体由左端流入，经过具有多片螺旋状叶片的涡轮1，由右端流出。导流器4使流经涡轮的液体均匀而平稳，以提高测量精度。涡轮起第一次转换作用——将流量转换成涡轮转速，磁电接近式传感器5起第二次转换作用——将涡轮转速转换成脉冲电压信号。

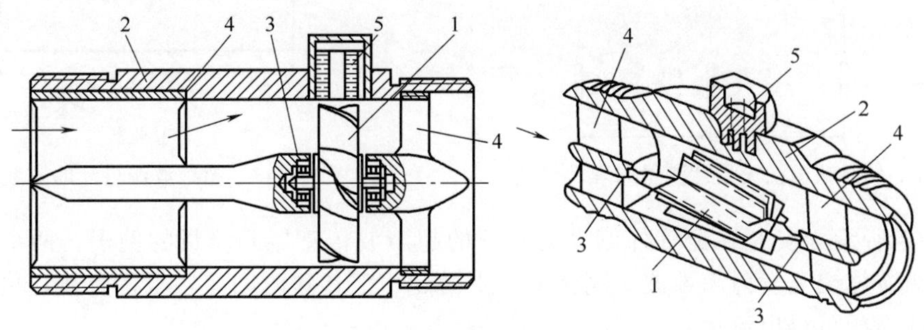

图1-45　涡轮流量变送器的结构原理

1—涡轮；2—壳体；3—轴承；4—导流器；5—磁电接近式传感器

磁电接近式传感器5有一个具有永久磁铁铁芯的线圈，由于涡轮1叶片是由导磁材料制成的，因此当涡轮转动时，叶片经过磁电接近式传感器5的下方时，使其磁路的磁阻减小，磁通增大，这样随着涡轮的旋转，磁通发生周期性变化，在线圈内起感应而输出脉冲信号，其频率与涡轮的转速成正比，计量脉冲信号的频率，便可确定通过的液体流量。脉冲信号经前置放大器放大后，如输送到频率计，可以测得瞬时流量，如输送到计算累加器，可以测量某一段时间内的累计流量。

涡轮式流量计测量精度高，测量范围大，反应速度快，压力损失小，能承受高压，能远距离测量，可用于静态与动态测量。但其测量精度受液体黏度的影响较大。测量时要避开周围磁场的影响。

2. 超声波流量计

超声波流量计是利用超声波在流体中的传播速度会随被测流体的流速变化而制成的流量计。

超声波流量计测量原理如图1-46所示，液体以流速 v 流过，在上游和下游安装超声波接收器，中间安装超声波发生器，则超声波正向（顺液流方向）和逆向的传播时间分别为

$$t_1=\frac{L_1}{c-v}$$

$$t_2=\frac{L_2}{c+v}$$

式中，L_1 为发生器到上游接收器的距离；L_2 为发生器到下游接收器的距离；c 为声速；v 为流速。

测出时间 t_1 与 t_2，便可求得速度 v，进而求得流量大小。如果设 $L_1=L_2=L$，则 $\Delta t=t_1-t_2=2Lv/c^2$，实际测量中用测出的时间差 Δt 来求出流速 v。

由于声速会随温度而变化，带来测量误差，所以在液压测量中多采用不受温度影响的频差法，即通过测量顺流和逆流情况下超声波脉冲的循环频率差 Δf 来反映流量的大小，其比例常数与声速无关，即

$$\Delta f=\frac{2v}{L}$$

测量时插入式流量计要在被测点的管路上开孔，如图 1-47 所示。

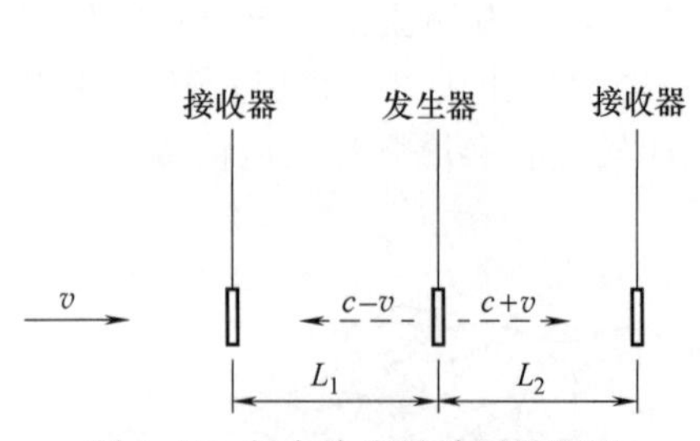

图 1-46 超声波流量计测量原理

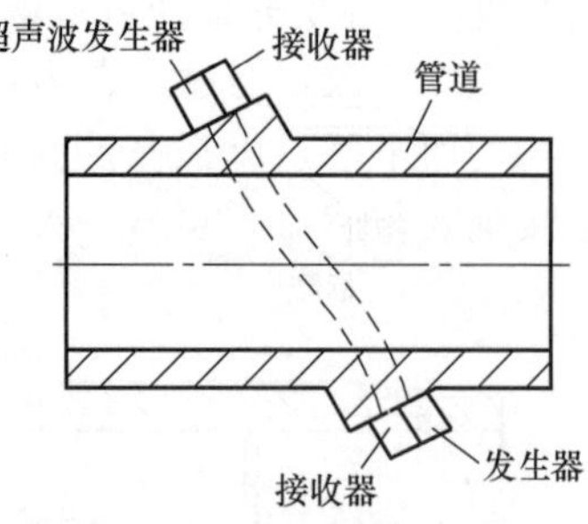

图 1-47 超声波流量计的安装

图 1-48 所示为安装在配管外侧无需开孔的超声波传感器测流量的例子，两个超声波传感器向被测液体交互发射超声波，测得上、下游超声波传递时间差，求得流速，再用流速乘以管道内截面积可得出流量。

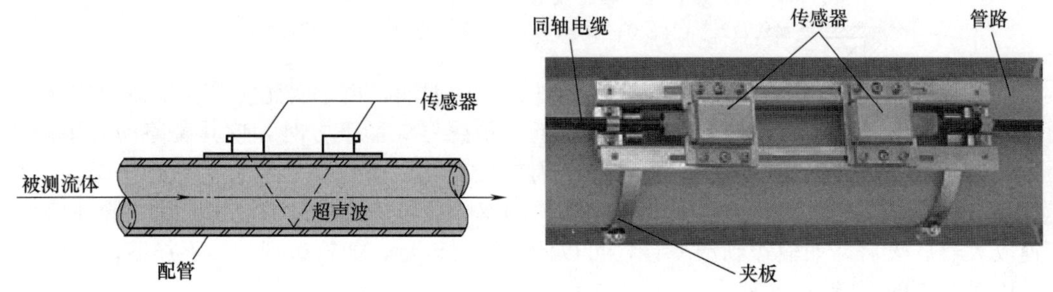

图 1-48 超声波传感器测流量

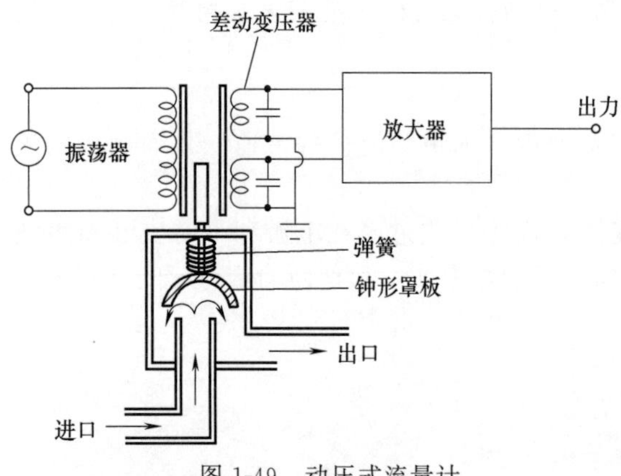

图 1-49 动压式流量计

3. 动压式流量计

如图 1-49 所示，在与流体流动方向相垂直的方向安装钟形罩板，测出板受到的动压（与流动液体的动量成比例），以求出体积流量的流量计称为动压式流量计。一般作用在钟形罩板上的力与流体流速的二次方成比例，这点与压差式流量计相同。

4. 利用超声波振动测量流量的小流量计

通过流体动压的改变，使振荡着的振动片的振荡频率发生变化，读出该变化，可测量出流量。

如图 1-50 所示，管内流体的作用力通过指针以振动片作为标靶进行接触，振动片通过压电敏感元件与振动放大器将振动变为电量输出。当管中流体的流量发生变化时，由振动片与超声波振子构成的动压感压传感器接收其变化，使超声波振子的振荡频率发生变化，通过后续的波形调节电路与触发器电路，并经频率电流变换器将交流电变为直流电输出，在流量计（电表）上显示出流量的大小。这种流量计一般也作为流量传感器使用。

5. 西德福公司 SDM 型及 SDMK 型磁流量计

如图 1-51 所示，磁流量计内有一块锐边的隔片和一个锥形活塞，它们支撑在一个弹簧上，随着流量的变化而活动。如果没有介质流过，锥形活塞会把通口堵住，指针就在零位

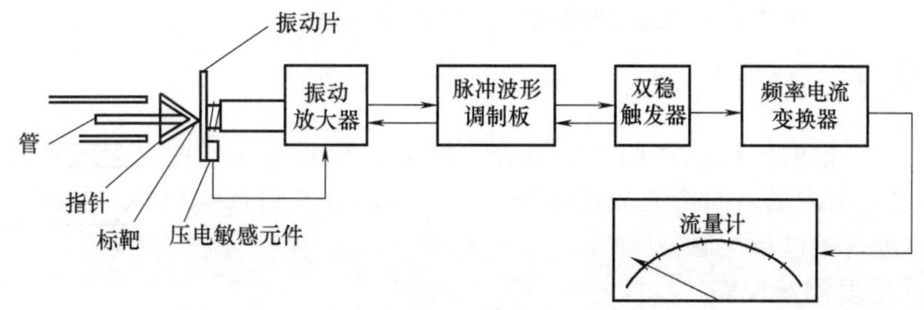

图 1-50 超声波振动小流量计的工作原理

上。随着流量的增加，由此产生的压差使锥形活塞压迫已经标定压力的弹簧。锥形活塞的行程是与流量大小成正比的，并通过磁力传递到指针上。锐边的隔片起到减少黏度影响的作用。指针指示的刻度值用 L/min 表示。

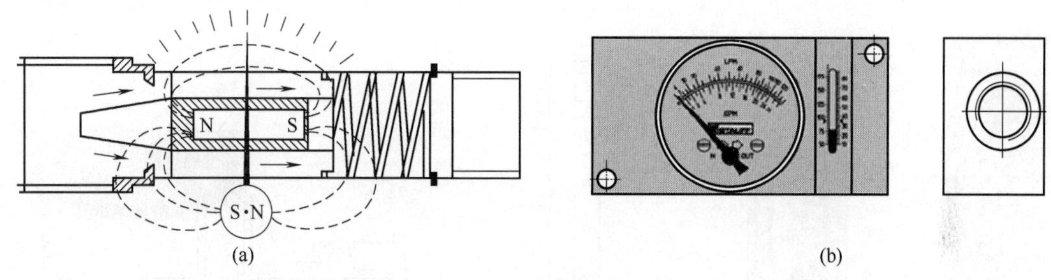

图 1-51 磁流量计

6. SFIHE-G 型与 SFIOE 型流量开关

SFIHE-G 型流量开关如图 1-52（a）所示，结构紧凑、坚固耐用，用于检测和监视液体介质的流量（所测液体要求不含固体颗粒）。测量范围为 0.005～150L/min，带有刻度的玻璃管指示窗，流量检测无方向限制，应用领域为冷却或液压系统，工程机械、医药及化工行业等。

SFIOE 型流量开关流量开关如图 1-52（b）所示，结构紧凑、坚固耐用，运用浮子测量原理，用于检测和监视油和黏性介质的流量（所测液体要求不含固体颗粒）。测量范围为 0.1～110L/min，所测液体黏度为 30～600mm^2/s，流量检测无方向限制，应用领域为液压循环、循环润滑系统等。

7. FT 型管路流量监控器

如图 1-53 所示，管路流量监控器可固定在管线上测量管路介质的流量，运用孔板变截面原理实现对管路流量的监视和检测。测量精确可靠，测量范围为 0.5～550L/min（液体），

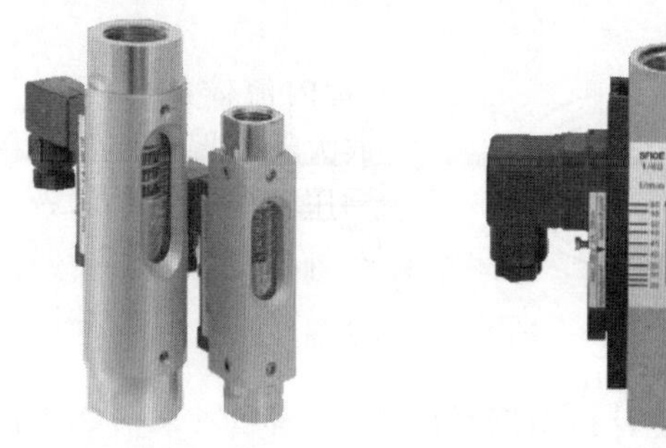

图 1-52 流量开关

图 1-53 管路流量监控器

带流量刻度指示窗，应用领域为各种液压油、水和空气或气体介质。

三、温度测量装置

温度测量仪表根据作用原理的不同可分为接触式和非接触式两类。前者温度检测元件（传感头、温包）与测量对象需充分密切进行热接触；后者则是利用热辐射测量，无需温度检测元件与测量对象进行接触。

1. 接触式温度测量仪表

（1）液柱温度计　如图 1-54 所示，主要有工业用和实验室用的水银温度计。当温度升高时，玻璃管内的水银产生膨胀，液位上升，以显示温度值。用于实验室的精密水银温度计都标有“浸线”位，测量时必须浸过标线。用水晶玻璃做的温度计，刻度值最小为 0.01℃，下端大的球头温包，测量时必须轻轻与物体接触，观察时眼与刻度值成水平，且经常按图 1-55 的方法校正。

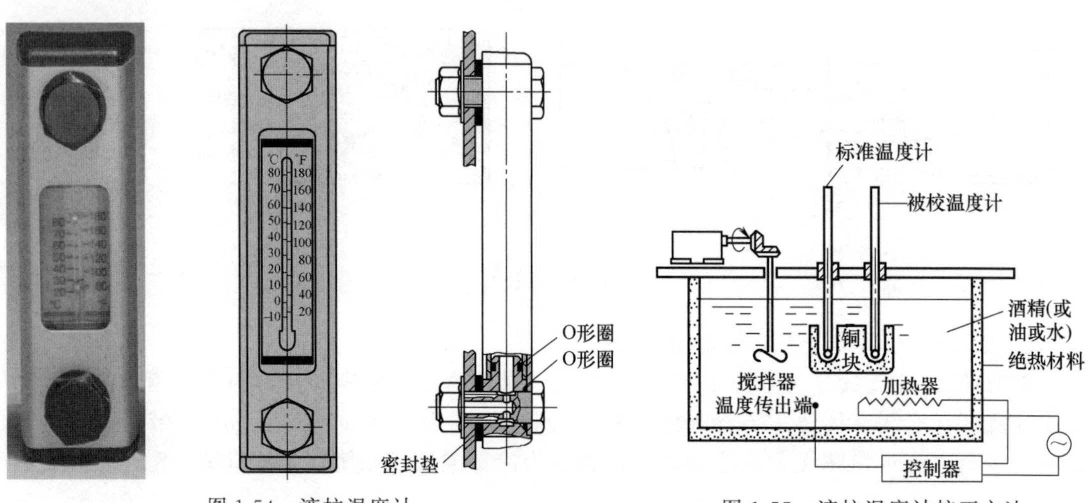

图 1-54　液柱温度计　　图 1-55　液柱温度计校正方法

（2）双金属温度计　如图 1-56 所示，将热膨胀系数相差较大的两种金属薄片粘接（或叠焊）在一起，一端固定，另一端为自由端，当温度升高时，由于金属片 A 的热膨胀系数大于金属片 B 的热膨胀系数，产生向下弯曲变形［图 1-56（a）］，或向逆时针方向更卷曲［图 1-56（b）］，利用双金属片的这种变形可制成双金属温度计。

图 1-57 所示为用绕成直螺旋形的双金属片制成的圆形温度计，是利用双金属片随温度变化产生扭转变形制成的温度计，这种形式也可制成温控开关，利用温度变化产生双金属片的热膨胀变形，接通或断开电路。

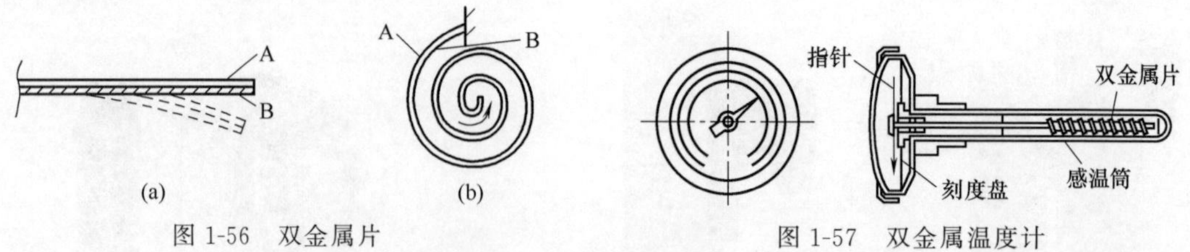

图 1-56　双金属片　　图 1-57　双金属温度计

（3）压力式温度计　如图 1-58 所示，压力式温度计由温度敏感部 1、导管 2 和波登管压力表 3 组成。当温度变化时，温度敏感部 1 内的介质受热膨胀，而容积不变，势必压力升高，从压力表 3 可读出温度值。这种温度计常用水银、酒精或苯胺作工作介质。气体压力式

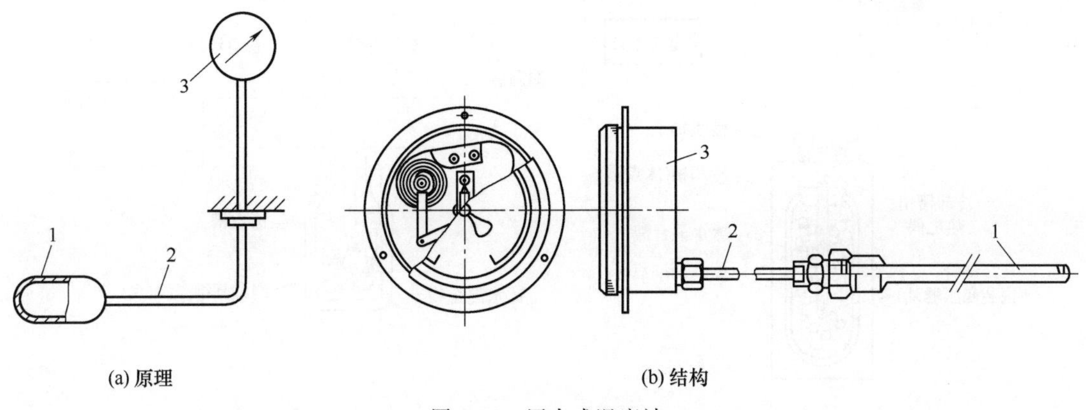

图 1-58 压力式温度计

1—温度敏感部；2—导管；3—压力表

温度计则一般封入惰性气体。

(4) 电阻式温度计 利用金属的电阻随温度变化而改变的原理制成，只要测出电阻，即可确定温度。

一般金属的电阻率随温度的上升而增大，为提高测温灵敏度和稳定性，常选用白金（铂合金）线制作热电阻，如图 1-59 所示，引出线与仪表相连。白金热电阻引出线有二线、三线和四线等几种方式。当采用电位差计测量电阻时，常用四线式接法。电阻式温度计不需要热电偶温度计那样的基准接点，而且在常温范围内测量时精度很高，缺点是响应速度慢。

另外还可利用金属氧化物烧结而成的半导体——热敏电阻的阻值随温度变化的特性来测量温度。

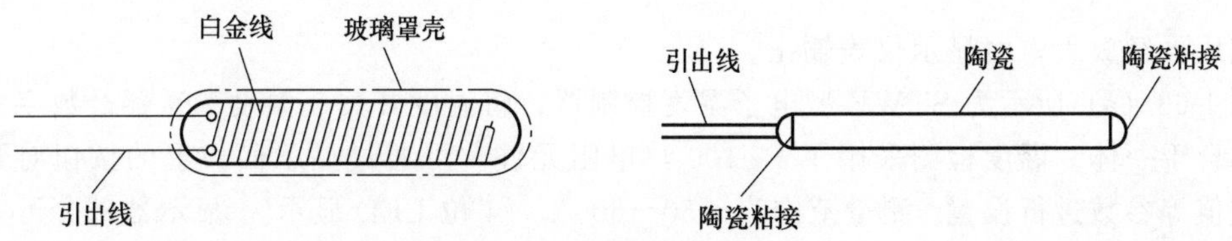

图 1-59 电阻式温度计

(5) 热电偶温度计 图 1-60 所示为热电偶温度计。图 1-60 (a) 所示为其工作原理，两根不同材料的金属线接合在一起，在接合点处（接点）会有不同的温度 T_1 与 T_2，温度梯度的存在便产生电动势（直流电压 e），称为热电势，即 e 的大小与金属线的材料及 T_1、T_2 有关，这种特性就是热电效应。

若已知温度 T_1，便可通过测定电压 e 求得温度 T_2。这种用不同金属接合而成的测温元件称为热电偶。因为热电偶是测定高温端与低温端之间的温差，所以经常取一端作为基准(例如温度恒定的冰点)，另一端测量温度。图 1-60 (a) 所示为热电偶温度计的结构。

测量时，正确安装热电偶可减少测量误差，图 1-61 中的热电偶 2 比热电偶 1 的测量误差要小些。

2. 非接触式温度测量仪表

非接触式温度测量方法是一种以热辐射为基础，结合光学技术和电子技术的测温方法。其检测元件不必接触被测体，距离可很远。

图 1-62 所示为红外辐射温度计的工作原理，红外线探测器通过光学系统感受目标——被测物体的红外线辐射能（温度）后，引发光电效应产生电流，通过放大器将能量放大，并

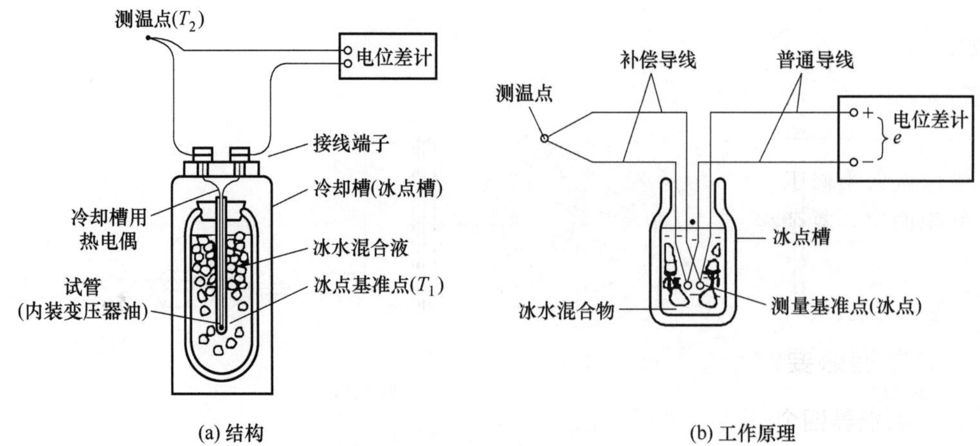

(a) 结构 (b) 工作原理

图 1-60 热电偶温度计的结构原理

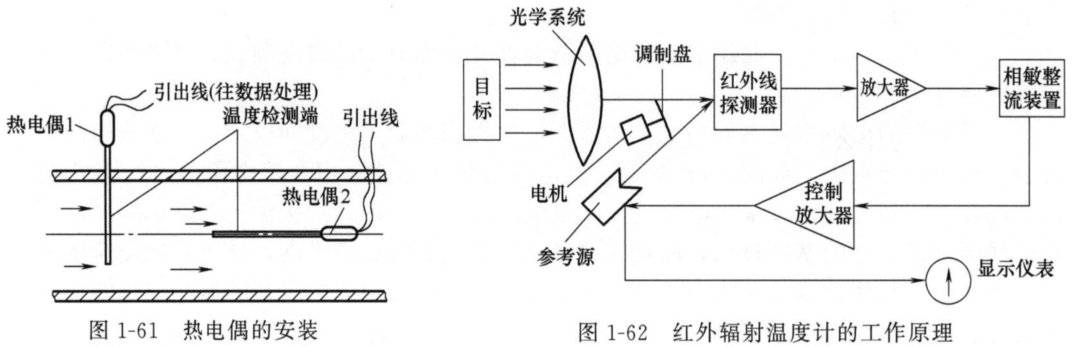

图 1-61 热电偶的安装

图 1-62 红外辐射温度计的工作原理

经整流后再经放大，由显示仪表输出。

图 1-63（a）所示为 STWE 型电子温度控制器，将温度开关、温度变送器及数字显示的功能结合于一体。温度检测采用了 PT100 热电阻元件，可通过显示面板上的按钮对开关点和回差值等参数进行设置。测量范围为－50～600℃，4 位 LED 显示 ，显示器部分可 330°旋转，方便读数。典型应用领域为加热或冷却控制系统中对温度的测量和监控。

图 1-63（b）所示为 SPS300 型温度传感器，是为过程控制中测量介质温度而设计的。测量范围为－50～200℃，输出信号为 4～20mA/0～10V，响应时间短，检测元件可以和安装在设备上的套管部分分离，方便维护和在线更换，可选用带 USB 接口的温度传感器（USB 接口在电气插头内部），方便用户自行设定温度测量范围。

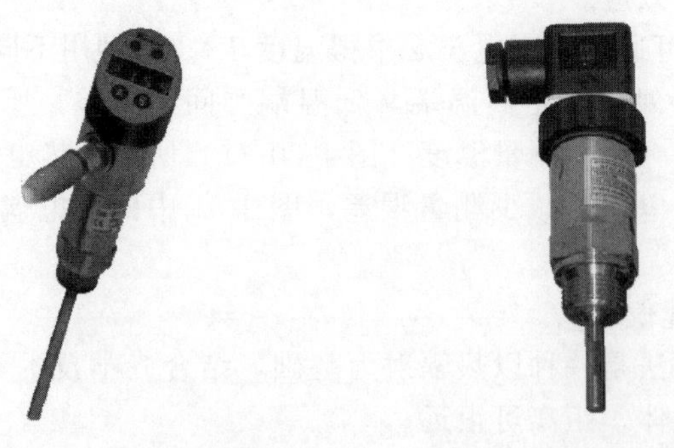

(a) STWE型电子温度控制器 (b) SPS300型温度传感器

图 1-63 温度控制器与温度传感器

第七节 液压维修人员的基本素养

液压设备维修工作的核心是故障的判断和故障的处理。液压维修人员要做好维修工作，涉及知识面广，复杂程度大，必须具有一定深度的综合专业知识水平。既要有机械设备维修基础知识，又要有液压维修基础知识，还要有电气维修基础知识。液压设备的维修是不断学习进取的过程。

一、掌握必要的液压知识

1. 不断培养四个基本功

(1)“是什么” 对安装在液压设备上的各种液压元件外观形状要熟悉，与液压系统图所列对得上号，知道它们“是什么”。

(2)“干什么” 对各个液压元件在液压系统中的作用必须了解，知道它是用来“干什么”的。

(3)“为什么” 对各种液压元件的内部结构和工作原理要清楚，做到了如指掌，知道该液压元件“为什么”能起这个作用。

(4)“怎么样” 要对液压回路和整个液压系统有一个全面认识，掌握各液压元件在回路和系统中的作用和彼此关联，解决“怎么样”的问题。

2. 活到老学到老

除了掌握上面四个基本功外，还必须系统地学习并逐步掌握下述知识。

① 液压设备首先是机械设备，因此一些机械基础方面的知识是必不可少的，包括机械制图、机械原理和设计、机械制造工艺学、机械工程材料、机械摩擦与润滑密封等课程的学习和掌握。

② 液压设备是一种流体动力机械，必须了解其工作原理和特点、工作介质方面的知识，如流体力学基础、液压传动与液压控制方面的知识。

③ 液压设备又是一种控制机械，它与控制技术密切相关，因此控制理论方面的基础知识、电气电子方面的基础知识至少应该是有一定功底。例如对 PC、PLC 可编程控制器，至少应掌握它们的输入、输出接口和常用的编程方法。对于一些基本电气元件，如接触器、继电器和时间继电器的工作原理与结构，应有一定的了解。

④ 液压系统无疑还是一个信息系统，在液压系统内部各组成部分之间、液压系统与外部环境之间，都有着广泛的信息交流，信息技术方面的知识也必须有一定程度的了解。

⑤ 随着电子技术与计算机技术的进步，液压技术与其他技术相互渗透和交流，机-电-液(气)一体化已经不再是一个新名词，越来越多的液压设备采用可编程控制器、单片机等工业控制机进行控制。因而掌握一定的计算机技术基础知识成了维修人员的必备技能。

⑥ 其他知识，如液压测试技术、故障诊断学以及与设备执行任务相关的技术（如塑料加工、橡胶、钢铁冶金、汽车、建筑工程、金属切削与无切削加工等）。

二、树立良好的工作作风

1. 多学多问

学习上述理论知识非常艰辛，但想成为优秀的液压维修人员，必须谦虚好学，只有这样，才能够不断提高自己，成为具有竞争力的人才。

如果有培训或者遇到液压维修专家处理问题等机会，千万不可错过，这些是最好的学习机会。通过多问，可获得许多书本上没有的大量的第一手资料和间接经验，并争取与专家保持联系。同时要向经验丰富的维修人员学习，提高自己的水平。另外也要向经验丰富的液压设备操作人员多问，搞清液压故障出现的前后情况。与操作人员密切配合，对于迅速排除故障，提高自己的维修水平是十分有益的。

2. 多动手、多实践

多动手、多实践，才能多积累液压维修方面的经验。

对各类液压元件多接触，才能真正熟悉各种液压元件的型号、外观及结构，通过对结构的了解可进一步明白它的工作原理，进而在分析液压系统的故障时不断提高处理实际问题的动手能力。

液压维修人员要敢于动手，善于动手，要胆大心细，要熟悉情况后再动手，不要盲目拆卸。同时，要充分利用液压设备的自诊断功能来迅速地解决故障，并且在实践中学会使用有关仪器，如示波器、万用表、在线电路检测仪、短路检查仪、电脑、编程器等，以帮助我们对具体电路进行检查判断，特别是 PLC 编程器、电脑要熟练使用，这对分析故障，特别是复杂故障，进而解决问题有很大帮助。

3. 多积累、多总结

多积累包括积累自己在液压维修工作方面的实践经验以及从相关书籍、与他人交往中获取的经验，集思广益、博采众长，查阅各种技术资料，“借他山之石”。

多总结就是液压维修人员要养成写工作日记和写维修心得的习惯，坚持数年，集腋成裘，必成大器。

4. 不怕苦、不怕油

维修液压设备，如拆装大型液压设备的工作是相当繁重和辛苦的，特别是在环境恶劣的条件下。稍有疏忽，便有遭遇“喷油淋浴”，但脏累中有“乐”，油中有“甜”，大多数情况下，喷油后往往是故障排除的先兆，因为此时系统压力上来了。

5. 工作仔细，有条不紊，临危不乱

因粗心大意，修理时漏装了一个密封圈或一个螺钉未拧紧，可能导致必须重新拆卸一台大型液压设备的情况，甚至因小小的疏忽酿成大的液压故障和责任事故，因此必须仔细再仔细。

6. 精益求精

业精于勤，毁于惰。

第二章

动力元件——液压泵的故障诊断与维修

第一节 液压泵概述

一、液压泵在液压系统中的作用

液压泵俗称油泵，是液压系统的心脏。在液压系统中，至少有一个泵。液压泵是液压系统中的动力元件（图 2-1），由原动机（电机或内燃机）驱动，从原动机的输出功率中取出机械能，并把它转换成流体的压力能，为系统提供压力油液。然后，在需要做功的场合，由执行元件（液压缸或液压马达）再把流体压力能转换成机械能输出。

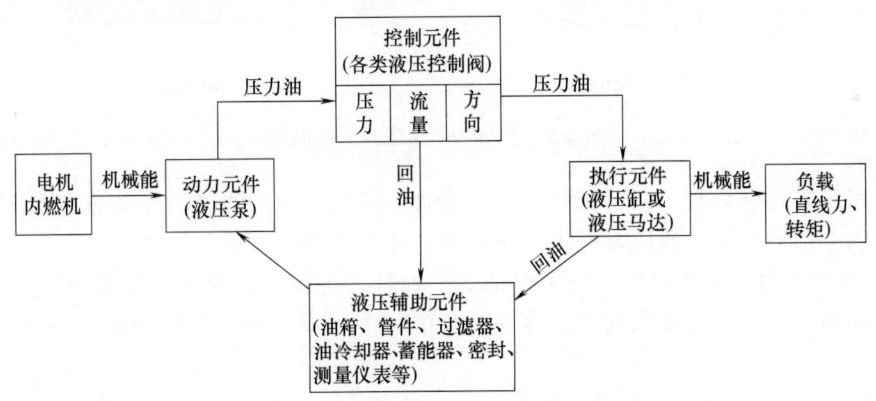

图 2-1 液压泵在液压系统中的作用

二、液压泵的分类与性能比较

液压泵的分类与性能比较见表 2-1。

三、液压泵的工作原理

首先液压泵一定要有与大气隔开的封闭容腔。如图 2-2（a）所示，向左拉动摇杆，柱塞左行，封闭容腔容积变大，形成一定真空度，大气压将油箱内油液压入封闭容腔内，为吸油过程；如图 2-2（b）所示，向右推压摇杆，柱塞右行，封闭容腔容积变小，将腔内油液挤出，

表 2-1 液压泵的分类与性能比较

类型		压力范围/MPa	排量范围/(mL/r)	容积效率/%	抗污染能力	吸入性能	流量脉动	噪声	最高转速	价格	变量	其他
齿轮泵	外啮合	2.5～28	0.3～650	0.7～0.9	优	较好	最大	较大	很高	最低	不能	齿轮通常用渐开线齿形
	内啮合	≤30	0.8～300	0.8～0.95	中	较好	小	较小	高	低	不能	齿轮通常用渐开线或摆线齿形
叶片泵	双作用	6.3～21	0.5～480	0.8～0.95	中	一般	很小	很小	低	中	不能	常用于要求噪声低的场合
	单作用	≤16	1～320	0.75～0.9	中	一般	小	小	低	中	能	
轴向柱塞泵	斜盘式	≤4.0～70	0.2～560	0.85～0.9	差	差	大	很大	中	高	能	有通轴式和不通轴式两种
	斜轴式	≤40	0.2～3600	0.85～0.9	较差	差	大	很大	中	高	能	流量及功率量大，多用于大功率场合
径向柱塞泵		10～20	20～720	0.8～0.9	中	差	大	大	低	高	能	使用较少
螺杆泵		2.5～10	25～1500	0.8～0.9	差	最好	最小	最小	最高	高	不能	用于低噪声场合，抗污染性能好

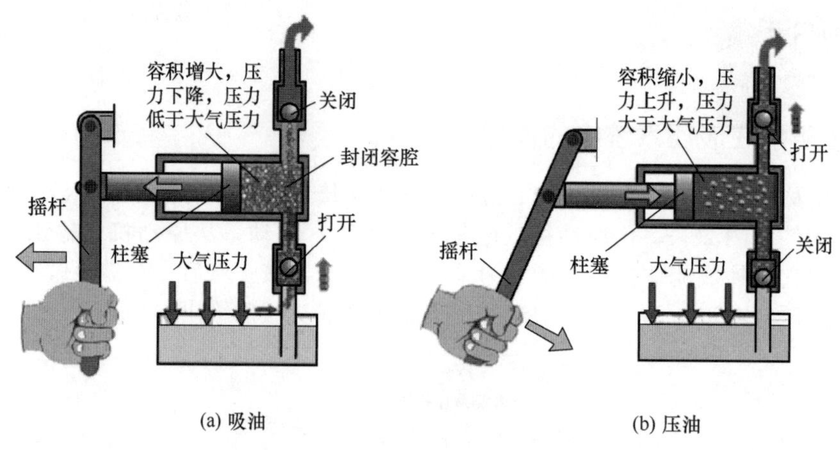

(a) 吸油　　(b) 压油

图 2-2 手动单柱塞泵的工作原理

为压油过程。这种泵只有一个封闭容腔，吸油时不能压油，压油时不能吸油，因而输出油液是不连续的。归纳起来，液压泵基本工作条件（必要条件）如下。

① 形成至少两个封闭容腔。为了保证输出油液的连续性，泵一定都要有两个或两个以上由运动件和非运动件所构成的封闭容腔，其中一个（或几个）作吸油腔，一个（或几个）作压油腔。

② 密封容积能变化。密封容积增大，产生真空，吸入油；密封容积减小，油液被压出（压油）。

③ 吸、压油腔隔开（配流装置）。密封容积增大到极限时，先要与吸油腔隔开，然后才转为压油，密封容积减小到极限时，先要与压油腔隔开，然后才转为吸油，即两腔之间要有一段密封段或用配流装置（如盘配流、轴配流或阀配流）将两者隔开。未被隔开或隔开得不好而出现吸、压油腔相通时，则会无法实现容腔由小变大或由大变小的容积变化（相互抵消变化量），这样在吸油腔便形不成一定的真空度，从而吸不上油，在压油腔也就无油液输出了。

各种类型的液压泵吸、压油时均需满足上述三个条件。不同的泵有不同的工作腔、不同的配流装置，但其正常工作的必要条件可归纳为，必须有可周期性变化的密封容积，必须有配流装置控制吸、压油过程。

第二节 齿轮泵的故障诊断与维修

齿轮泵依靠泵体与啮合齿轮间所形成的工作容积变化吸入油液和压出油液。一对相互啮合的齿轮和泵体把吸油腔和压油腔隔开。齿轮转动时，吸油腔侧轮齿相互脱开处的齿间容积逐渐增大，压力降低，液体在压差作用下进入齿间，随着齿轮的转动，一个个齿间的液体被带至压油腔，这时压油腔侧轮齿啮合处的齿间容积逐渐缩小，而将液体排出。

一、齿轮泵的外观

常见齿轮泵的外观如图 2-3 所示。

图 2-3　常见齿轮泵的外观

二、齿轮泵的工作原理

1. 外啮合齿轮泵的工作原理

外啮合齿轮泵的工作原理如图 2-4 所示。

① 封闭容腔形成。外啮合齿轮泵的泵体、泵盖和齿轮的各个齿间槽形成了许多封闭容腔。

② 密封容积的变化。在吸油腔，轮齿退出啮合，密封容积变大，形成一定的真空度，因此油箱中的油液在外界大气压力的作用下，经吸油管被进入吸油腔，将齿间槽充满，此即吸油过程；在压油腔，轮齿逐渐进入啮合，密封容积不断减小，油液便被挤出去，从压油腔输送到压力管路中去，此即压油过程。在齿轮泵的工作过程中，只要两齿轮的旋转方向不变，其吸、压油腔的位置也就确定不变。

③ 吸、压油口隔开。两齿轮啮合线及泵盖端面（或侧板、浮动轴承端面）起到将吸，压油口隔开的作用，因此不需设置专门的配流机构。

2. 内啮合齿轮泵的工作原理

内啮合齿轮泵分为渐开线齿形内啮合齿轮泵与摆线齿形内啮合齿轮泵。

（1）渐开线齿形内啮合齿轮泵的工作原理　如图 2-5 所示，在外齿轮和内齿轮之间装有一块隔板（月牙板），将吸油腔与压油腔隔开。当传动轴带动外齿轮（内齿）按图 2-5 所示

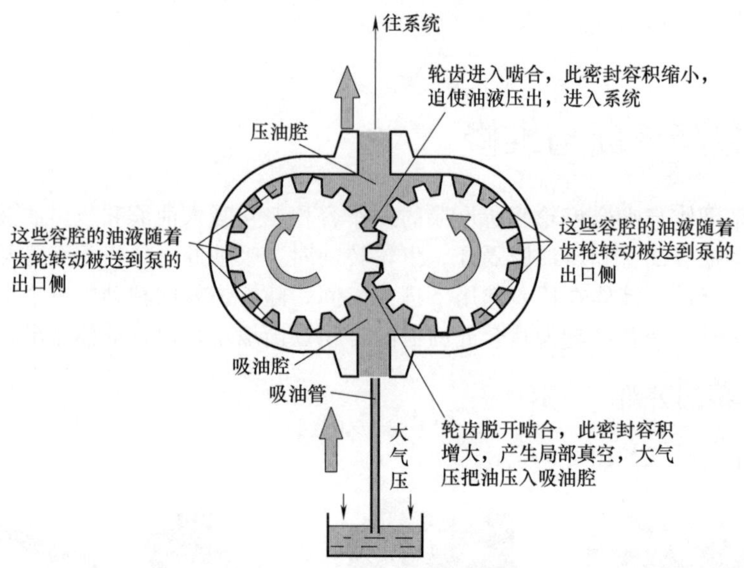

图 2-4 外啮合齿轮泵的工作原理

方向旋转时，与其相啮合的内齿轮（外齿）也跟着同方向异速旋转。在吸油腔，由于轮齿脱开啮合，O 腔容积增大，形成一定的真空度，通过吸油管将油液从油箱吸入 O 腔，随着齿轮的旋转到达被隔板隔开的位置 A，然后转到位置 P 进入压油腔，轮齿进入啮合，P 腔的容积逐渐缩小，油液受压而排出。齿谷 A 内的油液在经过整个隔板区域内容积不变，在吸油区域容积增大，在压油区域内容积缩小。月牙板同两齿轮将吸、压油口隔开。

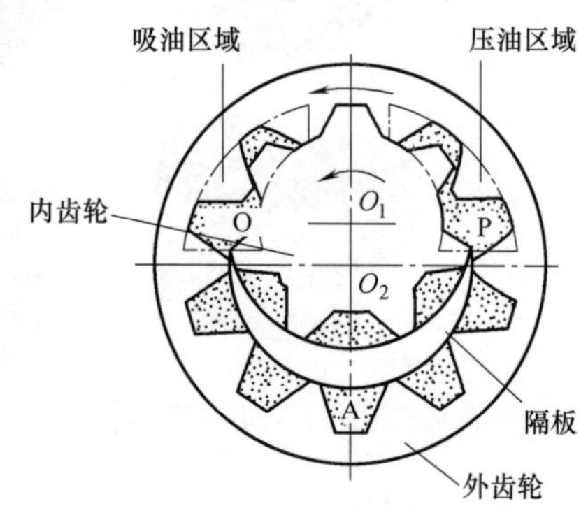

图 2-5 渐开线齿形内啮合齿轮泵的工作原理

(2) 摆线齿形内啮合齿轮泵的工作原理 如图 2-6 (a) 所示，外转子和内转子之间有偏心距 e，内转子绕中心 O_1 顺时针转动时，带动外转子绕中心 O_2 同向旋转，此时 B 容腔逐渐增大形成一定真空度，与其相通的配流盘进油口进油，形成吸油过程。当内、外转子转至图 2-6 (b) 所示位置时，B 容腔为最大，而 A 容腔随转子转动容积逐渐缩小，同时与配流盘出油口相通，形成排油过程。当 A 容腔转到图 2-6 (a) 中 C 处时，密封容积最小，压油过程结束，继而又是吸油过程。这样，内、外转子异速同向绕各自中心 O_1、O_2 转动，使内、外转子所围成的容腔不断发生容积变化，形成吸、排油过程。摆线齿

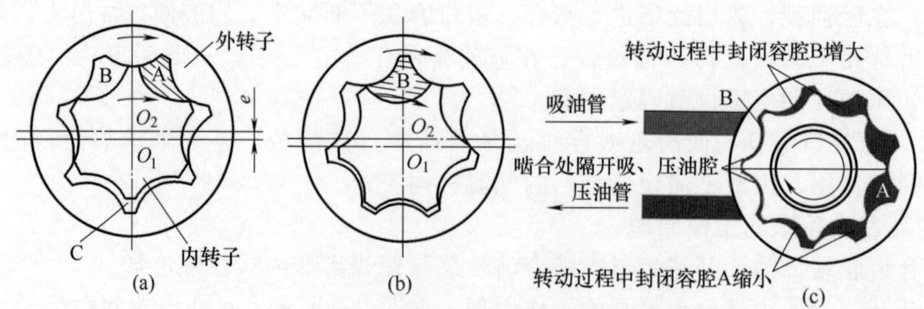

图 2-6 摆线齿形内啮合齿轮泵的工作原理

形内啮合齿轮泵因总有多处啮合位，因而靠齿轮啮合处隔开吸、压油腔［图 2-6（c）］，不需要隔板。

三、齿轮泵的结构

1. 外啮合齿轮泵的结构

图 2-7 所示为带浮动轴套齿轮泵的结构，各种外啮合齿轮泵的结构大同小异。

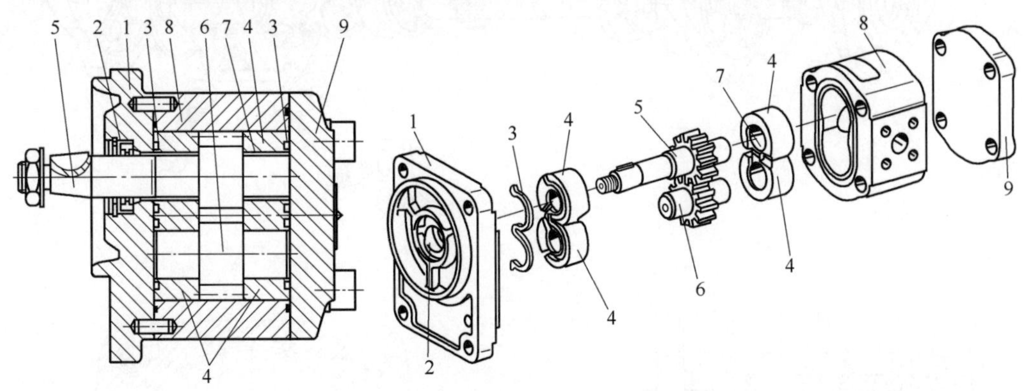

图 2-7　带浮动轴套齿轮泵的结构

1—前盖；2—油封；3—密封；4—浮动轴套；5—主动齿轮轴；6—从动齿轮轴；7—薄壁轴承；8—泵体；9—后盖

2. 渐开线齿形内啮合齿轮泵的结构

图 2-8 所示为渐开线齿形内啮合齿轮泵的结构，轴承支座 3、9，前盖 11 和后盖 2 用螺栓 1 固定在一起，双金属滑动轴承 4、10 装在轴承支座 3 的轴承孔内，小齿轮 7 由轴承 4、10 支承，内齿环 6 用径向半圆支承块 15 支承，两齿轮的两侧面装有侧板 5 和 8，小齿轮和内齿环之间装有棘爪形填隙片 12，其作用是将吸油腔和压油腔分开，填隙片 12 的顶部用止动销 13 支承，销 13 的两端轴颈插入支座 3 和 9 的相应孔内，止动销 13 的轴颈能在孔内转动。

当外齿小齿轮 7 转动时，内齿环 6 也同向转动，两齿轮之间的封闭油也随着轮齿旋转。当轮齿退出啮合处，工作容积增加，形成局部真空而吸入油液；当轮齿进入啮合处，工作容积减小，齿间油液被挤出，通过内齿环齿间底部的孔，将油液压出。

在填隙片 12 的尖端至轮齿啮合分离点之间形成高压容腔。当高压容腔内的压力上升时，两侧板 5 和 8 及径向半圆支承块 15 上的背压容积内的压力也随之上升，因而两侧板由于背压的作用，紧贴在两齿轮的端面上，径向半圆支承块由于背压的作用也贴合在内齿环的外圆柱面上，这样就形成了油泵的轴向间隙与径向间隙的自动补偿，提高了油泵的容积效率。而一般外啮合齿轮泵，最多也只是有轴向间隙补偿而已，就噪声而言，内啮合齿轮泵也比外啮合齿轮泵的要低。

3. 摆线齿形内啮合齿轮泵的结构

图 2-9 所示为摆线齿形内啮合齿轮泵的结构，其主要工作元件是一对内啮合的摆线齿轮（即内、外转子），其中内转子为主动齿轮，外转子为从动齿轮。内、外转子把容腔分隔为几个封闭容腔，在啮合过程中，封闭容腔的容积不断发生变化，当封闭的容腔由小逐渐变大时，形成局部真空，在大气压的作用下，油液经吸油管道进入油泵吸油腔，填满封闭的容腔，当封闭容腔达到最大容积位置后，由大逐渐变小时，油液被挤压送出，完成泵油过程。

四、外啮合与渐开线齿形内啮合齿轮泵的故障分析与排除

【故障 1】 外啮合齿轮泵吸不上油

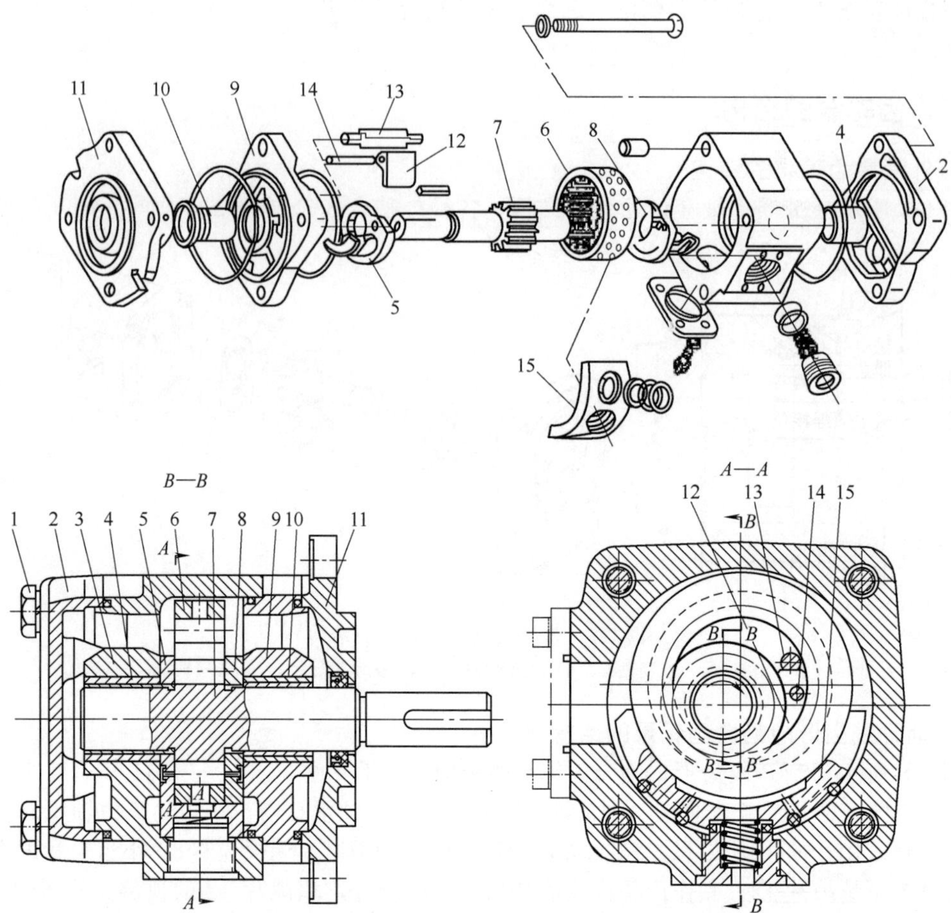

图 2-8 渐开线齿形内啮合齿轮泵的结构

1—螺栓；2—后盖；3,9—轴承支座；4,10—双金属滑动轴承；5,8—浮动侧板；6—内齿环；7—小齿轮；11—前盖；12—填隙片；13—止动销；14—导销；15—半圆支承块（浮动支座）

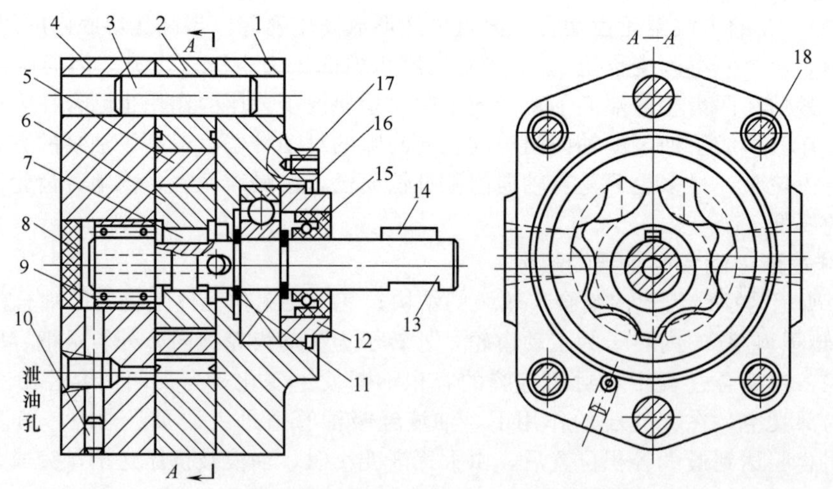

图 2-9 摆线齿形内啮合齿轮泵的结构

1—前盖；2—泵体；3—圆销；4—后盖；5—外转子；6—内转子；7,14—平键；8—压盖；9—滚针轴承；10—堵头；11—卡圈；12—法兰；13—泵轴；15—油封；16—弹簧挡圈；17—轴承；18—螺钉齿轮泵吸不上油的故障分析与排除见表 2-2（参见图 2-10）。

表 2-2 齿轮泵吸不上油的故障分析与排除

故障分析	排除方法
检查油箱液面是否低于最低油标线	给油箱补加油液，保证在泵整个工作过程中油箱液面不低于最低油标线
检查吸油过滤器是否被脏物严重堵塞	清洗
检查电机联轴器上的传动键或泵轴（齿轮轴）上的传动键是否漏装	补装
检查油温是否太低，油黏度是否过高	冬天预热油液，更换为黏度合适的油液
检查吸油管道中的O形密封圈是否破损、漏装或老化变形	更换或补装
检查吸油管道中的管接头是否未拧紧	拧紧接头
检查吸油管道中的焊接位置是否未焊好	重新补焊好
检查齿轮端面与轴套（或泵盖）端面之间的装配间隙是否过大	两者之间的装配间隙不应超过 0.05mm

油箱上设置了最高油标线与最低油标线，液面高过最高油标线油液会从油箱溢出，泵在整个工作过程中油箱液面均不能低于最低油标线，防止泵吸空。

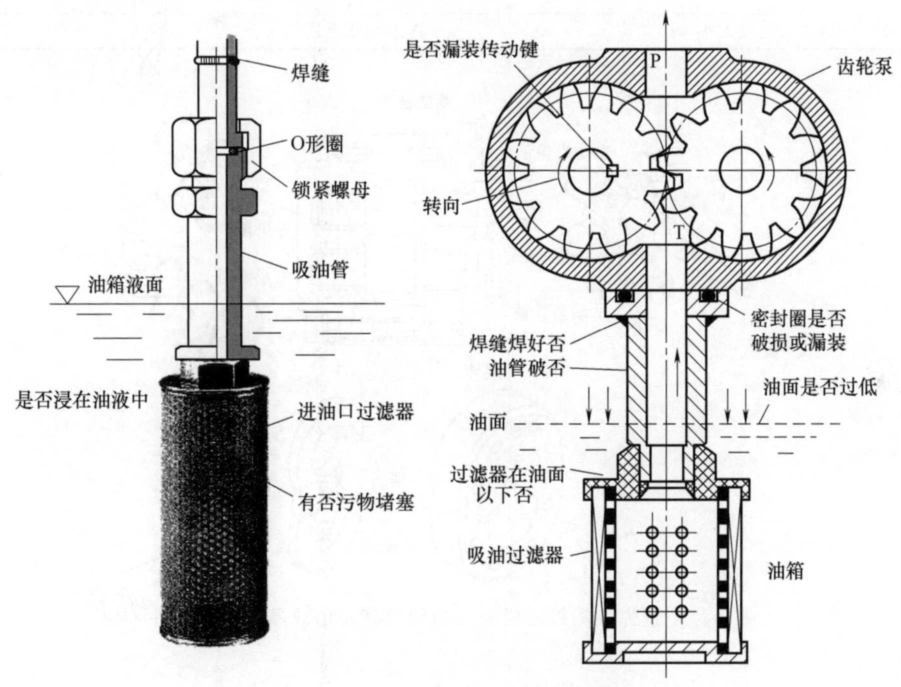

图 2-10 齿轮泵吸不上油的可能原因

【故障 2】 外啮合齿轮泵输出流量不够，压力也上不去

齿轮泵输出流量不够，压力也上不去的故障分析与排除见表 2-3。

表 2-3 齿轮泵输出流量不够，压力上不去的故障分析与排除

故障分析	排除方法
检查齿轮端面与轴套（或泵盖或侧板）端面之间的间隙是否偏大	保证合理装配间隙
检查齿顶圆与泵体内孔之间的径向间隙是否过大	刷镀泵体内腔修复
检查主、从动齿轮啮合部位是否拉伤产生泄漏	拉伤严重者要更换齿轮

续表

故障分析	排除方法
对采用浮动轴套或弹性侧板的齿轮泵，检查浮动轴套或弹性侧板端面 G_5、齿轮端面 G_4 是否拉伤或磨损(图 2-11～图 2-13)	对齿轮轴，在小外圆磨床上靠磨 G_4 面；对泵轴与齿轮分开的则在平面磨床上平磨齿轮 G_4 面，注意两齿轮齿宽 L_1 一致，同时要修磨泵体厚度 L_0，保证合理的轴向装配间隙(图 2-11～图 2-13)
检查溢流阀是否失灵	排除溢流阀故障
检查发动机、电机转速是否过低	转速应符合要求
检查油温是否太高，油温升高使油液黏度降低，内泄漏增大	查明油温升高的原因，采取对策
检查是否有污物进入泵内，例如污物进入齿轮泵内并楔入齿轮端面与前、后盖之间的间隙内拉伤配合面，导致高、低压腔因出现径向拉伤的沟槽而连通，使输出流量减小	用平面磨床磨平前、后盖端面和齿轮端面，并清除轮齿上的毛刺(不能倒角)，注意经平面磨削后，前、后盖端面上卸荷槽的宽度会有变化，应适当加宽
检查前、后盖端面 G_1、G_3 或侧板端面 G_5 是否严重拉伤(图 2-11～图 2-13)产生的内泄漏太大	前、后盖或侧板端面可研磨或平磨修复
检查起预压作用的弓形圈或心形圈等是否产生永久变形或漏装(图 2-11 和图 2-13)	更换已产生永久变形的弓形圈或心形圈；卸压片和密封必须装在进油腔，两轴套才能保持平衡。卸压片和密封应有 0.5mm 的预压缩量
检查油液黏度是否太大或太小	选用黏度合适的油液

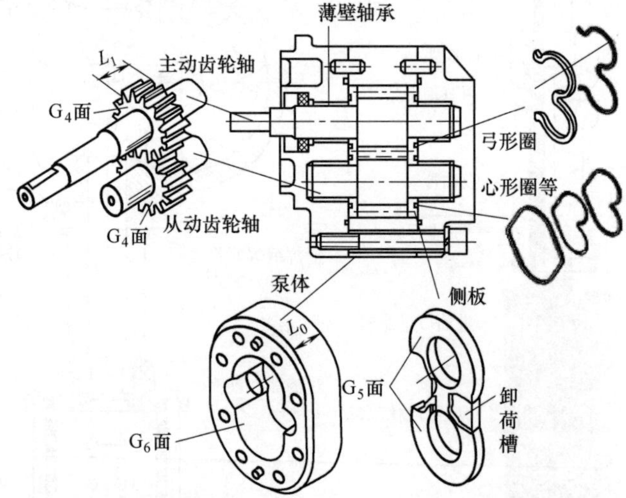

图 2-11 带弹性侧板的齿轮泵结构及其易出故障的主要零件

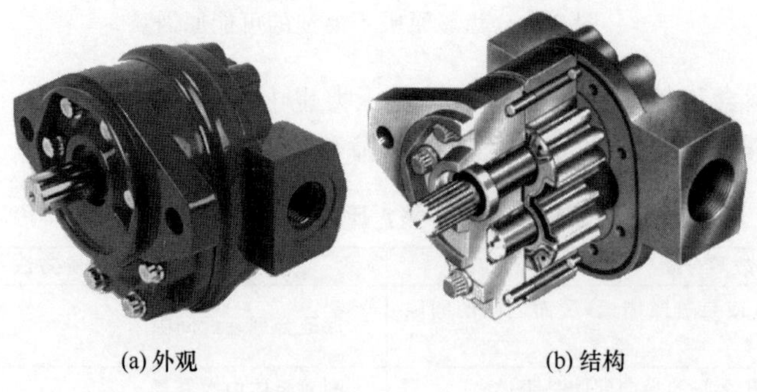

(a) 外观　　(b) 结构

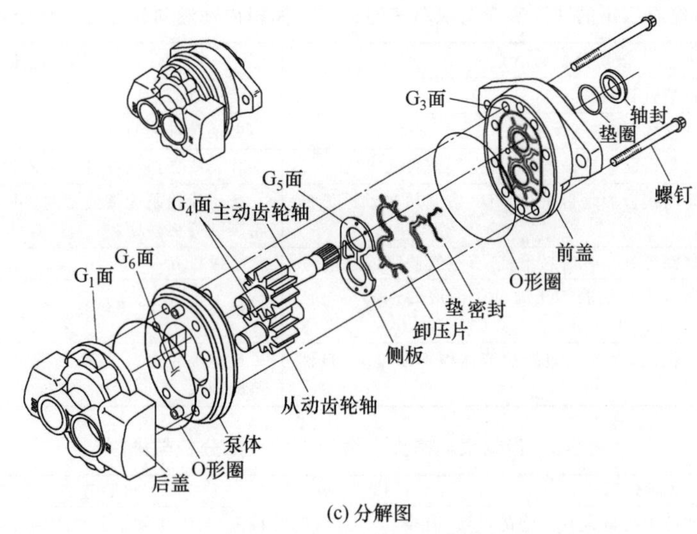

(c) 分解图

图 2-12 威格士 L2 系列齿轮泵外观、结构与分解图

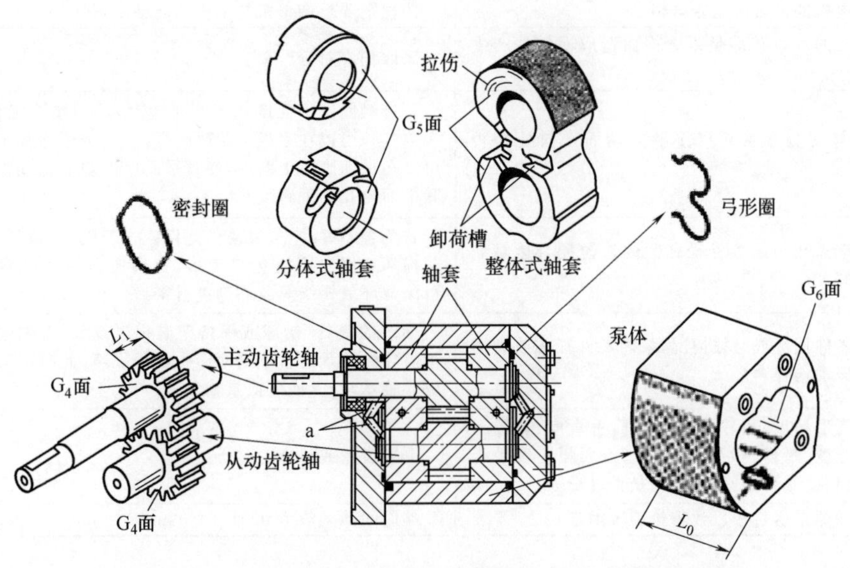

图 2-13 带浮动轴套的齿轮泵结构及其易出故障的主要零件

此类故障主要是内泄漏大造成的。齿侧（啮合处）泄漏量约齿轮泵总泄漏量的 5%左右，径向泄漏量占齿轮泵总泄漏量的 20%～25%；端面泄漏量占齿轮泵总泄漏量的 75%～80%。泵压力越高，泄漏量越大。为提高齿轮泵的工作压力，减少内泄漏，设计上可采用以下方法：采用浮动轴套补偿端面间隙，即将压力油引入轴套背面，使之紧贴齿轮端面，减小端面间隙，补偿磨损，且压力越高，贴得越紧；采用弹性侧板补偿端面间隙，即将泵出口压力油引至侧板背面，靠侧板自身的变形来补偿端面间隙。

【故障 3】 外啮合齿轮泵压出的油液夹杂有很多气泡，有时油箱内油液向外溢出

齿轮泵压出的油液夹杂有很多气泡，有时油箱内油液向外溢出的故障分析与排除方法见表 2-4。

【故障 4】 外啮合齿轮泵噪声大、振动大

齿轮泵噪声大、振动大的故障分析与排除见表 2-5。

表 2-4 齿轮泵压出的油液夹杂有很多气泡，有时油箱内油液向外溢出故障分析与排除

故障分析	排除方法
检查吸油过滤器是否被脏物堵塞	清洗过滤器
检查泵轴的油封是否损坏，使空气反灌进入	更换泵轴油封
检查吸油管接头密封是否漏装或破损，导致空气被吸入泵内	补装或更换吸油管接头密封
检查泵体与泵盖之间的接合面是否密封不良，空气从吸油区域的接合面被吸入泵内	低压齿轮泵为端面密封，可研磨端面，中高压齿轮泵则需更换密封
检查工艺堵头和密封圈等处是否密封不良，有空气被吸入泵内	予以排除
检查是否因转速过高造成吸油腔的压力低于油液的饱和蒸气压与空气的分离压力，空气从油中冒出	检查泵转速，应符合规定值
检查油箱中油液消泡性能，含有气泡的油液体积不断增大，自然会从油箱向外溢出	排除油泵进气故障，必要时更换消泡性能已变差的油液

表 2-5 齿轮泵噪声大、振动大的故障分析与排除

故障分析	排除方法
检查齿轮泵是否从油箱中吸进含有气泡的油液，有空气被吸入泵内	如吸油管接头、泵体与泵盖之间的接合面、工艺堵头和密封圈(油封)等处密封不良，分别采取对策
检查电机与泵联轴器的橡胶件是否破损或漏装	更换或补装
检查泵与电机的同轴度是否合格	按规定要求调整泵与电机的同轴度
检查联轴器的键或花键是否磨损而造成回转件产生径向跳动	采取相应对策
检查泵体与两侧端盖直接接触的端面密封处是否进气	若接触面的平面度达不到规定要求，则泵在工作时容易吸入空气。可以在平板上用研磨膏按“8”字形路线来回研磨，也可以在平面磨床上磨削，使其平面度误差不超过 5μm，并保证其平面与孔的垂直度
检查泵的端盖孔与压盖外径之间的过盈配合接触处是否配合良好	若配合不好，空气容易由此侵入。若压盖为塑料制品，由于其损坏或因温度变化而变形，也会使密封不严而进入空气。可涂敷环氧树脂等胶黏剂进行密封
检查泵内零件损坏或磨损情况，泵内零件损坏或磨损严重将产生振动与噪声	轴承的滚针、钢球或保持架破损以及长、短轴轴颈磨损等，均可导致轴承旋转不畅而产生机械噪声，此时需拆修齿轮泵，更换轴承，修复或更换泵轴
检查齿轮齿形精度、齿轮内孔与端面垂直度、盖板上两孔轴线平行度、泵体两端面平行度、齿面粗糙度是否合格，公法线长度是否超差，齿侧隙是否过小等	更换齿轮或将齿轮对研
检查端面间隙是否过小以致齿轮旋转困难	端面间隙一般为 0.01～0.02mm

【故障 5】 外啮合齿轮泵内、外泄漏大

齿轮泵内、外泄漏大的故障分析与排除见表 2-6。

表 2-6 齿轮泵内、外泄漏大的故障分析与排除

故障分析	排除方法
泵盖与齿轮端面、侧板与齿轮端面、浮动轴套与齿轮端面之间的接触面积大，这些部位是造成内漏的主要部位。当这些部位磨损拉伤或间隙大时会造成泄漏	减少泄漏的方法是修复磨损拉伤部位和保证这些部位合理的配合间隙
检查卸压片是否老化变质，失去弹性，对高压油腔和低压油腔失去了密封隔离作用，会产生高压油腔的油压往低压油腔、径向不平衡力使齿轮尖部靠近油泵壳体，磨损泵体的低压腔部分、油液不净导致相对运动面之间的磨损等，均会造成“内漏”	可采取相应对策

【故障 6】 外啮合齿轮泵的泵轴油封总翻转漏油

齿轮泵的泵轴油封总翻转漏油的故障分析与排除见表 2-7。

表 2-7 齿轮泵的泵轴油封总翻转漏油的故障分析与排除

故障分析	排除方法
检查齿轮泵转向，齿轮泵有正转与反转之分	正、反转错装，会冲坏骨架油封
检查泵的内部泄油道是否被污物堵塞	泄油道被污物堵塞后，造成油封前腔困油，压力升高，超出了油封的承压能力而使油封翻转，可拆开清洗疏通
检查油封卡紧密封唇部的箍紧弹簧是否脱落（图 2-14）	油封的箍紧弹簧脱落后密封的承压能力更低，翻转是必然的，此时要重新装好油封的箍紧弹簧

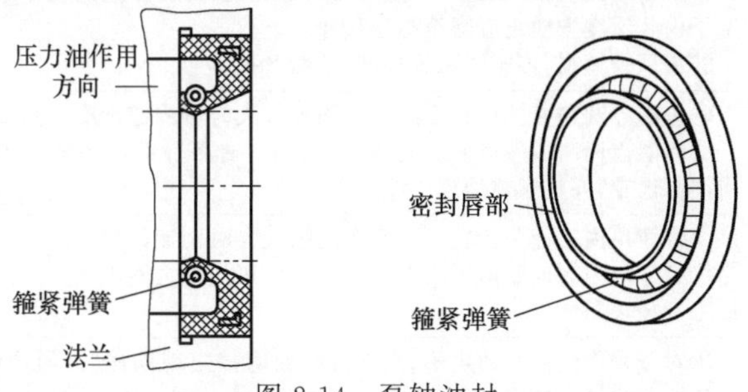

图 2-14 泵轴油封

【故障 7】 外啮合中高压齿轮泵起压时间长

中高压齿轮泵起压时间长的故障分析与排除见表 2-8。

表 2-8 中高压齿轮泵起压时间长的故障分析与排除

故障分析	排除方法
检查弹性导向钢丝是否漏装或折断。弹性导向钢丝能同时将上、下轴套朝从动齿轮的旋转方向扭转一微小角度，使主、从动齿轮两个轴套的加工平面紧密贴合，从而使泵起压时间很短。但如图 2-15 所示，弹性导向钢丝漏装或折断，则将失去这种预压作用而使齿轮泵起压时间变长	更换弹性导向钢丝
检查起预压作用的密封圈是否产生永久变形	更换密封圈

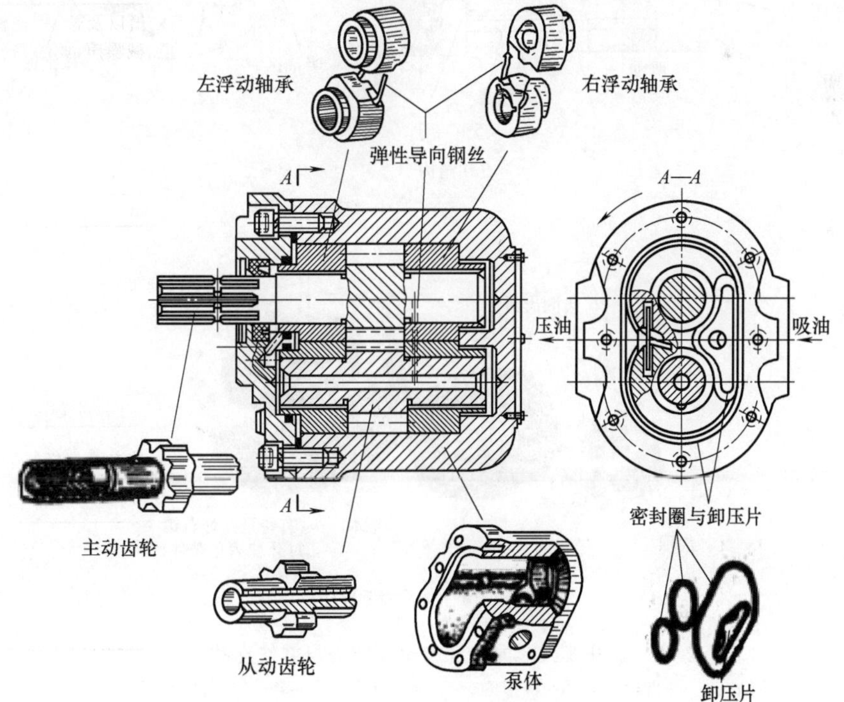

图 2-15 齿轮泵结构及其易出故障的主要零件

【故障 8】 渐开线齿形内啮合齿轮泵吸不上油、输出流量不够、压力上不去

齿轮泵吸不上油、输出流量不够、压力上不去的故障分析与排除见表 2-9。

表 2-9 齿轮泵吸不上油、输出流量不够、压力上不去的故障分析与排除

故障分析	排除方法
检查齿轮(图 2-16)	①因齿轮材质(如粉末冶金齿轮)或热处理不好,齿面磨损严重,如为粉末冶金齿轮,建议改为钢制齿轮,并进行热处理 ②齿轮端面磨损拉伤,不严重的可研磨抛光再用,严重的可平磨齿轮端面,齿圈厚度方向、定子内孔深度方向也应磨至相应尺寸 ③齿顶圆磨损,可刷镀齿轮外圆,补偿磨损量
检查齿圈(图 2-16)	①齿圈外圆与壳体内孔之间配合间隙太大时可刷镀齿圈外圆 ②齿圈齿面与齿轮齿面之间侧隙太大时,有条件的可用线切割机床慢走丝重新加工钢制齿圈与齿轮,并进行热处理
检查月牙块(图 2-16)	①月牙块内表面与齿轮齿顶配合间隙太大时刷镀齿顶 ②月牙块内表面磨损拉伤严重,造成吸、压油腔之间内泄漏大时用线切割机床慢走丝重新加工月牙块
检查壳体(定子)与侧板(图 2-16)	①对于兼作配流盘的定子,当配流端面磨损出现沟槽时,如拉伤轻微可用金相砂布修整,拉伤严重修复有一定难度 ②有侧板者,当侧板与齿轮接合面磨损拉伤时研磨或平磨侧板端面,并经氮化处理

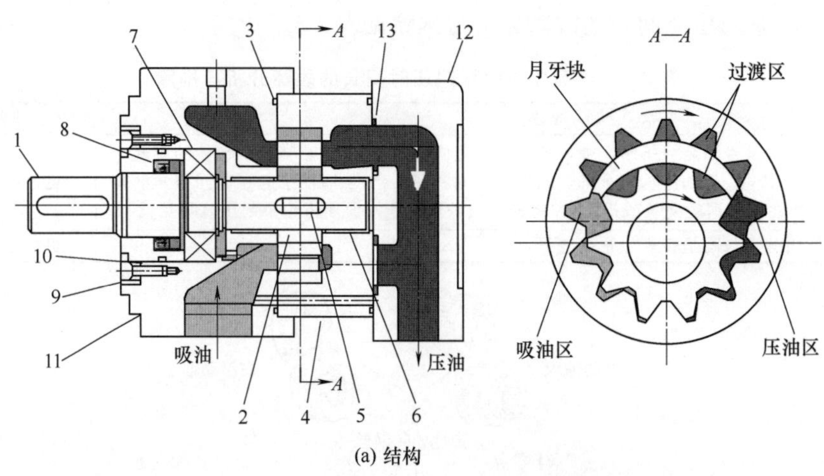

(a) 结构

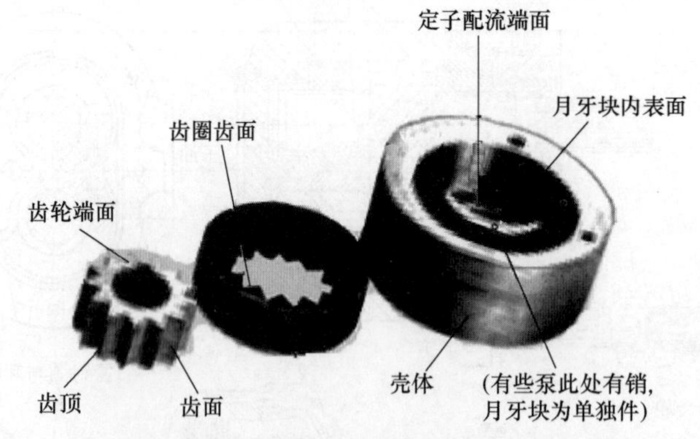

(b) 主要故障零部件

图 2-16 渐开线齿形内啮合齿轮泵结构与需修理的主要零件

1—泵轴;2—外齿轮;3,13—O 形圈;4—泵芯组件;5—键;6—薄壁轴承;7—轴承;8—油封;9—螺钉;10—垫圈;11—前盖;12—后盖

五、摆线转子泵的故障分析与排除

摆线转子泵即摆线齿形内啮合齿轮泵，简称摆线泵。

如图 2-17 所示，检修摆线泵时需转子 1 的 G_2 面与 G_3 面、定子 2 的 G_1 面、后盖 3 的 G_4 面、泵轴 7 的轴颈等处有无磨损拉伤，油封 8 密封唇部有无破损等。

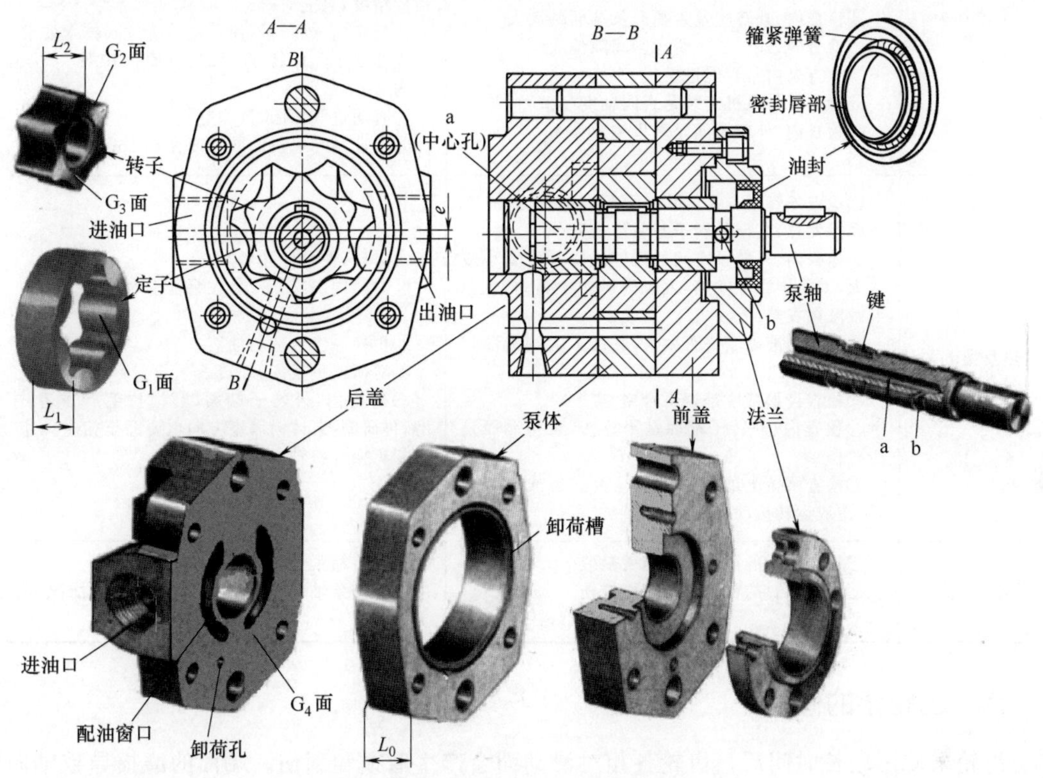

图 2-17 摆线泵易出故障的主要零部件

摆线泵的故障分析与排除见表 2-10。

表 2-10 摆线泵的故障分析与排除

故障现象	故障分析	排除方法
输出流量不够	①检查轴向间隙(转子与泵盖之间)是否太大 ②检查内、外转子的齿侧间隙是否太大 ③检查吸油管路中裸露在油箱油面以上的部分到泵的进油口之间接合处密封是否不严，使泵吸进空气，有效吸入流量减小 ④检查滤油器是否堵塞 ⑤检查油液黏度是否过小 ⑥检查系统的溢流阀是否卡死在小开度位置上，如果是则一部分油通过溢流阀回油箱，导致输出流量不够	①将泵体沿厚度方向研磨去一部分，使轴向间隙(L_1-L_2)在 0.03～0.04mm 范围内(图 2-17) ②更换内、外转子，有条件的情况下，可测绘出内、外转子尺寸，用数控线切割机床慢走丝加工 ③更换进油管路的密封，拧紧接头。管子破裂者予以焊补或更换 ④清洗滤油器 ⑤更换为黏度合适的油液，减少内泄漏 ⑥排除溢流阀故障

续表

故障现象	故障分析	排除方法
压力波动大	①检查泵体与前、后盖是否因加工不好，偏心距误差大，或者外转子与泵体孔配合间隙太大 ②检查内、外转子（摆线齿轮）是否齿形精度低 ③检查内、外转子是否径向及端面跳动大 ④检查内、外转子是否齿侧间隙偏大 ⑤检查泵内是否混进空气 ⑥检查泵与电机安装是否同轴度超差 ⑦检查内、外转子间是否齿侧隙太大	①检查偏心距，并保证偏心距误差在±0.02mm的范围内，外转子与泵体孔配合间隙应为0.04～0.06mm ②内、外转子大多采用粉末冶金，模具精度影响齿形精度，只能对研 ③修正内、外转子，使各项精度达到技术要求 ④更换内、外转子，保证齿侧间隙在0.07mm以内 ⑤查明进气原因，排除空气 ⑥保证泵与电机的同轴度在0.1mm以内
发热及噪声大	①检查外转子与泵体孔是否配合间隙太小，产生摩擦发热，甚至外转子与泵体咬死 ②检查内、外转子之间的齿侧间隙是否太小或太大，太小则摩擦发热，太大则运转中晃动，也会导致摩擦发热 ③检查油液黏度是否太大，黏度太大则吸油阻力大 ④检查齿形精度是否不合格 ⑤检查内、外转子端面是否拉伤，泵盖端面是否拉伤 ⑥检查泵盖上的滚针轴承是否破裂或精度太低，造成运转振动、噪声	①对研，使泵体孔增大 ②对研内、外转子（装在泵盖上对研） ③更换黏度合适的油液 ④对研或更换内、外转子 ⑤研磨内、外转子端面，磨损拉毛严重者先平磨，再研磨，泵体沿厚度方向也要磨至相应尺寸 ⑥更换合格轴承
漏油（外漏）	①检查油封的箍紧弹簧是否漏装 ②检查油封的密封唇部是否拉伤	①补装箍紧弹簧 ②检查泵轴与油封接触部位的磨损情况，酌情更换

六、齿轮泵的修理

齿轮泵使用较长时间后，齿轮各相对滑动面会产生磨损和刮伤。端面的磨损导致轴向间隙增大而内泄漏增大；齿顶磨损导致径向间隙增大；齿面的磨损造成噪声和压力振摆增大。磨损拉伤不严重时可稍加研磨（对研）抛光再用，若磨损拉伤严重时，则需根据情况予以修复与更换。

1. 齿轮与齿轮轴的修复

① 齿面修复。用细砂布或油石去除拉伤部位的毛刺，再将齿轮连同轴装在泵盖轴承孔上对研，并涂红丹校验研磨效果。适当调换啮合面方位，清洗后可继续再用。但对肉眼可见的严重磨损件，应重制齿轮，予以更换。

② 端面修复。轻微磨损者，可将两齿轮同时放在砂布上砂磨，然后再放在金相砂纸上擦磨抛光。磨损拉伤严重时可将两齿轮同时放在平面磨床上磨去少许，再研磨并用金相砂纸抛光。此时泵体也应磨至相应尺寸，以保证原来的装配间隙 $L_0-L_1=0.02\sim0.03$mm（图2-17）。两齿轮厚度差应在0.005mm以内，齿轮端面与孔的垂直度或齿轮轴线的跳动应控制在0.005mm以内。

③ 齿顶修复。外啮合齿轮泵由于存在径向不平衡力，一般都会在使用一段时间后出现磨损。齿顶磨损后，径向间隙增大，对低压齿轮泵而言，内泄漏不会增加多少，但对中高压齿轮泵，会对容积效率有影响，应考虑刷镀齿顶或更换齿轮。

④ 齿轮轴修复。若表面剥落或烧伤变色时应更换新齿轮轴；若表面呈灰白色而只是配合间隙增大，可适当调换啮合位置，或更换新轴承予以解决；若齿顶因扫膛拉毛，粘有铁屑

时，可用油石砂条磨掉黏结物，并砂磨泵体内孔接合面，径向间隙未超差则可继续使用，若径向间隙太大时可将泵体内孔根据情况镀铜合金以缩小径向间隙。

中低压齿轮泵的齿轮精度为 7～8 级，中高压齿轮泵的齿轮精度略高 0.5～1 级，齿轮内孔与齿顶圆（对齿轮轴则为齿顶圆与轴颈外圆）的同轴度允差小于 0.02mm，两端面平行度允差小于 0.007mm，表面粗糙度为 Ra0.4mm。

2. 侧板的修复

侧板磨损后可将两侧板放于研磨平板或玻璃板上，用金刚砂研磨平整，表面粗糙度应低于 Ra0.8mm，厚度差在整圈范围内不超过 0.005mm。

3. 泵体的修复

泵体的磨损主要是内腔面（与齿顶的接触面），且多发生在吸油侧。如果泵体属于对称型，可将泵体翻转 180°安装再用。如果是非对称型，则需采用电镀青铜合金工艺或刷镀的方法修复泵体内孔磨损部位。

4. 前后盖、轴套的修复

前、后盖和轴套修理的部位主要是与齿轮接触的端面。磨损不严重时，可在平板上研磨修复。磨损拉伤严重时，可先放在平面磨床上磨去沟痕后，再稍加研磨，但需注意，要适当加深加宽卸荷槽。

5. 泵轴 (含齿轮轴)的修复

齿轮泵泵轴（齿轮轴）的磨损部位主要是与滚针轴承或与轴套相接触的轴颈处。如果磨损轻微，可抛光修复。如果磨损严重，则需用镀铬工艺或重新加工一新轴。重新加工时，两轴颈的同轴度为 0.02～0.03mm。齿轮与轴的同轴度为 0.01mm。

6. 修理后的齿轮泵的装配

修理后的齿轮泵，装配时需注意下列事项。

① 去除各零件上的毛刺。齿轮锐边用油石倒钝，但不能倒成圆角，经平磨后的零件要退磁。所有零件经煤油仔细清洗后方可装配。

② 装配时要测量和保证轴向间隙。齿轮泵的轴向间隙 δ＝泵体厚度 L_0－齿轮宽度 L_1，同时要测量其他零件有关尺寸和精度。

③ 对于无定位销孔的齿轮泵，在装配时，要一边按对角顺序拧紧各螺栓，一边转动泵轴，无轻重不一现象时，再彻底拧紧几个螺栓。对于有定位销孔的齿轮泵，销孔主要用在零件的加工过程中，装配时并无定位基准可言，因而最后再配钻铰两销孔，打入定位销。

④ 对于容易装反的零件，注意不要装错方向。特别是要确认是正转泵还是反转泵。

⑤ 不要在泵体和泵盖之间用加纸垫的方法解决外漏问题，否则将严重影响轴向间隙，增加内泄漏，严重时齿轮泵无法泵油。

⑥ 有条件者，可按 JB/T 7041 等标准对齿轮泵先进行台架试验再装入主机使用。

7. 修复齿轮泵的实用方法

（1）镀铜合金修复工艺　此处仅简介镀铜合金的工艺流程，例如可用此工艺修复泵体内腔。

① 镀前处理：同一般电镀青铜合金工艺。

② 电解液配方：氯化亚铜（CuCl）20～30g/L；锡酸钠（$Na_2SnO_2 \cdot 3H_2O$）60～70g/L；游离氰化钠（NaCN）3～4g/L；氢氧化钠（NaOH）25～30g/L；三乙醇胺[$N(CH_2CH_2OH)_3$] 50～70g/L。温度 55～60℃；阴极电流密度 1～1.5A/dm^2；阳极为合金阳极（含锡量 10%～12%）。

③ 镀后处理：在 120℃中恒温 2h。

④ 注意事项：需有专门挂具，不需镀的地方要封闭保护。

(2) 电弧喷涂修复工艺　轴套内孔、轴套外圆、齿轮轴和泵体的均匀磨损及划痕在0.02～0.20mm之间时，可采用涂层硬度高、与零件体结合力强、耐磨性好的电弧喷涂工艺进行修复。其工艺过程如下。

① 工件表面预处理。涂层与基本的结合强度与基体清洁度和粗糙度有关。在喷涂前，对基体表面进行清洗、脱脂和表面粗糙化等预处理，这是喷涂工艺中一个重要工序。首先应对喷涂部分用汽油、丙酮进行除油处理，用锉刀、细砂纸、油石将疲劳层和氧化层除掉，使其露出金属本色。然后进行粗化处理，粗化处理能提供表面压应力，增大涂层与基体的结合面积和净化表面，减少涂层冷却时的应力，缓和涂层内部应力，所以有利于黏结力的增加。喷砂是最常用的粗化工艺，砂粒以锋利、坚硬为好，可选用石英砂、金刚砂等。粗化后的新鲜表面极易被氧化或受环境污染，因此要及时喷涂，若放置超过4h则要重新粗化处理。

② 表面预热处理。涂层与基体表面的温度差会使涂层产生收缩应力，引起涂层开裂和剥落。基体表面的预热可降低和防止上述不利影响。注意预热温度不宜过高，以免引起基体表面氧化而影响涂层与基体表面的结合强度。预热温度一般为80～90℃，常用中性火焰完成。

③ 喷涂黏结底层。在喷涂工作涂层之前预先喷涂一薄层金属为后续涂层提供一个清洁、粗糙的表面，从而提高涂层与基体的结合强度和抗剪强度。黏结底层材料一般选用铬铁镍合金。选择喷涂工艺参数的主要原则是提高涂层与基体的结合强度。喷涂过程中喷枪与工件的相对移动速度大于火焰移动速度，速度大小由涂层厚度、喷涂丝体送给速度、电弧功率等参数共同决定。喷枪与工件表面的距离一般为150mm左右。电弧喷涂的其他规范参数由喷涂设备和喷涂材料的特性决定。

④ 喷涂工作层。应先用钢丝刷去除黏结底层表面的沉积物，然后立即喷涂工作涂层。材料为碳钢及低合金丝材，使涂层有较高的耐磨性，且价格较低。喷涂层厚度应按工件的磨损量、加工余量及其他有关因素（直径收缩率、装夹偏差量、喷涂层直径不均匀量等）确定。

⑤ 冷却。喷涂后工件温升不高，一般可直接空冷。

⑥ 喷涂层加工。机械加工至图纸要求的尺寸及规定的表面粗糙度。

喷涂过程中，要求工件无油污、无锈蚀，表面粗糙均匀，预热温度适当，底层结合均匀牢固，工作层光滑平整，材料颗粒熔融黏结可靠，耐磨性能及耐蚀性能良好。喷涂层质量好坏与工件表面处理方式及喷涂工艺有很大关系，因此选择合适的表面处理方式和喷涂工艺是十分重要的。此外，在喷涂过程中要用薄铁皮或铜皮将与被涂表面相邻的非喷涂部分捆扎好。

(3) 表面粘涂修复工艺

① 表面粘涂的特点。表面粘涂适用于各种材质的零件和设备的修补，将加入二硫化钼、金属粉末、陶瓷粉末和纤维等特殊填料的胶黏剂直接涂敷于零件和设备表面，使之具有耐磨、耐蚀等功能，主要用于表面强化和修复。其工艺简单、方便灵活、安全可靠，不需专门设备，只需将配好的胶黏剂涂敷于清理好的零件表面，待固化后进行修整即可，常在室温下操作，不会使零件和设备产生变形和热功当量影响等。

② 粘涂层的涂敷工艺。轴套外圆、轴套端面贴合面、齿轮端面或泵体内孔小面积的均匀性磨损量在0.15～0.50mm之间、划痕深度在0.2mm以上时，可采用表面粘涂修复工艺。粘涂层的涂敷工艺过程如下。

a. 初清洗。零件表面绝对不能有油脂、水、锈迹、尘土等。应先用汽油、柴油或煤油粗洗，然后用丙酮清洗。

b. 预加工。用细砂纸磨成一定网状沟槽，露出基体本色。

c. 最后清洗及活化处理。用丙酮或专门的清洗剂清洗，然后用喷砂、火焰或化学方法处理，提高表面活性。

d. 配制修补剂。修补剂在使用时要严格按规定的比例将本剂和固化剂充分混合，以颜色一致为好，并在规定的时间内用完，随用随配。

e. 涂敷。用修补剂先在待修表面上薄涂一层，反复刮擦使之与零件充分浸润，然后均匀涂至规定尺寸，并留出精加工余量。涂敷过程中尽可能朝一个方向移动，往复涂敷会将空气包裹于胶内形成气泡或气孔。

f. 固化。用涂有脱模剂的钢板压在工件上，一般室温固化需 24h，加温固化（约 80℃）需 2～3h。

g. 修整、清理或后加工。最后进行精镗或用什锦锉、细砂纸、油石将粘修面精加工至所需尺寸。

粘涂工艺虽然比较简单，但实际施工要求却相当严格，仅凭选择好的胶黏剂，不一定能获得高的粘涂层强度。既要选择合适的胶黏剂，还要严格按照工艺方法正确地进行粘涂才能获得满意的效果。

第三节　叶片泵的故障诊断与维修

叶片泵的优点是结构紧凑、体积小（单位体积的排量较大）、运转平稳、输出流量均匀、噪声小；既可制成定量泵也可制成变量泵。定量泵（双作用或多作用）轴向受力平衡，使用寿命较长，变量泵变量方式有多种，且结构简单（如压力补偿变量泵）。

叶片泵的缺点是吸油能力稍差，对油液污染较敏感，叶片受离心力外伸，所以转速不能太低，而叶片在转子槽内滑动时受接触应力和摩擦力的影响和限制，其压力难以提高，要提高叶片泵的使用压力，需采取各种措施，必然增加其结构的复杂程度。另外，定量泵的定子曲线面、叶片和转子的加工略有难度，一般要求专用设备，且加工精度稍高。

叶片泵按作用方式（每转中吸、排油次数）分为单作用（变量及内、外反馈）和双作用（定量）叶片泵；按级数分为单级和双级叶片泵；按连接形式分为单联泵和双联泵等；按工作压力分为中低压（6.3MPa）、中高压（6.3～16MPa）和高压（＞16MPa）叶片泵等。

一、叶片泵的外观

维修中为迅速找到叶片泵在设备上的位置，并区分叶片泵是定量泵还是变量泵，必须知道叶片泵的外观，常见叶片泵的外观如图 2-18 所示。

二、叶片泵的工作原理

根据各封闭容腔在转子旋转一周吸、排油液次数的不同，叶片泵分为两类，即完成一次吸、排油液的单作用叶片泵和完成两次吸、排油液的双作用叶片泵。单作用叶片泵一般为变量泵，双作用叶片泵一般为定量泵。

1. 双作用（定量）叶片泵的工作原理

如图 2-19 所示，双作用叶片泵由定子、转子、叶片和配流盘等组成，转子和定子中心重合，定子内表面由两段长半径 R、两段短半径 r 和四段过渡曲线组成。当转子转动时，叶片在离心力和（建压后）根部压力油的作用下，在转子槽内作径向移动而压向定子内表面，

(a) 定量叶片泵　　(b) 变量叶片泵

图 2-18　叶片泵的外观

由叶片、定子的内表面、转子的外表面和两侧配流盘间就形成若干个封闭容腔。当转子旋转时，处在小圆弧上的封闭容腔经过渡曲线而运动到大圆弧的过程中，叶片外伸，封闭容腔的容积增大而形成一定真空度，大气压力将油箱内油液通过吸油管道压入形成一定真空度的该封闭容腔内，泵吸入油液；该封闭容腔再从大圆弧经过渡曲线运动到小圆弧，该过程中，叶片被定子内壁逐渐压进槽内，封闭容腔的容积变小，将油液从压油口压出。

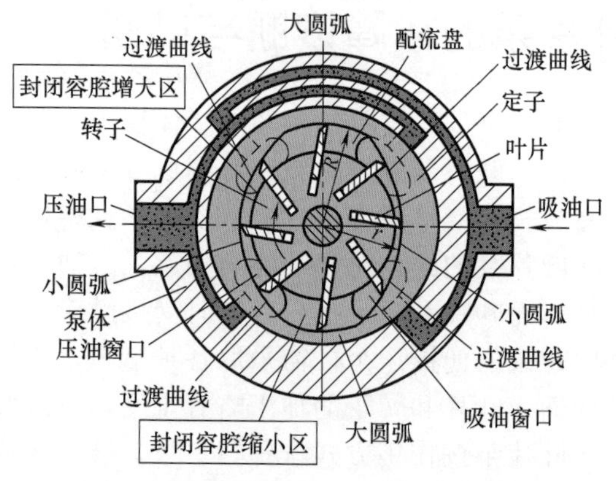

图 2-19　双作用叶片泵的工作原理

转子每转一周，每个封闭容腔要完成两次吸油和压油，所以称为双作用叶片泵，这种叶片泵由于有两个吸油腔和两个压油腔，并且各自的中心夹角是对称的，所以作用在转子上的油液压力相互平衡，因此双作用叶片泵又称平衡式叶片泵，为了要使径向力完全平衡，封闭容腔数（即叶片数）应当是双数。

2. 单作用（变量）叶片泵的工作原理

如图 2-20 所示，单作用叶片泵也由定子、转子、叶片和配流盘等组成，在定子、转子、叶片和两侧配流盘间同样形成若干个封闭容腔。当转子回转时，吸油区叶片逐渐伸出，叶片间封闭容腔的容积逐渐增大，从吸油口吸油；在排油区，叶片被定子内壁逐渐压进槽内，封闭容腔的容积逐渐缩小，将油液从压油口压出，实现排油。转子每转一周，每个封闭

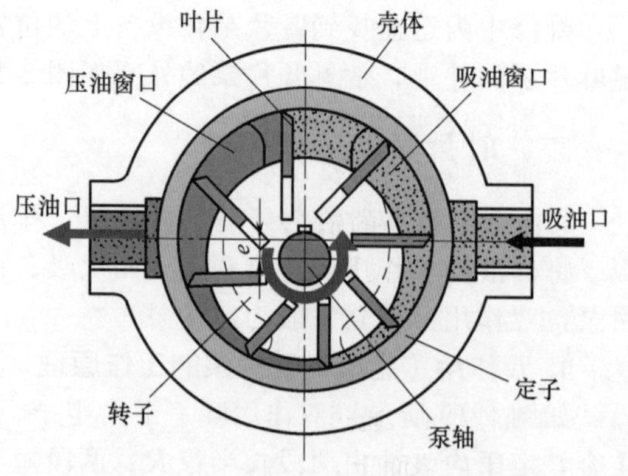

图 2-20　单作用叶片泵的工作原理

容腔完成一次吸油和压油，因此称为单作用叶片泵。转子不停地旋转，泵就不断地吸油和排油。

3. 双联（三联）叶片泵的工作原理

双联（三联）叶片泵由两个（三个）单级叶片泵装在一个泵体内在油路上并联组成，两个（三个）双作用叶片泵的主体装在同一泵体内，两个（三个）单级叶片泵的转子由同一传动轴带动旋转，共用一个吸油口，各自有自己的出油口。每联的吸入油和压出油（工作原理）与单联叶片泵相同。

双泵提供能服务于两个单独的液压回路的一个动力源，或者能把两段流量合并而提供较大流量的动力源。无论是哪种用途，在一个壳体里的两个泵可以比较紧凑地简单地安装，并可由一个联轴器驱动。

该类叶片泵还常用于高、低压液压回路，在双联或三联叶片泵中采用不同规格的泵芯组合，可满足高压小流量和低压大流量的工况要求，可优化回路设计。

4. 双级叶片泵的工作原理

如图 2-21 所示，双级叶片泵由两个普通压力的单级叶片泵装在一个泵体内在油路上串联组成，将两个单级叶片泵的转子装在同一根传动轴上，组成双级泵。第一级泵从油箱吸油，出油口连接到第二级泵的进口，第二级泵的输出油液送往工作系统。由于两个泵的结构尺寸不可能做得完全一样，两个单级泵每转的排量就不可能完全相等，例如第二级泵的每转的排量大于第一级泵，第二级泵的吸油压力（第一级泵的出口压力）就要降低，第二级泵的进、出口压差就要增大；反之，则第一级泵的载荷增大。为此，在两泵之间装设面积比为 1∶2 的定比压力阀（载荷平衡阀），可使两个单泵进、出口压差相等，即泵的压力负载相等，定比压力阀起到自动压力分配或负载平衡的作用。第一级泵和第二级泵输出油路分别经管路 1 和 2 通到平衡阀的左、右端面上，滑阀芯的面积比为 $A_1 : A_2 = 2 : 1$。如果第一级泵的流量大于第二级泵时，p_1 就升高，使 $p_1 : p_2 > 1 : 2$，因此 $p_1A_1 > p_2A_2$，平衡阀阀芯被右推，第一级泵的多余油液从管 1 经阀开口流回第一级泵的进油管路，使两泵的载荷获得平衡；如果第二级泵的流量大于第一级泵时，p_1 就降低，使 $p_1A_1 < p_2A_2$，平衡阀阀芯被左推，第二级泵出口的部分油液从管 2 经阀开口流回第二级泵的进油管路而获得平衡；如果两泵的流量相等，平衡阀两边的阀口封闭。

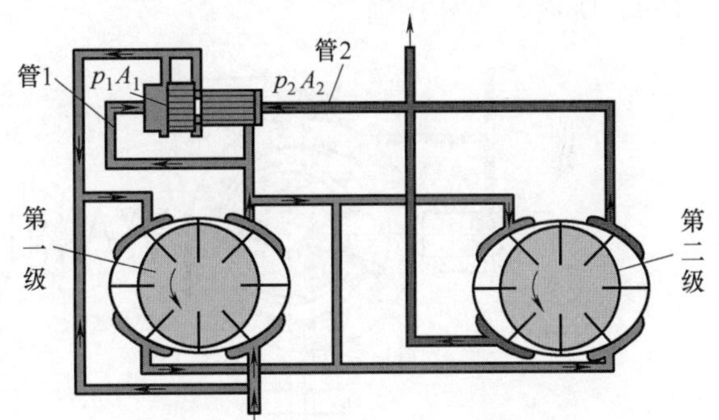

图 2-21 双级叶片泵的结构原理

5. 外反馈限压式变量叶片泵的工作原理

这种泵是利用从泵出口引入一股压力油，利用其压力的反馈作用来自动调节偏心量的大小，以达到调节泵的输出流量的目的。

如图 2-22（a）所示，这种泵的吸油窗和排油窗是对称的，由泵轴带动转子 1 旋转，转子 1 的中心 O 是固定的，可左右移动的定子 2 的中心 O_1 与 O 保持偏心量 e，在限压弹簧 3 的作用下，定子被推向左边，设此时的偏心量为 e_0，e_0 的大小由调节螺钉 7 调节。在泵体内有一内流道 a，通过此流道可将泵的出口压力油（油压 p）引入到柱塞 6 的左边油腔内，并作用在其左端面上，产生一液压力 pA，A 为柱塞 6 的端面面积。此力与泵右端弹簧 3 产生的弹簧力相平衡。

当负载变化时，p 随之也发生变化，破坏了上述平衡，定子相对于转子移动，使偏心量发生变化。当泵的工作压力 p 小于限定压力 p_B 时，有 pA＜弹簧力，此时，限压弹簧 3 的压缩量不变，定子不产生移动，偏心量 e_0 保持不变，泵的输出流量最大；当泵的工作压力 p 随负载升高而大于限定压力 p_B 时，pA＞弹簧力，这时弹簧被压缩，定子右移，偏心量减小，泵的输出流量也减小，泵的工作压力越高（负载越大），偏心量越小，泵的流量也越小；当工作压力达到某一极限值时，限压弹簧被压缩到最短，定子移动到最右端，偏心量接近零，使泵的输出流量也趋近于零，只输出小流量来补偿泄漏。p_B 表示泵在最大流量保持不变时可达到的工作压力（称为限压压力），其大小可通过限压弹簧 3 进行调节，图 2-22（b）中的 BC 段表示工作压力超过限压压力后，输出流量开始变化，即随压力的升高流量自动减小，到 C 点为止，流量为零，此时压力为 p_C，p_C 称为极限压力或截止压力。泵的最大流量（AB 段）由流量调节螺钉 7 调节，可改变 A 点位置，使 AB 段上下平移。调节螺钉 4 可调节限压压力的大小，使 B 点左右移动，这时 BC 段左右平移。改变弹簧刚度则可改变 BC 段的斜率。

由于这种方式是由泵出油口外部通道 a（实际还在泵内）引入反馈压力油来自动调节偏心量的，所以称为外反馈。

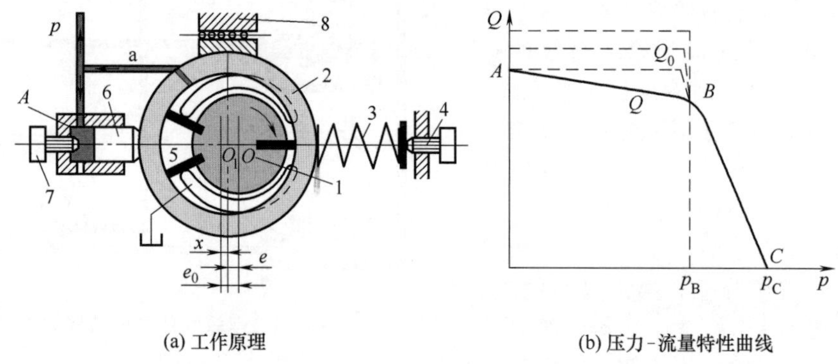

(a) 工作原理　　(b) 压力-流量特性曲线

图 2-22　外反馈限压式变量叶片泵的工作原理与压力-流量特性曲线

1—转子；2—定子；3—弹簧；4—压力调节螺钉；5—配流盘；6—柱塞；7—流量调节螺钉；8—压块

6. 内反馈限压式变量叶片泵的工作原理

与外反馈的工作原理相似，只不过自动控制偏心量 e 的控制力不是引自“外部”，而是依靠配流盘上设计的对 y 轴不对称分布的压油腔孔（腰形孔）内产生的力 p 的分力 F_x 来自动调节。当图 2-23 中 $\alpha_1<\alpha_2$ 时，压油腔内的压力油会对定子 2 的内表面产生一作用力 F，利用 F 在 x 方向的分力 F_x 去平衡弹簧力，自动调节定子 2 与转子 4 之间偏心量 e 的大小。当 F_x 大于弹簧 6 调定的限压压力时，则定子 2 向右移动，使偏心量减小，从而改变泵的输出流量。工作压力增大，F 增大，F_x 也增大，会减小偏心量。其调节原理与上述的外反馈方式除了反馈的来源不同外，其他没有区别。

力 F_y 会引起定子向上移动，用噪声调节螺钉 7 压住，防止定子上下窜动使泵产生噪声振动。

这种限压式变量叶片泵适用于空载快速运动和低速进给运动的场合。快速时，需要低压大流量，这时泵工作在特性曲线 AB 段上；当转为工作进给时，系统工作压力升高，泵自动转到特性曲线 BC 段工作，以适应工作进给时需要的高压小流量。

采用限压式变量泵与采用一台高压大流量的定量泵相比，可节省功率损耗，减少系统发

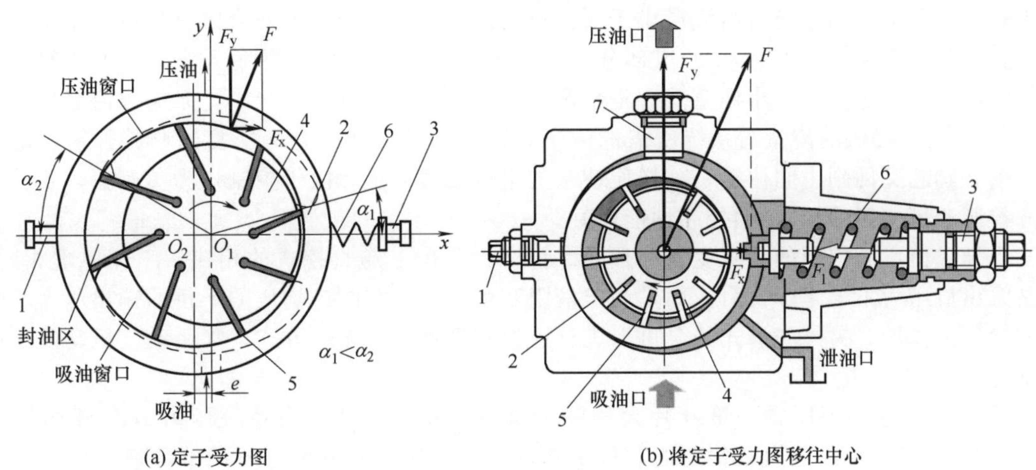

(a) 定子受力图　　(b) 将定子受力图移往中心

图 2-23　内反馈限压式变量叶片泵的工作原理

1—流量调节螺钉；2—定子；3—压力调节螺钉；4—转子；
5—叶片；6—调压弹簧；7—噪声调节螺钉

热；与采用高低压双泵供油系统相比，可省去一些液压元件，简化液压系统。但是，由于定子有惯性和相对运动件的摩擦力影响，当系统工作压力 p_B 突然升高时，叶片泵偏心量 e 不能很快作出反应而减小，需滞后一段时间，这时在特性曲线 B 点将出现压力超调，可能引起系统的压力冲击，而且较之定量叶片泵，变量叶片泵的结构复杂些，相对运动件较多，泄漏也较大。

7. 恒压式变量叶片泵的工作原理

图 2-24 所示为恒压式变量叶片泵的工作原理。直控式恒压阀为一负遮盖的三通（P 口、B 口、T 口）式减压阀，它由调节螺钉、调压弹簧、带中心孔的阀芯和阀体组成。调节螺钉可调定恒压压力的大小。当泵的出口压力 p_s 未达到调节螺钉所调定的压力值时，阀芯在调压弹簧的作用下处于图 2-24（a）所示位置，泵出口来的控制压力油由 P 口进入恒压阀，通过阀芯上的中心孔、节流口 a，与 B 口相通，作用在变量大柱塞左端面上，这样变量大、小柱塞上都作用着与出口压力基本相同的压力油，而 $A_1:A_2=2:1$，面积大的油压力大，因而定子被推向右边，定子和转子处于最大偏心量的位置，泵输出最大流量。当泵出口压力（系统压力）达到恒压阀的调定压力值时，如液压系统需要的流量等于泵的最大流量，则阀

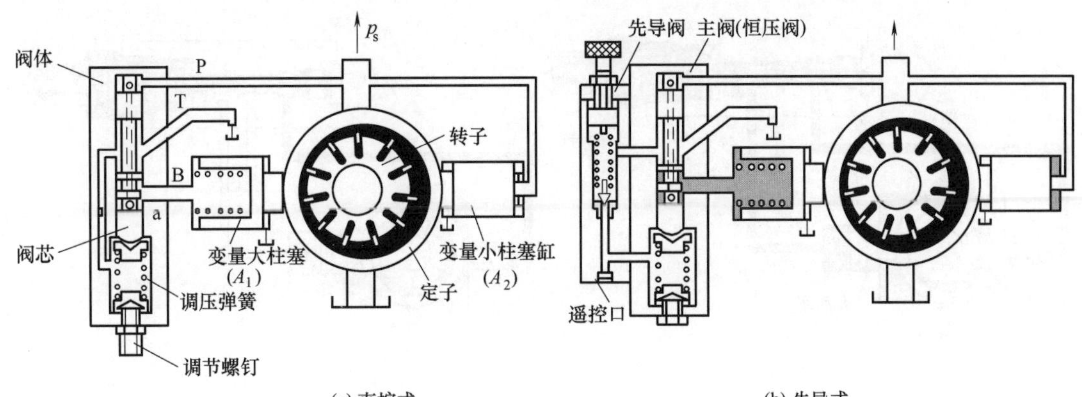

(a) 直控式　　(b) 先导式

图 2-24　恒压式变量叶片泵的工作原理

芯维持原位不动；当系统所需流量小于泵提供的流量时，系统压力便会因流量供过于求而升高，这样阀芯下移，使B口和T口部分沟通，大柱塞左腔的压力便降下来，而小柱塞右端仍暂为高压油，于是大、小柱塞受力不平衡，定子左移，使偏心量减小，泵输出流量也随之减少，直至泵提供的流量与系统所需的流量相匹配，泵出口压力又恢复到调压弹簧调定的压力值，阀芯又回到中间位置，这样便使泵的出口压力恒定。由于控制口为负遮盖，要消耗部分控制流量（回油箱），但控制性能较好。

先导式恒压阀控制的恒压变量叶片泵［图2-24（b）］与直控式的相比，工作原理相同，只是泵出口压力不再是弹簧力，而是固定液阻和可调压力阀阀口构成的半桥的输出压力，弹簧只起复位作用，另外先导式的泵可以进行遥控和选择多种输入方式，如手动、机动及比例控制等。

图2-25所示为恒压式变量叶片泵的图形符号与特性曲线。当系统压力 p 低于恒压阀（伺服阀）所调节的压力时，恒压阀右位工作，泵处于偏心调节螺钉所调节的最大偏心量的位置上工作，泵全流量输出；当系统压力 p 高于恒压阀所调节的压力时，恒压阀左位工作，大控制活塞端通L，回油箱（卸荷），定子被右推，处于减小偏心量的位置下工作，直到只输出能满足所调压力情况下系统所需流量为止，保持泵输出压力的恒定。

可遥控恒压式变量叶片泵工作原理与恒压式的相同，仅增加了遥控阀（先导式溢流阀），遥控阀安装在易于操作者调节的地方，与恒压阀一起对恒压压力进行调节。

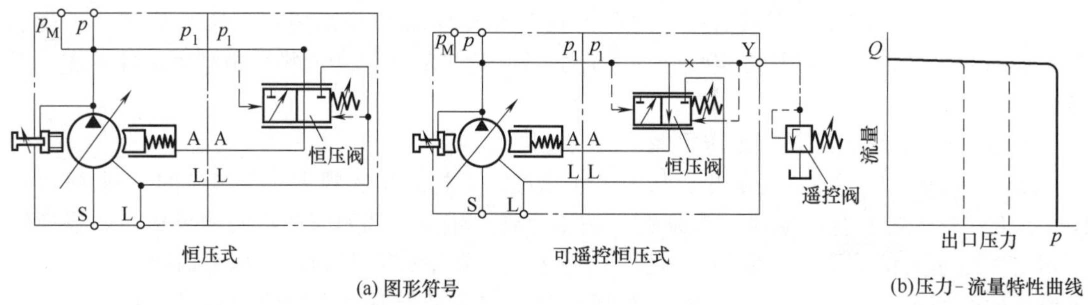

图2-25　恒压式变量叶片泵的图形符号与特性曲线

进一步的说明如图2-26所示，压力调节器（恒压变量阀、PC阀）包括壳体、控制阀芯、弹簧和调节螺钉。油液通过液压泵内的油路，到达控制阀芯。控制阀芯具有一个径向槽和两个道通孔。

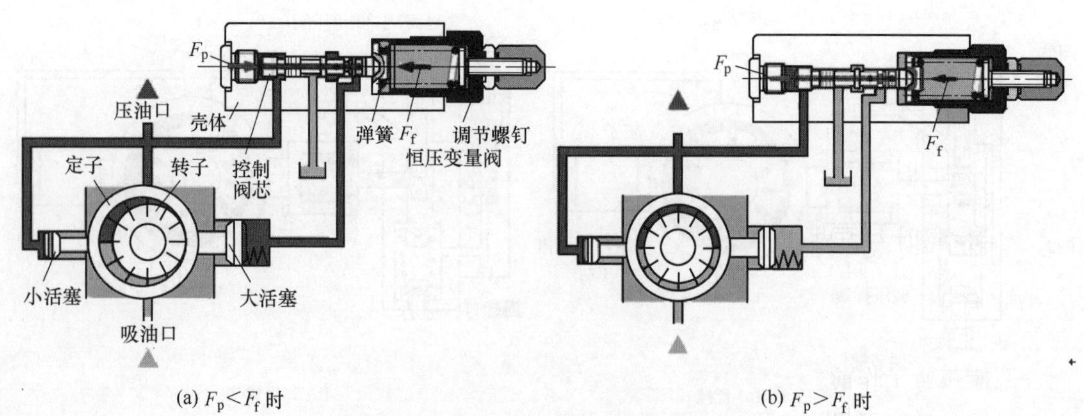

图2-26　恒压式变量叶片泵的工作原理

液压系统实际的压力（出口压力）作用于控制阀芯的左端面。只要压力产生的作用力 F_p 小于弹簧反力 F_f，油泵就保持在图 2-26（a）所示位置。阀芯两端作用的油压相同，右边大调节活塞承受的作用力大于左边小调节活塞承受的作用力，推动定子向左运动移向偏心位置，泵排出相应最大流量。

当力 F_p 随系统压力的增加而增加，大于弹簧反力 F_f 时，控制阀芯挤压弹簧，使通向油箱的油路打开，油液由此流出，造成大活塞端的压力下降。由于小活塞端（固定）仍作用着系统压力，因而将定子推向大活塞端（作用着较低压力），直到接近中心为止［图 2-26（b)］。此时，各种力达到了平衡（小活塞端面积×高压＝大活塞端面积×低压），系统压力保持恒定。由于这种特性，在达到最高压力时，系统的功率损失较低。油液不会过热，系统功耗也最低。

如果液压系统的压力下降，压力调节器弹簧推动控制阀芯移动，因而通向油箱的油路被关闭，大活塞端之后再度建立起系统的压力。此时，控制活塞受力不平衡，大活塞推动定子到达某一偏心位置。这时液压泵再次向系统输出流量。

8. 负载敏感变量（恒流量）叶片泵的工作原理

负载敏感变量叶片泵的工作原理是，当负载和输入转速发生变化时，将泵的输出流量保持在节流装置（节流孔、节流阀、比例方向节流阀等）调定的位置上不变。将两个压力（节流装置的前、后压力）分别引入负载敏感阀阀芯的两端，这样，作用在阀芯一端的低压压力（节流装置后的压力）和阀芯弹簧一起与作用在另一端的泵出口压力相平衡，从而得到使调定的节流口保持流量不变所需的恒定压差。

可调比例流量阀（或普通节流阀）节流口的出口压力 p_1 传到负载敏感阀右端弹簧腔，产生的液压力 F_{p_1} 与弹簧力 F_f 作用在负载敏感阀阀芯的右端，泵出口压力 p 产生的液压力 F_p 作用在负载敏感阀阀芯的左端，也同时作用于小控制活塞端，即负载敏感阀阀芯上向右作用着泵出口压力 P_p 产生的液压力 F_p，向左作用着压力 p_1 产生的液压力 F_{p_1} 和弹簧力 F_f。此时，在负载敏感阀阀芯的各种作用力达到了平衡，泵上大、小控制活塞上的作用力也处于平衡状态。

当 $F_p<F_{p_1}+F_f$ 时，负载敏感阀阀芯处于左位，大活塞端与油箱不通，大活塞端作用有压力油，泵处于最大偏心量位置；反之，当 $F_p>F_{p_1}+F_f$ 时，负载敏感阀阀芯右移，大活塞端与油箱相通，泵处于最小偏心量位置。可调节流口的压差产生的作用力，与调节器的弹簧力相等，阀芯平衡在某一位置，液压泵的定子也就在某一位置达到稳定，泵输出一定流量。

如果因负载改变 p_1 降低时，压差 $\Delta p=p-p_1$ 增大，泵输出的流量因压差 Δp 的增大要增大，但由于阀芯受力不平衡右移，大控制活塞右腔通回油，小控制活塞仍作用压力油，泵因大、小控制活塞力不平衡使定子与转子之间的偏心量减少，输出流量变小，仍维持泵输出的流量不变［图 2-27（a)]；反之，因负载改变 p_1 升高时，输出流量也可不变［图 2-27（b)］。

三、提高叶片泵工作压力的结构措施

早期的叶片泵，工作压力只有 6.3MPa，为了提高叶片泵的工作压力，使叶片泵朝着高压化的方向发展，叶片泵在结构上采取了不断改正的措施。从上述叶片泵的工作原理可知，在叶片泵能正常工作前，叶片顶端和定子内曲面之间必须建立起可靠的密封，在叶片泵启动阶段，仅依靠离心力甩出叶片来实现密封以形成密闭空间，因此大多数叶片泵的最低工作转速不能低于 600r/min，以便能产生足够的离心力。一旦泵产生自吸，且系统压力开始升高，

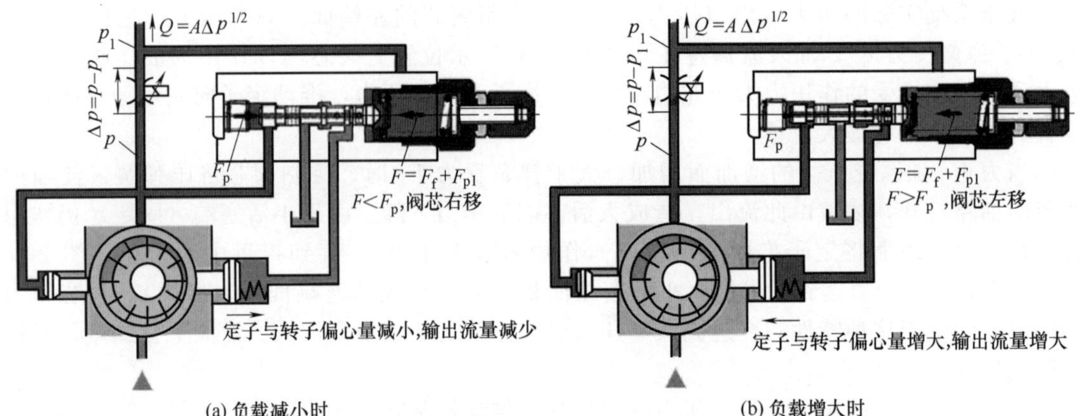

图 2-27 负载敏感变量（恒流量）叶片泵的工作原理

叶片处必须建立更严密的密封，以使通过叶片顶端的泄漏不致增加。为了在高压下产生更好的密封，叶片泵常把系统压力引到叶片的根部顶压叶片，采用这种配置，系统压力越高，推出叶片并使之靠紧定子内表面上的力就越大。使用这种方法加载的叶片虽能在顶端产生非常严密的密封，但如果叶片上加载的力太大，叶片和定子之间将会产生过量的磨损，而且叶片因加载过大将是一个较大的阻力源。为使叶片顶部既能可靠与定子内表面很好接触，又使两者之间的接触应力不致因压力升高过大产生严重磨损的现象，采用了下述结构措施来实现叶片泵的高压化。

1. 采用倒角叶片

图 2-28 所示为使用倒角叶片消除叶片加载顶紧力过大的一种方法，使用这种叶片时，叶片根部的全部面积和大部分顶部的面积暴露在系统压力下，叶片顶部斜面上的分力平衡了叶片根部的大部分液压力，顶住叶片的力仅为未被平衡的力，在一定程度上解决了上述问题，但在高压系统中，使用带坡口边的叶片仍然会导致较大磨损和阻力过大，因而不适宜在高压叶片泵中使用。

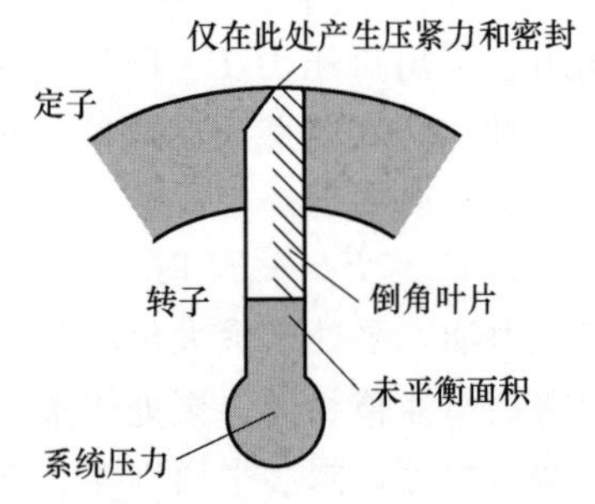

图 2-28 倒角叶片

2. 采用子母叶片

子母叶片如图 2-29 所示，图 2-30 所示为其工作情况。出口压力仅连续施加于子母叶片之间的空间，叶片的顶部和根部面积同时承受进口压力或出口压力，视转子旋转期间叶片的位置而定。只有中间压力腔始终通压力油，其余部分叶片根部与顶部均压力相等，只剩下由小叶片面积上压力油产生的力顶紧母叶片。这样在出口

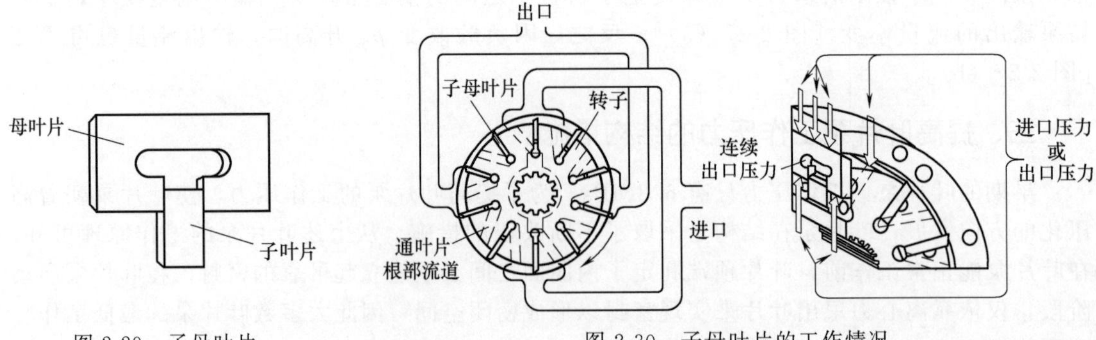

图 2-29 子母叶片

图 2-30 子母叶片的工作情况

压力区实现完全的液压平衡，在进口区里叶片向外的推力等于出口压力乘以子叶片端部的投影面积，减小叶片的加载力，又能可靠顶紧。

3. 采用柱销叶片

图 2-31 所示为柱销叶片，压力油仅作用在柱销的下部，叶片其余部分工作中上下压力相同，仅由柱销推顶叶片向上压靠凸轮环。

4. 采用弹簧加载叶片

如图 2-32 所示，则由叶片底部的弹簧力加载叶片，工作中叶片上下压力均相同，仅靠弹簧力顶紧叶片。

5. 采用浮动配流盘

如图 2-33 所示，泵出口的压力越高，压紧力越大，从而使径向间隙变小，降低了因压力升高而增大的内泄漏量。

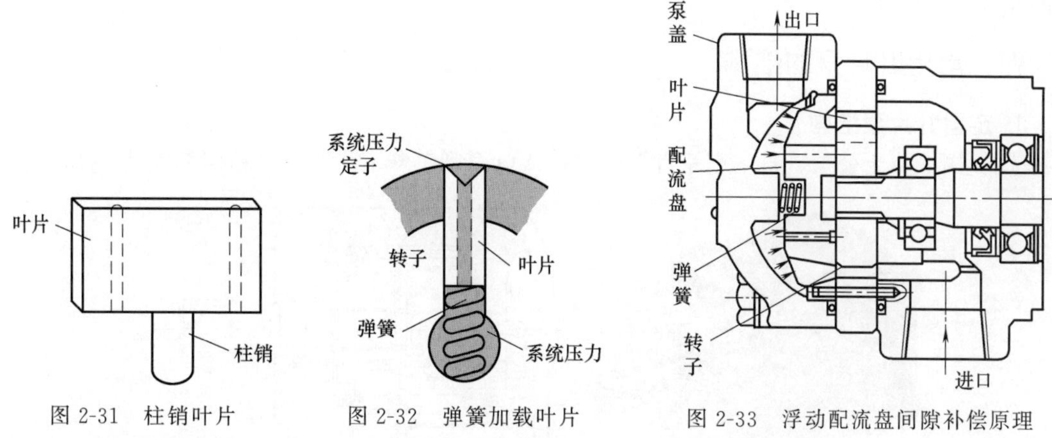

图 2-31　柱销叶片　　图 2-32　弹簧加载叶片　　图 2-33　浮动配流盘间隙补偿原理

6. 降低叶片根部油压

为了减小叶片根部油压的作用力，可以将通入吸油腔叶片根部的油液先经过一个定比减压阀（或阻尼槽）减压，使之压力降为 p_3，再通入配流盘上正对着吸油区叶片根部的腰形槽 a，从而减小了吸油腔区域叶片根部所受的作用力，其工作原理如图 2-34（a）所示。泵出口来的高压油作用在定比减压阀阀芯的小端，通过减压阀［工作原理参阅图 2-34（b）］减压后压力变为 p_3，再通过孔 d、孔 c 作用在减压阀阀芯大端，大、小端面积之比一般为 2∶1，由阀芯的平衡条件，$p_3=p_1/2$。另一股油液进入吸油区叶片根部的 a 腔，这样作用在叶片根部的油液压力就是减压后的压力 $p_3=p_1/2$。

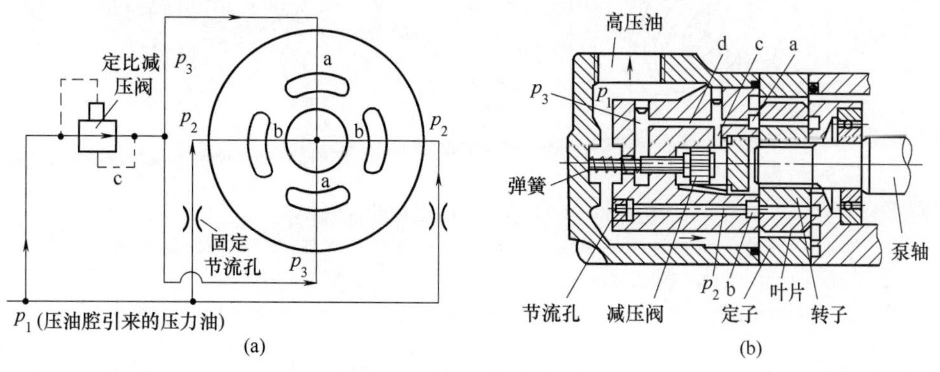

图 2-34　降低叶片根部油压

为了避免无压时，减压阀阀芯将减压油道堵死，妨碍叶片的外伸，减压阀小端有一小弹簧作用着，使减压阀芯常开。通向压油区的油道上设置了固定节流孔［图 2-34（a）］，其目的并不是使通往叶片根部的油液减压，而是使叶片根部的油压比另一端的油压略高些。因为在压油区叶片是向槽内移动的，力图把里面的油排出去，故油流方向是由内向外，而不是自外向内，因而里边压力高于外边压力。这样可使叶片压在定子上的压紧力比叶片与定子接触向槽内的压力大些，以免叶片和定子脱开。

为使叶片根部在转子旋转过程中，交变地接通高压和减压后的压力，侧板（配流板）往往制成图 2-35 的形状，密封角规定了转子上叶片槽根部所钻孔的尺寸不能超过此范围，否则会造成图中 a 槽与 b 槽在交界处的相通。

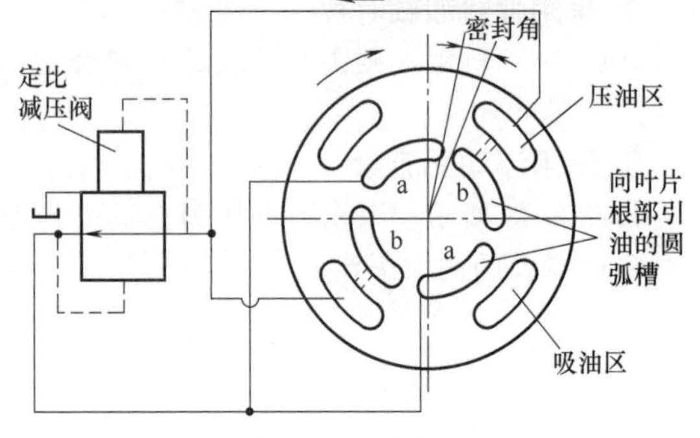

图 2-35 侧板

四、常用叶片泵的结构

1. 定量叶片泵结构

① 美国威格士公司、日本东京计器公司的 VQ 系列单联定量叶片泵结构如图 2-36 所示。

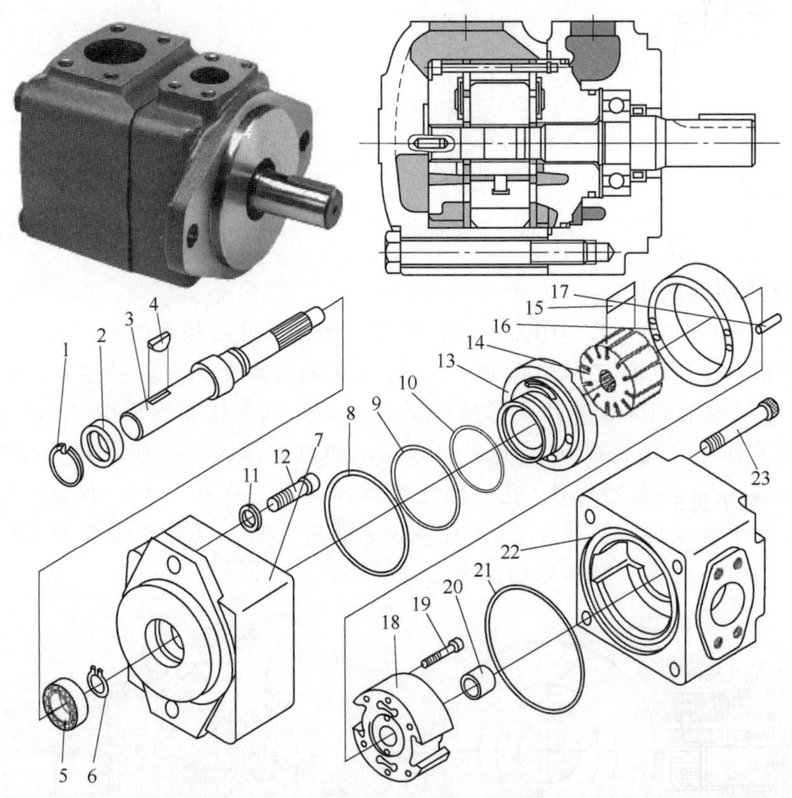

图 2-36 VQ 系列单联定量叶片泵结构

1，6—卡簧；2—油封；3—泵轴；4—键；5—轴承；7—泵体；8～10，21—O 形圈；11—垫圈；12，19，23—螺栓；13—前配流盘；14—转子；15—叶片；16—定子；17—定位销；18—后配流盘；20—自润滑轴承；22—泵盖

② 美国威格士公司、日本东京计器公司的 VQ 系列双联定量叶片泵结构（图 2-37）。

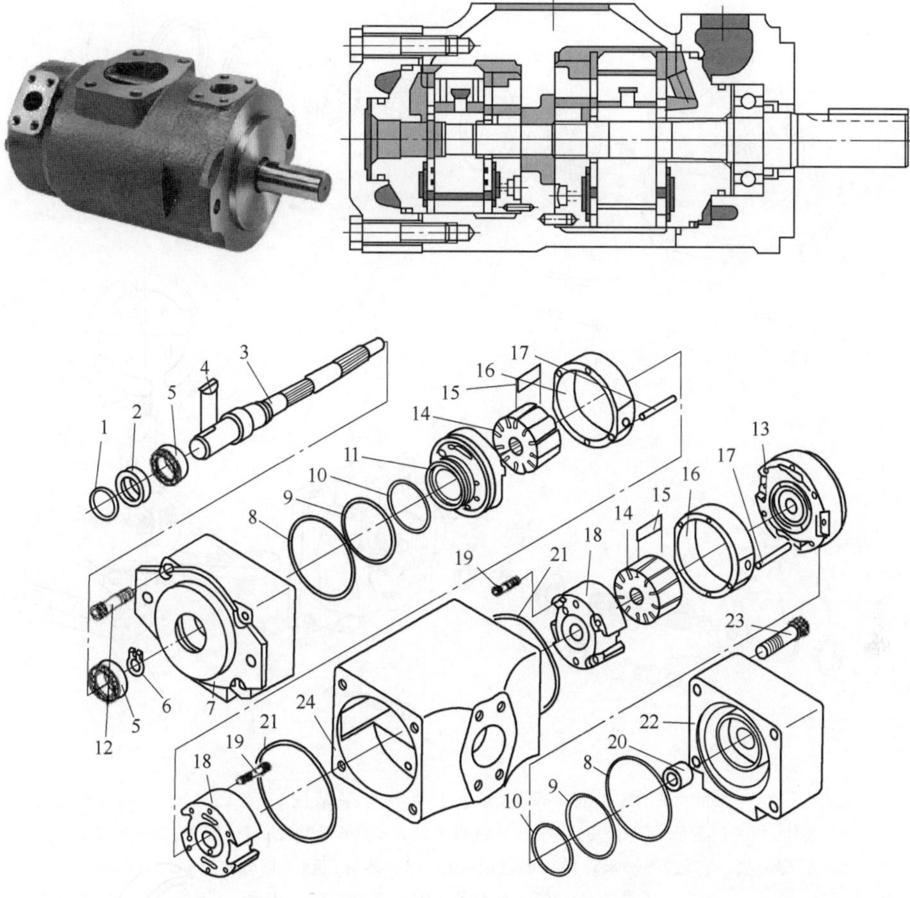

图 2-37　VQ 系列双联定量叶片泵结构

1,6—卡簧；2—油封；3—泵轴；4—键；5— 轴承；7—泵前盖；8～10,21—O 形圈；11—垫圈；12，19，23—螺栓；13—前配流盘；14—转子；15—叶片；16—定子；17—定位销；18—后配流盘；20—自润轴承；22—泵盖；24—泵体

③ 双联定量子母叶片泵结构如图 2-38 所示。

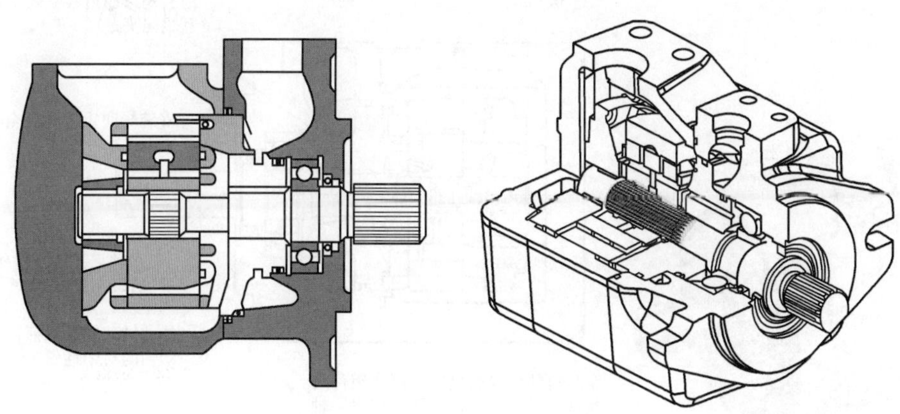

图 2-38

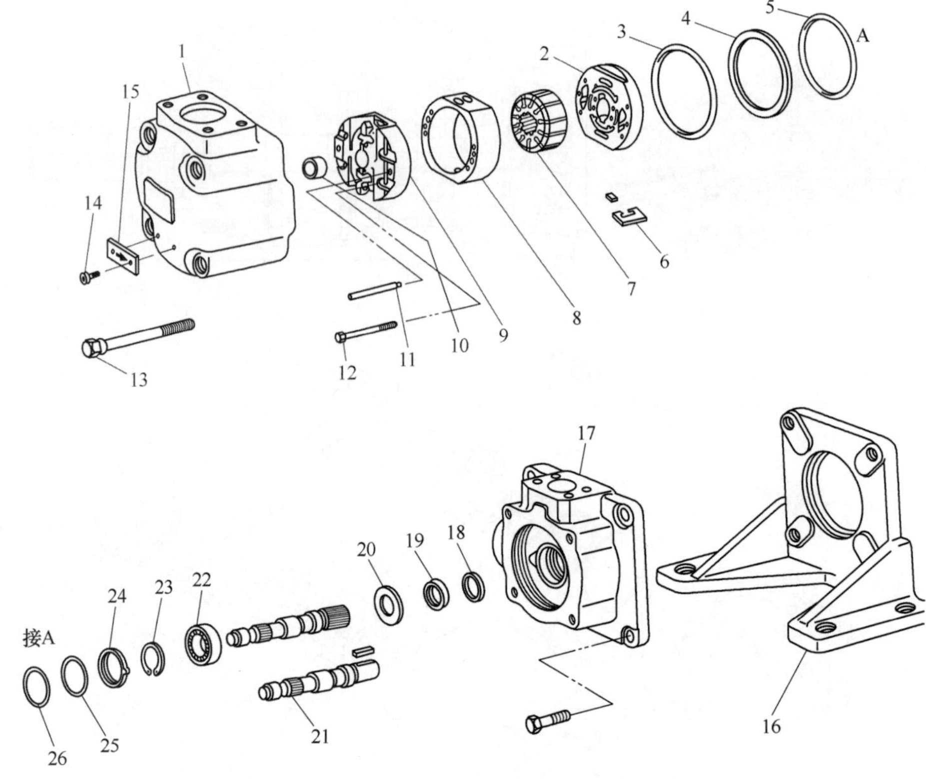

图 2-38 双联定量子母叶片泵结构

1—泵体；2—前配流盘；3～5,18～20—密封组件；6—子母叶片；7—转子；8—定子；9—后配流盘；10,22—轴承；11—定位销；12,13—螺钉；14—标牌螺钉；15—标牌；16—安装支座；17—泵前盖；21—泵轴；23—卡簧；24—油封；25—O 形圈；26—支承环

④ 美国派克公司 T 系列柱销式叶片泵结构如图 2-39 所示。

2. 变量叶片泵结构

① 国产 YBX 型外反馈限压式变量叶片泵结构如图 2-40 所示。

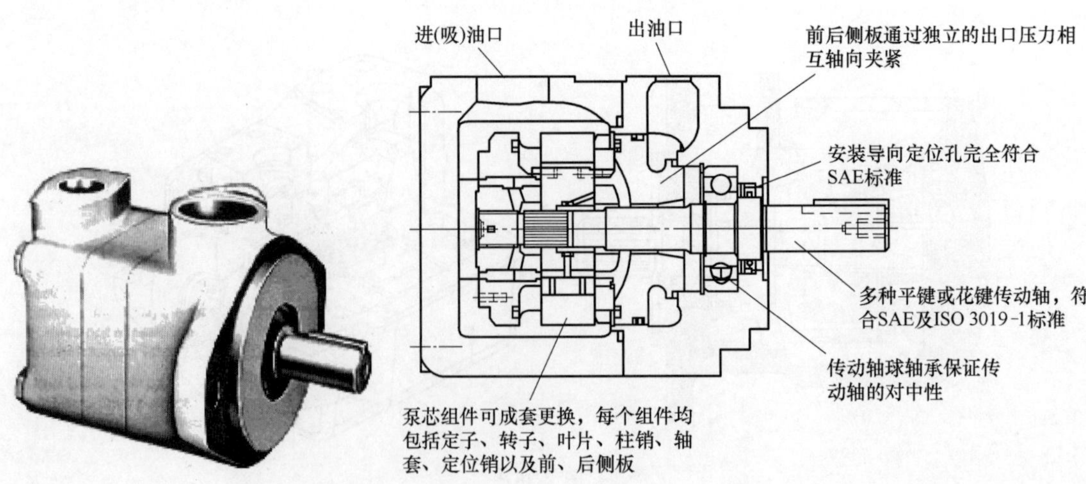

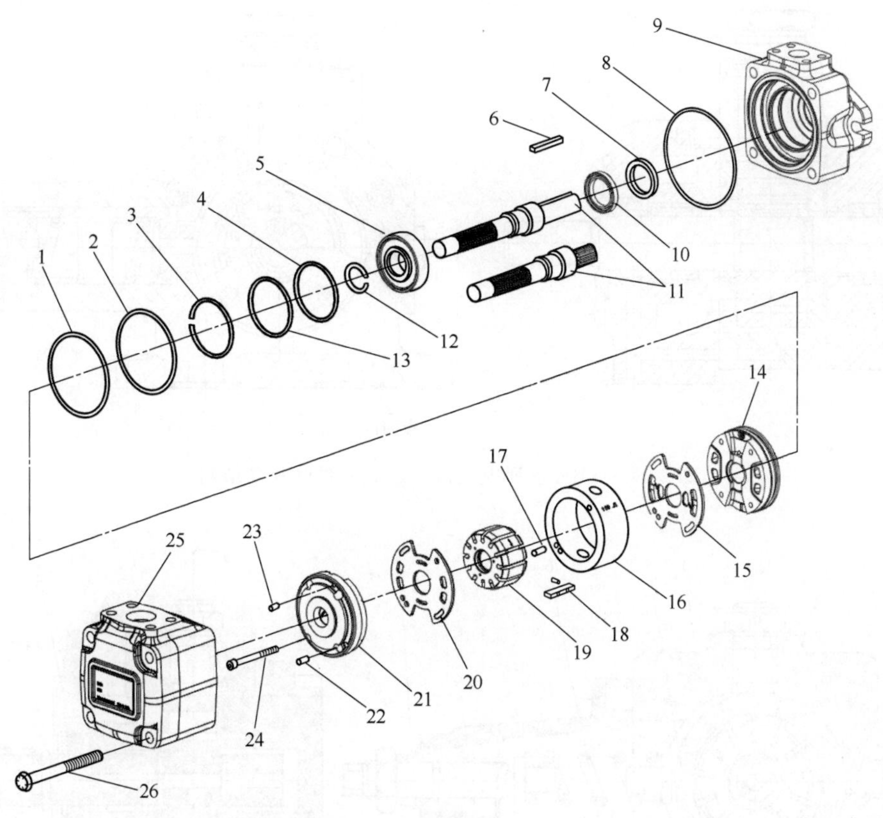

图 2-39 T 系列柱销式叶片泵结构

1,4,8—O 形圈；2,13—支承环；3,12—卡环；5—轴承；6—键；7—防尘圈；9—泵前盖；10—油封；11—泵轴；14—出油过渡盘；15,20—配流盘；16—定子；17,22,23—定位销；18—柱销叶片；19—转子；21—进油过渡盘；24,26—螺栓；25—泵盖体

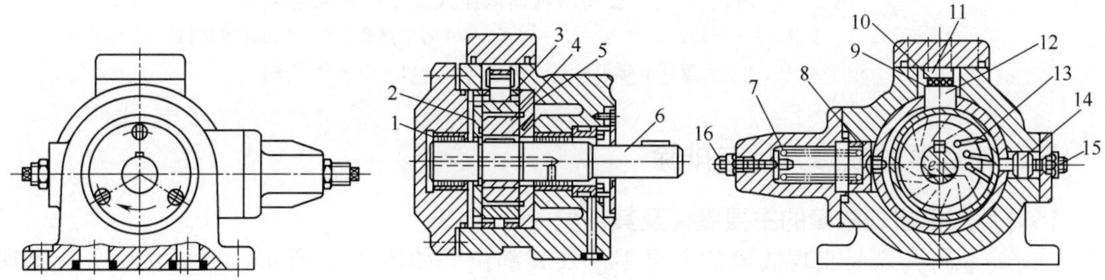

图 2-40 YBX 型外反馈限压式变量叶片泵结构

1—轴承；2—侧板；3—定子；4—配流盘；5—转子；6—轴；7—调压弹簧；8—弹簧座（柱塞）；9—保持架；10—滚针；11—支承块；12—滑块；13—叶片；14—反馈活塞；15—流量调节螺钉；16—压力调节螺钉

② 国产 YBN 系列（YBN20、YBN40）内反馈限压式变量叶片泵结构如图 2-41 所示。德国博世-力士乐公司内反馈限压式变量叶片泵结构如图 2-42 所示。

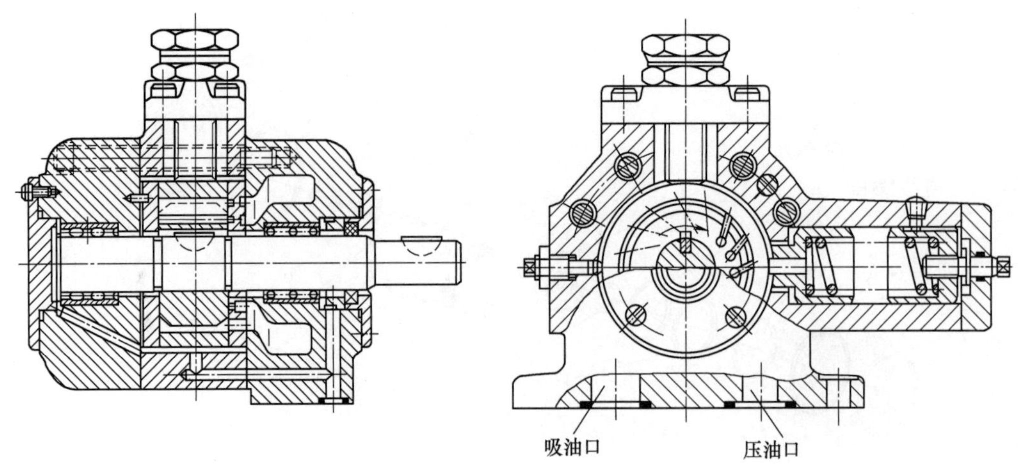

图 2-41 YBN 系列内反馈限压式变量叶片泵结构

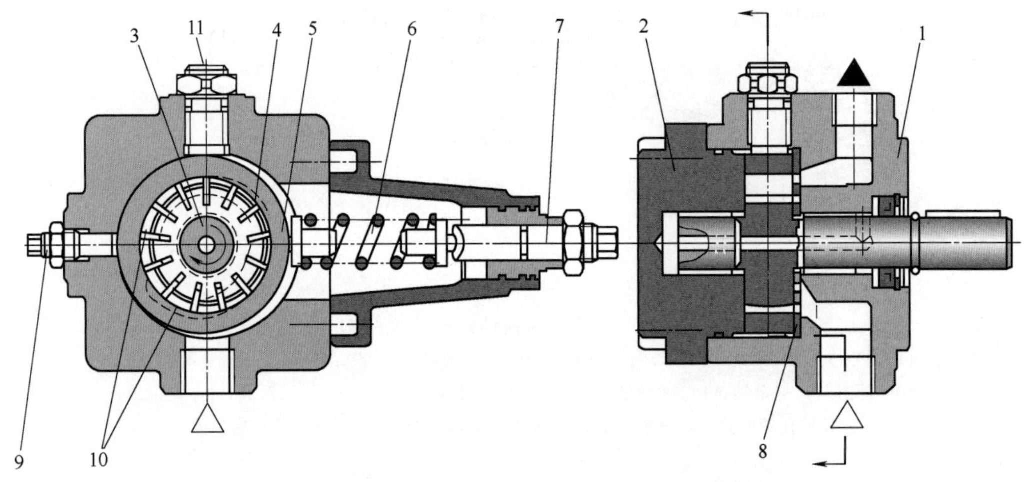

图 2-42 博世-力士乐公司内反馈限压式变量叶片泵结构

1—泵体；2—泵盖；3—泵轴；4—叶片；5—定子；6—调压弹簧；7—压力调节螺钉；8—配流盘；9—流量调节螺钉；10—配流窗口；11—噪声调节螺钉

五、叶片泵的故障分析与排除

1. 叶片泵易出现故障的主要零件及其部位

(1) 定量叶片泵易出现故障的主要零件及其部位 如图 2-43 所示，定量叶片泵易出现故障的主要零件是泵芯的组成零件，如后配流盘的 G_1 面、前配流盘的 G_3 面、定子 4 的 G_2 面等处的磨损拉伤。

(2) 变量叶片泵易出现故障的主要零件及其部位 如图 2-44 所示，变量叶片泵易出故障的主要零件有限压弹簧 4、活塞 5 和 6、侧板 18、配流盘 19、定子、转子等。

(3) 子母叶片泵易出现故障的主要零件及其部位 如图 2-45 所示，子母叶片泵易出现故障的主要零件有后配流盘 1、前配流盘 6、定子 2、母叶片 3、子叶片 4、转子 5、轴承 7、泵轴 8、油封 9 等。

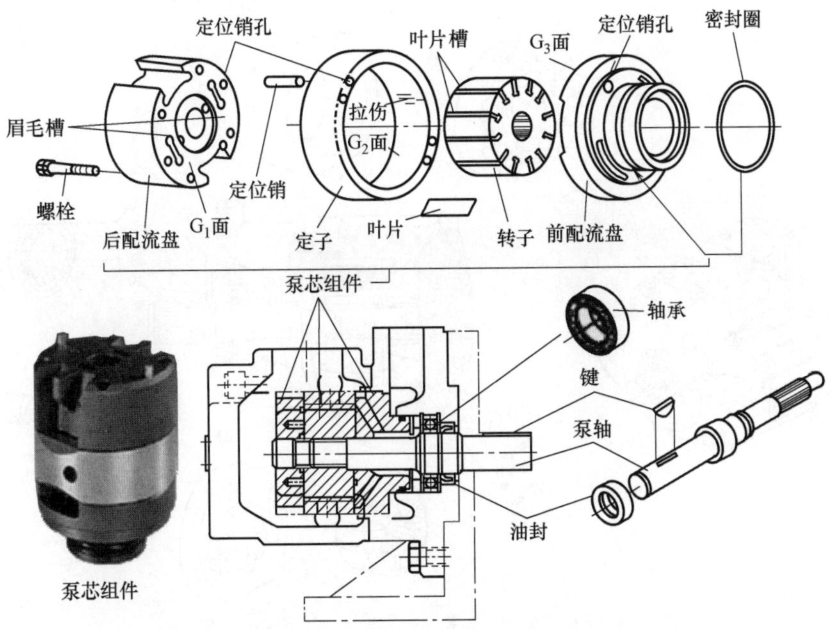

图 2-43 定量叶片泵易出现故障的主要零件及其部位

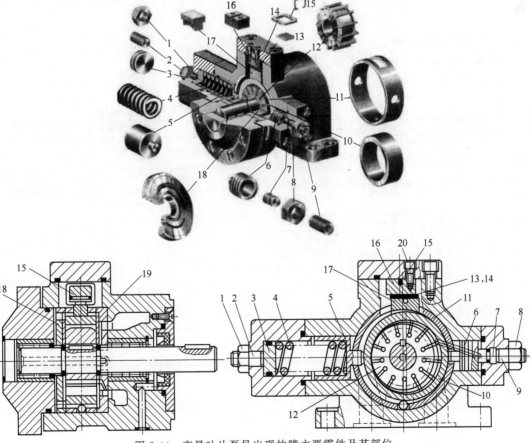

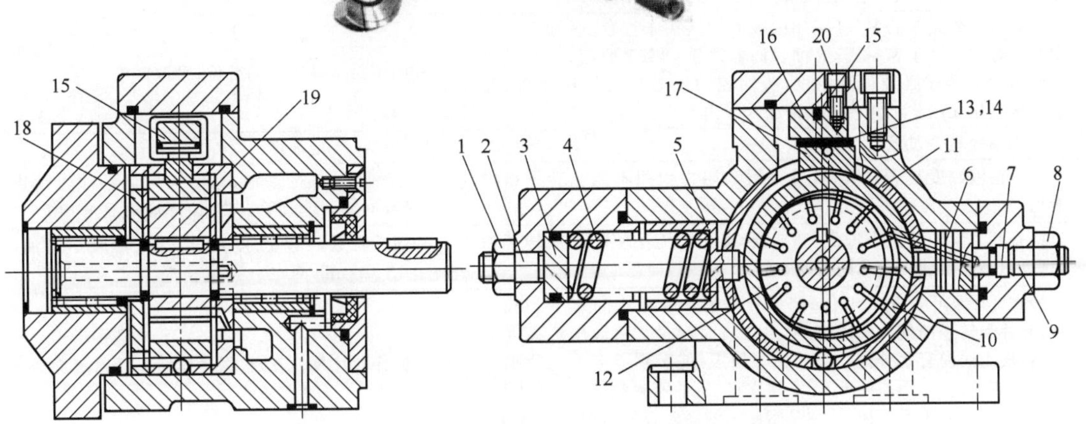

图 2-44 变量叶片泵易出现故障主要零件及其部位

1,8—锁母；2—压力调节螺钉；3—弹簧座；4—限压弹簧；5,6—活塞；7—调节杆；9—流量调节螺钉；10—定子；11—隔套；12—转子；13—滚针；14—滚针架；15—弹簧扣；16—上滑块；17—下滑块；18—侧板；19—配流盘；20—噪声调节螺钉

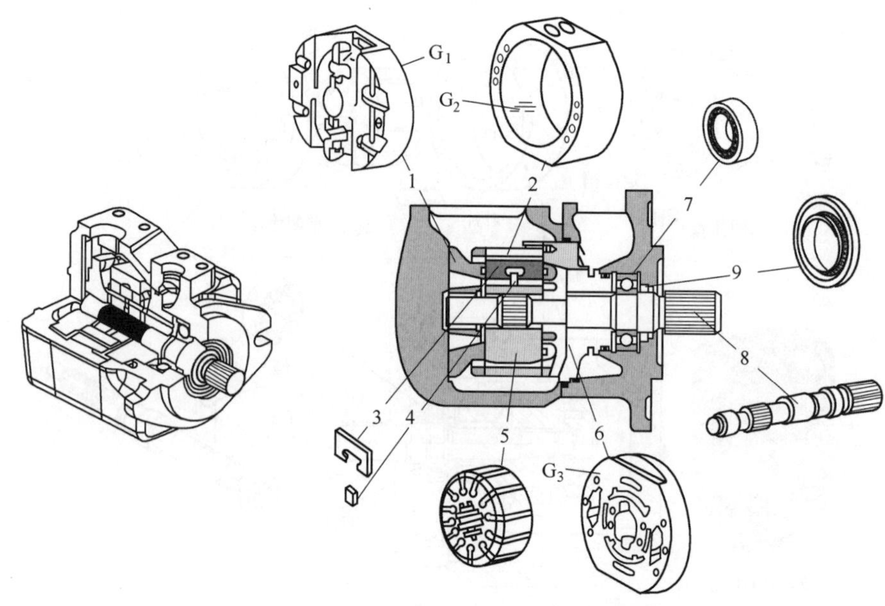

图 2-45 子母叶片泵易出现故障的主要零件及其部位

1—后配流盘；2—定子；3—母叶片；4—子叶片；5—转子；
6—前配流盘；7—轴承；8—泵轴；9—油封

2. 故障分析与排除

【故障 1】 定量叶片泵不出油

定量叶片泵不出油的故障分析与排除见表 2-11。

表 2-11 定量叶片泵不出油的故障分析与排除

故障分析	排除方法
检查泵轴是否跟随电机转动，如果电机转动泵轴不转则有可能是漏装泵轴上的键或电机上的键，或者电机与油泵的联轴器不传力	酌情处置
检查泵的旋转方向是否正确，转向不正确，泵不上油，此时应马上停机	按叶片泵上标的箭头方向纠正回转方向。若泵上无标记时可对着泵轴方向观察，正转泵轴应是顺时针方向旋转的，反转泵则与此相反
检查泵轴是否断裂，泵轴折断转子便不能转动	拆开修理
检查吸油管路是否漏气，例如因吸油管接头未拧紧，吸油管接头密封不好或漏装了密封圈，吸油过滤器严重堵塞等原因，在泵的吸油腔内无法形成必要的真空度，吸油腔的压力与大气压相等（相通），大气压无法将油箱内的油液压入泵内	查明密封不好进气的部位，采取对策
检查油面是否过低	应加油至规定油面
检查油液黏度是否较大，叶片因滑动阻力大而不能从转子槽中滑出	更换黏度较低的油液，寒冷天气启动前先预热油，必要时卸下泄油管，向泵内灌满油后再开机
检查叶片泵转速是否过低，转速低，离心力无法使叶片从转子槽内抛出，不能形成可变化的密闭空间	一般叶片泵转速低于 500r/min 时，吸不上油，高于 1800r/min 时也会吸油困难
检查叶片泵叶片是否卡住，例如转子槽和叶片之间有毛刺和污物，叶片和转子槽配合间隙过小，泵停机时间过长而液压油黏度又过高，液压油内有水分使叶片锈蚀等原因，使个别或多个叶片粘连卡死在转子槽内，不能甩出，无法建立吸、压油密封空间，无法使吸、压油腔隔开，而吸不上油，特别是刚使用的新泵容易出现这种情况	可拆开叶片泵检查，根据具体情况予以解决
小排量的叶片泵吸油能力较差，特别是寒冷季节，泵的安装位置距油箱液面又较高时，往往吸不上油	可在启动前往泵内注油
叶片和转子组合件（泵芯）装反了一边（错装 180°），吸不上油	予以纠正

【故障 2】 变量叶片泵无流量输出或不能变量

变量叶片泵无流量输出或不能变量的故障分析与排除见表 2-12。

表 2-12 变量叶片泵无流量输出或不能变量的故障分析与排除

故障分析	排除方法
同故障 1 的原因	查明原因并处理
检查变量叶片泵定子是否卡死在偏心量为零的位置，变量叶片泵的输出流量与定子相对转子的偏心量成正比。当定子卡死于零位，即偏心量为零时泵的输出流量便为零	将叶片泵解体，清洗并正确装配，重新调整泵的上支承盖和下支承盖螺钉，使定子、转子和泵体的水平中心线互相重合，定子在泵体内调整灵活，并无较大的上下窜动，从而避免定子卡死在偏心量为零的位置而不能出油，定子卡死在其他位置便不能调整流量(不能变量)
对 YBX 型变量叶片泵(参见图 2-44)，若出现弹簧折断，活塞卡死在使转子和定子偏心量为零的位置等，变量叶片泵便无流量输出	松开流量调节螺钉和压力调节螺钉，拆开清洗并清除毛刺，使活塞可灵活移动，弹簧断了则予以更换

【故障 3】 叶片泵输出流量不足、出口压力上不去或根本无压力

叶片泵输出流量不足、出口压力上不去或根本无压力的故障分析与排除见表 2-13。

表 2-13 叶片泵输出流量不足、出口压力上不去或根本无压力的故障分析与排除

故障分析	排除方法
同故障 1 的原因	查明原因并处理
检查配流盘与壳体端面(固定面)是否接触不良，当两者之间有较大污物楔入，虽压紧紧固螺钉，但两者之间并未密合，使压油腔部分压力油通过两者之间的间隙流入低压区，输出流量减小	拆开清洗使之密合
配流盘与转子贴合端面(滑动面) G_1、G_3(参见图 2-43)拉毛磨损较严重时，内泄漏增大，输出流量不够	用较粗(不能太粗)砂纸打磨拉毛高点，然后用细砂布磨掉凹痕，抛光后使用。一般要研磨好配流盘端面
定子内孔(内曲线表面)拉毛磨损，叶片顶端不能可靠密封，压油区的压力油通过叶片顶端与定子内孔之间的拉毛划伤沟痕漏入吸油区，造成输出流量不够	用金相砂纸砂磨定子内孔
泵体有气孔、砂眼、缩松等铸造缺陷，使用一段时间后被击穿，使高、低压腔局部连通时，吸不上油	可能要换泵
轴向间隙太大，即泵转子厚度与定子厚度或泵体孔深相差太大，或者修理时加了纸垫，使轴向间隙过大，内泄漏增大，使输出流量减少	轴向间隙一般为 0.01～0.02mm
变量机构调得不对，或者有故障	查明原因后酌情处置
过滤器堵塞，或过滤精度太高不上油或上油量很小(视堵塞程度而定)	拆下清洗或更换合适的过滤器
弹簧叶片式高压叶片泵，弹簧易疲劳折断，使叶片不能紧贴定子内表面，隔不开高、低压腔，系统压力上不去	更换弹簧
液压油的黏度过低，特别是对小容量叶片泵，当油液黏度过低或因油液温升过高，叶片泵的出油往往不能加载到所需压力，这是油液黏度过低和温升造成内泄漏增大的缘故	这一点对回路中的阀类元件也同样适用，此时需适当提高油液黏度并控制油温
对限压式变量叶片泵，当压力调节螺钉未调好(调得太低)，超过限压压力后，流量显著减小，进入系统后，难以使压力更高	重新调节压力调节螺钉
叶片泵内零件磨损后，在低温时虽可升压，但设备运转一段时间后，油温升高，因磨损产生的内泄漏增大，压力损失也增大，此时压力便上不去(不能到最高)。如果强行调上去(旋紧溢流阀)，会产生表针剧烈抖动的现象	换一台新泵，旧泵拆下来后进行解剖修理
定子内表面刮伤，致使叶片顶部与定子内曲面接触不良，内泄漏增大，流量减小，压力难以调上去	抛光定子内表面或者更换定子
对装有定压减压阀的中高压叶片泵，如果减压阀的输出压力调得太高，会导致叶片顶部与定子内表面因接触应力过大而早期磨损，使泵内泄漏增大，输出流量减小，压力也上不去	重新调节减压阀的输出压力
回路方面的故障，例如装在回路中的压力调节阀不正常，或者是方向阀处在卸荷的中间位置(如 M 型)等	检查阀是否卡死或处于卸荷以及不能调压的位置，另外也要检查电气回路是否正常，油液是否从溢流阀、卸荷阀等阀全部溢走等

【故障 4】 叶片泵噪声大、振动大

叶片泵噪声大、振动大的故障分析与排除见表 2-14。

表 2-14 叶片泵噪声大、振动大的故障分析与排除

故障分析	排除方法
检查泵吸油管及接头口径是否太小、弯曲死角是否太多，如果是则吸油沿程阻力增加，导致产生吸油噪声	吸油管推荐油液流速为 0.6～1.2m/min，尽量减少弯曲和避免内孔突然增大与缩小的情况
检查油箱过滤器是否堵塞或规格选用是否太小使过流量不足	清洗吸入滤油网，更换规格合适的吸入滤油网，一般当叶片泵流量为 Q 时，至少应选用过滤能力为 $2Q$ 的过滤器
检查使用双联泵时吸油管是否接错	更正配管
检查吸油管路是否吸入空气	锁紧泵吸油口法兰，并检查其他吸油管路是否锁紧
检查油箱中回油搅拌起的气泡是否未经消除便又被吸入泵内	回油管应插入油箱液面以下，并不要与吸油管靠得太近，否则回油搅拌起的气泡马上被吸进泵内，设计油箱时要用网眼钢板将吸油区和回油区隔开
检查油箱的油量是否足够	加油至规定刻线，过滤器不能裸露在油面之上
安装不良，如泵轴与油封不同心，泵轴拉毛而拉伤油封，从油封处吸入空气	排除泵轴与油封不同心、泵轴拉伤油封而从油封处吸入空气的可能性
对于新泵，检查定子内曲线表面是否加工不好，过渡圆弧位置交接处(指定量泵)是否不圆滑	可用油石或刮刀修整
对于使用一段时间的旧泵，检查是否使用后定子内曲线表面磨损或被叶片刮伤，产生运转噪声	划伤轻微者可抛光再用，严重者可将定子翻转 180°，并在泵销孔对称位置另钻一定位销孔再用
检查是否修理后的配流盘吸、压油窗口开设的三角眉毛槽变短后没有加长，因为配流盘端面 G_1、G_3(参见图 2-43)磨削修理后三角眉毛槽尺寸变短后如不加长，便不能有效消除困油现象，而产生振动和噪声	此时可用三角形什锦锉适当修长卸荷槽，修整长度以一叶片经过卸荷槽时，相邻的另一叶片应开启为原则。但不可太长，否则会造成高、低压区连通，导致泵输出流量减少
检查叶片顶部是否倒角太小，倒角太小叶片运动时作用力会有突变，产生硬性冲击	叶片顶部倒角不得小于 1×45°，最好将顶部倒角处修成圆弧，这样可减小对定子内曲线表面作用力突变产生的冲击噪声
检查骨架油封对传动轴是否压得太紧，压得太紧两者之间已没有润滑油膜，干摩擦而发出低沉噪声	应使油封的压紧程度适当，并适当修磨泵轴上与油封相接触的部位
检查泵内零件(定子、转子 、配流盘、叶片)是否严重磨损	异常的磨损的原因是油液太脏，酌情更换泵及液压油
检查泵轴承是否磨损或破裂	酌情更换轴承
检查泵盖螺钉是否上紧不良	用扭力扳手按规定力矩重新装配泵
拆修后的叶片泵如果有方向性的零件(例如转子、配流盘、泵体等)装反了，也会出现噪声	纠正装配方向
检查叶片泵与电机的联轴器是否因安装不好而不同心，联轴器安装不同心，运转时会产生撞击和振动噪声	应使用挠性联轴器，圆柱销上均应装未破损的橡胶圈以及尼龙销等
检查油箱空气滤清器是否堵塞或规格太小	清洗空气滤清器或更换适当规格滤清器
检查泵转速(电机转速)是否过高	按泵生产厂家规定最高回转速度选择电机转速(根据样本)，叶片泵的转速范围一般应在 1000～1500r/min 范围内
检查使用压力是否超出叶片泵的额定压力，泵在超负载下工作会产生噪声	用压力表检查工作压力，应低于泵的额定压力
检查油液黏度是否过高	更换规定黏度的油液(根据样本)
变量叶片泵顶部的噪声调节螺钉调节不对，未压紧定子，定子在上下方向有窜动现象，引起输出流量脉动带来噪声	应可靠压紧噪声调节螺钉
装有减压阀的中高压叶片泵，如果减压阀的输出压力调得太高，导致叶片压在定子内曲面上过紧，接触应力过大，会产生摩擦噪声	重新调节减压阀的输出压力
液压油的污染，油中污物太多，阻塞过滤器，噪声明显增大	卸下过滤器清洗

【故障5】 叶片泵异常发热、油温高

叶片泵异常发热、油温高的故障分析与排除见表2-15。

表2-15 叶片泵异常发热、油温高的故障分析与排除

故障分析	排除方法
因装配尺寸不正确，滑动配合面间的间隙过小，接触表面拉毛或转动不灵活，导致摩擦阻力过大和转动力矩大而发热	拆开去毛刺并抛光，保证配合间隙，损坏严重的零件予以更换，装配时应测量各部分间隙大小
各滑动配合面间隙过大，或因使用磨损后间隙过大，内泄漏增大，损失的压力和流量转变成热能而发热	叶片与转子叶片槽之间的配合间隙、配流盘与转子之间的端面配合间隙均应在规定范围内
电机与泵轴安装不同轴而发热	打表校正电机与泵轴安装的同轴度
泵长期在接近甚至超过额定压力的工况下工作，或因压力控制阀有故障，不能卸荷而发热温升	每一工作循环中，超过额定压力的工况一般不要超过6s
油箱回油管和吸油管靠得太近，回油来不及冷却便又马上被吸进泵内	油箱内设置折流板，使回油经几次折流冷却后才流入吸油区
油箱设计太小或油箱内油量不够，或冷却器冷却水量不够	合理设计油箱与冷却器容量
环境温度过高	无法避免高环境温度时应采取冷却措施
油液黏度过高或过低，黏度过高黏性摩擦力大而发热，黏度过低内泄漏增大而发热	油液黏度应在合适的范围内

【故障6】 叶片泵短期内便严重磨损和烧坏

叶片泵短期内便严重磨损和烧坏的故障分析与排除见表2-16。

表2-16 叶片泵短期内便严重磨损和烧坏的故障分析与排除

故障分析	排除方法
因选材不当和热处理不好，定子内表面和叶片端部严重磨损	选择合适的材料及热处理方法
与热处理有关的转子断裂，转子断裂常发生在叶片槽的根部，造成断裂的原因有转子采用40Cr材料，这种材料热处理时淬透性较好，淬火时转子的表面和心部均被淬硬，一受到冲击负载时便断裂；叶片槽根部小孔之间的危险断面受力较大，又经常由于加工不良造成应力集中，特别是采用先铣叶片槽后钻叶片槽根部圆孔的工艺，情况更差；另外，异物被吸入泵内，将转子别断。滚针轴承端部压环脱开或轴承保持架破裂也是叶片泵短期磨损和烧坏的原因	将转子材料由40Cr淬火改为20Cr渗碳淬火，可大大提高转子的抗冲击韧性
叶片泵运转条件差，如叶片泵在超载(超过最高允许工作压力)、高温有腐蚀性气体、漏油漏水、液压油氧化变质等条件下工作时，易发生异常磨损和汽蚀性腐蚀，导致叶片泵早期磨损	改善叶片泵的工作环境
拆修后的泵装配不良，如修理后转子与泵体轴向尺寸相差过小，强行装配压紧螺钉，在泵轴不能用手灵活转动的情况下便装上主机，短时间内叶片泵便会烧坏	注意装配质量

【故障7】 液片泵泵轴易断裂破损

泵轴易断裂破损的故障分析与排除见表2-17。

表2-17 泵轴易断裂破损的故障分析与排除

故障分析	排除方法
污物进入泵内，卡入转子和定子、转子和配流盘等相对运动的滑动面之间，使泵轴传递转矩过大而断裂	严防污物进入泵内
泵轴材质选错，热处理又不好，造成泵轴断裂	至少用40Cr并经热处理制作泵轴
叶片泵严重超载，例如因溢流阀等失灵，系统产生异常高压，如果没有其他安全保护措施，泵因严重超载而断轴	叶片泵不要在长时间超过额定压力的工况下使用
电机轴与叶片泵轴严重不同轴，而被摔断。泵轴断裂后只有更换，但一定要找出断轴原因，否则会重蹈覆辙	打表校装电机轴与叶片泵轴的同轴度
挠性联轴器中橡胶件没有了	补装橡胶件

六、叶片泵的修理

修理时，要将拆下的叶片泵零件按顺序摆放在油盘内，然后对各零件进行检查和修理。

1. 配流盘、侧板的修理

此类零件多是端面磨损与拉伤，原则上只要端面拉伤总深度不太深（例如小于 1mm），都可以用平面磨床磨去沟痕，经抛光后装配再用。但需注意两个问题：一个是端面磨去一定尺寸后，泵体孔的深度也要磨去相应尺寸，否则轴向装配间隙将变大，一定要参照装配图，保证轴向尺寸链的关系，另一个是端面经修磨后，三角槽尺寸变短，如不修长，对消除困油不利，所以配流盘、侧板端面修磨后，应用三角锉或铣加工的方式适当恢复三角槽（眉毛槽）的尺寸，但不能修得太长，太长可能造成运转过程中的压油腔与吸油腔相通，使泵的输出流量减少。经修复后的配流盘或侧板等，与转子接触平面的平行度保证在 0.01mm 以内，端面与内孔的垂直度在 0.01mm 以内，端面的平面度为 0.005mm。砂磨抛光时最好不用金相砂纸，因为金相砂纸磨粒极易脱落而镶嵌在配流盘内，造成后续运转时的磨损加速，推荐用氧化铬抛光。

如果配流盘端面只是轻度拉伤，可先用细油石打磨，然后用氧化铬抛光（图 2-46）。

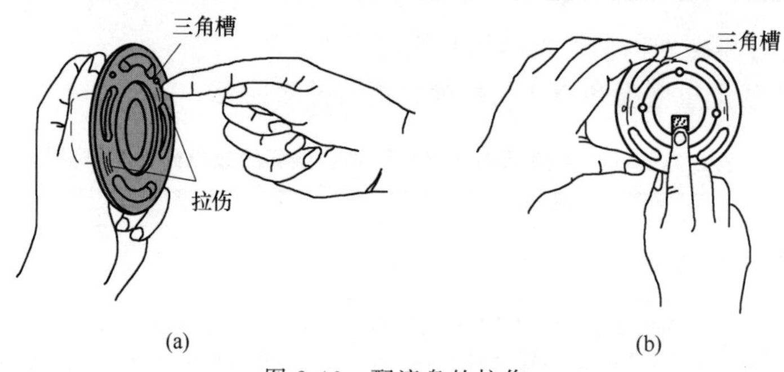

图 2-46 配流盘的拉伤

2. 定子的修理

无论是定量叶片泵还是变量叶片泵，定子均是吸油腔这一段内曲线表面容易磨损。变量泵的定子内表面曲线为一圆弧曲线，定量泵的定子内表面曲线由四段过渡曲线和四段圆弧组成。当内曲线磨损拉伤不严重时，可用细砂布或油石打磨后继续使用。若磨损严重，应在专用定子磨床上修磨，若无专用磨床，可将定子翻转 180°调换定子吸油腔与压油腔的位置，并在泵销孔的对称位置上另加工一定位销孔，可继续使用，也可采用刷镀的方法修复磨损部位（图 2-47）。

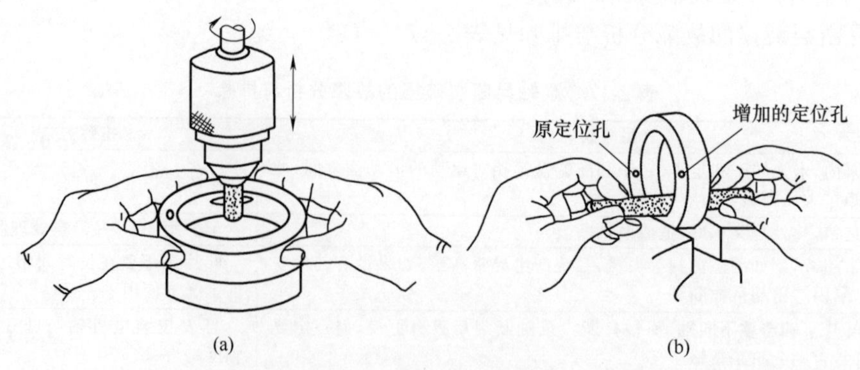

图 2-47 定子的修理

对变量泵，其定子内表面为圆柱面，可用卡盘软爪夹在车床或磨床上进行抛光修复，其内表面有很高的圆度和圆柱度要求，修复时应注意。

定子修复完毕后定子两端面平行度为 0.005mm，内圆柱面与端面垂直度为 0.005～0.008mm，内表面粗糙度为 Ra0.2mm。

3. 转子的修理

转子两端面是与配流盘端面相接触的滑动面，因而易磨损和拉毛，键槽处有少量情况会出现断裂或裂纹，叶片槽有磨损变宽等现象。若只是两端面轻度磨损，抛光后可继续使用，磨损拉伤严重者，必须用花键心轴和顶尖定位与夹持，在万能外圆磨床上靠磨两端面后再抛光。需注意此时叶片、定子也应磨去相应部分，保证叶片长度小于转子厚度 0.005～0.01mm，定子厚度应大于转子厚度 0.03～0.04mm。当转子叶片槽磨损拉伤严重时，可用薄片砂轮和分度夹具在手摇磨床或花键磨床上进行修磨。叶片槽修磨后，叶片厚度也应增大相应尺寸。修磨后的叶片槽两工作面的直线度、平行度以及叶片槽对转子端面的垂直度均为 0.01mm。装配前先按图 2-48 所示的方法用油石去除毛刺，注意不可倒角。转子修复后两端面的平行度为 0.005mm，端面与花键孔的垂直度为 0.01mm，表面粗糙度为 Ra0.3μm，叶片槽两侧面的平行度为 0.01mm，表面粗糙度也为 Ra0.3μm。

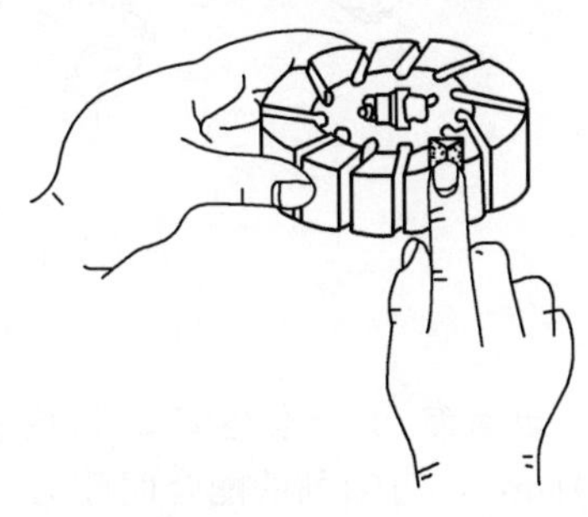

图 2-48 转子的修理

4. 叶片的修理

叶片的损坏形式主要是叶片顶部与定子表面相接触处，以及端面与配流平面相对滑动处的磨损拉伤，与转子槽相配部分拉伤极小。磨损拉毛不严重时可稍加抛光使用。为保证叶片各面的垂直度要求，可按图 2-49 所示的方法、图 2-50 所示的技术要求用角尺导向在精油石面上打磨抛光。磨损严重时应更换叶片（泵芯可成套购买）。叶片修理的要领：使用表面平整的油石；用角尺导向，紧靠一面轻磨；叶片顶端划伤者，有台阶者不能修整，应予以更换。

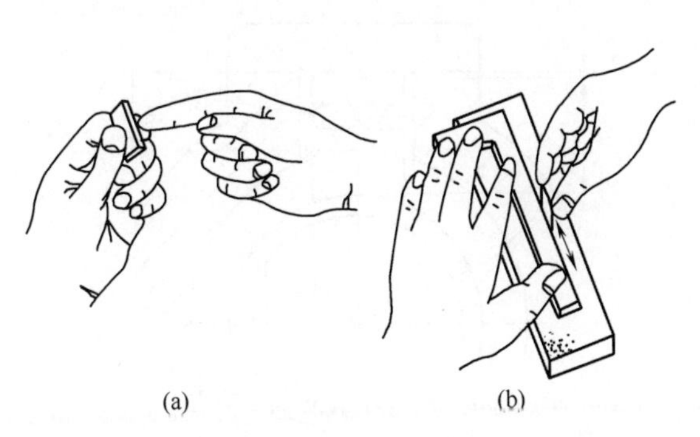

图 2-49 叶片的修理

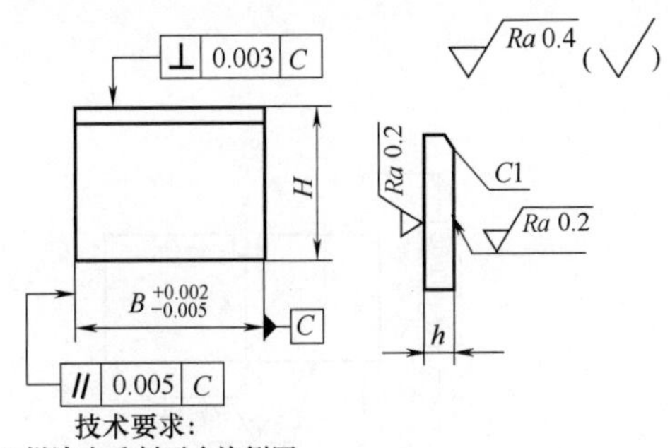

图 2-50 叶片零件图

5. 轴承的修理

叶片泵使用一段时间，已超出轴承的推荐使用寿命，或者拆修泵时发现轴承已经磨损，必须予以更换，轴承的装卸方法如图 2-51 所示。

滚动轴承磨损后不能再用，只可换新。有些叶片泵采用了聚四氟塑料外镶钢套的复合轴

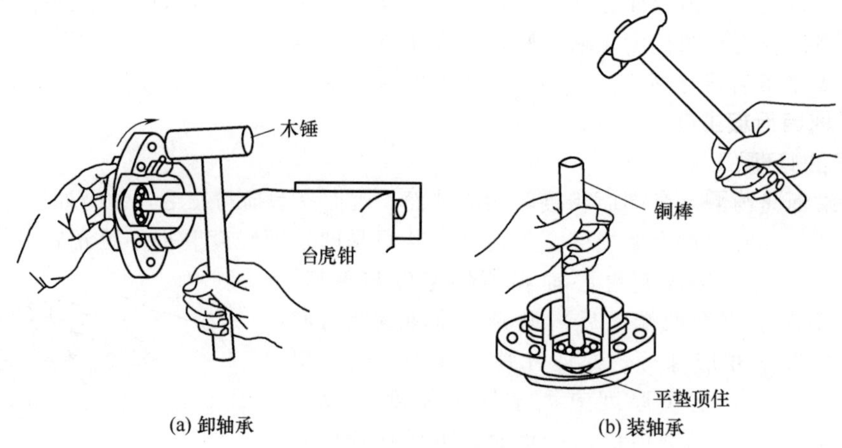

图 2-51 轴承的装卸方法

承，已有专门厂家生产。其内孔表面粗糙度值在 $Ra0.4\mu m$ 以下，内、外圆同轴度为 0.01mm，与轴颈的配合间隙为 0.05～0.07mm。也可选用合适的双排滚针轴承或锡青铜滑动轴承。

6. 变量叶片泵的支承块与滑块的修理

支承块、滑块和滚针靠保持架和矩形卡簧组装起来，是承受定子压油腔内液压力的主要组件。支承块、滑块与滚针接触的平面易磨损，甚至被压出凹痕，或滚针变形。此时可按图 2-52 所示的要求进行研磨（或平磨），并配上同规格尺寸的滚针（直径误差小于 0.005mm）。装配时应调整矩形卡簧的高度，以使滑块能自如左右移动足够的距离。

在支承块支承方向，定子中心相对于转子中心有一个下移的偏心量，通常为 0.04～0.08mm。为此，应在支承块与盖之间加垫适当厚度的光亮钢带或平整紫铜片（图 2-53）。为保证下移偏心量为 0.04～0.08mm，光壳钢带厚度应为

$$\delta=\frac{1}{2}(D-d)-(h_1-h_2)+(0.04\sim0.08\text{mm})$$

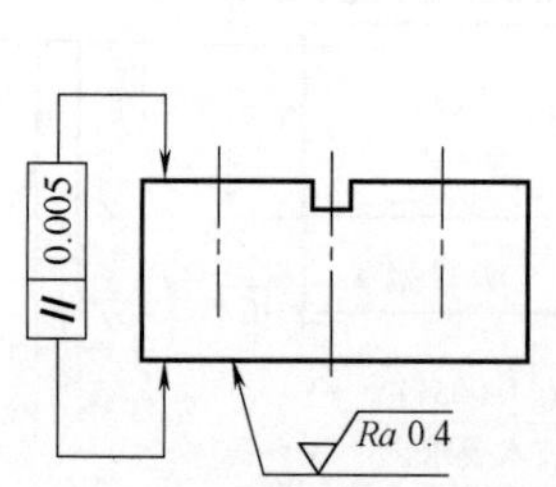

图 2-52 支承块的修复要求

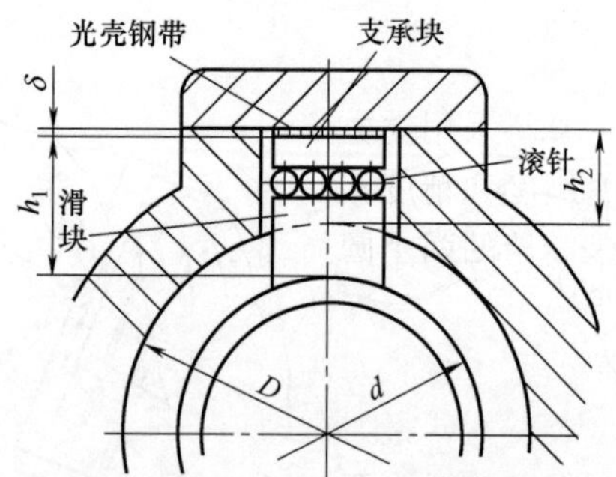

图 2-53 钢带厚度的确定方法

δ—光亮钢带的厚度；D—泵体内孔实际直径尺寸；d—定子外圆实际直径尺寸；h_1—滑块支承块和滚针组装后的最小高度；h_2—泵体内孔孔壁到上安装面的最大距离

7. 泵轴的修理

轴断裂的情况是轴的故障之一，但一般少见，主要是轴承轴颈处的磨损，可采用磨后镀硬铬再精磨的方法修复，或者将轴修磨掉凹痕，再按磨后的轴自配滑动轴承。

8. 叶片的自行加工

七面体（图 2-54）的叶片尺寸较小，但七面均要磨加工，可自制夹具并按图 2-55 的方法进行加工。

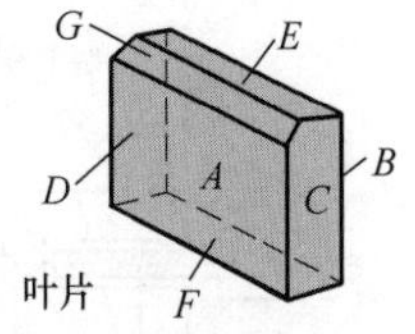

图 2-54 七面体叶片

9. 转子的自行加工

转子加工的一般工艺过程是：毛坯锻造→正火→车外圆端面孔→钻转子槽底孔→铣转子槽→拉花键孔→热处理→磨端面→磨转子槽→去毛刺→防锈入库。

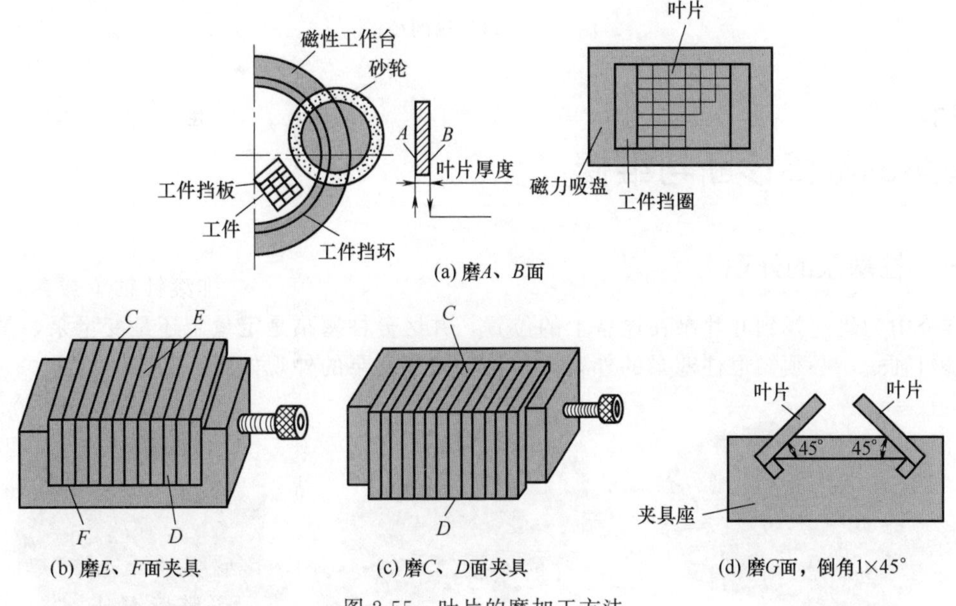

图 2-55 叶片的磨加工方法

转子槽的尺寸精度和几何精度对叶片泵的性能和使用寿命影响很大，加工中也属最难的工序（图 2-56）。一般使用转子槽专用磨床进行加工，无此条件时，可在有分度装置的磨床（如万能工具磨床）或采用分度夹具在一般外圆磨床上进行。磨槽时关键是砂轮，下面简单介绍一下采用立方氮化硼砂轮磨削叶片泵（叶片马达）转子槽的方法。

砂轮磨料采用立方氮化硼（CBN），并选择适宜于电镀 CBN 的钢材作砂轮基体，保证有足够的刚度和精度，并经定性处理。在基体上电镀 CBN 磨料时，需保证砂轮圆周及两侧面特别是砂轮的两个圆周角处的镀层均匀，不允许有剥落现象。电镀 CBN 后，要对砂轮进行修磨，使尺寸和精度达到要求。

选用的磨床应具有高的刚度和主轴精度（径自跳动和轴向窜动不大于 0.05mm），装转子于分度装置上，最好有能喷射的冷却装置，转子槽定位机构的定位精度在 0.05mm 以内。

磨削转子槽时先要校正，使转子槽与砂轮中心一致。如图 2-56（a）所示，在对刀块右端槽中塞入特制塞片并予以固定，摇进台面，使砂轮进入对刀块左端槽内，旋动调节螺钉，使螺钉两个端部接触砂轮两侧面，然后退出砂轮，旋动调节螺钉使两侧各有 0.05～0.1mm 的磨量。砂轮工进，磨削螺钉两端部。

拆下对刀块，以右端槽为基准，特制塞片为定位基准安置于平行铁上，用千分表测量调节螺钉的两个端部，即可测得砂轮与转子槽中心的偏差值。

磨削时，砂轮线速度为 30～35m/s，切削余量单边为 0.005～0.015mm，切削时注意冷却。

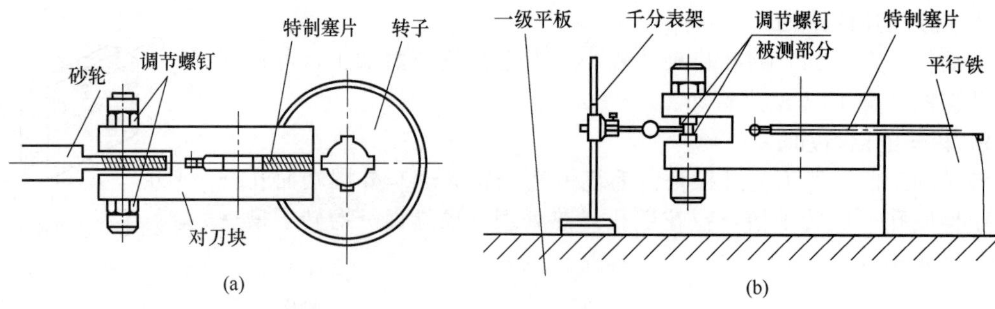

图 2-56 转子槽的校正

第四节 柱塞泵的故障诊断与维修

一、柱塞泵的外观

维修中为迅速找到叶片泵在设备上的位置，并区分柱塞泵是定量泵还是变量泵，是斜盘式还是斜轴式，必须知道柱塞泵的外观，常见轴向柱塞泵的外观如图 2-57 所示。

(a) A4FO型斜盘式定量柱塞泵　(b) A2FO型斜轴式定量柱塞泵　(c) A4VSO型斜盘式变量柱塞泵

(d) A10VSO型斜盘式变量柱塞泵　(e) A10VSO...ER型斜盘式变量柱塞泵　(f) K3V型斜盘式变量柱塞泵

图 2-57 常见轴向柱塞泵的外观

二、柱塞泵的工作原理

1. 斜盘式轴向定量柱塞泵的工作原理

如图 2-58 所示，缸体上均布若干个（7 个或 9 个）轴向排列的柱塞，柱塞与缸体孔以很精密的间隙配合，一端顶在斜盘上，当泵轴与缸体固连在一起旋转时，柱塞既能随缸体在泵轴的带动下一起转动，又能在缸体的孔内灵活地往复移动，柱塞在缸体内自下而上旋转的半周内逐渐向右伸出［图 2-58（b）］，使缸体孔右端的工作腔容积不断增加，产生局部真空，油液经配流盘上的吸油腔被吸入；反之，柱塞在其自上而下旋转的半周内逐渐向左缩回缸内，使工作腔容积不断减小，将油液从配流盘上的排油腔被压出。缸体每转一转，每个柱塞往复运动一次，完成一次吸油和一次压油。缸体连续旋转，则每个柱塞不断吸油和压油，给液压系统提供连续的压力油。另外，在滑靴与斜盘接触的部分有一个油室，压力油通过柱塞中间的小孔进入油室，在滑靴与斜盘之间形成一层油膜，从而减少了磨损。

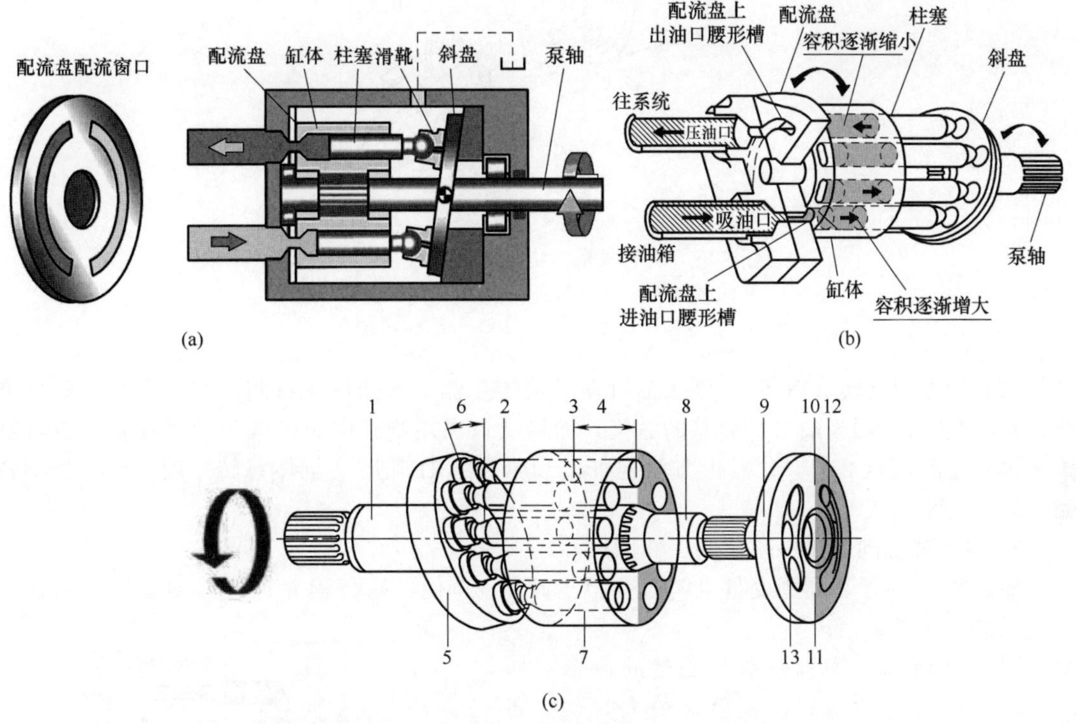

图 2-58 斜盘式轴向定量柱塞泵的工作原理

1—驱动轴；2—柱塞；3—柱塞截面；4—柱塞行程；5—斜盘；6—倾斜角；7—缸体；8—贯通轴（与件 1 一体）；9—配流盘；10—顶部死区中心；11—底部死区中心；12—吸油配流槽；13—排油配流槽

2. 斜轴式轴向定量柱塞泵的工作原理

如图 2-59 所示，当原动机带动泵轴 5 旋转时，通过中心轴 4 的球铰，带动柱塞 6 及缸体 3 一起旋转，缸体 3 在具有腰形槽的平面或球面配流盘 2 上作滑动旋转。由于泵轴 5 和缸体 3 轴线有一夹角 γ，柱塞由下止点向上止点方向运动时便获得一个吸油行程，通过后盖上的吸油口及配流盘的腰形孔 b 将油吸入缸体。当柱塞由上止点向下止点运动时，便产生压油行程，将充满缸孔的油液经配流盘腰形槽 a、后盖上的压油口排出。从驱动轴方向看，如果

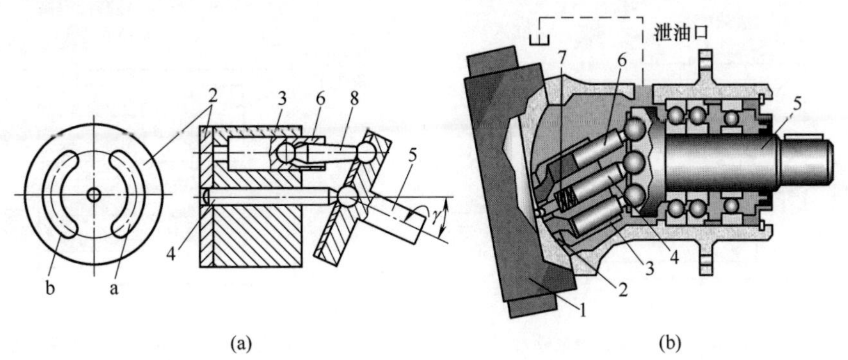

图 2-59

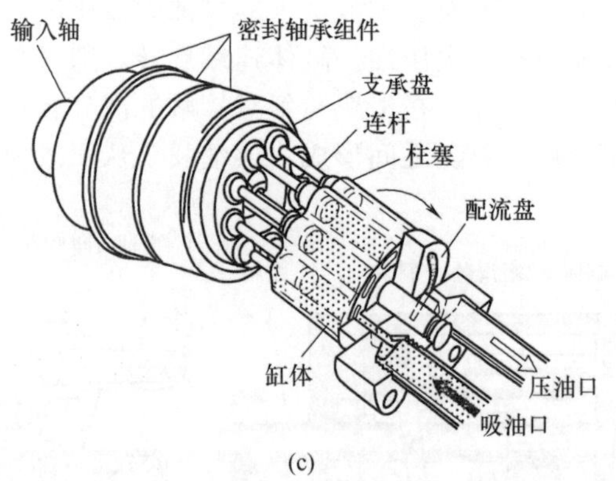

(c)

图 2-59 斜轴式轴向定量柱塞泵的工作原理

1—泵盖；2—配流盘；3—缸体；4—中心轴；5—泵轴；6—柱塞；7—中心弹簧；8—连杆

泵是顺时针方向旋转（右转），则吸油口在后盖的左侧，压油口在右侧；如果泵是逆时针方向旋转（左转），则吸油口在后盖的右侧，而压油口在左侧。中心弹簧 7 始终往左下方将缸体 3 顶紧在配流盘 2 上，往右上方将连杆 8 顶紧在泵轴 5 上 。缸体每转一周，每个柱塞各完成吸、压油一次。

3. 斜盘式轴向变量柱塞泵的工作原理

如图 2-60 所示，利用变量机构改变斜盘倾角 γ，使柱塞行程 h 改变，斜盘式轴向柱塞泵便可进行变量。

图 2-61 所示为变量柱塞泵变量的情形。如图 2-61（a）所示，当斜盘倾角 γ 最大时，柱塞行程最大 ，泵输出流量最大；如图 2-61（b）所示，当斜盘倾角 γ 变小时，柱塞行程也变小，泵输出流量变小；如图 2-61（c）所示，当斜盘倾角接近零时，柱塞行程也接近零，泵输出流量约为零；如图 2-61（d）所示，当斜盘倾角反向时，吸油口与压油口互换，泵成为反转泵。总之，斜盘倾角 γ 决定柱塞在缸体内左右运动行程的长短，斜盘的倾斜方向决定泵是正转泵还是反转泵。

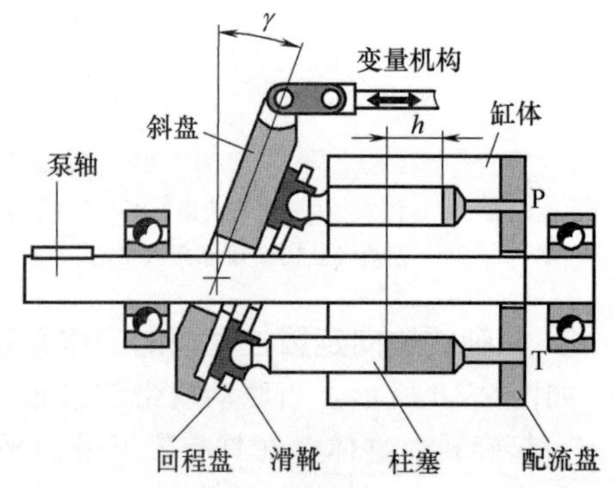

图 2-60 斜盘式轴向变量柱塞泵的结构原理

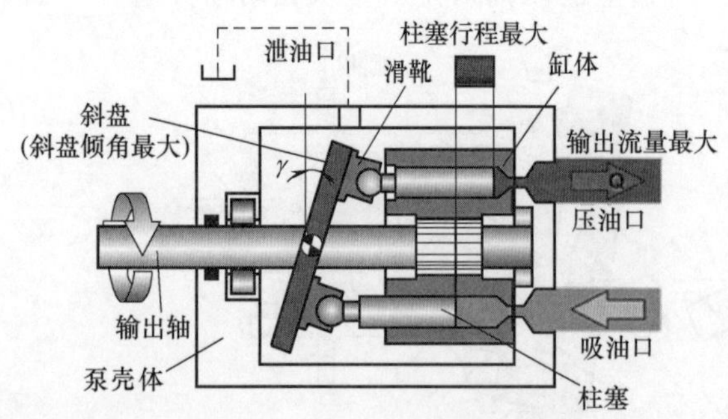

(a) 斜角倾角γ最大时，泵输出流量最大

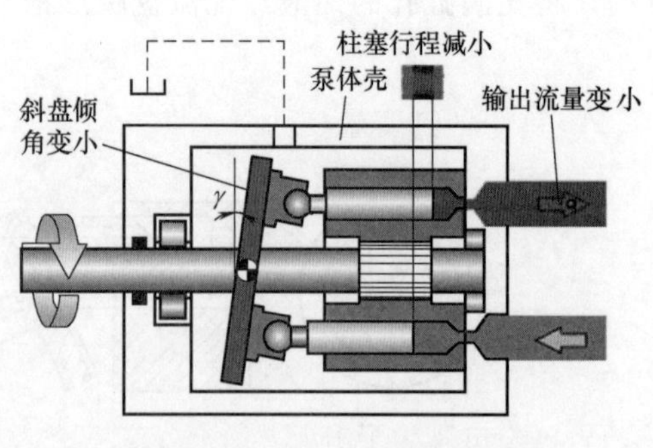

(b) 斜角倾角γ变小时，泵输出流量变小

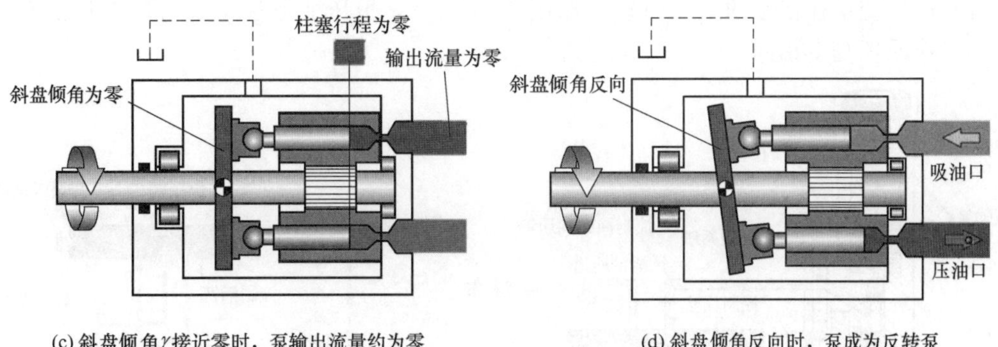

(c) 斜盘倾角γ接近零时，泵输出流量约为零　　(d) 斜盘倾角反向时，泵成为反转泵

图 2-61　斜盘式轴向变量柱塞泵变量的情形

变量机构的控制方式虽然多种多样，但归纳起来，变量机构不外乎用变量缸（伺服缸）加偏置弹簧（复位弹簧）来控制斜盘倾角 γ 的大小进行变量。变量缸有单作用缸与双作用缸之分（图 2-62）。如轻型柱塞泵变量用一单作用缸外加一根强弹簧，构成恒压变量类的变量泵。

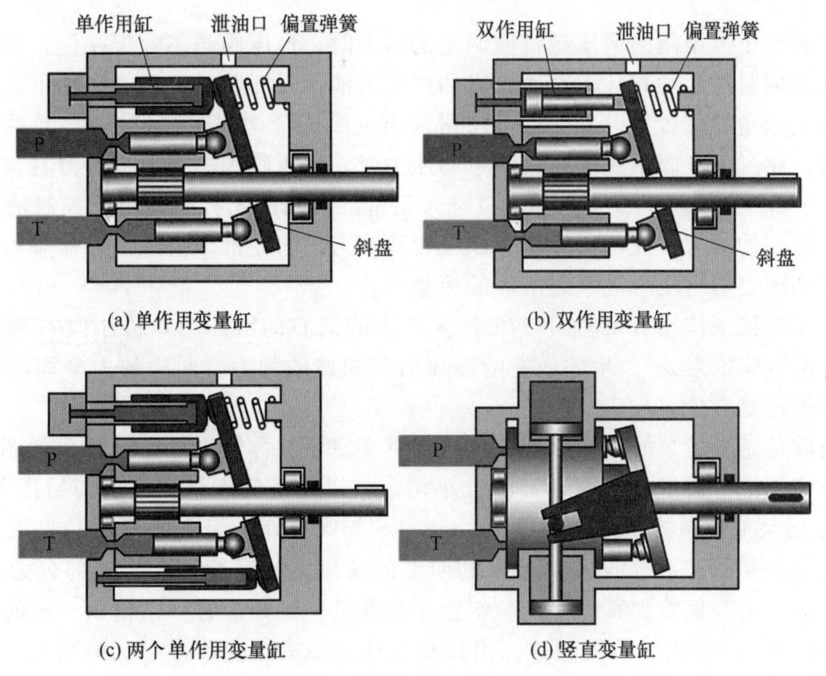

(a) 单作用变量缸　　(b) 双作用变量缸

(c) 两个单作用变量缸　　(d) 竖直变量缸

图 2-62　变量机构的变量方式

4. 其他轴向变量柱塞泵的工作原理

(1) 压力补偿变量柱塞泵的工作原理　采用压力补偿控制器控制泵的排量，工作原理如图 2-63 所示。

当泵出油口 P 压力未超过调压螺钉所调定的调压弹簧的弹力时，压力补偿阀（限压阀）阀芯在调压弹簧的弹力作用下处于下位，在偏置弹簧的作用下，通过斜盘摆动的力使变量控制柱塞处在最左侧，此时斜盘倾角最大（流量调节螺钉所调），泵输出的流量最大。

当泵出口压力上升超过调压螺钉所调定的压力时，压力补偿阀阀芯下腔压力产生的液压力克服弹簧力使压力补偿阀阀芯上移，泵出油口 P 引来的压力油进入控制柱塞左腔，控制柱塞推压偏置弹簧右移，使斜盘倾角变小，输出流量变小，从而限制了泵出口压力的再增加。

（2）恒压变量柱塞泵的工作原理　如图 2-64 所示，恒压变量柱塞泵与压力补偿变量柱塞泵的工作原理基本相同。

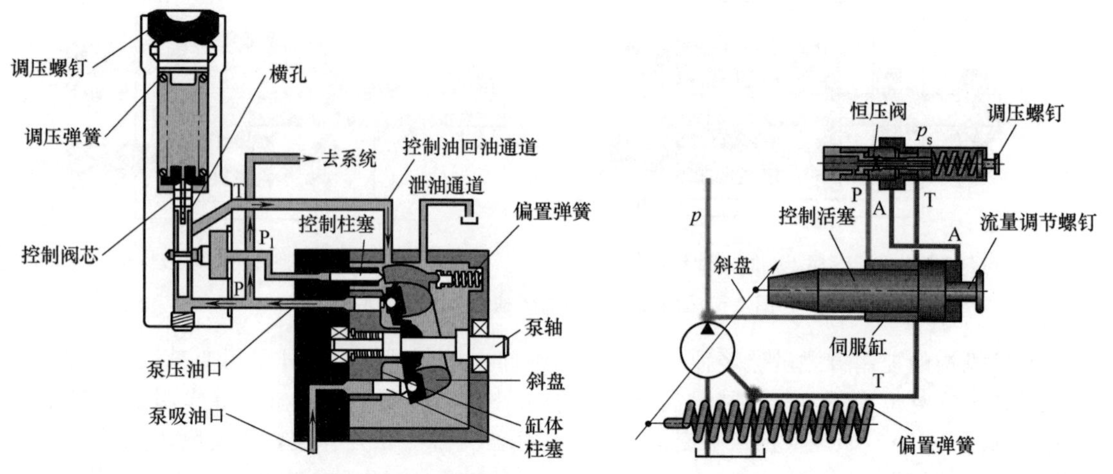

图 2-63　压力补偿变量柱塞泵的工作原理

图 2-64　恒压变量柱塞泵的工作原理

系统压力低于恒压阀的调压螺钉所调定的压力时，恒压阀阀芯处于左位，恒压阀右位工作，变量缸（伺服缸）的有杆腔总通泵出油口压力油，无杆腔 A→T，偏置弹簧便将斜盘始终偏置在最大倾角的位置上，泵便以全流量输出（由流量调节螺钉设定）。当系统压力（泵出油口压力）超过恒压阀调压螺钉所调定的压力时，恒压阀阀芯克服弹簧力右移，恒压阀左位工作，P→A，泵出油口压力油经 A 口进入变量缸右侧的无杆腔，由于控制活塞两侧的面积差，产生向左的推力，控制活塞便克服偏置弹簧力，向左推压斜盘，斜盘倾角变小，流量也变小，直到满足调定压力下系统所需的流量为止。

恒压阀左端面上作用着泵的出口压力 p 产生的向右的液压力，恒压阀右端面上作用着 p 经固定节流口减压为 p_s 产生的向左的液压力和弹簧的弹力，两边的力平衡决定着恒压阀阀芯处于左位还是右位。

（3）负载传感变量泵的工作原理　负载传感变量泵又称恒流量变量泵。如图 2-65 所示，变量缸为单作用缸，通过节流阀开口的大小调定，以及节流阀进、出口前后压差 $\Delta p=p-p_L$，可决定出泵流到系统中去的流量 Q_L。当 LS 阀阀芯处于图 2-65 所示位置时，其向下的调压弹簧力与控制阀芯下端油压 p 产生的向上的液压力相平衡。泵主体部分上的控制柱塞左端受到的液压力与偏置弹簧力平衡，斜盘平衡在某一倾角位置，泵输出一定的流量 Q_L。

当负载压力 p_L 增大，节流阀进、出口前后压差 Δp 便应该减小，但由于 LS 阀的反馈作用仍然能维持节流阀进、出口前后压差 Δp 不变。其作用原理是，当负载压力 p_L 增大，控制阀芯上向下的力便大于向上的力，不再平衡，控制阀芯下移，打开了控制柱塞左端 A 至 T（回油）的通路，泵主体部分上的控制柱塞左端受到的液压力与偏置弹簧力不再平衡，即偏置弹簧力大于控制柱塞左端受到的液压力，于是斜盘倾角变大，泵输出的流量 Q 增大，通过节流阀的阻力增大，泵出口的压力 p 也增大，节流阀进、出口前后压差 $\Delta p=p-p_L$ 不变，使 Q_L 不变。反之当负载压力 p_L 减小，同样也能使节流阀进、出口前后压差 $\Delta p=p-p_L$ 不变，仍能使 Q_L 不变。

图 2-66（a）所示的负载传感变量泵回路图中，变量缸为双作用缸。变量原理与前述单作用缸的情况相同。在先导回路中增加一个节流孔（ϕ0.8mm）和一个先导压力阀，则可增加一个流量控制功能，如图 2-66（b）所示。

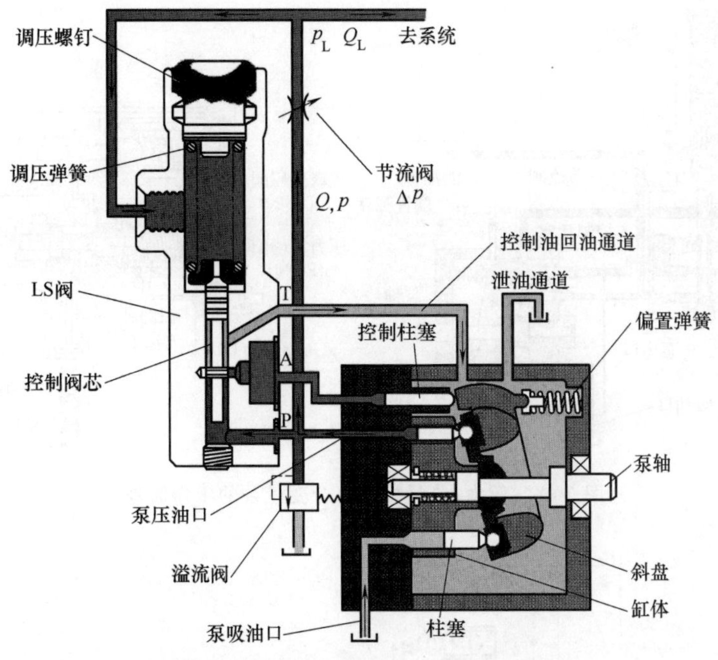

图 2-65 负载传感变量泵的工作原理

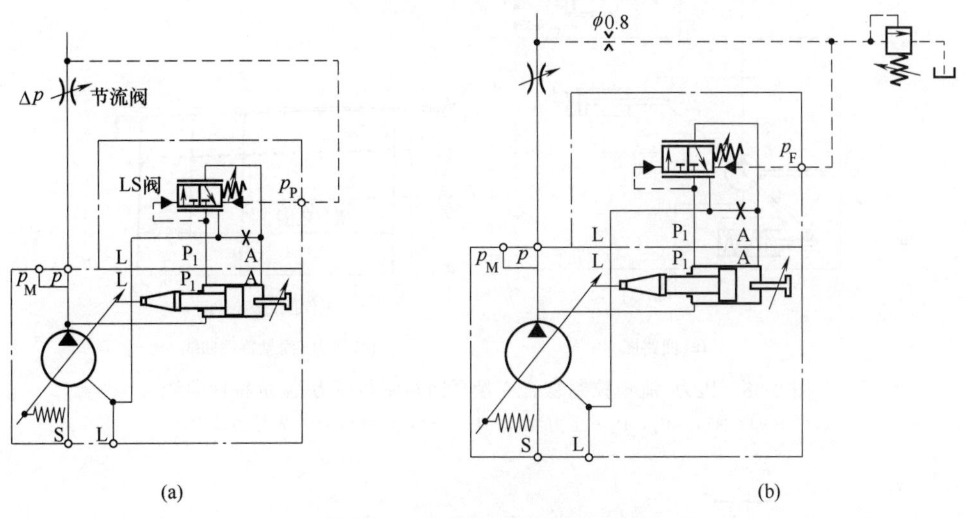

图 2-66 负载传感变量泵回路图

(4) 压力/流量控制复合变量泵的工作原理 如图 2-67 所示这种泵采用 PC 阀与 LS 阀组合对泵进行变量控制，能对负载压力与流量进行反馈控制，除了压力控制功能外，借助于负载压差，可改变泵的流量。泵仅提供执行机构的实际流量，泵输出与负载压力与流量相匹配的压力与流量，因而更节能。图 2-68 所示为这种泵的回路图与压力-流量特性曲线。

5. 径向柱塞泵的工作原理

(1) 缸体旋转的轴配流式径向柱塞泵的工作原理 如图 2-69 所示，这种泵由柱塞、缸体（转子）、衬套、定子及配流轴等主要零件组成。柱塞径向排列在缸体中，缸体由电机（或发动机）带动连同柱塞一起旋转。依靠离心力的作用，柱塞在跟随缸体一起旋转的同时

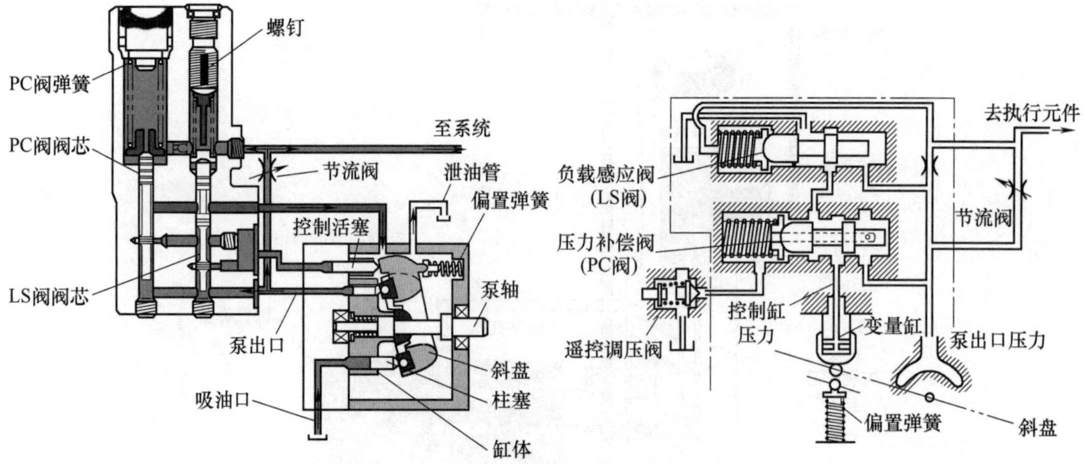

图 2-67 压力/流量控制复合变量泵的工作原理

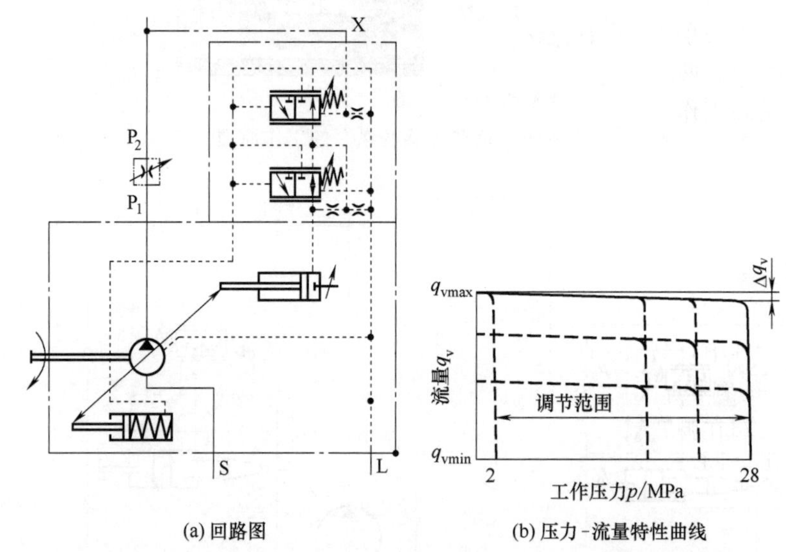

图 2-68 压力/流量控制复合变量泵回路图与压力-流量特性曲线

S—吸油口；P_1，P_2—压力油口；L—壳体泄油口；X—先导力油口

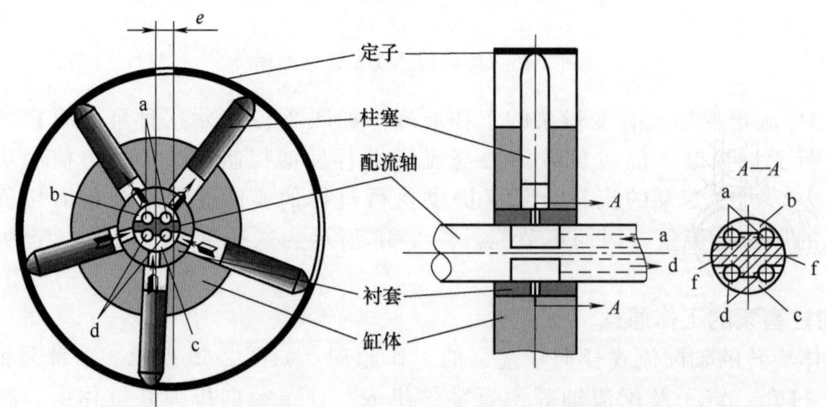

图 2-69 轴配流式径向柱塞泵的工作原理

在缸体孔内往复滑动，抵紧在定子的内壁上。当转子顺时针方向回转时，由于定子和转子之间存在偏心量 e，在上半周柱塞向外伸出，缸体的柱塞腔（柱塞根部至衬套之间的容腔）容积逐渐增大，形成局部真空，因此油液经衬套（与转子孔紧配并与转子一起回转）上的油孔从配流轴的吸油口 b（与油箱相连）被吸入；当转子转到下半周，柱塞在定子内壁作用下逐渐向里推，柱塞腔容积逐渐减小，向配流轴的压油口 c 排油（压油）。当转子回转一周，每个柱塞往复一次，吸、压油各一次。转子不断回转便连续吸、压油。配流轴固定不动，油液从配流轴上半部两个油孔 a 流入，从下半部两个油孔 d 压出。配流轴在和衬套接触的一段加工有上下两个缺口，形成吸油口 b 与压油口 c，留下的部分圆弧 f 形成封油区，圆弧 f 的长度可封住衬套上的孔，使吸油口和压油口隔开。泵的流量因偏心量 e 的大小而不同，如偏心量可变，泵就成了变量泵；如偏心量可从正值变到负值，使泵的进、出油方向（输油方向）也发生变化，就成了双向变量泵。

从上述这种泵的工作原理可知，因衬套与配流轴之间有相对运动，则两者之间必然有间隙，并且配流轴上封油长度尺寸（圆弧 f 处）较小，因而必然产生间隙泄漏。在配流轴和衬套间隙配合处（圆弧 f 处），一边为高压（压油口 c 处），一边为低压（吸油口 b 处），这样配流轴上受到很大的单边径向载荷，为了不使配流轴处因液压压差产生的径向力导致变形和因金属接触而咬死，两者之间的间隙还不能太小，这就更增加了泄漏。因此，这种轴配流式径向柱塞泵的最高工作压力一般不应超过 20MPa。

(2) 缸体固定的阀配流式径向柱塞泵的工作原理　为了克服轴配流式径向柱塞泵的缺点，出现了阀配流式径向柱塞泵。阀配流式径向柱塞泵的工作原理如图 2-70 所示，偏心轮直接作用在柱塞上，柱塞在弹簧的作用下总是紧贴偏心轮，偏心轮转一圈柱塞就完成一个双行程，其值为 $2e$。

当柱塞向下运动时，在 a 腔里产生真空，液体在外界大气压作用下克服吸入阀的弹簧力及管道阻力进入其中，与此同时，压出阀在弹簧力及液体压力的作用下紧密封闭；当柱塞向上运动时，a 腔的容积减小，液体压力增高，液体压力增高到一定程度，打开压出阀压出，与此同时，吸入阀在弹簧力及液体压力作用下紧密封闭。阀配流式径向柱塞泵的容积效率较上述轴配流式的要高。

由于偏心轮和柱塞端部是线接触，产生很大的挤压应力。同时，偏心轮和柱塞端部之间有滑移产生。为了减弱这些影响，柱塞和偏心轮直径都不宜过大，因而实际使用中的这种泵均是多柱塞的结构。多柱塞的排列方式有两种，一种为径向排列式，另一种为直列式（图 2-71），后者称为曲柄连杆式柱塞泵，由于曲柄连杆机构重量大、惯性大，因而转速不能太高。

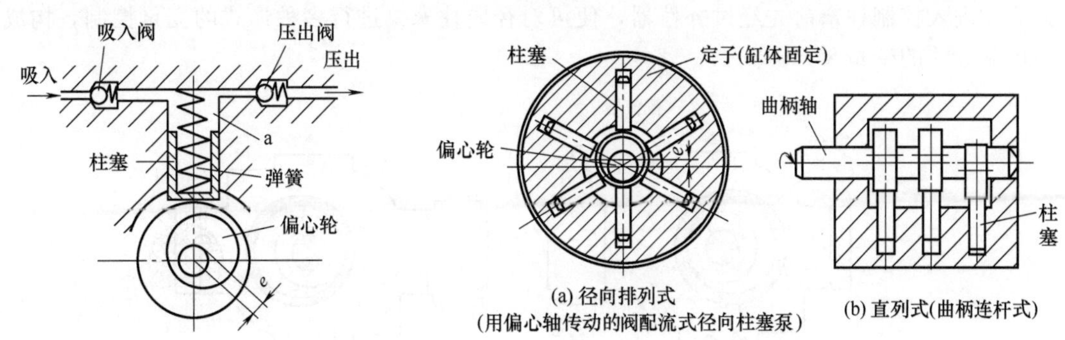

图 2-70　阀配流式径向柱塞泵的工作原理　　图 2-71　多柱塞的排列方式

(3) 径向柱塞泵变量原理与变量方式　和变量叶片泵一样，利用改变定子和转子之间的偏心距，便可对径向柱塞泵进行变量，因为此时改变了每一径向柱塞往复行程的大小，从而改变了泵输出流量的大小。

① 手动变量。如图 2-72 所示，通过手动控制，调定调节螺钉的左右位置，便可改变偏心量 e 的大小，对泵进行变量。

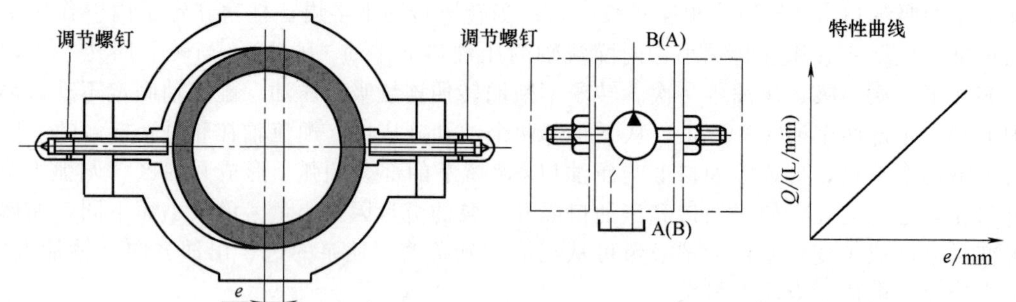

图 2-72　手动变量

② 机动变量。在图 2-72 中的两个调节螺钉的位置上，设置两个控制柱塞，且从泵的出口引入控制油，通入两柱塞的两个控制腔，其中控制柱塞 1 的控制油，先经杠杆操纵的三通阀，用机动的方式操纵杠杆，使阀芯移动，控制了控制柱塞 1 的移动位置，从而改变了径向柱塞泵定子和转子之间的偏心量，可对泵进行变量（图 2-73）。

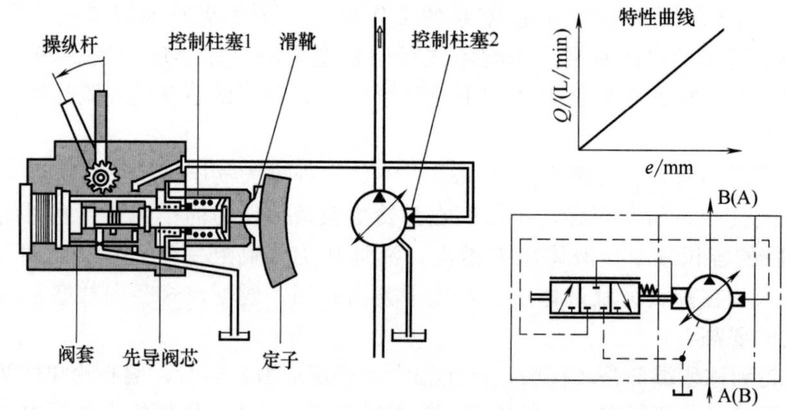

图 2-73　机动变量

③ 恒压变量（压力补偿变量）。如图 2-74 所示，在泵上装设补偿器（控制阀），控制压力油在进入控制柱塞前先经过补偿器，便可对径向柱塞泵进行多种形式的变量控制，构成不同控制方式的变量泵。

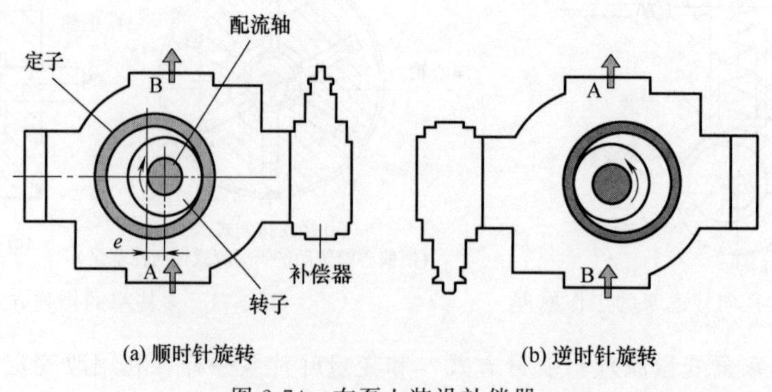

图 2-74　在泵上装设补偿器

如果补偿器为恒压阀（压力补偿阀），便构成了压力补偿变量泵，其工作原理和前述各种轴向变量柱塞泵的不同之处在于，轴向变量柱塞泵只有一个方向有控制柱塞，控制斜盘倾角大小，依靠设置在相对面的弹簧使变量斜盘复位，此处的径向变量柱塞泵有两个控制柱塞，利用两柱塞的液压力差进行偏心距大小的自动调节，进行变量。此处的恒压阀实际为三通减压阀（PC 阀）。当负载压力即泵的出口压力上升超过了恒压阀调节螺钉所调定的压力时，阀芯上抬，打开控制柱塞 1 左侧容腔与油箱的通道，控制柱塞 1 左侧压力下降，使柱塞 1 向右的液压力减小，而柱塞 2 的控制油因泵出口压力的上升使向左的液压力反而增大。这样由于液压力差使泵的定子和转子之间的偏心距减小，泵输出的流量减少，从而使泵出口压力降下来。反之，当泵出口压力下降，则泵定子和转子的偏心距增大，使泵的出口压力上升，保持恒压（图 2-75）。

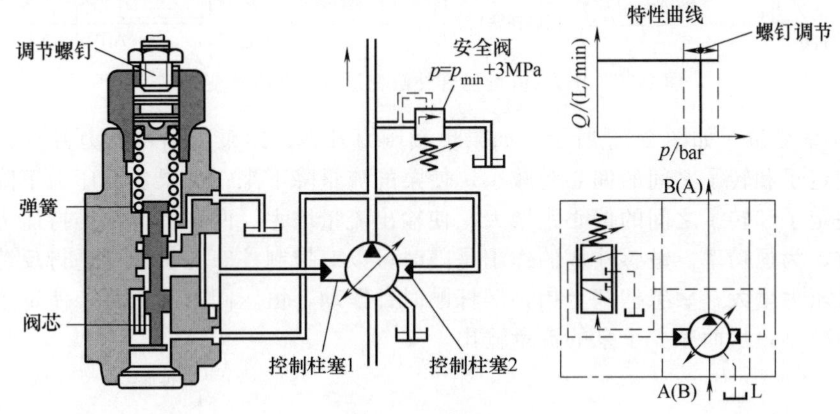

图 2-75 恒压变量

④ 远程控制恒压变量。如图 2-75 所示，在恒压阀上再外接一直动式先导调压阀，便构成了远程控制的恒压变量泵，压力先导阀可设在稍远易操纵的位置，其工作原理与上述恒压变量的完全相同，不同之处是此处压力先导阀也可参与压力的调节（图 2-76）。

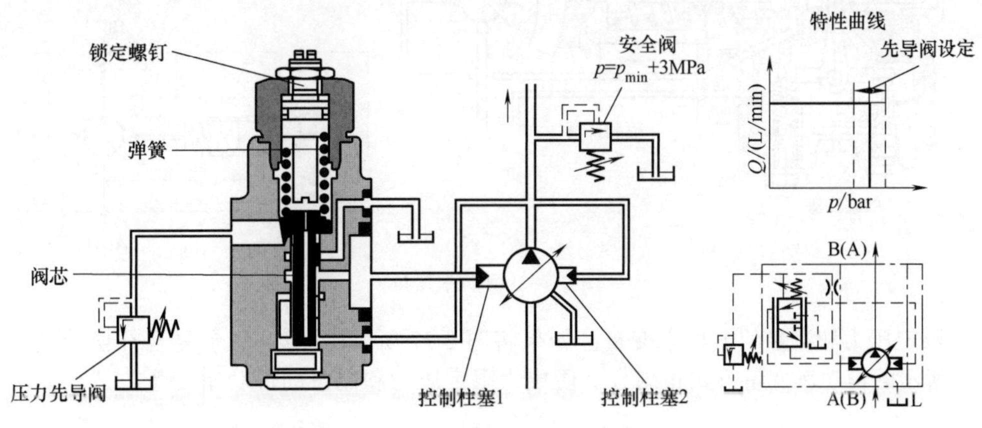

图 2-76 远程控制恒压变量

⑤ 压力/流量复合补偿变量（负载敏感变量）。此类泵主要由压力先导阀（直动式溢流阀）、压力补偿阀和节流阀组成。先导阀进行压力控制，调节其手柄，可设定恒压压力的大小，压力补偿阀控制节流阀进、出口的前后压差不变，和节流阀一起构成对泵的恒流量控制，因而这种变量方式称为压力/流量复合补偿变量，它能对负载压力和负载流量进行双反馈控制，所以又称负载敏感变量（图 2-77）。

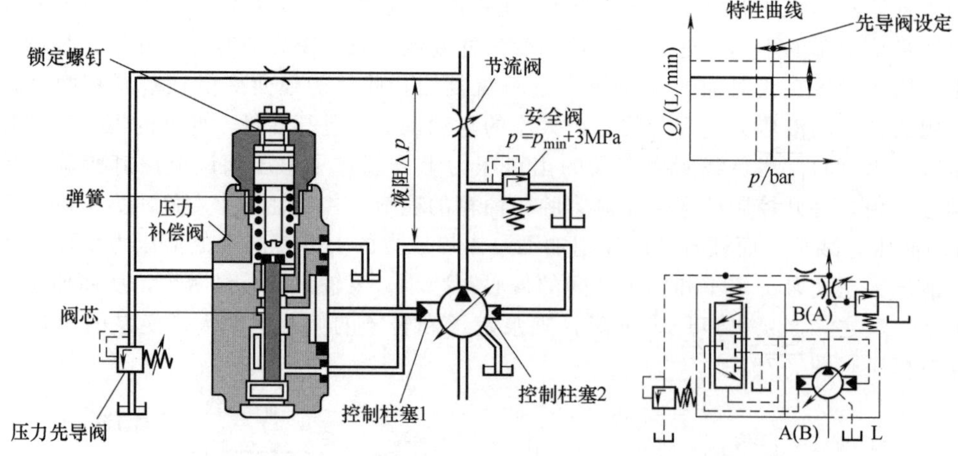

图 2-77 压力/流量复合补偿变量（负载敏感变量）

⑥ 恒功率变量。如图 2-78 所示，如果负载压力升高，即泵的出口压力升高，通过油路的控制可使定子和转子之间的偏心距减小，使泵的流量降下来；如果负载压力下降，通过上述控制可使定子和转子之间的偏心距增大，使输出流量增大。两种情况均维持压力和流量之积等于常数，为恒功率。敏感柱塞的作用是随时可以对控制柱塞的位移量进行反馈控制，例如当泵出口压力增大，敏感柱塞上抬，摆杆顺时针摆动，恒压阀阀芯右移，使定子和转子之间的偏心距减小，从而减少了泵的流量输出。

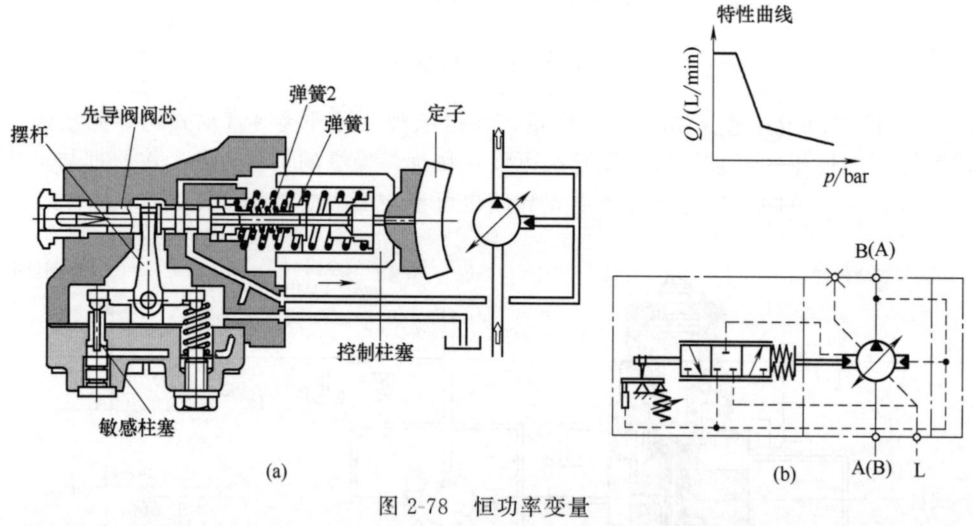

图 2-78 恒功率变量

⑦ 限定压力和流量的恒功率变量。如果将图 2-77 所示的压力/流量复合补偿变量方式与图 2-78 所示的恒功率变量方式相结合，便成为限定压力和流量的恒功率变量方式，如图 2-79 所示。

⑧ 比例流量变量。如图 2-80 所示，其工作原理是定子与转子之间偏心距的改变量（位移量），通过检测弹簧的弹簧力与比例电磁铁的电磁力相比较与相平衡而得以控制，电磁力大，则使摆杆逆时针方向摆动一角度，弹簧力与电磁力不平衡，阀芯左移，偏心距增大，泵输出的流量也增大。泵的流量由输入比例电磁铁的电流大小进行比例控制。

⑨ 液压比例流量变量。如图 2-81 所示，其工作原理是从外部引入不同压力的控制油，作用在先导柱塞上，使摆杆逆时针或顺时针方向摆动，带动主阀芯向左或向右移动，定子的

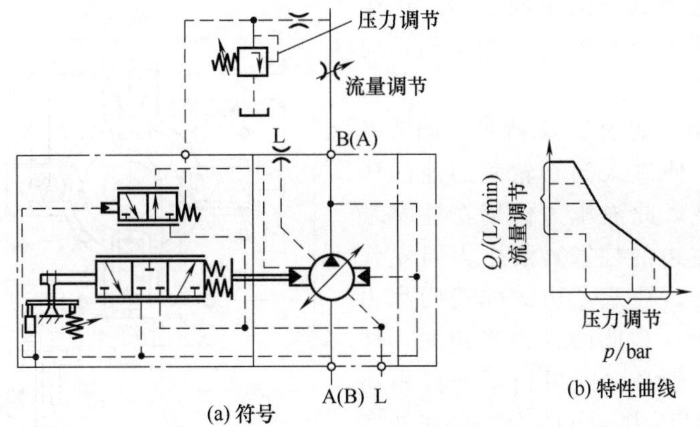

图 2-79 限定压力和流量的恒功率变量

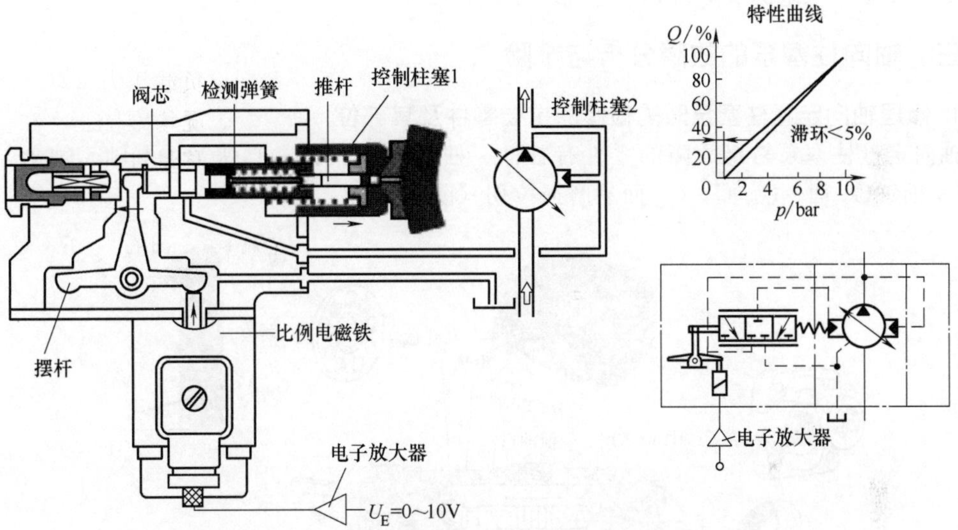

图 2-80 比例流量变量

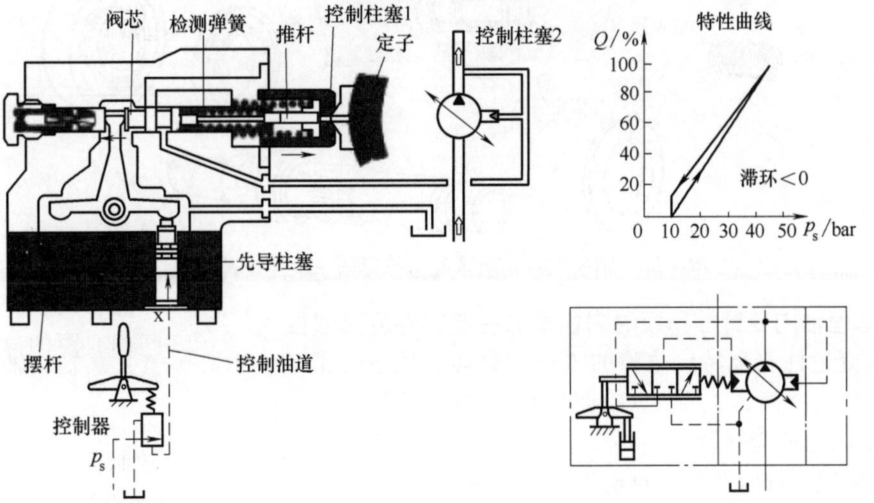

图 2-81 液压比例流量变量

机械位移反馈通过控制油的不同压力，产生与压力成比例的液压力与弹簧力相平衡，对泵进行变量。

⑩ 力调节变量。如图 2-82 所示，调节减压阀的出口压力，使进入偏心轮腔的油液压力得以控制和改变，此液压力作用在柱塞端面上，例如图中左边的柱塞，液压力向左作用在柱塞右端面上，柱塞左边的弹簧回程力向右作用在柱塞上，当此两种力平衡时，柱塞右端面与偏心轮外径之间可留下一段距离 δ。调节减压阀出口压力，可改变作用在柱塞右端面上液压力的大小，从而可改变 δ 的大小，也就改变了柱塞的实际行程，进而对泵进行变量。

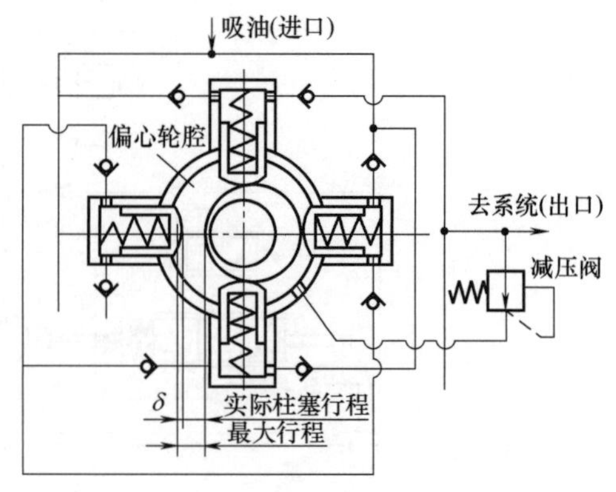

图 2-82 力调节变量

三、轴向柱塞泵的故障分析与排除

1. 修理轴向定量柱塞泵时需检修的主要零件及其部位

轴向定量柱塞泵易出故障的零件有缸体、柱塞与滑靴、中心弹簧、泵轴、轴承与油封等，G_1 面、G_2 面、G_3 面、G_4 面易磨损拉伤（图 2-83）。

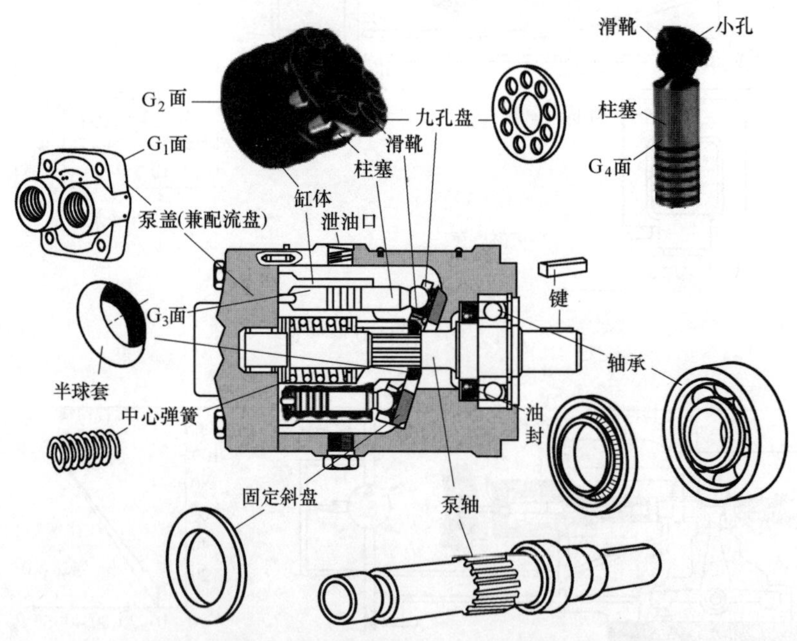

图 2-83 轴向定量柱塞泵易出故障的主要零件及其部位

2. 修理轴向变量柱塞泵时需检修的主要零件及其部位

轴向变量柱塞泵易出故障的零件有缸体、柱塞与滑靴、中心弹簧、泵轴、轴承与油封等，G_1 面、G_2 面、G_3 面、G_4 面易磨损拉伤（图 2-84）。

3. 故障分析与排除

【故障 1】 柱塞泵无流量输出、不上油

柱塞泵无流量输出、不上油的故障分析与排除见表 2-18。

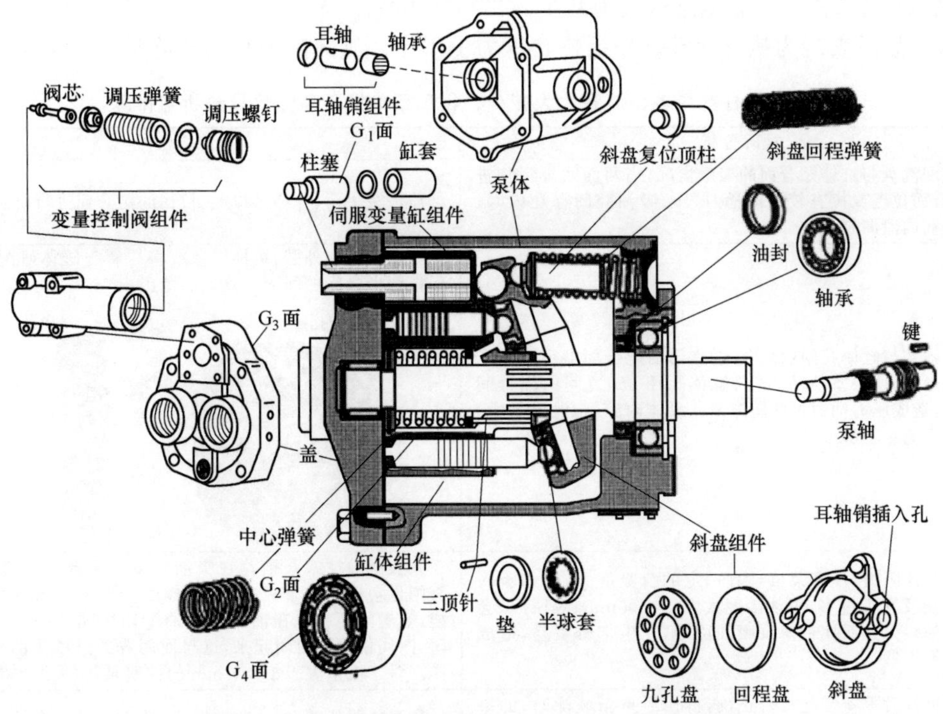

图 2-84　轴向变量柱塞泵易出故障的主要零件及其部位

表 2-18　柱塞泵无流量输出、不上油的故障分析与排除

故障分析	排除方法
检查原动机(电机或发动机)转向是否正确	泵转向不一致时应纠正转向
检查油箱油位	油位过低时补油至油标线
检查启动时转速,如启动时转速过低,吸不上油	应使转速达到液压泵的最低启动转速以上
检查泵壳内启动前是否灌满了油,启动前泵壳内未充满油,存在空气,柱塞泵不上油	应卸下泵泄油口的油塞,向泵内注满油,排尽空气后再开机
检查吸油管路是否漏气,吸油管路裸露在大气中的管接头未拧紧或密封不严,或进油管破裂与大气相通,或者焊接处未焊牢导致进气,则难以在泵吸油腔内形成必要的真空度,泵吸油腔内压力与外界大气压力接近,大气压力无法将油液压入泵内	更换进油管接头处的密封,对于破损处补焊焊牢
检查柱塞泵的中心弹簧是否折断或漏装,中心弹簧折断或漏装时使柱塞回程不够或不能回程,导致缸体和配流盘之间失去顶紧力,彼此不能贴紧而存在间隙,缸体和配流盘间密封不严,这样高、低压油腔相通而吸不上油	更换或补装中心弹簧
检查配流盘与缸体的贴合面间是否拉出很深的沟槽,如果拉出很深沟槽,压、吸油腔相通,吸油腔形不成一定的真空度,吸不上油而无流量输出	此时要平磨修复贴合面

【故障 2】 柱塞泵输出流量大为减少、出口压力提不高

这一故障表现为执行元件动作缓慢，压力上不去。其故障分析与排除见表 2-19。

表 2-19 柱塞泵输出流量大大减少、出口压力提不高的故障分析与排除

故障分析	排除方法
检查配流盘与缸体贴合面的接触情况，当两面间有污物进入、贴合面拉毛或拉有较浅沟槽时，压、吸油腔间存在内漏，压力越高内泄漏越大	应清洗去污，并将已拉毛、拉伤的贴合面进行研磨修理
检查柱塞与缸体孔间的配合，两者滑动配合面磨损或拉伤成轴向通槽，使柱塞外径 ϕd 与缸体孔径 ϕD 之间的配合间隙增大，造成压力油通过此间隙漏往泵体内腔，内泄漏增大，导致输出流量不够	可刷镀柱塞外圆、更换柱塞或将柱塞与缸体研配修复，保证两者之间的间隙在规定的范围内 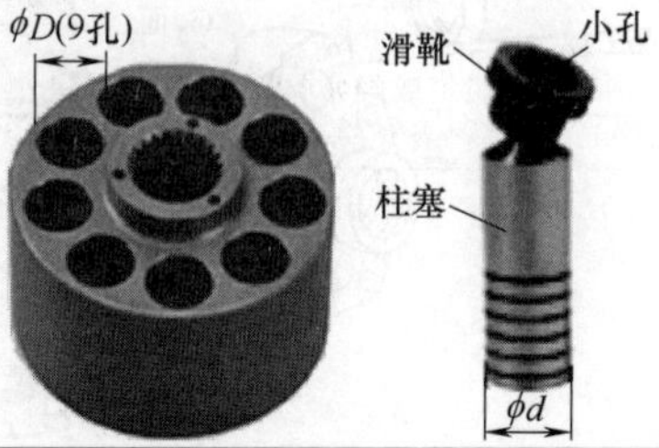
检查吸油阻力，柱塞泵虽具有一定的自吸能力，但如吸入管路过长及弯头过多，吸油高度太大(>500mm)等原因，会造成吸油阻力大而使柱塞泵吸油困难，产生部分吸空，造成输出流量不够	一般国内柱塞泵推荐在吸油管道上不要安装过滤器，否则也会造成油泵吸空，但这样做会带来吸入污物的可能，笔者的经验是在油箱内吸油管四周隔开一个大的空间，四周用滤网封闭起来，这与使用普通过滤器的效果一样。对于流量大于 160L/min 的柱塞泵，宜采用倒灌
检查拆修后重新装配是否正确，拆修后重新装配时，如果配流盘的孔未对正泵盖上安装的定位销，相互顶住，不能使配流盘和缸体贴合，造成高、低压油短接互通，打不上油	装配时要认准方向，对准销孔，使定位销完全插入泵盖内又插入配流盘孔内，另外定位销太长也贴合不好
检查柱塞泵中心弹簧是否疲劳或折断，中心弹簧疲劳或折断，使柱塞不能充分回程，缸体和配流盘不能贴紧，密封不良而造成压、吸油腔之间存在内泄漏，使输出流量不够	应更换中心弹簧 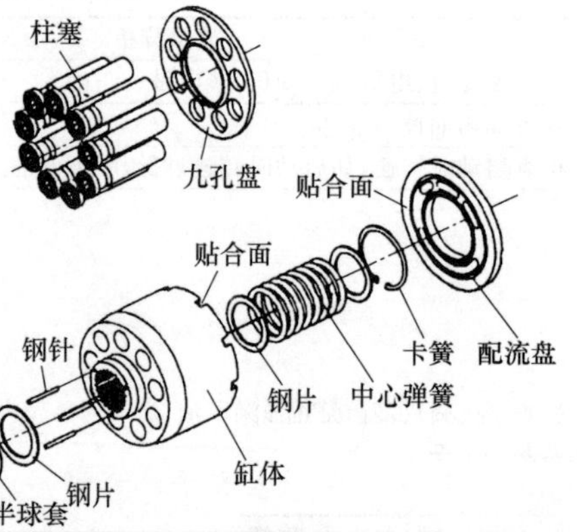
对于轴向变量柱塞泵，有多种可能造成输出流量不够，如压力不太高时，输出流量不够，则多半是内部因摩擦等原因，使变量机构不能达到极限位置，造成斜盘偏角过小所致，压力较高时，则可能是调整误差所致	可调整或重新装配活塞及斜盘，使之活动自如，并纠正调整误差
紧固螺钉未压紧，缸体径向力引起缸体扭斜，在缸体与配流盘之间产生楔形间隙，内泄漏增大，使输出流量不够	紧固螺钉应按对角方式逐步拧紧
油温太高，泵的内泄漏增大而使输出流量不够	设法降低油温
变量泵用一些相应的控制阀与控制缸来控制斜盘倾角，当这些控制阀与控制缸有问题时，自然影响到泵的流量、压力和功率的匹配，由于柱塞泵种类繁多，读者可根据不同变量方式的泵和各种不同的压力反馈机构进行分析	在弄清其工作原理的基础上，查明压力上不去的原因，予以排除。轻型柱塞泵 PC 阀的调节螺钉调节太松，未拧紧，泵的压力也上不去
因系统内其他液压元件造成的漏损大，误认为是泵的输出流量不够	可在分析原因的基础上分别酌情处理，而不要只局限于泵
液压系统其他元件的故障，例如安全阀未调整好、阀芯卡死在开口溢流的位置、压力表及压力表开关有问题、测压不准确等	应逐个查找，予以排除。要注意液压系统外漏大的位置

【故障 3】 柱塞泵噪声、振动、压力波动大

柱塞泵噪声、振动、压力波动大的故障分析与排除见表 2-20。

表 2-20 柱塞泵噪声、振动、压力波动大的故障分析与排除

故障分析	排除方法
检查泵进油管是否吸进空气，造成泵噪声大、振动和压力波动大	防止泵因密封不良、吸油管阻力大（如弯曲过多、管子太长）引起吸油不充分、吸进空气等情况的发生
检查泵和发动机（或电机）同轴度是否超差，泵和发动机（或电机）安装不同轴，使泵和传动轴受径向力	重新调整泵和发动机（或电机）的同轴度
检查伺服活塞与变量活塞运动是否不灵活，活塞运动不灵活，会导致出现偶尔或经常性的压力波动	如果是偶然性的脉动，多是因油脏，污物卡住活塞所致，污物冲走又恢复正常，此时可清洗和换油。如果是经常性的脉动，则可能是配合件拉伤或别劲，此时应拆下零件研配或予以更换
对于变量柱塞泵，可能是由于斜盘倾角太小，使流量过小，内泄漏相对增大，因此不能连续对外供油，流量脉动引起压力脉动	可适当增大斜盘倾角，消除内泄漏
柱塞球头与滑靴配合松动造成噪声、振动和压力波动大	可适当铆紧柱塞球头与滑靴
半球套磨损或破损	予以更换  半球套
经平磨修复后的配流盘，三角槽变短，产生困油引起比较大的噪声和压力波动	可用什锦三角锉将配流盘的三角槽适当修长 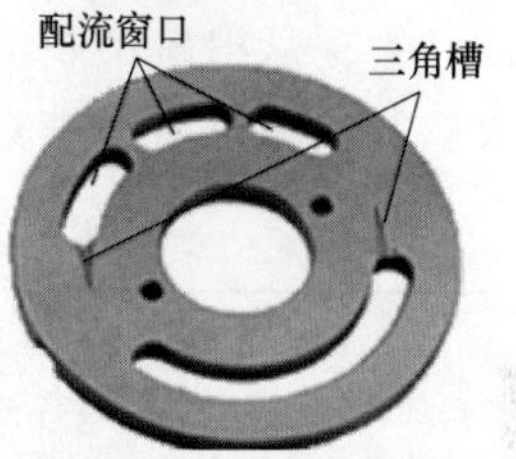 配流窗口 三角槽

【故障 4】 柱塞泵压力表指针不稳定

柱塞泵压力表指针不稳定的故障分析与排除见表 2-21。

表 2-21 柱塞泵压力表指针不稳定的故障分析与排除

故障分析	排除方法
检查配流盘与缸体或柱塞与缸体之间是否严重磨损，连接处螺钉是否紧固	修复配流盘与缸体的配合面，单缸研配，更换柱塞，紧固各连接处螺钉，排除漏损
检查吸油管是否堵塞、漏气	疏通油路管道，清洗进口过滤器，检查并紧固进油管段的连接螺钉，排除漏气

【故障 5】 柱塞泵发热、油液温升过高甚至发生卡缸烧电机

柱塞泵发热、油液温升过高甚至发生卡缸烧电机的故障分析与排除见表 2-22。

表 2-22 柱塞泵发热、油液温升过高甚至发生卡缸烧电机的故障分析与排除

故障分析	排除方法
检查柱塞与缸体孔、配流盘与缸体配合面之间是否因磨损和拉伤，导致内泄漏增大，泄漏的压力能转化为热能	修复柱塞和缸体孔，使之滑配，并使缸体与配流盘端面密合
检查泵内其他运动副是否拉毛，或因毛刺未清除干净，机械摩擦力大，松动别劲，产生发热	修复和更换磨损零件

续表

故障分析	排除方法
检查柱塞泵是否经常在接近零偏心或系统工作压力低于8MPa下运转，由泄油带走的热量过小，而引起泵体发热。高压大流量泵当成低压小流量泵使用时反而引起泵体发热	可在液压系统阀门的回油管上接一根支管，与油泵回油的下部放油口连通，对泵体进行循环冷却
检查油液黏度，油液黏度过高内摩擦大，油液黏度过低内泄漏大，两种情况都会产生发热导致温升	必须按规定选用油液黏度
检查泵轴承，泵轴承磨损，传动别劲，使传动转矩增大而发热	更换合格轴承，并保证电机与泵轴的同轴度

【故障6】 柱塞泵被卡死、不能转动

此故障发生时应立即停泵检查，以免造成大事故，一般要拆卸并解体泵。其故障分析与排除见表2-23。

表2-23 柱塞泵被卡死、不能转动的故障分析与排除

故障分析	排除方法
检查是否漏装了泵轴上的传动键	如漏装则补装
检查滑靴是否脱落，原因多半为柱塞卡死或超载所致	此时需重新包合滑靴，必要时更换滑靴
检查柱塞是否卡死在缸体内，多为油温太高或油脏引起	查明油液温升原因采取对策，油脏要及时换新油
检查柱塞球头是否折断	必要时换新的柱塞
检查半球套是否破损	更换半球套

【故障7】 柱塞泵松靴

滑靴与柱塞头之间的松旷称为松靴，是轴向柱塞泵容易发生的机械故障之一。运行过程中的轴向柱塞泵产生松靴时，轻者引起振动和噪声的增加，降低系统的使用寿命，重者使柱塞颈部扭断或柱塞头从滑靴中脱出，使高速运转中的泵内零件被打坏，导致柱塞泵报废，造成严重的事故。其故障分析与排除见表2-24。

表2-24 柱塞泵松靴的故障分析与排除

故障分析	排除方法
松靴故障大多数是在柱塞泵的长期运行过程中逐步形成的，主要是由于运行时油液污染得不到应有效的控制，滑靴与柱塞头接合部位受到大量颗粒的楔入，产生相对运动副之间的磨损所致	可采取重新包合的方法来解决，可采用三滚轮式收口机包合球头，无此条件时，可采取在车床上重新滚压一下的方法(见下图)，需自制滚轮及夹具(夹持滑靴)，滚压时要注意进刀尺寸，且仔细缓慢进行，否则容易产生包死现象，这样便由“松靴”变成“紧靴”了。如果滑靴磨损拉毛严重，则需更换 夹具 卡盘 滑靴 柱塞 顶尖 滚轮
先天性不足，例如滑靴内球面加工不好，表面粗糙度值太高，运行一段时间后，内球面上的细微凸峰被磨掉，使柱塞球头与滑靴内球面的间隙增大而产生松靴现象	
使用时间已久，松靴难以避免。因为长期运动过程中，吸油时柱塞球头将滑靴压向止推盘，压油时将滑靴拉向回程盘，每分钟上千次这样的循环，久而久之，造成滑靴球窝窝底部磨损和包口部位的松弛变形，产生间隙，而导致松靴	

【故障8】 柱塞泵变量机构与压力补偿机构失灵

柱塞泵变量机构与压力补偿机构失灵的故障分析与排除见表2-25。

表2-25 柱塞泵变量机构与压力补偿机构失灵的故障分析与排除

故障分析	排除方法
检查控制油路是否被污物阻塞，控制油路上的单向阀弹簧是否漏装或折断，单向阀阀芯是否不密合	可分别采取净化油、用压缩空气吹通或冲洗控制油道、补装或更换单向阀弹簧、修复单向阀等措施

续表

故障分析	排除方法
检查变量头与变量体磨损，例如国产CY型柱塞泵（图2-85）斜盘23与变量壳体16上的轴瓦圆弧面（K面）之间磨损严重，或有污物毛刺卡住，转动失灵，导致变量机构及压力补偿机构失灵	磨损轻时可用刮刀刮削使圆弧面配合良好后装配再用，如圆弧面磨损拉伤严重，则需更换
检查变量柱塞18是否卡死，不能带动伺服活塞运动，弹簧芯轴10是否别劲卡死	变量柱塞以及弹簧芯轴如为机械卡死，可研磨修复，如为油液污染所致，则清洗零件并更换油液

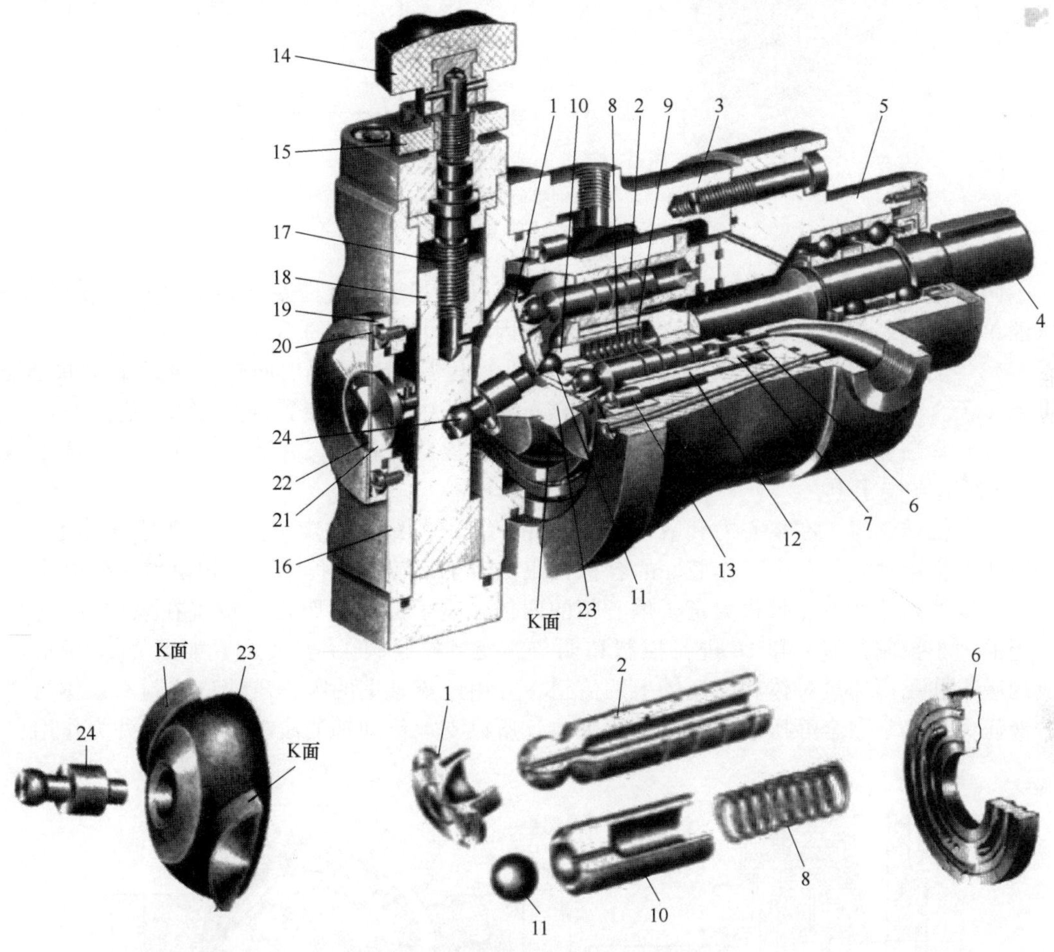

图2-85　国产CY型柱塞泵结构

1—滑靴；2—柱塞；3—泵体；4—传动轴；5—前盖；6—配流盘；7—缸体；8—中心弹簧；9—外套；10—弹簧芯轴（内套）；11—钢球；12—钢套；13—滚柱轴承；14—手柄；15—锁紧螺母；16—变量壳体；17—螺杆；18—变量柱塞；19—盖；20—铁皮；21—刻度盘；22—标牌；23—斜盘；24—销轴

四、径向柱塞泵的故障分析与排除

1. 修理径向柱塞泵时需检修的主要零件及其部位

（1）RK系列径向柱塞泵　为阀配流泵，如图2-86所示，驱动轴7旋转带动偏心轮9和轴承8旋转，迫使柱塞2上下往复运动。当柱塞向下运动时，压油单向阀3关闭，泵由打开的吸油单向阀5从油箱吸入油液；当柱塞向上运动时，吸油单向阀5关闭，压力油从打开的压油单向阀3向液压系统输出油液。这种泵有7个柱塞，7个柱塞径向排列。

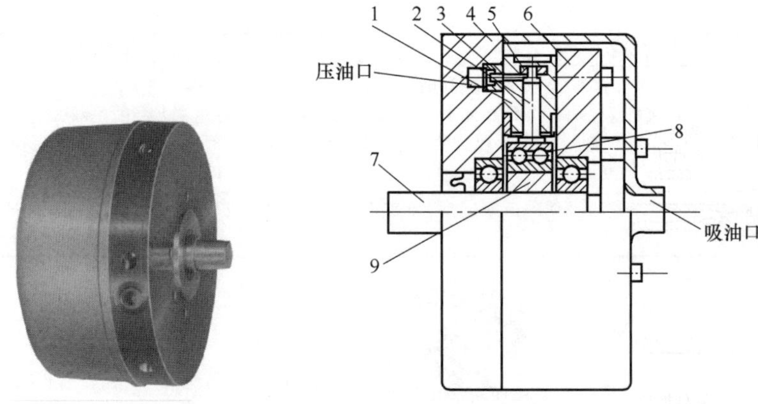

图 2-86 RK 系列径向柱塞泵

1—柱塞套；2—柱塞；3—压油单向阀；4—法兰盘；5—吸油单向阀；6—压力板；7—驱动轴；8—轴承；9—偏心轮

阀配流式径向柱塞泵修理时需检修的主要零件及其部位有柱塞外径的磨损拉伤以及吸、压油单向阀阀芯与阀座密封锥面之间因磨损或因污物卡住产生的不密合。

(2) 轴配流的径向柱塞泵 如图 2-87 所示，电机带动泵轴 1 回转，通过十字联轴器 2 带动转子 3 回转，转子装在配流轴 4 上，分布在转子中的径向布置的柱塞 5，通过静压平衡的滑靴 6 紧贴在偏心安放的定子 7 上，柱塞和滑靴以球铰相连，并通过卡环锁定，两个挡环 8 将滑靴卡在定子上。

当泵轴转动时，在离心力和液压力的作用下，滑靴紧靠在定子上。由于定子偏心布置，柱塞作往复运动，每一个工作腔 a 的容积在跟随转子回转的过程中，容积由增大到缩小，进行吸、压油。柱塞往复行程为定子偏心距的两倍；定子的偏心距可由设置在泵体 12 的左右两边的大小控制柱塞 9 和 10 进行控制和调节。变量控制阀 11 安放位置如图 2-87 所示，油液的吸入和压出通过泵体和配流轴上的流道，并由配流轴上的吸、压油口控制。泵体内产生的液压力被几乎完全静压平衡的表面所吸收，所以支承传动轴的滚动轴承只受外力作用。

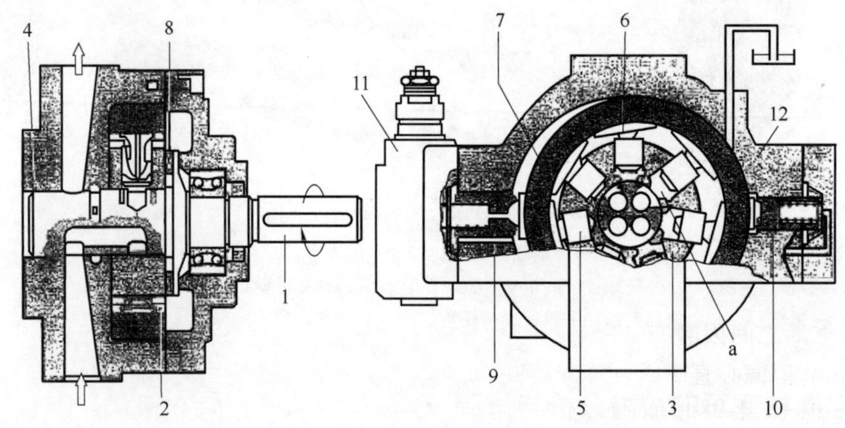

图 2-87 轴配流的径向柱塞泵

1—泵轴；2—十字联轴器；3—转子；4—配流轴；5—柱塞；6—滑靴；7—定子；8—挡环；9,10—控制柱塞；11—变量控制阀；12—泵体

图 2-88 (a) 所示为径向柱塞泵和辅助泵（如齿轮泵）组成一体；图 2-88 (b) 所示为两单泵组成的双联泵。

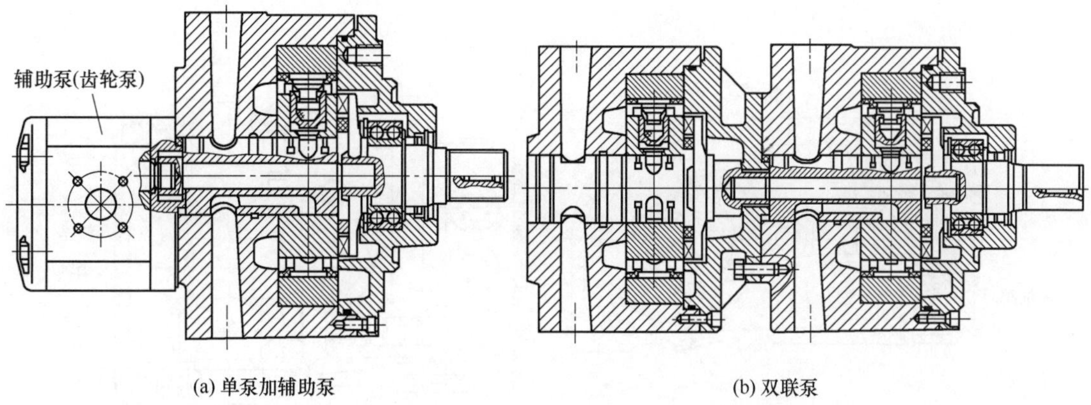

图 2-88 轴配流的径向柱塞泵结构例

轴配流的径向柱塞泵修理时需检修的主要零件及其部位有配流轴外径的磨损拉伤、柱塞外径的磨损拉伤、变量控制阀与阀体孔之间因磨损或因污物的卡住造成的变量控制失灵等。

(3) 端面配流的径向柱塞泵 如图 2-89 所示，两配流盘布置在转子两侧，使轴向力得以平衡。定子和转子偏心设置。当转子随泵轴一起回转时，柱塞在随转子顺时针方向旋转的同时，还在转子孔内作往复运动，使每一工作容腔在下半圆的吸油窗口区域容积逐渐增大，进行吸油，在上半圆的压油窗口区域容积逐渐减小，进行压油。

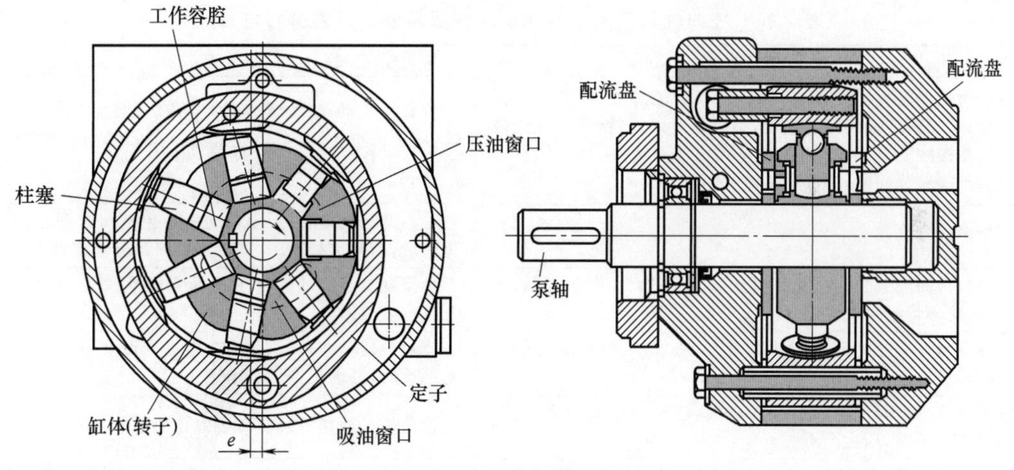

图 2-89 端面配流的径向柱塞泵

端面配流的径向柱塞泵修理时需检修的主要零件及其部位有柱塞外径的磨损拉伤、配流盘与转子接触面之间因磨损或因污物卡住造成的内泄漏。

(4) BFW 型偏心直列式（曲柄连杆式）径向柱塞泵 如图 2-90 所示，曲轴通过偏心套（3 个）和销轴（3 个）带动柱塞（3 个）在缸体中作往复运动，改变工作容腔容积（变大或变小）而实现吸、压油。吸油时，油液经下通道进入进油阀（销子限位）再到缸体中。压油时，被挤压的油液顶开压油阀（螺钉限位）而输出。

这种泵承载能力大，寿命长，结构尺寸小；柱塞用销轴带动强制回程，较之弹簧回程，其工作可靠性高；同时这种泵密封容易解决，因而压力可达 40MPa；但由于柱塞数量不可能太多，因而流量脉动大；并且柱塞直径不能做得太大，因而流量范围只能是 2.5～100L/

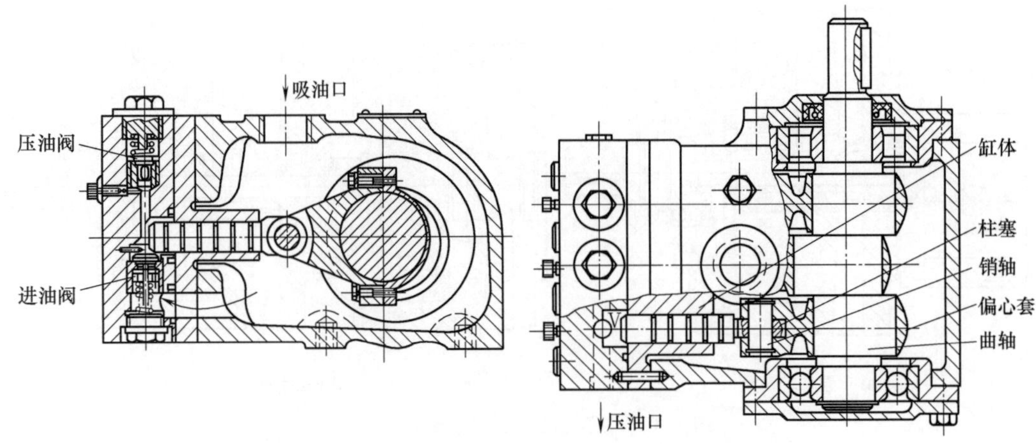

图 2-90　BFW 型偏心直列式径向柱塞泵

min；而且泵的自吸能力极差，必须装在油面 300mm 以下的位置。

偏心直列式径向柱塞泵修理时需检修的主要零件及其部位有柱塞外径的磨损拉伤、偏心套内径的磨损、曲轴外径的磨损等。

2. 故障分析与排除

【故障 1】 径向柱塞泵不上油或输出流量不够

径向柱塞泵不上油或输出流量不够的故障分析与排除见表 2-26。

表 2-26　径向柱塞泵不上油或输出流量不够的故障分析与排除

故障分析	排除方法
对于阀配流的径向柱塞泵(图 2-70)，可能是吸、压油单向阀有故障，钢球漏装或锥阀芯漏装，则吸不上油，当钢球或锥阀芯与阀座相接触处有污物，或者磨损有较深凹坑时，则可能吸不上油或不能充分吸油，造成输出流量不够	拆修柱塞泵，漏装零件时，应补装，对磨损严重的钢球，应予以更换，对于锥阀式吸、压油单向阀可在小外圆磨床上修磨阀芯锥面
变量控制阀的阀芯卡死	可拆开阀的端盖，用手移动变量控制阀的阀芯，看是否灵活，若被卡死不动，则应将操纵部分全部拆下清洗
变量机构的油缸控制柱塞磨损严重，间隙增大，密封失效，泄漏严重，使变量机构失灵	更换变量油缸的控制柱塞，保证装配间隙，防止密封失效产生泄漏
配流轴与衬套之间因磨损间隙增大，造成压、吸油腔部分串腔，流量、压力上不去	修复配流轴和衬套，刷镀或电镀再配磨，衬套磨损拉毛严重时，必须更换
柱塞与转子配合间隙因磨损而增大，造成内泄漏增大，使泵的输出流量不够，压力上不去	设法保证柱塞外圆与转子内孔的配合间隙
缸体上个别与柱塞配合的孔失圆或有锥度，或者因污物卡死，使柱塞不能在缸孔内灵活移动	拆修柱塞泵，并修复缸体内孔和柱塞外圆，并清洗装配，保证合适的装配间隙
辅助泵的故障，使控制主泵的控制油压力、流量不够	辅助泵如为齿轮泵则参阅齿轮泵的故障与排除方法进行检修
检查各种变量方式的径向柱塞泵定子和转子之间的偏心距是否总处在最小值状况下，导致出现无流量输出或输出流量不够的故障	查明原因，采取相应对策

【故障 2】 径向柱塞泵出口压力调不上去

这一故障是指液压系统其他调压部分均无故障，而径向柱塞泵出口压力调不上去。其故障分析与排除见表 2-27。

【故障 3】 径向柱塞泵噪声过大并伴有振动、压力波动大

径向柱塞泵噪声过大并伴有振动、压力波动大的故障分析与排除见表 2-28。

表 2-27　径向柱塞泵出口压力调不上去的故障分析与排除

故障分析	排除方法
故障 1 中泵流量不够的故障原因,均会导致压力上不去的故障	参见故障 1 的相应对策
液压系统油温太高,泵的内泄漏量太大,使泵的容积效率下降,供给负载的流量便不够,那么就很难在满足负载压力下提供足够的负载流量,只有使泵压力降下来,因而泵压力上不去	检查油温过高的原因,加以排除
变量控制装置有故障,例如图 2-75 所示的恒压变量径向柱塞泵,当恒压阀的阀芯卡死在上端位置,或者恒压阀的弹簧折断及漏装,或者阀调节螺钉拧入的深度不够,均可能使泵压上不去	查明原因后处理

表 2-28　径向柱塞泵噪声过大并伴有振动、压力波动大的故障分析与排除

故障分析	排除方法
油面过低,吸油阻力大,造成吸油不足,吸进空气或产生气穴	检查油面,清洗过滤器
定子内表面拉毛磨损,与柱塞接触时有径向窜动,导致流量、压力脉动,产生噪声	研磨修复定子内表面,并修磨柱塞头部球面
内部其他零件损坏	根据情况更换有关零件,例如轴承等
电机与泵轴不同轴	校正同轴度,同轴度在 0.1mm 以内

【故障 4】 径向柱塞泵操纵机构失灵而不能改变流量及油流方向

径向柱塞泵操纵机构失灵而不能改变流量及油流方向的故障分析与排除见表 2-29。

表 2-29　径向柱塞泵操纵机构失灵而不能改变流量及油流方向的故障分析与排除

故障分析	排除方法
用电磁阀控制的泵可能是电磁阀产生故障,使操纵机构运动件失灵	检查电磁阀
变量控制阀阀芯卡死不动	拆下清洗修理
齿轮泵(辅助泵)不上油,压力上不来	修理齿轮泵

五、变量柱塞泵的故障分析与排除

以萨澳-丹佛斯公司产的 45 系列 F 型开式轴向变量柱塞泵为例进行说明。

1. 外观与结构

如图 2-91 所示，该泵斜盘变量机构设计为双伺服活塞（双缸）控制式，双控制活塞中的偏置活塞（小活塞）作用力方向为斜盘倾角增大方向，而另一变量伺服活塞（大活塞）使斜盘倾角减小。在通入相同压力油的情况下，因变量伺服活塞直径大于偏置活塞直径，引起斜盘变量。缸体随输入轴一起旋转，同时带动缸体上的 9 个往复活塞将液压油从泵输入口传送到输出口。缸体弹簧（中心弹簧）通过一回程盘将柱塞滑靴紧压在斜盘上。泵配流盘为双金属材料，这样的工艺有助于提高系统泵的容积效率及减少噪声。轴支承选用圆锥滚子轴承，轴端采用唇形氟化橡胶圈密封。可选择压力补偿 PC 控制（一个可调阀芯）或负载敏感 LS 控制（两个可调阀芯）。来自系统的压力油通过控制阀芯调节后引到变量活塞底部推动斜盘变量。

2. 变量方式

轴向变量柱塞泵的变量方式如图 2-92 所示。

(1) PC 控制 [图 2-92 (a)]　满足液压回路流量变化时压力恒定的需求。PC 控制实时调节泵输出流量，泵输出压力保持不变。PC 设定压力由 PC 调节螺塞及弹簧设定。系统压力作用于 PC 控制阀芯非弹簧腔一侧，当系统压力达到 PC 设定值时，PC 控制阀芯换位并将系统压力引至伺服活塞，斜盘倾角减小。当系统压力低于 PC 设定值时，PC 弹簧将阀芯朝相反方向推，伺服活塞腔与泵壳体相通，斜盘倾角增加。斜盘角度实时调节以便保持系统输

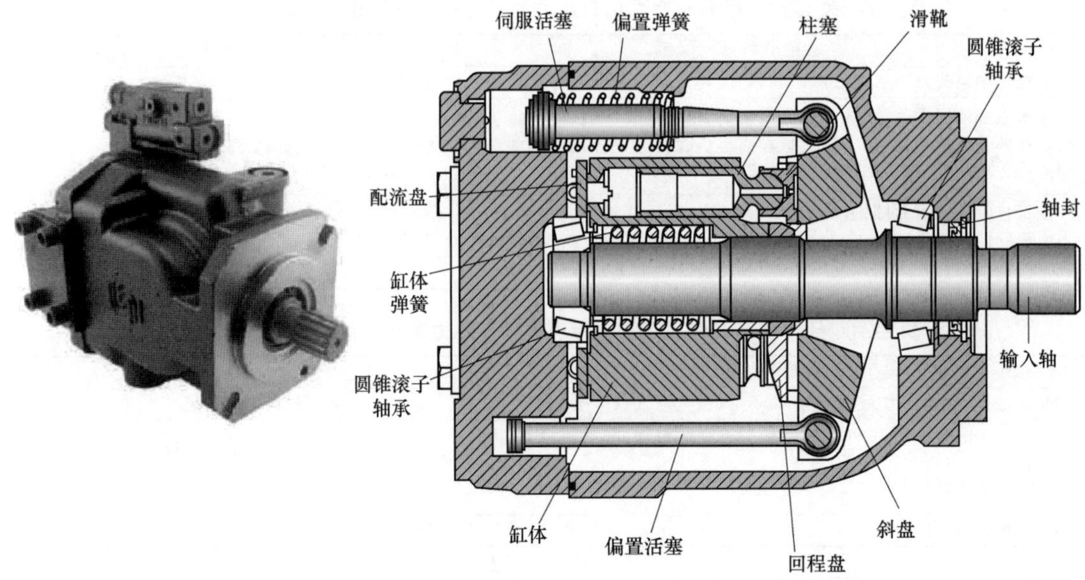

图 2-91　45 系列 F 型开式轴向变量柱塞泵的外观与结构

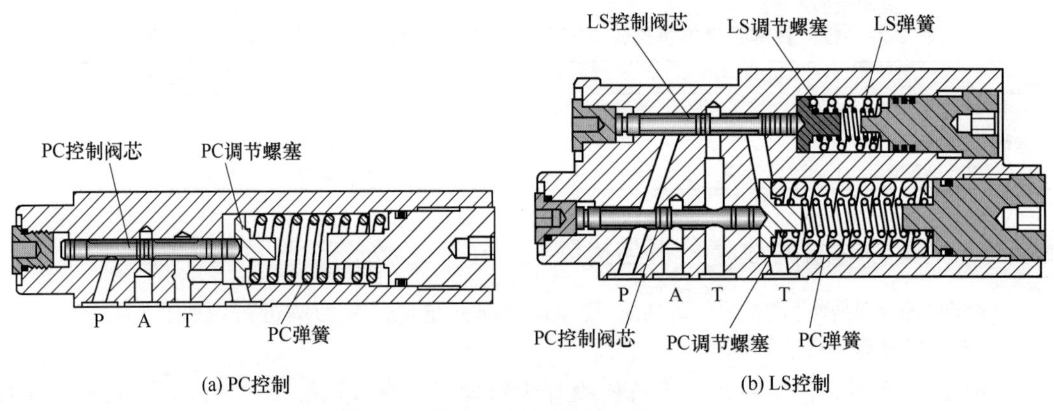

图 2-92　轴向变量柱塞泵的变量方式

出压力为 PC 设定值。

(2) LS 控制［图 2-92 (b)］ 满足输出流量与系统实际需求的匹配要求。LS 控制通过反馈外部控制阀上压降感应系统实际流量需求。外部控制阀打开或关闭时，进、出口压差改变。阀芯开度增加时，进、出口压差减小。阀关闭时，压差增加。LS 控制根据反馈回来的外部控制阀进、出口压差信号调节泵排量大小，直到外部阀进、出口压差等于 LS 设定值。LS 设定值由 LS 调节螺塞及 LS 弹簧决定。LS 控制模块由两个滑阀组成，用来控制伺服活塞腔与系统压力相通，还是与泵壳体相通。PC 控制阀芯实现压力补偿。LS 控制阀芯实现负载敏感功能。PC 控制阀芯控制优先等级高于 LS 控制阀芯。通过内部油道，系统压力（外部控制阀进口压力）引至 LS 控制阀芯非弹簧腔一侧。同时通过 X 口将外部控制阀出口压力引至 LS 控制阀芯弹簧腔一侧。LS 控制阀芯动态 调节至某一平衡点，此时来自外部控制阀进口的压力与 LS 控制阀芯另一侧来自外部控制阀出口压力差值为一恒定值，即为 LS 弹簧设定压力（等价于 LS 设定值），由于斜盘初始被偏置为最大角度位置，泵以最高流量输入系统。当泵输出流量超过系统实际需求时，通过外部控制阀的压降升高，此压差信号克服弹簧作用力将 LS 控制阀芯推换位，并将系统压力引至伺服活塞腔，泵排量随之减小至某一值，此时外部控制阀上压降正好等于 LS 设定值。当泵输出流量不能满足系统实际需求时，外部控制阀上压降降低，LS 弹簧将 LS 控制阀芯朝相反方向推，将伺服活塞腔与泵壳体相通，泵排量随之增加至某一值，此时外部控制阀上压降正好等于 LS 设定值。当外部控制阀位于中位机能时，LS 信号油路与油箱相通，此时无反馈控制压力作用于 LS 控制阀芯非弹簧腔一侧，泵排量调节至某一值，此时系统输出压力等于 LS 设定值，泵处于待命模式。LS 控制阀芯与 PC 控制阀芯为串联回路，PC 控制阀芯可越过 LS 控制阀芯起作用。一旦系统压力达到 PC 设定值时，PC 控制阀芯将切断 LS 控制阀芯与伺服活塞腔相连油路，并将系统压力引至伺服活塞腔，使泵排量减小。

3. 故障分析与排除

【故障 1】 变量柱塞泵系统噪声或振动异常

变量柱塞泵系统噪声或振动异常的故障分析与排除见表 2-30。

表 2-30　变量柱塞泵系统噪声或振动异常的故障分析与排除

故障分析	排除方法
油箱中油液不足将导致吸空	加液压油至合适位置
系统中含气量过高产生噪声或导致控制信号不稳定	排除空气并拧紧管接头，检查吸油管路是否漏气
吸油工况不合适将导致泵性能异常，输出流量低	改善泵吸油管路压力(真空度)，吸油口压力应为 50～80kPa
联轴器松动或对中不正确将导致噪声或振动异常	维修或更换联轴器，确认联轴器选择是否正确
轴与联轴器偏心将导致噪声或振动异常	轴正确对中安装
液压油黏度过高或温度过低将导致泵吸油不足或控制调节不正确	工作前系统预热，或在特定的工作环境温度下，选用合适黏度的液压油

【故障 2】 变量柱塞泵工作元件响应迟缓

变量柱塞泵工作元件响应迟缓的故障分析与排除见表 2-31。

表 2-31　变量柱塞泵工作元件响应迟缓的故障分析与排除

故障分析	排除方法
外部溢流阀设定值过低将导致系统响应迟缓	根据机器推荐要求，调节外部溢流阀设定值。外部溢流阀设定值应高于 PC 设定值，以确保工作正确
PC 设定值过低将导致泵不能满排量输出，LS 设定值过低将限制泵输出流量	调整 PC 及 LS 设定值，PC 设定值范围为 10～26MPa，LS 设定值范围为 1.2～4MPa
LS 信号不正确将导致泵不能正常工作	检查系统管路以确保返回泵的 LS 信号正确
内部组件磨损导致系统内泄漏，泵不能正常工作	联系指定维修商
液压油黏度过高或温度过低将导致泵吸油不足或控制调节不正确	工作前系统预热，或在特定的工作环境温度下，选用合适黏度的液压油
外部系统控制阀故障可能导致系统响应不合适	维修外部方向控制阀，如有必要更换
高壳体压力可导致系统反应迟缓	保证壳体回油路通畅
吸油真空度过高将导致输出流量低	保证吸油压力(真空度)合适

【故障 3】 变量柱塞泵系统温度过高

变量柱塞泵系统温度过高的故障分析与排除见表 2-32。

表 2-32　变量柱塞泵系统温度过高的故障分析与排除

故障分析	排除方法
油箱中油液不足，不能满足系统冷却需求	加液压油至合适位置，确认油箱大小是否合适
空气流量不足或空气温度过高，以及散热器选型不合适，不能满足系统冷却需求	清洗、维修散热器，如有必要更换
油液通过外部溢流阀时系统发热增加	根据机器推荐重新调整溢流阀设定值。外部溢流阀设定值应高于泵上 PC 设定值
高吸油真空度将增加系统发热	改善泵吸油工况

【故障 4】 变量柱塞泵输出流量过低

变量柱塞泵输出流量过低的故障分析与排除见表 2-33。

表 2-33 变量柱塞泵输出流量过低的故障分析与排除

故障分析	排除方法
油箱中油液不足将限制泵输出流量,并导致泵内部组件损坏	加液压油至合适位置
液压油黏度过高或温度过低将导致泵吸油不足或控制调节不正确	工作前系统预热,或在特定的工作环境温度下,选用合适黏度的液压油
外部溢流阀设定值低于 PC 设定值,导致泵输出流量过低	根据机器推荐重新调整溢流阀设定值。外部溢流阀调定值应高于泵上 PC 设定值
PC 设定值过低将导致泵不能满排量输出	调整 PC 及 LS 设定值
高吸油真空度将导致泵输出流量过低	改善泵吸油工况
低输入转速将降低泵输出流量	调整泵输入转速
泵旋向不正确将导致输出流量过低	保证泵旋向正确

【故障 5】 变量柱塞泵压力、流量不稳定

变量柱塞泵压力、流量不稳定的故障分析与排除见表 2-34。

表 2-34 变量柱塞泵压力、流量不稳定的故障分析与排除

故障分析	排除方法
系统中含气量过高将导致泵工作异常	加压至 PC 设定值,便于系统排气。检查吸油管路是否存在泄漏,排除空气渗入点
控制阀芯卡住将导致泵工作异常	检查阀芯在安装孔内是否运动灵活,酌情清洗或更换
低 LS 设定值将导致系统不稳定	调整 LS 设定值至合适水平
LS 控制信号管路堵塞,干扰泵正常控制信号	排除堵塞物
PC 设定值与外部溢流阀设定值差异太小	调整外部溢流阀或 PC 设定值至合适水平。高压溢流阀设定值必须高于 PC 设定值,以确保系统工作正常
外部溢流阀振颤将导致返回泵控制信号不稳定	调节溢流阀或更换

【故障 6】 变量柱塞泵系统压力不能达到 PC 设定值

变量柱塞泵系统压力不能达到 PC 设定值的故障分析与排除见表 2-35。

表 2-35 变量柱塞泵系统压力不能达到 PC 设定值的故障分析与排除

故障分析	排除方法
PC 设定值不合适	调整 PC 设定值
外部溢流阀设定值低于泵上 PC 设定值	根据机器推荐重新调整溢流阀设定值。外部溢流阀设定值必须高于泵上 PC 设定值
弹簧折断、损坏或未安装都可导致泵工作异常	更换或补装弹簧
PC 控制阀芯磨损将导致内泄漏	如有必要,更换阀芯
PC 控制阀芯安装不正确将导致工作异常	正确安装控制阀芯
污染物可能影响 PC 控制阀芯换向	清洗 PC 控制组件,采取合适的措施排除污染

【故障 7】 变量柱塞泵高吸油真空度

高吸油真空度导致吸空，并由此损坏泵内部组件。变量柱塞泵高吸油真空度的故障分析与排除见表 2-36。

表 2-36 变量柱塞泵高吸油真空度的故障分析与排除

故障分析	排除方法
低温导致油液黏度升高,进而引起吸油真空度增加	工作前预热系统
吸油粗滤器堵塞导致高吸油真空度	排除堵塞物,清洗过滤器
管接头或弯管过多,管路过长导致吸油真空度过高	去掉部分管接头,简化管路布置
液压油黏度过高将导致泵吸油不足	选用合适黏度的液压油

六、柱塞泵的修理

1. 缸体孔的修理

目前轴向柱塞泵的缸体有三种形式：整体铜缸体；铸铁缸体；镶铜套钢制缸体。缸体上柱塞孔数有七孔、九孔等，缸体孔与柱塞的配合间隙见表 2-37。

表 2-37 缸体孔与柱塞的配合间隙 mm

直径	$\phi16$	$\phi20$	$\phi25$	$\phi30$	$\phi35$	$\phi40$
标准间隙	0.015	0.025	0.025	0.030	0.035	0.040
极限间隙	0.040	0.050	0.060	0.070	0.080	0.090

① 对缸体孔镶铜套者，如果铜套内孔磨损基本一致，且孔内光洁，无拉伤划痕，则可研磨内孔，使各孔尺寸尽量一致，再重配柱塞；如果铜套内孔磨损拉伤严重，且内孔尺寸不一致，则应更换铜套。

铜套在压入缸体孔前，先按尺寸一致的一组柱塞（7 件或 9 件）的外径尺寸，在保证配合尺寸的前提下加工好铜套内孔，然后压入铜套，注意压入后，铜套内径会略有缩小。

在缸体孔内安装铜套的方法：缸体加温（用热油）热装或铜套低温冷冻挤压，外径过盈配合；采用乐泰胶粘着装配，这种方法的铜套外径表面要加工若干条环形沟槽；缸体孔攻螺纹，铜套外径加工螺纹，涂乐泰胶后，旋入装配。

② 对原铜套为熔烧结合方式或缸体为整体铜件者的修复方法：采用研磨棒研磨修复缸体孔；采用坐标镗床或加工中心重新镗缸体孔；采用金刚石铰刀（在一定尺寸范围可调）铰削内孔。

③ 对于缸体孔无镶入铜套者，缸体材料多为球墨铸铁，在缸体孔内壁上有一层非晶态薄膜或涂层等减摩润滑材料，修复时不可研去。修理这些柱塞泵，就要求助于专业修理厂和泵的生产厂家。

2. 柱塞的修理

柱塞一般是球头面和外圆柱面的磨损与拉伤，且磨损后，外圆柱面多呈腰鼓形。

在修理时柱塞球头面一般只能采取与滑靴内球面进行对研的方法，因为磨削球头面需要专门的设备。

柱塞外圆柱面可采用的修复方法：无心磨床半精磨外圆后镀铬，镀后再精磨外圆并与缸体孔相配；在柱塞外圆面电刷镀一层耐磨材料，一边刷镀一边测量外径尺寸；热喷涂、电弧喷涂或电喷涂，喷涂高碳马氏体耐磨材料；激光熔敷，在柱塞外圆柱面熔敷高硬度耐磨合金粉末。

3. 缸体端面与配流盘的修理

缸体与配流盘之间的配合面，其接合精度（密合程度）对泵的性能影响非常大，密合不好，影响泵输出流量和输出压力，甚至导致泵不出油的故障，必须进行重点检查、重点修复。

配流盘有球面配流和平面配流两种结构形式。对于球面配流盘，在缸体与配流盘凹凸接合面之间，如果出现的划痕不深，可采用对研的方法进行修复；如果划痕很深，因为球面加工难度较大，只能予以更换。对于平面配流盘，则可用高精度平面磨床磨去划痕，再经表面软氮化热处理，氮化层深度为 0.4mm 左右。缸体端面同样可经高精度平面磨床平磨后，再在平板上研磨修复。

平面配流形式的摩擦副可以在精度比较高的平板上进行研磨。

缸体和配流盘在研磨前，应先测量总厚度尺寸和应当研磨掉的尺寸，再补偿到调整垫上。配流盘研磨量较大时，研磨后应重新热处理，以确保淬硬层硬度。

4. 柱塞球头与滑靴球窝的检查

柱塞球头与滑靴球窝在泵出厂时，一般两者之间只保留 0.015～0.025mm 的间隙，但使用较长时间后，两者之间的间隙会大大增加，只要不大于 0.3mm，仍可使用，但间隙太大会使泵出口压力、流量的脉动增大，严重者会产生松靴、脱靴故障，进而可能会导致泵被打坏的严重事故。出现压力、流量脉动的苗头时，要尽早检查是否松靴，尽早重新包靴，绝不可忽视。

5. 斜盘的修理

斜盘使用较长时间后，平面上会出现内凹现象，可平磨后再经氮化处理。如果尚未完全磨去原有的氮化层时，也可暂不进行氮化处理，但斜盘表面一定要经硬度检查。

斜盘平面被柱塞球头刮削出沟槽时，可采用激光熔敷合金粉末的方法进行修复。激光熔敷技术既能保证材料的结合强度，又能保证补熔材料的硬度，且不降低周边组织的硬度。也可以采用铬相焊条进行手工堆焊，补焊过的斜盘平面需重新热处理，最好采用氮化炉热处理。

不管采取哪种方法修复斜盘，都必须恢复原有的尺寸精度、硬度和表面粗糙度。

6. 轴承的更换

柱塞泵如果出现游隙，则不能保证上述摩擦副之间的正常间隙，破坏泵内各摩擦副静压支承的油膜厚度，从而降低柱塞泵的使用寿命。一般轴承的寿命平均可达 10000h，折合起来大约可使用两年多的时间，超过此时间，应酌情更换。

轴承更换时应使用型号相同的轴承或明确可以代用的轴承，此外还要注意某些特殊要求的泵所使用的特殊轴承，例如德国力士乐公司针对 HF 工作液，在 E 系列柱塞泵中采用了镀有 RR 镀层的特殊轴承。

7. 泵轴花键的修理

将原轴的花键部分铣成六角形；加工一内六角套，长度按原花键长度尺寸，外径按原花键外径尺寸，压入铣成六角形的泵轴上，并进行焊接，加工套时应确保套的壁厚不小于 10mm；在已焊好的部位加工花键。

8. 不拆泵判断泵内泄漏程度的方法

摸泄油管，如果发热厉害再拆开，观察从泄油管漏出的油量大小和泄油压力是否较大。正常情况下，从泄油管流出的油流量较小且无压（细线状），反之则要拆泵检修。

9. 柱塞与缸体孔配合松紧度的鉴定

用右手食指盖住柱塞顶部孔，左手将柱塞慢慢向外拉出，此时右手食指应感到有吸力，当拉到约为柱塞全长 2/5 时，很快松开柱塞，此时柱塞能够在真空吸力的作用下迅速回到原位，说明此柱塞可继续使用。否则，应换新件或修复。

10. 缸体与配流盘之间配合面泄漏情况的检查

缸体与配流盘修复后，可采用下述方法检查其配合面的泄漏情况。在配流盘面上涂凡士林，把泄油道堵死，然后将配流盘平放在平台或平板玻璃上，再把缸体放在配流盘上，向缸体孔中注入柴油，要间隔注油，即一个孔注油，一个孔不注油，观察 4h 以上，柱塞孔中柴油无泄漏和串通，说明缸体与配流盘研磨合格。

另一个检查修复效果的方法是在两者中的一个相配表面上涂上红丹，用另一个去对研几下，如果两者去掉红丹粉的面积超过 80%，则也说明修复是成功的。

第五节
螺杆泵的故障诊断与维修

螺杆泵具有流量脉动小、噪声低、振动小、寿命较长、机械效率高等突出优点，广泛应用在船舶（甲板机械、螺旋推进器）、客梯、精密机床和水轮机等液压系统中，还可用来抽送黏度较大的液体和其中带有软悬浮颗粒的液体。螺杆泵按螺杆数分有单螺杆泵、双螺杆泵、三螺杆泵；按用途分有液压用泵和输送用泵（例如在石油工业和食品工业中使用）。

一、螺杆泵的工作原理与结构

1. 单螺杆泵的工作原理与结构

（1）工作原理　单螺杆泵由定子和转子组成。一般情况下，定子是用丁腈橡胶衬套粘接在钢外套内而形成的一种腔体装置，定子内表面呈双螺旋曲面。转子用合金钢的棒料经过精车、镀铬并抛光加工而成，有空心转子和实心转子两种。定子与转子以偏心距 e 偏心放置，在转子和定子衬套间形成多个封闭容腔，以充满工作液体。转子的转动能够使封闭容腔连同其中的工作液体连续地沿轴向推移，并在推移过程中进行机械能和液压能的相互转化。转子的运转，将各个封闭容腔内的介质连续、匀速地从吸入端传输到压出端［图 2-93（a）］。单螺杆泵的工作原理如同丝杆螺母啮合传动［图 2-93（b）、（c）］，此处当螺杆（丝杆）转动时，液体（相当于螺母）则将产生向上的轴向移动，将液体或夹杂有颗粒的混合液体泵出。

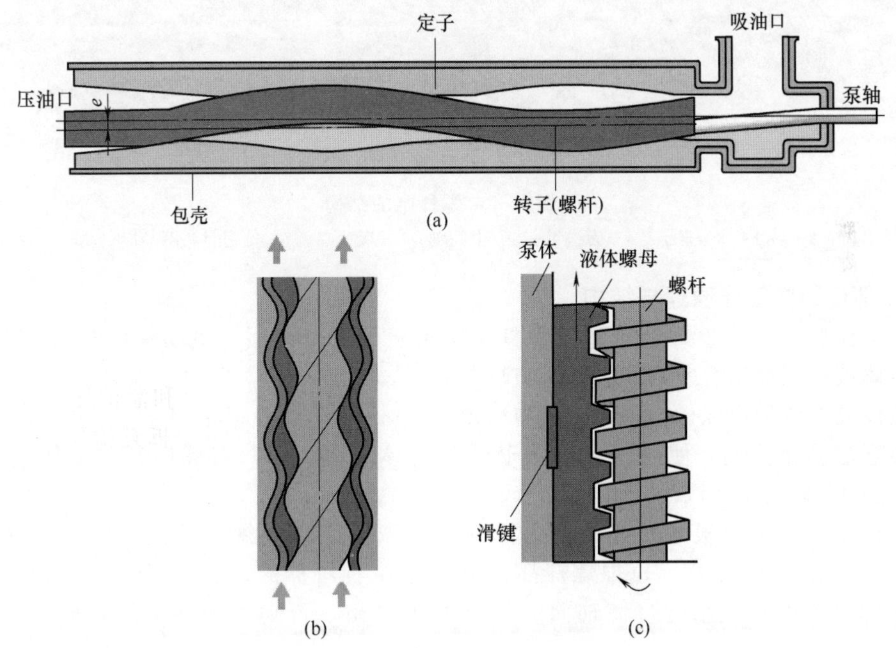

图 2-93　单螺杆泵的工作原理

（2）结构　单螺杆泵的结构如图 2-94 所示，主要由一个圆形截面的单头螺杆（转子）和一个椭圆形截面的具有双头螺纹的衬套（定子）组成。螺杆通常由金属制成，在由特种合成橡胶制成的衬套中旋转，衬套与螺杆偏心设置。由于为橡胶衬套，即使液体中含有固体异物，也不会损伤螺纹，所以单螺杆泵主要作输送用泵。这种单螺杆泵的流量为 1～2000L/min，最高工作压力为 1MPa 左右。

当螺杆与衬套互相啮合时，就会形成一个个轴向的封闭容腔，这些封闭容腔被螺杆与衬套的啮合线完全隔开，可见单螺杆泵属于密封型螺杆泵。

当螺杆以不大的偏心距在衬套中旋转时，螺杆与吸入口相通的工作容积不断增大而吸入液体，然后与吸入口隔离，沿轴向不断推移，转而与排出口相通，该工作容积不断减小，直至排出液体。

由于偏心距的存在，在主动轴和螺杆之间必须加装中间轴。为了保护该连接部分，使它不受工作液体的侵蚀，通常在其上加挠性的保护套。

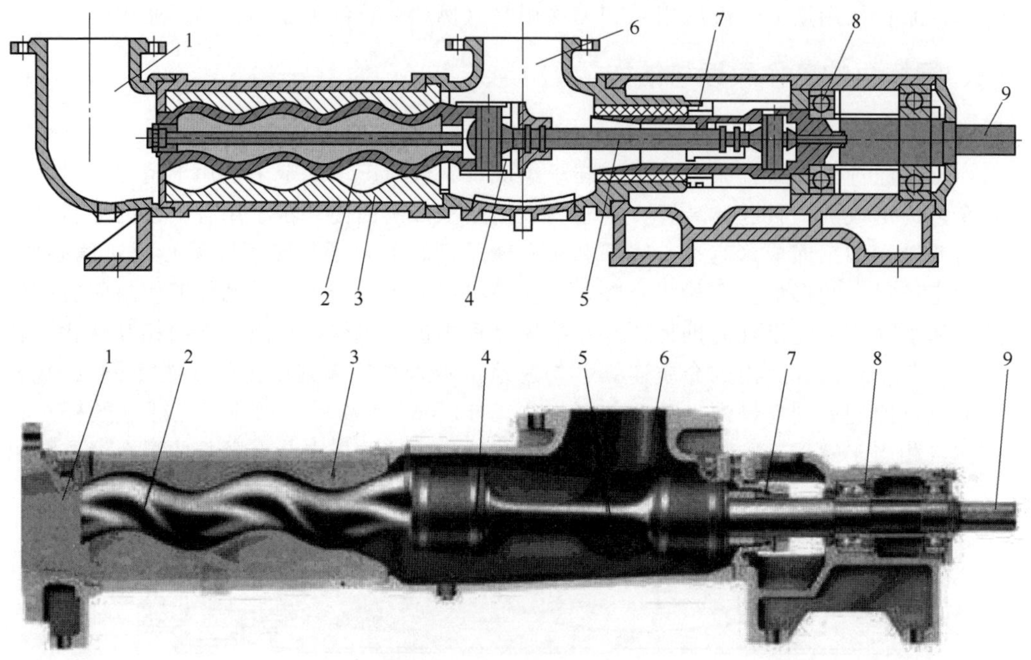

图 2-94 单螺杆泵的结构

1—排出口；2—转子；3—定子；4—万向节；5—中间轴；6—吸入口；7—轴密封；8—轴承座；9—输入轴

2. 双螺杆泵的工作原理与结构

（1）工作原理 图 2-95 所示的双螺杆泵与齿轮泵十分相似，主动螺杆转动，带动从动螺杆，液体被拦截在啮合室内，沿杆轴方向推进，然后被挤向中央油口排出。

双螺杆泵的流量可以做得很大，已有 10000L/min 的产品，但由于排出侧和吸入侧之间还不能很好地防止泄漏，使用压力多限于低压（3MPa 以下）。双螺杆泵主要作输送用泵，也有少量的作低压液压用泵。

双螺杆泵一般由两根形状相同的方形螺牙、双头螺纹的螺杆组成。它是一种非密封型螺杆泵，工作压力不高 。每根螺杆都做成螺牙左右对称的左、右螺纹，从而实现两侧吸入、中间排出的双吸结构，使轴向力得到基本平衡，否则需加装平衡轴向力的液力平衡装置。

双螺杆泵由于不满足传动条件，因此两螺杆间依靠一对同步齿轮进行转矩的传递，以增加传动时的平稳性。主动螺杆和从动螺杆彼此不直接接触，两根螺杆间及螺杆与泵体间的间隙靠同步齿轮和轴承来保证，磨损小，不必设可备更换的缸套。

（2）结构 双螺杆泵的结构如图 2-96 所示。

3. 三螺杆泵的工作原理与结构

（1）工作原理 如图 2-97 所示，在垂直于轴线的剖面内，主动螺杆和从动螺杆的齿形

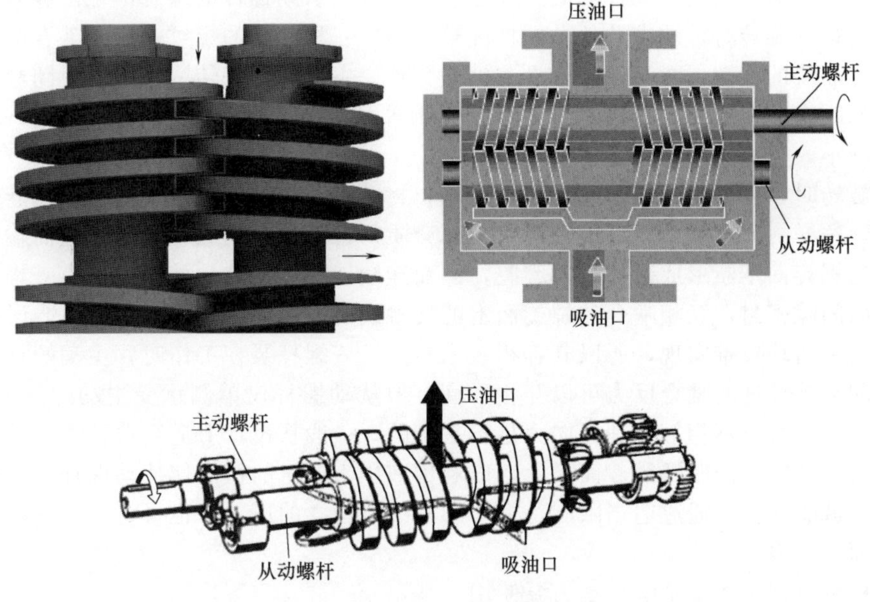

图 2-95　双螺杆泵的工作原理

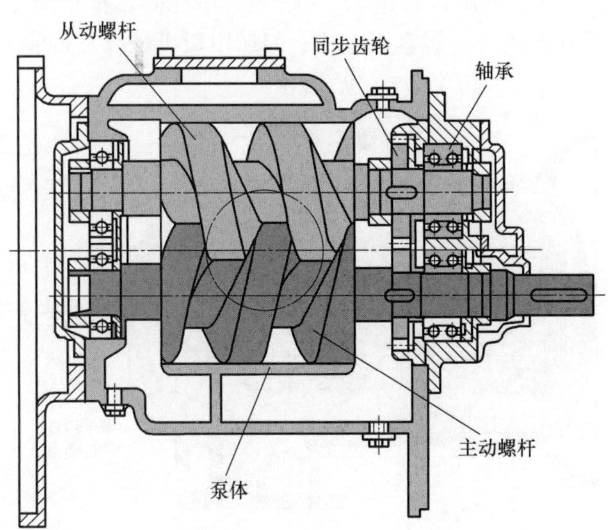

图 2-96　双螺杆泵的结构

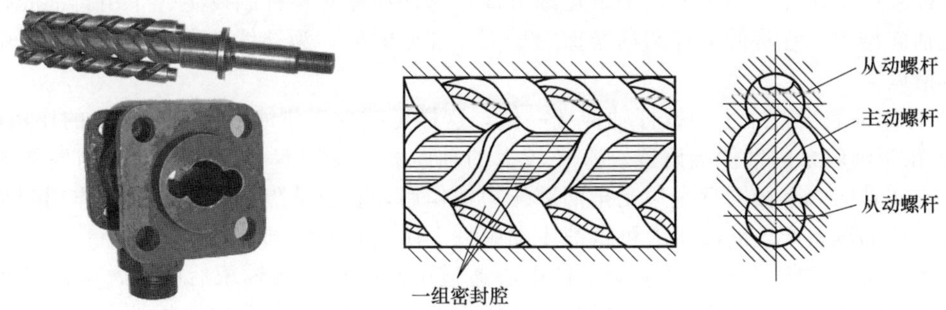

图 2-97　三螺杆泵的工作原理

由几对摆线共轭曲线组成。螺杆的啮合线把主动螺杆和从动螺杆的螺旋槽分割成若干封闭容腔。当主动螺杆旋转时，即带动从动螺杆旋转。由于三根螺杆的螺纹是相互啮合的，因此随着空间啮合曲线的移动，封闭容腔就沿着轴向移动。主动螺杆每转一转，各封闭容腔就移动一个导程的距离。在吸油腔一端，封闭容腔逐渐增大，完成吸油过程；在压油腔一端，封闭容腔逐渐减小，完成压油过程。

螺杆旋转时，由于啮合线沿螺旋面的滑动，封闭容腔将沿轴向由螺杆的一端连续地向另一端移动，这样封闭容腔中充满的油液（工作介质）也就从吸油腔带到压油腔而输往液压系统，后续的螺旋面不断形成新的封闭容腔，因而连续地输出油液。外套内壁与三螺杆的齿顶圆构成径向间隙密封，互相啮合的螺旋面上的接触线构成轴向密封。但由于制造误差，径向密封和轴向密封均较难实现，所以其容积效率不高。三螺杆泵在工作时，主动螺杆受到的径向液压力和从动螺杆的啮合反力可以互相平衡，但从动螺杆仅单侧承受主动螺杆的驱动力，两侧受到的液压力也不相等，其径向力是不平衡的，一般从设计上适当选择主、从动螺杆的直径比例及从动螺杆的凹螺线截面尺寸，以利用液压力产生的扭矩使从动螺杆自行旋转而卸去大部分机械驱动力，通过适当限制每一个导程级所建立的压差，也可将从动螺杆的径向力控制在合理范围内。

三螺杆泵可用于液压系统作动力泵使用。

（2）结构　瑞典依莫（IMO）公司三螺杆泵的结构如图 2-98 所示，常用工作压力可达 21MPa，个别品种可达 35～40MPa，转速为 1500～5000r/min，排量为 1.7～8570mL/r，噪声不大于 70dB，主要用于精密机床、载客用电梯、船舶甲板机械以及石油工业和食品工业中。

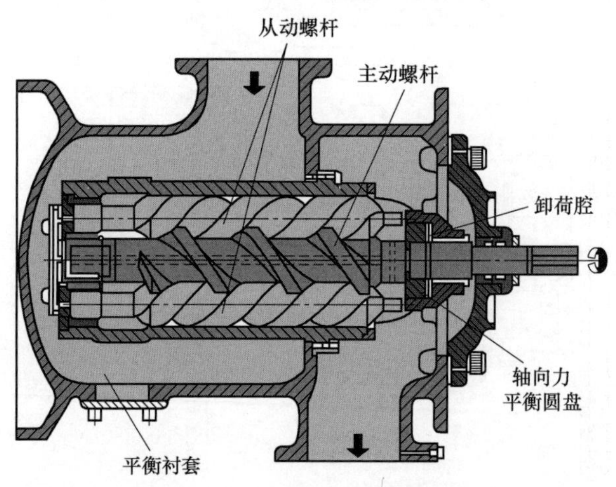

图 2-98　IMO 公司三螺杆的结构

螺杆泵中工作介质的压力沿轴线逐渐升高，这一压差对螺杆副产生一个由排油腔指向吸油腔的轴向推力，它将使螺杆间的摩擦力增大，加剧磨损，为补偿轴向力，三螺杆泵中采取了以下措施。

① 将压油腔设置在主动螺杆轴伸端一侧，这样可减少工作油液压力对螺杆的作用面积。

② 在压油腔泵的轴伸端设置一直径较大的轴向力平衡圆盘，此盘与外壳内壁构成间隙密封，这样轴向力平衡圆盘左边受排油腔压力油作用，右边被隔成了卸荷腔，作用到平衡圆盘左右两侧的压差产生的液压力可抵消主动螺杆上所受到的大部分轴向力。

③ 将压油腔的压力油通过主动螺杆中心通道引到螺杆左端轴承后腔内，平衡衬套隔开轴承后腔与泵吸油腔，这样在轴承后腔形成压力油腔，产生一部分向右的推力，即在从动螺杆上仍保留一小部分向右的推力（轴向力），以保证啮合线上的压紧密封。主动螺杆上最后

剩余的轴向力由设在吸油腔一侧的推力轴承平衡。

图 2-99 所示为国产 SMH210R46E6.7W23 型三螺杆泵的结构，其广泛用于水泥厂中窑头点火油泵，纸浆工业中输送黏胶纤维和纸浆，能源工程中输送轻燃油、重燃油、渣油和废油等。

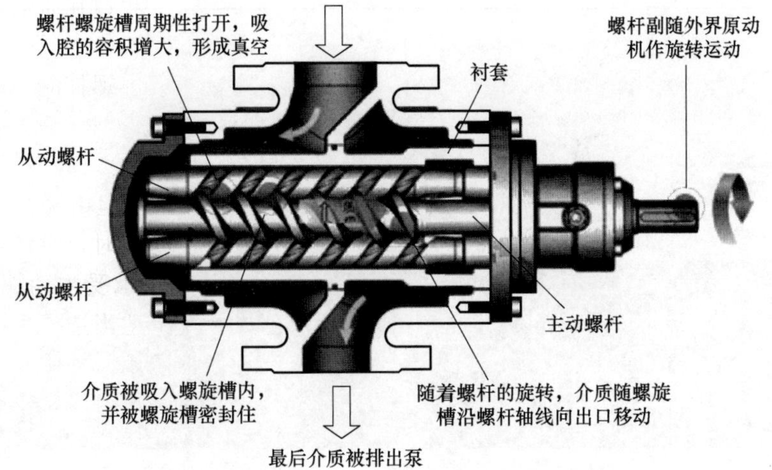
螺杆螺旋槽周期性打开，吸入腔的容积增大，形成真空
螺杆副随外界原动机作旋转运动
衬套
从动螺杆
从动螺杆
主动螺杆
介质被吸入螺旋槽内，并被螺旋槽密封住
随着螺杆的旋转，介质随螺旋槽沿螺杆轴线向出口移动
最后介质被排出泵

图 2-99 国产 SMH210R46E6.7W23 型三螺杆泵的结构

二、螺杆泵的故障分析与排除

螺杆泵的故障分析与排除见表 2-38。

表 2-38 螺杆泵的故障分析与排除

故障现象	产生原因	排除方法
泵不出油	①有大量空气吸入 ②电机反转 ③进、出油管接反 ④油液黏度太高 ⑤吸油时吸入真空度超过规定值	①紧固漏气处 ②纠正方向 ③调整 ④更换符合规定的油 ⑤排除吸油管道堵塞点
流量急剧下降	①安全阀失灵或有脏物关不严 ②油液黏度低于规定指标 ③螺杆和衬套磨损，配合间隙增大	①更换或修复安全阀，清理脏物 ②更换符合规定的油 ③更换新件
泵有振动	泵轴与电机轴不同轴	调整同轴度
抱轴	①螺杆或衬套磨伤 ②轴套磨伤	检查更换
轴封处外泄漏大	①油封破损 ②泵轴油封密封部位磨损 ③端面的密封面磨损	①更换油封 ②更换泵轴 ③修复或更换
泵有振动噪声，压力表、真空表指针剧烈跳动	①吸入真空度超过规定值 ②进油管吸入空气 ③油液黏度太大，或进油管过长、过细、弯头过多 ④安全阀失灵	①检查吸油管与过滤器，消除堵塞 ②检查进油管接头，并设法排气 ③加温或设法减小吸油阻力 ④检查调试
泵吸入口处真空度超过规定值	①油温过低，黏度太大 ②进油管或过滤器堵塞 ③进油管过长、过细、弯头过多	①启动油箱加热器，使用黏度合适的油 ②疏通或清洗 ③减小吸曲阻力
排油压力下降	①螺杆或衬套磨损 ②配合间隙过大	①更换 ②修复或换泵
电机超载	①油液黏度太大 ②电压太低	①更换符合规定的油 ②查出原因并排除故障

第三章

执行元件——液压缸和液压马达的故障诊断与维修

第一节 液压缸的故障诊断与维修

一、简介

液压缸是液压系统中的执行元件，其作用是将油液的压力能转换成机械能，输出的是直线力和直线运动。

双杆活塞式液压缸的活塞两端都带有活塞杆，分为缸体固定和活塞杆固定两种安装形式，如图 3-1 所示。

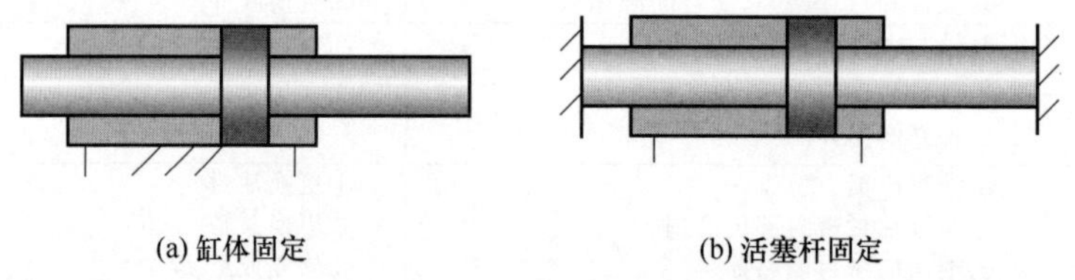

(a) 缸体固定　　(b) 活塞杆固定

图 3-1　双杆活塞式液压缸的安装形式

单杆活塞式液压缸两腔有效面积不等，由两油口进入相同流量的油液时，活塞两个方向的运动速度和输出力不等（图 3-2）。

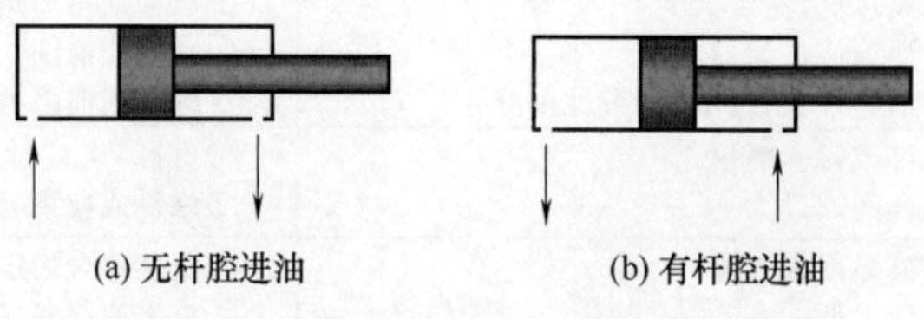

(a) 无杆腔进油　　(b) 有杆腔进油

图 3-2　单杆活塞式液压缸的进油方式

当双作用单杆活塞式液压缸两腔同时通入压力油时，由于无杆腔的有效作用面积大于有杆腔的有效作用面积，使活塞向右的作用力大于向左的作用力（图 3-3），因此，活塞向右运动，活塞杆向外伸出；与此同时，又将有杆腔的油液挤出，使其流进无杆腔，从而加快了活塞杆的伸出速度，单杆活塞式液压缸的这种连接方式称为差动连接。

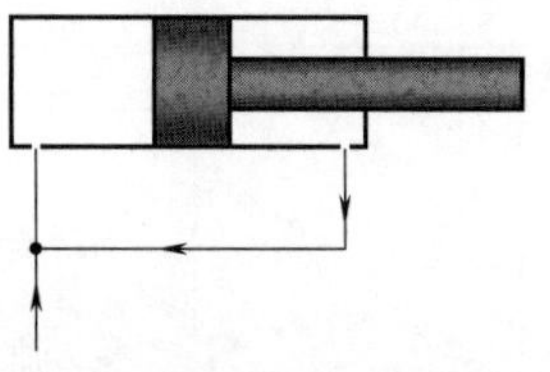

图 3-3　液压缸的差动连接

图 3-4 所示为双作用单杆活塞式液压缸在无杆腔进油、有杆腔进油与差动连接情况下，在进入缸的流量相同时，运动速度的比较。

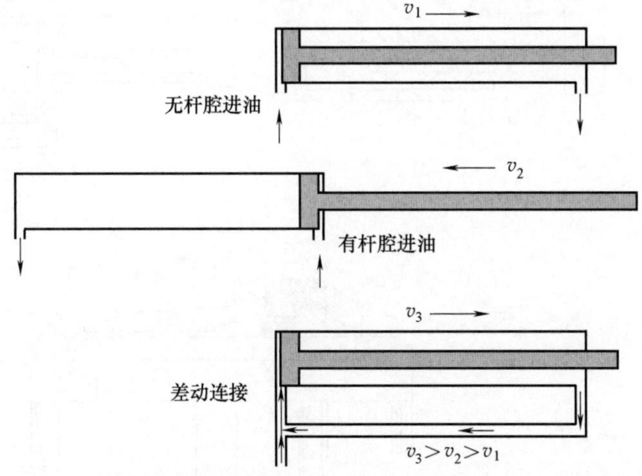

图 3-4　双作用单杆活塞式液压缸几种情况下的运动速度比较

二、液压缸的工作原理与结构

液压缸的图形符号、工作原理与结构见表 3-1。

表 3-1　液压缸的图形符号、工作原理与结构

项目	图形符号	工作原理与结构
单作用液压器	活塞式液压缸	当压力油从 A 口流入，活塞受力压缩弹簧向右输出单方向的力和速度（直线运动），反方向退回要依靠弹簧力（或重力及外负载力）实现，返回力必须大于无杆腔背压力和液压缸各部位的摩擦力 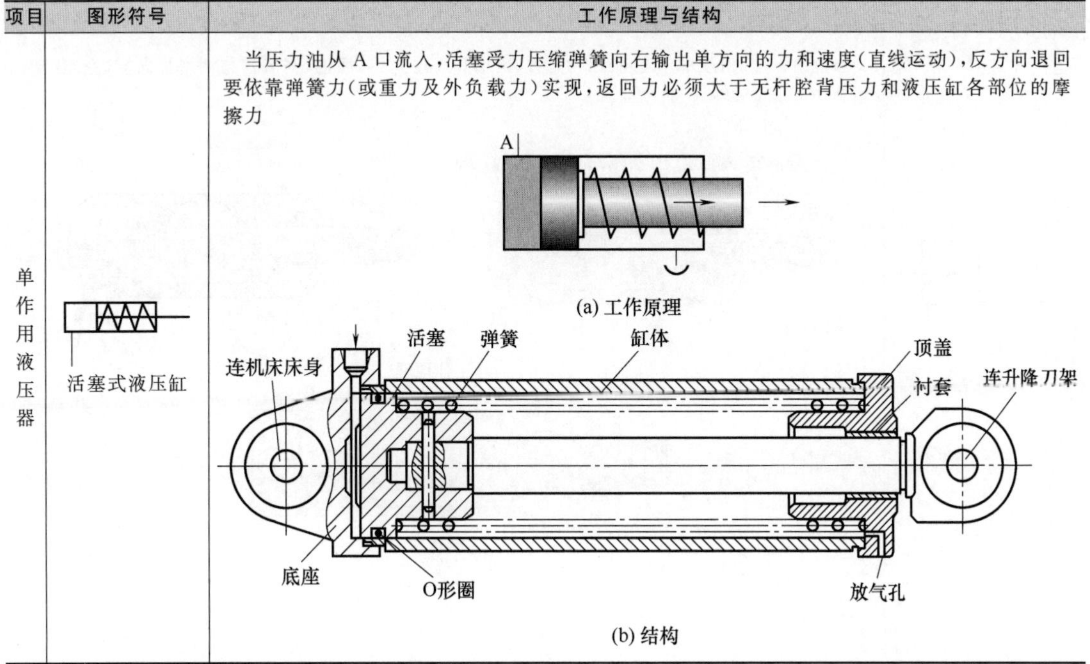 (a) 工作原理　(b) 结构

续表

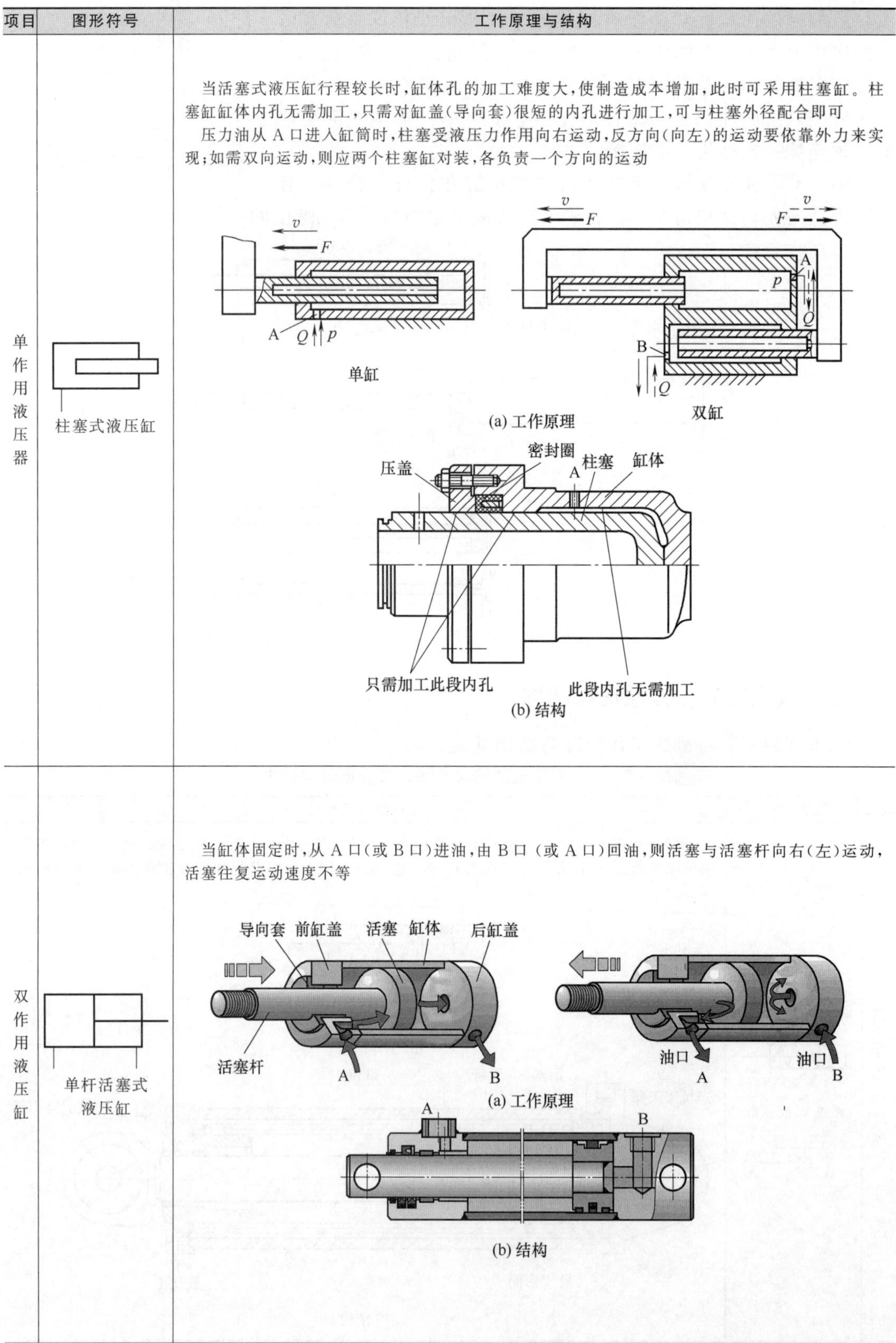

项目	图形符号	工作原理与结构
单作用液压器	柱塞式液压缸	当活塞式液压缸行程较长时，缸体孔的加工难度大，使制造成本增加，此时可采用柱塞缸。柱塞缸缸体内孔无需加工，只需对缸盖（导向套）很短的内孔进行加工，可与柱塞外径配合即可 压力油从 A 口进入缸筒时，柱塞受液压力作用向右运动，反方向（向左）的运动要依靠外力来实现；如需双向运动，则应两个柱塞缸对装，各负责一个方向的运动 (a) 工作原理 (b) 结构
双作用液压缸	单杆活塞式液压缸	当缸体固定时，从 A 口（或 B 口）进油，由 B 口（或 A 口）回油，则活塞与活塞杆向右（左）运动，活塞往复运动速度不等 (a) 工作原理 (b) 结构

续表

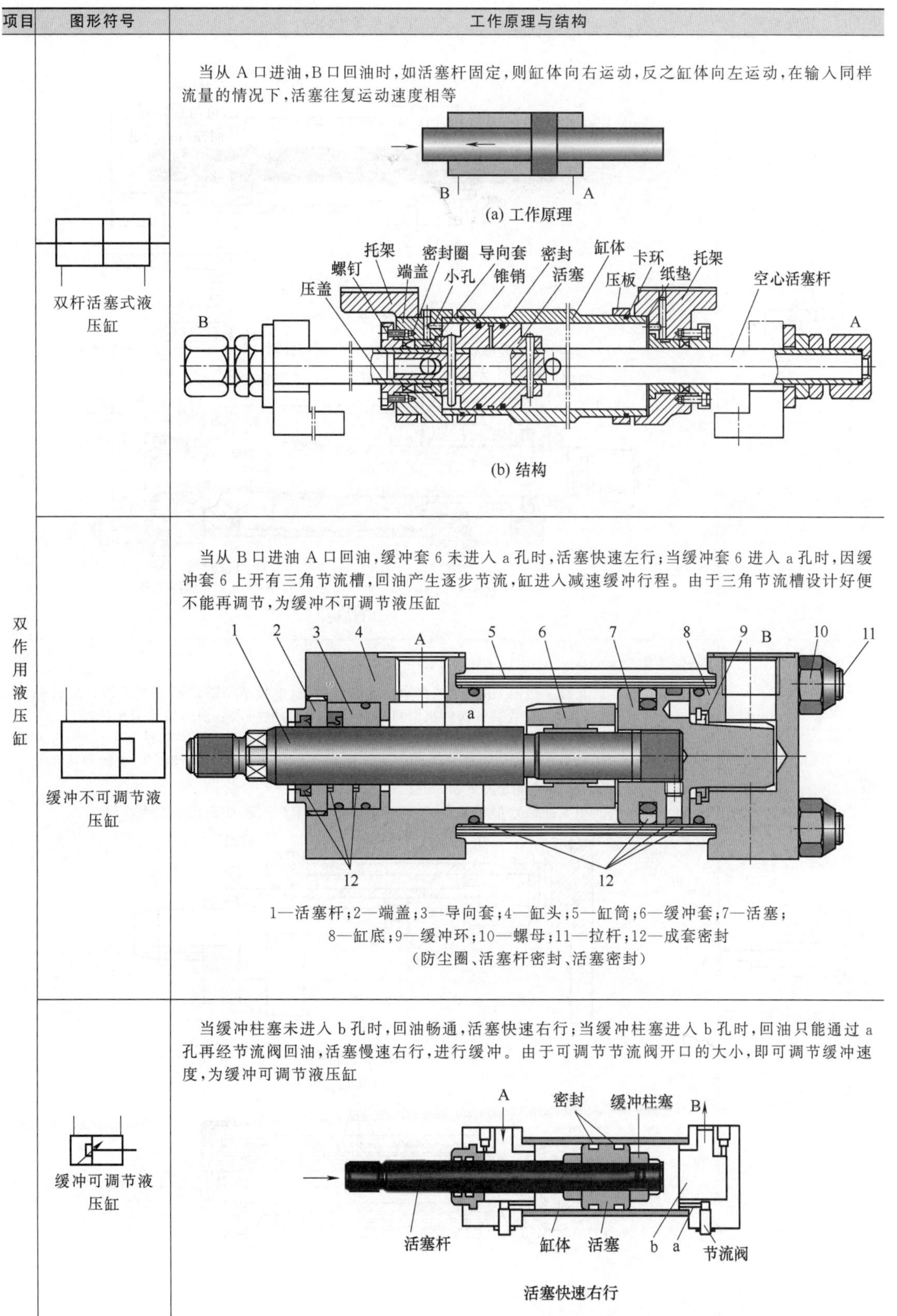

项目	图形符号	工作原理与结构
	双杆活塞式液压缸	当从A口进油，B口回油时，如活塞杆固定，则缸体向右运动，反之缸体向左运动，在输入同样流量的情况下，活塞往复运动速度相等 (a) 工作原理 (b) 结构
双作用液压缸	缓冲不可调节液压缸	当从B口进油A口回油，缓冲套6未进入a孔时，活塞快速左行；当缓冲套6进入a孔时，因缓冲套6上开有三角节流槽，回油产生逐步节流，缸进入减速缓冲行程。由于三角节流槽设计好便不能再调节，为缓冲不可调节液压缸 1—活塞杆；2—端盖；3—导向套；4—缸头；5—缸筒；6—缓冲套；7—活塞；8—缸底；9—缓冲环；10—螺母；11—拉杆；12—成套密封（防尘圈、活塞杆密封、活塞密封）
	缓冲可调节液压缸	当缓冲柱塞未进入b孔时，回油畅通，活塞快速右行；当缓冲柱塞进入b孔时，回油只能通过a孔再经节流阀回油，活塞慢速右行，进行缓冲。由于可调节节流阀开口的大小，即可调节缓冲速度，为缓冲可调节液压缸 活塞快速右行

续表

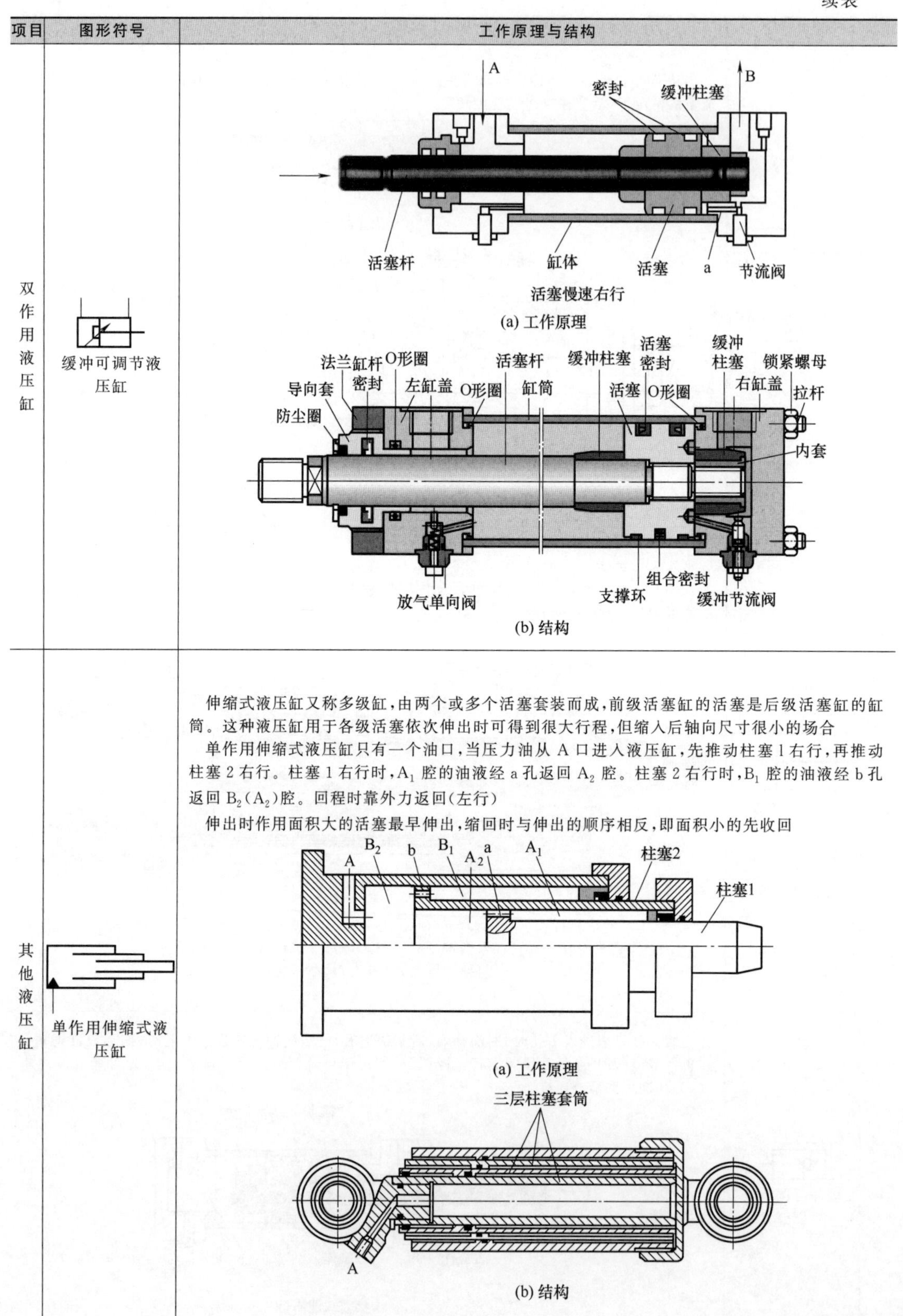

项目	图形符号	工作原理与结构
双作用液压缸	缓冲可调节液压缸	(a) 工作原理 (b) 结构
其他液压缸	单作用伸缩式液压缸	伸缩式液压缸又称多级缸，由两个或多个活塞套装而成，前级活塞缸的活塞是后级活塞缸的缸筒。这种液压缸用于各级活塞依次伸出时可得到很大行程，但缩入后轴向尺寸很小的场合 单作用伸缩式液压缸只有一个油口，当压力油从 A 口进入液压缸，先推动柱塞 1 右行，再推动柱塞 2 右行。柱塞 1 右行时，A_1 腔的油液经 a 孔返回 A_2 腔。柱塞 2 右行时，B_1 腔的油液经 b 孔返回 B_2(A_2)腔。回程时靠外力返回(左行) 伸出时作用面积大的活塞最早伸出，缩回时与伸出的顺序相反，即面积小的先收回 (a) 工作原理 (b) 结构

续表

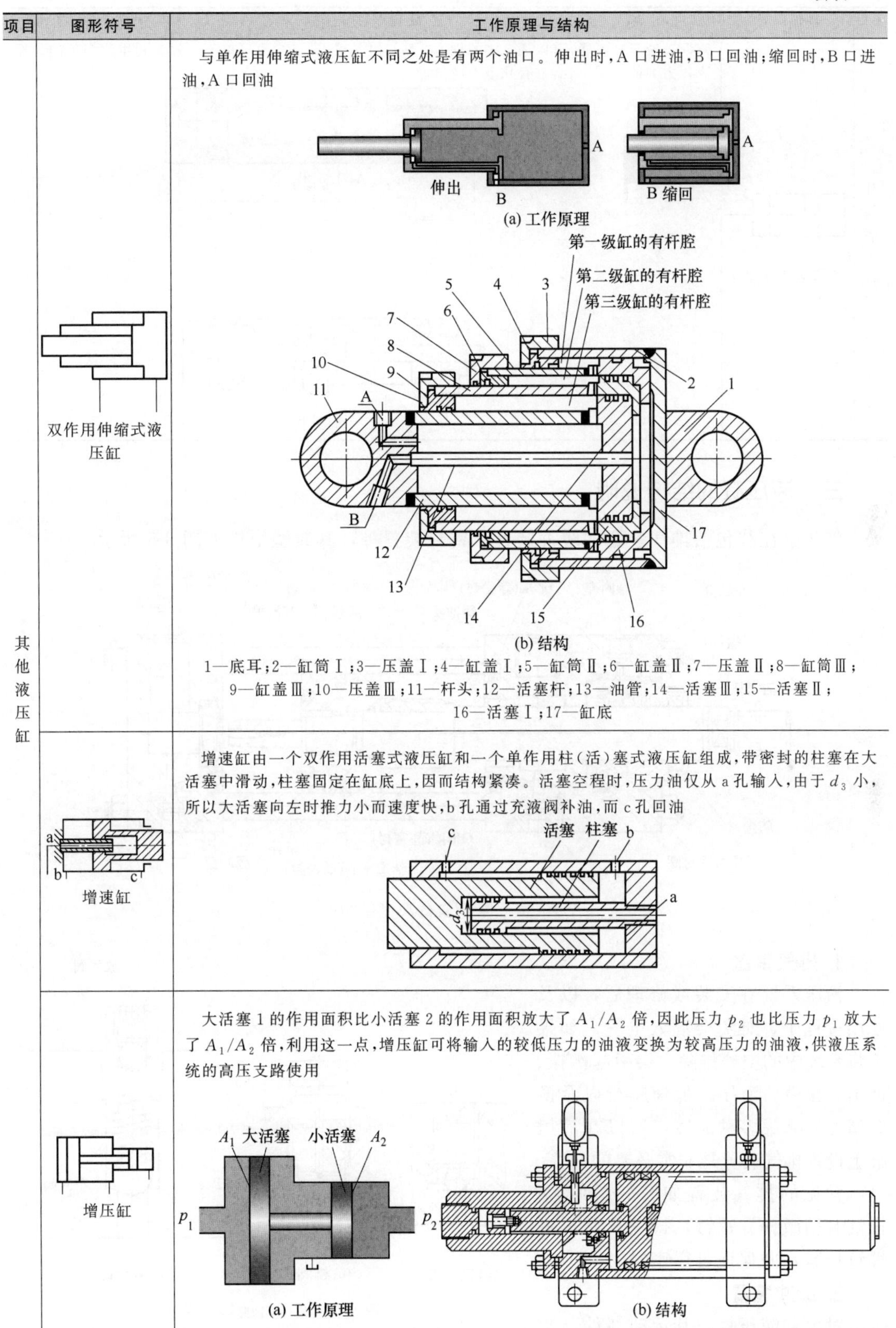

项目	图形符号	工作原理与结构
其他液压缸	双作用伸缩式液压缸	与单作用伸缩式液压缸不同之处是有两个油口。伸出时，A 口进油，B 口回油；缩回时，B 口进油，A 口回油 (a) 工作原理 (b) 结构 1—底耳；2—缸筒Ⅰ；3—压盖Ⅰ；4—缸盖Ⅰ；5—缸筒Ⅱ；6—缸盖Ⅱ；7—压盖Ⅱ；8—缸筒Ⅲ；9—缸盖Ⅲ；10—压盖Ⅲ；11—杆头；12—活塞杆；13—油管；14—活塞Ⅲ；15—活塞Ⅱ；16—活塞Ⅰ；17—缸底
	增速缸	增速缸由一个双作用活塞式液压缸和一个单作用柱（活）塞式液压缸组成，带密封的柱塞在大活塞中滑动，柱塞固定在缸底上，因而结构紧凑。活塞空程时，压力油仅从 a 孔输入，由于 d_3 小，所以大活塞向左时推力小而速度快，b 孔通过充液阀补油，而 c 孔回油
	增压缸	大活塞 1 的作用面积比小活塞 2 的作用面积放大了 A_1/A_2 倍，因此压力 p_2 也比压力 p_1 放大了 A_1/A_2 倍，利用这一点，增压缸可将输入的较低压力的油液变换为较高压力的油液，供液压系统的高压支路使用 (a) 工作原理　(b) 结构

续表

项目	图形符号	工作原理与结构
其他液压缸	多位缸（增力缸）	两个液压缸串联，可以增大缸的推力。两缸缸径可以一样，也可以不一样。利用改变各油口通入压力油的不同组合，缸有几个不同位置 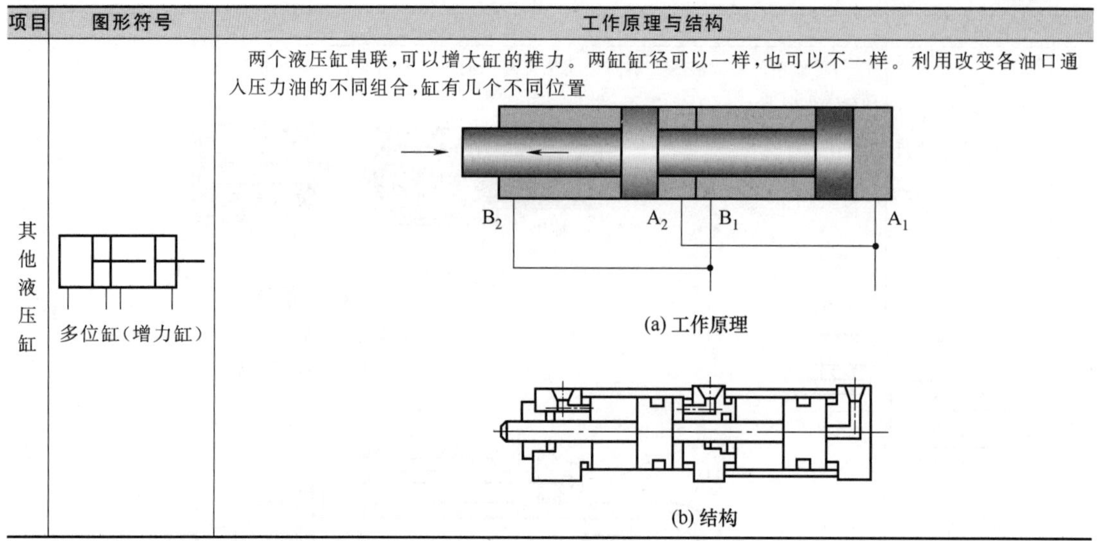 (a) 工作原理 (b) 结构

三、液压缸的结构说明

液压缸往往包括排气装置、缓冲装置、密封装置等，其典型结构如图 3-5 所示。

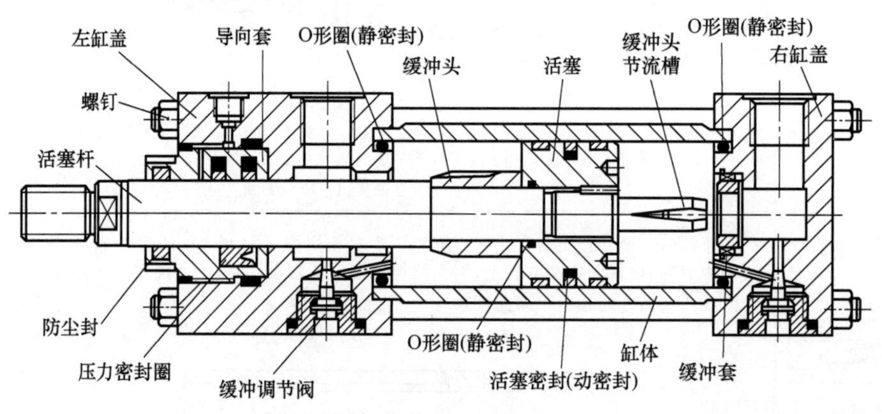

图 3-5 液压缸的典型结构

1. 排气装置

液压系统在安装或修理后，以及使用过程中，难免会混入空气，如果不将系统中的空气排除，会引起颤振、冲击、噪声、液压缸低速爬行以及换向精度下降等多种故障，所以在液压缸上设置排气装置是非常必要的。

常见的排气装置如图 3-6 所示。排气时稍微松开螺钉，排完气后再将螺钉拧紧，并保证可靠密封。

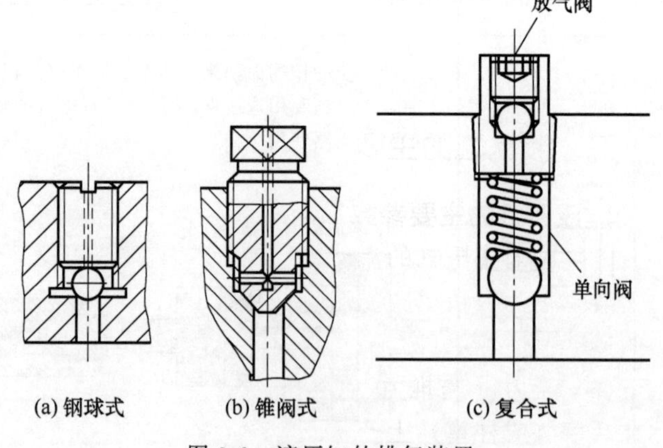

(a) 钢球式 (b) 锥阀式 (c) 复合式

图 3-6 液压缸的排气装置

2. 缓冲装置

对大型液压缸，其运动部件（活

塞与活塞杆等）的质量较大，当运动速度较快时，会因惯性而具有较大的动量。为减小具有较大动量的运动部件在到达行程终点时产生的机械冲击冲撞缸盖，影响设备的精度，并可能损坏设备造成破坏性事故的发生，在液压缸上设置缓冲装置是非常必要的。

液压缸的缓冲装置如图 3-7 所示。缓冲装置有两类：一类为节流式，它是指在活塞运动至接近缸盖时，使低压回油腔内的油液全部或部分通过固定节流或可变节流，产生背压形成阻力，达到降低活塞运动速度的缓冲效果；另一类为卸载式，它是指在活塞运动至接近缸盖时，双向缓冲阀的阀杆先触及缸盖，阀杆沿轴向被推离起密封作用的阀座，液压缸两腔通过缓冲阀的开启而使高、低压腔互通，缸两腔的压差迅即减小而实现缓冲。

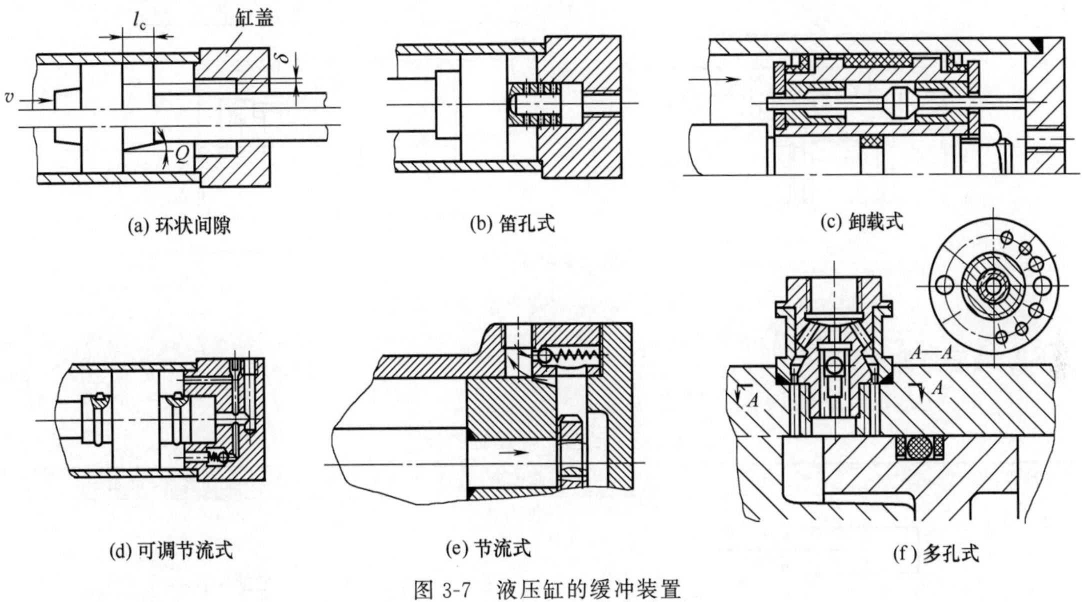

图 3-7　液压缸的缓冲装置

3. 密封装置

密封装置用来阻止液压缸内部压力工作介质的泄漏和防止外界灰尘、污垢和异物的侵入。液压缸需要密封的部位有两类：一类是无相对运动的部位；另一类是有相对运动的部位。前者采用静密封，后者采用动密封。

液压缸需要使用静密封的部位有：活塞与活塞杆之间（多采用 O 形密封圈）；缸筒与端盖之间（O 形密封圈）。

液压缸需要采用动密封的部位有：活塞与缸筒之间（双向或单向密封），防止液压缸高、低压腔串腔；活塞杆与缸盖或导向套之间（单向密封），防止液压缸向外泄漏。

液压缸需要密封的部位如图 3-8 所示。

四、液压缸的主要参数与计算

1. 液压缸的主要参数

（1）进入液压缸的流量 q 与活塞的运动速度 v　单位时间内进入液压缸缸体（缸筒）内的油液体积称为液压缸的流量；单位时间内压力油液推动活塞（或柱塞）移动的距离称为活塞的运动速度。

（2）压力 p 与推力（或拉力）F　油液作用在单位面积上的压力称为压力；压力油液作用在活塞（或柱塞）上产生的液压力称为推力（或拉力）。

（3）功 W 和功率 N　液压缸所做的功 $W=FS$（S 为活塞行程）；功率 $N=Fv=pq$。

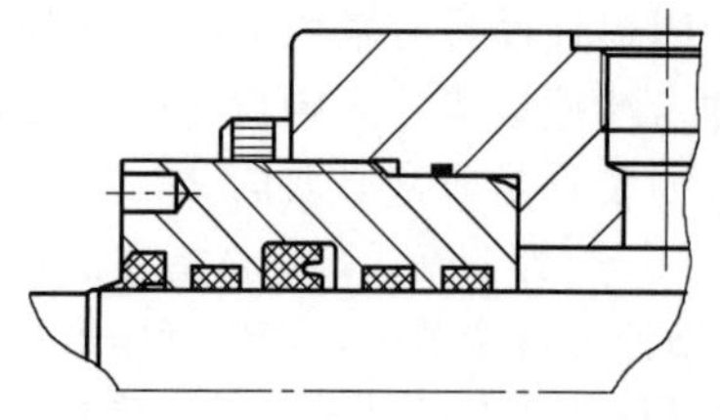
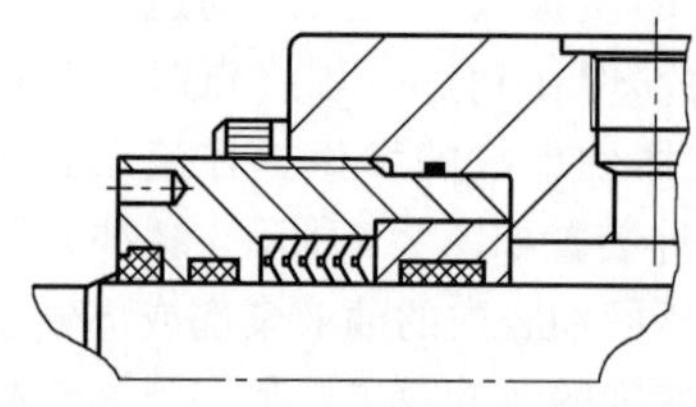

(a) 活塞杆密封

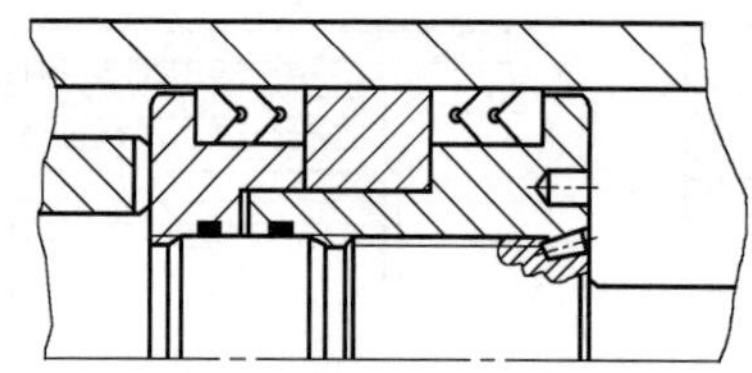
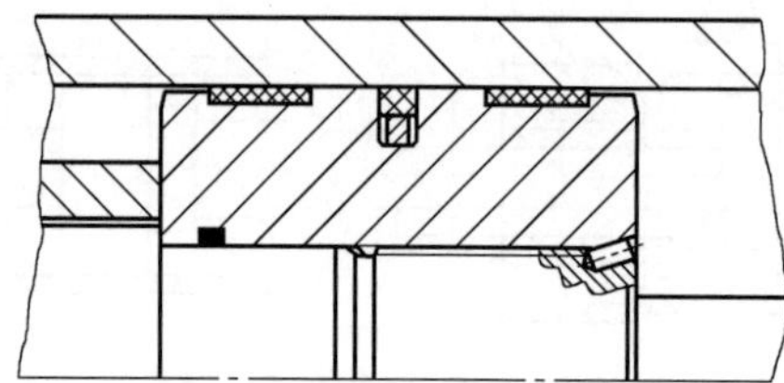

(b) 活塞密封

图 3-8 液压缸需要密封的部位

2. 液压缸的计算

（1）活塞式液压缸的计算 见表 3-2。

表 3-2 活塞式液压缸的计算

类型			符号	正向速度、负载	反向速度、负载
单杆活塞缸	非差动缸	单作用		推力速度 $F_1=A_1 p\eta_m$ $v_1=\frac{q\eta_v}{A_1}$	无
		双作用		$F_1=(A_1p_1-A_2p_2)\eta_m$ $v_1=\frac{q\eta_v}{A_1}$	$F_2=(A_2p_1-A_1p_2)\eta_m$ $v_2=\frac{q\eta_v}{A_2}$
	差动缸			$F_3=(A_1-A_2)p_1\eta_m$ $v_3=\frac{q\eta_v}{A_1-A_2}$	反向不差动，同双作用非差动缸
双杆活塞缸	缸体固定			$F_1=(p_1-p_2)A_1\eta_m$ $v_1=\frac{q\eta_v}{A_1}$	$F_1=F_2$ $v_1=v_2$
	活塞杆固定				

(2) 柱塞式液压缸（柱塞缸）的计算　如图 3-9 所示，柱塞缸柱塞运动，缸筒固定，压力为 p、流量为 q 的压力油通入柱塞缸中，柱塞外径为 d，柱塞缸所产生的推力 F 和运动速度 v 分别为

$$F=pA\eta_m=\pi d^2 p\eta_m/4$$

$$v=Q\eta_v/A=4q\eta_v/(\pi d^2)$$

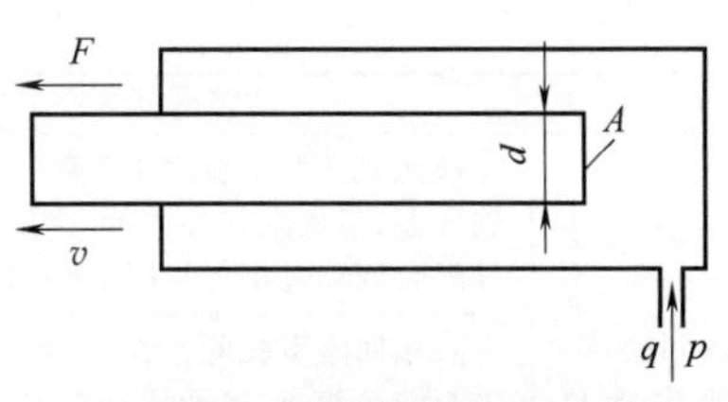

图 3-9　柱塞缸的计算

五、液压缸的故障分析与排除

【故障 1】 液压缸不动作

液压缸不动作的故障分析与排除见表 3-3。

表 3-3　液压缸不动作的故障分析与排除

故障分析		排除方法
检查是否有压力油进入液压缸	检查液压缸前的换向阀是否未换向(特别是中位卸荷的换向阀),无压力油进入液压缸	查找换向阀未换向的原因并排除
	检查液压泵是否未供油	查找液压泵和主要液压阀的故障原因并排除
	检查溢流阀是否将泵来的油全部溢流回油箱了	查找溢流的原因并排除
有油液进入,则检查进入液压缸的油液有没有足够压力	系统有故障,主要是泵或溢流阀有故障	查找泵或溢流阀的故障原因并排除
	内部严重泄漏,活塞与活塞杆松脱,密封件严重损坏	紧固活塞与活塞杆并更换密封件
	系统调定压力过低或压力调节阀有故障	排除压力调节阀故障,并重新调整压力,直至达到要求值,必要时重新核算工作压力,更换可调范围大一些的调压元件
	活塞上的O形圈、格来圈、斯来圈漏装或严重损坏,缸体孔拉有很深沟槽,活塞杆上锁定活塞的螺母松脱等,造成液压缸进、回油腔导通 活塞 O形圈 格来圈 斯来圈	更换活塞上的密封圈并针对具体情况进行适当修理
有油进入,压力也达到要求,则检查负载是否过大	检查负载是否过大(比预定值大),特别要检查是否是由于液压缸安装不好造成的附加负载过大	正确安装液压缸
	检查液压缸与负载的连接方式是否正确	可将刚性固定连接改为活动关节式连接或球头连接,且面最好为球面
	液压缸结构上存在问题:活塞端面与缸盖端面紧贴在一起,启动时活塞承力面积不够;具有缓冲装置的缸筒上单向阀回路被活塞堵住 活塞与缸盖接触面贴合，启动时受力面积不够 与单向阀相通的油孔已被活塞堵塞	在活塞端面上要加工一凹槽(通油槽),使工作液体迅速从活塞的工作端面排出 活塞 开凹槽 活塞 开凹槽

续表

故障分析		排除方法
有油进入，压力也达到要求，则检查负载是否过大	液压缸装配不良（如活塞杆、活塞和缸筒之间同轴度差，液压缸与工作台平行度差、导向套与活塞杆配合间隙过小等）导致活塞杆移动别劲，不能动	重新装配
	液压回路引起的原因，主要是液压缸背压腔油液未与油箱相通，连通回油的换向阀未动作，截止阀未打开，节流阀关死等，造成回油受阻	酌情处理
	脏物进入滑动部位卡住缸使之不能动	清洗
	活塞杆上镀铬层脱落卡住活塞杆	立即停机，修磨活塞杆，重新镀铬

【故障 2】 液压缸的运动速度达不到规定的调节值（欠速）

这种故障是指即使全开流量调节阀，油缸速度也提不起来，其故障分析与排除见表 3-4。

表 3-4 液压缸的运动速度达不到规定的调节值（欠速）的故障分析与排除

故障分析	排除方法
检查液压泵的供油量是否不足，压力不够：例如因液压泵内部零件磨损而使泵的内泄漏大，容积效率下降造成泵输送给液压缸的流量减少而导致欠速	可参阅本书的相关内容予以排除
检查系统是否存在大量漏油：漏油包括外漏和内漏，外漏主要因管接头松动，管接头密封破损等，特别是油箱内看不见的管路要特别注意，内漏主要是液压元件（泵、阀、缸）运动副因磨损使配合间隙过大以及系统内部可能有部位被击穿等	可参阅本书的相关内容予以排除，保证有足够的油液提供给液压缸
检查是否溢流阀有故障：例如溢流阀阀芯卡死在打开位置，总是大量油液从溢流阀溢流回油箱，会使进入油缸的流量减少而欠速	排除溢流阀故障
检查油缸内部两腔（工作腔与回油腔）是否串腔：产生液压缸欠速故障的“串腔”较产生液压缸不能动作故障的“串腔”，在程度上要轻微些	查明原因予以排除
检查是否因液压缸别劲产生欠速：这种故障多指液压缸的速度在行程的不同位置下降，速度下降的程度随行程不同而异。多数是由于安装质量不好造成的，别劲使液压缸负载增大，工作压力升高，内泄漏随之增大，泄漏增加多少，速度便会降低多少	可参阅因别劲产生液压缸不动作的类似解决方法予以排除

【故障 3】 液压缸中途速度变慢甚至停下来

一般对长液压缸而言，当缸体孔壁在某一区域内拉伤严重、胀大或磨损严重时，会出现液压缸速度在该区域慢下来（其余位置正常），可修磨液压缸内孔，重配活塞。

【故障 4】 液压缸在行程两端或一端速度急剧下降

为吸收运动活塞的惯性力，使其在液压缸两端进行速度变换时，不致因过大的惯性力产生冲缸振动，常在液压缸两端设置缓冲机构（加节流装置增大背压）。如果缓冲节流调节过度会使缸在缓冲行程内速度变得很慢。如果通过加大缓冲节流阀的开启程度还不能使速度增快，则应适当加大节流孔直径或加大缓冲衬套与缓冲柱塞之间的间隙，不然会导致液压缸两端欠速。

【故障 5】 液压缸产生爬行

爬行是指液压缸在低速运动中，出现一快一慢、一停一跳、时停时走、停止和滑动相互交替的现象。液压缸产生爬行的故障分析与排除见表 3-5。

表 3-5 液压缸产生爬行的故障分析与排除

故障分析	排除方法
检查缸内是否进入空气	如果是油液中混入空气、从液压泵吸进空气，可先排除液压泵进气故障 对新液压缸、修理后的液压缸或设备停机时间过长的液压缸，缸内与管道中均会进入空气，可通过液压缸的放气塞排气，对于未设置专门排气装置的液压缸，可先稍微松动液压缸两端的进、出口管接头，并往复运行数次使液压缸进行排气。从接头位置漏出的油由白浊变为清亮，说明空气已排净，此时可重新拧紧管接头。对用此法也难以排净空气的液缸，可采用加载排气和向缸内灌油排气的方法排除空气

续表

故障分析	排除方法
检查缸内是否进入空气	对缸内会形成负压而易从活塞杆吸入空气的情况，要注意活塞杆密封设计的合理性。例如活塞杆上采用唇形密封（如 Y 形），从唇缘里侧加压，则唇部张开有密封效果，但若缸内变为负压，唇部不能张开，反方向大气压反而压缩使唇部张开，导致空气进入缸内。必要时可增设一反向安装的密封 开机后先让液压缸以最大行程和最大速度运动 10min，迫使气体排出 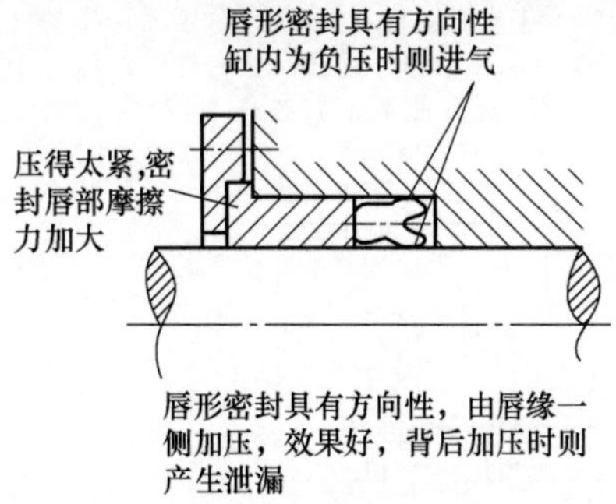 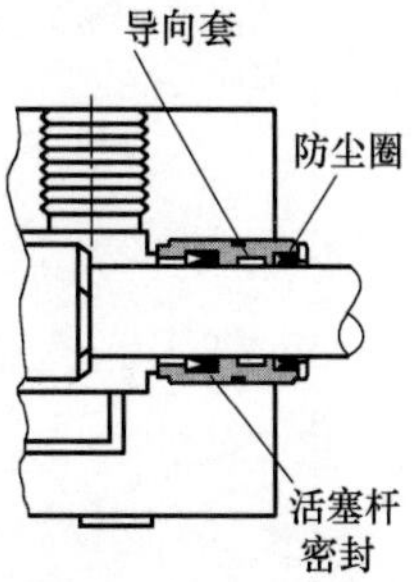 唇形密封具有方向性 缸内为负压时则进气 压得太紧，密封唇部摩擦力加大 唇形密封具有方向性，由唇缘一侧加压，效果好，背后加压时则产生泄漏 导向套 防尘圈 活塞杆密封
检查液压缸是否配合精度差	活塞杆与活塞不同心时校正两者同轴度，活塞杆弯曲时校直活塞杆，活塞杆与导向套采用 H8/f8 的配合，应严格按尺寸标准和质量标准使用正规厂家合格的密封圈，采用 V 形密封圈时，应将密封摩擦力调整到适中程度
检查液压缸是否安装精度差	载荷与活塞杆连接点尽量靠近导轨滑动面；活塞杆轴心线与载荷中心线力求一致；与导轨的接触长度应尽量长些；载荷与液压缸的连接位置应以液压缸的推力不使载荷发生倾斜为准；导向要好，加工精度与装配精度要好，并注意润滑 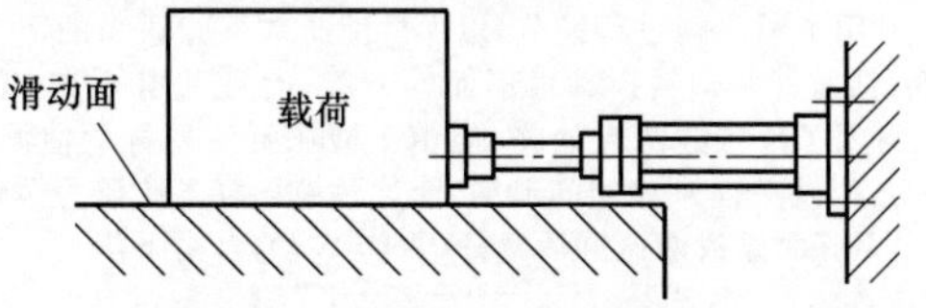 滑动面 载荷 载荷与活塞杆连接点尽量靠近滑动面 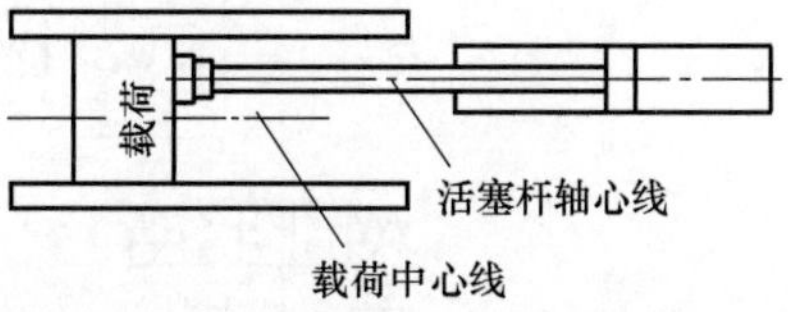 载荷 活塞杆轴心线 载荷中心线 活塞杆轴心线与载荷中心线不重合，会产生一阻力矩，应使两者重合
检查液压缸端盖密封是否压得太紧或太松	调整密封圈使之不紧不松，导向套安装要保证同心，活塞杆能用手（或仅用手锤锤头轻敲）便可来回移动，且活塞杆上稍挂一层油膜
检查是否导轨的制造与装配质量差、润滑不良等	导轨制造与装配质量差、润滑不良等会使摩擦力增加，受力情况不好，出现干摩擦，阻力增大，导致爬行。可采取清洗疏通导轨润滑装置、重新调整润滑压力和润滑流量、在导轨相对运动表面之间涂一层防爬油（如二硫化钼润滑油）等措施，必要时重新铲刮导轨运动副

【故障 6】 液压缸自然行走和自由下落

这一故障是指当发出停止信号或切断运行油路后，液压缸本应停止运动，但它还在缓慢行走，或者在停机后微速下落（每小时下落 1mm 至数毫米），其故障分析与排除见表 3-6。

表 3-6 液压缸自然行走和自由下落的故障分析与排除

故障分析		排除方法
水平安装液压缸的自然行走	在采用O型中位机能的换向阀控制的单杆液压缸的液压回路中，液压缸本应可以在任意位置停止运动，但有时停止后会出现活塞杆自然行走，这是由于换向阀阀芯与阀孔之间因磨损而间隙增大所致。当配合间隙增大后，P腔的压力油通过此间隙泄漏到A腔与B腔，由于阀芯处于中位，封油长度L大致相等，所以A、B两腔产生大致相等的压力，但由于是差动缸，无杆腔(左边)活塞承压面积大于有杆腔活塞承压面积，因而产生的液压力不等，向右的液压力大，所以活塞杆右移。这样又使有杆腔的压力上升使油液通过阀芯间隙泄漏到T腔，更促使活塞向右移动，产生自然行走的故障 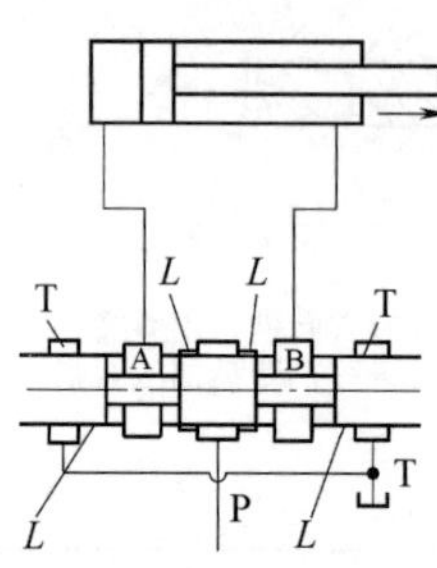 	重新配磨阀芯使间隙减少或使用间隙小、内泄漏小的新阀；另外也可改用Y型中位机能的换向阀(A、B、T连通)，最好是采用密封性能好的锥阀式换向阀
垂直安装液压缸的自由下落	立式注塑机、油压机等的液压缸多为垂直安装，停机后往往出现活塞以每小时或数小时下降数毫米的微速自然下落的故障。这将危及安全，导致损坏塑料模具和机件的事故。 引起立式液压缸自由下落的主要原因还是泄漏。泄漏来自两个方面：一方面是液压缸本身(活塞与缸孔间隙)；另一方面是控制阀。图示的平衡支撑回路，虽然使用了顺序阀进行调节，以保持液压缸下腔适当的压力，支撑重物W(活塞、活塞杆及塑料模具)，不使其下落，而且采用了M型中位机能的换向阀，封闭了液压缸两腔油路，但由于液压缸活塞杆的泄漏和重物W的联合作用，以及单向顺序阀的泄漏，会导致液压缸下腔压力缓慢降低，而出现支撑力不够而导致液压缸活塞杆(重物W)的自由下落 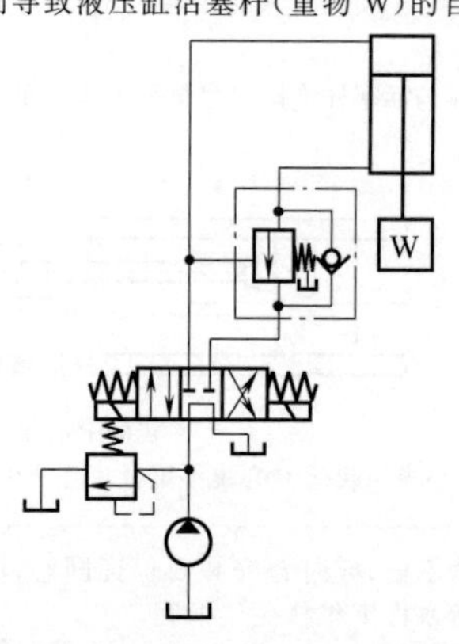 	使产生泄漏的元件(液压缸、控制阀等)尽力减少泄漏，但实际上这些泄漏或多或少不可避免。最好的办法是采用图示的液控单向阀，液控单向阀为座阀式阀，较之圆柱滑阀式的顺序阀，内泄漏小得多。当然，如果液控单向阀的阀芯与阀座之间有污物或因其他原因导致不密合时，同样会引起泄漏，产生自由下落 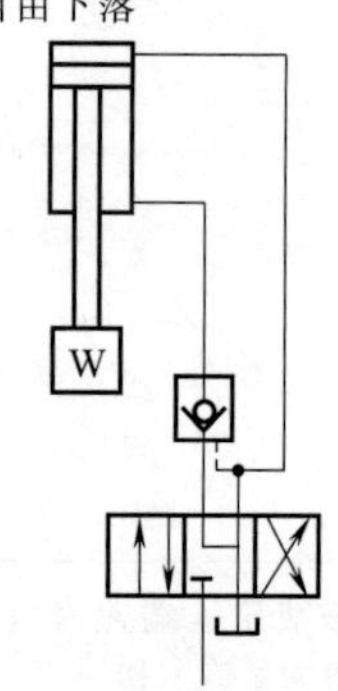

【故障7】 液压缸运行时剧烈振动、噪声大

液压缸运行时剧烈振动、噪声大的故障分析与排除见表3-7。

表 3-7 液压缸运行时剧烈振动、噪声大的故障分析与排除

故障分析	排除方法
液压缸进了空气，会引起噪声、振动和爬行等多种故障	查明进气原因，予以排除
滑动面配合过紧或者拉伤，油膜会被破坏，造成干摩擦，产生噪声(滑动金属面的摩擦声)	立即停车，查明原因，否则可能导致滑动面的烧蚀，酿成更大事故

续表

故障分析	排除方法
V形密封圈被过度压紧，产生摩擦声（较低沉）和振动，防尘密封如L形和U形密封圈压得过紧，滑动面的油膜将被切破而发出异响	适当调节密封圈的松紧度，适当减少调节力，用很细的金相砂纸轻轻打磨密封唇的飞边和活塞杆的外圆面，旋转打磨，不要直线打磨，打磨时注意勿使唇边和活塞杆受伤，否则解决了噪声，引来了漏油。必要时可更换唇边光洁无飞边的密封圈。支承环外径过大要减小
内部泄漏也会产生异响，因缸壁胀大，活塞密封损坏等，压油腔的压力油通过缝隙高速泄往回油腔，常发出“嘶嘶”声	排除液压缸内部泄漏
图示回路中，液压缸下降时产生剧烈振动，并伴有“咔嗒”声。 重物M越过中间位置后，液压缸的负载突然改变（由正值变为负值），在负值负载的作用下高速前进，使A口（或B口）压力下降，甚至可能变成真空，于是液控顺序阀b（或a）关闭，液压缸停止运动，接着A口（或B口）压力又上升，又打开液控顺序阀b（或a），周而复始，造成振动 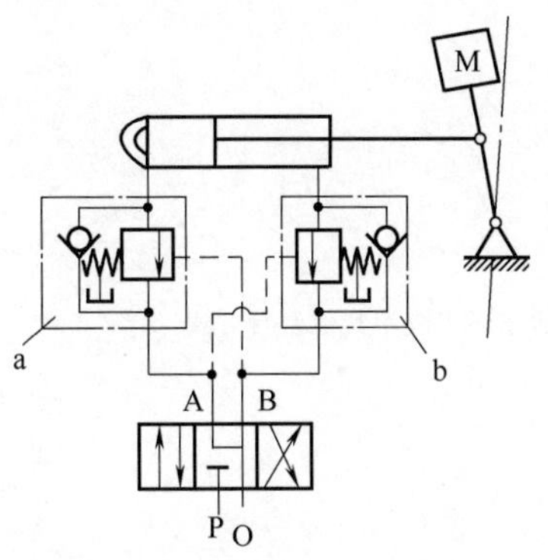	可选用外泄式液控单向阀，而不要使用内泄式液控单向阀。因为液压缸下降时油液经单向阀流回油箱时，节流缝隙（单向阀阀芯开度）将因液压缸活塞下落而减小，p_1 便增大，p_2 也随之增大，控制活塞下落，有可能使单向阀阀芯关闭，液压缸停止下降，背压 p_2（通油箱）也下降，p_2 下降到某值时，控制活塞在压力油作用下又推开单向阀，液压缸又开始下落，产生下落时的振动和“咔嗒”声。采用外泄式液控单向阀，可排除此故障 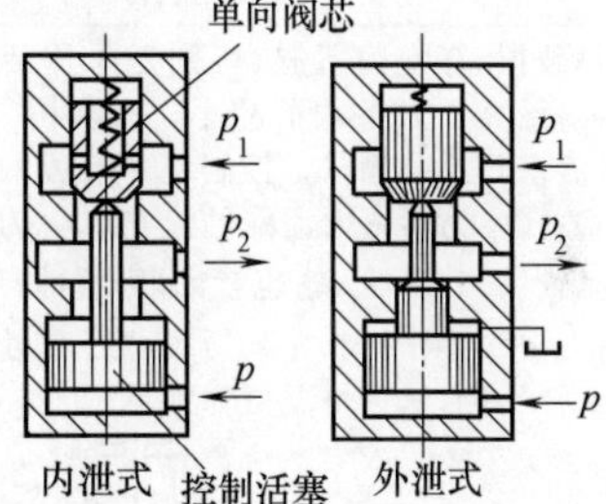 解决系统的振动，可在顺序阀A、B两口各增设一节流阀，用以限制重物M的运动速度，使控制压力维持一定值，保证顺序阀能可靠开启 在有负值负载的液压设备中，为排除此类故障，宜采用回油节流调速，而不应采用进油节流调速。回油节流调速回路中，背压可较大，外加负值负载增大时，此背压也增大，因而液压缸速度稳定，不会出现上述情况

【故障8】 液压缸缓冲作用失灵、缸端冲击

设置缓冲装置的目的是为了防止惯性大的活塞冲击缸盖，一般缓冲柱塞与活塞杆制成一体，由它堵住工作油液（或回油）的主要通路，在与此主通路相并联的回路上装有缓冲调节螺钉（缓冲调节阀）。液压缸缓冲作用失灵、缸端冲击的故障分析与排除见表3-8。

表3-8　液压缸缓冲作用失灵、缸端冲击的故障分析与排除

故障分析	排除方法
缓冲调节阀的开度调得太小	应适当调大缓冲调节阀开口
缓冲柱塞与衬套的间隙太小	磨小缓冲柱塞或加大衬套孔，使配合间隙适当加大 缓冲调节阀　衬套　缓冲衬套　缓冲柱塞　缓冲腔　单向阀

续表

故障分析	排除方法
缓冲调节螺钉未拧入而处于全开状态	重调缓冲调节阀
缓冲装置设计不当，当活塞惯性力大时，如关小缓冲调节阀，则进入缓冲行程瞬间的冲击力就大，如开大缓冲调节阀，冲击力虽下降，但缓冲速度又降不下来	重新设计合理的缓冲装置
缓冲调节阀虽关死，但不能节流，缓冲腔与排油口仍然处于连通，无缓冲作用，原因：单向阀失灵，不能关闭，造成缓冲腔与排油口连通；缓冲调节螺钉因与排油口不同心或者孔口破裂，不与节流锥面密合 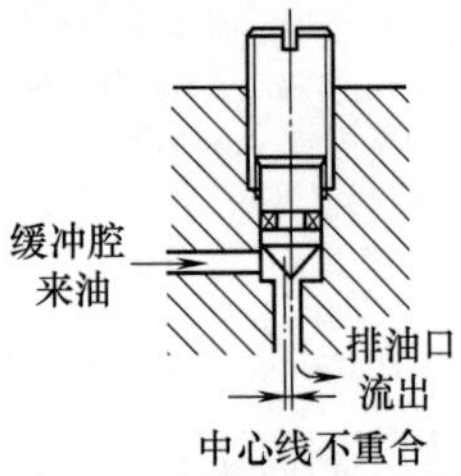 缓冲腔来油 排油口流出 中心线不重合	用修正钻模予以修正，修正后的排油口会比原来孔径大些，所以要加大缓冲调节阀锥面的直径 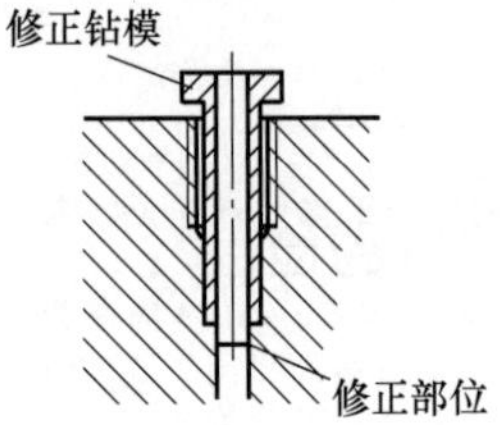 修正钻模 修正部位
液压缸密封破损，存在内泄漏，特别是采用活塞环密封的活塞，内泄漏量大。如果载荷减小，而缓冲腔内背压增高，此时会从活塞环反向泄漏。控制缓冲行程的速度的流量 $Q=Q_1+Q_2$，Q_1 为活塞内泄漏的流量，Q_2 为从缓冲调节阀流出的流量。当 Q_1 大，Q 也就大，则缓冲行程的速度也就大，从而失去缓冲作用。尤其当缓冲行程处于增压作用较大的活塞杆一侧，这种情况更为常见 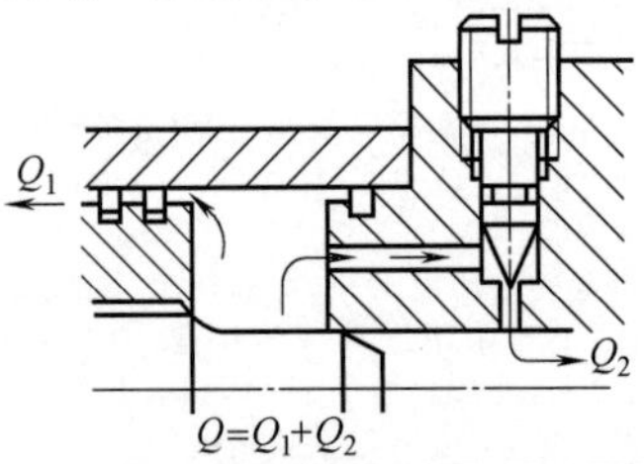 Q_1 Q_2 $Q=Q_1+Q_2$	加多道活塞环或改用其他密封方式
缓冲装置中的单向阀因钢球（阀芯）与阀座之间夹有异物或钢球与阀座密合面划伤而不能密合时，缓冲腔内的油液向排油口排走，而使缓冲失效	排除单向阀故障，使之在缓冲行程中能闭合
缓冲柱塞或衬套（缸盖）上有伤痕或配合过松	此时从缓冲腔流向排油口的流量增加了，使缓冲失效
因活塞杆弯曲倾斜，缓冲柱塞与衬套不同心以及衬套与缸盖孔配合过松等原因，衬套脱落，缓冲失效	设计时需考虑好衬套的受力情况，可用螺钉紧固衬套
加工不良，如缸盖、活塞端面的垂直度不合要求，在全长上活塞与缸筒间隙不匀，缸盖与缸筒不同轴，活塞与螺母端面垂直度不合要求造成活塞杆挠曲等	仔细检查每个零件，不合格的零件不允许使用
装配不良，如缓冲柱塞与缓冲衬套相配合的孔有偏心或倾斜等	重新装配，确保质量

【故障 9】 液压缸外泄漏

液压缸外泄漏的故障分析与排除见表 3-9。

表 3-9 液压缸外泄漏的故障分析与排除

故障分析	排除方法
密封件装配时，往往要经过螺纹、花键、键槽与锐边等位置，稍不注意便容易造成密封唇部被尖角切破	采取合适的装配方法和一些专用装配工具，避免切破密封唇部
液压缸装配时端盖装偏，活塞杆与缸筒不同心，使活塞杆伸出困难，加速密封件磨损	拆开检查，重新装配

续表

故障分析	排除方法
密封件错装或漏装	正确安装密封件
密封压盖未装好，不能压紧，如压盖安装有偏差，紧固螺钉受力不匀，紧固螺钉过长等	按对角顺序拧紧各螺钉，拧紧力各螺钉要均匀一致，按螺孔深度合理选配螺钉长度
当反复更换新密封圈均解决不了漏油问题时可能是密封件本身质量有问题	应确认密封圈是否是正规厂家的产品，密封材质尺寸有否问题，密封件是否保管不善自然老化变质
检查密封部位的加工质量是否符合要求，如沟槽尺寸及精度、密封表面粗糙度、倒角等	应按有关标准设计加工沟槽尺寸，不符合要求的要修正到要求的尺寸，并去毛刺
检查密封件的使用条件，如油液清洁度、黏度、油温、周围环境温度等	更换适宜的干净油液，查明温升原因，采取隔热措施，设置油冷却装置等

六、液压缸的检查

液压缸各部分拆卸后，应检查下述重要部位，以确定哪些零件可以再用，哪些需要经修理后再用，哪些应予以更换。

1. 缸体（缸筒）的检查

缸筒应检查的项目如下。

① 缸孔的尺寸及公差（一般为H8或H9，活塞环密封时为H7，间隙密封时为H6）。

② 缸孔表面粗糙度$Ra0.2\sim0.8\mu m$。

③ 缸孔的圆度与圆柱度误差应小于直径尺寸公差的1/3～1/2。

④ 缸孔轴线直线度误差为500mm长度上不大于0.03mm。

⑤ 缸筒端面对轴线的垂直度误差在100mm直径上不大于0.04mm。

⑥ 耳环式液压缸耳环孔的轴线对缸筒轴线的位置度误差为0.03mm，垂直度误差在100mm长度上不大于0.1mm。

⑦ 轴耳式液压缸的轴耳轴线与缸筒轴线的位置度误差不大于0.1mm，垂直度误差在100mm长度上不大于0.1mm。

⑧ 检查缸孔表面伤痕。

对于内孔拉毛、局部磨损及因冷却液进入缸孔内而产生的锈斑，或者出现的较浅沟纹，即使是较深线状沟纹，但此沟纹是圆周方向而非轴向长直槽形，均可用极细的金相砂纸或精油石砂磨，或者进行抛光（图3-10）。但如果是轴向较深的长沟槽，深度大于0.1mm且长度超过100mm，则应镗削或珩磨内孔，并研磨内孔。不具备此修理条件时，也可先除去油污，用银焊补缺。也可购置精密冷拔无缝钢管，可以直接用来作缸筒，无需加工内孔。

2. 液压缸活塞杆的检查

活塞杆应检查的项目如下。

① 活塞杆外径尺寸公差为f7～f9。

② 与活塞内孔的配合为H7/f8。

③ 外圆的表面粗糙度为$Ra0.32\mu m$左右。

④ 活塞杆外径各台阶及密封沟槽的同轴度允差为0.02mm。

⑤ 活塞杆外径圆度及圆柱度误差不大于尺寸公差的1/2。

⑥ 检查螺纹及各圆柱表面的拉伤情况。

⑦ 检查镀铬层的剥落情况。

⑧ 检查弯曲情况（直线度不大于0.02mm/100mm）。

活塞杆的修理视以下情况而定。

① 径向的局部拉痕和轻度伤痕，对漏油无多大影响，可先用手锤轻轻敲打，消除凸起部分，再用细砂布或油石砂磨（图 3-11），再用氧化铬抛光膏抛光。当轴向拉痕较深或者超过镀铬层时，必须先磨去（磨床）镀铬层后再电镀修复或重新加工，中心孔破坏时，磨前先修正中心孔。镀铬层单边厚度为 0.05～0.08mm，然后精磨去 0.02～0.03mm，保留 0.03～0.05mm 厚的硬铬层，最好采用尺寸镀铬法，即直接镀成尺寸，不再磨削，抛光便可，这样更能确保镀铬层不易脱落。

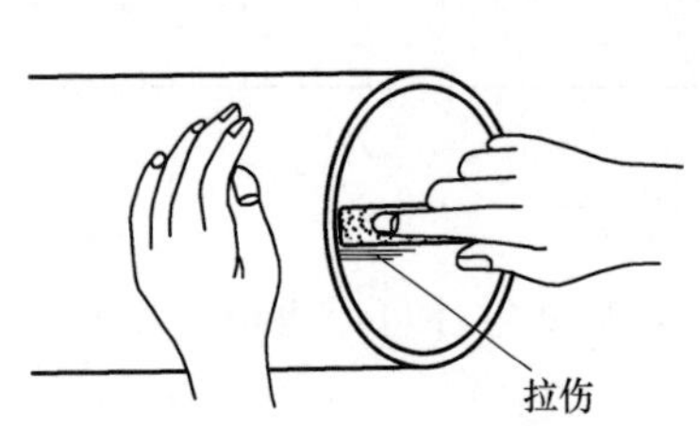

图 3-10　缸筒的修理

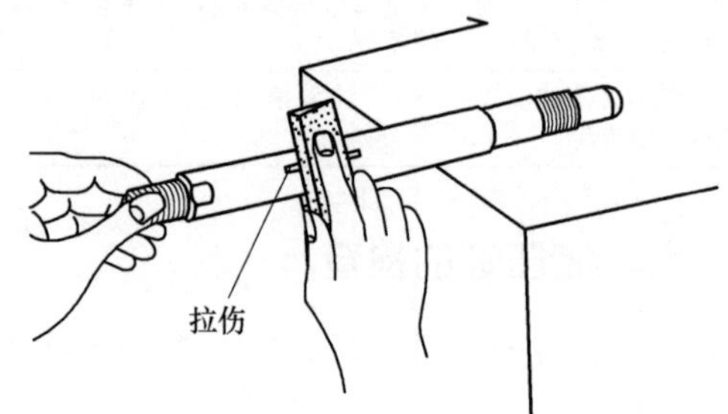

图 3-11　活塞杆的修理

② 活塞杆可用不同材料制造，重新加工时一般可选用 45、40Cr、35CrMo 等材料，并在粗加工后进行调质，根据需要可进行高频淬火。除前述各项精度指标外，一般活塞杆外径对轴线的径向跳动不大于 0.02mm，活塞杆装活塞处的台肩端面对轴线的垂直度误差不大于 0.04mm。

③ 活塞杆弯曲时，可在校直机上进行校直，也可用手压机人工校直。

④ 活塞杆与活塞的同轴度超差时，如果是活塞杆本身的精度问题，则应更换。一般为保证活塞杆与活塞的同轴度，两者要先装配成一体后再进行精加工。

3. 液压缸导向套的检查

导向套应检查的项目如下。

① 检查内孔尺寸公差（为 H8 左右）。

② 检查外径尺寸。

③ 检查内孔磨损情况。

导向套修理时，一般宜更换。但轻度磨损（在 0.1mm 以内时）可不更换，只需用金相砂纸砂磨拉毛部位。对水平安装的液压缸，导向套一般是下端的单边磨损，磨损不太严重时，可将导向套旋转一个位置（如 180°）重新装配后再用。

4. 活塞的检查

活塞应检查的项目如下。

① 活塞外径尺寸及公差为 f7～f9。

② 活塞外圆表面粗糙度值不高于 $Ra0.32\mu m$。

③ 活塞外径和内孔的圆度、圆柱度误差不大于尺寸公差的 1/2。

④ 活塞端面对轴线的垂直度误差不大于 0.04mm。

⑤ 密封沟槽与活塞内孔及外圆的同轴度误差不大于 0.02mm。

⑥ 检查活塞的磨损拉毛情况。

间隙密封形式的活塞，磨损后需更换。装有密封圈的活塞可放宽磨损尺寸极限。活塞装在活塞杆上时，两者同轴度误差不大于活塞直径公差的 1/2，活塞与缸孔配合一般选用 H8/f7 为好。一般修理时更换活塞时外径的精加工应在与活塞杆配装后一起磨削。

5. 拆检液压缸时密封的处理

油缸修理时，原则上所有的密封应全部换新，换新前应先查明原来的密封破损原因，以免再次由于同样原因损坏密封。

七、液压缸几种实用的修理方法

1. 电刷镀结合钎焊修复拉伤液压缸

(1) 清理油污　将活塞杆固定在工作台上，用金属清洗剂洗掉工件表面的油污，用三角刮刀或其他合适的工具彻底刮掉工件上被拉伤沟槽内的油污和杂质；用丙酮将液压缸内表面擦洗干净，再用电净液进行电化学清洗，电压为 12～15V，工件接负极，清污时间为 60～90s，电化学清洗后，用清水冲洗干净。

(2) 活化　用 2 号活化液进行电化学除污，目的是清除工件上的氧化物，工件接正极，电压为 10～12V，时间控制为 40～60s，待工件呈黑色或灰黑色时再用清水冲洗干净，然后用活化液进行电化学清洗，目的是彻底清除工件组织中的杂质，工件接正极，电压为 16～20V，时间为 50～90s，待工件表面呈银白色后，再用清水冲洗干净。

(3) 闪镀快速镍　在处理好的工件表面闪镀快速镍，电压为 18V，工件接负极，镀笔快速摆动；闪镀 3～5s 后，待机件表面出现淡黄色的镀层时将电压降至 12V，刷镀速度为 9～11m/min，继续刷镀，当快速镍镀层厚度达到 1～3μm 时，用清水冲洗干净。

(4) 刷镀碱铜层　快速镍层镀好后，再刷镀碱铜层。刷镀碱铜层时，电压为 6～8V，工件接负极，刷镀速度为 9～14m/min，待碱铜层厚度增至 20～50μm 后，用清水冲洗干净。

(5) 钎焊合金　将刷镀好的工件表面用净绸布擦干，在需焊补的部位涂氧化锌焊剂，再用 300～500W 电烙铁将钎焊合金依次焊补到拉伤的部位，直至要求的尺寸，然后用刮刀刮削钎焊合金层至所需形状，再用油石将其打磨光滑。

(6) 清洗　用电净液清洗刮削后的钎焊层表面，并清除油污与杂质；用 2 号活化液清除其表面的氧化物，电化学清洗的时间要严格控制，以防合金表面变黑；用 3 号活化液清除杂质，再进行钎焊表面碱铜层的快速热刷镀。

(7) 再次刷镀　目的是增强钎焊表面的强度，刷镀电压为 6～8V，机件接负极，刷镀速度为 9～14m/min，碱铜层厚度为 30～50μm，用清水清洗后再刷镀快速镍，刷镀电压为 12V，机件接负极，刷镀速度为 9m/min，快速镍镀层厚度达 60μm 时，用清水冲洗机件，并用净绸布擦干后即可装配使用。

2. 柱塞缸的修复

(1) 柱塞的修复　工艺流程：拆卸→校直→磨外圆→除油、除锈→镀铁→镀铬→磨外圆至尺寸（表面粗糙度为 Ra1.6μm）→质检→装配。

(2) 缸体的修复　由于柱塞缸缸体孔与柱塞相配长度不长，因而可用镶嵌衬套的方法修复。衬套选用耐磨材料，如锡青铜、耐磨铸铁、不锈钢等。工艺流程：拆卸→两端分别平头倒内、外角→粗镗缸体孔（与衬套保证为轻压配）→镶套→镗衬套内孔，滚压至尺寸（与柱塞滑配，表面粗糙度为 Ra0.8μm）→质检→装配。

3. FJY 电刷镀修复活塞杆

对于在工作现场出现的点坑破坏、电击伤破坏、碰伤破坏等深度大（毫米级）、面积小的局部损坏（图 3-12）的修复，不适合采用电镀方法修复。FJY 系列快速超厚电刷镀修复技术是解决这类问题的最佳选择。工艺流程：机械整形→电净→水洗→去氧化膜（活化处理）→铬面活化→铬面底镍→水洗→高速厚铜填坑→机械修磨→电净→水洗→铬面活化→铬面底镍→水洗→刷镀耐磨面层→水洗→机械修磨→表面抛光。

（1）机械整形　用电动磨头打磨待修部位至弧形平滑过渡，保证镀笔能够接触到凹坑的底部（图 3-13）。

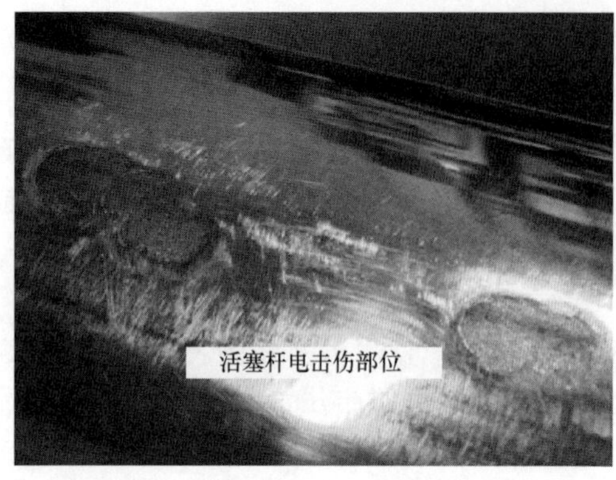

图 3-12　局部损坏

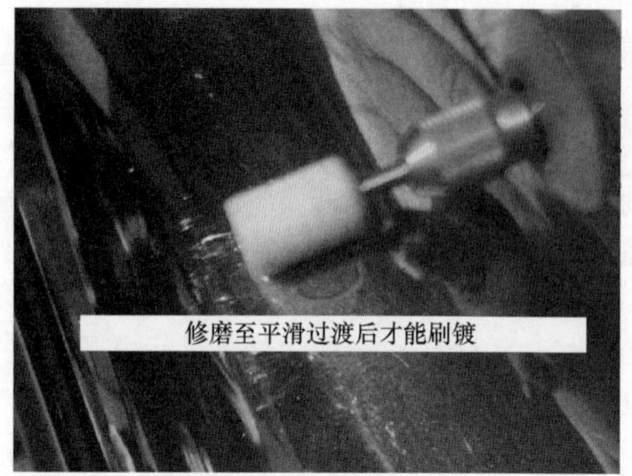

图 3-13　机械整形

（2）电净　其作用是除去工件表面的油污。为了防止油污污染镀液，镀液可能流过的地方都应进行电净处理。电净的面积可以大一些，可以进行两次以上电净操作，确保经过此步骤后，工件上的油污彻底除去。

（3）铬面活化　活塞杆的材质多为经调质处理的碳素结构钢。一般用 2 号活化液和 3 号活化液去除其表面的氧化膜、渗碳体和游离碳（过饱和碳）。用 FJY 全能铬面活化液去除镀铬层表面的氧化膜。如果不用铬面活化液处理镀铬面，铬面上的镀层与镀铬层结合不牢，镀后修磨时难以实现平滑过渡，使用时毛糙的边界会刮伤油封。

（4）铬面底镍　其作用是在修复部位刷镀出结合牢固的底层，铬面底镍的时间不宜太长，以施镀面呈均匀的亮白色为宜。如果底层呈灰色（或暗灰色），应磨去底层，重新进行镀前处理和铬面底镍工序。

（5）高速厚铜填坑　活塞杆的局部破坏深度一般在 0.5～3mm 之间，用 FJY 系列快速超厚高堆积厚铜填坑，刷镀时间 0.5～1h（一般情况下，1mm 的深度可在 15～20min 内填平）。图 3-14 所示为高速厚铜填坑照片。

（6）机械修磨　用仿形磨具修磨刷镀面，按照由粗到细的顺序修磨至平滑过渡并符合公差要求。

图 3-14　高速厚铜填坑

图 3-15　修复后的活塞杆

(7) 刷镀耐磨面层 其目的是为了提高表面硬度和耐腐蚀性，一般选用镍及其合金作面层。因面层是覆盖在铜层和铬层之上的，所以在刷镀面层之前，仍需进行铬面活化、铬面底镍工序。

(8) 表面抛光 其作用是精修刷镀面，用细砂纸蘸抛光膏抛磨刷镀面，使表面呈现镜面光泽。表面抛光有双重作用，其一是提高密封性能，其二是防止磨伤油封。

图 3-15 所示为修复后的活塞杆。

采用 FJY 系列电刷镀修复工艺现场修复镀铬活塞杆局部损伤，可以克服其他修复方法存在的种种困难，修复后工件的使用寿命与新件相当。这是一种修复成本低、操作简便、生产效率高的新型维修方法，该技术特别适合修复镀铬零部件的局部缺陷。

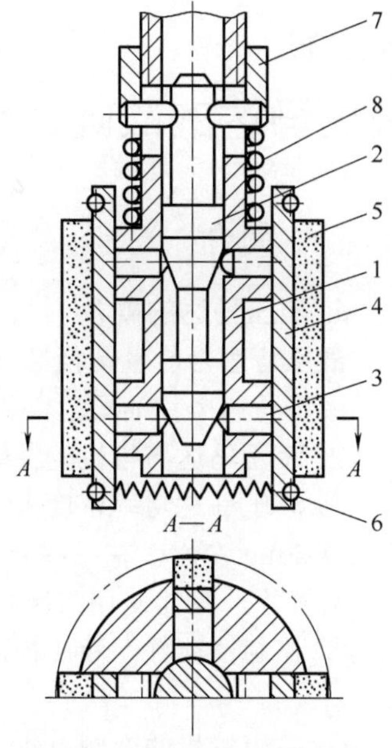

图 3-16 机械扩张式珩磨头

1—本体；2—调节锥；3—顶块；4—磨条座；5—磨条；6—弹簧箍；7—旋转螺母；8—压力弹簧

4. 缸体孔的珩磨修复

采用珩磨修复缸体孔，使用珩磨头。珩磨头的结构分为机械扩张式与液压扩张式两大类，图 3-16 所示为机械扩张式，图 3-17 所示为液压扩张式。图 3-16 中，本体 1 通过浮动联轴器和机床主轴连接，磨条 5 用粘接剂和磨条座 4 固结在一起装入本体 1 的槽中，磨条座两端由弹簧箍 6 箍住，珩磨头工作尺寸的调节依靠调节锥 2 实现。当旋转螺母 7 向下时，推动调节锥向下移动，通过顶块 3 使磨条径向张开，当磨条与孔表面接触后，继续旋转螺母 7 便可获得工作压力；反之螺母 7 向上时，压力弹簧 8 便把调整锥向上移，磨条因弹簧箍 6 而收缩。图 3-17 中，油石的胀缩由调节的液压压力大小而定，其他同机械扩张式珩磨头。

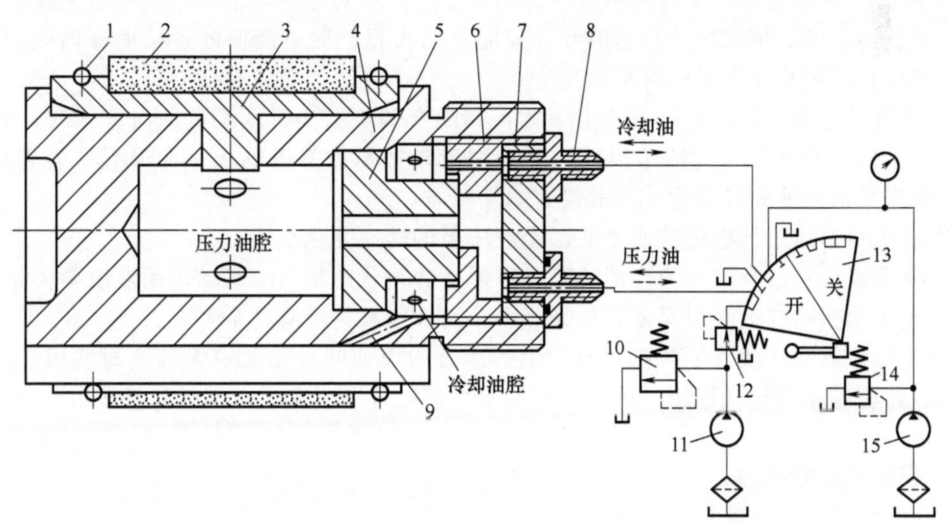

图 3-17 液压扩张式珩磨头

1—弹簧卡座；2—油石；3—油石座；4—本体；5—隔油套；6—导流板；7—连接板；8—管接头；9—通油孔；10—溢流阀；11—泵；12—减压阀；13—换向阀；14—冷却泵安全阀；15—冷却泵

第二节 液压马达的故障诊断与维修

一、简介

1. 液压马达的概念

液压马达是能量转换装置，将液压泵提供的液体的压力能转变为机械能，输出旋转运动。液压马达也称油马达，与液压缸一起，构成液压系统的执行元件。

2. 液压马达与电机的性能比较

① 液压马达功率密度大。如 60kW 的电机重量为 500～600kg，而 60kW 的液压马达重量只有 50kg 左右。在一些要求结构紧凑又无电源的场合，如吊机的卷扬装置、工程机械的行走装置等，只能使用液压马达；

② 控制性能好。液压控制可以使液压马达实现无级变速，响应速度快，这点比电机好很多。

③ 采用较贵的变频电机或伺服电机变速，变速范围小，而液压马达可轻松地从每分钟数百转变到每分钟不到一转，省去了机械变速装置。

3. 液压泵和液压马达的结构比较

液压泵在原动机驱动下旋转，输入转矩和转速（即机械能），输出一定流量的压力油（即液压能）。液压马达则相反，是在一定流量的压力油推动下旋转，而输出转矩和转速，即将液压能转换成机械能。从结构原理上讲，液压泵和液压马达可互换使用，这称为液压泵和液压马达的可逆性。但事实上，由于使用目的不一样，对结构的要求有如下差异。

① 液压泵的吸油腔压力一般为局部真空，为改善吸油性能和增加抗汽蚀能力，通常把吸油口做得比排油口大，而液压马达的排油腔压力高于大气压力，所以没有上述要求。

② 液压马达需要正、反转，所以内部结构上应具有对称性，而液压泵一般是单向旋转，可不考虑上述要求。例如叶片马达的叶片只能径向布置，而不能像叶片泵那样前倾或后倾，轴向柱塞马达的配流盘要采用对称结构等。

③ 液压马达由于其转速范围要求很宽，在确定轴承结构形式及其润滑方式时，要保证其能正常工作，当液压马达转速很低时要选用滚动轴承或静压轴承，否则不易形成润滑油膜，而液压泵的转速高且变化小，故没有这个要求。

④ 液压马达的最低稳定转速要低，而液压泵的转速变化很小。

⑤ 要求液压马达有较大的启动转矩，以便从静止状态带负荷启动，而液压泵无此要求。

⑥ 液压泵在结构上必须保证有自吸能力，而液压马达没有这个要求。

⑦ 叶片泵靠叶片随转子高速旋转产生的离心力而使叶片贴紧定子起密封使用，形成工作容腔。若将它作液压马达用，因启动时没有力使叶片贴紧定子，不起密封作用，马达无法启动。

4. 液压马达的启动

启动液压马达时应注意以下两点。

① 启动液压马达前，壳体要注满油。壳体始终要充满油，提供内部润滑，否则将会损坏液压马达。

② 壳体泄油管必须不受节流，并且从泄油口直接连到油箱，使壳体保持充满油液。泄油管的配管必须避免虹吸现象，泄油管要插入油箱液面以下，其他管路不得与泄油管连接。

二、液压马达的分类

1. 按结构形式分

液压马达按结构形式分为齿轮马达（包括外啮合渐开线齿轮马达和内啮合摆线齿轮马达等）、叶片马达（包括单作用和双作用等）、柱塞马达（包括轴向柱塞马达和径向柱塞马达等）。

2. 按工作速度范围分

液压马达按工作速度范围分为高速马达、中速马达和低速马达。高速马达主要有齿轮马达、早期的叶片马达，中速马达有摆线马达，低速马达有曲柄连杆马达、轴向柱塞马达、径向柱塞马达与内曲线多作用柱塞马达。由于高速马达输出转矩较小，故又称高速小转矩马达。通常低速液压马达的输出转矩较大，可达几千牛米甚至几万牛米，故又称低速大转矩马达。

一般高速马达的优点是转动惯量小，便于启动、换向和制动，而低速马达具有较好的低速稳定性，较高的启动机械效率，可以直接和工作机构相连，省去变速装置，大大简化机器的传动装置，广泛应用在重载高压系统中，缺点是转动惯量大，制动较困难。

3. 按作用次数分

液压马达按作用次数分为单作用马达和多作用马达。单作用马达主要包括齿轮马达、偏心叶片马达、轴向柱塞马达、曲柄连杆马达。单作用马达结构较简单，工艺性较好，造价低，但在相同性能参数下，比多作用马达结构尺寸稍大，输出转速脉动较大，低速稳定性能差，难以实现完全的液压平衡，使轴承载荷加大，有关表面磨损增加。多作用马达主要包括叶片马达和内曲线径向柱塞马达，结构比较复杂，个别零件加工比较困难，需要较好的钢材，因而造价高，只要结构参数选取合理，可使液压马达的转速无脉动，从而使低速稳定性能好，由于转子的径向力能够实现完全平衡，因而启动机械效率较高。

4. 按排量是否可调分

液压马达按排量是否可调分为定量马达和变量马达。

三、液压马达的名词术语与主要参数

1. 液压马达的名词术语

（1）工作压力　输入马达油液的实际压力，其大小决定于马达的负载。

（2）额定压力　按试验标准规定，使马达连续正常工作的最高压力。

（3）压差　马达进口压力与出口压力的差值。

（4）背压　液压马达的出口压力称为背压，为保证液压马达运转的平稳性，一般液压马达的背压取0.5～1MPa。

（5）排量、流量　液压马达的排量、理论流量、实际流量、额定流量及泄漏量的定义与液压泵类似，所不同的是指进入液压马达的液体体积，不计泄漏时的流量称理论流量，考虑泄漏流量为实际流量。

（6）液压马达的启动性能　主要由启动转矩和启动机械效率来描述。启动转矩是指液压马达由静止状态启动时其轴上所能输出的转矩。启动转矩通常小于同一工作压差时处于运行状态下所输出的转矩。启动机械效率是指液压马达由静止状态启动时实际输出的转矩与它在同一工作压差时的理论转矩之比。

启动转矩和启动机械效率的大小，除与摩擦转矩有关外，还受转矩脉动性的影响，当输出轴处于不同相位时，其启动转矩的大小稍有差别。

（7）最低稳定转速　液压马达在额定负载下，不出现爬行现象的最低转速。液压马达的最低稳定转速除与结构形式、排量大小、加工装配质量有关外，还与泄漏量的稳定性及工作压差有关。一般希望最低稳定转速越小越好，这样可以扩大液压马达的变速范围。

（8）液压马达的制动性能　当液压马达用来起吊重物或驱动车轮时，为了防止在停车时重物下落或车轮在斜坡上自行下滑，对其制动性要有一定的要求。

制动性能一般用额定转矩下切断液压马达的进、出油口后，因负载转矩变为主动转矩使液压马达处于泵工况，出口油液转为高压油液，由此向外泄漏导致马达缓慢转动的滑转值予以评定。

（9）液压马达的工作平稳性及噪声　液压马达的工作平稳性用理论转矩的不均匀系数 $\delta_M=(T_{tmax}-T_{tmin})/T_t$ 评价。不均匀系数除与液压马达的结构形式有关外，还取决于马达的工作条件和负载的性质。与液压泵相同，液压马达的噪声也分为机械噪声和液压噪声。为降低噪声，除设计时要注意外，使用时也要重视。

2. 液压马达的主要参数与计算

（1）转速和容积效率　液压马达在其排量 V_M 一定时，其理论转速 n_t 取决于进入马达的流量 q_t，即

$$n_t=\frac{q_t}{V_M}$$

由于马达实际工作时存在泄漏，并不是所有进入液压马达的液体都推动液压马达做功，一小部分液体因泄漏损失掉了，所以计算实际转速时必须考虑马达的容积效率 η_{Mv}，当液压马达的泄漏流量为 q_l 时，则输入马达的实际流量为 $q_M=q_t+q_l$，液压马达的容积效率定义为理论流量 q_t 与实际输入流量 q_M 之比，即

$$\eta_{Mv}=\frac{q_t}{q_M}=\frac{q_M-q_l}{q_M}=1-\frac{q_l}{q_M}$$

则马达实际输出转速 n_M 为

$$n_M=\frac{q_M-q_l}{V_M}=\frac{q_M\eta_{Mv}}{V_M}$$

（2）转矩和机械效率　由于马达实际存在机械损失而产生损失转矩 ΔT，使实际转矩 T 比理论转矩 T_t 小，马达的机械效率 η_{Mm} 为马达的实际输出转矩与理论输出转矩的比。

设马达的进、出口压差为 Δp，排量为 V_M，不考虑功率损失，则液压马达输入液压功率等于输出机械功率，即

$$\Delta p q_t=T_t\omega_t$$

因为 $q_t=V_M n_t$，$\omega_t=2\pi n_t$，所以马达的理论转矩 T_t 为

$$T_t=\frac{\Delta p V_M}{2\pi}$$

上式称为液压转矩公式。显然，根据液压马达排量 V_M 可以计算在给定压力下马达的理论转矩，也可以计算在给定负载转矩下马达的工作压力。

由于马达实际工作时存在机械摩擦损失，计算实际输出转矩 T 时，必须考虑马达的机械效率 η_{Mm}。当液压马达的转矩损失为 ΔT 时，则马达的实际输出转矩为 $T=T_t-\Delta T$。液压马达的机械效率定义为实际输出转矩 T 与理论转矩 T_t 之比，即

$$\eta_{Mm}=\frac{T}{T_t}=\frac{T_t-\Delta T}{T_t}=1-\frac{\Delta T}{T_t}$$

（3）功率与总效率　液压马达的实际输入功率 P_{Mi} 为进入液压马达的实际流量 q_M 与液

压马达进口压力 p_M的乘积，即

$$P_{Mi}=p_M q_M$$

液压马达的实际输出功率 P_{Mo} 等于液压马达的实际输出转矩 T_M 与输出角速度 ω_M 的乘积，即

$$P_{Mo}=T_M\omega_M=2\pi n_M T_M$$

液压马达的总效率 η_M 为实际输出功率与实际输入功率的比值，即

$$\eta_M=\frac{P_{Mo}}{P_{Mi}}=\frac{2\pi n_M T_M}{p_M q_M}=\eta_{Mm}\eta_{Mv}$$

由上式可知，液压马达的总效率等于机械效率与容积效率的乘积，这一点与液压泵相同，但必须注意，液压马达的机械效率、容积效率的定义与液压泵的机械效率、容积效率的定义是有区别的。

3. 技术性能参数比较

常用液压马达技术性能参数比较见表 3-10。

表 3-10 常用液压马达技术性能参数比较

项目	排量范围/(mL/r)		压力/MPa		转速范围/(r/min)	总效率/%	噪声	价格
	最小	最大	额定	最高				
外啮合齿轮马达	5.2	160	16～20	20～25	150～2500	85～94	较大	最低
内啮合摆线转子马达	80	1250	14	20	10～800	76	较小	低
双作用叶片马达	50	220	16	25	100～2000	75	较小	低
单斜盘轴向柱塞马达	2.5	560	31.5	40	100～3000	90	大	较高
斜轴式轴向柱塞马达	2.5	3600	31.5	40	100～4000	90	较大	高
钢球柱塞马达	250	600	16	25	10～300	90	较小	中
双斜盘轴向柱塞马达			20.5	24	5～290	91	较小	高
单作用曲柄连杆径向柱塞马达	188	6800	25	29.3	3～500	90	较小	较高
单作用无连杆型径向柱塞马达	360	5500	17.5	28.5	3～750	90	较小	较高
多作用内曲线滚柱柱塞传力径向柱塞马达	215	12500	30	40	1～310	90	较小	高
多作用内曲线钢球柱塞传力径向柱塞马达	64	10000	16～20	20～25	3～1000	>85	较小	较高
多作用内曲线横梁传力径向柱塞马达	1000	40000	25	31.5	1～125	90	较小	高
多作用内曲线滚轮传力径向柱塞马达	8890	150774	30	35	1～70	90	较小	高

四、齿轮马达的故障诊断与维修

1. 齿轮马达的工作原理

齿轮马达可输出转矩和旋转运动，其工作原理如图 3-18 所示，两个相互啮合的齿轮中心分别为 O 和 O'，啮合点半径为 R_C 和 R'_C，中心为 O 的齿轮连接带负载的输出轴。高压油 p_1 进入齿轮马达的进油腔，作用在进油腔两齿轮的齿面上，回油腔的低压油 p_2 也作用在回油腔两齿轮的齿面上，p_1 远大于 p_2，在两合转矩 T_1 与 T_2 的作用下，齿轮马达可连续地旋转，并输出转矩。

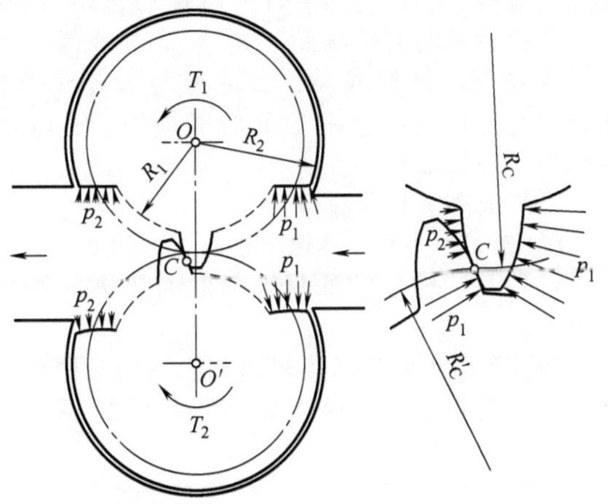

图 3-18 齿轮马达的工作原理

2. 齿轮马达的外观与结构

(1) 外观　维修时为了在设备上迅速找到齿轮马达，要知晓齿轮马达的外观，其外观如图 3-19 所示。

(2) 结构　如图 3-20 所示，齿轮马达在结构上与齿轮泵非常相似，但齿轮马达为了适应正、反转要求，进、出油口具有对称性，两个油口均要通压力油，因而不能像齿轮泵那样将泄油通过内泄油道引到吸油腔去（内泄式），而应有单独外泄油口将各部位的泄油引出壳体。为了减少启动摩擦转矩，采用滚动轴承；为了减少转矩脉动，齿轮马达的齿数比齿轮泵的齿数要多。

图 3-19　齿轮马达的外观

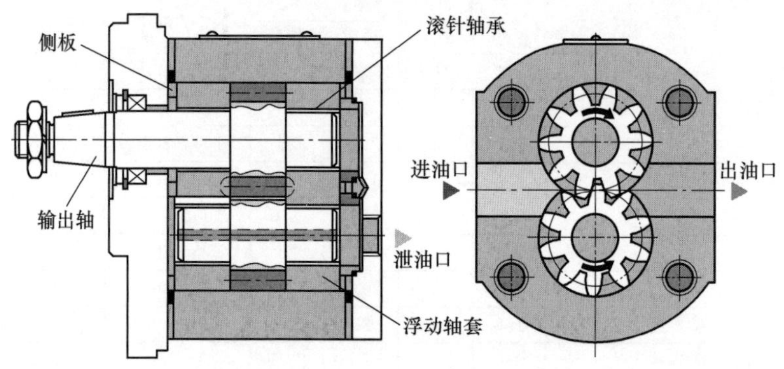

图 3-20　齿轮马达的结构

3. 齿轮马达的故障分析与排除

(1) 易出故障的零件及其部位　齿轮马达易出故障的零件有（图 3-21、图 3-22）齿轮轴、侧板、壳体、盖板、轴承与油封等。齿轮马达易出的故障：长、短齿轮轴的齿轮端面（如 A 面和 B 面）和轴颈的磨损拉伤；侧板或前、后盖板与齿轮贴合面（Z 面）的磨损拉伤；壳体 C 面的磨损拉伤；轴承磨损或破损；油封破损等。

(2) 故障分析与排除

【故障 1】 齿轮马达输出轴油封处漏油

齿轮马达输出轴油封处漏油的故障分析与排除见表 3-11。

【故障 2】 齿轮马达转速和输出转矩降低

齿轮马达转速和输出转矩降低的故障分析与排除见表 3-12。

【故障 3】 齿轮马达噪声过大并伴有振动和发热

齿轮马达噪声过大并伴有振动和发热的故障分析与排除见表 3-13。

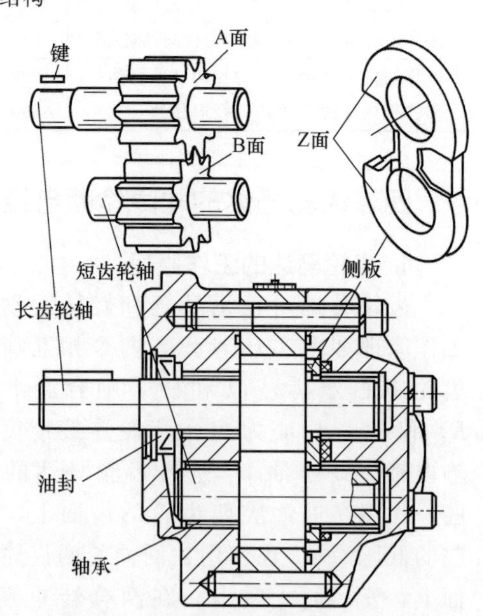

图 3-21　国产 GM5 型齿轮马达结构与易出故障的零件

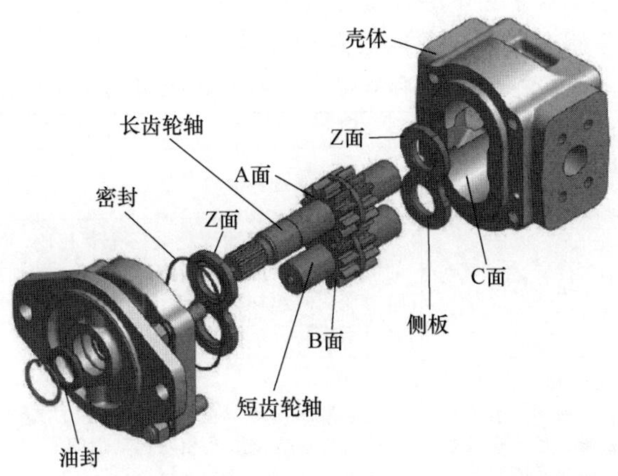

图 3-22　美国派克公司 PGM 齿轮马达立体分解图

表 3-11　齿轮马达输出轴油封处漏油的故障分析与排除

故障分析	排除方法
检查与泄油口连接的泄油管内是否背压太大，如泄油管通路因污物堵塞或设计过小、弯曲太多时，要予以处置	使泄油管畅通，且泄油管要单独引回油箱，而不要与液压马达回油管或其他回油管共用，油封应选用能承受一定背压的
检查马达轴回转油封是否破损或安装不好，油封破损或安装时箍紧弹簧脱落会漏油	研磨抛光马达轴，更换新油封

表 3-12　齿轮马达转速和输出转矩降低的故障分析与排除

故障分析	排除方法
齿轮马达侧板的 Z 面或主、从动齿轮的端面（A 面与 B 面）磨损拉伤，造成高、低压腔之间的内泄漏量大，甚至串腔	根据情况研磨或平磨修理侧板与主、从动齿轮接触面，可先磨去侧板、两齿轮拉毛拉伤部位，然后研磨，并将马达壳体端面也磨至相应尺寸，以保证轴向装配间隙
齿轮马达径向间隙超差，齿顶圆与壳体孔间隙太大，或者磨损严重	根据情况更换主、从动齿轮
液压泵因磨损使径向、轴向间隙增大，或者液压泵电机与功率不匹配等，造成输出油量不足，进入齿轮马达的流量减少	排除液压泵供油量不足的故障，例如清洗过滤器，修复液压泵，保证合理的间隙，更换能满足转速和功率要求的电机等
液压系统调压阀（如溢流阀）调压失灵，压力上不去，各控制阀内泄漏量大等，造成进入液压马达的流量和压力不够	排除各控制阀的故障，特别是溢流阀，应检查调压失灵的原因，并有针对性地排除
油液温度高，油液黏度过小，致使液压系统各部内泄漏量大	选用合适黏度的油液，降低油温
工作负载过大，转速降低	检查负载过大的原因，使之与齿轮马达能承受的负载相适应

表 3-13　齿轮马达噪声过大并伴有振动和发热的故障分析与排除

故障分析	排除方法
滤油器因污物堵塞；泵进油管接头漏气；油箱油面太低；油液老化，消泡性差等原因，造成空气进入液压马达内	清洗滤油器，减少油液的污染；拧紧泵进油管接头，密封破损的予以更换；油箱油液补充添加至油标要求位置；油液污染老化严重的予以更换等
齿轮齿形精度不好或接触不良；轴向间隙过小；马达滚针轴承破裂；液压马达个别零件损坏；齿轮内孔与端面不垂直，前、后盖轴承孔不平行等原因，造成旋转不均衡，机械摩擦严重，导致噪声和振动大的现象	对研齿轮或更换齿轮；研磨有关零件，重配轴向间隙；更换已破损的轴承；修复齿轮和有关零件；更换损坏的零件；避免输出轴过大的不平衡径向负载

【故障 4】 齿轮马达最低速度不稳定并伴有爬行现象

齿轮马达最低转速不稳定并伴有爬行现象的故障诊断与排除见表 3-14。

表 3-14 齿轮马达最低速度不稳定并伴有爬行现象的故障分析与排除方法

故障分析	排除方法
系统混入空气，油液的体积弹性模量即系统刚性会大大降低	防止空气进入液压马达
未安装背压阀，空气从回油管反灌进入齿轮马达内	在液压马达回油管处装一个背压阀，并适当调节好背压的大小，这样可阻止齿轮马达启动时的加速前冲，并在运动阻力变化时起补偿作用，使总负载均匀，马达便运行平稳，相当于提高了系统的刚性
齿轮马达与负载连接不好，存在着较大同轴度误差，使齿轮马达受到径向力的作用，从而造成马达内部配流部分高、低压腔的密封间隙增大，内部泄漏加剧，流量脉动加大。同时，同轴度误差也会造成各相对运动面间摩擦力不均而产生爬行现象	注意液压马达与负载的同轴度，尽量减少液压马达主轴因径向力造成偏磨及相对运动面间摩擦力不均而产生的爬行现象
齿轮的精度差，包括角度误差和形位误差，它一方面影响马达流量不均匀而造成输出转矩的变动，另一方面在液压马达内部易造成内部流动紊乱，泄漏不均，更造成流量脉动，低速时表现更为突出	如果是液压马达的齿轮精度不好造成的，可对研齿轮，齿轮转动一圈时一定要灵活均衡，不可有局部卡阻现象。另外，尽可能选排量大一些的齿轮马达，使泄漏量的比例小，相对提高了系统刚度，这样有助于消除爬行、降低马达的最低稳定转速
油温增高，使油液黏度变小，一方面使内泄漏加大，影响速度的稳定性，另一方面使其润滑性能变差，从而影响到运动面的动、静摩擦因数	控制油温，选择合适的油液黏度，采用高黏度指数的液压油

五、摆线马达的故障诊断与维修

1. 摆线马达的外观

维修时为了在设备上迅速找到摆线马达，要知晓其外观，摆线马达的外观如图 3-23 所示。

图 3-23 摆线马达的外观

2. 摆线马达的工作原理

如果内啮合齿轮马达是摆线齿形（非渐开线齿形），则称为摆线马达。摆线马达是应用非常普遍的液压马达之一，由一对一齿之差的内啮合摆线针轮行星传动机构组成，利用一齿差行星减速器原理，故这种马达实际上是由高速液压马达与减速机构组合而成的低速中、大转矩液压元件。摆线马达的转动是由承受马达进口压力的摆线齿轮面积差产生的不平衡力形成的，即作用于这些不等承压面上的油压产生了马达传动轴的输出转矩。齿轮越大或油压越高，输出轴产生的输出转矩越大。进入摆线马达的油液与流出马达的油液是通过一个具有腰形进、出口的配流盘分开的。

（1）轴配流摆线马达　如图 3-24 所示，转子与定子是一对摆线针齿啮合齿轮，转子具有 z_1（$z_1=6$ 或 $z_1 8$）个齿的短幅外摆线等距线齿形，定子具有 $z_2=z_1+1$ 个圆弧针齿齿形，转子和定子形成 z_2 个封闭齿间容积。图 3-24 中 $z_2=7$，则有 7 个封闭齿间容积。其中一半处于高压区，一半处于低压区。定子固定不动，其齿圈中心为 O_2，转子的中心为 O_1。转子在压力油产生的液压力矩的作用下以偏心距 e 为半径绕定子中心 O_2 作行星运动，即转子一方面在绕自身的中心 O_1 作低速自转的同时，另一方面其中心 O_1 又绕定子中心 O_2 作高速反向公转，转子在沿定子滚动时，其进、回油腔不断地改变，但始终以连心线 O_1O_2 为界分成两边，一边进油，容腔容积逐渐增大，另一边排油，容腔容积逐渐缩小，将油液挤出，通过配流轴（输出轴），再经油马达出油口排往油箱。

由于定子固定不动，转子在压力油［图 3-24（a）中 7、6、5 三腔为压力油］的作用下，产生力矩，以偏心距 e 为半径绕定子中心 O_2 作行星运动。这样转子的旋转运动包括自转和公转，公转是转子中心 O_1 围绕定子中心 O_2 旋转，转子的自转通过鼓形花键传给输出轴。输出轴旋转时，其外周的纵向槽相对于壳体里的配流孔的位置发生变化，使齿间容积适时地从高压区切换到低压区而实现配流，进而使转子得以连续回转。

从图 3-24 所示的转子回转过程中油腔变化的情况可以看出，转子的自转方向与高压油腔的回转方向相反。当转子从图 3-24（a）所示的零位自转 1/6 周到图 3-24（f）所示的位置时，转子的中心 O_1 绕定子的中心 O_2 以 e 为偏心距旋转了 1 周，于是高压油腔相应地变化了 1 周。因此转子每转 1 周，油腔的变化是 6 周，排量为 6×7=42 个齿间容积。由此可见，这相当于在由转子轴直接输出的马达后面接了一个传动比为 6∶1 的减速器，使输出转矩放大 6 倍，所以摆线马达的转矩对质量比值较大。另外，输出轴每转 1 周，有 42 个齿间容积依次工作，所以能够得到平稳的低速旋转。

摆线马达因为旋转零件小，所以惯性小，启动、换向及调速等均较为灵敏，但运转时没有间隙补偿，转子和定子以线接触进行密封，因而易引起内漏，效率有待提高。

摆线马达配流轴与输出轴为一体，同时转动，如图 3-25 所示。

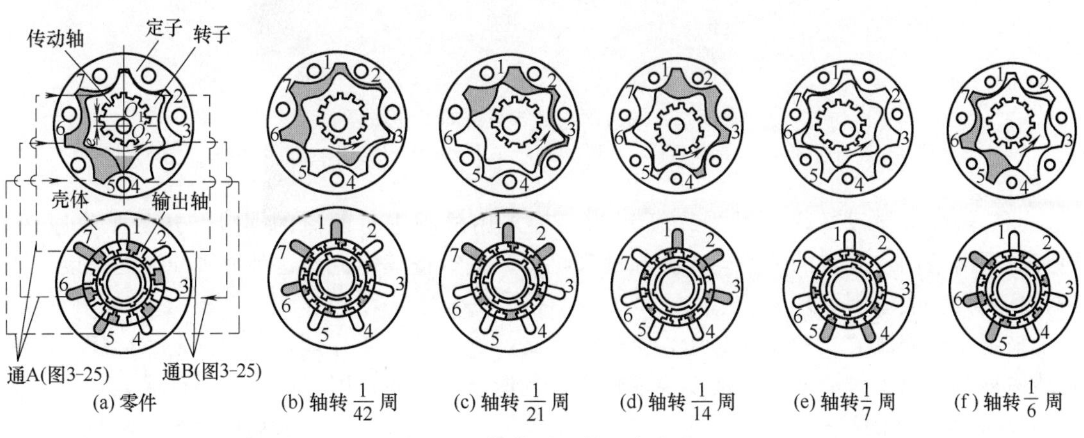

图 3-24　摆线马达的配流状况

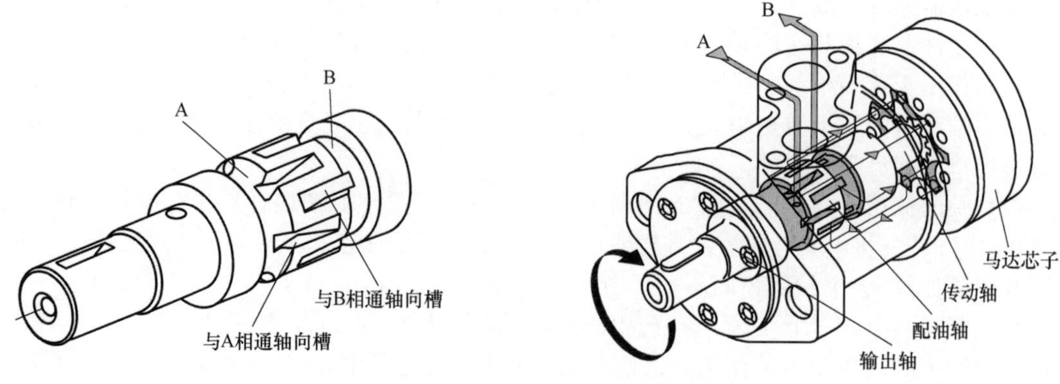

图 3-25 轴配流摆线马达的工作原理

（2）端面配流（盘配流）摆线马达　如图 3-26 所示，压力油经油孔 B 进入后壳体 8，通过辅助盘 4、配流盘 3 和后侧板，进入摆线轮 1 与针柱体 2 间的高压区容腔（工作腔），压力油作用在转子齿上，使转子旋转；在油压的作用下摆线轮受压向低压腔一侧旋转，摆线轮相对针柱体中心作自转和公转，并通过传动轴 6 将其自转传给输出轴 7，同时通过配流轴 5，使配流盘与摆线轮同步运转，以连续不断地配流。回油低压区容腔排出低压油，如此循环，摆线马达轴不断旋转并输出转矩而连续工作。

改变输出流量，就能输出不同的转速。改变进油方向，即能改变摆线马达的旋转方向。

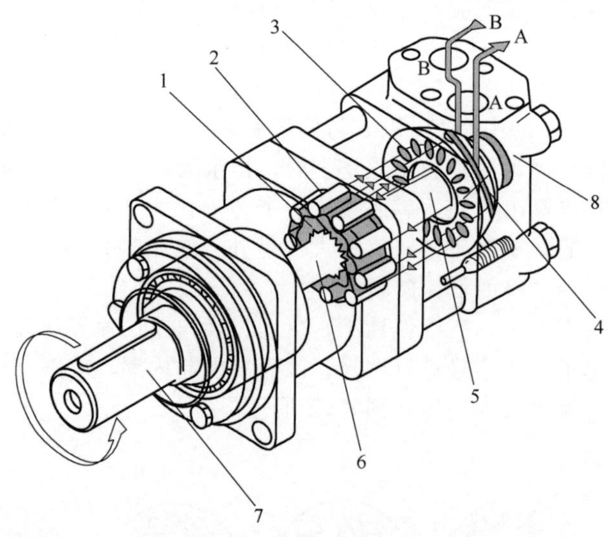

图 3-26 端面配流摆线马达的工作原理

1—摆线轮；2—针柱体；3—配流盘；4—辅助盘；5—配流轴；6—传动轴；7—输出轴；8—后壳体

（3）阀配流摆线马达　图 3-27 所示为一种采用滑阀进行配流的摆线马达的工作原理，通过与输出轴同步旋转的偏心轮来操纵滑阀机构，进行连续配流。这种滑阀配流的精度相当高，且可大大改善困油现象。

采用这种配流方式的摆线马达，机械效率高，噪声低，工作压力高（可达 21MPa），但是结构复杂，对工作油液的清洁度要求较高，制造成本也高，因而应用并不普遍。

3. 摆线马达的结构

① 摆线马达的定子有镶针齿（圆柱销）和不镶针齿的结构之分（图 3-28）。

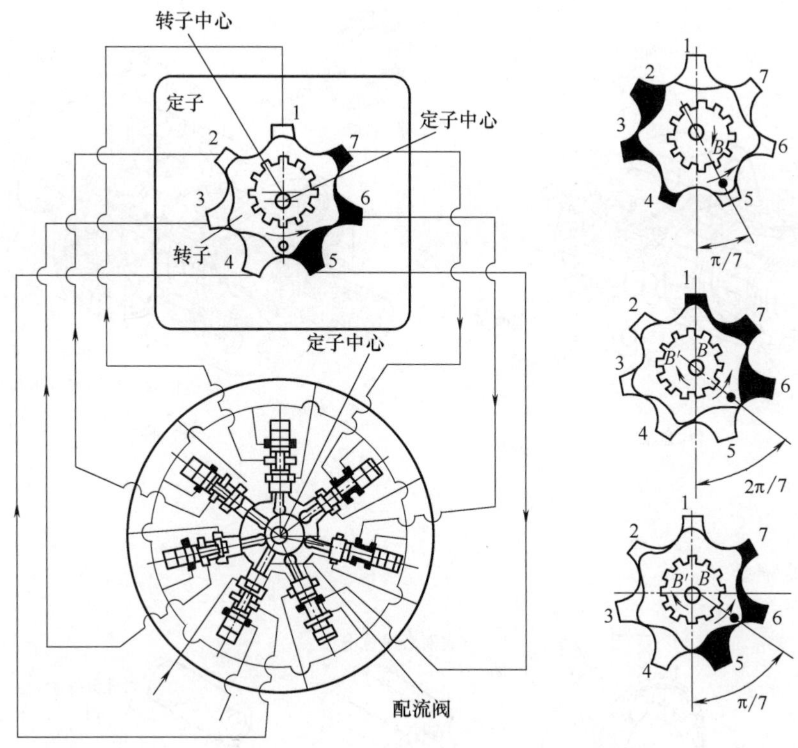

图 3-27 阀配流摆线马达的工作原理

镶针齿（滚子）的马达能提供较高的启动与运行转矩，滚子减少了摩擦，因而提高了效率，即使在很低的转速下输出轴也能产生稳定的输出。通过改变输入、输出流量的方向使马达迅速换向，并在两个方向产生等值的转矩。

② 摆线马达按配流方式有轴配流、盘配流与阀配流的结构之分（图 3-29）。

配流盘的作用是将压力油分配给定、转子的各腔，配流盘两密封端面保持压力平衡，使泄漏最小，盘配流马达能与柱塞泵共用于同一系统，也可用于闭式回路系统中，具有磨损补偿技术的配流盘使马达具有高性能。

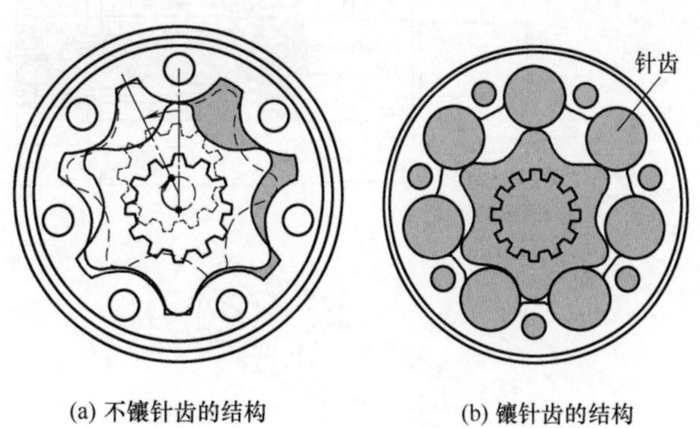

图 3-28 摆线马达的结构特点

4. 摆线马达的故障分析与排除

（1）易出故障的零件及其部位 维修摆线马达时先要了解其哪些零件及其部位易导致出故障，摆线马达易出故障的零件及其部位如下（图 3-30）。

① 配流轴的外圆面或配流盘端面磨损拉伤。

② 转子外齿表面的磨损拉伤。

③ 定子内齿（针齿）表面的磨损拉伤。

④ 轴承磨损或破损。

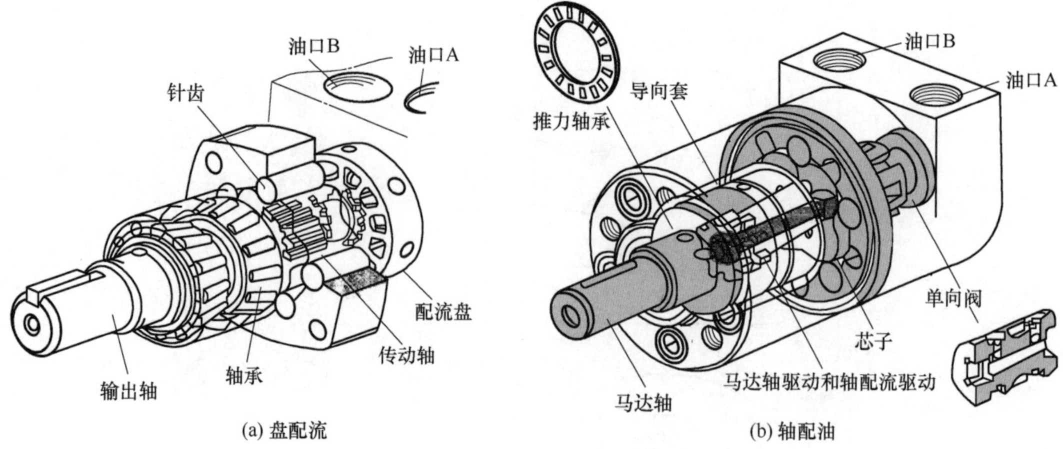

图 3-29 摆线马达的配流方式

⑤ 油封破损等。

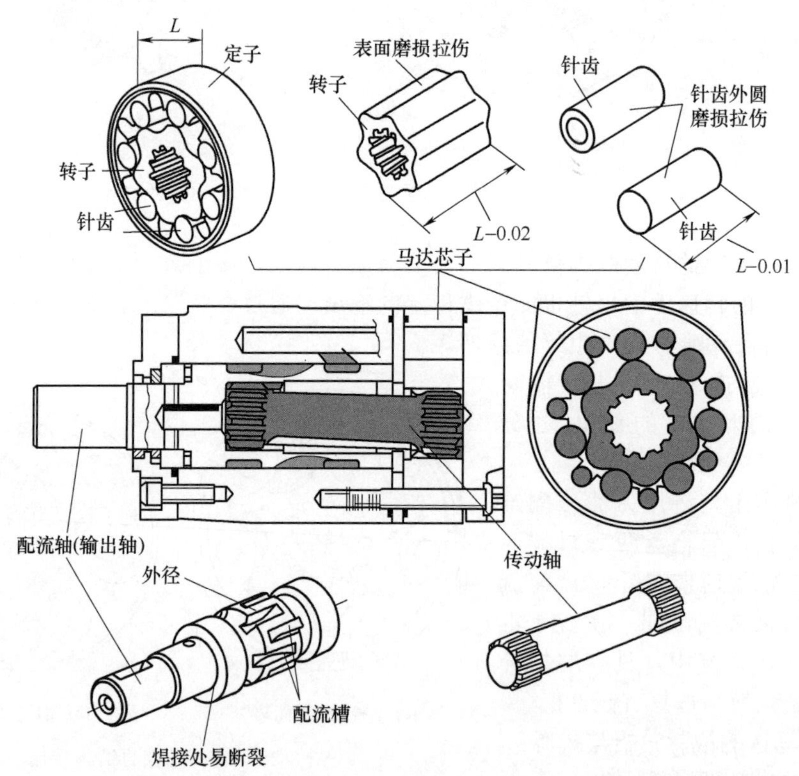

图 3-30 摆线马达易出故障的零件及其部位

(2) 故障分析与排除

【故障 1】 摆线马达运行无力

摆线马达运行无力的故障分析与排除见表 3-15。

【故障 2】 摆线马达低转速下速度不稳定且有爬行现象

摆线马达低转速下速度不稳定且有爬行现象的故障分析与排除见表 3-16。

表 3-15　摆线马达运行无力的故障分析与排除

故障分析	排除方法
检查定子与转子是否配对太松。马达在运行中，其内部各零部件都处于相互摩擦的状态，如果系统中的液压油油质过差，则会加速马达内部零件的磨损。当针齿磨损超过一定限度后，将会使定子体配对内部间隙变大，无法达到正常的封油效果，会造成马达内泄漏过大。表现出的症状是马达在无负载情况下运行正常，但是声音会比正常的稍大，在负载下则会无力或者运行缓慢	更换外径稍大一些的针齿(圆柱体)
检查输出轴与壳体孔之间是否因磨损内泄漏大。液压油不纯，含杂质，导致壳体内部磨出凹槽，从而内泄漏增大，以致马达无力	更换壳体或者整个配合偶件

表 3-16　摆线马达低转速下速度不稳定且有爬行现象的故障分析与排除

故障分析	排除方法
检查系统是否混入空气。空气会使油液的体积弹性模量即系统刚性大大降低，在运动阻力变化时便会出现运动不均匀的现象	①防止空气进入液压马达 ②在液压马达回油处装一个背压阀，并适当调节好背压的大小，这样可阻止液压马达启动时的加速前冲，并在运动阻力变化时起补偿作用，使总负载均匀，运行平稳，相当于提高了系统的刚性
检查转子的齿面是否拉毛、拉伤。拉毛的位置摩擦力大，未拉毛的位置摩擦力小，这样就会出现转速和转矩的脉动，特别是在低速下便会速度不稳定。转子齿面的拉毛，除了油中污物等原因外，主要是转子齿面的接触应力大。对于 6 齿转子和 7 齿定子之间的齿面，接触应力最大高达 30MPa，转速和转矩的脉动率也超过 2%，因此齿面易拉毛，低速性能差	摆线马达的最低转速最好不小于 10r/min，改成 8 齿转子和 9 齿定子，并且选择较小的短幅系数和较大的针径系数，可使齿面的最大接触应力减少至 20MPa 左右，马达的转速脉动率可降至 1.5%左右，低速性能得到改善，最低转速能稳定在 5r/min 左右
检查马达回油背压是否太小。未安装背压阀，空气从回油管反灌进入马达内	在液压马达回油处装一个背压阀，并适当调节好背压的大小

【故障 3】 摆线马达转速与输出转矩降低

除可参阅前述外啮合齿轮马达的故障原因和排除方法外，还可参见表 3-17。

表 3-17　摆线马达转速与输出转矩降低的故障分析与排除

故障分析	排除方法
检查转子和定子接触线的接触状况。由于摆线马达没有间隙补偿(平面配流的除外)机构，转子和定子以线接触进行密封，如果转子和定子接触线齿形精度不好、装配质量差或者接触线处拉伤时，内泄漏便较大，造成容积效率下降，转速下降以及输出转矩降低	如果是针轮定子，可更换针轮，并与转子研配
检查转子和定子的啮合位置、配流轴或配流盘的装配位置是否正确。转子和定子的啮合位置，以及配流轴和机体的配流位置，这两者的相对位置对应的一致性对输出转矩有较大影响，如两者的对应关系失配，即配流精度不高，将引起很大的转速和输出转矩的降低	注意保证配流精度，提高配流轴油槽和内齿相对位置精度、转子摆线齿和内齿相对位置精度及机体油槽和定子针齿相对位置精度是非常重要的
检查配流轴是否磨损。内泄漏大，影响了配流精度，或者因配流套与液压马达壳体孔之间配合间隙过大，或因磨损产生间隙过大，影响了配流精度，使容积效率低，从而影响了液压马达的转速和输出转矩	可采用电镀或刷镀的方法修复，保证合适的间隙

【故障 4】 摆线马达不转或爬行

摆线马达不转或爬行的故障分析与排除见表 3-18。

【故障 5】 摆线马达启动性能不良甚至难以启动

有些摆线马达（如国产 BMP 系列）是靠弹簧顶住配流盘而保证初始启动性能的，如果此弹簧疲劳或断裂，则启动性能不好；国外有些摆线马达采用波形弹簧压紧支承盘，并加强支承盘定位销，可提高马达的启动可靠性。

表 3-18 摆线马达不转或爬行的故障分析与排除

故障分析	排除方法
检查定子体配对平面配合间隙是否过小。如 BMR 系列摆线马达的定子体平面配合间隙应控制在 0.03～0.04mm 的范围内，如果间隙小于 0.03mm，就可能发生摆线轮与前侧板或后侧板干涉的情况，这时马达运转是不均匀的，或者是一卡一卡的，情况严重时会使马达直接咬死，导致不转	磨摆线轮平面，使其与定子体的平面配合间隙控制在标准范围内
检查紧固螺钉是否拧得太紧。紧固螺钉拧得太紧会导致零件平面贴合过紧，从而引起马达运转不顺或者直接卡死不转	在规定的力矩范围内拧紧螺钉
检查输出轴与壳体之间是否咬坏。当输出轴与壳体之间的配合间隙过小时，将会导致马达咬死或者爬行，当液压油内含有杂质时也会发生这种情况	更换输出轴与壳体(或配流套)的配合偶件

【故障 6】 摆线马达向外漏油

摆线马达向外漏油的故障分析与排除见表 3-19。

表 3-19 摆线马达向外漏油的故障分析与排除

故障原因分析	排除方法
检查轴端油封位置的外漏情况。由于马达在日常使用中油封与输出轴处于不停的摩擦状态，必然导致油封与轴接触面的磨损，超过一定限度将使油封失去密封效果，导致漏油。另外，马达的泄油管未接通油箱导致泄油通路困油，压力升高，超过了油封的密封能力，是油封漏油的主要原因	更换油封，如果输出轴磨损严重需同时更换输出轴
检查封盖处的外漏情况。封盖下面的 O 形圈压坏或老化而失去密封效果	更换 O 形圈
检查马达夹缝的漏油情况。马达壳体与前侧板，或前侧板与定子体，或定子体与后侧板之间的 O 形圈老化或压坏	更换 O 形圈

【故障 7】 摆线马达外泄漏大

摆线马达外泄漏大的故障分析与排除见表 3-20。

表 3-20 摆线马达外泄漏大的故障分析与排除

故障原因分析	排除方法
检查定子体配对平面配合间隙是否过大。如 BMR 系列马达的定子体平面间隙应控制在 0.03～0.04mm 的范围内(根据排量不同略有差别)，如果间隙超过 0.04mm，将会发现马达的外泄漏明显增大，这也会影响马达的输出转矩 。另外，由于一般客户在使用 BMR 系列马达时都会将外泄油口堵住，当外泄压力大于 1MPa 时，将会对油封造成巨大的压力，从而导致油封也漏油	磨定子体平面，使其与摆线轮的配合间隙控制在标准范围内
检查输出轴与壳体配合间隙是否过大。输出轴与壳体配合间隙大于标准值时，将会使马达的外泄漏显著增大	更换新的输出轴与壳体配合偶件
检查是否使用了直径过大的 O 形圈。过粗的 O 形圈将会使零件平面无法正常贴合，存在较大间隙，导致马达外泄漏增大	更换符合规格的 O 形圈
检查紧固螺钉是否未拧紧。紧固螺钉未拧紧会导致零件平面无法正常贴合，存在一定间隙，会使马达外泄漏增大	在规定的力矩范围内拧紧螺钉

【故障 8】 摆线马达其他一些常见故障

摆线马达其他一些常见故障的故障分析与排除见表 3-21。

表 3-21 摆线马达其他一些常见故障的故障分析与排除

故障现象	原因分析	排除方法
输出轴断裂	一般马达的输出轴是由露在外部的轴与内部的配流部分焊接起来的，焊接部位的好坏以及外力的作用将直接影响轴的寿命，此故障也是经常发生的	更换输出轴或重焊修复
传动轴断裂	传动轴是连接摆线轮与输出轴的一根轴，作用是将摆线轮的转动输送到输出轴上，当马达长时间处在超负荷的情况下，或者输出轴受到外界一个反方向的力时，将有可能导致传动轴断裂。传动轴断裂一般伴随着输出轴的齿和摆线轮的齿咬掉的情况发生	更换传动轴，如其他零件损坏需一同更换

续表

故障现象	原因分析	排除方法
轴挡碎裂	轴挡位于输出轴上，用于固定轴承（BMR 系列都是 6206 轴承）。轴挡比较脆，当输出轴受到一个纵向力的冲击时，很容易导致轴挡碎裂，而碎屑会引起更大的故障，例如碎片刺破油封，进入轴承使轴承咬坏，使输出轴咬坏	更换轴挡，根据损坏程度更换零件
法兰断裂	此故障比较常见，主要是马达受到过冲击或者铸件本身的质量问题引起的	更换壳体

5. 摆线马达的修理

（1）摆线马达定子与转子的修理（图 3-31）

① 转子的修复：轻度拉毛或磨损经去毛刺、研磨再用，磨损严重者可刷镀外圆修复，或测量后用线切割慢走丝加工齿形，再经热处理后使用。

② 定子的修复：镶针齿者如轻度拉毛或磨损经去毛刺、研磨再用，磨损严重者可放大外径加工新针齿后使用；如为不镶针齿者，可与转子一样处理。

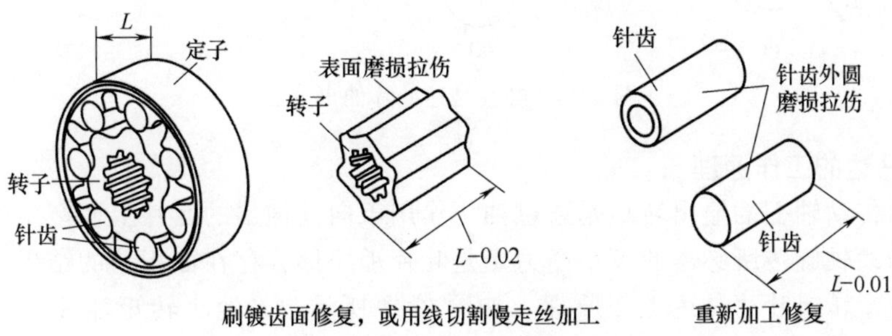

图 3-31 定子、转子的修理

（2）摆线马达配流轴或配流盘的修理（图 3-32）

① 配流轴的修复：轻度拉毛或磨损经去毛刺、研磨再用，严重者可刷镀外圆修复或重新加工。

② 配流盘的修复：A 面磨损拉伤轻微者经研磨再用，严重者可经平磨、表面氮化后再用。

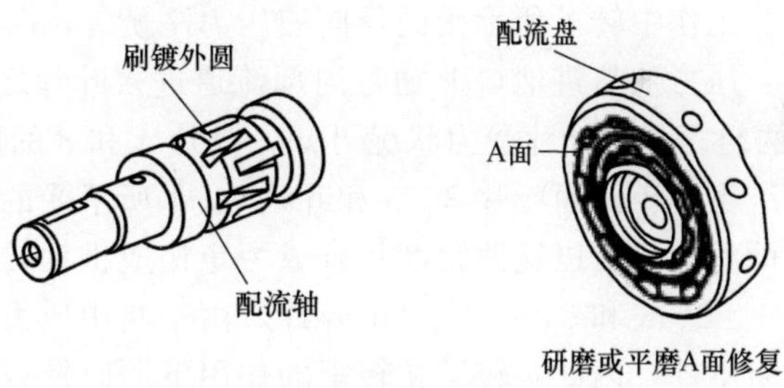

图 3-32 配流轴或配流盘的修理

六、叶片马达的故障诊断与维修

1. 叶片马达的特点

叶片式液压马达简称叶片马达，当压力油通入定子（凸轮环）和叶片顶端之间形成的密封工作腔后，作用在叶片上产生力，使转子产生旋转运动并输出转矩。

叶片马达体积小，转动惯量小，动作灵敏，可适用于换向频率较高的场合，但泄漏量较大，低速工作时不稳定。因此叶片马达一般用于转速高、转矩小和动作要求灵敏的场合。

和叶片泵不同的是，叶片泵一启动便由电机带动旋转产生离心力，在定子（凸轮环）和叶片顶端之间形成可靠的密封，形成密封容积；而叶片马达在刚启动时无离心力将叶片甩出，无法在定子（凸轮环）和叶片顶端之间形成可靠的密封而形成密封容积，必须找到其他使叶片伸出的方法。使叶片马达启动前保证叶片伸出的常用方法：在叶片底部腔内安装螺旋弹簧来完成对叶片的加载［图 3-33（a）］；采用小钢丝弹簧（如燕尾弹簧），通过柱销固连在转子上，当叶片在转子槽内移动时，两个弹簧端部始终顶着交错的叶片底端［图 3-33（b）］；将液压压力引至叶片下端，采用这种方法时，在起始时不让油液进入叶片工作腔区域，而先进入叶片的底部，直到叶片完全伸出顶靠在凸轮环内表面上，并在叶片顶端形成可靠的密封，此时油液压力升高，到克服内置单向阀的弹簧力时，单向阀开启，油液随即进入叶片工作腔室，在马达传动轴上产生转矩，在这种情况下，内置的单向阀起着顺序控制的功能，由于叶片马达需要正反转，因而叶片槽是径向分布的，且壳体内一般有两个单向阀，进、回油腔的压力经单向阀选择后再进入叶片底部［图 3-33（c）］。

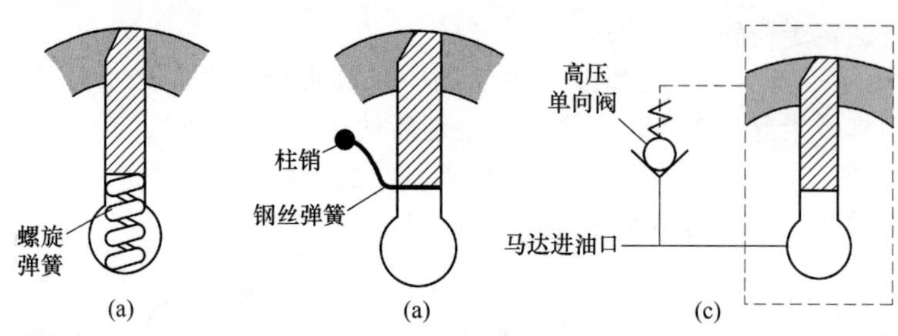

图 3-33　叶片马达叶片伸出方法

2. 叶片马达的工作原理

叶片马达传动轴上的输出转矩是通过油压作用于向外伸出的叶片上而产生的，在叶片马达中，引起传动轴旋转所必需的不平衡力矩是叶片承压部分存在面积差的结果。

（1）高速小转矩叶片马达工作原理　如图 3-34 所示，高速小转矩叶片马达与双作用叶片泵一样，其定子内表面曲线由四个工作区段（两段短半径圆弧与两段长半径圆弧）和四个过渡区段（过渡曲线）组成，定子和转子同心安装，通常采用偶数叶片，且在转子中对称分布，工作中转子所承受的径向液压力平衡。

压力油从进油口 P 通过内部流道进入叶片之间，位于进油腔的叶片有 3、4、5 和 7、8、1 两组。分析叶片受力状况可知，叶片 4 和 8 的两侧均承受高压油的作用，作用力互相抵消不产生转矩。而叶片 3、5 和叶片 8、1 所承受的压力不能抵消，由于叶片 5 和 1 悬伸长，受力面积大，所以这两组叶片合成力矩构成推动转子沿顺时针方向转动的力矩。而处在回油腔的 1、2、3 和 5、6、7 两组叶片，由于腔中压力很低或者受压面积很小，所产生的转矩可以忽略不计。因此，转子在转矩的作用下顺时针方向旋转。改变输油方向，液压马达可反转。

叶片马达的输出转矩取决于输入油压 p 和马达每转排量 q，转速 n 取决于输入流量 Q。

高速小转矩叶片马达叶片在转子每转中，在转子槽内伸缩往复两次，有两个进油压力工作腔，两个排油腔，称为双作用。叶片式马达一般是双作用定量马达，而极少采用单作用变量马达的形式。

（2）低速大转矩叶片马达的工作原理　如上所述，高速小转矩叶片马达在转子每转中，叶片在转子槽内伸缩往复两次，只有两个进油压力工作腔，两个排油腔，很难获得低速和大转矩。

低速大转矩叶片马达压力油进入马达内输出转矩和转速的工作原理与高速小转矩叶片马达相同，但由于“低速”和“大转矩”的需要，在结构上采取了两项措施，即增加工作腔数与加大升程。

目前低速大转矩叶片马达多采用 4～6 个工作腔。图 3-35 所示的低速大转矩叶片马达具有四个工作腔，定子内表面有四段等径圆弧和四段凹入的曲线，四段凹入曲线构成四个工作腔，叶片在转子每转中伸缩四次，因此可获得较大的输出转矩，每两叶片间的封闭容积在每

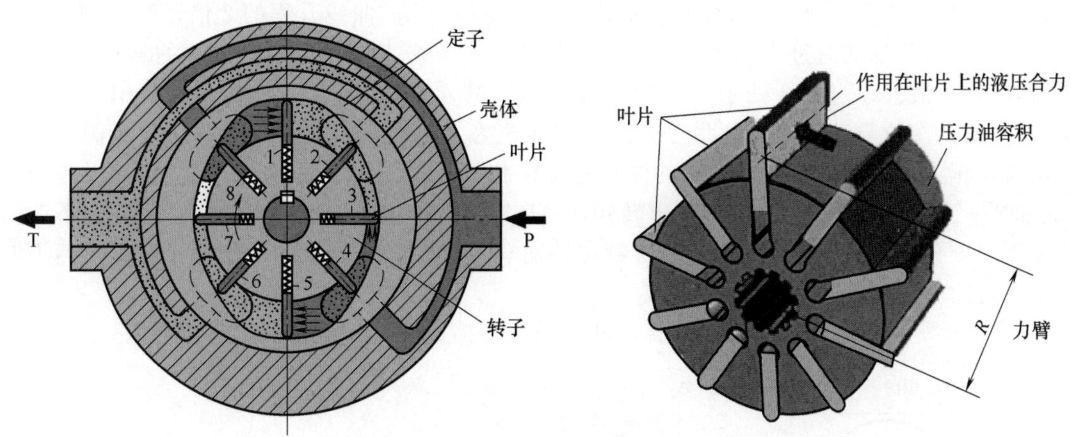

图 3-34 叶片马达的工作原理

转中变大变小四次，进、排油各四次。图 3-35（a）中四个工作腔的形状均相同，每个工作腔凹入的升程相同，称为均等分割。图 3-35（b）中，两相对工作腔的曲线升程比另两相对工作腔的曲线升程大一倍，称为不均等分割。升程大，则叶片的伸出量大，压力油作用在叶片上的受力面积大，能产生更大的扭矩。图 3-36 所示的低速大扭矩叶片马达有六个工作腔。

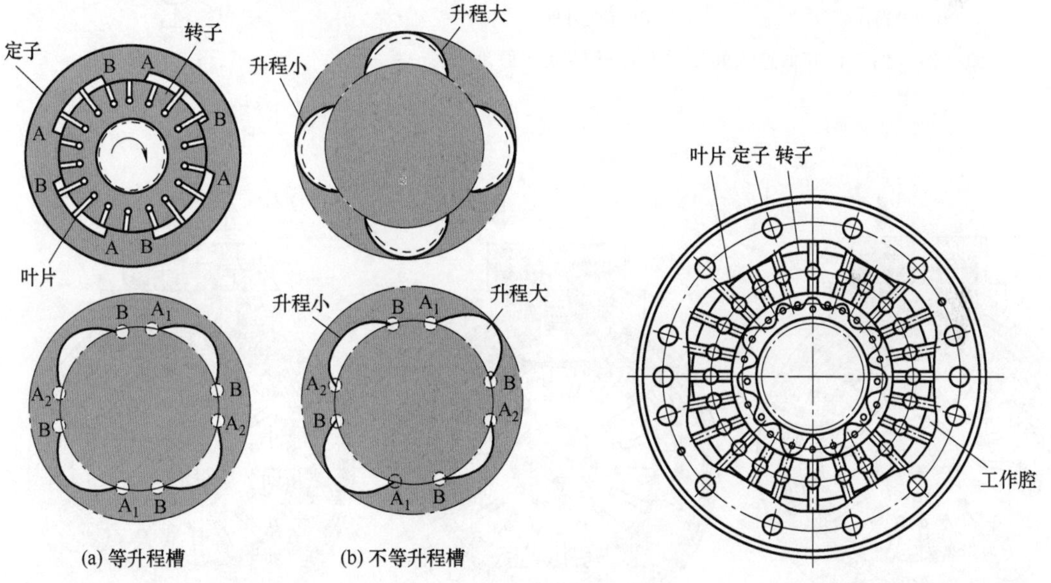

图 3-35 四工作腔低速大转矩叶片马达

图 3-36 六工作腔低速大转矩叶片马达

（3）叶片马达的变挡原理 由于叶片马达采用了定量叶片泵多作用的结构形式，故不能变量变速，但它可以变挡（有级变速）。为了方便说明问题，以四作用（四个工作腔）叶片马达为例，说明其变挡原理。

如图 3-37（a）与图 3-38 所示，当变挡控制阀 2 处于中位时，泵 1 来的压力油同时进入四个等升程工作腔分摊，叶片马达 3 全排量工作。由于泵来的流量由四个工作腔分摊，叶片马达转速最低，输出转矩最大；当变挡控制阀 2 处于右位时，压力油只进入相对的两工作腔 A_1，相对的两腔 A_2 通过阀 2 右位与油箱通。此时，泵来的油只需进入两个工作腔，因而转速增加 1 倍，而输出转矩只有阀 2 中位时的 1/2。阀 2 处于左位的情况也相同。

如图 3-37（b）与图 3-38 所示，如果四个工作腔为不均等分割曲线（叶片伸出不等升程），设两相对工作腔 A_1 的曲线升程是两相对工作腔 A_2 的曲线升程的 2 倍，则当阀 2 处于中位时，泵来的油同时进入四个工作腔，马达 3 以全流量工作，此时马达 3 的转速 n 最低，输出转矩 M 最大；当阀 2 处于左位时，压力油只进入两相对工作腔 A_1，而两相对工作腔 A_2 通过阀 2 左位与油箱连通，此时马达 3 的转速为 $1.5n$，输出转矩为 $2M/3$；当阀 2 处于右位时，压力油只进入叶片马达 3 的两相对工作腔 A_2，两相对工作腔 A_1 通过阀 2 及单向阀 4 通油箱，马达 3 的转速为 $3n$，输出转矩为 $M/3$。因此，在工作压差和泵输入流量不变的情况下，可分别得到 Mn（全额转矩×额定转速）、$(2M/3)(3n/2)$、$(M/3)(3n)$ 三挡不同转速和转矩。

图 3-39 所示为六工作腔低速大转矩叶片马达变挡原理，工作原理与上述类似。

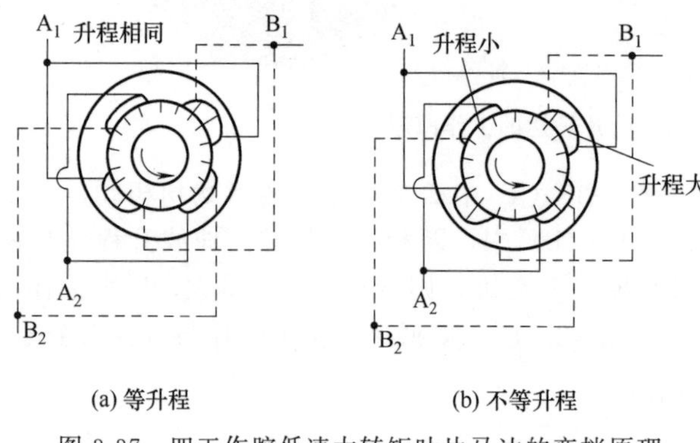

图 3-37　四工作腔低速大转矩叶片马达的变挡原理

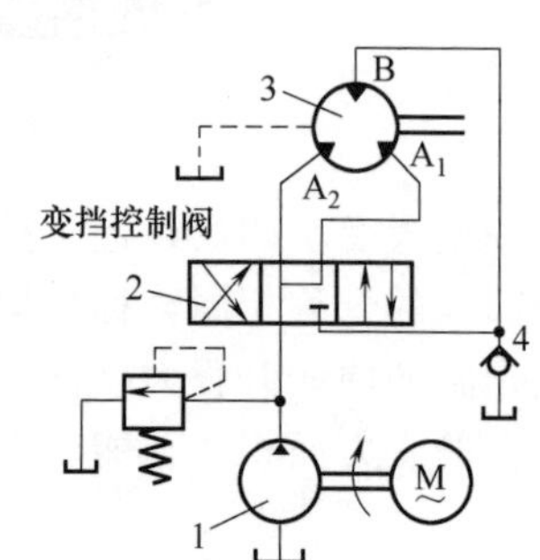

图 3-38　变挡回路

1—液压泵；2—变挡控制阀；3—叶片马达；4—单向阀

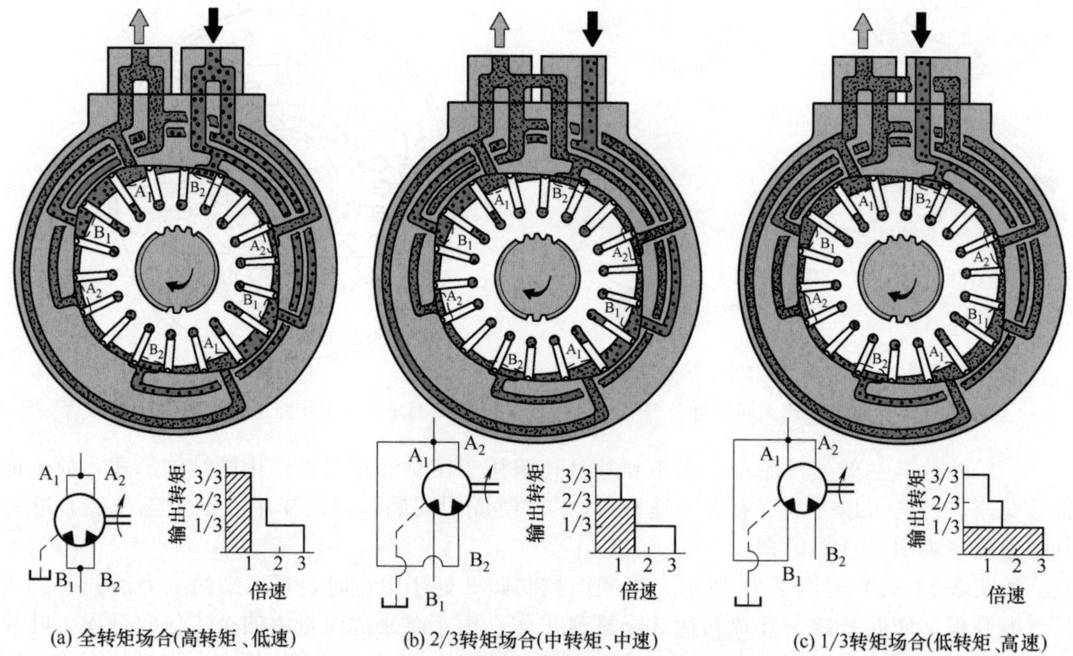

图 3-39　六工作腔低速大转矩叶片马达变挡原理

3. 叶片马达的结构

（1）高速小转矩叶片马达　高速小转矩叶片马达是在双作用定量叶片泵的结构基础上演

变形成的，与叶片泵在结构上主要存在两点差异：叶片泵由电机带动，叶片顶部可靠旋转产生的离心力顶在定子内曲面上，而叶片马达刚启动未旋转时无离心力，为确保密封容腔的形成，安设图 3-40（a）中的燕尾弹簧顶住叶片；叶片马达要正反转，所以设有图 3-40（b）中的梭阀，实现压力进油与回油的切换。

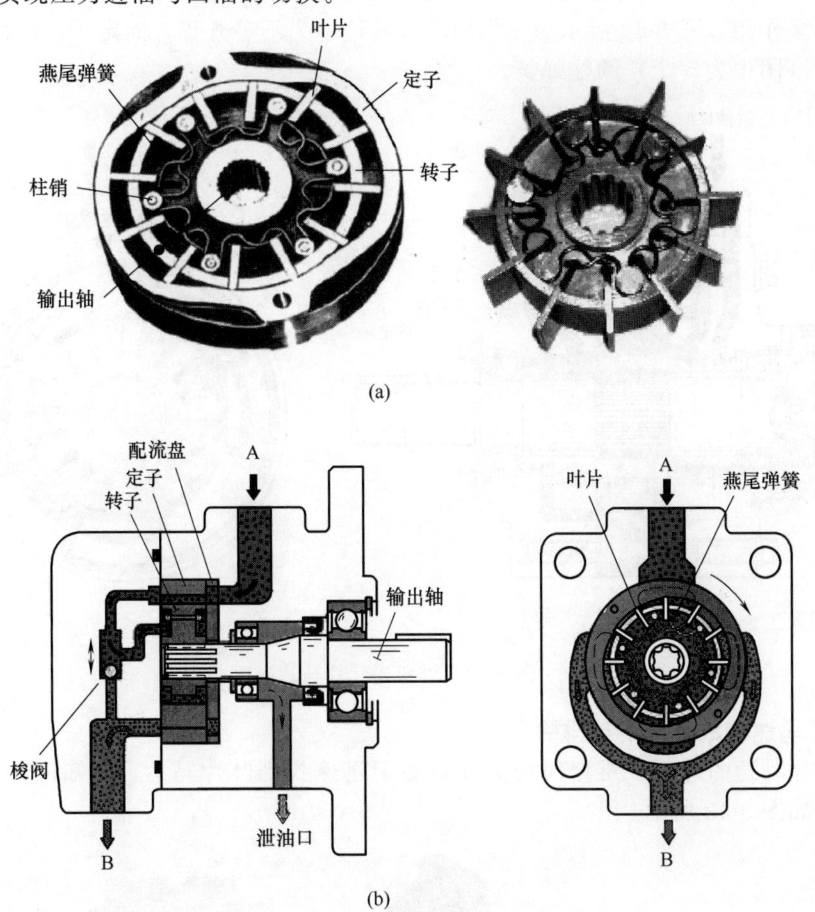

图 3-40 高速小转矩叶片马达的结构

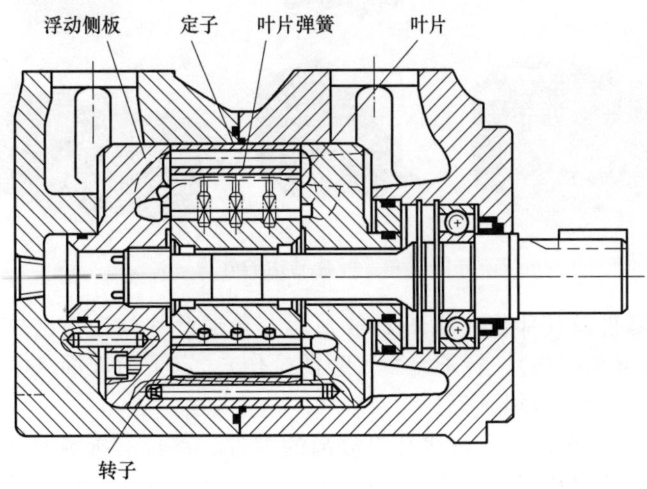

图 3-41 M 系列叶片马达

（2）低速大转矩叶片马达

① M 系列叶片马达。此处例举图 3-41 所示的 M 系列叶片马达，这种马达国内外均有多家厂家生产。

② 可变挡叶片马达。为了增大叶片马达的输出转矩，低速大转矩叶片马达不再只是双作用，而是多作用，图 3-42 所示为三作用叶片马达，为不等升程，向定子内曲面顶紧叶片，采用了多个（图中为 5 个）圆柱弹簧。

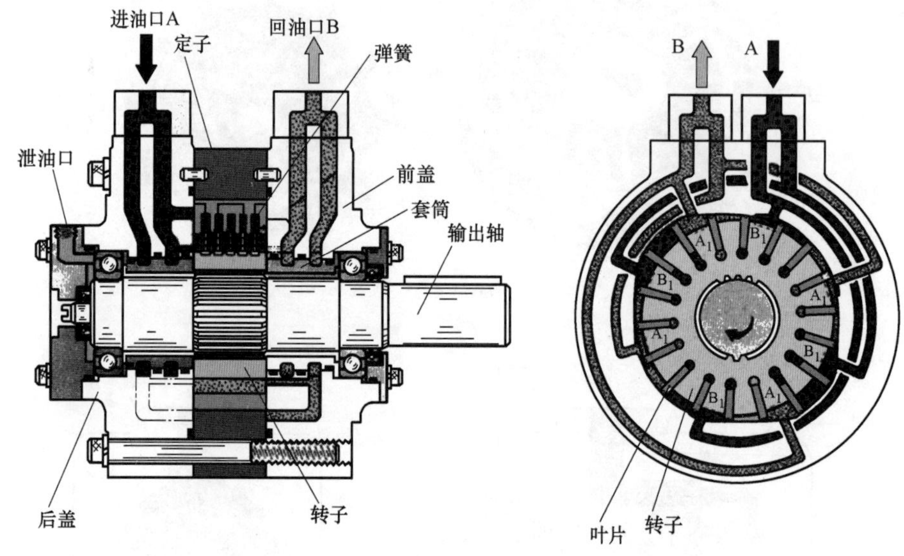

图 3-42 可变挡叶片马达

4. 叶片马达的故障分析与排除

（1）叶片马达的外观 维修时为了在设备上迅速找到叶片马达，要知晓叶片马达的外观，其外观如图 3-43 所示。

图 3-43 叶片马达的外观

（2）易出故障零件及其部位 如图 3-44 所示，普通叶片马达易出故障的零件、部位有配流盘端面（G_1 面磨损拉伤）、转子端面（磨损拉伤）、定子内表面（G_2 面磨损拉伤）、轴承（磨损或破损）、油封（破损）等。

如图 3-45 所示，弹簧式叶片马达易出故障的零件、部位有配流盘 2 与 7 的端面（G_1、G_3 面磨损拉伤）、转子 3 端面（磨损拉伤）、定子 6 内表面（G_2 面的磨损拉伤）、弹簧 4 与叶片 5、轴承 8（磨损或破损）、油封 9（破损）等。

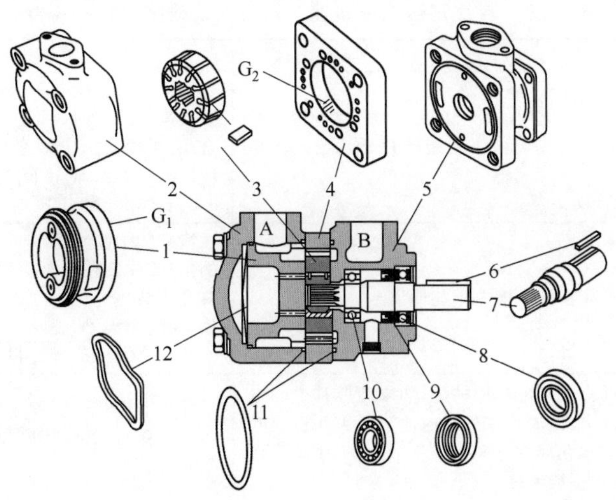

图 3-44 普通叶片马达易出故障的主要零件

1—配流盘；2—后盖；3—转子与叶片；4—壳体；5—前盖；6—键；7—输出轴；8,10—轴承；9—油封；11—O 形圈；12—波形弹簧垫

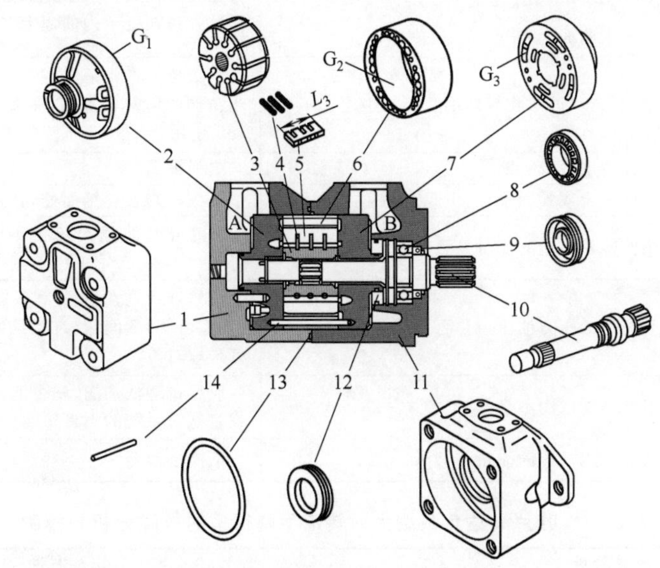

图 3-45 弹簧式叶片马达易出故障的主要零件

1—后盖；2,7—配流盘；3—转子；4—弹簧；5—叶片；6—定子；8—轴承；9—油封；10—输出轴；11—前盖；12—浮动侧板；13—O 形圈；14—定位销

(3) 故障分析与排除

【故障 1】 叶片马达输出转速、转矩低

叶片马达输出转速、转矩低的故障分析与排除见表 3-22。

【故障 2】 叶片马达负载增大时转速下降很多

叶片马达负载增大时转速下降很多的故障分析与排除见表 3-23。

【故障 3】 叶片马达噪声大、马达轴振动严重

叶片马达噪声大、马达轴振动严重的故障分析与排除见表 3-24。

表 3-22 叶片马达输出转速、转矩低的故障分析与排除

<table>
<tr><th colspan="3">故障分析</th><th>排除方法</th></tr>
<tr><td rowspan="12">检查马达本身</td><td colspan="2">转子与配流盘滑动配合面之间的配合间隙过大，或者滑动配合面上拉毛或拉有沟槽。这是高速小转矩叶片马达出现频率最高的故障</td><td>磨损拉毛轻微者，可研磨抛光转子和定子端面。磨损拉伤严重时，可先平磨转子与配流盘滑动配合面，再抛光。注意此时叶片和定子也应磨去相应尺寸，并保证转子与配流盘之间的间隙在0.02～0.03mm范围内</td></tr>
<tr><td colspan="2">叶片因污物或毛刺卡死在转子槽内不能伸出</td><td>清除转子叶片槽和叶片棱边上的毛刺，但不能倒角，叶片破裂时换叶片。如果是污物卡住，则应对叶片马达进行拆洗并换油；并且要适当研配叶片与叶片槽，保证叶片和叶片槽之间的间隙为0.03～0.04mm，叶片在叶片槽内能运动自如</td></tr>
<tr><td colspan="2">对于采用双叶片的低速大转矩叶片马达，如果两叶片之间卡住也会造成高、低压腔（进、回油腔）串腔，内泄漏增大而造成叶片马达的转速提不高和输出转矩不够。无论高速叶片马达还是低速叶片马达，叶片均不能卡住</td><td>叶片卡住时应拆开清洗，使叶片在转子槽内能够灵活移动；对双叶片，两叶片之间也应相对滑动灵活自如</td></tr>
<tr><td colspan="2">低速大转矩叶片马达，如果变挡控制阀换挡不到位，或者磨损厉害，阀芯与阀体孔之间的配合间隙过大，会产生严重内泄漏，使进入叶片马达的压力流量不够，而造成叶片马达的输出转速和转矩不够</td><td>修理变挡控制阀（方向阀）</td></tr>
<tr><td colspan="2">泵内单向阀座与钢球磨损，或者因单向阀流道被污物严重堵塞，使叶片底部无压力油推压叶片（特别在速度较低时），使其不能牢靠地顶在定子的内曲面上</td><td>修复单向阀，确认叶片底部的压力油能可靠推压叶片顶在定子内曲面上</td></tr>
<tr><td colspan="2">定子内曲面磨损拉伤，造成进油腔与回油腔部分串通</td><td>用天然圆形油石或金相砂纸打磨定子内曲面，当拉伤的沟槽较深时，根据情况更换定子或翻转180°使用</td></tr>
<tr><td colspan="2">推压配流盘的支承弹簧疲劳或折断</td><td>更换弹簧</td></tr>
<tr><td colspan="2">叶片马达各连接面处贴合或紧固不良，引起泄漏</td><td>仔细检查各连接面处，拧紧螺钉，消除泄漏</td></tr>
<tr><td rowspan="4">检查其他原因</td><td>检查液压泵供给叶片马达的流量是否足够</td><td>参考叶片泵输出流量不够的故障进行分析与排除</td></tr>
<tr><td>检查供给叶片马达的压力油压力是否足够</td><td>供给叶片马达的压力不够，有液压泵与控制阀（如溢流阀）的问题，有系统的问题，可参考有关部分采取对策</td></tr>
<tr><td>油温过高或油液黏度选用不当</td><td>应尽量降低油温，减少泄漏，减少油液黏度过高或过低对系统的不良影响，减少内、外泄漏</td></tr>
<tr><td>滤油器堵塞造成输入马达的流量不够</td><td>清洗滤油器</td></tr>
</table>

表 3-23 叶片马达负载增大时转速下降很多的故障分析与排除

故障分析	排除方法
同故障1	同故障1
检查马达出口背压是否过大	检查背压
检查进油压力是否过低	检查进口压力，采取对策

表 3-24 叶片马达噪声大、马达轴振动严重的故障分析与排除

故障分析	排除方法
检查联轴器及带轮同轴度是否超差，是否存在外来振动	校正联轴器，修正带轮内孔与V带槽的同轴度，保证不超过0.1mm，并设法消除外来振动，叶片马达安装支座刚性应好，安装可靠牢固
检查叶片马达内部零件是否磨损及损坏，如滚动轴承保持架断裂，轴承磨损严重等	拆检叶片马达内部零件，修复或更换易损零件
检查叶片底部的扭力弹簧是否过软或断裂	可更换合格的扭力弹簧，注意扭力弹簧弹力不应太大，否则会加剧定子与叶片接触处的磨损

续表

故障分析	排除方法
检查定子内曲面是否拉毛或刮伤	修复或更换定子
检查叶片两侧面及顶部是否磨损及拉毛	参考叶片泵相应内容,对叶片进行修复或更换
检查油液黏度是否过高使液压泵吸油阻力增大,油液是否不干净,污物是否进入叶片马达内	根据情况处理
检查空气是否进入叶片马达	采取防止空气进入的措施,可参考叶片泵有关部分
检查叶片马达安装螺钉或支座是否松动而引起噪声和振动	拧紧安装螺钉,支座采取防振加固措施
检查液压泵工作压力是否调整过高,使叶片马达超载运转	适当减小液压泵工作压力,调低溢流压力

【故障 4】 叶片马达内、外泄漏大

叶片马达内、外泄漏大的故障分析与排除见表 3-25。

表 3-25 叶片马达内、外泄漏大的故障分析与排除

故障分析	排除方法
检查输出轴轴端油封是否失效,例如油封唇部是否拉伤,卡紧弹簧是否脱落,与输出轴相配面磨损是否严重等	更换油封、修复输出轴与油封相配面(或错开一个位置)
检查前盖等处O形圈是否损坏,压紧螺钉是否未拧紧	更换O形圈,拧紧螺钉
检查管塞及管接头是否未拧紧	拧紧接头,改善接头处的密封状况
检查配流盘平面度是否超差,使用过程中是否有磨损拉伤	按要求修复
检查轴向装配间隙是否过大	修复后其轴向间隙应保证在0.04～0.05mm之间
检查油液温升是否过高,油液黏度是否过低,铸件是否有裂纹	酌情处理

【故障 5】 叶片马达不旋转,不启动

叶片马达不旋转、不启动的故障分析与排除见表 3-26。

表 3-26 叶片马达不旋转、不启动的故障分析与排除

故障分析	排除方法
检查溢流阀的是否调节不良或存在故障,系统压力是否达不到叶片马达的启动转矩	排除溢流阀故障,调高溢流阀的压力
检查泵是否有故障,例如泵无流量输出或输出流量极小	参考泵部分的有关内容予以排除
检查换向阀是否动作不良,换向阀阀芯有无卡死,有无流量进入叶片马达,叶片马达后接的流量调节阀(出口节流)及截止阀是否打开等	酌情处理
检查叶片马达的容量是否选用过小而带不动大负载	在设计时应充分考虑负载大小,正确选用能满足负载要求的叶片马达
检查叶片马达的叶片是否卡住或破裂	酌情处理

【故障 6】 叶片马达速度不能控制和调节

叶片马达速度不能控制和调节的故障分析与排除见表 3-27。

表 3-27 叶片马达速度不能控制和调节的故障分析与排除

故障分析	排除方法
当采用节流调速(进口、出口或旁路节流)回路对叶片马达调速时,可检查流量调节阀是否调节失灵	修复流量调节阀
当采用容积调速的叶片马达时,应检查变量泵及变量马达的变量控制机构是否失灵,是否内泄漏量大	排除变量泵及变量马达的故障
采用联合调速回路的叶片马达时,可参照上述两项进行分析	酌情处理

【故障 7】 叶片马达低速时转速不稳、产生爬行

叶片马达低速时转速不稳、产生爬行的故障分析与排除见表 3-28。

表 3-28 叶片马达低速时转速不稳、产生爬行的故障分析与排除

故障分析	排除方法
检查叶片马达内是否进了空气	查明原因予以排除
检查叶片马达回油背压是否太低	一般叶片马达回油背压不得小于 0.15MPa
检查内泄漏量是否较大	减少内泄漏，以提高低速稳定性能
检查装设的蓄能器是否有故障	排除蓄能器故障，以起到减振、吸收脉动压力的作用，可明显降低叶片马达的转速脉动变化率

【故障 8】 叶片马达低速时启动困难

叶片马达低速时启动困难的故障分析与排除见表 3-29。

表 3-29 叶片马达低速时启动困难的故障分析与排除

故障分析	排除方法
对高速小转矩叶片马达，多为燕尾弹簧（参见图 3-46）折断	更换弹簧
对于低速大转矩叶片马达，则是顶压叶片的弹簧 4（图 3-45）折断，使进、回油串腔，不能建立启动转矩	更换弹簧
系统压力不够	查明原因将系统油压调上去

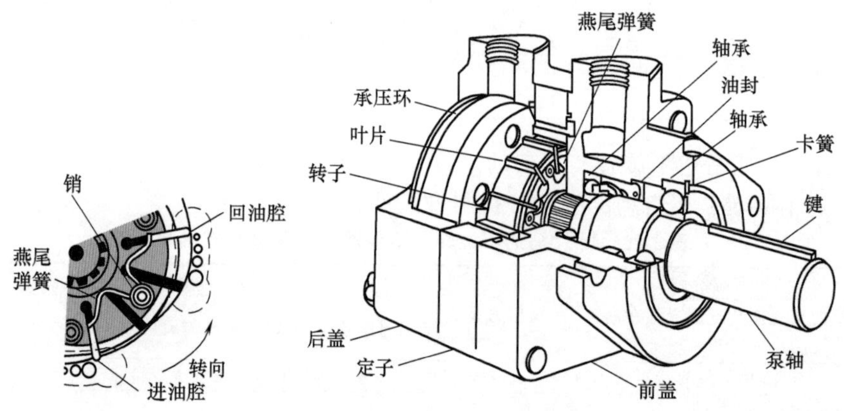

图 3-46 叶片马达的燕式弹簧

5. 叶片马达的修理

(1) 叶片马达的修理方法

叶片马达的主要修理位置如图 3-47 所示。

① 定子内曲面经常有拉伤的情况，可用精油石或金相砂纸打磨。

② 配流盘端面上出现拉伤和汽蚀性磨损，拉伤、磨损不严重时，可用油石或金相砂纸打磨再用，严重者必须平磨修复。

③ 转子主要是两端面的拉伤，可酌情处理。

④ 叶片主要是修理其顶部圆弧面，可在油石上来回摆动修圆。

⑤ 修理时，轴承可酌情更换，密封圈则必须换新。

(2) 修理后的弹簧式叶片马达的装配　弹簧式叶片马达装配时，一方面因要先装好弹簧，叶片难以装进转子槽内，另一方面装好的转子要装入定子孔内也不太容易，可按图 3-48 所示的方法进行。

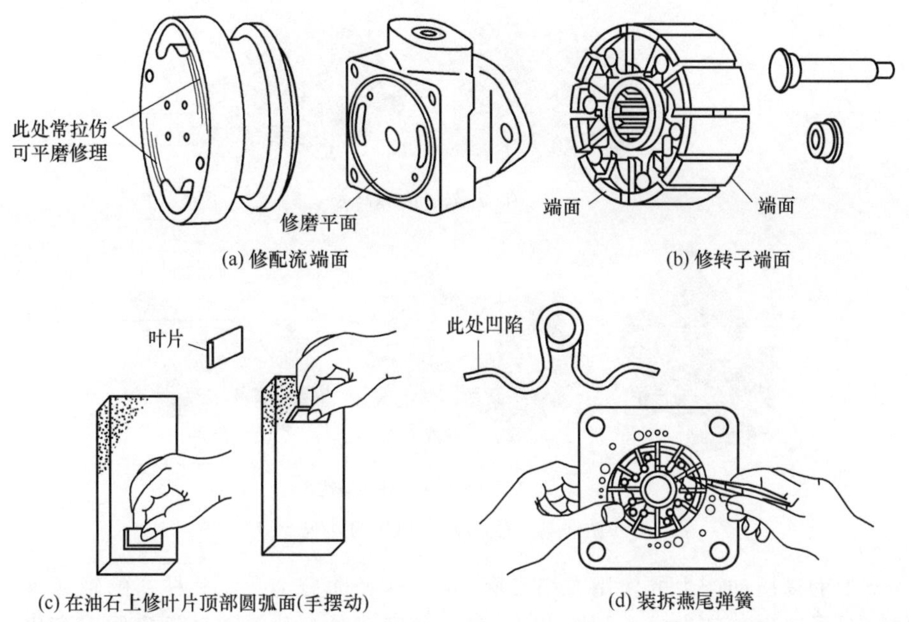

图 3-47 叶片马达的主要修理位置

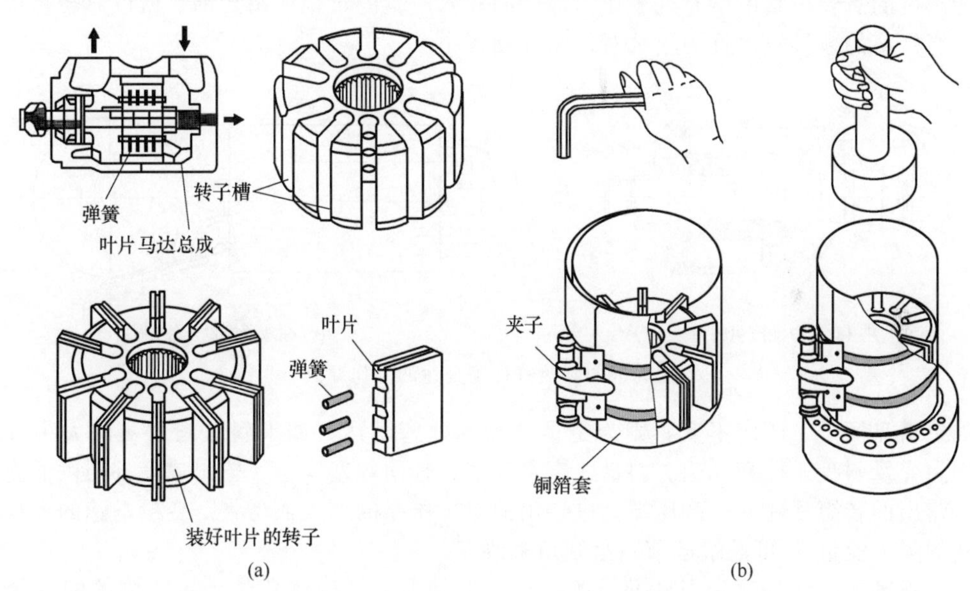

图 3-48 弹簧式叶片马达修理时的装配技巧

七、轴向柱塞马达的故障诊断与维修

1. 轴向柱塞马达的外观

维修时为了在设备上迅速找到轴向柱塞马达，要知晓其外观，轴向柱塞马达的外观如图 3-49 所示。

2. 轴向柱塞马达的工作原理

(1) 斜盘式柱塞马达 其工作原理如图 3-50 所示。油液压力产生的力把处在压油腔位置的柱塞顶出，压在斜盘上，柱塞滑履处法线方向上要产生一反力作用在柱塞的球头上，现在来分析图中一个柱塞的受力情况：设斜盘给柱塞的反作用力为 F_L，F_L 的水平分力 F_H 与

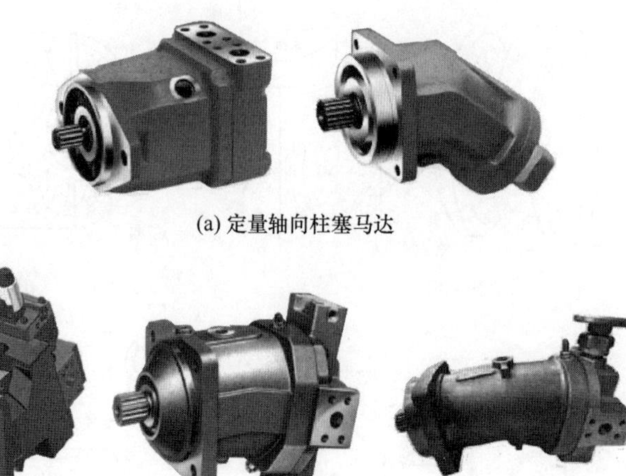

(a) 定量轴向柱塞马达

(b) 变量轴向柱塞马达

图 3-49 轴向柱塞马达的外观

作用在柱塞上的高压油产生的作用力相平衡，F_L 的径向分力 F_T 和柱塞的轴线垂直，使柱塞对缸体（转子）中心产生一个转矩 M_2。随着角度 ϕ 的变化，该转矩也跟着变化。整个马达所能产生的总转矩是由所有处于压力油区的柱塞产生的转矩所组成的，所以总转矩也是脉动的。当柱塞的数目较多且为单数时，则脉动较小。

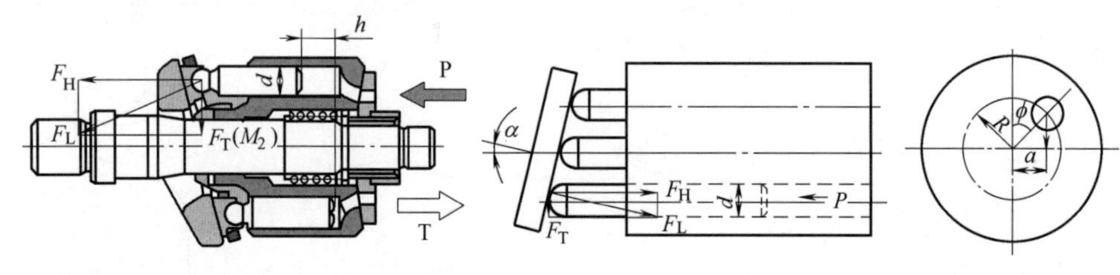

(a) 压力油产生的力

(b) 柱塞受到的反作用力

图 3-50 斜盘式柱塞马达的工作原理

如果斜盘倾角 α 固定不变，则为定量斜盘式柱塞马达；如果斜盘倾角 α 的大小可以改变，则为变量斜盘式柱塞马达。斜盘式定量或变量轴向柱塞马达，输出速度都与供油流量成正比，输出的转矩都随高、低压端（进、出油口）压差的增大而增大。变量马达的容积，亦即马达的吸入流量，可通过调节斜盘倾角来改变。

（2）斜轴式柱塞马达　当柱塞数为 7 时，3 个或 4 个缸体孔位于压力侧的配流腰形孔处，而另外 4 个或 3 个则在回油侧腰形孔处。压力油从配流盘腰形孔由 P 进入马达，推动柱塞在缸体孔内前后运动，由输出轴的柱塞球铰转化为旋转运动。缸体与柱塞一起转动，并在输出轴上产生转矩。当柱塞随缸体转到配流盘回油腰形孔的位置时，回油流出，回到系统或油箱中［图 3-51（a）］。

如图 3-51（b）所示，作用在柱塞上的油液压力产生力 P，把处在压油腔位置的柱塞顶出，柱塞滑履处法线方向上要产生一反力，作用在柱塞的球头上，垂直分力使输出轴产生一转矩力 M_2。

配流盘有平面和球面之分。采用球面配流盘，相当于缸体支承在一个无转矩的轴承上，作用在缸体上的全部力都作用在一个点上，这样弹性变形引起的横向偏移不会增加缸体和配流盘之间的泄漏。在空转和启动时，缸体被垫圈推向配流盘，随着压力的升高，液压力达到了静压平衡，因此合力值保持在许可的范围内，同时使缸体和配流盘之间保持最小缝隙，泄漏则降到了最低。

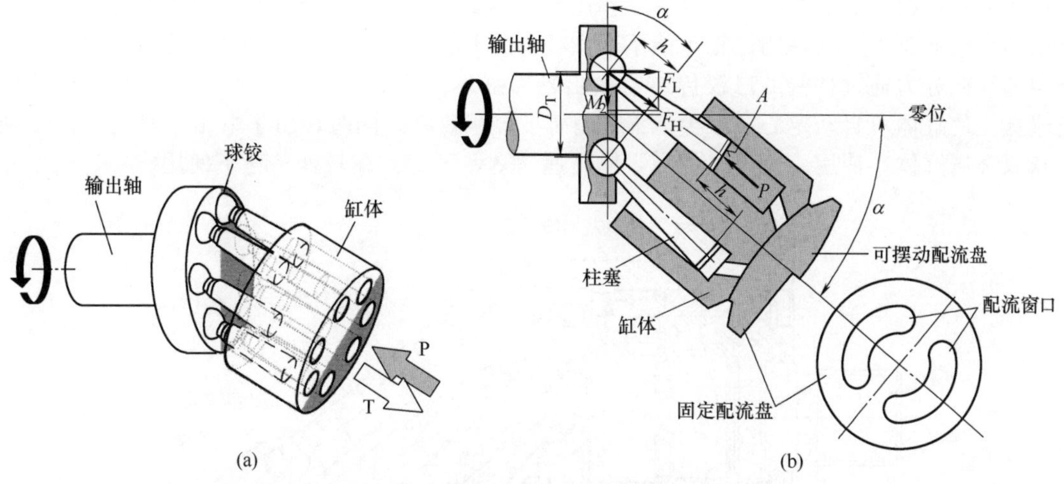

图 3-51 斜轴式柱塞马达的工作原理

定量马达的摆角 α 由壳体设定为固定值；变量马达的摆角则可在一定范围内无级调节，通过改变摆角大小，得到柱塞的不同行程 h，因而产生可调节的排量。变量调节既可采用机械式的定位螺钉(图 3-52)，也可采用液压式的定位活塞。控制则可以为机械的、液压的或电气的。常见的调节方式有手动调节螺钉调节，采用比例电磁铁的比例调节、压力和功率控制调节等。随着角度的增加，排量和转矩也增大；反之，这些数值则相应减小。

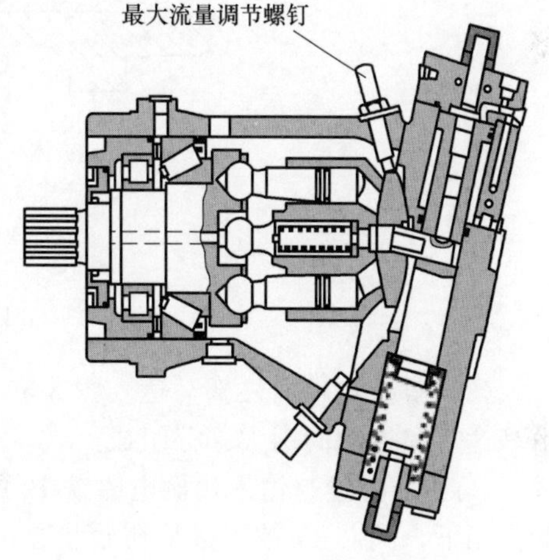

图 3-52 柱塞马达变量调节

3. 轴向柱塞马达的结构

(1) 轻型轴向柱塞马达 图 3-53 所示的 PVBQA 系列轻型轴向柱塞马达属大转矩型。

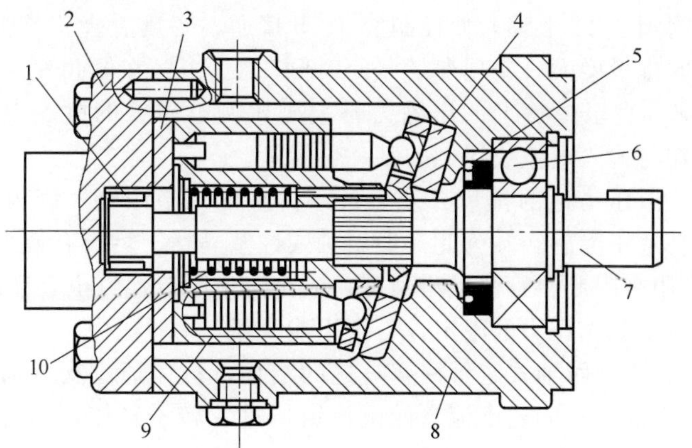

图 3-53 PVBQA 系列轻型轴向柱塞马达的结构

1—轴承；2—端盖；3— 配流盘；4—止推板；5—轴封；6—轴承；7—传动轴；8—壳体；9—缸体组件；10—中心弹簧

(2) 斜轴式轴向柱塞马达 图 3-54 所示为 A2FM 型斜轴式柱塞马达的结构，采用无连杆的锥形柱塞，且柱塞用密封环密封；中心连杆起缸体定心作用，中心连杆左部球头起辅助支承作用；球面配流盘起缸体主要支承作用和辅助定心作用，中心连杆右下端的弹簧可使缸体紧贴在配流盘上；滚柱圆锥轴承能承受大径向力和轴向推力。压力油通过配流盘进入柱塞产生的切向分力通过柱塞的球铰传递给输出轴。缸体摆角有 25°和 20°两种。由于采用球面配流盘，使缸体可自动定心，减少泄漏，提高了容积效率。同时，由于采用一对大锥角球轴承及双金属缸体，使用寿命得以提高，属高速马达，不适宜在较低转速下使用。

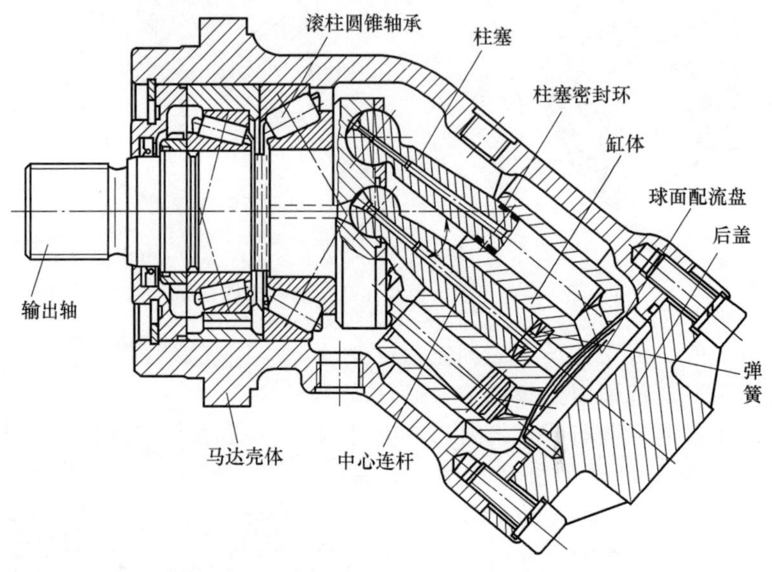

图 3-54 A2FM 型斜轴式柱塞马达的结构

(3) 斜盘式轴向柱塞马达 图 3-55 所示为 A7V 型斜盘式比例变量柱塞马达的结构，它由马达芯和控制阀两大部分组成。

马达的排量与输入比例电磁铁 12 的控制电流成比例。当未通入电流时，在复位弹簧 7 的作用下，阀芯 11 被下推呈初始状态；当比例电磁铁通入电流时比例电磁铁 12 产生推力，通过传力件 13 和推杆 10 作用在阀芯 11 上，当此推力足以克服复位弹簧 7 和反馈弹簧 8 的弹力之和时，控制阀阀芯 11 上移，使控制腔 a、b 接通，变量活塞 9 带动配流盘 4 向下顺时针方向移动，马达的排量增大，实现变量（此时倾角变大）；在倾角变大的过程中，件 9 也不断压缩反馈弹簧 8，直至弹簧上的压缩力略大于比例电磁铁的电磁力时，阀芯 16 关闭，使变量活塞 9 定位在与输入电流成比例的某一位置上。

值得注意的是，液压马达的排量必须有最小排量的调节限制，因为如果在极小的排量下，则因转矩太小马达不能旋转。为此一般斜轴式柱塞马达上均设有最小流量限位螺钉（如图 3-55 中的件 5），用来限制斜轴的最小角度，最小流量限位螺钉也有称最小行程调节器的。另外，还要有系统最小工作压力的限定，否则不能变量。

图 3-56 所示为 F12 型斜轴式定量柱塞马达的结构，缸体通过支承轴支承在外壳上（轴支承缸体结构），压力油通过固定配流盘的配流窗口进入转子缸体，推动柱塞，顶紧在输出轴左端面上的球铰副上，其产生的切向力使转子缸体回转，并将旋转运动通过锥齿轮副传递给输出轴，使输出轴输出旋转运动和转矩。缸体由支承轴支承，中心连杆起辅助支承作用。中心连杆上的弹簧使缸体始终压在配流盘上。

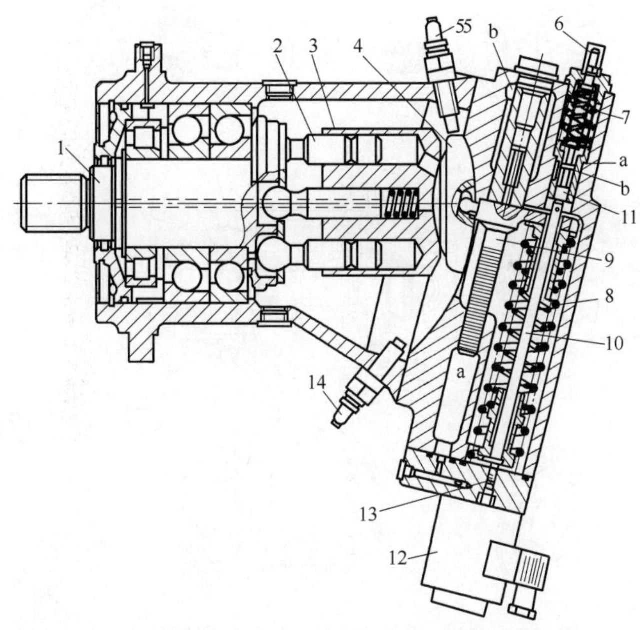

图 3-55　A7V 型斜盘式比例变量柱塞马达的结构

1—输出轴；2—柱塞；3—缸体；4—配流盘；5—最小流量限位螺钉；6—调节螺钉；7—复位弹簧；8—反馈弹簧；9—变量活塞；10—推杆；11—阀芯；12—比例电磁铁；13—传力件；14—最大流量限位螺钉

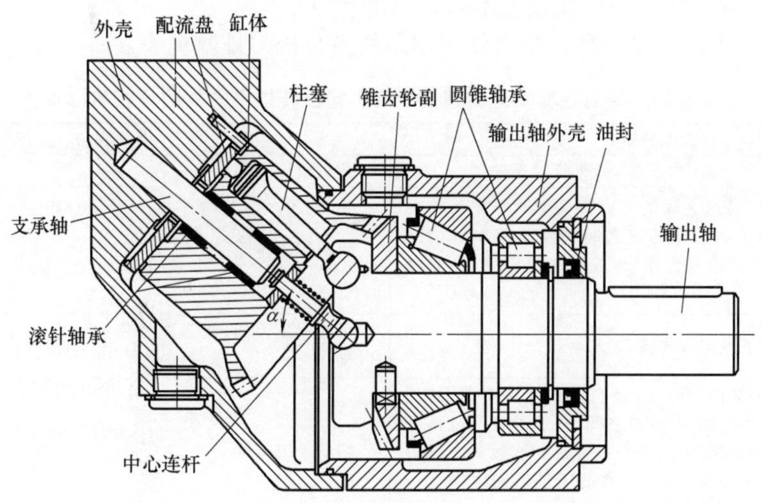

图 3-56　F12 型斜轴式定量柱塞马达的结构

4. 轴向柱塞马达的故障分析与排除

(1) 易出故障的零件及其部位

① 轴向柱塞马达易出故障的零件：配流盘、缸体、输出轴、三顶针、半球套、柱塞、滑靴、九孔盘、输出轴等。

② 轴向柱塞马达易出故障的部位：配流盘端面（磨损拉伤）；缸体端面（磨损拉伤）与缸体孔（磨损）；中心弹簧处（折断）；柱塞外圆（磨损拉伤）；输出轴轴颈（磨损）；轴承处（磨损或破损）；油封处（破损）等（图 3-57）。

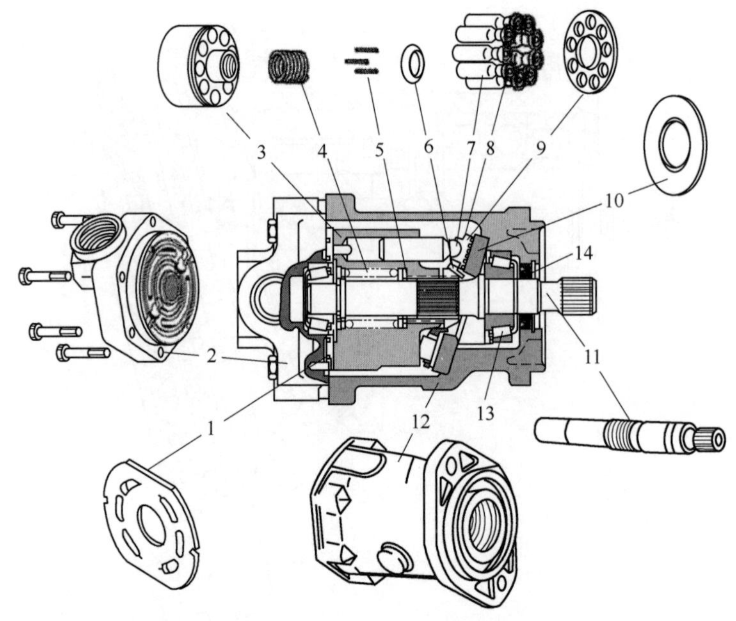

图 3-57 轴向柱塞马达易出故障的零件及其部位

1—配流盘；2—后盖；3—缸体；4—中心弹簧；5—三顶针；6—半球套；7—柱塞；8—滑靴；9—九孔盘；10—回程盘（斜盘）；11—输出轴；12—壳体；13—轴承；14—油封

（2）故障分析与排除

【故障 1】 轴向柱塞马达转速提不高、输出转矩小

轴向柱塞马达转速提不高、输出转矩小的故障分析与排除见表 3-30。

表 3-30 轴向柱塞马达转速提不高、输出转矩小的故障分析与排除

故障分析	排除方法
检查液压泵是否供油压力不够、供油流量太少	参见液压泵的有关内容
从液压泵到液压马达之间的压力损失太大，流量损失太大，应减少液压泵到液压马达之间管路及控制阀的压力、流量损失，检查管道是否太长，管接头是否太多，管路密封是否失效等	酌情逐一排除
压力阀、流量阀及换向阀失灵	可根据压力阀、流量阀及换向阀有关故障排除的方法予以排除
柱塞马达本身的故障：马达各接合面产生严重泄漏，例如缸体端面、配流盘端面、右端盖之间、柱塞外径与缸体孔之间因磨损导致内泄漏增大；中心弹簧折断或疲劳或弹力不够、三顶针磨损变短等，无法顶紧造成轴向间隙大产生内泄漏；拉毛导致相配件的摩擦、别劲等	酌情予以排除
油温过高与油液黏度不合适等	控制油温，选择合适的油液黏度

【故障 2】 轴向柱塞马达噪声大、振动

轴向柱塞马达噪声大、振动的故障分析与排除见表 3-31。

表 3-31 轴向柱塞马达噪声大、振动的故障分析与排除

故障分析	排除方法
检查液压马达输出轴上的联轴器是否安装不同心、松动等，联轴器对中不正确或松动将导致噪声或振动异常	校正同轴度，维修或更换联轴器，并确认联轴器选择正确
检查油箱中油位，油箱中油液不足将导致吸空并产生系统噪声	加油至合适位置并确保至马达的油路通畅

续表

故障分析	排除方法
检查油管各连接处是否松动(特别是马达供油路),空气残留于系统管路或马达内,由此产生系统噪声和振动	排除空气并拧紧管接头
检查柱塞与缸体孔是否因严重磨损而间隙增大,带来噪声和振动	可刷镀重配间隙,或更换新件
检查柱塞头部与滑履球面配合副是否磨损严重,磨损严重会带来噪声和振动	可更换柱塞与滑履组件
检查输出轴两端的轴承与轴承处的轴颈是否磨损严重	可电镀或刷镀轴颈,并更换轴承
检查是否存在外界振源,外界振源可能产生共振	找出振动原因,消除外界振源的影响,且将液压马达安装牢固
检查液压油黏度是否超过限定值,液压油黏度过高或温度过低将导致吸空,噪声异常	工作前系统应预热,或在特定的工作环境下,选用合适黏度的液压油

【故障 3】 轴向柱塞马达内、外泄漏量大且发热温升严重

轴向柱塞马达内、外泄漏量大且发热温升严重的故障分析与排除见表 3-32。

表 3-32 轴向柱塞马达内、外泄漏量大且发热温升严重的故障分析与排除

故障现象	故障分析	排除方法
外泄漏量大	输出轴的骨架油封损坏	更换输出轴的骨架油封
	液压马达各管接头未拧紧或因振动而松动	拧紧管接头
	工艺堵头油塞未拧紧或密封失效	拧紧工艺堵头油塞
	温度过高引起非正常漏油过多	查明温升原因,予以排除
	马达各接触面磨损	拆开检查,研磨各接触面,更换密封
	各密封处的密封圈破损等	更换密封
内泄漏量大	柱塞与缸体孔磨损,配合间隙大	刷镀柱塞外圆柱
	中心弹簧疲劳,缸体与配流盘的配流贴合面磨损	更换中心弹簧,修复贴合面

【故障 4】 带制动装置的轴向柱塞马达无法制动

带制动装置的轴向柱塞马达无法制动的故障分析与排除见表 3-33。

表 3-33 带制动装置的轴向柱塞马达无法制动的故障分析与排除

故障分析	排除方法
检查制动摩擦片是否过度磨损	分解、检查、修理,超过磨损量限定值时予以更换
检查制动活塞是否卡住	分解、检查、修理
检查制动解除压力是否不足	对回路进行检查与修理
检查摩擦盘上的花键是否损坏	分解、修理或更换

【故障 5】 轴向柱塞马达不转动

轴向柱塞马达不转动的故障分析与排除见表 3-34。

表 3-34 轴向柱塞马达不转动的故障分析与排除

故障分析	排除方法
检查系统压力是否上不去,如回路中的溢流阀工作不正常、柱塞卡滞、柱塞被堵塞、回路中安全阀的设定值不正确等	排除溢流阀故障,拆卸卡滞部位,进行清洗与修理,正确设定压力值
检查工作负载是否过大	查明原因,采取对策
检查制动油缸活塞是否卡在制动位置	进行回路检查与修理,排除制动油缸活塞卡住、制动油路堵塞等故障

【故障 6】 轴向柱塞马达不能变速或变速迟缓

轴向柱塞马达不能变速或变速迟缓的故障分析与排除见表 3-35。

表 3-35 轴向柱塞马达不能变速或变速迟缓的故障分析与排除

查找分析	排除故障的相应对策
检查伺服控制信号管路上的压力,控制油路堵塞或受限制将导致马达变量缓慢或不能切换,从而不能变速或变速迟缓	应确保控制信号管路通畅,无限流,并有足够的控制压力去切换马达排量
检查控制供油或回油管路上阻尼孔有没有堵塞,控制供油或回油管路上限尼孔决定马达变量时间,阻尼孔越小,响应时间越长,堵塞将延长响应时间,从而变速迟缓	应确保阻尼孔正常工作,堵塞时进行清洗

八、径向柱塞马达的故障诊断与维修

1. 径向柱塞马达的特点

径向柱塞式液压马达简称径向柱塞马达,为低速液压马达。其主要特点是排量大、转速低,可以直接与工作机构连接,不需要减速装置,使传动机构大大简化。其输出转矩较大,可达几千到几万牛米,因此又称为低速大转矩液压马达。其缺点是体积大、重量大。其中,多作用内曲线径向柱塞马达可以传递大转矩,且转矩脉动可大大减少,其低速稳定性较好,但结构较复杂,定子多作用曲线加工比较困难(需专用设备)。

2. 径向柱塞马达的工作原理

(1) 曲轴连杆式径向柱塞马达 如图 3-58 所示,在壳体 1 的圆周上均布五个(或七个)柱塞缸,柱塞 2 的底部通过球铰与连杆 3 连接在一起,连杆的端部是一个圆柱面,与曲轴 4 的偏心圆柱面配合,配流轴和曲轴连在一起,并同时转动。

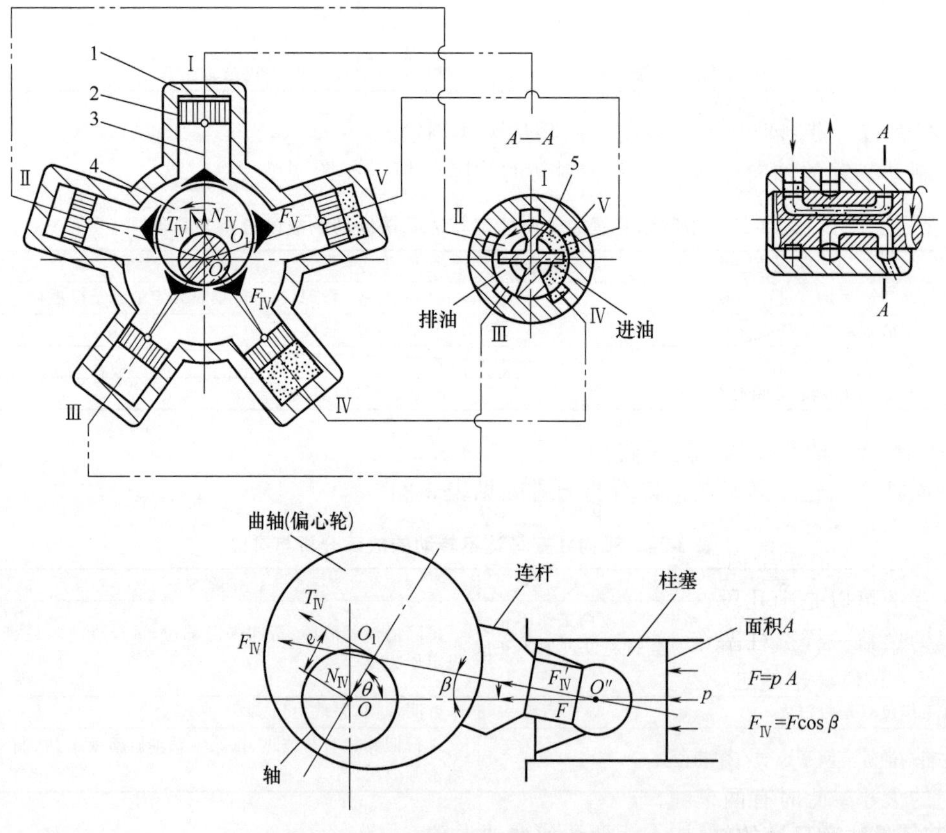

图 3-58 曲轴连杆式径向柱塞马达的工作原理

1—壳体;2—柱塞;3—连杆;4—曲轴;5—配流轴

配流轴在旋转过程中，通过轴向通道将压力油分配到相应的柱塞缸，例如图 3-58 中为缸Ⅳ与缸Ⅴ进高压油的情形，$F_{Ⅳ}$ 与 $F_{Ⅴ}$ 通过连杆 3 传递到曲轴的偏心圆上，其作用方向沿着连杆中心线，指向偏心圆的圆心 O_1，每个力均可分解成两个力。例如 $F_{Ⅳ}$ 可分解成 $N_{Ⅳ}$ 和 $T_{Ⅳ}$，$N_{Ⅳ}$ 为沿着曲轴旋转中心 O 与偏心圆圆心 O_1 的连线 OO_1 的法向力，$T_{Ⅳ}$ 为垂直于连线的切向力。$T_{Ⅳ}$ 对曲轴中心 O 产生转矩，推动曲轴逆时针方向转动。$F_{Ⅴ}$ 也同样可分解成 $T_{Ⅴ}$（切向力），使曲轴逆时针方向转动。轴的转动带动配流轴旋转，转过 90°时Ⅴ、Ⅰ、Ⅱ三个缸进高压油，转过 180°时Ⅱ、Ⅲ两个缸进高压油，转过 270°时Ⅲ、Ⅳ两个缸进压力油，转过 360°时又重新开始循环。

（2）变量径向柱塞马达　在上述马达中，若偏心值可以改变，则成了变量马达，通过改变偏心轮的偏心距实现变排量。

图 3-59 所示为转动偏心套的变量原理，O 为曲轴旋转中心，O_1 为固定偏心轮中心，O_2 为可以转动的偏心套外圆中心，图示是偏心距 e 最大位置，马达排量最大，为低速大转矩工况。偏心套通过特殊机械转动 180°，O_2 转至 O_2'位置，偏心距最小，马达排量最小，为高速小转矩工况。

图 3-60 示出了径向移动偏心环的变量结构。在配流壳体和缸体间增设变量滑环 4，并用螺钉固定一起。曲轴的偏心轮部分设置大、小活塞腔。控制油液由变量滑环引入，进入小活塞腔，推动小活塞 2 顶着偏心环 3 移动至最大偏心距位置，此时马达排量最大；当控制油液推动大活塞 1 顶着偏心环移动至最小偏心位置时，马达排量最小。适当设计大、小活塞的行程，可以得到不同偏心距的有级变量。

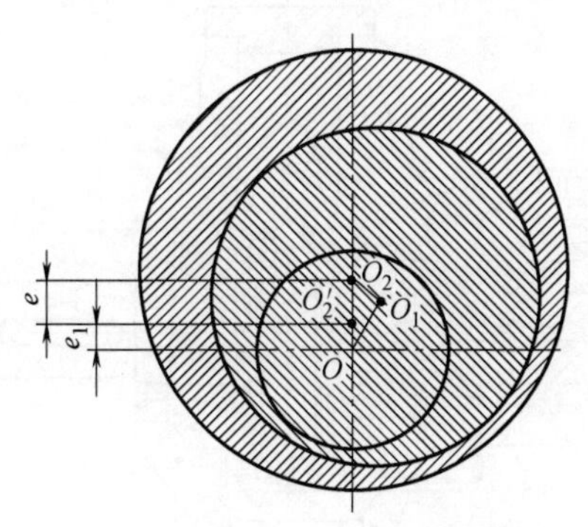

图 3-59　转动偏心套的变量原理

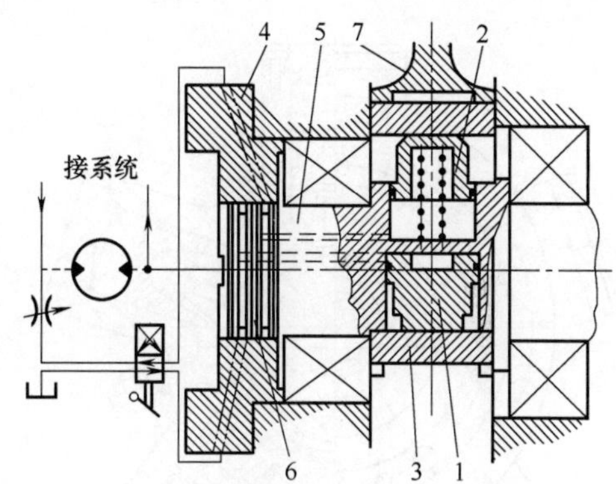

图 3-60　径向移动偏心环的变量结构

1—大活塞；2—小活塞；3—偏心环；4—滑环；5—偏心轴；6—密封环；7—连杆

（3）多作用内曲线径向柱塞马达　如图 3-61 所示，柱塞 3 装在转子 4 内，柱塞上的滚轮（或钢球）2 沿定子内曲面（导轨）滚动，定子的内表面做成多曲线式，图中为四段重复曲线，多的可以是十几段，在转子每转中，柱塞来回往复多次，作用的次数和定子内表面曲线重复的次数一样。柱塞作往复运动时靠配流轴 5 配流，配流轴是固定不动的，配流轴上的轴向孔 a、b 和马达的进、出油口相通。

当压力油进入柱塞下腔时，柱塞向上产生液压力 P，将其分解为切向力 T 和法向力 N，法向力使滚轮压向定子内曲面，切向力产生一带动转子的旋转力，T 乘以 R(OA) 便为产生的力矩的大小。此时有两个柱塞产生这种力矩，共同形成液压马达的输出转矩。

3. 径向柱塞马达的结构

（1）轴配流径向柱塞马达　图 3-62 和图 3-63 所示为 JMD 型径向柱塞马达的结构。星形壳体 7 上按径向在圆周均匀分布有五个柱塞缸。每一缸中均装有柱塞，每一柱塞的中心球窝中装有连杆 2 小端的球头，连杆大端的凹形圆柱面紧贴在与输出轴 4 成一整体的偏心轮的外缘上，并通过一对挡圈 3 压住连杆 2，以防与偏心轮脱离。输出轴（曲轴）一端为输出，另一端通过十字联轴器 5 带动配流轴 6 旋转。

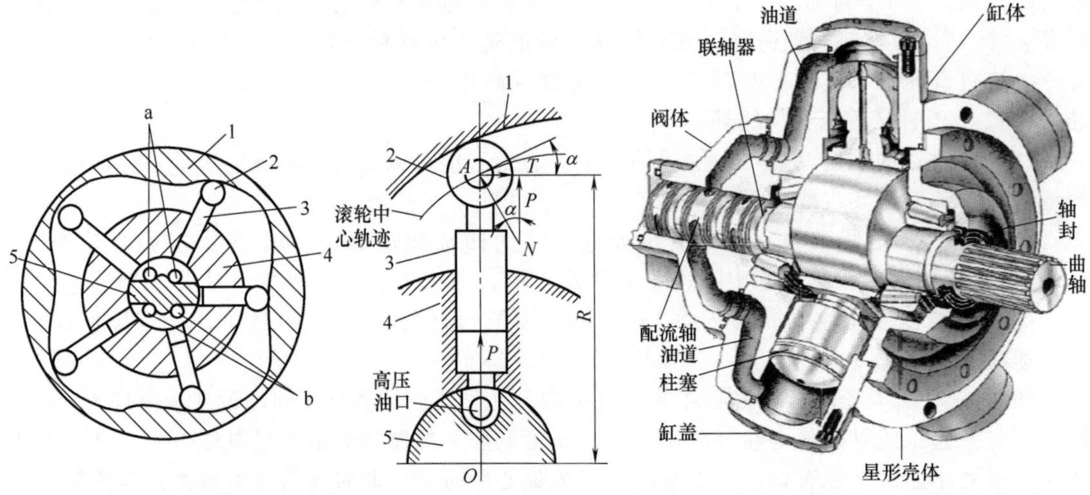

图 3-61 多作用内曲线径向柱塞马达的工作原理

1—定子；2—滚轮（钢球）；3—柱塞；4—转子；5—配流轴

图 3-62 JMD 型径向柱塞马达的结构（一）

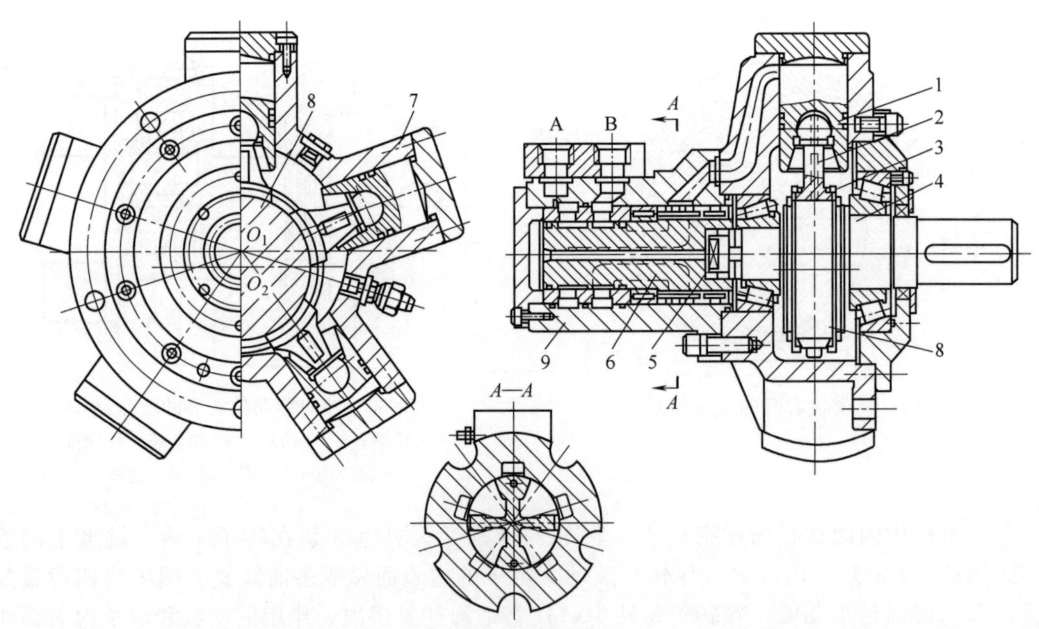

图 3-63 JMD 型径向柱塞马达的结构（二）

1—柱塞；2—连杆；3—挡圈；4—输出轴（曲轴）；5—联轴器；
6—配流轴；7—星形壳体；8—偏心轮；9—阀体

（2）盘配流径向柱塞马达　如图 3-64 所示，这种马达的缸体和柱塞围绕中央的偏心轴按星形排列。与偏心轴的位置相对应，5 个柱塞中在旋转过程中有 2 个或 3 个与供油口（压力端）相连，其余柱塞与回油口（油箱）相连。压力油通过控制器供给缸体。

工作液体通过油口 A 和 B 进、出马达。油液通过配流机构和壳体 1 上的流道 D 进入缸 F 或流出缸 F，柱塞和柱塞缸支承在偏心轴上的圆形表面和盖上。柱塞和缸体的静压平衡使马达在低摩擦状态下运行，因而效率高。柱塞缸体内 E 腔中的压力直接作用在偏心轴上。配流板 8.1 由销钉固定在壳体上，而配流阀 8.2 和偏心轴一起转动。配流阀上的孔将配流板和柱塞缸连接起来。平衡环 8.3 在弹簧压缩力和液压力共同作用下能补偿其间隙，这使马达有很好的抗温度冲击能力以及能在整个寿命期内保持恒定的性能。壳体 1 的 F 腔内泄漏油来自柱塞和配流板，并由泄油口 C 引出。

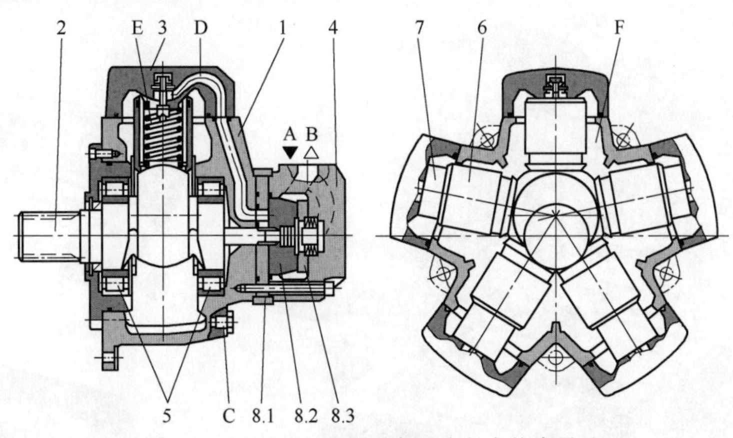

图 3-64 MR 和 MRE 型盘配流径向柱塞马达

1—壳体；2—偏心轴；3—盖；4—配流体；5—滚柱轴承；6—柱塞缸；7—柱塞；8.1～8.3— 配流机构；C—泄油口；D—油道；E，F—油腔

(3) 变量径向柱塞马达 图 3-65 和图 3-66 所示为 CLJM 型的变量径向柱塞马达的结构，曲轴 5 上装有小活塞 2 和大活塞 1，偏心环 3 和曲轴 5 制成分离式的，而不像定量马达那样，两者制成一体，其目的是为了可调节偏心距的大小。

偏心环 3 内侧是两侧平行的长槽，与输出轴上的方滑块两侧面相配，方滑块的另外两面相对装有大活塞 1 和小活塞 2，长槽支承着偏心环 3。大、小活塞腔分别与曲轴里的控制油路相连。当 Y 口进油，即小活塞腔进油、大活塞腔回油时，小活塞在压力油的作用下将偏

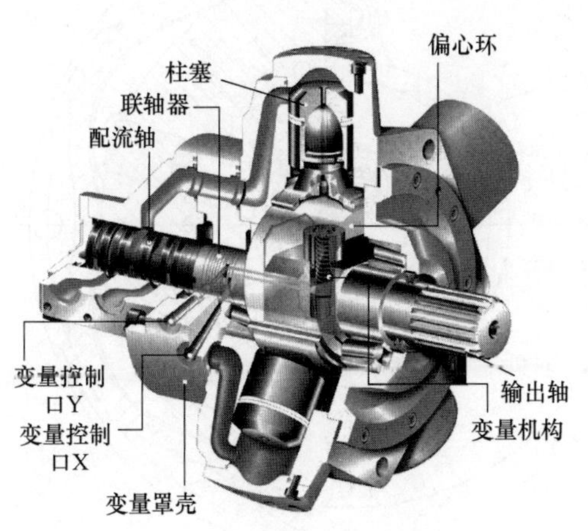

图 3-65 CLJM 型变量径向柱塞马达的结构（一）

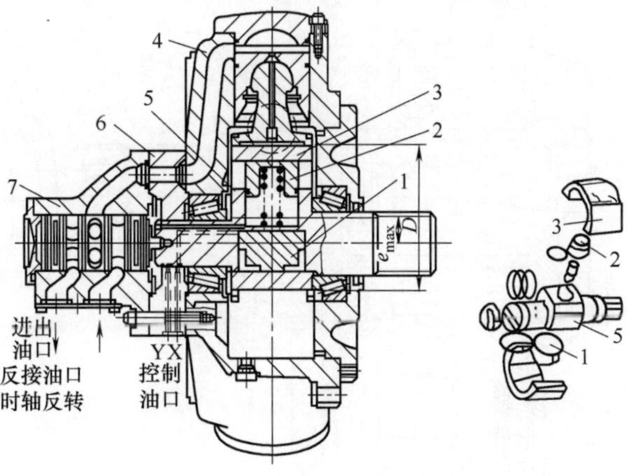

图 3-66 CLJM 型变量径向柱塞马达的结构（二）

1—大活塞；2—小活塞；3—偏心环；4—壳体；5—曲轴；6—隔套；7—配流器；D—偏心环外径；e_{max}—偏心环与输出轴之间的最大偏心距

心环3推至最大偏心位置，此时马达排量和输出转矩最大，转速最低。当X口进油，即小活塞腔回油、大活塞腔进油时，偏心环3被推至最小偏心位置，此时马达为小排量。这样就构成了变量马达。

这种马达可以和定量泵组合构成容积调速回路，有效地实现恒功率调速，特别适用于牵引绞车或驱动车辆的车轮。

(4) 多作用内曲线径向柱塞马达　NJM型横梁传力式内曲线径向柱塞马达的结构如图3-67和图3-68所示。

图3-67　NJM型横梁传力式内曲线径向柱塞马达的结构(一)

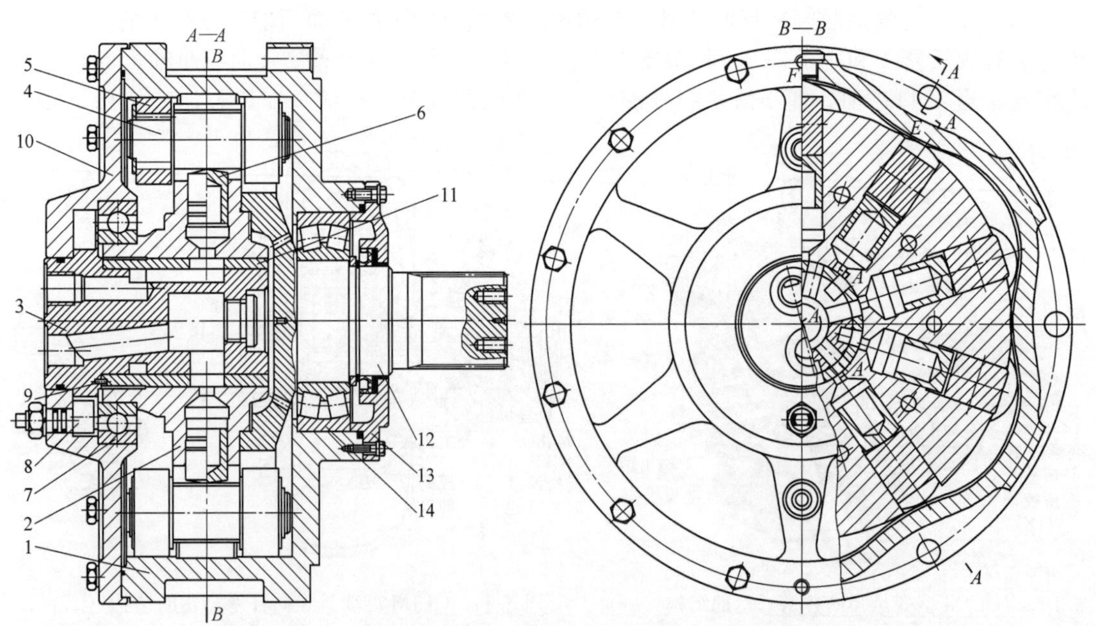

图3-68　NJM型横梁传力式内曲线径向柱塞马达的结构(二)

1—定子；2—转子；3—配流轴；4—横梁；5—滚轮；6—柱塞；7—滚动轴承；8—微调螺钉；9—圆柱销；10—盖板；11—配流轴套；12—输出轴；13—前盖；14—轴承

4. 径向柱塞马达的故障分析与排除

(1) 多作用内曲线径向柱塞马达的故障分析与排除

【故障 1】 多作用内曲线径向柱塞马达输出轴不转动、不工作

多作用内曲线径向柱塞马达输出轴不转动、不工作的故障分析与排除见表 3-36。

表 3-36 多作用内曲线径向柱塞马达输出轴不转动、不工作的故障分析与排除

故障分析	排除方法
输入液压马达的工作压力油压力太低	设法提高
滚轮破裂,碎块卡在缸体与马达壳体之间,或者卡住滚轮的卡环断裂,滚轮从横梁上脱出,卡在缸体与马达壳体之间	拆开修理,更换滚轮
柱塞卡住,以柱塞传力方式的多作用内曲线液压马达柱塞一般较长,同时由于柱塞承受侧向力,容易造成柱塞卡住而使液压马达输出轴不能转动	拆开修理,注意柱塞在缸体孔内的装配精度,消除柱塞卡死现象
泄油管管接头拧入太长,使马达卡住	使用短油管接头,避免拧入螺孔内过长而出现顶死现象
输出轴轴承烧损	更换新件

【故障 2】 多作用内曲线径向柱塞马达转速不够

多作用内曲线径向柱塞马达转速不够的故障分析与排除见表 3-37。

表 3-37 多作用内曲线径向柱塞马达转速不够的故障分析与排除

故障分析	排除方法
配流轴与转子轴套之间的配合间隙过大,或因工作时间较长,油液不干净等原因,造成相对运动副之间的磨损,使间隙过大,因而产生进、排油之间的串通,导致压力流量损失过大,而使进入柱塞的有效流量不够,使液压马达转速不够	拆开液压马达,修复配流轴,使之与转子轴套的间隙在要求的范围内
柱塞和缸体孔的间隙太大	采用刷镀或镀硬铬的方法适当加大柱塞外径,使柱塞与缸体孔的间隙保持在 0.015～0.03mm 的范围内,小直径(30～45mm)取小值,大直径(65～80mm)取大值
泵输入液压马达的流量不够	排除泵的故障
柱塞上的 O 形圈破损	予以更换
负载过大	使液压马达在规定的输出转矩下使用

【故障 3】 多作用内曲线径向柱塞马达输出转矩不够

多作用内曲线径向柱塞马达输出转矩不够的故障分析与排除见表 3-38。

表 3-38 多作用内曲线径向柱塞马达输出转矩不够的故障分析与排除

故障分析	排除方法
同转速不够的前四项	同转速不够的前四项
输入液压马达的压力不够	检查液压系统压力上不来的原因,例如是否溢流阀有故障等
液压马达内部各运动副间机械摩擦太大,内耗太大	特别注意各运动副之间的摩擦力大小,注意加工、装配精度

【故障 4】 多作用内曲线径向柱塞马达输出转速变化大

多作用内曲线径向柱塞马达输出转速变化大的故障分析与排除见表 3-39。

表 3-39 多作用内曲线径向柱塞马达输出转速变化大的故障分析与排除

故障分析	排除方法
输入液压马达的流量变化太大	稳定进入液压马达的流量
负载不均匀,时大时小	查明导致负载不均匀的原因并予以排除
柱塞有卡滞现象	清洗去毛刺
配流轴的安装位置不正确	转动配流轴,消除输出轴转动不均匀的现象
定子(壳体)上导轨面出现不均匀磨损	予以修复或更换

【故障 5】 多作用内曲线径向柱塞马达噪声大、有冲击声

多作用内曲线径向柱塞马达噪声大、有冲击声的故障分析与排除见表 3-40。

表 3-40 多作用内曲线径向柱塞马达噪声大、有冲击声的故障分析与排除

故障分析	排除方法
柱塞存在卡阻现象	消除卡阻现象,使柱塞在随转子转动的过程中能灵活移动
各运动副之间因磨损间隙增大,产生机械振动撞击	酌情处理
输出轴轴承破损	更换轴承
定子导轨面拉有沟槽,有毛刺,使滚柱在导轨上产生跳跃,出现振动	针对原因分别采取对策

【故障 6】 多作用内曲线液压马达外泄漏

外泄漏的位置有输出轴轴封处、盖板与马达壳体结合面等，可根据外泄漏的位置，有针对性地拆开检查密封件破损情况；另外，壳体内因内泄漏大导致泄油压力高、泄油管管径太小、泄油管路背压太大、与回油管共用一条管路，均可能产生轴封处漏油及结合面漏油的现象，可查明原因，逐一排除。

（2）NHM 型径向柱塞马达的故障分析与排除　见图 3-69 和表 3-41。

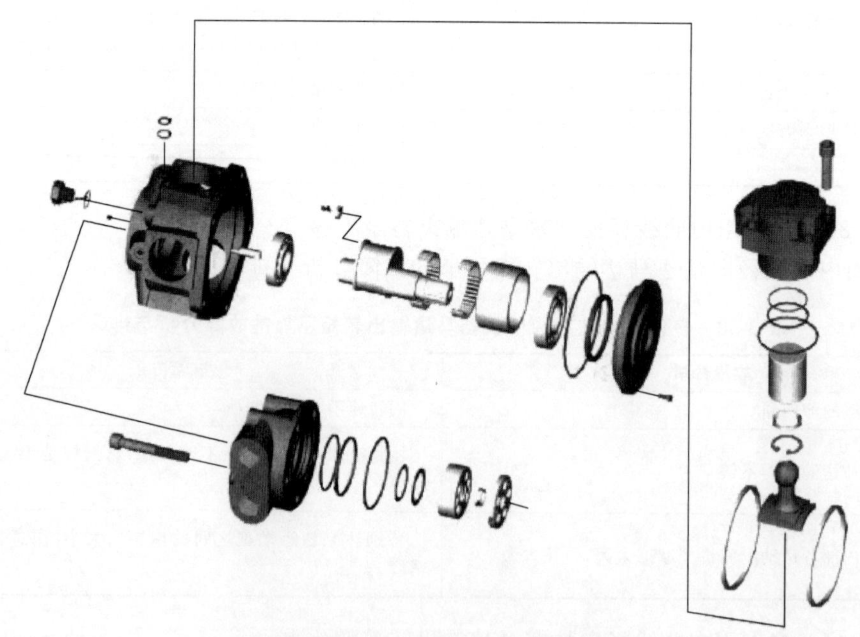

图 3-69 NHM 型径向柱塞马达的分解图

表 3-41 NHM 型径向柱塞马达的故障分析与排除

故障现象	故障分析	排除方法
旋向与预定方向相反	配流盘装反	拆下配流盘，调转 180°后重新装入
转速下降，运转不正常，输出转矩下降	①系统其他部分问题 ②马达严重外泄漏 ③马达内泄漏大	①排除系统故障 ②检查通油盘与壳体之间接触面，酌情处理 ③检查各零件之间接合的密封件，酌情处理 ④检查液压油的黏度和工作温度，酌情处理 ⑤检查各运动件的磨损情况，酌情处理
马达不转且压力上不去	①系统其他部分问题 ②铸件进、出油口串通 ③双头键折断 ④负载超过设定值 ⑤马达内部运动副相互咬住	①排除系统故障 ②检查通油盘的磨损情况，酌情处理 ③检查配流盘上密封环的磨损情况，酌情处理 ④更换双头键 ⑤保证负载不超过设定值 ⑥修理运动副
柱塞套或通油盘漏油，其他与壳体接触面漏油，输出轴端面漏油	①铸件有气孔、砂眼 ②橡胶密封件损坏或老化 ③油封损坏或老化、弹簧脱落 ④间隙不合适或轴承损坏	①拆开检查，更换不良件 ②更换橡胶密封件 ③更换油封 ④调整间隙或更换轴承
噪声大	①连杆与轴承套咬坏 ②卡簧断裂，轴承咬死 ③联轴器不同轴 ④外部振动 ⑤液压系统其他部位噪声	①更换损坏零件 ②检查推力座上轴承是否损坏，对轴承进行间隙调整 ③检查并校正与马达相连的联轴器的同轴度 ④采取防振措施 ⑤检查液压系统其他部位，酌情处理
温升太快	①系统冷却不够 ②主要零件磨损严重	①检查冷却情况并改善 ②酌情处理磨损严重的零件

5. 径向柱塞马达的修理

对径向柱塞马达的修理主要是指对配流盘、衬板、止推板及回程盘等常用易损件的修复。经检测表明，这些配件在磨损和腐蚀后，大都具有 3～4 次修复的加工余量，因此对其进行修复是可行的。由于这些配件的端面精度要求较高（图 3-70），这些表面失效后一般不能采用金相砂纸研磨修复，因为金相砂纸上的砂粒极易脱落，脱落后的砂粒容易镶嵌在工件表面上，从而影响它们的使用性能。一般采用研磨膏在平面慢速研磨机上进行手工研磨。也可采用研磨机和特制的固着磨料、磨具，利用循环水进行冲洗和冷却，其加工原理如图 3-71 所示，压头通过压盖压在工件上，其作用一是施加研磨压力，二是限制工件的移动，只允许工件绕压头回转中心转动。固着磨料粘在磨具表面上，研磨时磨具与磨料同时旋转，工件在研磨加工力的作用下作随动旋转。冷却水通过磨具中间的孔，由下向上地流入研磨加工区，以对加工区进行冷却，并冲走从工件和磨具上掉下来的磨屑。

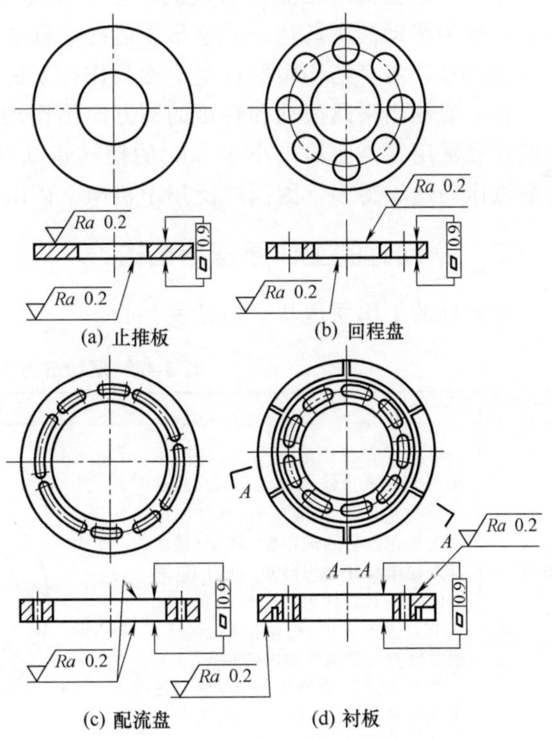

图 3-70 液压马达主要配件

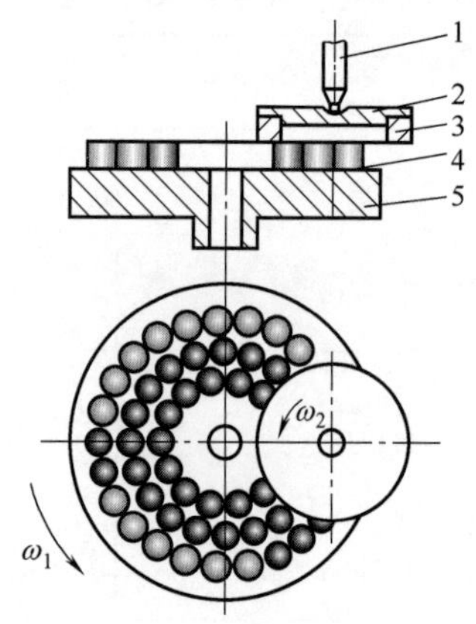

图 3-71 液压马达研磨修复

1—压头；2—压盖；3—工件；4—固着磨料；5—磨具

第三节 摆动缸的故障诊断与维修

一、摆动缸的使用条件

摆动缸是指输出轴能带动负载往复摆动的执行元件。叶片式摆动缸能直接驱动负载摆动，常称为摆动液压马达。其余形式的摆动缸要通过齿轮齿条、链条、连杆和丝杠螺母等带动负载摆动，本身结构中的柱塞仍然只作往复运动，故称为摆动液压缸。

在需要输出来回摆动和转矩的地方使用摆动缸，其结构简单，不需减速器和其他机构。一般摆动缸用在需要输出小于 300°的摆转运动并输出大转矩的地方。其效率高，内泄漏比一般液压马达小得多，因而广泛用于机床、矿山开采、石油、船舶舵机等设备中。

二、摆动缸的工作原理与结构

摆动缸的工作原理与结构见表 3-42。

表 3-42 摆动缸的工作原理与结构

项目		说明
叶片式摆动液压马达	工作原理	单叶片式摆动液压马达：压力油从 A 口进入壳体的 A_1 腔内，作用在叶片的左面，产生液压力，推动与叶片连接在一起的输出轴（转子）逆时针方向摆动并输出转矩，缸内 B_1 腔的回油经 B 口排出；反之，当压力油从 B 口进入缸内，则输出轴（转子）顺时针方向摆动并输出转矩 双叶片式摆动液压马达：与上述单叶片式类似，不同之处是压力油从 A 口进入 A_1 腔后，再经孔 a 进入 A_2 腔，使两叶片的上面或下面作用有液压力，共同使输出轴逆时针方向摆动并输出转矩，因而比单叶片式摆动液压马达的输出转矩大 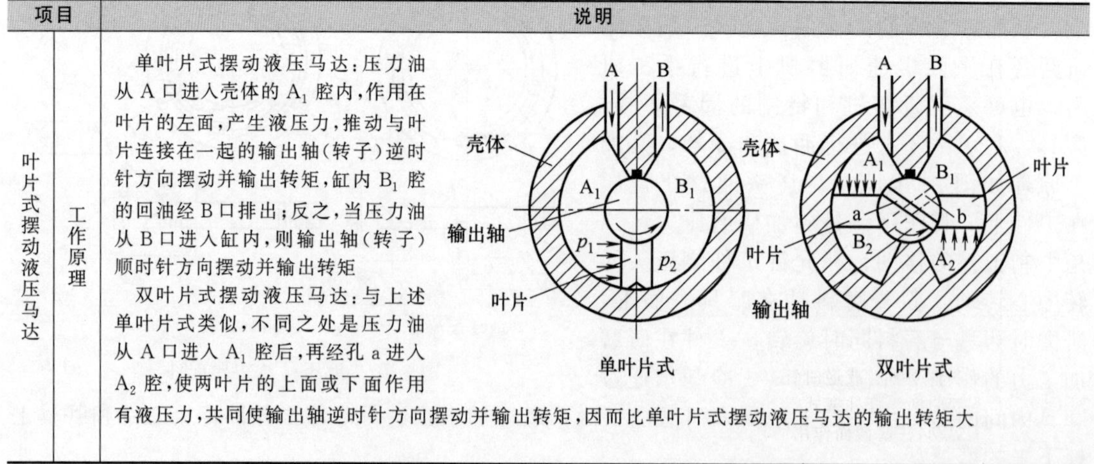

续表

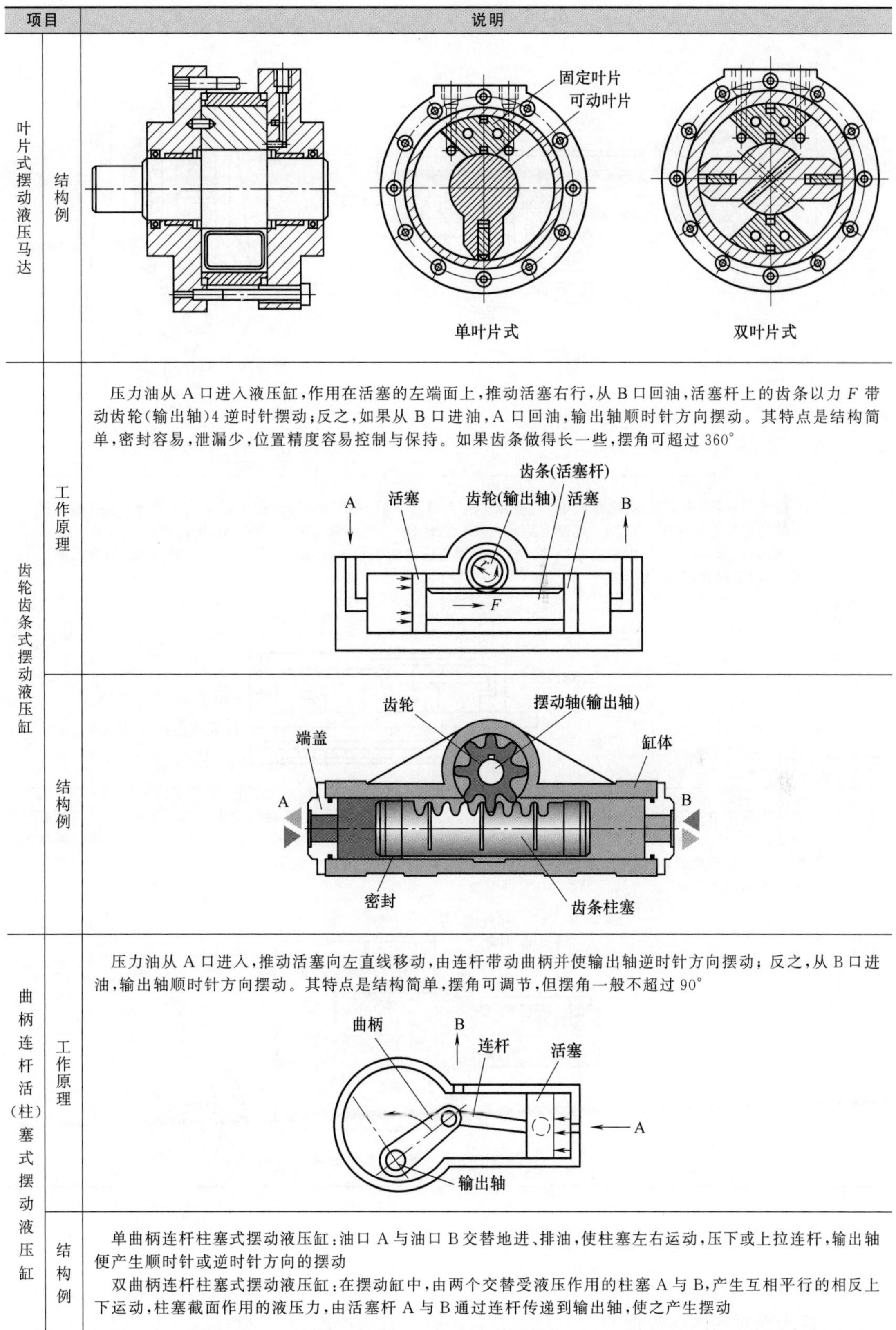

项目		说明
叶片式摆动液压马达	结构例	单叶片式　双叶片式
齿轮齿条式摆动液压缸	工作原理	压力油从A口进入液压缸，作用在活塞的左端面上，推动活塞右行，从B口回油，活塞杆上的齿条以力 F 带动齿轮(输出轴)4逆时针摆动；反之，如果从B口进油，A口回油，输出轴顺时针方向摆动。其特点是结构简单，密封容易，泄漏少，位置精度容易控制与保持。如果齿条做得长一些，摆角可超过360°
	结构例	
曲柄连杆活(柱)塞式摆动液压缸	工作原理	压力油从A口进入，推动活塞向左直线移动，由连杆带动曲柄并使输出轴逆时针方向摆动；反之，从B口进油，输出轴顺时针方向摆动。其特点是结构简单，摆角可调节，但摆角一般不超过90°
	结构例	单曲柄连杆柱塞式摆动液压缸：油口A与油口B交替地进、排油，使柱塞左右运动，压下或上拉连杆，输出轴便产生顺时针或逆时针方向的摆动 双曲柄连杆柱塞式摆动液压缸：在摆动缸中，由两个交替受液压作用的柱塞A与B，产生互相平行的相反上下运动，柱塞截面作用的液压力，由活塞杆A与B通过连杆传递到输出轴，使之产生摆动

续表

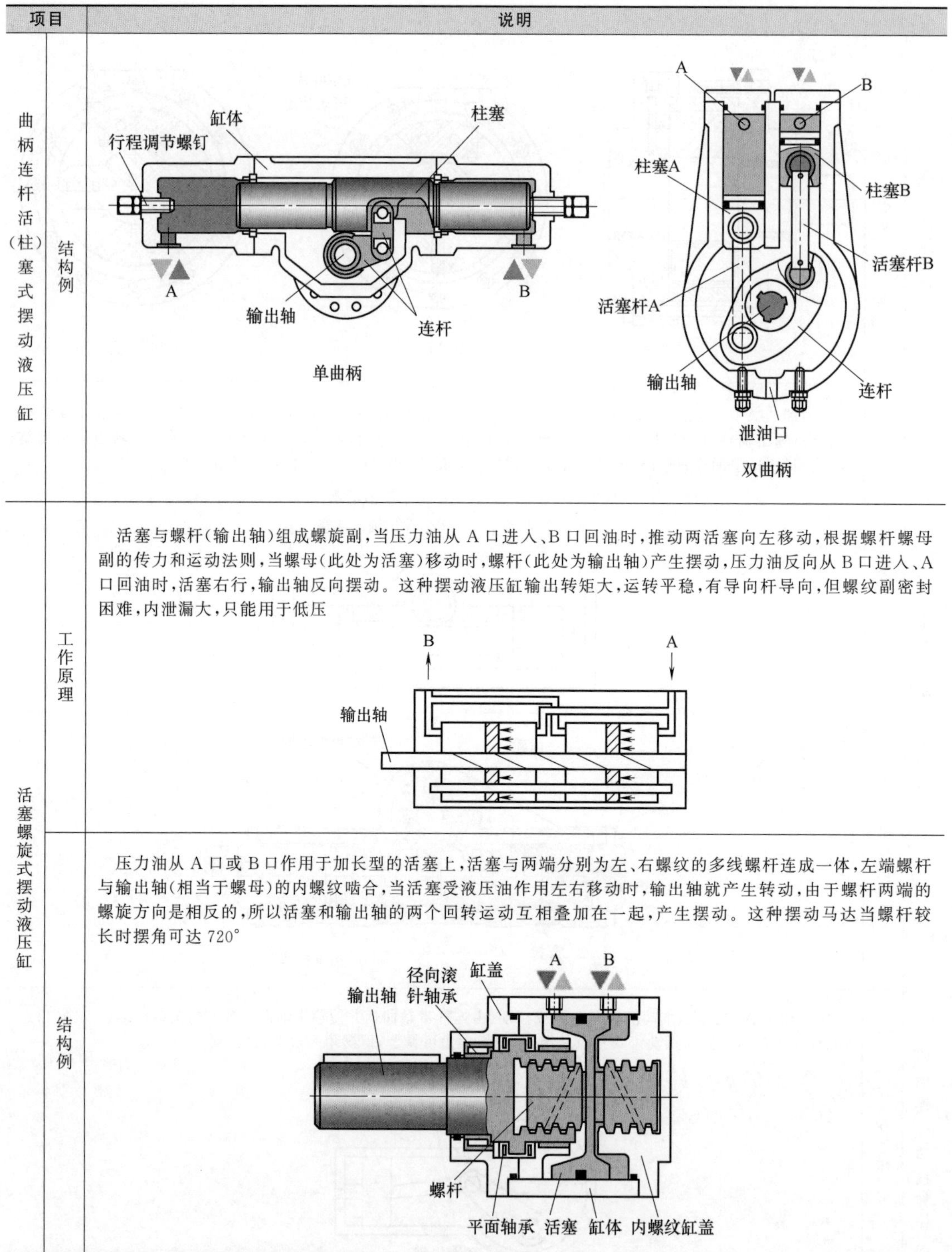

项目		说明
曲柄连杆活(柱)塞式摆动液压缸	结构例	单曲柄；双曲柄
活塞螺旋式摆动液压缸	工作原理	活塞与螺杆(输出轴)组成螺旋副,当压力油从A口进入、B口回油时,推动两活塞向左移动,根据螺杆螺母副的传力和运动法则,当螺母(此处为活塞)移动时,螺杆(此处为输出轴)产生摆动,压力油反向从B口进入、A口回油时,活塞右行,输出轴反向摆动。这种摆动液压缸输出转矩大,运转平稳,有导向杆导向,但螺纹副密封困难,内泄漏大,只能用于低压
	结构例	压力油从A口或B口作用于加长型的活塞上,活塞与两端分别为左、右螺纹的多线螺杆连成一体,左端螺杆与输出轴(相当于螺母)的内螺纹啮合,当活塞受液压油作用左右移动时,输出轴就产生转动,由于螺杆两端的螺旋方向是相反的,所以活塞和输出轴的两个回转运动互相叠加在一起,产生摆动。这种摆动马达当螺杆较长时摆角可达720°

三、摆动缸的故障分析与排除

【故障1】 摆动缸不摆动

① 首先检查输入压力油的压力是否够，不够则查明原因，予以排除。

② 再检查控制来回摆动的换向阀是否能可靠换向，是换向阀有问题，还是行程开关不发讯或者是其他电路故障，查明原因逐一排除。

③ 对叶片式摆动液压马达，则要查明固定轴瓦和叶片上的密封是否漏装或严重破损，造成进、回油的高、低压油串腔情况，并加以排除。

④ 对于活（柱）塞式摆动液压缸则首先要查明活（柱）塞上的密封是否漏装或破损严重，活（柱）塞与活（柱）塞孔之间的配合间隙是否太大。此外：对齿轮齿条式摆动液压缸则要检查齿轮与齿条是否别劲；对活塞连杆式摆动液压缸要检查连杆连接销是否漏装或松脱；对螺旋式摆动液压缸要检查螺纹副是否被污物或毛刺卡住，活塞与导向杆之间是否别劲，活塞内螺旋花键与输出轴外螺旋花键是否有卡死、配合别劲及不同轴的情况。查明上述原因后逐个采取措施排除。

【故障 2】 摆动缸摆动角大小不稳定、摆角不到位

① 叶片式摆动液压马达是由于存在轻度内泄漏。

② 柱塞式摆动液压缸是由于柱塞密封存在不稳定的内泄漏。

③ 各种柱塞式摆动液压缸中，出现零件磨损的情况，例如齿轮和齿条的磨损、链轮和链条的磨损、连杆连接销的磨损、螺纹副的磨损、导向杆的磨损等，均可能造成摆角不稳定和不到位的现象。

第四章

控制元件——液压阀的故障诊断与维修

第一节 液压阀概述

液压控制阀是液压传动系统中的控制调节元件，用于控制油液的流动方向、压力或流量，以满足执行元件所需运动方向、力（或力矩）和速度的要求，使整个液压系统能按要求进行工作。液压阀种类很多，通常按照其在系统中的功用分为三大类：方向控制阀，用来控制液压系统中的油液流动方向，以满足执行元件的运动方向要求；压力控制阀，用来控制液压系统中油液的压力，以满足执行元件所需力或力矩的要求；流量控制阀，用来控制液压系统中油液的流量，以满足执行元件运动速度的要求。

一、液压阀出现故障的原因

① 液压阀经过长期使用，因磨损、汽蚀等造成的配合间隙过大，内泄漏增大。

② 生产厂家先天性的质量问题。

③ 液压油不干净，污染物沉积造成的液压阀阀芯卡紧或动作失常。

二、液压阀的主要修理内容

① 滑阀类组件阀芯与阀体孔配合间隙比规定间隙增大20%～25%时，必须增大阀芯尺寸后进行研配。

② 锥阀类组件的阀芯与阀座，当锥形密封面接触不良时，因锥阀可以在弹簧作用下自动补偿间隙，因此可直接研配。

③ 阀类组件如卡死、拉毛、产生沟槽等的修理。

④ 调压弹簧的修理。

⑤ 密封件的更换等。

三、液压阀的一般维修方法

在液压阀维修实践中，常用的修复方法有液压阀清洗、零件组合选配、修复尺寸与恢复精度等。

1. 拆卸清洗

因为有70%～80%的故障来自油液不干净，从而使阀类元件内部不干净，因而拆开清洗是维修方法之一。对于因液压油污染造成油污沉积，或液压油中的颗粒状杂质导致的液压阀阀芯卡死引起的许多故障，一般经拆卸清洗后能够排除，恢复液压阀的功能。常见的清洗工艺如下。

① 检查清理。用毛刷、非金属刮板、绸布清除液压阀表面黏附的污垢，注意不要损伤液压阀表面，特别是不要划伤板式阀的安装表面。

② 拆卸。在拆卸前要掌握液压阀的结构和零件间的连接方式，拆卸时记住各零件间的位置关系，做出适当标记，不可强行拆卸，否则可能损害液压阀。

③ 清洗。将阀体、阀芯等零件放在清洗箱的托盘上，加热浸泡，将压缩空气通入清洗槽底部，通过气泡的搅动作用，洗掉残存污物，有条件的可采用超声波清洗。

④ 二次清洗。用清洗液高压定位清洗，最后用热风干燥。一些无机清洗液有毒性，加热挥发可使人中毒，应当慎重使用；有机清洗液易燃，注意防火。选择清洗液时，注意其腐蚀性，避免对阀体造成腐蚀。清洗后的零件要注意保存，避免锈蚀或再次污染。

2. 选配修理

液压阀使用一段时间后，由于磨损程度不同，维修时可将换下来的同一类型的多个液压阀全部进行拆卸清洗，检查测量各零件，经检查如阀芯、阀体孔属于均匀磨损，工作表面没有严重划伤或局部严重磨损，则可依据检测结果将零件归类，依据表 4-1 推荐的配合间隙进行选配修理。

表 4-1　液压阀阀体孔与阀芯形状精度和配合间隙参考值

液压阀种类	阀体孔(阀芯)圆柱度、锥度/mm	表面粗糙度 Ra/μm	配合间隙/mm
中、低压阀	0.008～0.010	0.8～1.0	0.005～0.008
高压阀	0.005～0.008	0.4～0.8	0.003～0.005
伺服阀	0.001～0.002	0.05～0.2	0.001～0.003

3. 加工修复

如果阀芯、阀体孔磨损不均匀或工作表面有划伤，通过上述方法已经不能恢复液压阀功能，则需对阀芯、阀体（孔尺寸小的阀体与外径尺寸大的阀芯）进行加工，对阀体孔采用铰削、磨削或研磨等方法进行修复，对阀芯采用磨削等方法进行修复，达到合理的形状精度和配合间隙后装配。另外，也可将已失去配合精度的阀芯拆卸下来，测量并画出零件图，检查阀体孔或阀座的磨损或损坏程度，并依此加工新的阀芯或修复阀芯尺寸，这种维修方法维修精度高，适应面广，可完全恢复原有的精度，适于有一定加工能力和维修能力的企业。

(1) 阀芯的加工与修复　阀芯的加工方法和加工工艺与一般轴类零件相同，此处不予介绍。阀芯的修复方法有焊补、电镀、喷镀或刷镀等。下面简介刷镀工艺。

刷镀是修复磨损液压件零件的一种常用方法。电镀速度快，结合强度高，简单灵活，刷镀可快速获得小面积、薄厚度（0.001～1.0mm）的镀层。刷镀除了用于修复阀类零件阀芯外圆柱面和阀体孔外，还可以修复如柱塞泵配流盘端面、齿轮泵齿轮端面、各种相配合的油封密封面、泵轴及液压马达的轴承座与轴承等其他磨损和配合间隙超差的相配合表面。

用刷镀方法修复液压件需要购置专用电源设备和刷镀笔（图 4-1）。

根据零件形状不同，阳极有圆柱、圆棒、半圆、月牙、带状、平板及线状扁条等多种，石墨和铂-铱合金是比较理想的不溶性阳极材料。

刷镀溶液包括：预处理溶液，提高镀层与基体的结合强度；电镀溶液；退镀溶液及钝化溶液，除去不合格镀层，改善镀层质量。

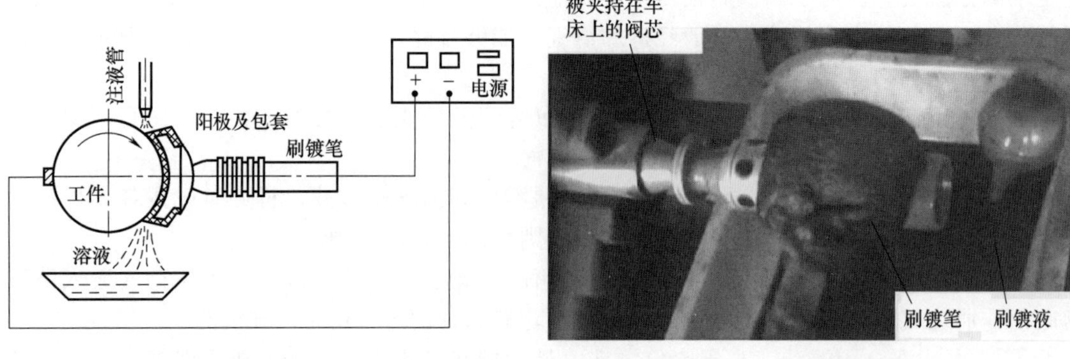

(a) 工作原理　(b) 加工实例

图 4-1 刷镀的工作原理与加工实例

(2) 阀体孔的加工与修复

① 阀体孔的粗加工：可采用钻孔、车加工和粗镗等方法。

② 阀体孔的半精加工：方法有铰削、精铰、拉削、推挤孔、刚性镗铰与磨削等。

③ 阀体孔的精加工：方法有研磨、珩磨及金刚石铰刀（图 4-2）铰孔等。

金刚石铰刀加工阀体孔是孔加工工艺的一个突破。这个方法加工精度高（圆度和圆柱度可在 0.001mm 以内），为实现完全互换性装配提供良好条件；尺寸分散度小，便于生产管理，生产率高而经济，每个阀体孔加工时间只需 20s 左右，孔的表面质量好，没有磨粒残存。金刚石铰刀是阀体孔最终精加工的理想工具，这种工艺是国内外加工阀体孔普遍采用的一项新工艺。

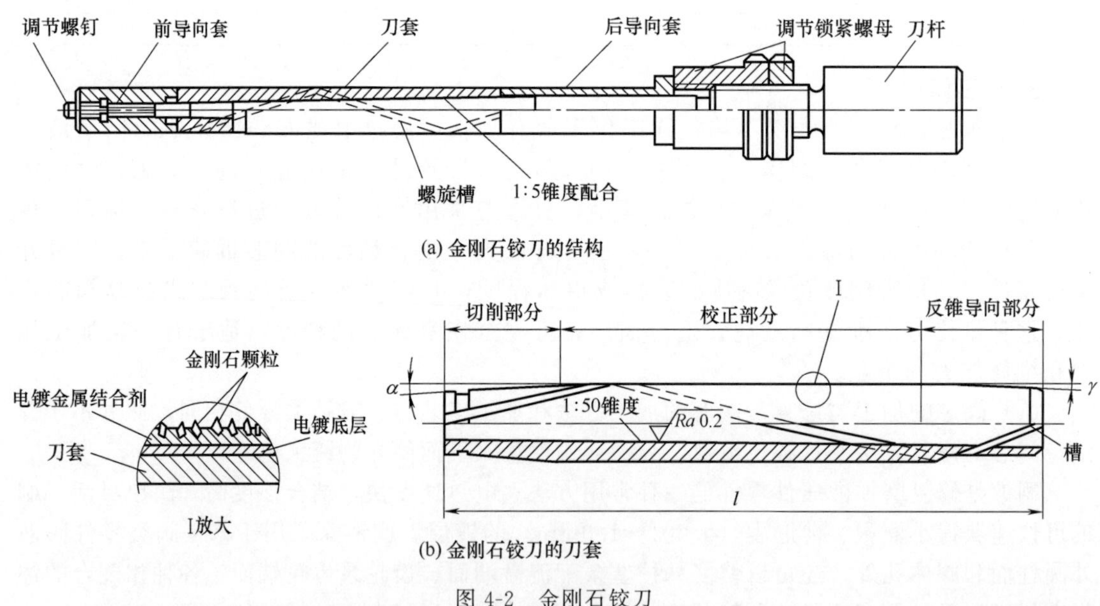

(a) 金刚石铰刀的结构

(b) 金刚石铰刀的刀套

图 4-2 金刚石铰刀

金刚石铰刀铰孔对前工序的要求一般为表面粗糙度 Ra 为 0.8μm 左右，圆度、圆柱度在 0.01mm 内。金刚石铰刀加工一般可在普通机床上进行。液压件生产厂目前多用图 4-3 所示的简易专机进行加工。一般工件往复一次 10～20s，主轴头转速以 400～750r/min 为宜。太快容易产生振动，太慢会使孔径精度降低。切削时以煤油、弱碱性乳化液或煤油 80%加 20%的 20 号机油作冷却液。

④ 用手动金刚石珩磨头修复阀体孔：如图 4-4 所示，镶有金刚石或立方氮化硼的珩磨条，由楔块楔紧在心轴内，导向块在工件孔中导向，用青铜或铸铁制造，磨损少且有较大的刚性，用手动使布磨头往复和回转运动，便可修复已磨损的阀体孔。如操作得当，珩磨精度可达 0.001mm 左右。

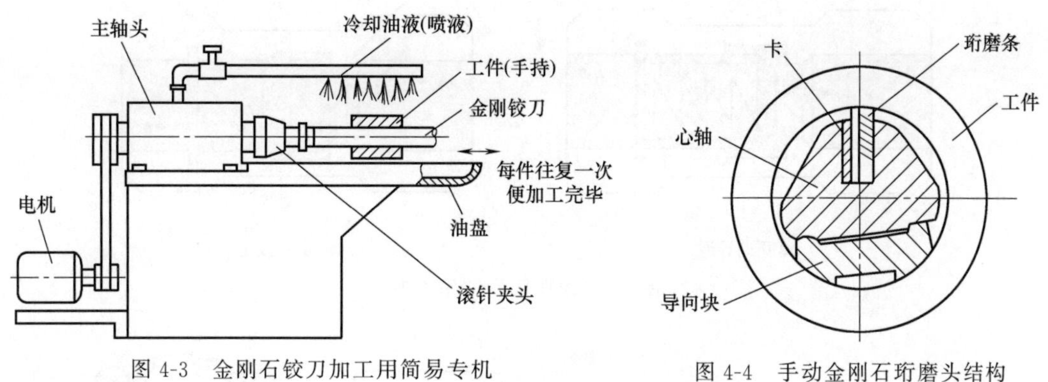

图 4-3　金刚石铰刀加工用简易专机　　图 4-4　手动金刚石珩磨头结构

第二节 单向阀和梭阀的故障诊断与维修

方向控制阀简称方向阀。在液压系统中，用以控制油液的流动方向。方向阀按其在液压系统中的不同功用可分为单向阀和换向阀两大类：单向阀可保证通过阀的油液只在一个方向上通过而不会反向流动；换向阀则常用于改变通过阀以后的液流方向。单向阀又称止回阀、逆止阀。单向阀在液压系统中的作用是只允许油液以一定的开启压力从一个方向自由通过，而反向不允许通过（被截止）。维修中要知道所要修的单向阀在哪里，因而对安装在液压设备上各种单向阀的外观应认识，以便在维修时能准确找到。单向阀的外观如图 4-5 所示。

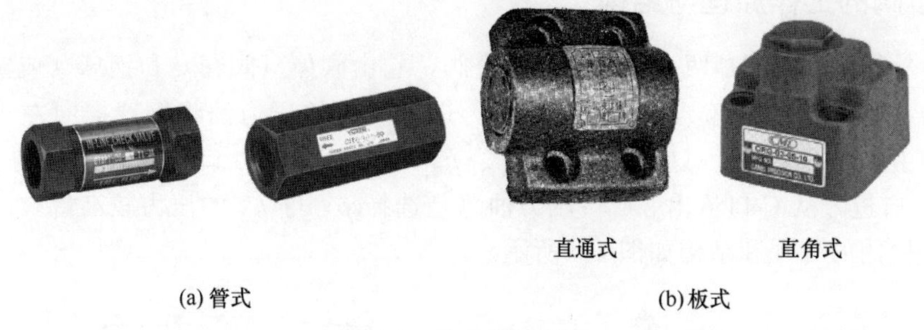

图 4-5　单向阀的外观

一、单向阀的工作原理与结构

油液流进流出直通，称直通式；油液流进流出成直角，称直角式。

如图 4-6（a）所示，当 A 腔的压力油作用在阀芯上的液压力（向右），大于 B 腔压力油作用在阀芯上的液压力、弹簧力及阀芯摩擦阻力之和（向左）时，阀芯打开，油液可从 A 腔向 B 腔流动（正向导通）；如图 4-6（b）所示，当压力油欲从 B 腔向 A 腔流动时，由于弹簧力与 B 腔压力油的共同作用，阀芯被压紧在阀座上，因而油液不能由 B 腔向 A 腔流动（反向截止）。

使单向阀阀芯正向打开的油液压力称为开启压力，开启压力越小越好。作背压阀使用时则要提高开启压力，因而其弹簧刚度较大。

单向阀的结构如图 4-7 所示。

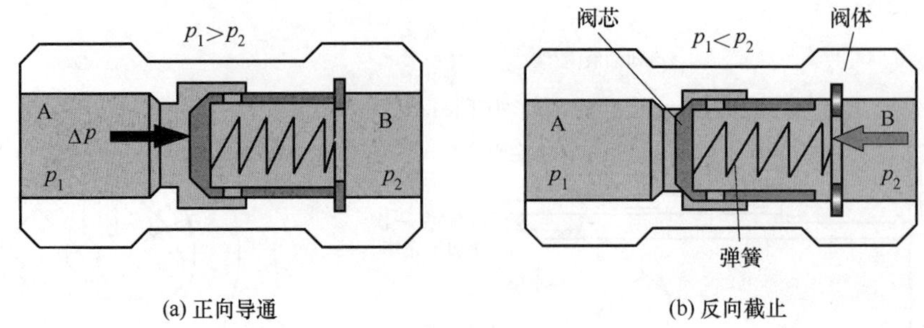

图 4-6　单向阀的工作原理

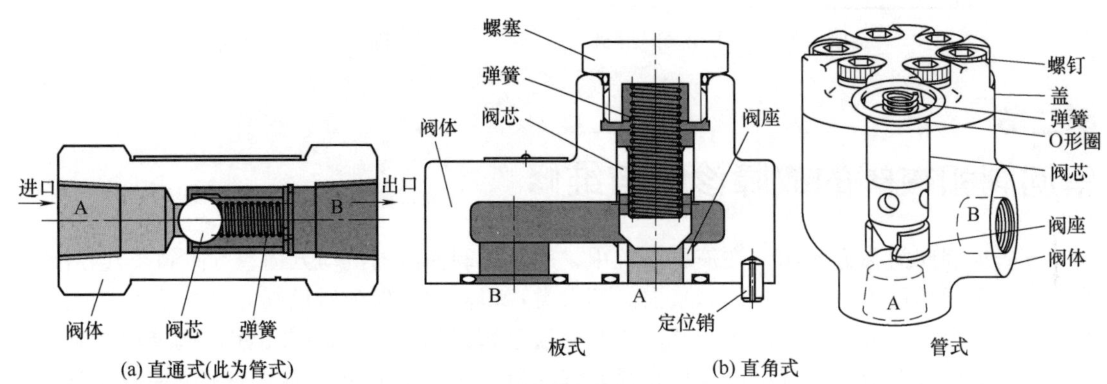

图 4-7　单向阀的结构

二、梭阀的工作原理与结构

如图 4-8 所示，梭阀是两个单向阀的组合阀，它由阀体（阀套）和钢球（或锥阀芯）等组成。当 B 口压力 p_2 大于 A 口压力 p_1 时，进入阀内的压力油将钢球推向左边，封闭 A 口，压力油由 B 口进入从 C 口流出；当 $p_1>p_2$ 时，钢球将 B 口封闭，A 口与 C 口连通，压力油由 A 口进入从 C 口流出。C 口压力油总是选择 p_1 与 p_2 的压力较高者，因而梭阀又称选择阀。梭阀的外观和结构如图 4-9 所示。

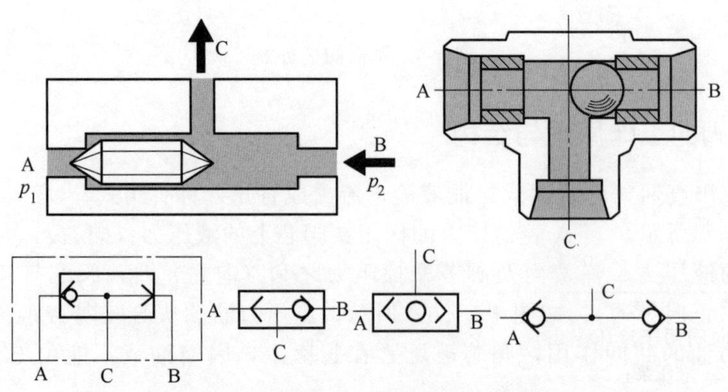

图 4-8　梭阀的工作原理与图形符号

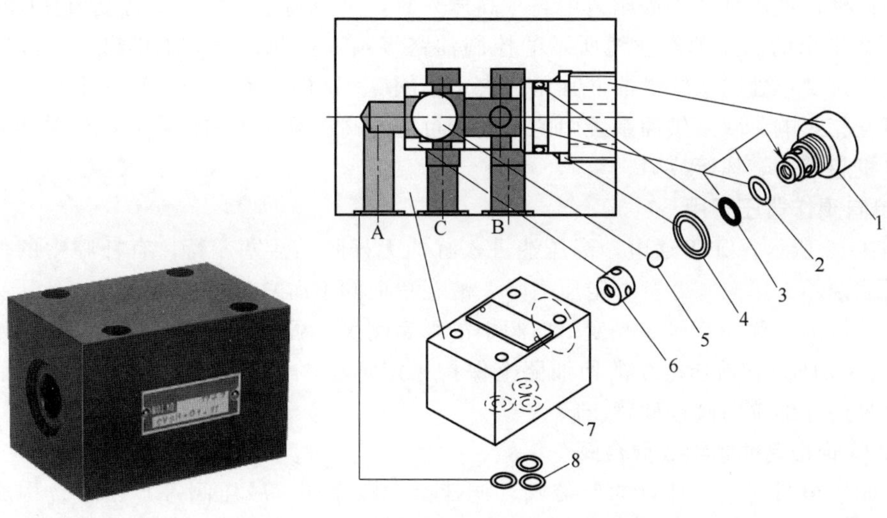

图 4-9 梭阀的外观和结构

1—螺塞（兼阀座）；2—密封挡圈；3，4，8—O形圈；5—钢球（阀芯）；6—阀座；7—阀体

三、单向阀和梭阀的应用回路

1. 液压泵出油口的单向阀防止油液倒流

如图 4-10 所示，单向阀用于液压泵出油口，可防止系统压力负载突然升高或停电时，系统仍处于保压状态，系统中的油液倒流而损坏液压泵，避免某些事故的发生，另外拆卸泵时系统中的压力油也不会流失。

2. 单向阀将两个泵隔断

如图 4-11 所示，2DT 通电，液压缸 3 向左快进（低压）时，两个泵排出的油合流，共

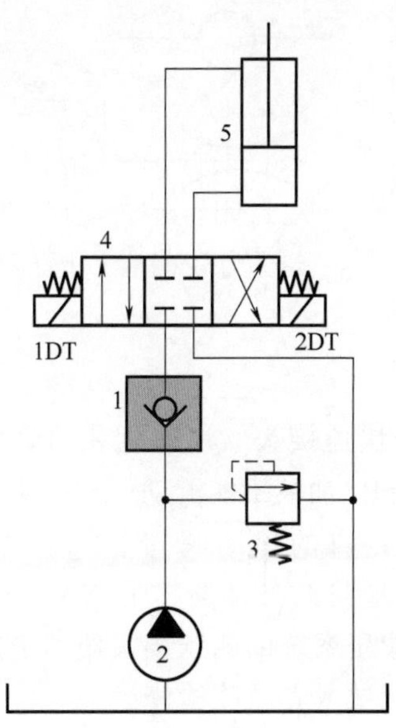

图 4-10 单向阀用于液压泵出油口

1—单向阀；2—液压泵；3—溢流阀；4—换向阀；5—液压缸

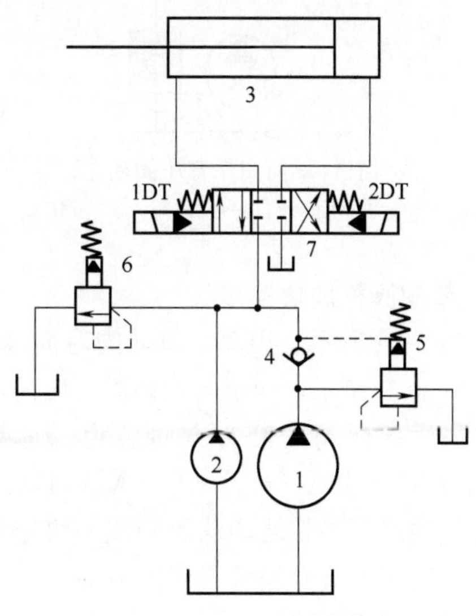

图 4-11 单向阀将两个泵隔断

1—低压大流量泵；2—高压小流量泵；3—液压缸；4—单向阀；5，6—溢流阀；7—换向阀

同向系统供油；液压缸 3 工进压力增高（高压）时，单向阀 4 的反向压力便为高压，单向阀关闭，泵 2 排出的高压油经虚线所示的控制油路将阀 5 打开，使泵 1 排出的油经阀 5 回油箱，由高压泵 2 单独向系统供油，其压力决定于阀 6。这样，单向阀 4 将两个压力不同的泵隔断，不互相影响。双泵供油系统中的单向阀可防止高压泵压力油反灌到低压泵出口，造成低压泵电机超载而烧坏等故障。

3. 单向阀作背压阀用

如图 4-12 所示，2DT 通电，高压油进入缸的无杆腔，活塞左行，有杆腔中的低压油经单向阀后回油箱。单向阀 2 有一定压力降，故在单向阀上游总保持一定压力，此压力也就是有杆腔中的压力，称为背压。改变单向阀中的弹簧刚度，可得到不同的背压值，其数值一般取为 0.5～1MPa。在液压缸 4 的回油路上保持一定背压，可以防止活塞冲击，使活塞运动平稳。此种用途的单向阀也称背压阀。

4. 单向阀和其他阀组成复合阀

单向阀还可与其他元件（如节流阀、调速阀、顺序阀、减压阀等）相结合构成组合阀（如单向节流阀、单向调速阀、单向顺序阀、单向减压阀等）。

由单向阀和节流阀组成的单向节流阀如图 4-13 所示。在单向节流阀中，单向阀和节流阀共用一阀体。当油液沿虚线箭头方向流动时，因单向阀关闭，油液只能经节流阀从阀体流出。若油液沿实线箭头方向流动时，因单向阀的阻力远比节流阀小，所以油液经单向阀流出阀体。此法常用来快速回油，从而可以改变液压缸的运动速度。

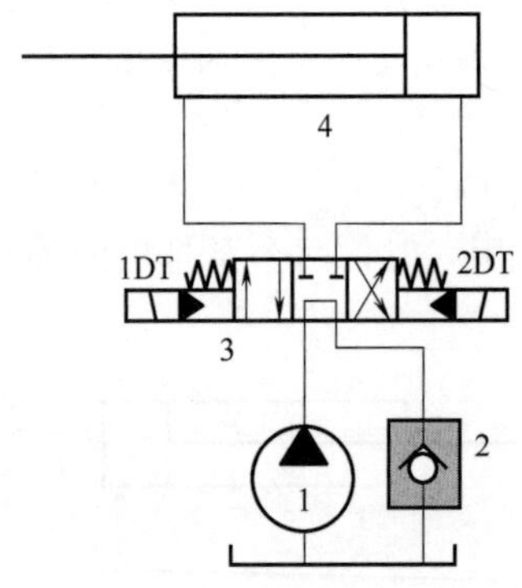

图 4-12　单向阀作背压阀用

1—液压泵；2—单向阀；3—换向阀；4—液压缸

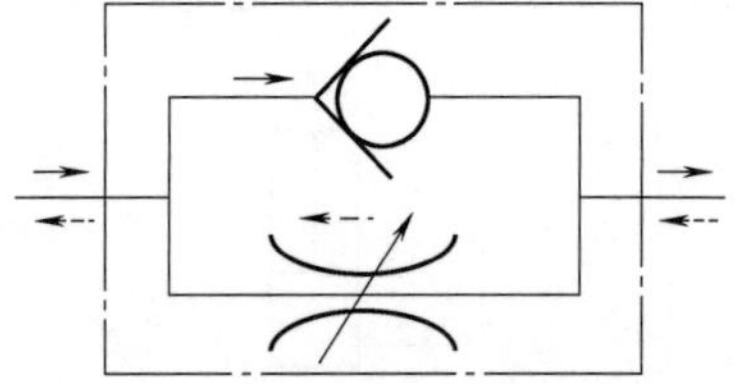

图 4-13　复合阀——单向节流阀

5. 单向阀构成快换接头

如图 4-14 所示，用两个单向阀对向装配可组合成一个快速接头（快速拆装的管接头）。如图 4-14（a）所示，两单向阀装为一体前，$A_1 \rightarrow B_1$ 与 $A_2 \rightarrow B_2$ 油液不能流动。如图 4-14（b）所示，当两单向阀按箭头方向装为一体后，便相互顶开各自的单向阀阀芯，于是 $A_1 \rightarrow B_1 \rightarrow B_2 \rightarrow A_2$（或 $A_2 \rightarrow B_2 \rightarrow B_1 \rightarrow A_1$）形成一条通路，快速地将两条油路连通起来。用力一拔，两条油路便不相通，从而构成一快速拆装的管接头。液压系统的测压接头便属于这种快换接头，用于不需要经常观察压力的点，也用于液压初期调试或者故障检修。

6. 梭阀应用回路

如图 4-15 所示，无论换向阀处于左位还是右位，梭阀均可选择压力高者进入制动缸，保证液压马达处于松闸状态，使液压马达能够正常正反转。

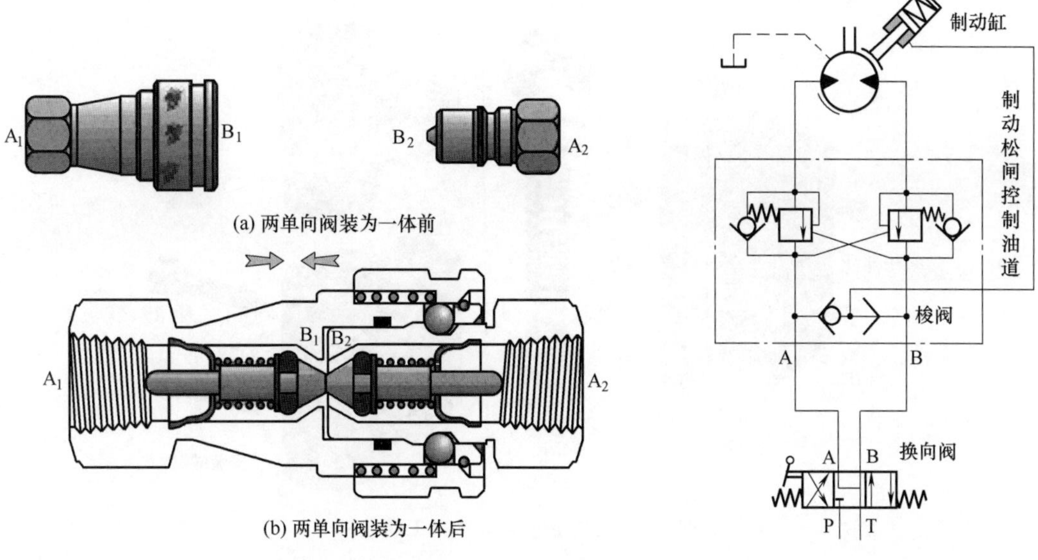

图 4-14　单向阀构成快换接头　　　图 4-15　梭阀应用回路

四、单向阀和梭阀的故障分析与排除

1. 易出故障的零件及其部位

单向阀易出故障的零件及其部位如图 4-16 和图 4-17 所示，单向阀易出故障的零件有阀体、阀芯、阀座、弹簧等。单向阀易出故障的部位有阀芯与阀座的接触线（磨损拉伤）、阀体孔与阀芯配合面（磨损拉伤）、弹簧处（折断）等。

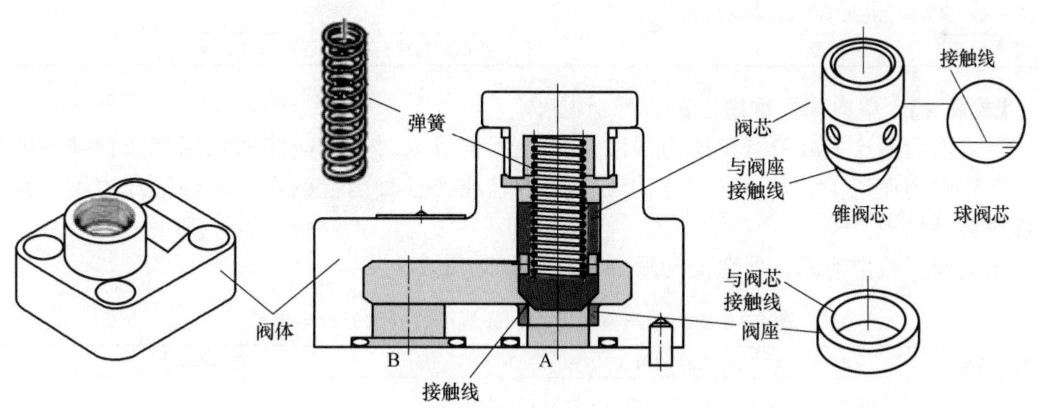

图 4-16　单向阀易出故障的零件及其部位

由于梭阀是由两个单向阀复合而成的，因而维修梭阀时查找易出故障零件及其部位与单向阀相同。

2. 故障分析与排除

【故障 1】 单向阀（梭阀）不起单向阀作用

单向阀的作用是正向导通，反向截止，不起单向阀作用是指反向油液也可通过。单向阀（梭阀）不起单向阀作用的故障分析与排除见表 4-2。

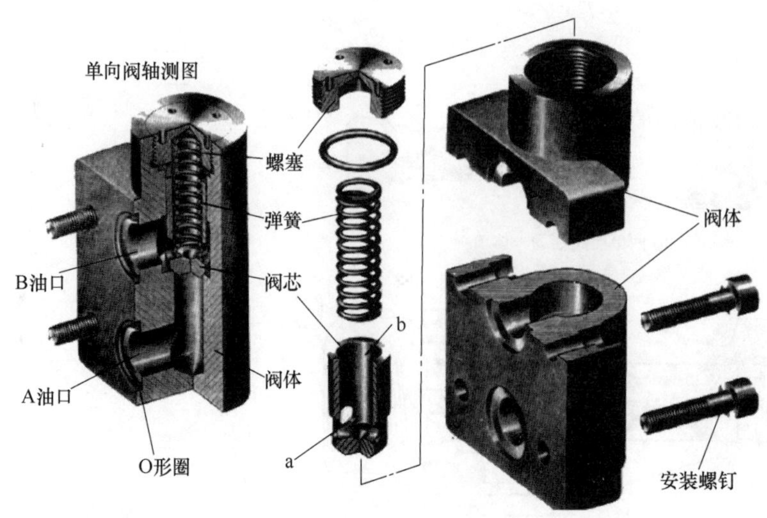

图 4-17 I-63B 型单向阀（无阀座）

表 4-2 单向阀（梭阀）不起单向阀作用的故障分析与排除

故障分析	排除方法
检查阀芯是否卡死，例如因棱边上的毛刺未清除干净（多见于刚使用的阀）、阀芯外径与阀体孔内径配合间隙过小（特别是刚使用的阀）、污物进入阀体孔与阀芯的配合间隙内而将单向阀阀芯卡死在打开位置上	清洗、去毛刺
检查阀芯与阀座接触线处是否能密合，例如接触线处有污物粘住或者阀座接触线处崩裂有缺口等而不能密合	粘有污物时予以清洗，阀座有缺口时要敲出换新
检查阀芯与阀体孔的配合，阀芯外径与阀体孔内径配合间隙过大，使阀芯可径向浮动，在间隙中的又恰好有污物粘住，阀芯偏离阀座中心，造成内泄漏增大	调整阀芯与阀体孔的配合间隙
检查弹簧是否漏装或折断	弹簧漏装或折断时，可补装或换新

【故障 2】 单向阀严重内泄漏、外泄漏

严重内泄漏这一故障是指压力油液从 B 腔反向进入时，单向阀的锥阀芯或钢球不能将油液严格封闭而产生泄漏，有部分油液从 A 腔流出。这种内泄漏在反向油液压力不太高时反而更容易出现。

单向阀严重内泄漏、外泄漏的故障分析与排除见表 4-3。

表 4-3 单向阀严重内泄漏、外泄漏的故障分析与排除

故障现象	查找分析	排除方法
严重内泄漏	检查阀芯（钢球或锥阀芯）与阀座的接触线（或面）是否密合。不密合的原因有：污物粘在阀芯与阀座接触处；因使用时间长，阀芯与阀座接触线（面）磨损，有很深的凹槽或拉有直条沟痕；阀座与阀芯接触处内圆周上崩掉一块，有缺口或呈锯齿状	拆开清洗；修磨阀芯锥面或更换淬火钢球；有缺口时将阀座敲出换新
	重新装配后检查钢球或锥阀芯是否错位，阀芯与阀座接触位置改变，压力油沿原接触线的磨损凹坑泄漏	重新装配
	阀芯外径与阀体孔内径配合间隙过大或使用后因磨损间隙过大	必要时修复阀芯外圆尺寸
外泄漏	外泄漏用肉眼可以观察到，常出现在阀盖和进油口结合处，一般为密封圈损坏或漏装	更换或补装

五、单向阀和梭阀的拆卸和修理

1. 拆卸

拆卸单向阀和梭阀时注意参照图 4-18 进行。

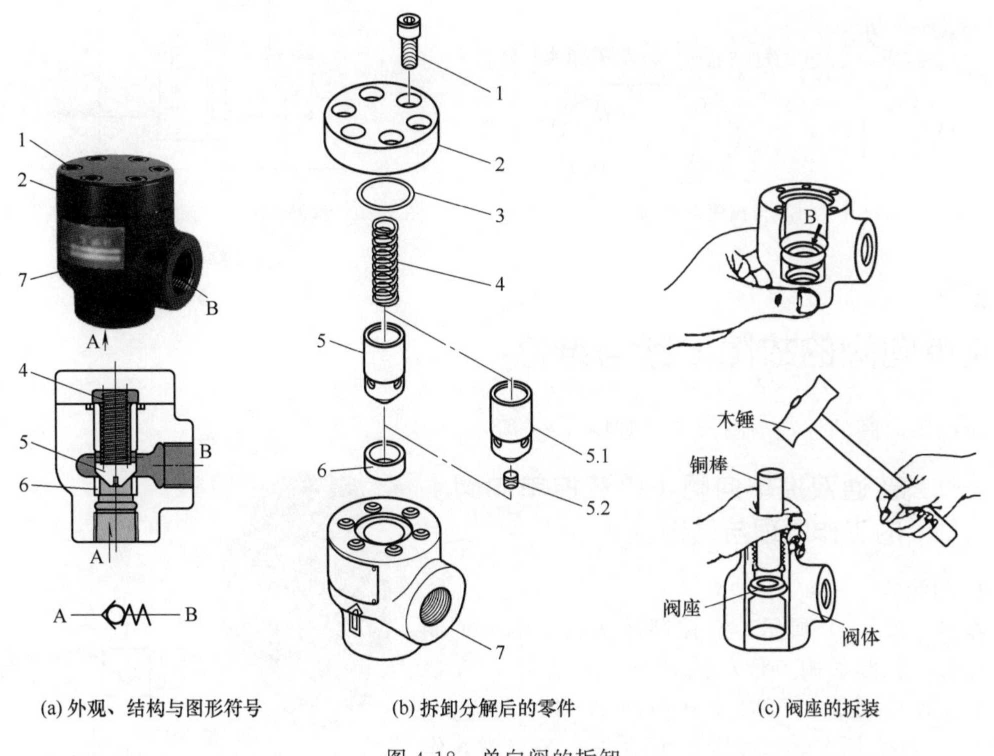

图 4-18 单向阀的拆卸

1—螺钉；2—盖；3—O 形圈；4—弹簧；5（5.1，5.2）—阀芯；6—阀座；7—阀体

2. 修理

（1）阀芯的修理 阀芯主要是磨损，且一般为与阀座接触处的锥面上磨出凹坑（如果凹坑不是整圆，还说明阀芯与阀座不同心），另外是阀芯外圆柱面 ϕd 的磨损与拉伤（图 4-19）。轻微磨损与拉伤时，可对研抛光后再用。如果只是阀芯的锥面上有很深的凹槽或严重拉伤，可将阀芯在精密外圆磨床上严格校正修磨锥面；如果外圆柱面也磨损严重，可先刷镀外圆柱面（或先磨去一部分，再电镀硬铬），然后可制一芯棒打入 ϕB 孔内，芯棒夹在磨床卡盘内，一次装夹磨出外圆柱面与锥面，以保证外圆柱面与锥面的同轴度，然后再与阀体孔、阀座研配。

（2）阀体孔的修理 阀体的修复部位一般是：与阀芯相配的阀体孔，修复其几何精度、尺寸精度及表面粗糙度；对于中、低压阀，无阀座零件，阀座就在阀体上，所以要修复阀体上的阀座部位；阀体孔拉伤或几何精度超差，可用研磨棒或用可调金刚石铰刀研磨或铰削修复，磨损严重时，可刷镀或电镀内孔（这种修复方法要考虑成本），修好阀体孔后，再重配阀芯。

（3）阀芯与阀座的密合检查 按图 4-20 所示的方法将单向阀静置于平板或夹于台虎钳上，灌柴油检查密合面的泄漏情况。若 2h 以上油面不下降，则表示单向阀阀芯与阀座密合（若灌煤油漏得较慢也可），否则为不合格，需重磨阀芯。

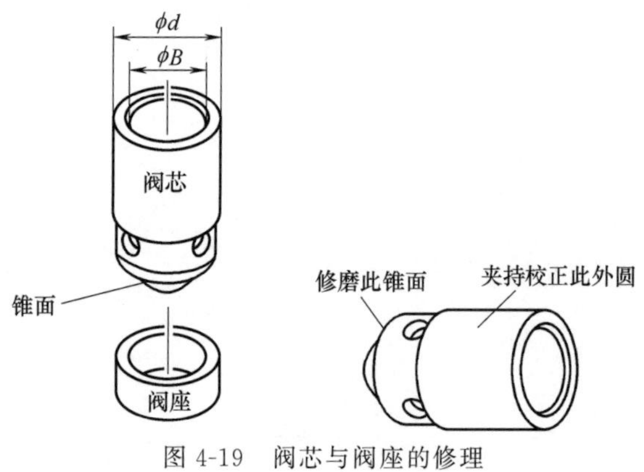

图 4-19 阀芯与阀座的修理

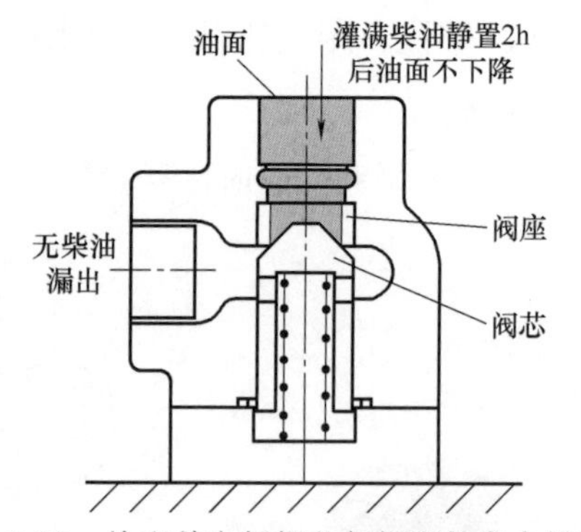

图 4-20 检查单向阀阀芯与阀座的密合情况

第三节 液控单向阀的故障诊断与维修

液控单向阀的外观与图形符号如图 4-21 所示。

一、普通液控单向阀（单液控单向阀）的工作原理与结构

图 4-21 液控单向阀的外观与图形符号

1. 内泄式

如图 4-22（a）所示，当控制活塞的下端无控制压力油时，此阀如同一般单向阀，压力油可从 A 口向 B 口正向流动，不可以从 B 口向 A 口反向流动；如图 4-22（b）所示，当控制压力油进入 X 口时，作用在控制活塞的下端面上，产生的液压力使控制活塞上移，迫使单向阀阀芯打开，此时主油流既可从 A 口流向 B 口，也可从 B 口流向 A 口。

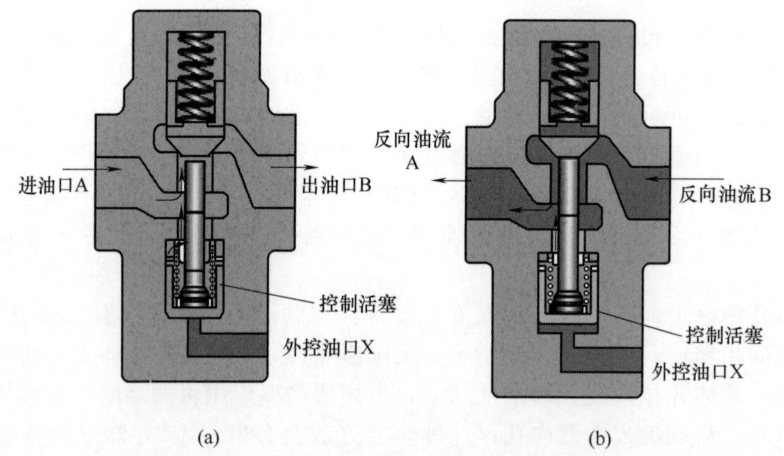

图 4-22 内泄式液控单向阀的工作原理

2. 外泄式

一般单向阀阀芯直径较大，如果为内泄式液控单向阀，反向油流进口 B 压力较高时，由于阀芯作用面积较大，因而阀芯下压在阀座上的力是较大的，这时要使控制活塞将阀芯顶

开所需的控制压力也是较大的，再加上反向油流出口 A 压力作用在控制活塞上端面上产生的向下的力，要抵消一部分控制活塞向上的力，因而外控油需要很高的压力，否则单向阀阀芯难以打开。采用图 4-23（a）所示的外泄式，将控制活塞上腔与 A 腔隔开，并增设与油箱相通的外泄油口，减少了控制活塞上端的受压面积，开启阀芯的力大为减小。

3. 卸载式

如图 4-23（b）所示，卸载式液控单向阀是在单向阀的主阀芯上又套装了一小锥阀芯，当需反向流动打开主阀芯时，控制活塞先只将这个小锥阀芯（卸载阀芯）顶开一较小距离，B 口便与 A 口连通，从 B 口进入的反向油流先通过打开的小阀孔流到 A 口，使 B 口的压力降下来些，然后控制活塞可不费很大的力便将主阀芯全打开，让油流反向通过。由于卸载阀芯承压面积较小，即使 B 口压力较高，作用在卸载阀芯上的力还是较小。这种分两步开阀的方式，可大大降低反向开启所需的控制压力。

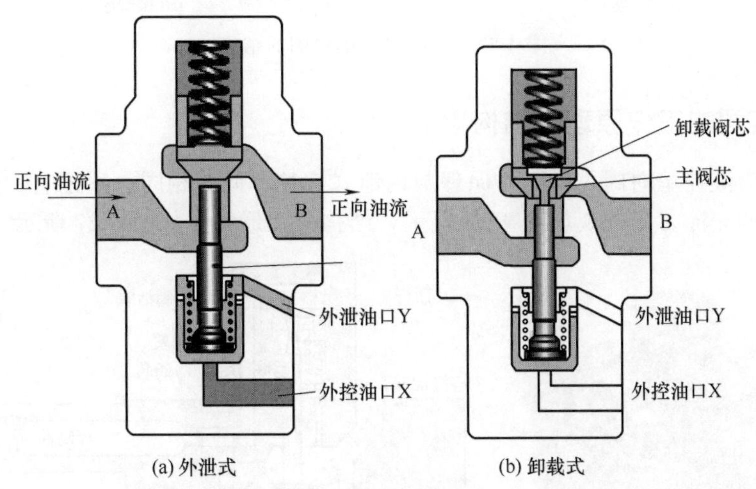

图 4-23 外泄式与卸载式液控单向阀的工作原理

二、双液控单向阀的工作原理与结构

双液控单向阀的工作原理如图 4-24 所示，当压力油从 B 口正向流入时，控制活塞推开左边的单向阀，压力油一方面可以从 B→B_1 正向流动，同时油液可由 A_1→A 反向流动；反之，当压力油从 A 口流入时，控制活塞左移推开右边的单向阀，于是同样可实现 A→A_1 的正向流动和 B_1→B 的反向流动。换言之，双液控单向阀中，当一个单向阀的油液正向流动时，另一个单向阀的油液反向流动，并且不需要增设控制油路。

当 A 口与 B 口均没有压力油流入时，左、右两单向阀的阀芯在各自的弹簧力作用下将阀口封闭，封死了 B_1→B 和 A_1→A 的油路。如果将 A_1 口、B_1 口接液压缸，便可对液压缸

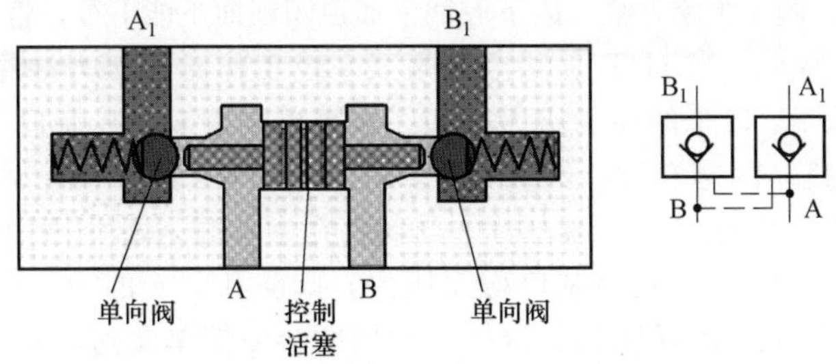

图 4-24 双液控单向阀的工作原理与图形符号

两腔进行保压锁定。

图 4-25 所示为双向液控单向阀的结构。

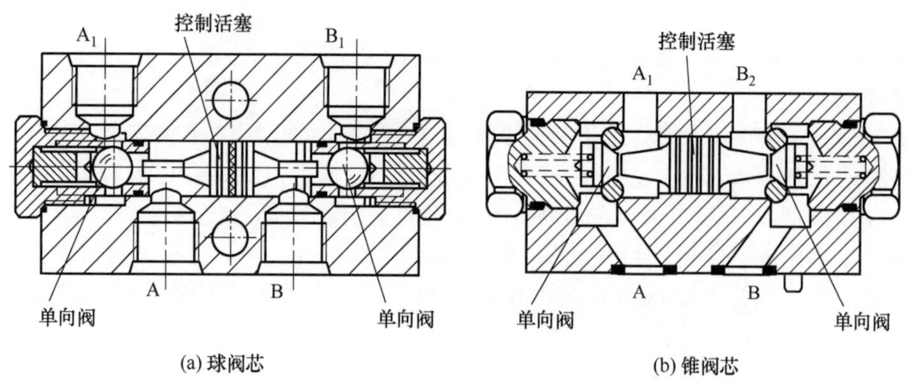

图 4-25 双向液控单向阀的结构

三、充液阀的工作原理与结构

充液阀也为液控单向阀，其工作原理与内泄式液控单向阀相同，不过它一般用于主液压缸快速下行时的充液。其外观如图 4-26 所示，结构与图形符号如图 4-27 所示。

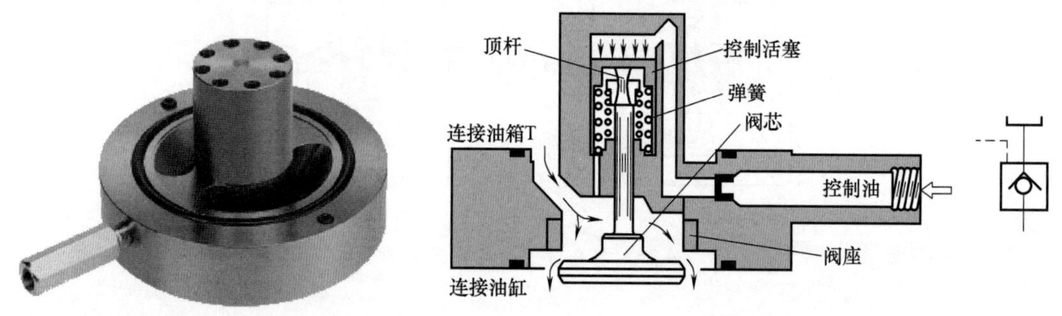

图 4-26 充液阀的外观

图 4-27 充液阀的结构与图形符号

四、液控单向阀的应用回路

1. 液控单向阀用于液压缸的单向锁紧或双向锁紧

如图 4-28（a）所示，阀 3 右位工作时，立式缸 5 的上腔供油，活塞下行，此时由于控制油口 K 有压力油流入，液控单向阀 4 打开，缸 5 下腔回油经阀 4→阀 3 右位→油箱；阀 3 左位工作时，压力油经阀 3 左位→液控单向阀 4→缸 5 下腔，活塞上行，缸 5 上腔回油→阀 3 左位→油箱。

当阀 3 在中位时，阀 4 关闭，缸 5 因下腔回油通道闭锁而不能下行，将重物牢靠地支撑住。

如图 4-28（b）所示，当 1DT 通电换向阀 3 左位工作时，压力油经阀 3 左位→液控单向阀 4→缸 5 无杆腔，A_1 口来的控制压力油加在液控单向阀 6 的控制口上，所以液控单向阀 6 也打开构成回油通路，活塞右行，缸 5 右腔回油→B_2 口→阀 6→阀 3 左位→油箱；同理，当 2DT 通电阀 3 右位工作时，则活塞左行。当阀 3 在中位时，A_1、A_2 两口均不通压力油而与油箱连通，液控单向阀 4、6 的控制口均无压力，阀 4 和阀 6 的 B_1→A_1、B_2→A_2 均无油液流动，缸 5 双向均不能运动而闭锁。这样，利用两个液控单向阀，既不影响缸的正常换向动作，又可完成缸的双向闭锁。

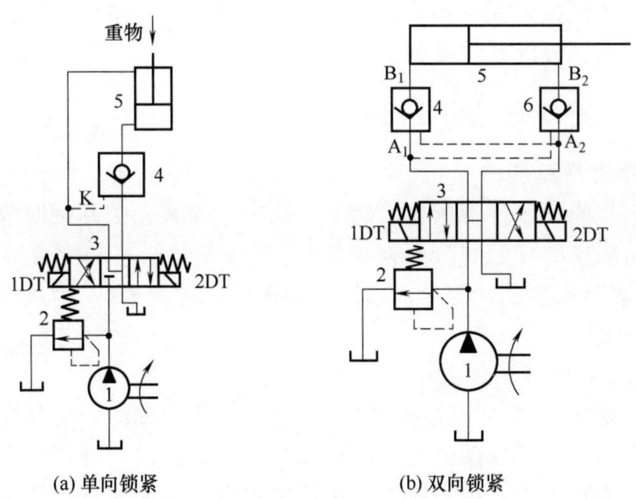

图 4-28　利用液控单向阀的液压缸锁紧回路

1—液压泵；2—溢流阀；3—换向阀；4，6—液控单向阀；5—液压缸

2. 液控单向阀（充液阀）用于快速运动时的主缸补充油液

如图 4-29 所示，当 2DT 通电时，辅助液压缸上腔进压力油而下行，此时因负载小，顺序阀未能打开，主液压缸油腔不能进压力油，强制下行的结果主液压缸油腔必然形成一定真空度，于是在大气压作用下充液阀打开，将充液油箱油液补入主液压缸油腔，满足快速下行需求；当辅助液压缸下行到接触工件时，负载增大，辅助液压缸上腔及顺序阀进口压力也增大，顺序阀开启，压力油进入主液压缸油腔，进行加压工作行程。当 1DT 通电时，辅助液压缸下腔进压力油而上行，此时因控制油路为压力油，充液阀打开，主液压缸油腔回油经充液阀回到充液油箱。

3. 利用液控单向阀平衡支撑，防止立式液压缸的自由下落

如图 4-30 所示，换向阀处于中位时，液控单向阀的控制油通油箱而关闭，因而立式液

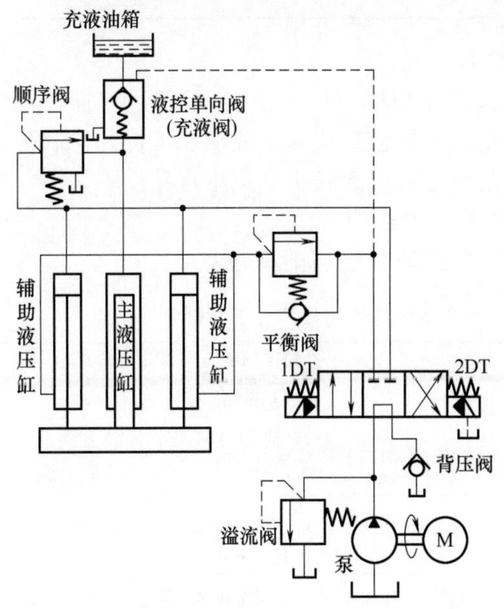

图 4-29　利用充液阀的主缸快速运动回路

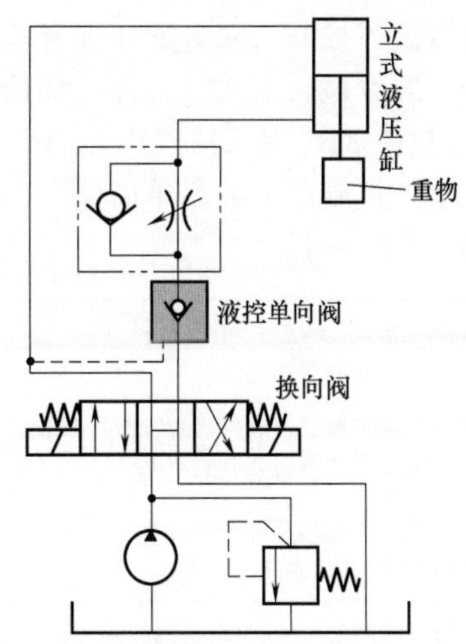

图 4-30　利用液控单向阀的平衡支撑回路

压缸下腔被液控单向阀闭锁，无油液流动，缸活塞可以长期停留而不下落，可防止立式液压缸的活塞和滑块等活动部分因其重量与滑阀泄漏而下滑。

五、液控单向阀的故障分析与排除

1. 易出故障的零件及其部位

液控单向阀易出故障的零件有阀体、阀芯、阀座、弹簧、控制活塞等。液控单向阀易出故障的部位有阀芯与阀座的接触线（磨损拉伤）、阀体孔与阀芯的配合面（磨损拉伤、配合间隙增大）、控制活塞与阀体孔的配合面（因磨损配合间隙增大）、弹簧处（折断）等。

2. 故障分析与排除

【故障 1】 液控单向阀液控失灵

由液控单向阀的原理可知，当控制活塞上未作用有压力油时，它如同一般单向阀；当控制活塞上作用有压力油时，正反两个方向的油液都可进行流动。液控失灵指的是后者，即当有压力油作用于控制活塞上时，也不能实现正反两个方向的油液都可流通。液控单向阀液控失灵的故障分析与排除见表 4-4。

表 4-4 液控单向阀液控失灵的故障分析与排除

故障分析	排除方法
检查控制活塞是否因毛刺或污物卡在阀体孔内，卡住后控制活塞便推不开单向阀而造成液控失灵	拆开清洗，用精油石倒除毛刺或重新研配控制活塞
对外泄式液控单向阀，应检查泄油孔是否因污物阻塞，或者设计时安装板上没有泄油口，或者虽设计有，但加工时未完全钻穿；对内泄式，则可能是泄油口（即反向流出口）的背压太高，而导致压力控制油推不动控制活塞，从而顶不开单向阀	正确设计、清洗泄油口，泄油口直连油箱，使泄油口背压接近零
检查控制压力是否正确	保证控制压力在合理范围内
对外泄式液控单向阀，如果控制活塞因磨损而内泄漏很大，控制压力油大量泄往泄油口而使控制油的压力不够；对内、外泄式液控单向阀，都会因控制活塞歪斜别劲不能灵活移动使液控失灵	重配控制活塞，解决泄漏和别劲问题

【故障 2】 未引入控制压力油时单向阀反向打开通油

产生这一故障的原因和排除方法可参阅单向阀故障分析与排除中的“不起单向阀作用”的内容。当控制活塞卡死在顶开单向阀阀芯的位置上，也会造成这一故障。可拆开控制活塞部分，看看是否卡死。另外，如修理时更换的控制活塞推杆太长也会产生这种故障。

【故障 3】 引入控制压力油后单向阀反向打不开不能通油

引入控制压力油后单向阀反向打不开不能通油的故障分析与排除见表 4-5。

表 4-5 引入控制压力油后单向阀反向打不开不能通油的故障分析与排除

故障分析	排除方法
检查控制压力是否过低	提高控制压力，使之达到要求值
检查控制活塞是否卡死，如油液过脏、加工精度不好、与阀体孔配合不良等均会造成卡死	清洗，修配，使控制活塞移动灵活
检查单向阀阀芯是否卡死在关闭位置，如弹簧弯曲、单向阀加工精度低、油液过脏等	清洗，修配，使阀芯移动灵活，更换弹簧，更换油液
控制管路接头漏油严重，控制阀端盖处漏油，管子弯曲、被压扁使控制油不畅通	紧固接头，紧固端盖螺钉，并保证拧紧力矩均匀，更换管子

【故障 4】 液控单向阀振动和冲击大、略有噪声

液控单向阀振动和冲击大、略有噪声的故障分析与排除见表 4-6。

表 4-6　液控单向阀振动和冲击大、略有噪声的故障分析与排除

故障分析	排除方法
检查是否有空气进入	排除空气
检查液控单向阀的控制压力是否过高，在以工作油压作为控制油压力的回路中，会出现液控单向阀控制压力过高的现象，这也会产生冲击振动	在控制油路上增设减压阀进行调节，使控制压力不至于过高
检查回路设计是否正确，当未设置节流阀时，活塞下行时会产生低频振动，因为油缸受重力 W 的作用，又未设置节流阀以建立必要的背压，这样活塞下行时近于自由落体，所以下降速度颇快，当泵来的压力油来不及补足液压缸上腔油液时，出现上腔压力降低的现象，液控单向阀的控制压力也降低，液控单向阀会因控制压力不够而关闭，使回油受阻而使活塞停下来，随后液压缸上腔压力又升高，控制压力又升高使液控单向阀打开，液压缸又快速下降，这样液控单向阀开开停停，液压缸也降降停停，产生低频振动。在泵流量相对于缸的尺寸来说相对比较小时，低频振动更为严重	W　液控单向阀　增设节流阀前 节流阀　W　液控单向阀　增设节流阀后

【故障 5】 液控单向阀内、外泄漏大

单向阀在关闭时封不死油，反向不保压，都是因内泄漏大所致，同时控制活塞外周也可能存在内泄漏。造成内泄漏大的原因和排除方法与普通单向阀的内容完全相同。

外泄漏用肉眼可以看到，常出现在堵头和进油口以及阀盖等处，一般为密封圈损坏或漏装，可酌情处理。

六、液控单向阀的修理

拆下液控单向阀后，按图 4-31（a）、（b）、（c）所示重点检查阀座、阀芯和卸载阀芯的三个位置 A、B、C。当阀座箭头所指 A 处有缺口或呈锯齿状时，要按图 4-31（d）所示卸下

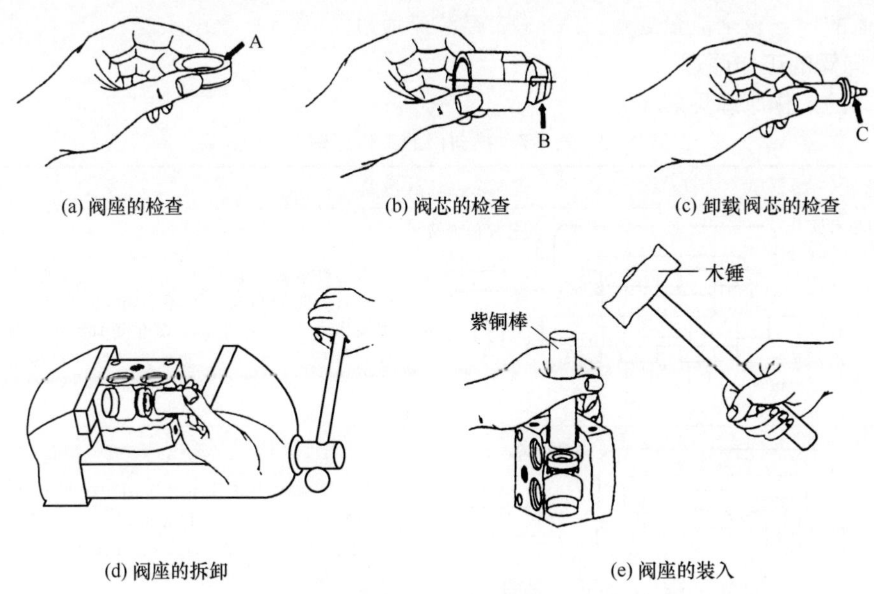

(a) 阀座的检查　(b) 阀芯的检查　(c) 卸载阀芯的检查

(d) 阀座的拆卸　(e) 阀座的装入

图 4-31　液控单向阀的修理

阀座，并予以更换，装入阀座时用木锤对正敲入，防止歪斜［图 4-31（e）］。阀芯箭头所指 B 处（与阀座接触线）应为稍有印痕的整圆，如果印痕凹陷深度大于 0.2mm 或有较深的纵向划痕，则需在高精度外圆磨床上校正外圆，修磨锥面，直到 A 处不见凹陷、划痕为止。卸载阀芯 C 处同样只应是稍有印痕的整圆，如凹陷很深，则需在小外圆磨床上修去锥面上的凹槽，并与阀芯内孔研配，清洗后将阀芯装入阀体。

第四节 换向阀的故障诊断与维修

换向阀主要由带有内部通道的阀体与一个可移动的阀芯所构成，利用阀芯在阀体孔内的移动，打开一些油的通道，关闭另一些通道，从而控制油液的流进和流出，即将内部通道接通或关断。换向阀广泛用于液压缸或液压马达等的启动、停止、转换方向、加速与减速。

一、简介

1. 换向阀的“位”与“通”

（1）换向阀的“位” “位”是指阀芯在阀体孔内可实现停顿位置（工作位置）的数目，例如二位、三位、四位等。换向阀的换向是通过移动阀芯到左、中、右等位置来实现的，阀芯能停留在左、右两个位置的换向阀称为二位阀，阀芯能停留在左、中、右三个位置的换向阀称为三位阀，此外还有多位阀。

“位”在图形符号中用方框表示：□□表示两位，□□□表示三位。

（2）换向阀的“通” “通”是指阀所控制的油路通道数目，例如二通、三通、四通等。“二通阀”“三通阀”“四通阀”是指换向阀的阀体上有两个、三个、四个各不相通且可与系统中不同油路相连的油口，不同油路之间只能通过阀芯移位时油口的通断来沟通。

在一个工作位置的方框上，连有几根出线便表示几通：表示二通，表示三通，、、、表示四通，↑表示在该工作位置阀所控制的油路是连通的，符号⊤表示油路是不通的，→表全流量通过，表经节流通过。

2. 换向阀的工作原理

换向阀的工作原理见表 4-7。

表 4-7 换向阀的工作原理

换向阀		工作原理	
滑阀式换向阀	二位二通阀	阀芯未加操作力位置 L 阀芯复位弹簧 F=0 F→ 阀芯加操作力位置 A P	阀芯在弹簧力作用下处于图中上半部分位置(复位位置)，此时 P 口与 A 口不通，称为“常闭”；当给予阀芯以操作力 F(图中下半部分位置)时，阀芯压缩弹簧右移到另一个工作位置，此时 P 口与 A 口相通
	二位三通阀	泄油通道 复位弹簧 F=0 F→ A P B	阀芯在弹簧力作用下处于图中上半部分位置(复位位置)，此时 P 口与 A 口相通；当给予阀芯以操作力 F(图中下半部分位置)时，阀芯压缩弹簧右移到另一个工作位置，此时 P 口与 B 口相通

续表

换向阀		工作原理	
滑阀式换向阀	三位四通阀	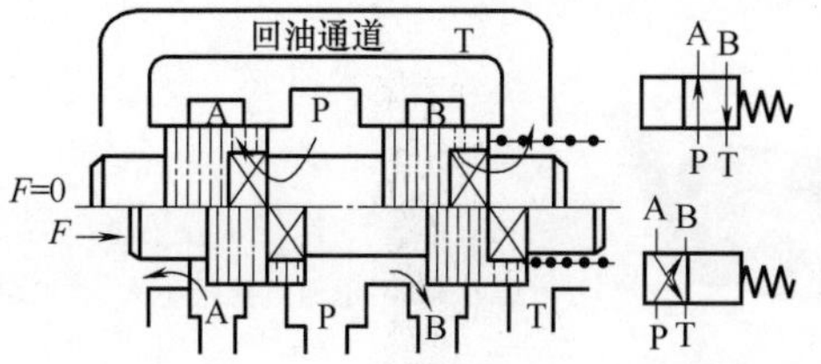	阀芯在弹簧力作用下处于图中上半部分位置（复位位置），此时P口与A口相通，B口与T口相通；当给予阀芯以操作力F（图中下半部分位置）时，阀芯压缩弹簧右移到另一个工作位置，此时P口与B口相通，A口与T口相通
	三位四通阀	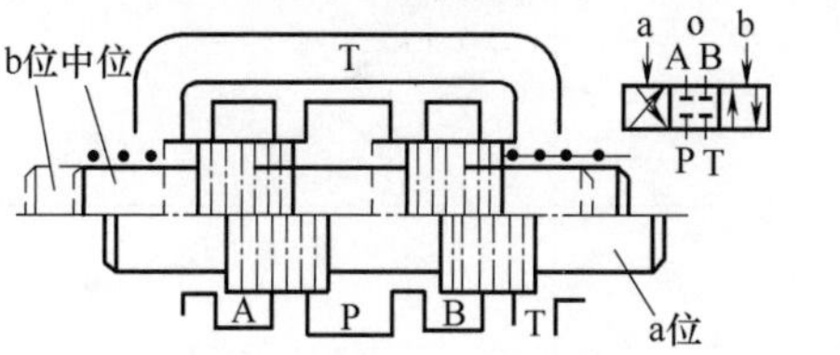	阀芯在a位置时，P口与A口相通，B口与T口相通；阀芯在b位置时，P口与B口相通，A口与T口相通；阀芯在弹簧对中的中间位置时，A、B、P、T各油口均不通
转阀式换向阀		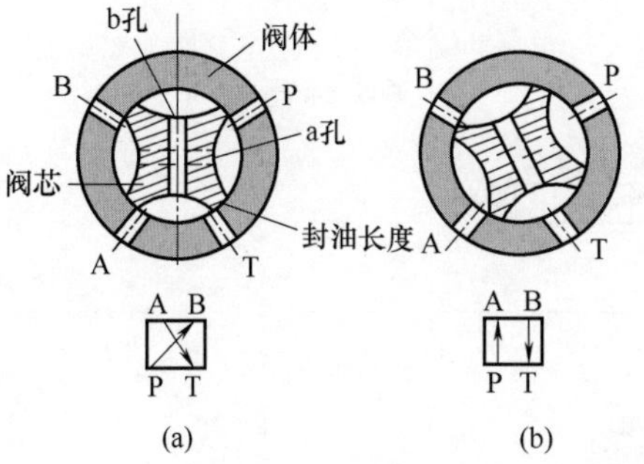 (a) (b) 二位四通转阀的工作原理	油路的接通或断开是通过旋转阀芯（多用手动控制）中的沟槽和内部通孔（图中a与b）来实现的。当阀芯处于图(a)所示位置时，P口来的压力油经阀芯沟槽再经a孔由B口流出，即P口与B口相通，另外A口与T口相通；当阀芯逆时针方向旋转一定角度，P口的油液由阀芯外圆上的封油长度与B口隔开，不能再通过a孔流到B口，而是通过a孔流向A口，即P口与A口相通，而B口则通过b孔与T口相通，实现了油路的切换
座阀式换向阀		座阀式换向阀包括锥阀式和球阀式两种。它利用锥形阀芯的锥面或者球形阀芯的球面压在阀座上而关闭油路，锥面或球面离开阀座则使油路接通。 座阀式换向阀密封性好，无内泄漏；反应速度快，动作灵敏；因为阀芯为钢球（或锥面柱塞），无轴心密封长度，换向时不会出现滑阀式那样的液压卡紧现象，可以适应高压的要求，使用压力高	

3. 换向阀的操纵方式及其图形符号

在换向阀的图形符号中，方框两端的符号表示操纵阀芯换位机构的方式及定位复位方式。换向阀可用不同的操纵方式改变阀芯与阀体孔之间的相对位置，实现换向（变换工作位置），常用的有电磁、液动、电液动、手动、机动、气动等方式。换向阀的操纵方式及其图形符号见表4-8。

表 4-8 换向阀的操纵方式及其图形符号

操纵方式	外观与图形符号	说明
手动操纵	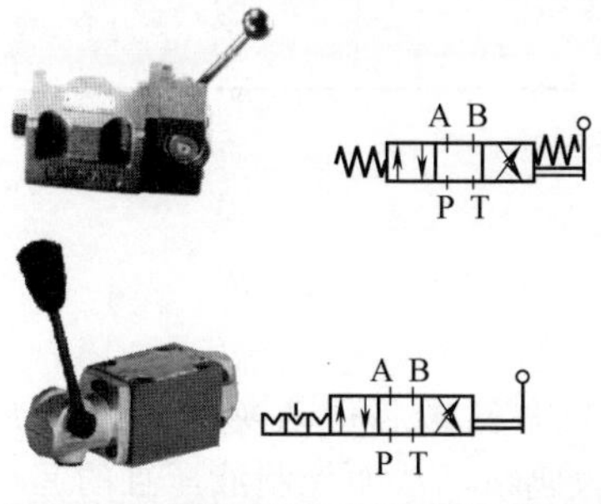	用手柄操纵阀芯移动换位的控制方式，用于通过流量不太大的换向阀

续表

操纵方式	外观与图形符号	说明
机动操纵	滚轮、凸轮操纵　顶杆操纵	用滚轮、凸轮或顶杆操纵，推动阀芯换向的方式，用于通过流量不太大的换向阀
电磁操纵		用电磁铁直接推动阀芯的换向方式，用于通过流量不太大的换向阀
液动、气动操纵	液动控制　气动控制	用控制压力油产生的液压力驱动主阀阀芯的换向，操纵力大，能够通过大流量，但只能近距离操纵
电液动操纵		先导电磁阀将控制信号经过液压放大后再驱动主阀阀芯的换向，这样既能够通过大流量，又采用电操纵，可远距离操纵

4. 三位四通换向阀的中位机能特性

三位四通换向阀的中位机能特性见表4-9。

二、电磁换向阀的故障诊断与维修

电磁换向阀简称电磁阀，是用电磁铁的吸力使阀芯移动换位、弹簧使阀芯复位的换向阀。电磁阀均是靠电磁铁通、断电控制油流的通断，从而控制液压缸的运动及换向。

表 4-9　三位四通换向阀的中位机能特性

符号	说明	符号	说明
A B P T 中位连通	A P B T 泵或系统中位卸荷 缸不能急停，停止时缸浮动 启动有冲击	A B P T 中位 A-B-T 连通	A P B T 泵保压，系统卸荷 停机时缸有浮动 换向冲击小，启动冲击大
A B P T 中位 P-A-T 连接	A P B T 泵中位卸荷 缸能急停 启动略有冲击	A B P T 中位 P-A-B 连通	A P B T 系统中位保压，但差动缸中位停不住 换向冲击和启动冲击均小
A B P T 中位互不通	A P B T 泵与系统中位保压 多缸互不干涉 换向冲击大	A B P T 中位 P-T 通	A P B T 泵中位卸荷，多缸系统彼此干涉 换向冲击小
A B P T 中位 A-T 连通	A P B T 泵中位保压，A 腔卸荷 启动有冲击 换向冲击较小	A B P T 中位 A-B-T 半连通	A P B T 泵中位保压，系统中位卸荷 换向冲击小，启动冲击略大

1. 电磁换向阀的工作原理与结构

（1）二位二通电磁阀　其工作原理如图 4-32 所示，电磁铁未通电时 A 口与 B 口不通，电磁铁通电时 A 口与 B 口相通，称为常闭式。相反的情况称为常开式。

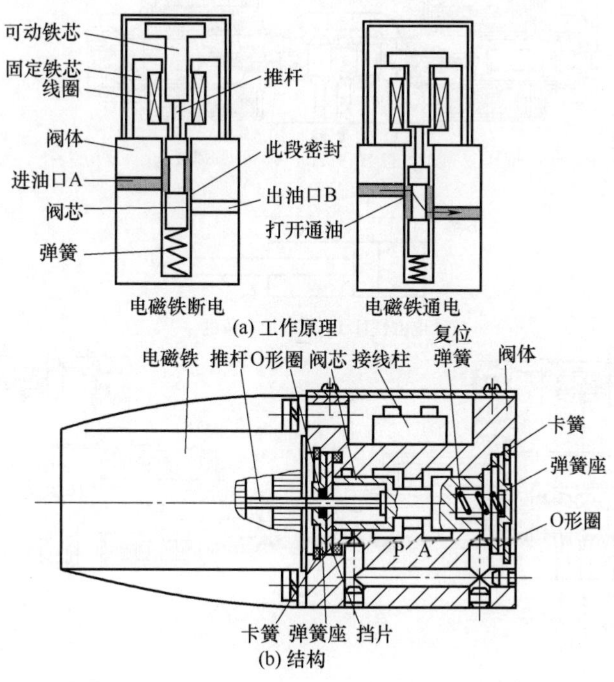

图 4-32　二位二通电磁阀工作原理与结构

（2）二位四通电磁阀　如图 4-33（a）所示，当电磁铁线圈未通电，可动铁芯不与固定铁芯吸合，阀芯在弹簧力作用下上抬，此时油流状况为 P→A 和 B→T；如图 4-33（b）所示，当电磁铁线圈通电，可动铁芯与固定铁芯吸合，通过推杆下压阀芯，阀芯压缩弹簧下移，此时油流状况为 P→B 和 A→T。

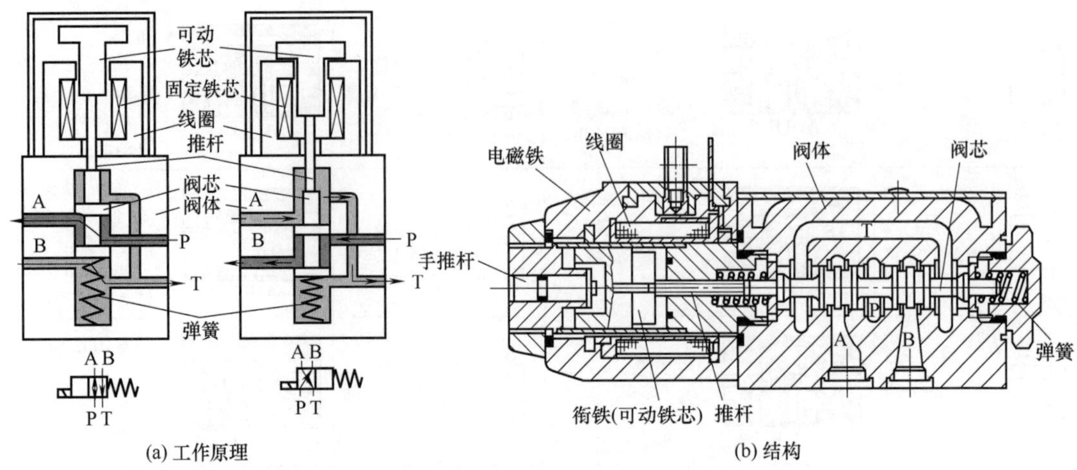

(a) 工作原理　　(b) 结构

图 4-33　二位四通电磁阀的工作原理与结构

（3）三位四通电磁阀　两端电磁铁 1DT 与 2DT 均未通电，阀芯以弹簧对中，阀芯处于中位，A、B、P、T 各油口互不相通，油缸不运动［图 4-34（a)］。

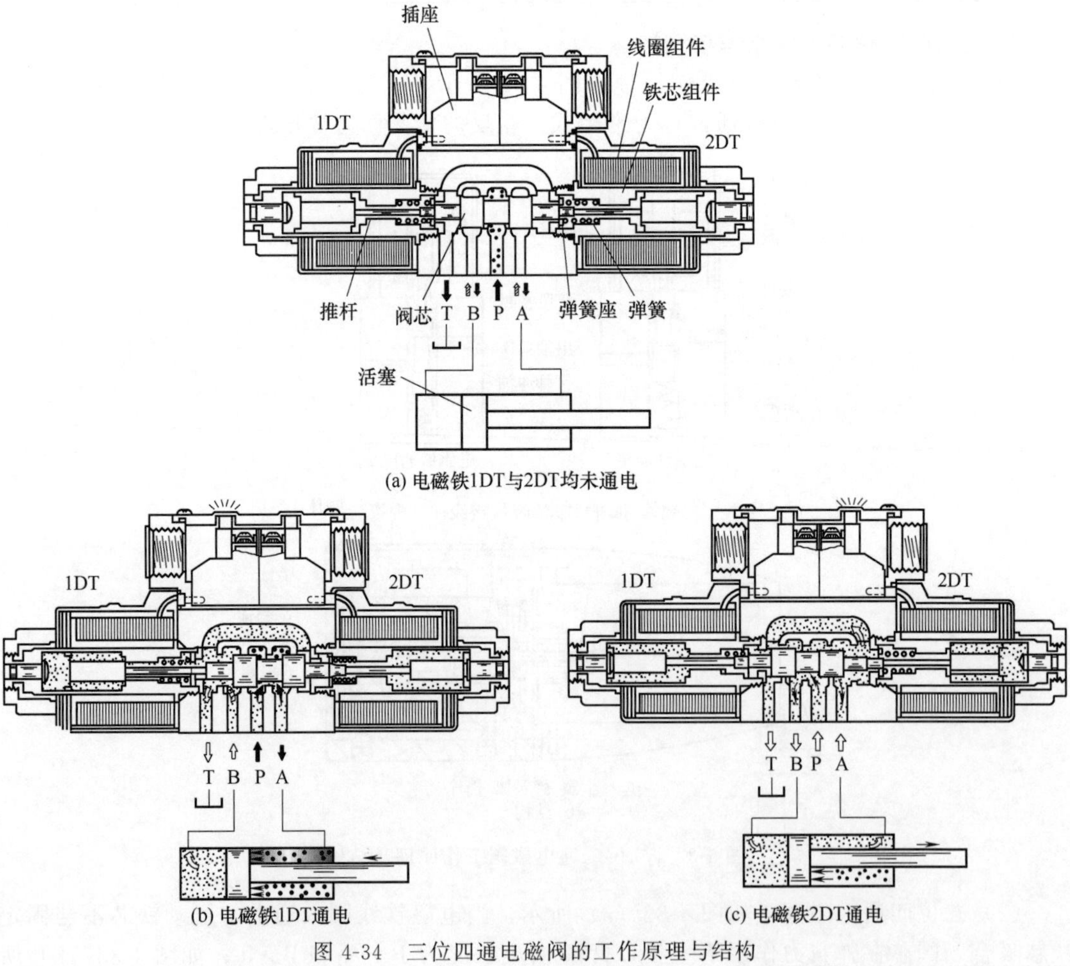

(a) 电磁铁1DT与2DT均未通电

(b) 电磁铁1DT通电　　(c) 电磁铁2DT通电

图 4-34　三位四通电磁阀的工作原理与结构

电磁铁 1DT 通电，铁芯吸合，通过推杆推动阀芯右移，P 口与 A 口相通，B 口与 T 口相通。压力油进入缸右腔，推动活塞向左运动；缸左腔回油由 B→T 回油箱［图 4-34（b）］。

电磁铁 2DT 通电，铁芯吸合，通过推杆推动阀芯左移，P 口与 B 口相通，A 口与 T 口相通。压力油进入缸左腔，推动活塞向右运动；缸右腔回油由 A→T 回油箱［图 4-34（c）］。

（4）特殊电磁阀　其结构原理见表 4-10。

表 4-10　特殊电磁阀的结构原理

种类	结构原理
锥阀式电磁阀	由输给电磁铁的电信号控制锥阀芯的移动换位，进而控制油路通断
两个电磁铁装在阀一端的电磁阀	两电磁铁共用一个衔铁，线圈 b 通电，阀芯向左运动，线圈 a 通电，阀芯向右运动，两者都不通电，阀芯在两端复位弹簧的作用下对中位。这种阀卸掉线圈 a 或者线圈 b 的接线，或者在工作过程中固定某一个电磁铁通断电，可构成二位四通阀 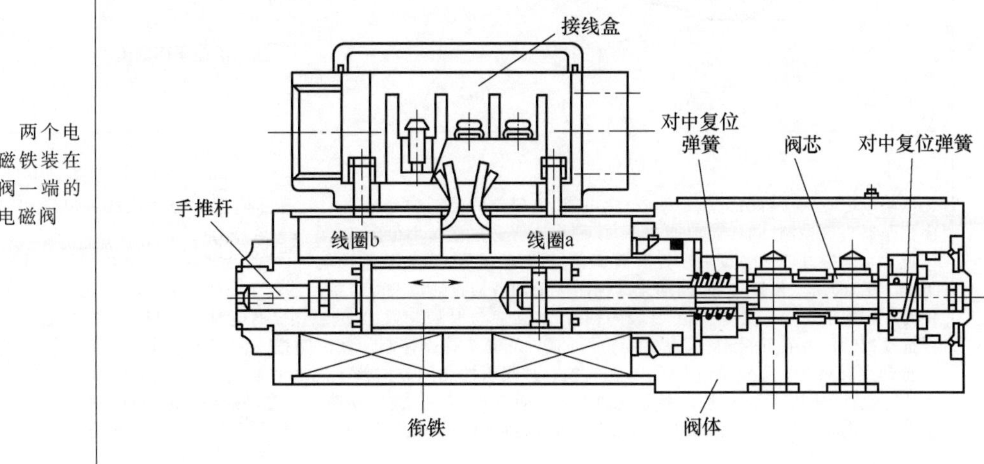

续表

种类	结构原理
带阀芯指示开关的电磁阀	一旦阀芯处于弹簧复位位置,位置指示开关便发出电信号,可将阀芯何时处于弹簧复位位置指示出来。这种型号的单电磁铁阀适用于液压系统联锁及顺序动作等情况下以及需要知道阀的位置状态进行电气显示的场合 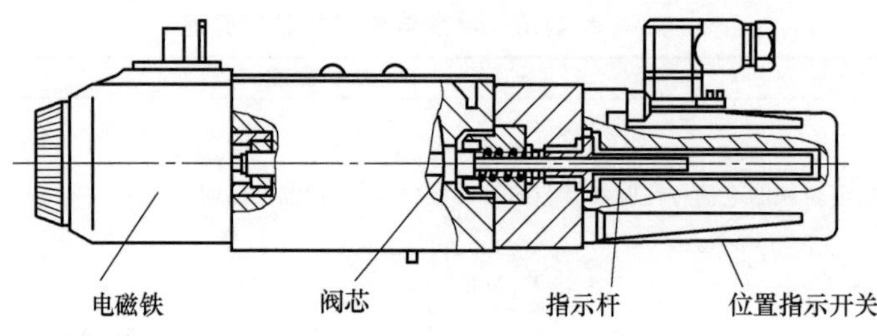
柔和换向式电磁阀	图(a)所示为柔和换向式电磁阀的结构,为三槽式三位四通电磁阀。在湿式电磁铁(油液可进入电磁铁内,起润滑与冷却作用,使用寿命长)的衔铁内有一个可控制换向时间的阻尼螺塞,改变阻尼孔尺寸[图(b)],可控制电磁铁通断电时间的长短,使阀芯切换时的加速度降低到普通型电磁阀的1/5～1/4,因而换向柔和、无冲击 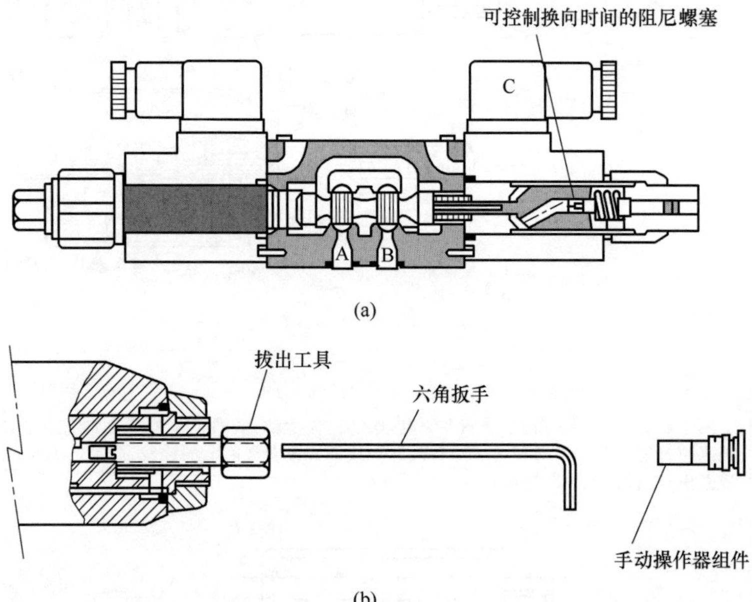 (a) (b)
低功率电磁阀	低功率电磁阀能解决大流量问题,耗电省,电磁铁的控制功率最小的只有2W,因而可用固体继电器和程序控制器直接控制,同样通流能力下,体积也比普通电液阀小很多(20%～30%),噪声低 低功率电磁阀两端各设一个控制活塞,当两端电磁铁a与b均不通电时,控制活塞在两端复位弹簧的作用下处于图(a)所示位置,此时两端先导控制腔的油液通过通道DK与主回油腔R相通,主阀阀芯在其两端复位对中弹簧的作用下处于中位,P腔闭锁,A、B两腔与R腔相通;当电磁铁a通电时,吸引铁芯右移,通过推杆推动控制活塞右移,控制压力油经PG通道→阀套小孔→控制活塞沉割槽→阀套另一小孔→主阀控制腔P,推动主阀阀芯右移到位[图(b)],在与铁芯被吸引的相同方向使主阀阀芯换位,压力油此时从P→B,进入执行元件,使执行元件动作,执行元件另一端回油经A→R流回油箱。反之电磁铁b通电,电磁铁a断电,主阀阀芯向左换位,控制活塞左腔回油经DR通道→R→油箱,完成换向动作。主阀阀芯可以制成各种机能

续表

<table>
<tr><th>种类</th><th>结构原理</th></tr>
<tr><td>低功率电磁阀</td><td>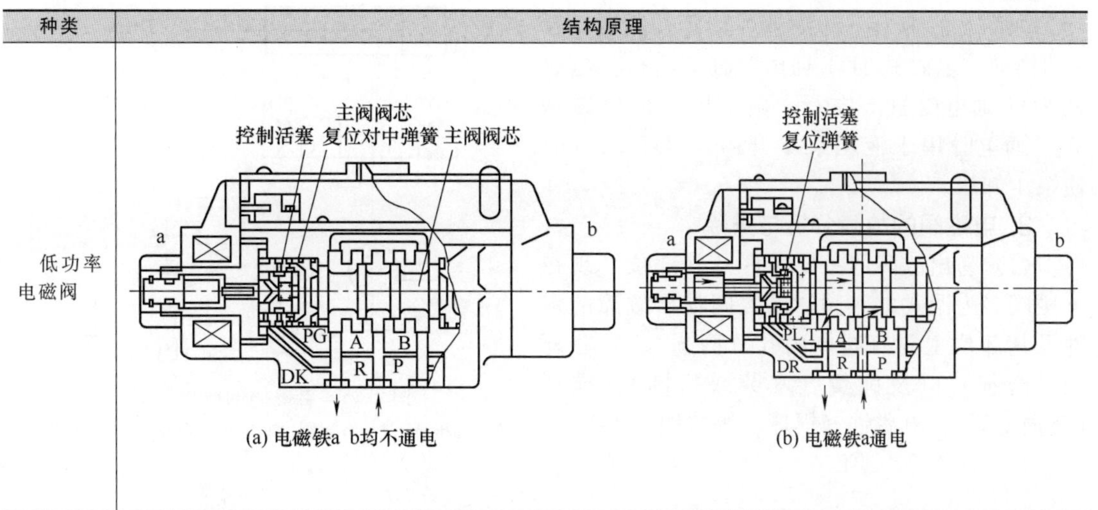

(a) 电磁铁a b均不通电　　(b) 电磁铁a通电</td></tr>
<tr><td>高速电磁阀</td><td>高速电磁阀由电磁铁、阀芯、弹簧、阀体等组成，与普通电磁阀不同的是，其阀芯由两部分——圆柱部分和锥面部分组成。圆柱部分作为换向时的导向段，A 口、B 口与 T 口的密封靠锥面部分实现。当油液由 A 口、B 口进入阀体内部时，由于阀芯圆柱面和圆锥面两侧受压面积相等，阀芯处于平衡状态，靠弹簧力将阀芯锥面紧压在 A 口、B 口上，实现与 T 口的密封。左右两个阀芯分别由两端电磁铁控制。当左端电磁铁通电时，衔铁推动阀芯使 A 口与 T 口连通；当右端电磁铁通电时，B 口与 T 口连通
由于阀芯处于静压平衡状态，锥面密封又没有滑阀密封所必需的封油长度，同时受液压卡紧力的影响比滑阀要小，因此推动锥阀芯开启的电磁控制力不必很大。同时，换向速度较快，换向频率可以提高，工作更可靠。它实际上相当于两个二位二通电磁阀的组合。这种高速电磁阀主要用来作为高速电液动换向阀的先导控制阀，也可在小流量回路中直接作为控制阀使用
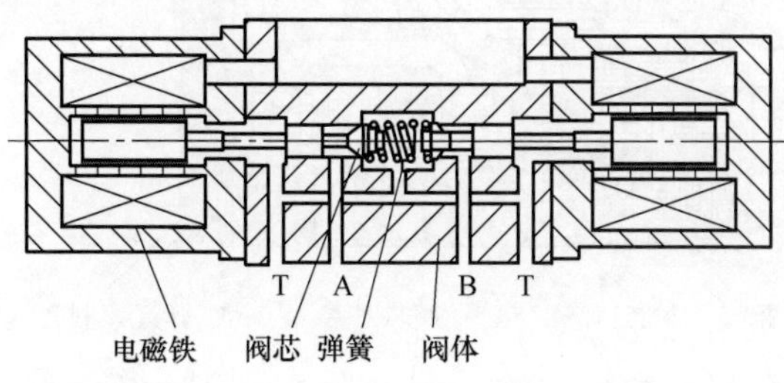
</td></tr>
<tr><td>防爆电磁阀</td><td>采用了防爆电磁铁壳体，用以隔离气体混合物在壳体内可能引起的爆炸，进而避免引起外部环境中的爆炸
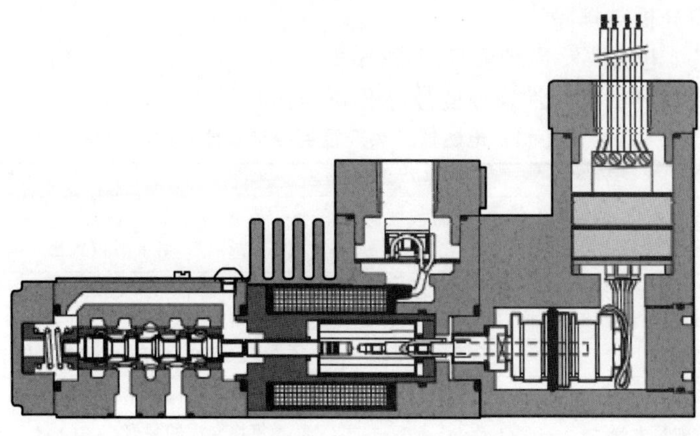</td></tr>
</table>

2. 电磁阀的应用回路

如图 4-35 所示，电磁阀 4 用于控制液压缸 5 的换向，电磁铁 1DT 通电时缸 5 右行，电磁铁 2DT 通电时缸 5 左行；电磁阀 3 的电磁铁 3DT 通电时用于液压泵 1 升压，3DT 断电时使泵 1 卸压。

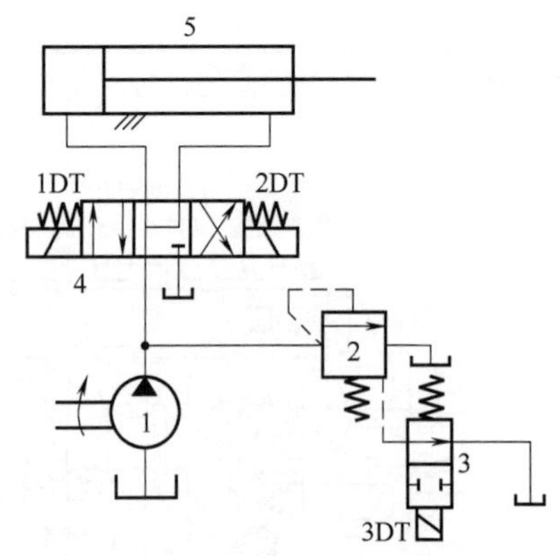

图 4-35 电磁阀的应用回路

1—液压泵；2—溢流阀；3，4—电磁阀；5—液压缸

3. 电磁阀的故障分析与排除

(1) 易出故障的主要零件及其部位　现在电磁阀多为湿式电磁阀，电磁阀易出故障的零件及其部位主要有阀体内孔（磨损）、阀芯外径（磨损）以及弹簧（疲劳或折断）、推杆（磨损变短）、电磁铁（损坏）等（图 4-36）。

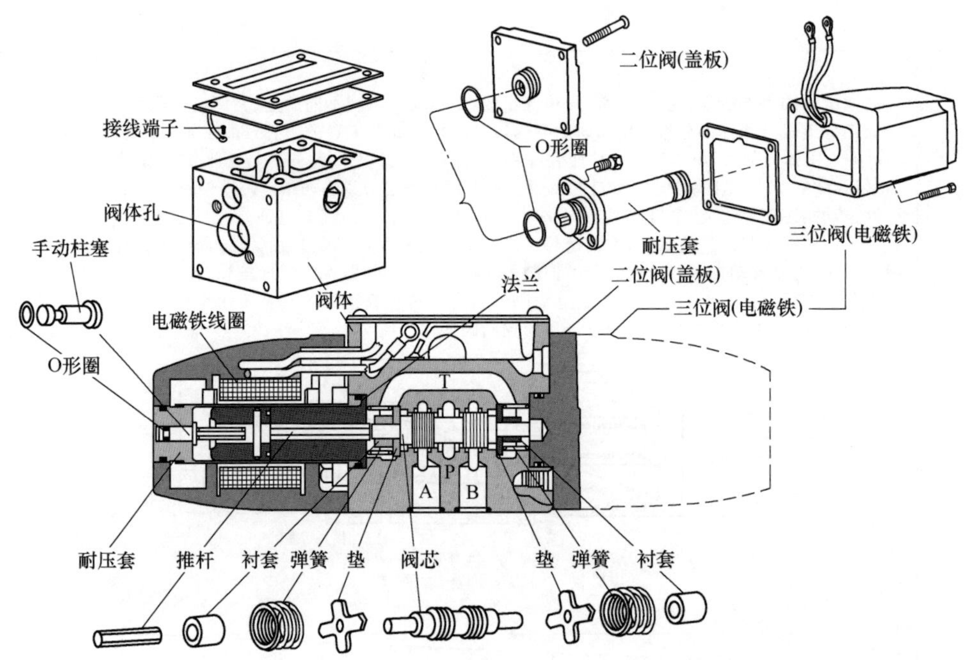

图 4-36 湿式电磁阀的主要零件

(2) 故障分析与排除

【故障 1】 电磁铁发热严重且经常烧掉

电磁铁发热严重且经常烧掉的故障分析与排除见表 4-11。

表 4-11 电磁铁发热严重且经常烧掉的故障分析与排除

故障分析	排除方法
检查电磁铁本身，是否线圈绝缘不好，电磁铁铁芯卡阻吸不动，电压太低或不稳定	修理或更换电磁铁，电压的变化值应在额定电压的±10%以内，必要时设置稳压电源
检查负载是否超载，如换向阀使用压力超过规定的压力，换向流量超过规定值太多，回油口背压过高	降低使用压力，更换通径大一挡的电磁阀，调整背压使其在规定值内
电磁阀换向频率太快	电磁阀换向频率不能超过规定值
电磁阀阀芯摩擦力太大	采取降低阀芯摩擦力的措施
电磁阀内复位弹簧太硬	更换合适的弹簧

【故障 2】 电磁铁有噪声

电磁铁有噪声的故障分析与排除见表 4-12。

表 4-12 电磁铁有噪声的故障分析与排除

故障分析	排除方法
检查推杆是否过长	过长时修磨推杆到适宜长度
检查电磁铁铁芯接触面是否不平或接触不良	消除故障,重新装配达到要求

【故障 3】 电磁阀不换向或换向不可靠

电磁阀不换向或换向不可靠的故障分析与排除见表 4-13。

表 4-13 电磁阀不换向或换向不可靠的故障分析与排除

故障分析	排除方法
①电磁铁(多为交流干式电磁铁)线圈烧坏 ②电磁铁推力不足或漏磁 ③电气线路出故障,如电路不能通电 ④电磁铁接线错误 ⑤电磁铁的动铁芯卡死	①检查原因,重绕电磁铁线圈,进行修理或更换 ②检查原因,进行修理或更换 ③查明原因,消除故障 ④图 4-37 所示为常见进口电磁阀接线盒的有关情况说明,可参考 对于直流线圈+电引线必须接到"+"标记端,用三芯引线(即公用零线)接入双电磁铁阀时,内端子对必须互连 ⑤可拆洗修理或更换电磁铁
检查是否杂质将电磁阀的阀芯卡死	清洗、换油
检查自动复位对中式的弹簧是否折断、漏装与错装	更换或补装

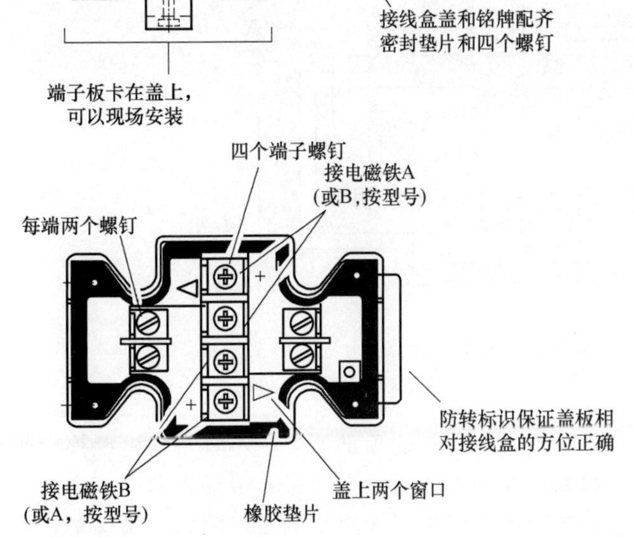

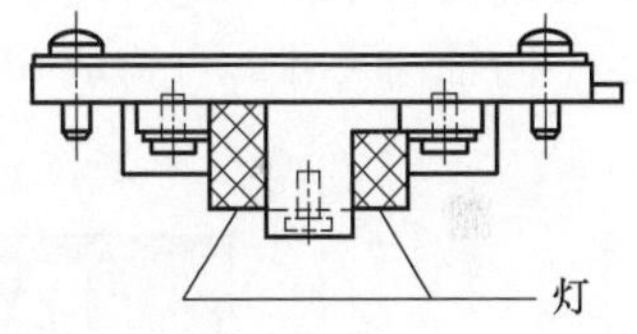

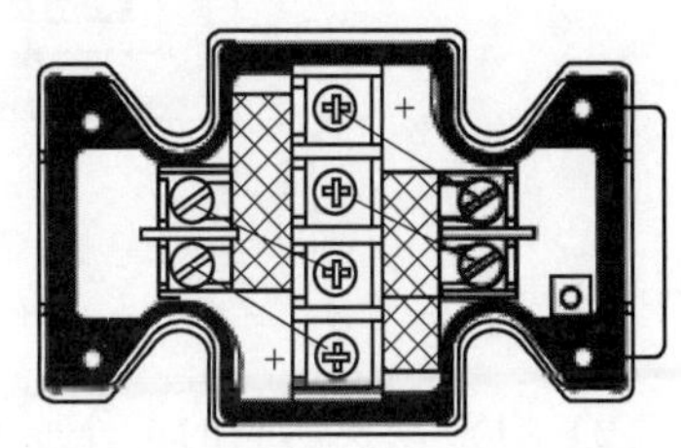

图 4-37 进口电磁阀的接线盒

【故障 4】 电磁阀内、外泄漏量大

电磁阀内、外泄漏量大的故障分析与排除见表 4-14。

表 4-14 电磁阀内、外泄漏量大的故障分析与排除

故障分析	排除方法
检查密封是否损坏	更换密封
检查阀芯或阀体孔是否磨损,使两者之间的配合间隙增大	刷镀阀芯或更换阀芯

【故障 5】 电磁阀阀芯换向后通过阀的流量不足

电磁阀阀芯换向后通过阀的流量不足的故障分析与排除见表 4-15。

表 4-15 电磁阀阀芯换向后通过阀的流量不足的故障分析与排除

故障分析	排除方法
电磁阀中推杆过短	更换长度适宜的推杆
阀芯与阀体几何精度差,间隙过小,移动时有卡死现象,不能到位保证足够大的开口	研配达到要求
弹簧太弱,推力不足,使阀芯行程不到位,不能到位保证足够大的开口	更换适宜的弹簧

三、液动换向阀与电液动换向阀的故障诊断与维修

1. 液动换向阀与电液动换向阀的工作原理

(1) 液动换向阀的工作原理　如图 4-38 所示,从 X 口通入控制压力油,经盖 3 与阀体 1 内部 X 通道,再经顶盖 6 与端盖 3 进入阀芯 2 左端的弹簧腔 4,作用在阀芯左侧端面上,产生的液压力压缩阀芯右端的弹簧 5′推动阀芯右移,这时主油路 P 口与 B 口相通,A 口与 T 口相通,阀芯右端弹簧腔 4′的控制回油经 Y 通道及 Y 口流回油箱;反之,控制压力油从 Y 口进入,则阀芯 2 压缩弹簧 5 左移,此时 P 口与 A 口相通、B 口与 T 口相通;若 X 口与 Y 口均未通入压力油,即都与油箱相通,则阀芯在两端对中弹簧 5 与 5′的作用下复中位(对中)而实现阀的中位机能。图 4-38 中中位为 P、A、B、T 各口均不相通的情况。选择阀芯台肩的不同轴向尺寸,可构成其他形式的中位机能的阀。

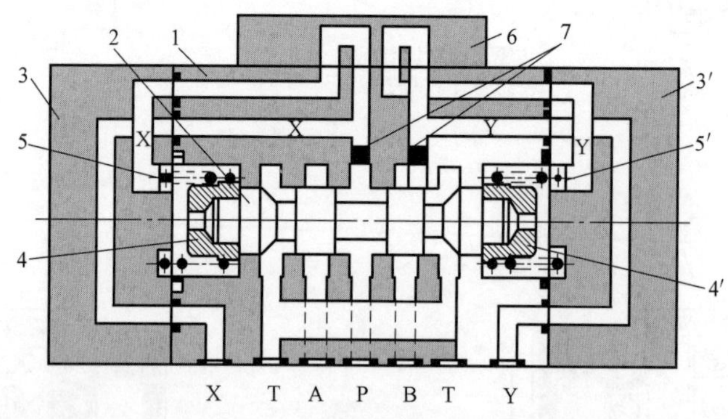

图 4-38 液动换向阀的工作原理

1—阀体;2—阀芯;3,3′—盖;4,4′—弹簧腔;5,5′—对中弹簧;6—顶盖;7—螺塞

(2) 电液动换向阀的工作原理　如果在液动换向阀的顶部安装一小容量的电磁换向阀作为先导控制阀,通过电磁换向阀引入控制油来控制大流量(大通径)液动换向阀(主阀)的阀芯换位,这就是电液动换向阀。电液动换向阀既解决了大流量的换向问题,又保留了电磁阀可用电气来操纵实现远距离控制的优点。

电液动换向阀由两部分构成:先导级——电磁换向阀;主级——液动换向阀。如图 4-39 所示,控制压力油由电磁阀的 p 孔引入,油口 A 和 B 分别与液动换向阀(主阀)阀芯两端的控制腔 X 腔与 Y 腔相连,通过先导电磁阀的换向,控制压力油从 X 腔(通先导阀 b 孔)

或是从 Y 腔（通先导阀 a 孔）进入，便可推动主阀阀芯左右移动而换向，实现主油口 P、A、B、T 之间的不同连通状态。

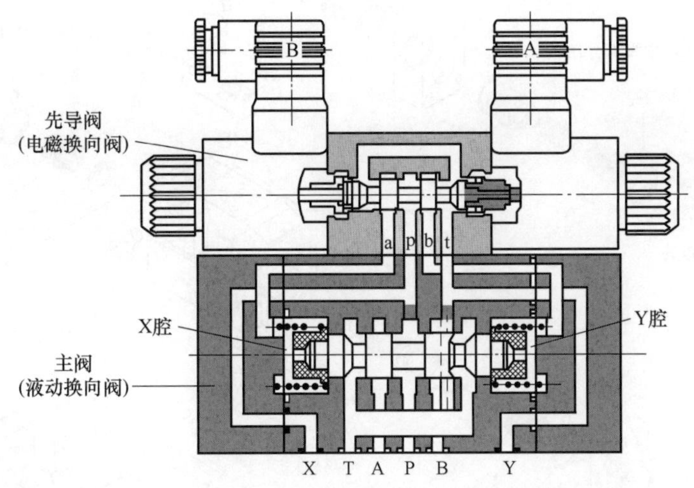

图 4-39　电液动换向阀的工作原理

2. 液动换向阀与电液动换向阀的外观、结构与拆装

（1）液动换向阀的外观、结构与拆装　液动换向阀的外观与结构如图 4-40 所示。

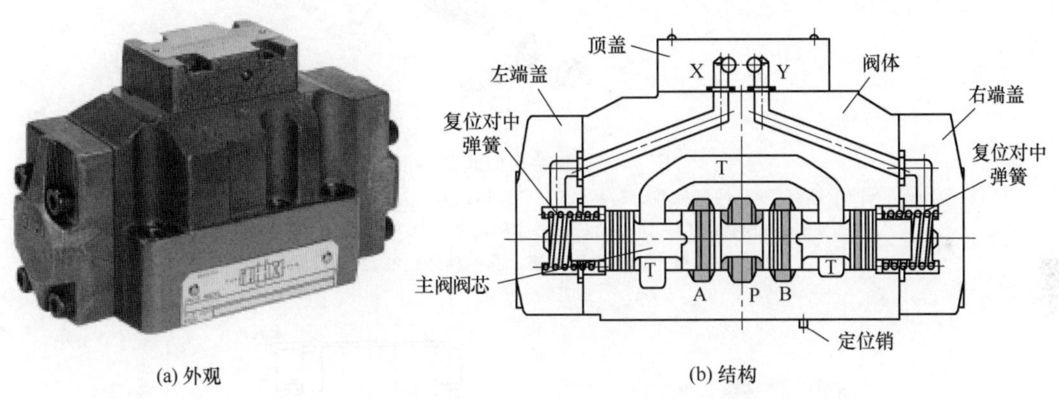

图 4-40　液动换向阀的外观与结构

液动换向阀的拆装如图 4-41 所示。注意液动换向阀有普通型、液压对中型和弹簧偏置型三种，可拆卸件 30、件 1 以及件 18 等，取下件 2、件 27、件 19 等，便可解体拆出阀内其他零件。装配方法与上述顺序相反。

（2）电液动换向阀的外观、结构与拆装　电液动换向阀的外观与结构如图 4-42 所示。

电液动换向阀的拆装如图 4-43 所示。松开图 4-43 中的四个螺钉 17，便可将先导电磁阀 16 从液动换向阀 9 上取下来，成为两大部分。此时可按前方法分别对先导电磁阀 16 和液动换向阀 9 进行拆卸与装配。必须注意滑阀芯的装配方向，不能调头装，它是有方向性的。

3. 电液动换向阀的应用回路

如图 4-44 所示，电液动换向阀 4 用于控制液压缸 5 的换向，电磁铁 1DT 通电时缸 5 右行；电磁铁 2DT 通电时缸 5 左行；电磁铁 1DT 与 2DT 均断电时，阀 4 处于中位，泵 1 卸荷。

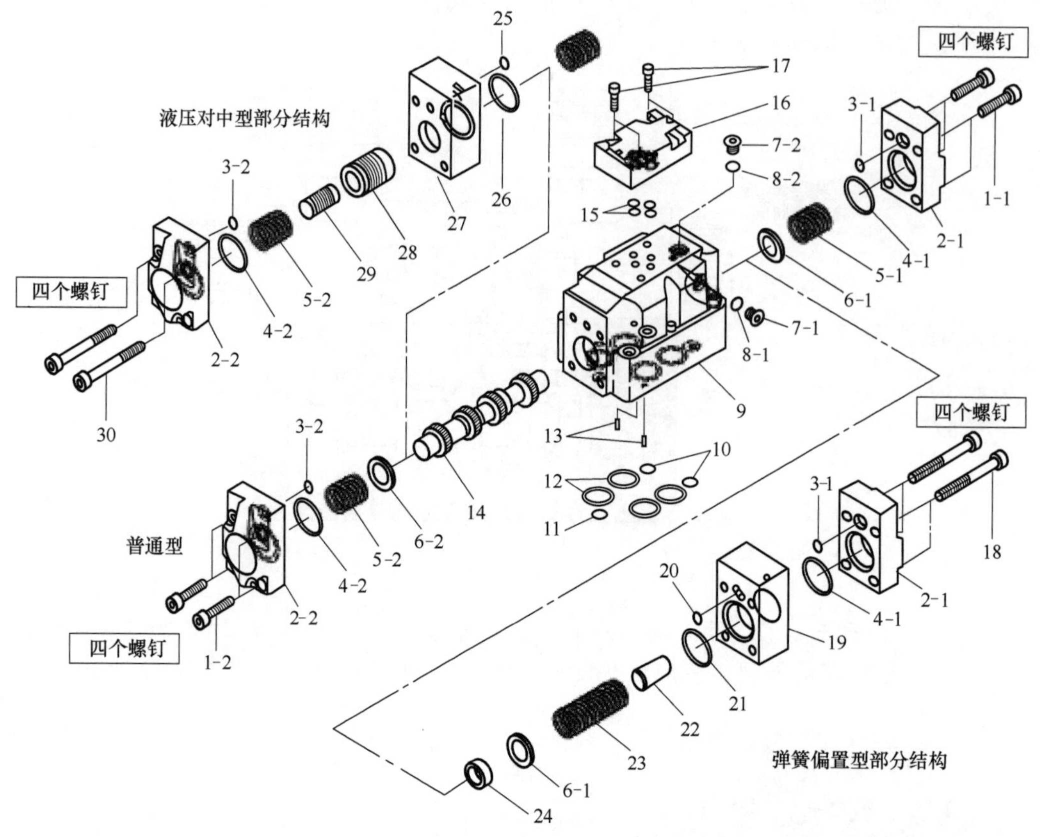

图 4-41　液动换向阀的拆装

1,17,18,30—四个螺钉；2—两侧端盖；3,4,8,10～12,15,20,21,25,26—O形圈；5—弹簧；6—挡圈；7—螺塞；9—阀体；13—定位销；14—主阀阀芯；16—顶盖；19,27—内端盖；22—定位杆；23—偏置弹簧；24—挡环；28,29—柱塞

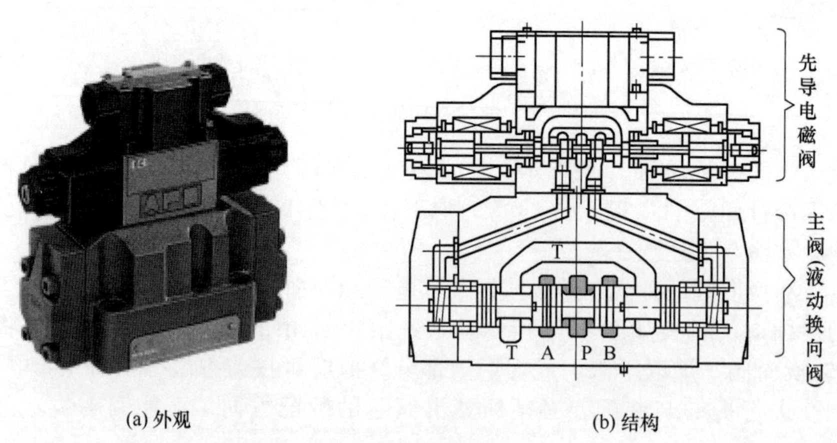

图 4-42　电液动换向阀的外观与结构

4. 液动换向阀与电液动换向阀的故障分析与排除

（1）易出故障的零件及其部位　液动换向阀易出故障的零件有阀体、阀芯、对中弹簧等；易出故障的部位有阀芯外径与阀体孔内径（图 4-45）。

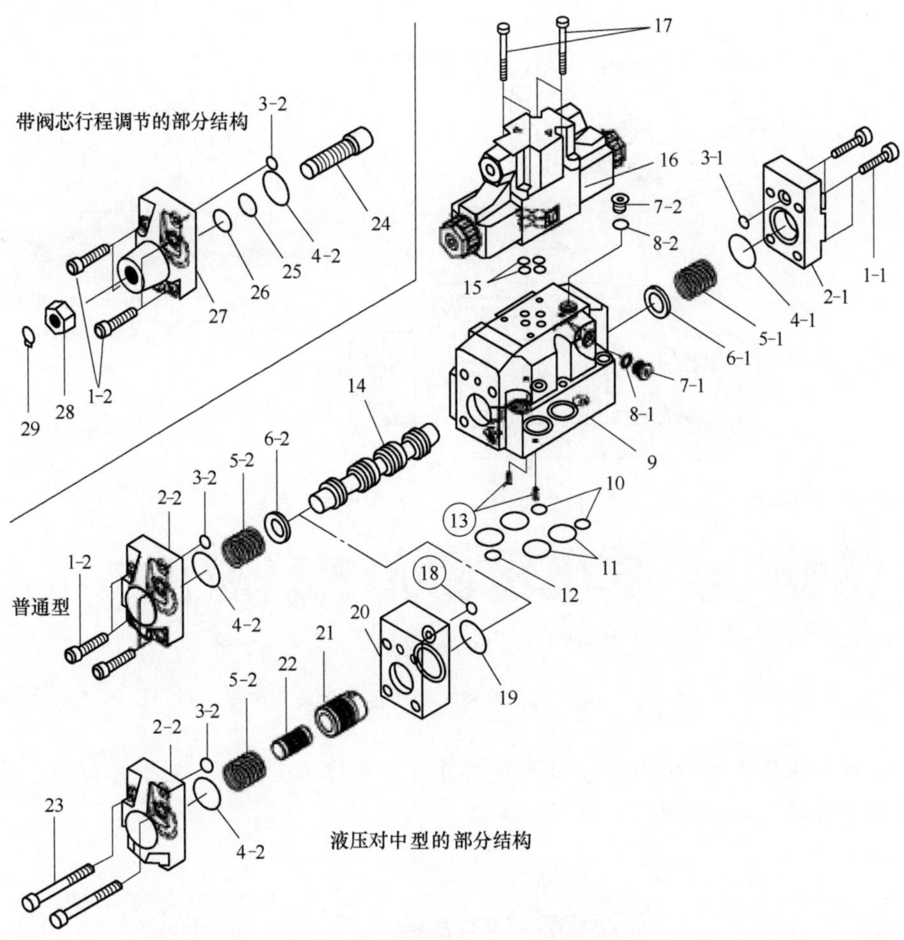

图 4-43　电液动换向阀的拆装

1,17,23—螺钉；2,20,27—端盖；3,4,8,10～12,15,19,25,26—O 形圈；5—弹簧；6—挡圈；7—螺塞；9—液动换向阀；13—定位销；14—主阀阀芯；16—先导电磁阀；18,21,22,24—柱塞；28—锁母；29—弹簧卡圈

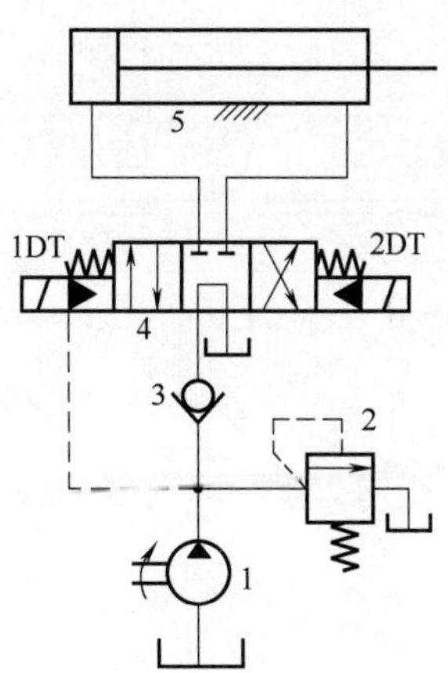

图 4-44　电液动换向阀的应用回路

1—液压泵；2—溢流阀；3—单向阀；
4—电液动换向阀；5—液压缸

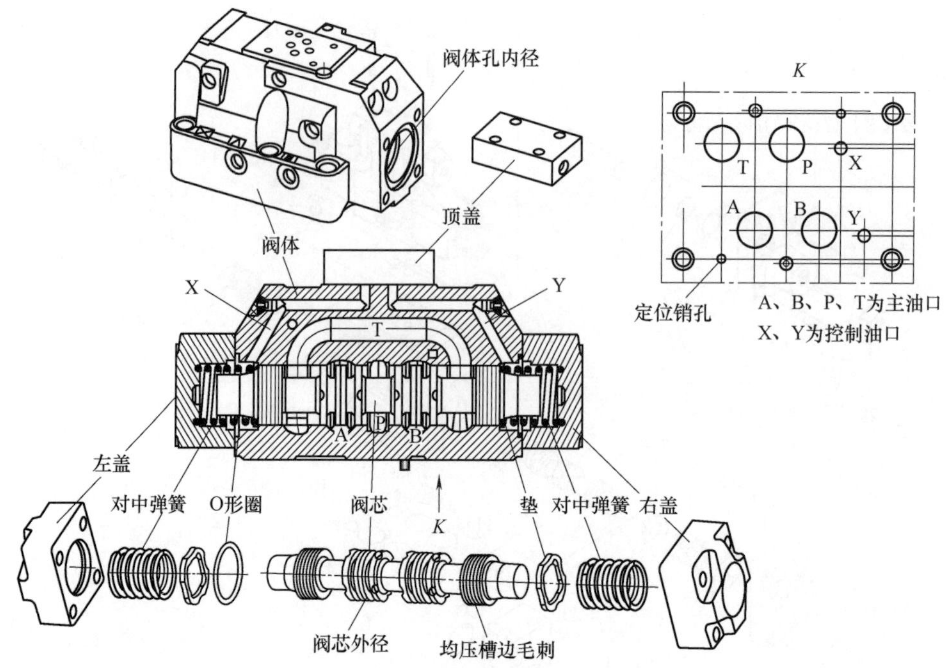

图 4-45　液动换向阀易出故障的零件及其部位

电液动换向阀易出故障的零件有先导电磁阀、主阀体、主阀芯、对中弹簧等；易出故障的部位有阀芯外径与阀体孔内径（图 4-46）。

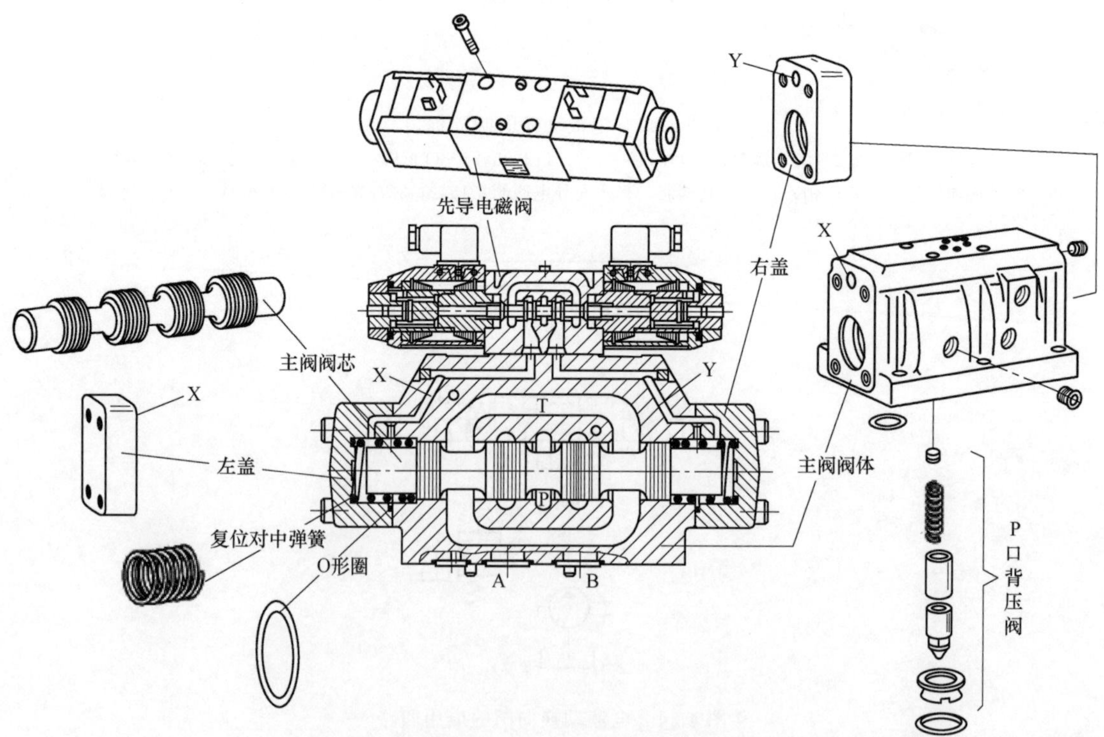

图 4-46　电液动换向阀易出故障的零件及其部位

(2) 故障分析与排除

【故障 1】 液动换向阀与电液动换向阀不换向或换向不正常

液动换向阀与电液动换向阀不换向或换向不正常的故障分析与排除见表 4-16。

表 4-16　液动换向阀与电液动换向阀不换向或换向不正常的故障分析与排除

故障分析		排除方法
检查控制油路是否无控制油流入	先导电磁阀未换向	查明原因并排除
	控制油口 X 或 Y 被堵塞	检查清洗，使控制油路畅通
	先导电磁阀故障，如阀芯与阀体孔因零件几何精度差、阀芯与阀体孔配合过紧、油液过脏等原因卡死，弹簧漏装、折断、疲劳弯曲等使阀芯不能复位	修理配合间隙达到要求，使阀芯移动灵活；过滤或更换油液，查明原因予以排除
检查控制油路压力是否不足	阀端盖处漏油，导致控制油压力不足	消除漏油
	滑阀排油腔一侧节流阀的节流口调节得过小或被污物堵死	适当调整并清洗节流阀
主阀阀芯卡死，不移位	主阀阀芯与主阀阀体孔几何精度差	修理研配使间隙达到要求
	主阀阀芯与主阀阀体孔配合太紧	修理研配使间隙达到要求
	主阀阀芯表面有毛刺	清除毛刺，冲洗干净
	复位对中弹簧不符合要求，如弹簧力过大、弹簧弯曲变形、弹簧断裂等原因，致使主阀阀芯不能复位	更换适宜的弹簧
阀安装不良、阀体变形	板式阀安装螺钉拧紧力矩不均匀、过大造成阀体变形	重新紧固螺钉，并使之受力均匀，最好用力矩扳手按规定的力矩值拧紧螺钉
	管式阀阀体上连接的管子"别劲"	重新安装
油液变质或油温过高或油液黏度不合适	油液过脏使阀芯卡死	过滤或更换
	油温过高，使零件产生热变形而产生卡死现象	查明原因并排除
	油温过高，油液中产生胶质，粘住阀芯而卡死	清洗并使油温正常
	油液黏度太高，使阀芯移动困难而卡住	更换适宜的油液

【故障 2】 液动换向阀与电液动换向阀换向时发生冲击振动

液动换向阀与电液动换向阀换向时发生冲击振动的故障分析与排除见表 4-17。

表 4-17　液动换向阀与电液动换向阀换向时发生冲击振动的故障分析与排除

故障分析	排除方法
控制流量过大，阀芯移动速度太快而产生冲击	调小节流阀节流口，减慢阀芯移动速度
单向节流阀中的单向阀钢球漏装或钢球破碎，不起阻尼作用	检修单向节流阀
固定电磁铁的螺钉松动	紧固螺钉，并加防松垫圈

【故障 3】 液动换向阀（主阀）阀芯换向速度调节失灵

两个节流阀和两个单向阀组成双单向节流阀，可对主阀（液动换向阀）阀芯的换向速度进行控制，防止换向冲击（图 4-47）；主阀两端的行程调节螺钉可调节主阀阀芯行程的大小，从而控制主阀阀芯各油口的开口量与遮盖量的大小，以进行流量控制。如果出现主阀阀芯换向速度调节失灵，则可按表 4-18 所列原因进行相应处理。

表 4-18　液动换向阀（主阀）阀芯换向速度调节失灵的故障分析与排除

故障分析	排除方法
单向阀封闭性差	修理或更换
节流阀加工精度差，不能调节最小流量	修理或更换
排油腔阀盖处漏油	更换密封件，拧紧螺钉
针形节流阀调节性能差	改用三角槽节流阀

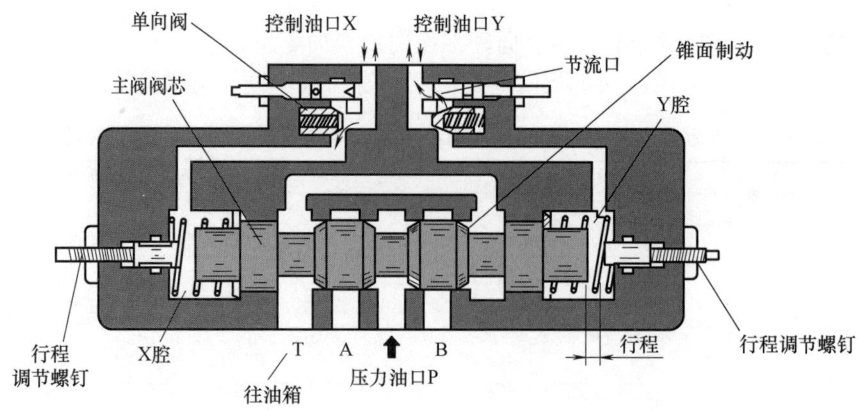

图 4-47 液动换向阀（主阀）

第五节 压力阀的故障诊断与维修

一、简介

压力控制阀简称压力阀。在液压系统中，执行元件向外做功，输出力和转矩，不同情况下需要油液具有大小不同的压力，以满足不同的输出力和输出转矩的要求。输出力和输出转矩的大小与油液压力密切相关。为了使液压系统适应各种需要，就要对油液压力进行控制，这样就产生了各种类型的压力控制阀，用来控制和调节液压系统压力的高低。

压力控制阀按其功能和用途不同，可分为溢流阀、减压阀、顺序阀和压力继电器等。例如溢流阀用来防止系统过载或保持系统压力恒定；减压阀可以使同一液压泵以不同压力给几个执行机构供油等。

从工作原理来看，所有压力控制阀都是利用油液压力对阀芯产生推力，与弹簧力平衡，使阀芯处于不同位置，以控制阀口开度来实现压力控制。

二、溢流阀的工作原理与结构

溢流阀有直动式溢流阀、先导式溢流阀、电磁溢流阀与卸荷溢流阀等。

1. 直动式溢流阀的工作原理与结构

直动式溢流阀分为锥（或球）阀式与滑阀式两种，锥阀式可作远程控制溢流阀用。

（1）工作原理 图 4-48（a）所示为锥（或球）阀式直动式溢流阀，进油口（P 口）压力油作用在阀芯上的液压力 pA 小于弹簧的弹力 F_s 时，阀芯在弹簧力作用下关闭，P 口与 T 口被隔开；当进油口压力油的压力上升，液压力大于弹簧的弹力 F_s 时，阀芯右移，阀口开启，压力油液经出油口（T 口）溢流一部分回油箱，使进油口压力降下来，弹簧的弹力又使阀芯关闭，溢流阀进口压力又上升。这样溢流阀基本上就可使进口压力恒定。改变弹簧的刚度，可以改变阀的调压值范围。松开锁紧螺母转动调压手柄（调压螺钉、调压螺母），可调整压力大小，顺时针旋转压力增高，逆时针旋转压力降低。图 4-48（b）所示为滑阀式直动式溢流阀，工作原理与锥（或球）阀式直动式溢流阀相同。

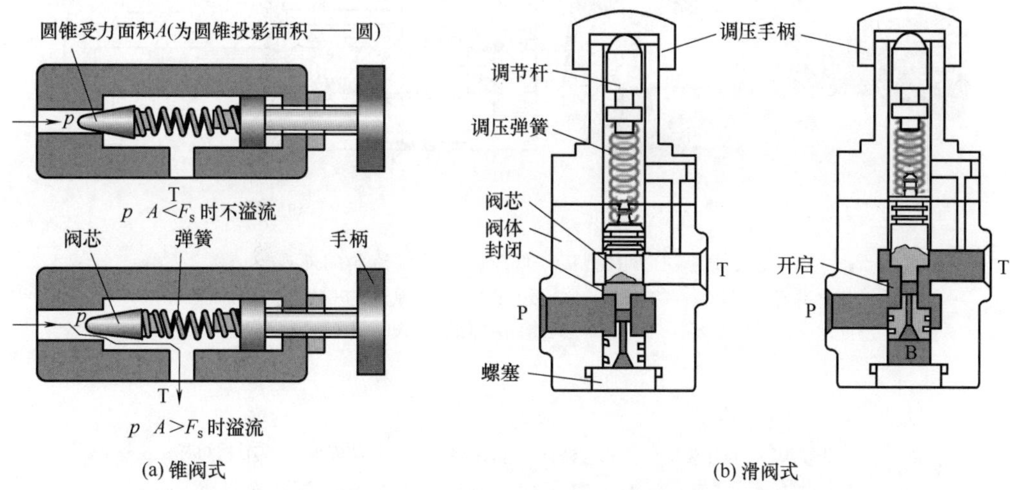

图 4-48 直动式溢流阀的工作原理

（2）结构

① DB6D 型直动式溢流阀。图 4-49 所示为力士乐公司 DB6D 型直动式溢流阀的结构。它由带有导向柱塞的阀芯 2、调节杆 3 和阀体 1 构成。P 通道中的压力作用于阀芯 2 上。当 P 通道中的压力上升到超过调压弹簧 5 上所调定的压力值时，液压力压缩弹簧 5 使阀芯 2 右移，阀芯 2 开启，液压油就会从 P 通道流向 T 通道回油箱。图 4-49（b）中阀芯 2 带有导向柱塞，可提高阀芯动作的稳定性。

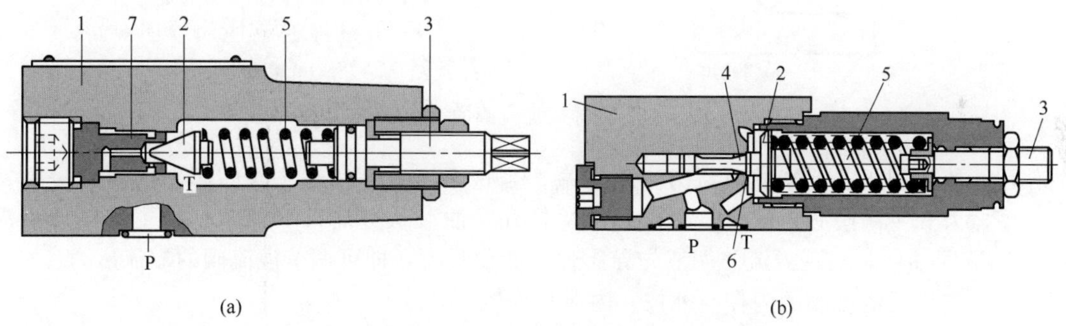

图 4-49 力士乐公司 DB6D 型直动式溢流阀的结构

1—阀体；2—阀芯；3—调节杆；4—导向柱塞；5—调压弹簧；6—阀芯与阀体接触线；7—阀座

② P 型直动式溢流阀。图 4-50 所示为国产 P-※B 型板式低压直动式溢流阀的外观与结构，为滑阀式。

2. 先导式溢流阀的工作原理与结构

（1）工作原理

如图 4-51 所示，压力油从进油口 P 进入，经主阀阀芯阻尼孔→流道 R 后作用在先导阀上。当进油口的压力较低，先导阀上的液压力不足以克服先导阀阀芯调压弹簧的作用力时，先导阀关闭，无油液流过主阀阻尼孔，故主阀阀芯上下两端的压力相等，在平衡弹簧的作用下，主阀阀芯处在最下端位置，溢流阀进油口 P 和溢油口 T 隔断，无溢流；当进油口压力升高，先导阀上的液压力大于调压弹簧的预调力时，先导阀打开，压力油通过主阀阀芯上的阻尼孔→开启的先导阀→平衡弹簧腔→主阀阀芯的中心孔→流道 T 流回油箱，由于阻尼孔

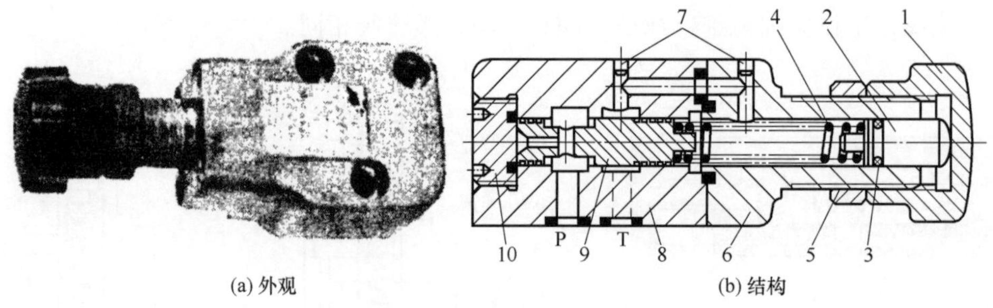

(a) 外观　　(b) 结构

图 4-50　国产 P-※B 型板式低压直动式溢流阀的外观与结构

1—调压螺母；2—调节杆；3—O 形圈；4—调压弹簧；5—锁母；6—阀盖；7—堵头；8—阀体；9—阀芯；10—螺塞

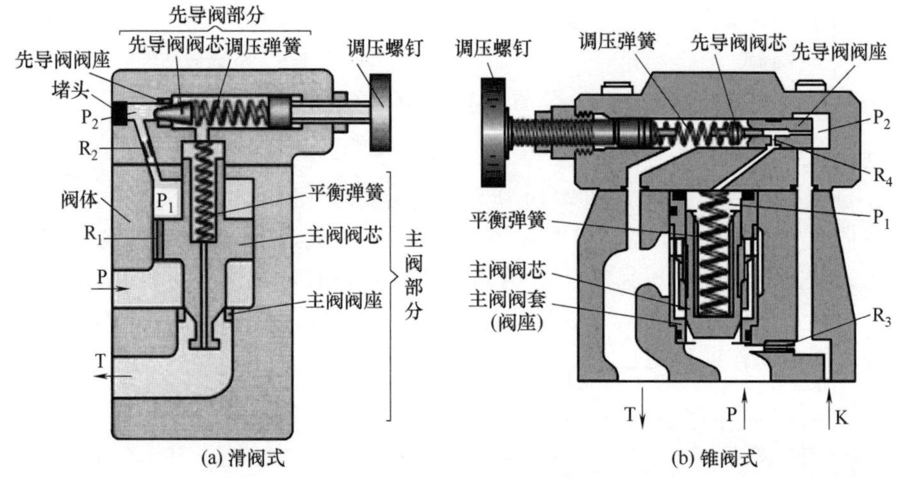

(a) 滑阀式　　(b) 锥阀式

图 4-51　先导式溢流阀的工作原理

的作用，使主阀阀芯上端的液压力小于下端，当这个压差作用在主阀阀芯上的力超过弹簧力、摩擦力和主阀阀芯自重时，主阀阀芯便打开，油液从进油口 P 流入，经主阀阀口由溢油口 T 流回油箱，实现溢流。调节先导阀弹簧的预紧力，即可调节溢流阀的溢流压力。

(2) 先导式溢流阀的内控与外控、内泄与外泄

在维修先导式溢流阀时，要弄清楚所使用的先导式溢流阀是内控还是外控、是内泄还是外泄。

如图 4-52 (a) 所示，由阀内引入从 P 口进入的先导控制油，经先导阀后又经内部流道从 T 口流出，称内控内泄；如图 4-52 (b) 所示，由阀内引入从 P 腔进入的先导控制油，经先导阀后不经内部流道而是从 Y 口流出，称内控外泄；同理，图 4-52 中 (c)、(d) 所示

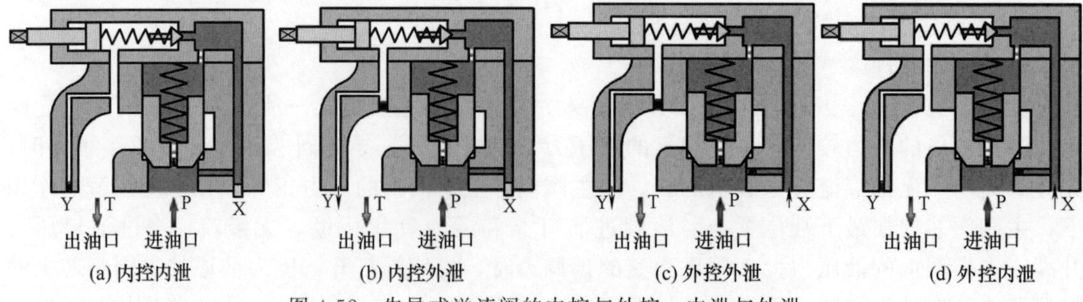

(a) 内控内泄　　(b) 内控外泄　　(c) 外控外泄　　(d) 外控内泄

图 4-52　先导式溢流阀的内控与外控、内泄与外泄

分别为外控外泄和外控内泄。可根据不同工作需要选用其中之一，这四种方式不能搞错，如果搞错，会导致液压系统故障。

（3）结构

如图 4-53 所示，DB 型先导式溢流阀由主阀 1 和先导阀 2 组成。进油口 P 的压力作用在主阀阀芯 3 上。同时，压力油经阻尼孔 4 →通路 6→阻尼孔 5 后，分为两路：一路再经阻尼孔 7→作用在主阀阀芯 3 上的弹簧腔；另一路作用在先导阀 2 的钢球 8 上。当 P 口的压力超过弹簧 9 设定值时，作用在钢球 8 上向右的力克服弹簧 9 向左的力使先导阀（球阀）开启，P 口来油一部分通过打开的钢球→油腔 14→通道 13 →T 口回油箱，于是主阀阀芯 3 上部的弹簧腔压力也下降，主阀阀芯 3 因上、下作用力不平衡而上抬，从 P 口到 T 口的连接通道被打开，油液先由 P 口流向 T 口，使 P 腔压力降下来，直至 P 腔压力降到由先导阀调定的压力为止，因而起到限压作用。注意此时引入先导阀 2 的控制油（控制信号）是从 P 口内部获取的。也可借助外控油口 X 从外部引入，可实现卸荷、多级压力（如两级压力）控制。

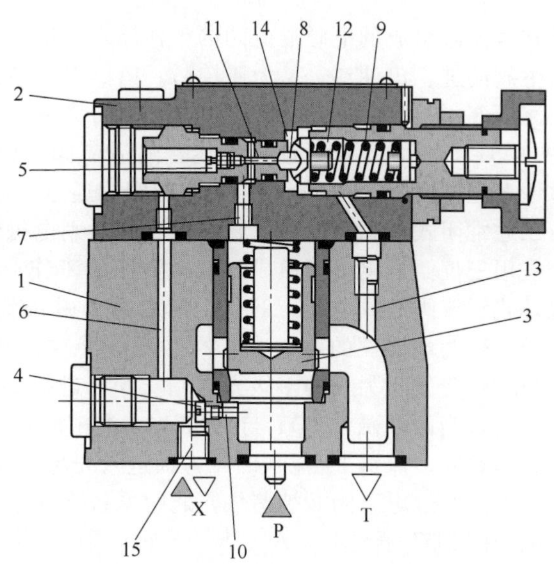

图 4-53 DB 型先导式溢流阀的结构

1—主阀；2—先导阀；3—主阀阀芯；4,5,7,11—阻尼孔；6,13—通路；8—钢球；9—调压弹簧；10—油道；12—弹簧腔；14—油腔；15—外控油口 X

3. 电磁溢流阀的工作原理与结构

电磁溢流阀由电磁换向阀与先导式溢流阀组合而成，它具有溢流阀的全部功能，还可以通过电磁阀的通断电控制，实现液压系统的卸荷或多级压力控制。

（1）工作原理

图 4-54 所示为二位二通常闭式电磁阀（二位四通电磁阀堵了两个油口）与两节同心先

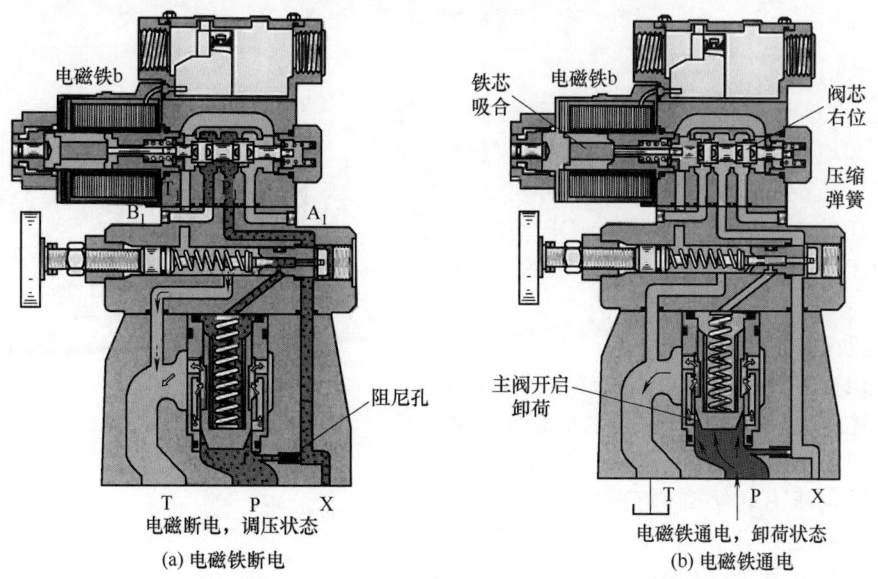

(a) 电磁铁断电　　(b) 电磁铁通电

图 4-54 电磁溢流阀的工作原理（一）

导式溢流阀组成的电磁溢流阀的工作原理。电磁阀安装在先导调压阀的阀盖上。P、T 分别为主阀的进、出油口，X 为遥控口。P_1、T_1、A_1 和 B_1 为电磁阀的四个油口，P_1 接先导式溢流阀的主阀弹簧腔，T_1 接先导阀的弹簧腔，A_1 和 B_1 封闭。当电磁铁 b 未通电时［图 4-54（a)］，工作原理同上述普通溢流阀，此时系统在主溢流阀的调压值下工作；当电磁铁 b 通电时［图 4-54（b)］，主阀阀芯通过电磁阀油口连通回油箱，系统卸荷。如果将二位二通常闭式电磁阀改为常开式电磁阀，则电磁铁 b 未通电时系统卸荷，通电时系统升压。

用三位四通电磁阀组成的电磁溢流阀工作原理如图 4-55 所示，三位四通电磁阀安装在先导式溢流阀的阀盖上。P、T 分别为电磁溢流阀的进、出油口，X 为遥控口。P_1、T_1、A_1 和 B_1 为电磁阀的四个油口，P_1 接先导式溢流阀的主阀弹簧腔，T_1 接先导阀的弹簧腔，A_1 和 B_1 分别接另外的多级先导调压阀，进行多级压力控制。图 4-55（a）中先导电磁阀为 O 型时，当两电磁铁 1DT 与 2DT 均未通电时，各油口关闭，从溢流阀进油口 P 经阻尼孔 a、主阀弹簧腔、流道 P_1 流来的压力油进入先导调压阀的前腔，由于 P_1 口和 T_1 口封闭，故压力油不能经过电磁阀而被堵住，此时系统在主溢流阀的调压值下工作；当电磁阀 1DT 通电或电磁阀 2DT 通电时，A_1、B_1 可外接调压阀进行多级压力控制［图 4-55（b)］。

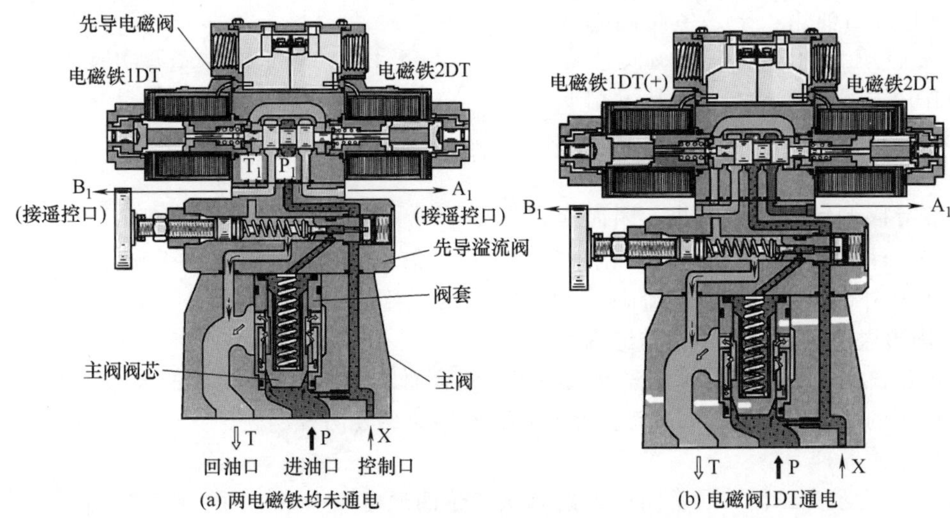

图 4-55 电磁溢流阀的工作原理（二）

（2）结构

如图 4-56 所示，DBW 型电磁溢流阀由 DB 型溢流阀和电磁阀的组合而成，利用电气信号可使阀卸荷，或配用远程控制溢流阀可使系统得到双压或卸压控制。该阀的功能与 DB 型溢流阀相同，借助于顶装的方向阀，可实现主阀阀芯的卸荷。

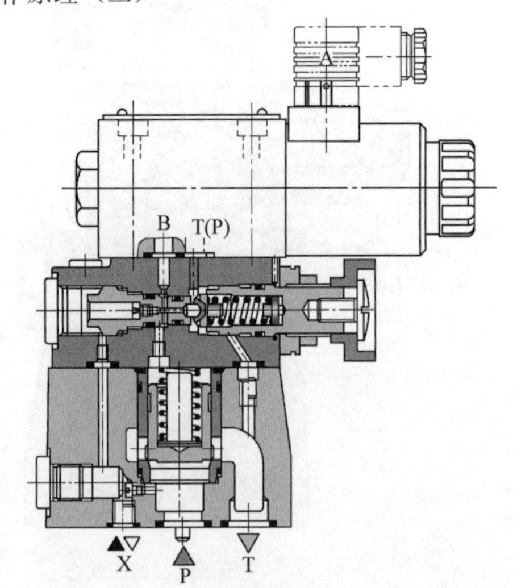

图 4-56 DBW 型电磁溢流阀的结构

4. 其他形式的溢流阀

（1）切换时间延迟的溢流阀（缓冲溢流阀）

在上述电磁阀与先导阀之间加装切换时间延迟的阀（图 4-57），使 B_2 口至 B_1 口的接通延时开启，使从设定压力转接到卸荷时，缓慢降低遥控压力，防止对主回路的冲击。衰减（释压冲击）的程度由节流孔的尺寸来决定，一般使用

ϕ1.2mm 的阻尼孔。

(2) 卸荷溢流阀

卸荷溢流阀简称卸荷阀，它是在溢流阀的基础上加上特制的单向阀组合而成的组合阀，用在蓄能器或高低双压泵回路中，可对液压系统实现自动卸荷和自动加压。

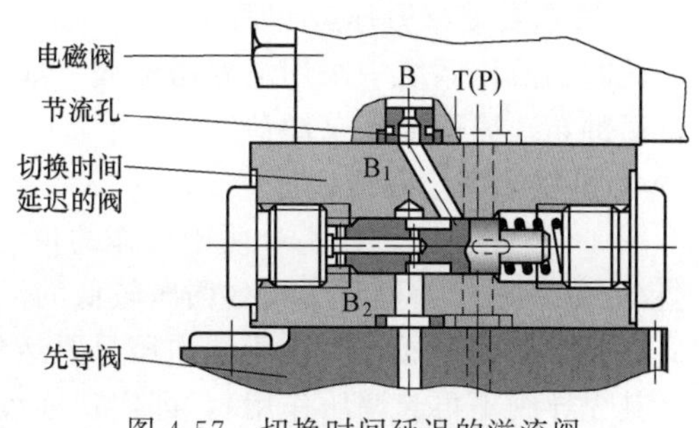

图 4-57 切换时间延迟的溢流阀（缓冲溢流阀）的结构

如图 4-58 所示，在蓄能器 14 充压的压力超过调压手柄 6 预调的压力（关闭压力）后，推动控制柱塞 1 右行，顶开先导阀阀芯 7，主阀阀芯 8 上腔卸压而上抬，主溢流阀将被全部打开，泵来的压力油以仅相当于通过阀流阻的低压压力由 P→T 被导回油箱，这种状态称为“泵被卸荷”。

当蓄能器内的压力下降至低于调压手柄所调节的压力，大约为关闭压力的 83%时，先导阀阀芯 7 关闭，主溢流阀阀芯也随之关闭，于是泵又加压输出由 P→A→蓄能器，蓄能器重新充压。

拆开螺塞外接控制油路压力油可进行外控。

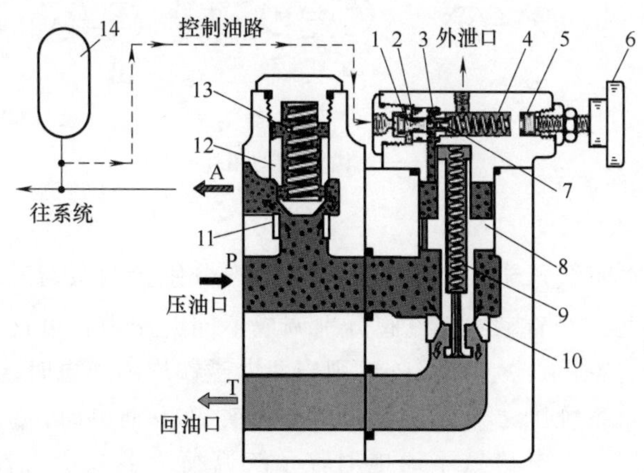

图 4-58 卸荷溢流阀的结构

1—控制柱塞；2—阀套；3—先导阀阀座；4—调压弹簧；5—调节杆；6—调压手柄；7—先导阀阀芯；8—主阀阀芯；9—平衡弹簧；10—主阀阀座；11—单向阀阀座；12—单向阀阀芯；13—弹簧；14—蓄能器

三、溢流阀的基本用途

1. 调压溢流作用

在采用定量泵供油的液压系统中，为了满足工作负载的需要，液压系统需要一定大小的压力值，系统需要“调压”，即需要确定液压泵的最高使用工作压力；另一方面当执行元件不需要那么多的流量时，而定量泵供给的流量一定，只有通过溢流阀溢去多余的油液并将其排回油箱，否则因为流量多余系统压力会升得很高。因此在定量泵液压泵源系统中，溢流阀起“调压”“限压”“溢流”作用，如图 4-59（a）所示。

2. 安全保护作用

在变量泵作动力源的液压系统中，泵的流量一般随负载可自行改变，不太会有多余流量，其工作压力由负载决定，只在压力超过某一预先调定的压力时，溢流阀才打开溢流，使系统压力不再升高，保护系统，避免过载，起安全保作用，如图 4-59（b）所示。

3. 按需要使泵升压或卸荷

此时的液压系统中采用电磁溢流阀，如图 4-59（c）所示，当电磁铁通电时，溢流阀外控口通油箱，因而能使泵卸荷。

4. 远程调压与双级调压

图 4-59（d）中，在一个便于操作的位置装一远程调压阀，先导式主溢流阀的外控口 X（远程控制口）与远程调压阀（调压较低的溢流阀）连通，即主溢流阀阀芯上腔与外控口 X 相通，当电磁阀不通电时，所调油压只要达到远程调压阀的调整压力，主阀阀芯即可抬起溢流（其先导阀不再起调压作用），即实现远程调压。当电磁阀通电左位工作时，由主溢流阀调压，当电磁阀通电右位工作时，由远程调压阀调压，即液压系统有两种工作压力，称为双级调压。

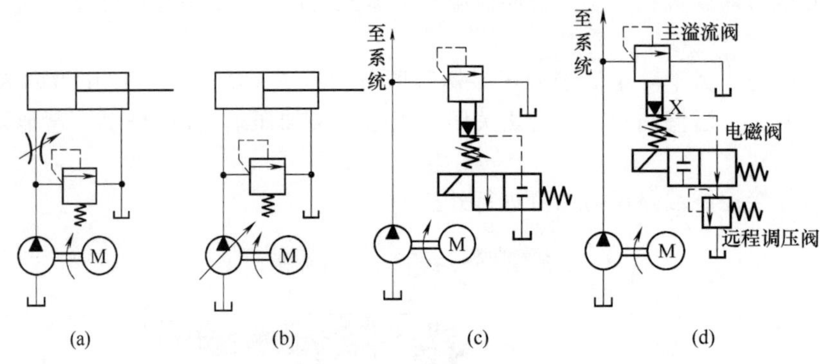

图 4-59　溢流阀的用途

5. 多级压力控制

如图 4-60 所示，常闭型先导电磁阀 A_1 口与 B_1 口分别接两级与三级直动式溢流阀（调压阀），如主阀、二级与三级直动式溢流阀分别调成不同的压力，可进行三级压力控制：例如 $p_1=20$MPa、$p_2=10$MPa、$p_3=5$MPa，则当两电磁铁均不通电时，系统压力为 20MPa；当电磁铁 1DT 通电时，系统压力为 10MPa；当电磁铁 2DT 通电时，系统压力为 5MPa。如先导电磁阀采用常开型，当电磁铁不通电时，系统卸荷。多级压力控制要使用外控式溢流阀。

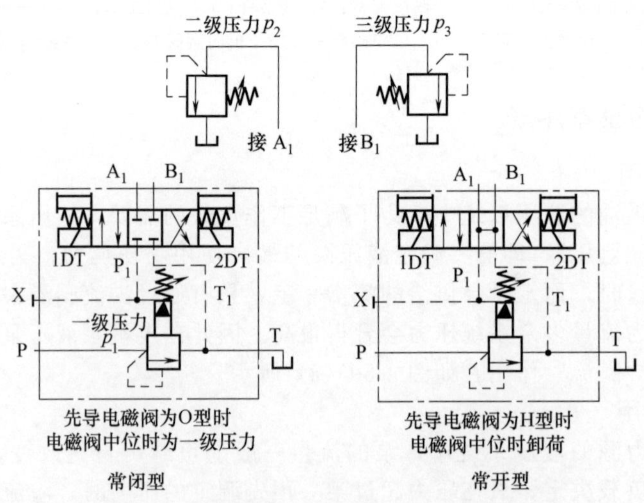

图 4-60　电磁溢流阀的多级（三级）压力控制

如图 4-61 所示，主先导式溢流阀 1 的控制油口 X 后接一个三位四通电磁阀 4，电磁阀 A、B 两口分别各又接一个调压阀（直动式溢流阀）2 与 3，当三个溢流阀 1、2、3 分别调节成不同的压力 p_1、p_2、p_3 时，便可对系统进行三级调压。注意 p_2、p_3 要低于 p_1，否则不起作用。

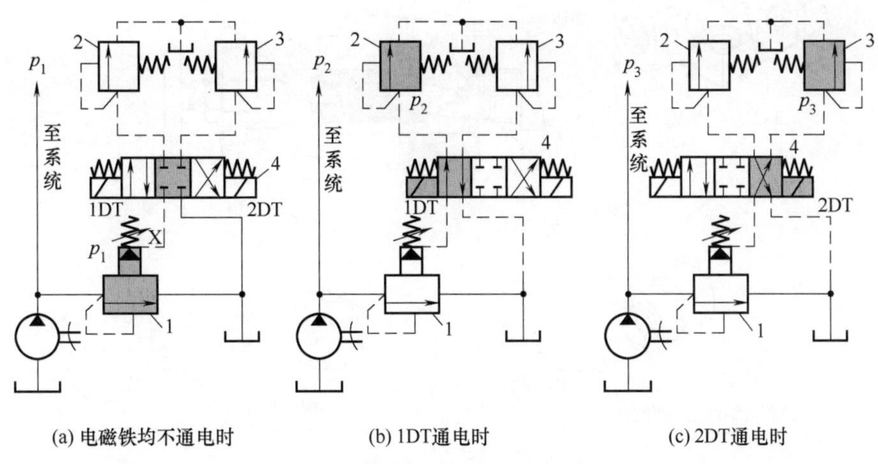

(a) 电磁铁均不通电时　(b) 1DT通电时　(c) 2DT通电时

图 4-61　三级调压回路

1～3—溢流阀；4—三位四通电磁阀

四、溢流阀的故障分析与排除

1. 溢流阀的外观

在维修中先要熟悉各种溢流阀的外观，以便在设备上迅速找到其位置。溢流阀的外观如图 4-62 所示。

(a) 直动式溢流阀　(b) 先导式溢流阀　(c) 电磁溢流阀

图 4-62　溢流阀的外观

2. 易出故障的零件及其部位

直动式溢流阀易出故障的零件及其部位如图 4-63 所示，包括阀芯、阀座、调压弹簧，特别是阀芯与阀座的接触部位等。

先导式溢流阀易出故障的零件及其部位如图 4-64 所示，除同直动式所涉及的内容外，各阻尼孔等处也应特别注意。

电磁溢流阀易出故障的零件及其部位除同先导式溢流阀所涉及的内容外，还有先导电磁阀阀芯与阀体及其接触部位等。

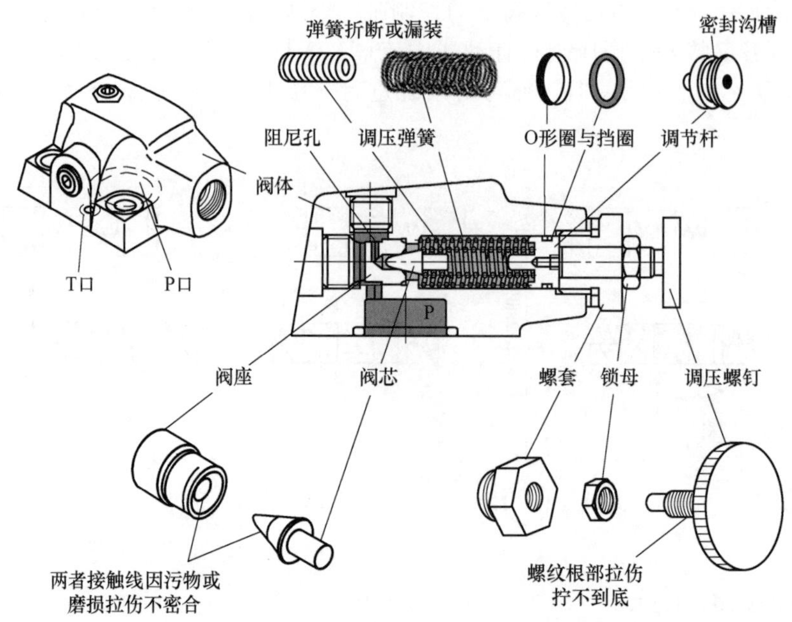

图 4-63 直动式溢流阀易出故障的零件及其部位

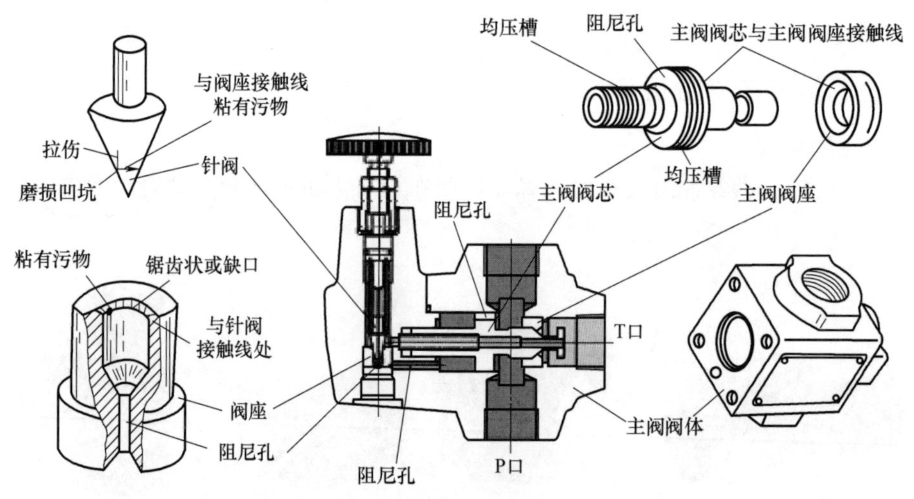

图 4-64 先导式溢流阀易出故障的零件及其部位

3. 故障分析与排除

【故障 1】 溢流阀的压力上升得很慢甚至一点儿也上不去

这一故障现象是指，当拧紧调压手柄，从卸荷状态转为调压状态时，本应压力随之上升，但压力上升得很慢，甚至一点儿也上不去（从压力表观察），即使上升也滞后一段较长时间，故障分析与排除见表 4-19。

表 4-19 溢流阀的压力上升得很慢甚至一点儿也上不去的故障分析与排除

故障分析	排除方法
检查主阀阀芯是否卡死在打开位置，当阀芯外圆上与阀体孔内有毛刺或污物，使主阀阀芯卡死在全开位置时，压力升不上去	去毛刺，清洗，必要时换油

续表

故障分析	排除方法
检查主阀阀芯阻尼孔，主阀阀芯阻尼孔被大颗粒污物堵塞，油压传递不到主阀阀芯弹簧腔和先导阀前腔，进入先导阀的先导流量几乎为零，压力上升很慢。完全堵塞时，如同一弹簧力很小的直动式单向阀，溢流阀形同虚设，不起作用，压力一点儿也上不去 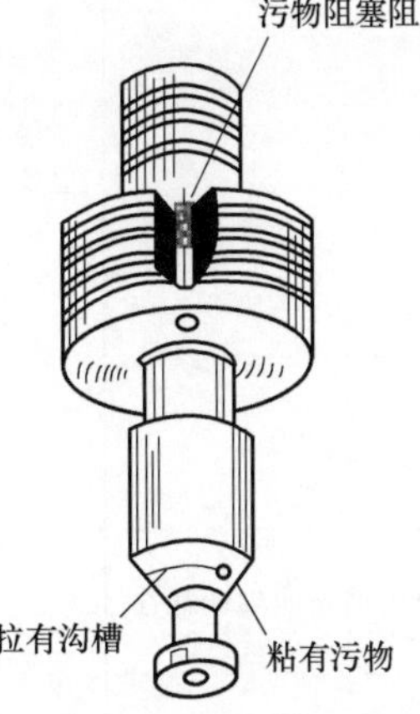 	清洗，拆洗主阀及先导阀，并用0.8～1mm的钢丝通一通主阀阀芯阻尼孔，或用压缩空气吹通，可排除大多情况下压力上升慢的故障，必要时适当加大主阀阀芯阻尼孔直径
检查主阀平衡弹簧是否漏装或折断，主阀平衡弹簧漏装或折断时，进油压力使主阀阀芯上移，造成压油腔P总与回油腔T连通，压力上不去。如果阀芯卡死在最大开口位置，压力一点儿也上不去；如果阀芯卡死在小一些的开口位置，压力可以上去一点，但不能再上升 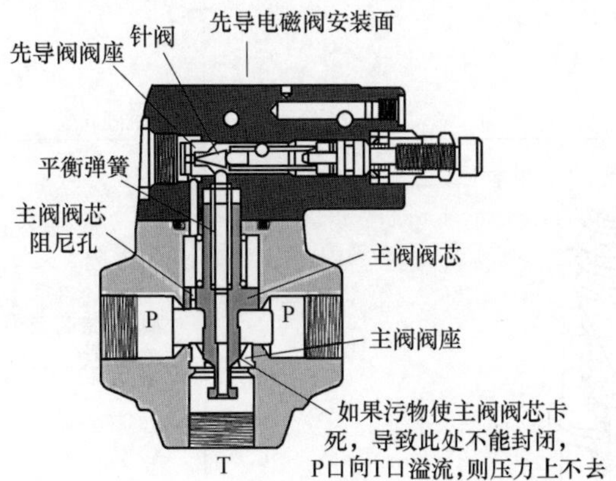 	补装或更换平衡弹簧
先导阀阀芯（锥阀）与阀座之间被颗粒性污物卡住而不能密合，主阀阀芯弹簧腔压力油通过先导锥阀连通油箱，使主阀阀芯不能关闭主阀溢流口，压力上不去 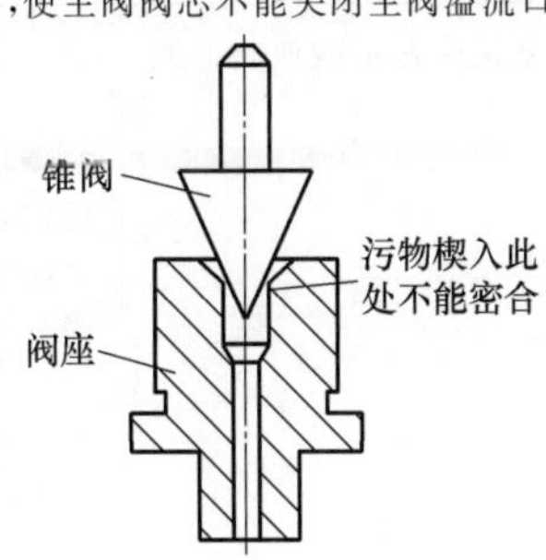 	拆开先导阀进行清洗

续表

故障分析	排除方法
使用较长时间后，先导锥阀与阀座小孔密合处产生严重磨损，有凹坑或纵向拉伤划痕，或者阀座小孔接触处磨成多棱状或锯齿状，此处经常产生气穴性磨损，加上锥阀热处理不好，接触处凹坑更深，情况便更糟 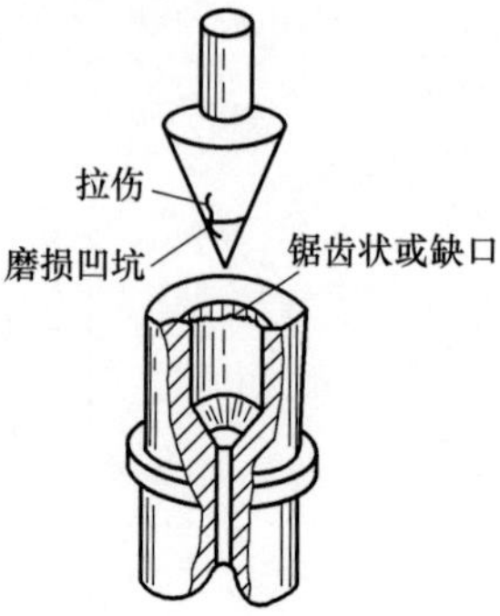 拉伤 磨损凹坑 锯齿状或缺口	经研磨修复使之密合，酌情更换
拆修时装配不注意，先导锥阀斜置在阀座上，除不能与阀座密合外，锥阀的尖端往往将阀座与锥阀接触处顶出缺口(弹簧力)，更不能密合，压力肯定上不去 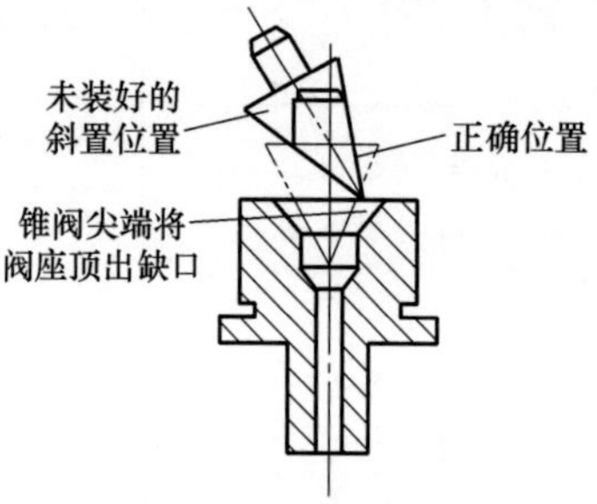 未装好的斜置位置 正确位置 锥阀尖端将阀座顶出缺口	注意正确将先导锥阀置于座孔内
漏装先导调压弹簧、弹簧折断或者错装成弱弹簧，压力根本上不去 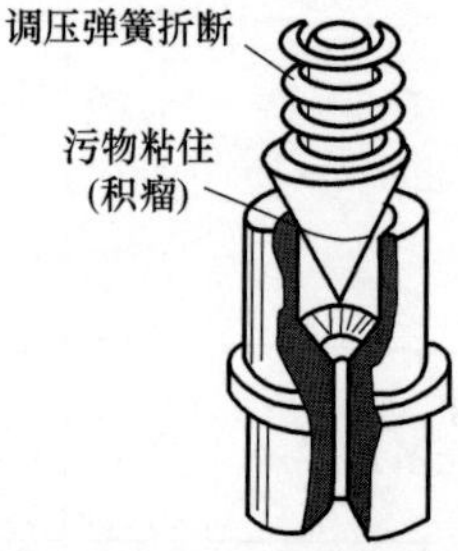 调压弹簧折断 污物粘住(积瘤)	漏装、错装及弹簧折断时，要补装或更换
先导阀阀座与阀盖孔过盈量太小，在使用过程中从阀盖孔内被顶出而脱落，造成主阀阀芯弹簧腔压力油经先导锥阀流回油箱，主阀阀芯开启，压力上不去	换外径大一些的先导阀阀座
在图示回路中，当电磁铁 1DT 断电后，如果二位二通阀的复位弹簧不能使阀芯复位，则系统压力上不去 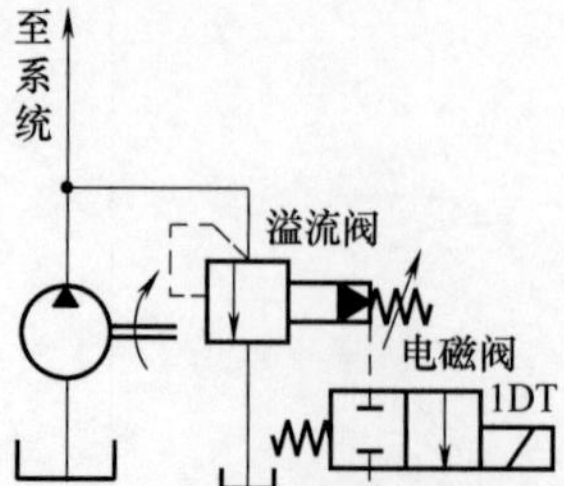 至系统 溢流阀 电磁阀 1DT	检查二位二通电磁阀是否卡死不复位而使溢流阀总卸荷 需要注意的是二位二通电磁阀有常闭式(O 型)与常开式(H 型)之别，修理时很容易将阀芯调头装配，此时常闭变常开，常开变常闭，千万不要搞错

续表

故障分析	排除方法
对先导式溢流阀，如果未将遥控口堵上（非遥控时），或者设计时安装板上孔通油池，则溢流阀的压力始终调不上去	不需要遥控调压时，遥控口应堵死，对板式溢流阀，即使安装板上未钻此孔，也应注意泄油孔处不要忘了装密封圈，否则此处喷油
油泵内部磨损，供油量不足，此时溢流阀不能调到最高压力上去	修理或更换油泵

【故障 2】 溢流阀压力虽可上升但升不到公称（最高调节）压力

这一故障现象是指，尽管全紧调压手柄，压力也只上升到某一值后便不能再继续上升，特别是油温高时，这种情况尤为明显，故障分析与排除见表 4-20。

表 4-20 溢流阀压力虽可上升但升不到公称（最高调节）压力的故障分析与排除

故障分析	排除方法
检查油温是否过高，使内泄漏量增大	查明温升原因，采取措施
检查油泵内部零件是否磨损，使内泄漏量增大，输出流量减少，而压力升高，输出流量更小，不能维持高负载对流量的需要，压力上升不到公称压力，并且表现为调节压力时，压力表指针剧烈波动，波动的区间较大，多属泵内部严重磨损，使溢流阀压力调不上去	判别液压系统泵的类型，参阅相应泵章节的内容进行故障排查
检查是否有较大污物颗粒进入主阀阀芯阻尼小孔、旁通小孔和先导部分阻尼小孔内，使进入先导调压阀的先导流量减少，主阀阀芯上腔难以建立起较高压力去平衡主阀阀芯下腔的压力，使压力不能升到最高	拆开溢流阀，清洗疏通主阀阀芯阻尼小孔、旁通小孔和先导部分阻尼小孔
检查主阀阀芯与阀体孔是否配合过松，拉伤出现沟槽，或使用后严重磨损，通过主阀阻尼小孔进入弹簧腔的油液有一部分经此间隙漏往回油口（如 Y 型阀、两节同心式阀）；对于 YF 型等三节同心式阀，则由于主阀阀芯与阀盖相配孔的滑动接合面磨损，配合间隙变大，通过主阀阻尼孔进入弹簧腔的流量经此间隙再经阀芯中心孔返回油箱	刷镀主阀阀芯或阀体孔，保证主阀阀芯与阀体孔之间合适的配合间隙
检查先导锥阀与阀座之间是否因油液中的污物、水分、空气及其他化学物质而产生磨损拉伤，不能很好地密合，使压力升不到最高	清洗，修复先导锥阀与阀座，或予以更换
检查阀座与先导锥阀接触线是否有缺口，或者失圆成锯齿状，使两者之间不能很好地密合	修复先导锥阀与阀座，或予以更换
检查调压手柄螺纹处是否有碰伤拉伤，使调压手柄不能拧紧到极限位置，而不能完全将先导弹簧压缩到应有的位置，压力也就不能调到最大	用三角锉刀修复螺纹
检查调压弹簧是否错装成弱弹簧，或因弹簧疲劳刚性下降，或因折断，压力便不能调到最大	更换为合格弹簧
检查是否因主阀阀体孔或主阀阀芯上有毛刺或有锥度或有污物，将主阀阀芯卡死在某一小开度上，呈不完全打开的微开启状态。此时，压力虽可调到一定值，但不能再升高	修理、清洗
检查液压系统内其他元件是否磨损或因其他原因造成泄漏量增大	修复或更换磨损零件

【故障 3】 溢流阀压力调不下来

这一故障现象是指即使全松调压手柄，但系统压力下不来，一开机便是高压，故障分析与排除见表 4-21。

表 4-21 溢流阀压力调不下来的故障分析与排除

故障分析	排除方法
如图所示，三节同心式溢流阀的主阀阀芯因污垢或毛刺等原因卡死在关闭位置上，P 口与 T 口被阻隔不通，此时溢流阀形同虚设，已无限压功能，使液压系统压力无法降下来，而且可能升得很高，发生管路等薄弱位置爆裂的危险事故	清洗、去毛刺，消除卡阻现象
如图所示，调节杆卡死未能向右随手柄退出，压力下不来：调节杆与阀盖孔配合过紧、阀盖孔拉伤、调节杆外圆拉毛以及调节杆上的 O 形密封圈线径太粗等原因，使先导调压弹簧不足以克服上述原因产生的摩擦力而跟随调压手柄的松开而右移后退，先导调压阀便总处于调压状态，压力下不来	在查明调节杆不能退出的原因，采取相应对策

续表

故障分析	排除方法
如图所示，先导阀阀座上的阻尼小孔 R_2 被堵塞，油压传递不到锥阀上，先导阀就失去了对主阀压力的调节作用。阻尼小孔堵塞后，在任何压力下先导锥阀都不会打开溢流，阀内始终无油液流动，主阀阀芯上、下腔的压力便总是相等。不管何种型号的阀，一般由于主阀阀芯上端承压面积都大于下端承压面积，加上弹簧力，所以主阀始终关闭，不会溢流，主阀压力随负载的增加而上升。当执行机构停止工作时，系统压力不但下不来，而且会无限升高，一直到元件或管路破坏为止 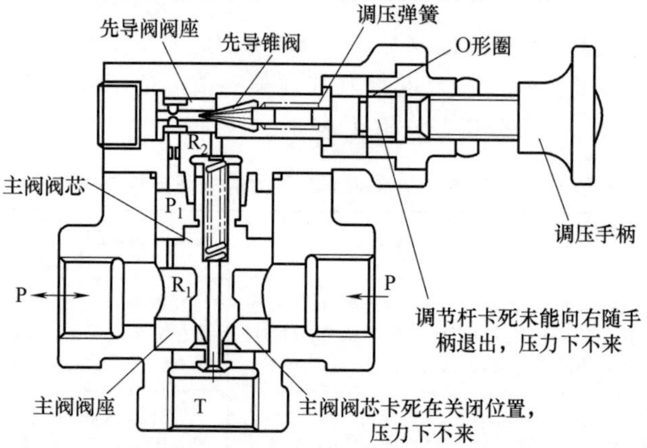	清洗阻尼小孔，必须特别注意和重视这一问题
主阀阀芯失圆，有锥度，或因主阀阀芯上均压槽单边，压力升高后，不平衡径向力将主阀阀芯卡死在关闭位置上，出现液压卡紧。消除液压卡紧力后，压力方可卸下来，但再度升压后又会产生液压卡紧，使压力又下不来	修复主阀精度，补加工均压槽，酌情予以更换
对管式或法兰式连接阀，在安装管路时因拧得过紧或找正不好，或因阀体材质不好，使阀体变形，主阀阀芯被卡死在关阀位置，压力下不来	不要拧得过紧，不漏油即可

【故障 4】 溢流阀压力波动大、振动大

例如，国产 Y 系列和 YF 系列溢流阀压力波动范围分别为±0.2MPa 与±0.3MPa，超过此指标便称为压力波动大。溢流阀压力波动大、振动大的故障分析与排除见表 4-22。

表 4-22 溢流阀压力波动大、振动大的故障分析与排除

故障分析	排除方法
检查油液中是否混进了空气，空气进入系统内，或者油液压力低于空气的分离压力时，溶解在油液中的空气就会析出气泡。这些气泡在低压区时体积较大，移动到高压区时，受到压缩，体积突然变小或消失；反之，从高压区移动到低压区时，气泡体积又突然增大。油液中气泡体积急剧改变会引起压力波动、振动、液压冲击以及噪声。导阀口、主阀口以及阻尼孔等部位，油液流速和压力变化很大，很容易出现空穴现象，产生压力波动、振动及噪声	对于导阀前腔的空气，可将溢流阀升压、降压重复几次，便可排出阀座前积存的空气，但防止进入空气是主要的
检查先导锥阀是否因硬度不够而磨损，锥阀磨损后，其锥面与阀座锥面不密合，会引起启-闭不稳定现象，导致压力波动大	研配或更换锥阀
检查通过阀的实际流量是否远大于该阀的额定流量	实际流量不能超过溢流阀标牌上规定的额定流量
检查主阀阻尼孔尺寸是否偏大或阻尼孔长度太短，起不到抑制主阀阀芯来回剧烈运动的阻尼减振作用	选用合适的阻尼孔尺寸
检查先导阀调压弹簧是否过软(装错)或歪扭变形	换用合适的弹簧
检查主阀阀芯运动是否灵活，运动不灵活，不能迅速反馈稳定到某一开度时，会导致压力振摆大	使主阀阀芯运动灵活
检查调压锁紧螺母是否防松，锁母发生振动会引起所调压力振动	调压锁紧螺母采取防松措施
检查是否因泵的压力流量脉动大，影响到溢流阀的压力流量脉动	从排除泵故障入手

续表

故障分析	排除方法
检查溢流阀与其他管路是否产生共振，特别是遥控时，遥控管路的管径过大、长度过长，导阀前腔的容积过大，容易产生高频振动、压力波动，甚至出现啸叫声	遥控管路管径应为 3～6mm 的，长度宜短。在遥控配管一时改不了时，可在遥控口放入适当直径的固定阻尼（放在 P 口内无效，而且有时反而激起振荡），但需注意，加入的这个阻尼会使卸荷压力及最低调节压力增高
检查压力表是否有问题	更换合格压力表
滤油器严重阻塞，吸油不畅，压力波动大而产生振动，系统发出大的噪声	清洗滤油器

【故障 5】 溢流阀振动与噪声大并伴有冲击

这一故障现象与上一故障现象联系紧密。就振动与噪声而言，溢流阀在液压元件中仅次于液压泵，在阀类中居首位。压力波动、振动与噪声往往同时发生、同时消失。溢流阀振动与噪声大并伴有冲击的故障分析与排除见表 4-23。

表 4-23　溢流阀振动与噪声大并伴有冲击的故障分析与排除

故障分析	排除方法
①检查主阀阻尼孔尺寸是否偏大或阻尼孔长度太短，起不到抑制主阀阀芯来回剧烈运动的阻尼减振作用 ②油箱油液不够，滤油器或吸油管裸露在油面之上，空气进入后转到先导阀前腔，出现调节压力↔0 的反复现象，压力表指针抖动，产生振动和很大噪声 ③与其他阀发生共振 ④回油管连接不合理，回油管通流面积过小，使背压超过了允许值及回油流速过大等，势必给溢流阀带来影响，以振动和噪声的形式表现出来 ⑤在多级压力控制回路及卸荷回路中，压力突然由高压→低压时，往往产生冲击。越是高压大容量的工作条件，这种冲击噪声越大。压力的突变和流速的急骤变化，造成冲击压力波，冲击压力波本身噪声并不大，但随油液传到系统中，如果同任何一个机械零件发生共振，就可能加大振动和增强噪声 ⑥机械噪声，一般来自零件的撞击，和由于加工误差等原因产生的零件摩擦 ⑦因管道口径小、流量少、压力高、油液黏度低，主阀和导阀容易出现机械性的高频振动声，一般称为自激振动声	①选用合适的阻尼孔尺寸 ②为提高先导阀的稳定性，可在导阀部分加装消振元件（如消振垫、消振套）和采用消振螺钉。消振套一般固定在导阀前腔（共振腔）内，不能自由活动，一般在消振套上设有各种阻尼孔 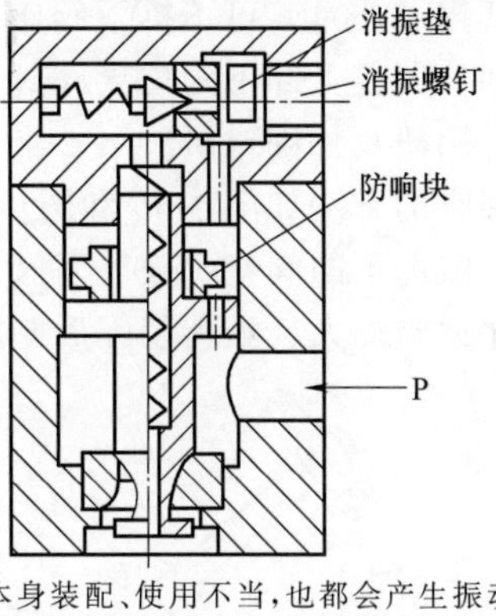 消振垫 消振螺钉 防响块 P ③溢流阀本身装配、使用不当，也都会产生振动，例如三节同心配合的阀配合不良，使用时流量过大或过小等，可改用两节同心式阀，控制好零件装配质量，并注意有关事项等 ④使用能防止冲击振动的溢流阀 ⑤在溢流阀的遥控口接一小容量的蓄能器或压力缓冲体（防冲击阀），可减少振动和噪声 ⑥选择合适的油液进行油温控制 ⑦回油管布局要合理，流速不能过大，一般取进油管 1.5～2 倍。回油管背压不能过高，过高会产生噪声。采用排气良好的油箱设计

【故障 6】 溢流阀掉压、压力偏移大

这一故障现象是指，预先调好在某一调定压力，但在使用过程中溢流阀的调定压力却慢慢下降，偶尔压力上升为另一压力值，然后又慢慢恢复原来的调节值，这种现象周期循环或重复出现。它与压力波动是不同的，压力波动总围绕某一压力为中心变化，掉压则压力变化范围大，不围绕某一压力中心变化。溢流阀掉压、压力偏移大的故障分析与排除见表 4-24。

表 4-24 溢流阀掉压、压力偏移大的故障分析与排除

故障分析	排除方法
调压手柄未用锁母锁紧，因振动等原因调压手柄逐渐松动，从而出现掉压与压力偏移现象	手柄的锁紧螺母应拧紧，必要时在手柄上横钻一小螺钉孔，用螺钉将手柄紧固
油液中污物进入溢流的主阀阀芯小孔内，时堵时通，先导流量一段时间内有，一段时间内无，使溢流阀出现周期性的掉压现象	清洗并换油
溢流阀严重内泄漏	消除溢流阀的内泄漏

五、溢流阀的修理

1. 先导阀中锥阀的修理

在使用过程中，锥阀与阀座密合面的接触部位常磨出凹坑和拉伤。出现这种情况后，压力便调不上去。

对于整体式淬火的锥阀，可夹持其柄部在精度较高的外圆磨床上修磨锥面，尖端也磨去一些，可以再用。对于氮化处理的锥阀，因氮化淬硬层很薄，会磨去氮化层，所以修磨掉凹坑后，应将锥阀再次氮化和热处理。

2. 先导阀阀座与主阀阀座的修理

阀座与阀芯相配面在使用过程中，会因压力波动、经常启闭撞击而磨损。另外污物进入，特别容易拉伤。

如果磨损不严重，可不拆下阀座，采用与锥阀对研的方法修复。如果拉伤严重，则可用中心钻钻刮从阀盖上卸下的先导阀阀座和从阀体上卸下的主阀阀座，将阀座上的缺陷和划痕修掉，然后用研具仔细对研。

拆卸阀座的方法如图 4-65 和图 4-66 所示。不正确的拆卸方法会破坏阀孔精度。同时必须注意，一般卸下的阀座，破坏了阀座与原相配孔的过盈配合，必须重做阀座，并将与阀盖孔相配尺寸适当加大，重新装配后阀座才不至于被冲出而造成压力上不去的故障。

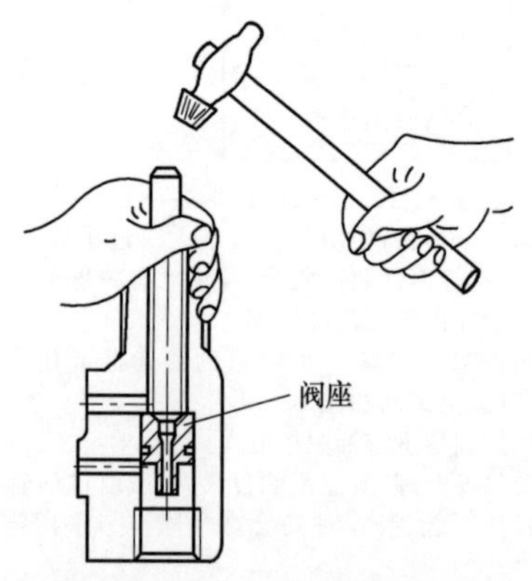

图 4-65 拆卸先导阀阀座的方法

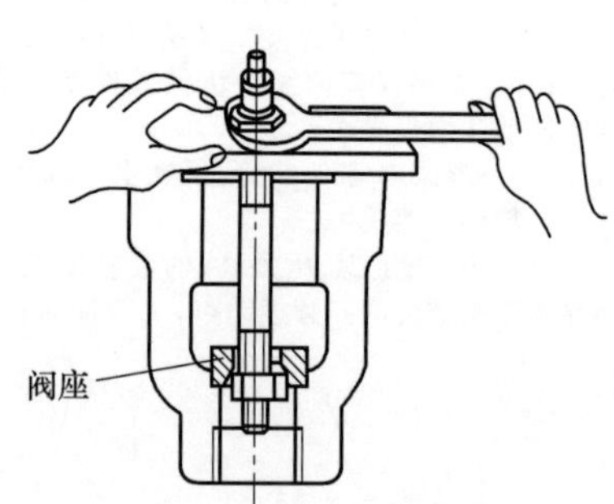

图 4-66 拆卸主阀阀座的方法

3. 调压弹簧、平衡弹簧的修理

弹簧变形扭曲和损坏，会产生调压不稳定的故障，可按图 4-67 所示的方法检查，按图 4-68 所示的方法修正端面与轴线的垂直度，歪斜严重或损坏者予以更换。弹簧钢丝表面不得有缺陷，以保证弹簧的疲劳寿命，弹簧必须经强压处理，以消除弹簧的塑性变形。

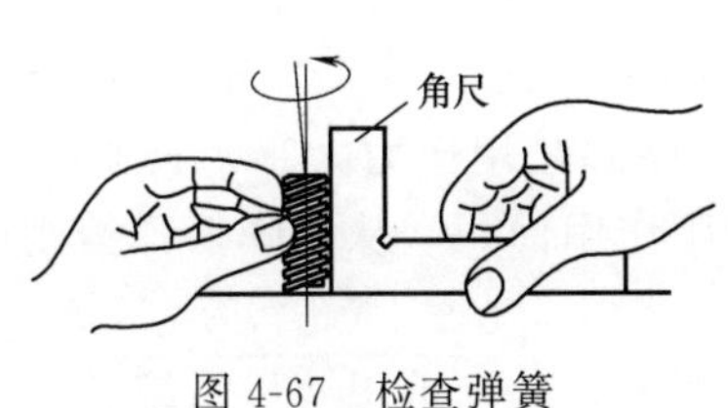

图 4-67　检查弹簧

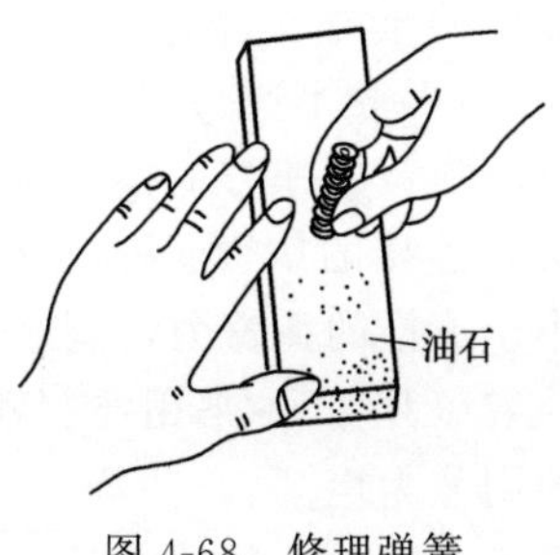

图 4-68　修理弹簧

4. 主阀阀芯的修理

主阀阀芯外圆轻微磨损及拉伤时（图 4-69），可用研磨法修复。磨损严重时，可刷镀修复或更换新阀芯。主阀阀芯各段圆柱面的圆度和圆柱度均为 0.005mm，各段圆柱面间的同轴度为 0.003mm，表面粗糙度不大于 $Ra0.2\mu m$，主阀锥面磨损时，需经弹性定心夹持外圆校正同心后，再修磨锥面。重新装配时，必须严格去毛刺，并经清洗后用钢丝通一下主阀阀芯上阻尼孔，做到目视能见亮光。

5. 阀体与阀盖的修理

阀体修理主要是修复磨损和拉毛的阀孔，可用研磨棒研磨或用可调金刚石铰刀铰孔修复。但经修理后孔径一般扩大，需重配阀芯。孔的修复要求为孔的圆度、圆柱度保证 0.003mm。

阀盖一般无需修理，但在拆卸、打出阀座后破坏了原来的过盈，一般应重新加工，加大阀座外径，再重新将新阀座压入，保证紧配合。在插入锥阀-弹簧-调节杆组件时，一定要倒着插入，以免产生锥阀不能正对进入阀座孔内的情况，插入方法如图 4-70 所示。

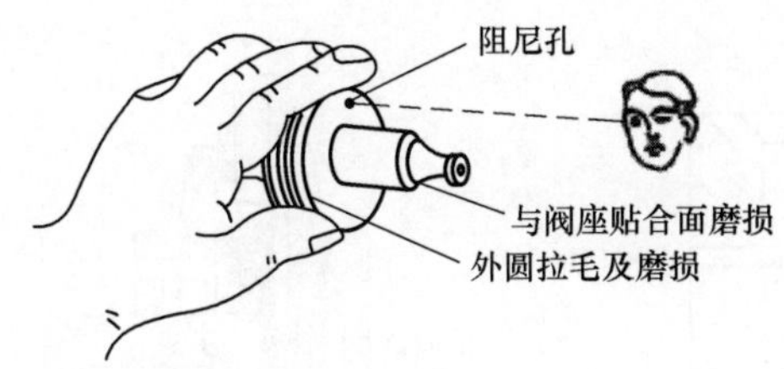

图 4-69　主阀阀芯的检查

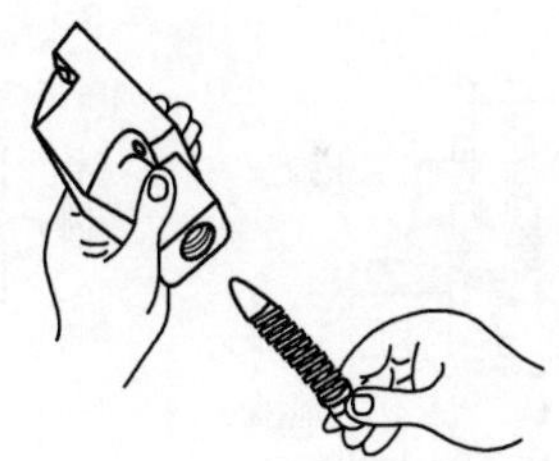
图 4-70　倒着插入锥阀-弹簧-调节杆组件

第六节 顺序阀的故障诊断与维修

顺序阀也是一种压力控制阀，因为该阀利用油路压力来控制液压缸或液压马达的动作顺序，所以称为顺序阀。

一、顺序阀的工作原理

1. 直动式顺序阀

如图 4-71（a）所示，直动式顺序阀的工作原理是建立在油液压力与弹簧弹力直接平衡的基础上的。一次压力油从进油口 A 进入，经孔 b、孔 a 作用在控制柱塞下端的承压面积上。当进油口的压力 p_1 较低，不足以克服调压弹簧的弹力时，阀芯关闭，无油液流向出油口 B（P_1 与 P_2 两腔不通）；当 p_1 上升，作用在控制柱塞上的推动阀芯向上的力增大，继而阀芯克服调压弹簧的弹力上移，阀口打开，A 与 B 两口相通，油液从 A 口到 B 口流出，从而推动与 B 口连接的执行元件（液压缸或液压马达）动作；反之，当 A 口压力 p_1 下降，液压上推力小于下推的弹簧力，阀芯重又关闭。因此，顺序阀是用压力大小来控制 A 口与 B 口通断的“液压开关”。采用控制柱塞的目的是减小液压作用面积，从而降低弹簧刚度，减小手调时的调节力矩。

拆掉螺塞，接上控制油，并且将底盖旋转 90°或 180°安装，则可用液压系统其他部位的压力油对顺序阀进行控制（外控），其工作原理与上述内控方式完全相同，区别仅在于控制柱塞的压力油不是来自进油口 A，而是来自液系统的其他控制油源。

直动式顺序阀与直动式溢流阀的区别：顺序阀封油长度长些，出油口 B 接执行元件而不是接油箱，另外泄油口要单独接回油箱。

注意，因为直动式顺序阀中采用了小控制柱塞上产生的液压力与调压弹簧力相平衡的结构，可大大减小调压螺钉的调节力，这是为什么多采用直动式顺序阀的原因。

2. 先导式顺序阀

如图 4-71（b）所示，先导式顺序阀的工作原理基本上同先导式溢流阀，不同之处是溢流阀出口接油箱，而顺序阀的出口接负载，此外顺序阀的泄油要单独接油箱。先导式顺序阀按控制油来源可分为内控式（一般的顺序阀）和外控式（液控）。

3. 单向顺序阀

如图 4-71（c）所示，单向阀可使液流从二次侧自由地流到一次侧。单向顺序阀是单向阀和顺序阀（可以是直动式的，也可以是先导式的）的并联组合。液流 A→B 正向流动时起顺序阀的作用，液流 B→A 反向流动时起单向阀的作用。

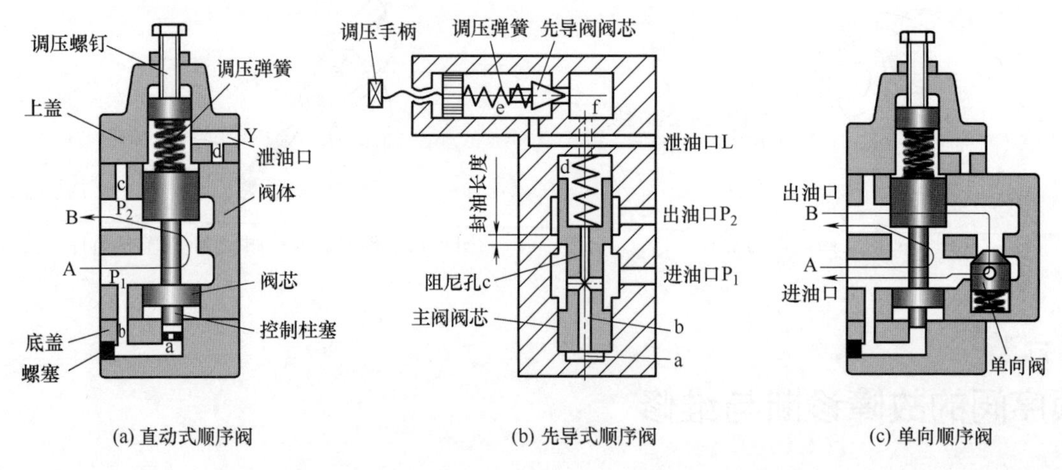

图 4-71　顺序阀的工作原理

二、顺序阀的功能转换

按控制压力油来自内部还是外部，分为内控与外控，按泄油的排油方式分为内泄与外泄。改变阀上盖与底盖安装方向进行不同的变换，可进行内控与外控、内泄与外泄之间的转换，从而能分别行使单向顺序阀、平衡阀等功能（图 4-72、表 4-25 与表 4-26）。

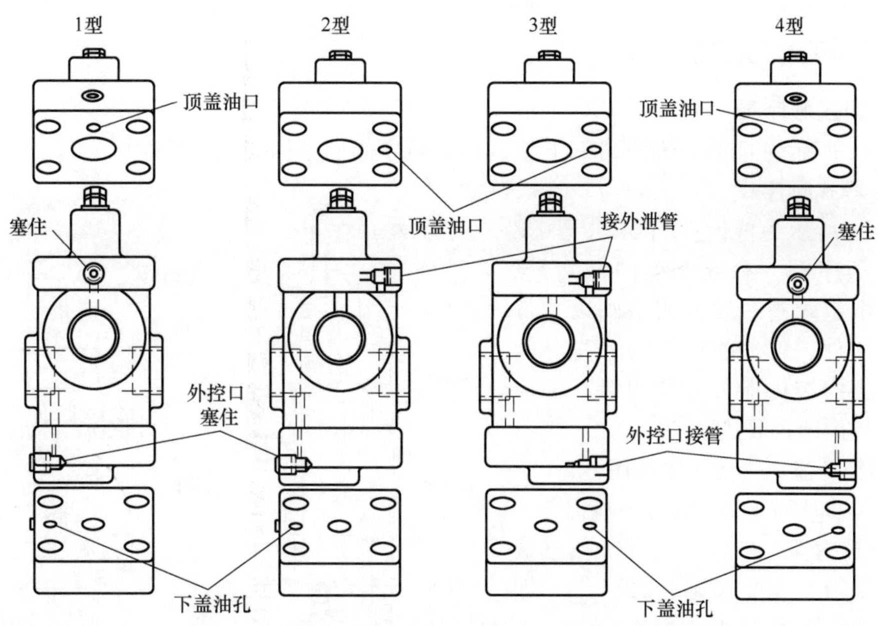

图 4-72 直动式顺序阀上、下盖不同方向的功能转换

表 4-25 不带单向阀的顺序阀功能转换

阀类型	1 型:低压溢流阀	2 型:顺序阀	3 型:顺序阀	4 型:卸荷阀
控制、泄油方式	内控内泄	内控外泄	外控外泄	外控内泄
示意图				
工作说明	能作低压溢流阀用,但要注意出现冲击压力	用于控制两个以上执行元件的顺序动作。如一次压力侧超过阀的设定压力时,液流通到二次压力侧	用于与 2 型相同的目的,靠外控先导压力操作,而与一次压力无关	用作卸荷阀,如外控压力超过设定压力,全部流量回油箱使泵卸荷

表 4-26 带单向阀的顺序阀功能转换

阀类型	1 型:平衡阀	2 型:单向顺序阀	3 型:单向顺序阀	4 型:平衡阀
控制、泄油方式	内控内泄	内控外泄	外控外泄	外控内泄
示意图				
工作说明	使执行元件回油侧产生压力,阻止重物下落时使用。如一次压力超过设定压力,油液可流过而保持压力恒定。反向通过单向阀自由流动	用于控制两个以上执行元件的顺序动作。如一次压力超过设定压力,油液流到二次压力侧。反向通过单向阀自由流动	用于与 2 型阀相同的目的,靠外控压力操作,而与一次压力无关。反向通过单向阀自由流动	用于与 1 型阀相同的目的,靠外控压力操作,与一次压力无关。反向通过单向阀自由流动

三、顺序阀的结构

1. 直动式顺序阀

图 4-73 所示为日本油研公司 HT 型直动式顺序阀的结构。

2. 先导式顺序阀

图 4-74 所示为博世-力士乐公司 DZ 型先导式顺序阀（有或无单向阀）。该阀主要由带主阀阀芯插件的主阀以及带压力调节组件、可选的单向阀和先导阀组成，分为内控内泄、外控内泄、外控外泄和外控内泄四种方式。

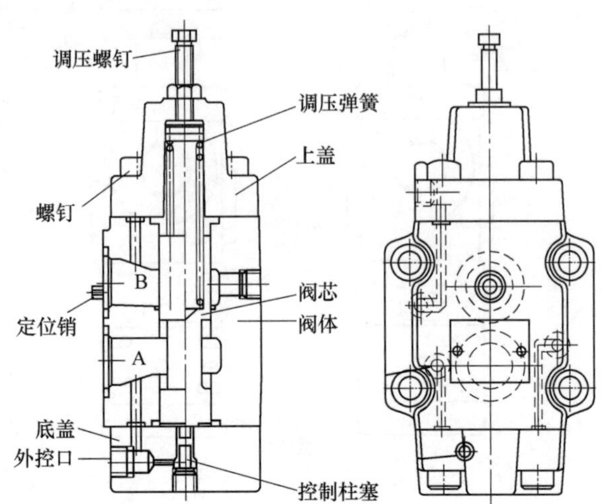

图 4-73 直动式顺序阀的结构

① 内控外泄——作顺序阀用，4.1 导通，12 与 14 卸掉，4.2、13 与 15 堵上。

② 外控内泄——作平衡支撑阀（液控顺序阀）用，4.2 导通，12 与 13 卸掉，4.1、14 与 15 堵上。

③ 内控内泄——作背压阀用，4.2、14 与 15 堵上，4.1、12、13 导通，且二次油口 B 接油箱而不是负载。

④ 外控外泄——作卸荷阀和旁通阀用，4.2、14 与 15 卸掉，4.1、12 和 13 堵上。

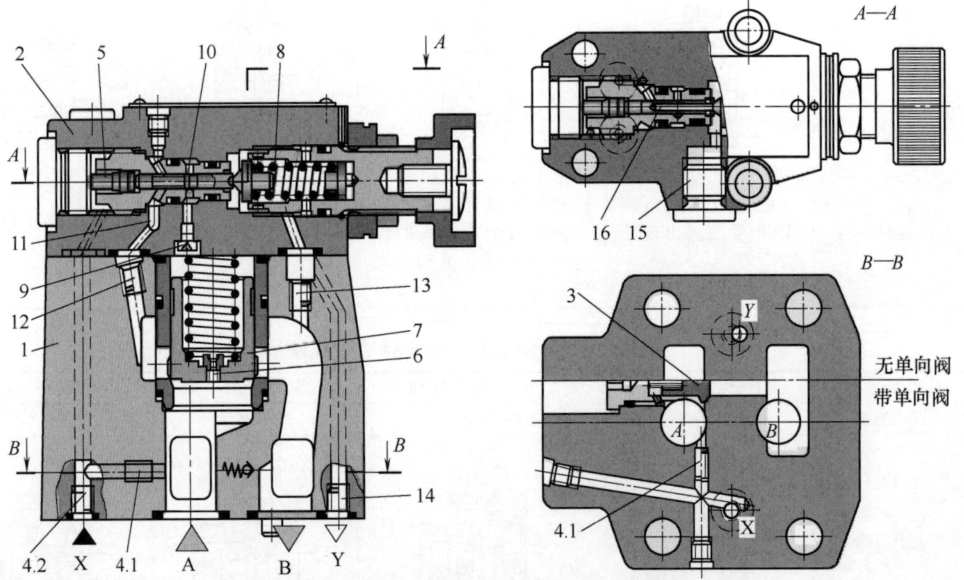

图 4-74 先导式顺序阀与先导式单向顺序阀的结构

1—主阀体；2—阀盖；3,4（4.1，4.2）—螺塞或阻尼螺钉；5—控制柱塞；6,15—螺塞；7—主阀阀芯；8—调压弹簧；9—阻尼螺钉；10—台肩；11～14—油道或螺塞；16—油道

四、顺序阀的应用回路

1. 利用直控平衡阀的平衡回路

如图 4-75 所示，当活塞下行时，通过直控平衡阀（顺序阀）回油产生一定的背压，起

平衡支撑作用，防止缸活塞及其工作部件因自重自行下滑。调节的背压压力要稍大于缸活塞及其工作部件重量产生的压力，方能可靠支撑。

2. 利用外控顺序阀（平衡阀）的平衡回路

如图 4-76 所示，溢流阀的开启取决于顺序阀液控口控制油的压力，与负载重量 W 的大小无关。为了防止液压缸振荡，在控制油路中装节流阀，通过外控（液控）顺序阀和节流阀在重物下降的过程中起到平衡的作用，限制其下降速度。

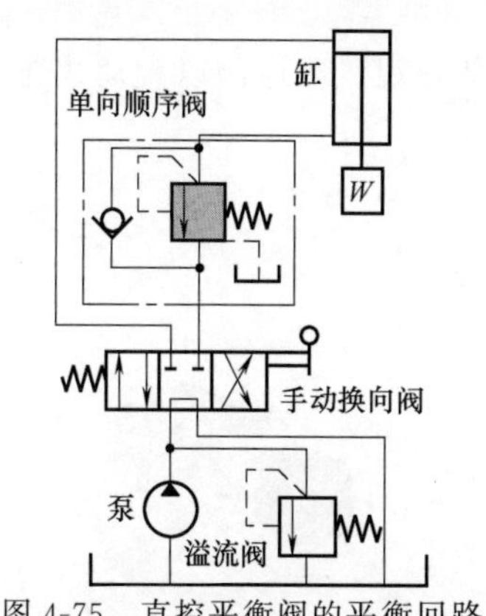

图 4-75　直控平衡阀的平衡回路

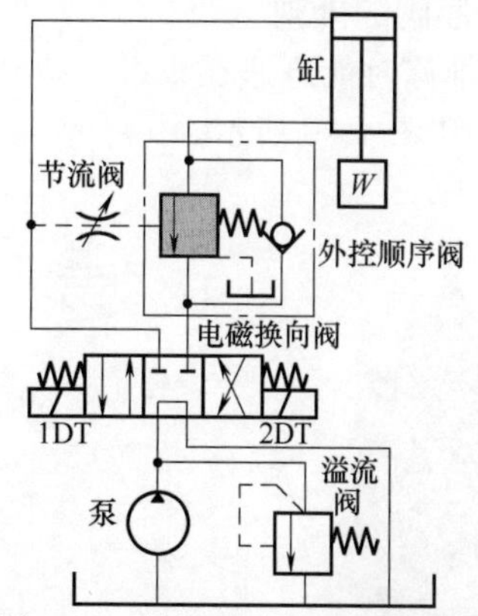

图 4-76　外控顺序阀的平衡回路

3. 用顺序阀控制的多缸顺序动作回路

如图 4-77 所示，电磁换向阀 3 通电左位接通时，缸 6 的活塞快速实现动作①，由于此时压力较低，单向顺序阀 5 关闭。当缸 6 的活塞运动至终点时受阻油压升高，单向顺序阀 5 开启，缸 7 活塞实现动作②。

当液压缸 7 的活塞右移达到终点后，行程开关发讯，电磁换向阀 3 断电复位，此时压力油进入缸 7 的右腔，缸 7 左腔油液经单向顺序阀 5 中的单向阀回油，使缸 7 活塞实现动作③。缸 7 活塞到达终点时受阻，右腔油液压力升高打开顺序阀 4，压力油进入缸 6 右腔实现动作④。

4. 用顺序阀控制的连续往复运动回路

如图 4-78 所示，顺序阀控制先导阀，先导阀控制液动主换向阀，进而使活塞往复运动。

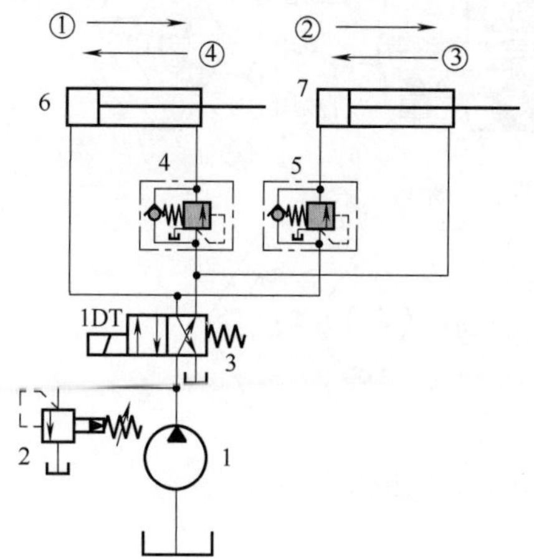

图 4-77　多缸顺序动作回路

1—泵；2—电磁溢流阀；3—电磁换向阀；4,5—单向顺序阀；6,7—液压缸

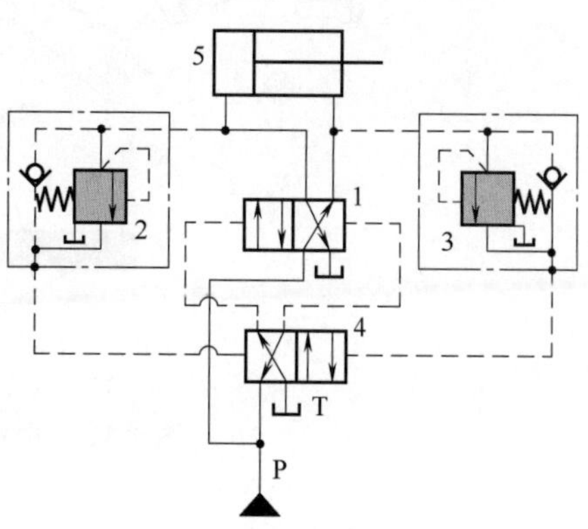

图 4-78　连续往复运动回路

1,4—换向阀；2,3—单向顺序阀；5—液压缸

在图 4-78 所示的位置时，缸 5 右腔进压力油，活塞向左移动，当活塞到达行程终点或负载压力达到顺序阀 3 的调定压力时，阀 3 打开，控制油使先导阀（换向阀）4 切换至右位，因此换向阀 1 切换至左位，活塞向右移动。在活塞右移过程中，负载压力达到阀 2 的调定压力时，阀 4 又切换至左位，活塞又向左移动，如此循环往复。

五、顺序阀的故障分析与排除

1. 顺序阀的外观

为了维修时能迅速在设备上找到顺序阀，必须熟悉其外观。顺序阀以直动式居多，外观如图 4-79 和图 4-80 所示。

图 4-79 直动式顺序阀的外观

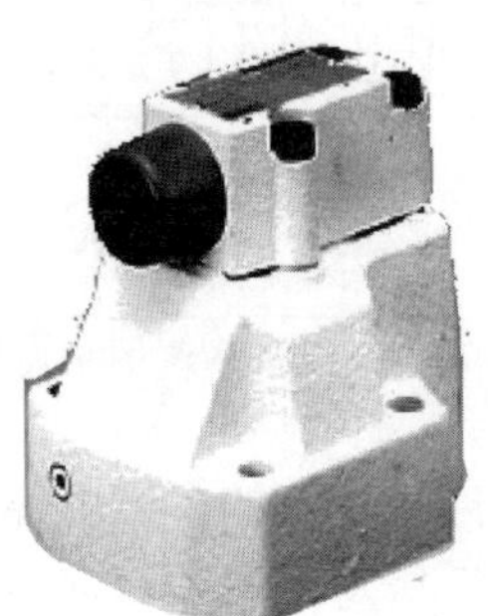

图 4-80 先导式顺序阀的外观

2. 易出故障的零件及其部位

顺序阀易出故障的零件及其部位有阀芯、阀座、调压弹簧以及阀芯与阀座接触部位等（图 4-81）。

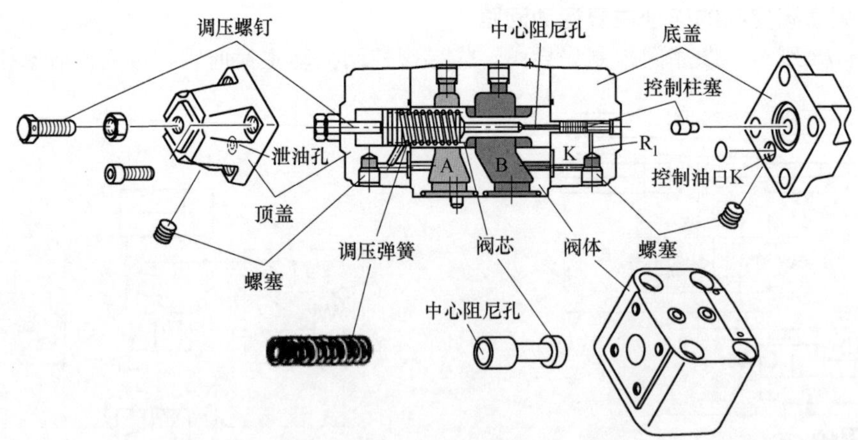

图 4-81 顺序阀易出故障零件及其部位

3. 故障分析与排除

【故障 1】 顺序阀始终不出油、不起顺序阀作用

顺序阀始终不出油、不起顺序阀作用的故障分析与排除见表 4-27。

表 4-27　顺序阀始终不出油、不起顺序阀作用的故障分析与排除

故障分析	排除方法
检查阀芯是否卡死在关闭位置上，如油脏、阀芯上有毛刺和污垢、阀芯几何精度差等，将主阀阀芯卡死在关闭位置上，A 口与 B 口不能连通 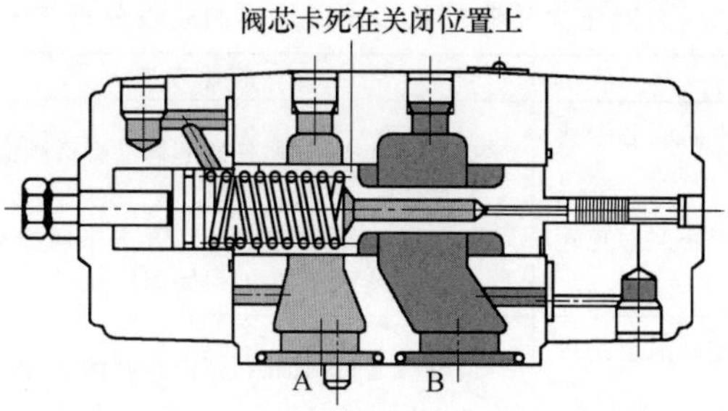 阀芯卡死在关闭位置上 A　B	清洗、换油、去毛刺等
检查控制油流道是否堵塞，如内控时阻尼小孔 R_1（图 4-81）堵死，外控时遥控管道（K 口所接的管子）被压扁等情况下，无控制油去推动控制柱塞左行，进而向左推开主阀阀芯	清洗、疏通或更换控制油管道
检查外控时的控制油压力是否不够，压力不足以推动控制柱塞使主阀阀芯左行，A 口与 B 口不能连通	提高控制压力，并拧紧端盖螺钉，防止控制油外漏而导致控制油压力不够
检查控制柱塞是否卡死，不能将主阀阀芯向左推，阀芯打不开，A 口与 B 口不能连通	清洗，使控制柱塞灵活移动
泄油管道中背压太高，使滑阀不能移动	泄油管道不能接在回油管道上，应单独接回油箱
调压弹簧太硬，或压力调得太高	更换弹簧，适当调整压力

【故障 2】　顺序阀始终流出油但不起顺序阀作用

顺序阀始终流出油但不起顺序阀作用的故障分析与排除见表 4-28。

表 4-28　顺序阀始终流出油但不起顺序阀作用的故障分析与排除

故障分析	排除方法
检查是否因几何精度差、间隙太小，弹簧弯曲、断裂，油液太脏等原因，使阀芯在打开位置上卡死 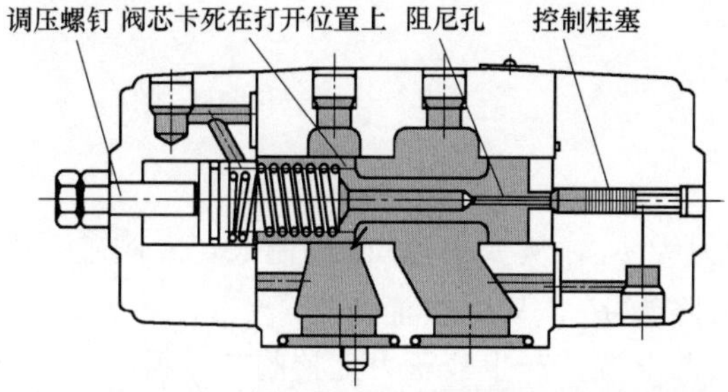 调压螺钉　阀芯卡死在打开位置上　阻尼孔　控制柱塞	进行修理，使配合间隙达到要求，并使阀芯移动灵活；检查油质，若不符合要求应过滤或更换；更换弹簧
检查单向顺序阀中的单向阀是否在打开位置上卡死，或其阀芯与阀座密合不良	进行修理，使配合间隙达到要求，并使单向阀阀芯移动灵活；检查油质，若不符合要求应过滤或更换
检查调压弹簧是否断裂	更换
检查调压弹簧是否漏装	补装
检查先导式顺序阀是否未装锥阀芯或钢球	补装

【故障 3】 当系统未达到顺序阀设定的工作压力时压力油液却从二次口流出

当系统未达到顺序阀设定的工作压力时压力油液却从二次口流出的故障分析与排除见表 4-29。

表 4-29 当系统未达到顺序阀设定的工作压力时压力油液却从二次口流出的故障分析与排除

故障分析	排除方法
检查主阀阀芯是否因污物与毛刺卡死在打开位置，主阀阀芯卡死在打开位置，顺序阀变为一直通阀	拆开清洗去毛刺，使阀芯运动灵活顺滑
检查主阀阀芯外圆与阀体孔内孔配合是否过紧，主阀阀芯卡死在打开位置，顺序阀变为直通阀	卸下阀盖，将阀芯在阀体孔内来回推动几下，使阀芯运动灵活，必要时研磨阀体孔
检查外控顺序阀的控制油道是否被污物堵塞，或者控制活塞是否被污物、毛刺卡死	清洗疏通控制油道，清洗控制活塞、去毛刺
检查上、下阀盖方向是否装错，外控与内控是否混淆	纠正上、下阀盖安装方向
检查单向顺序阀的单向阀阀芯是否卡死在打开位置	清洗单向阀阀芯

【故障 4】 顺序阀振动与噪声大

顺序阀振动与噪声大的故障分析与排除见表 4-30。

表 4-30 顺序阀振动与噪声大的故障分析与排除

故障分析	排除方法
检查回油阻力（背压）是否太高	降低回油阻力
检查油温是否过高	控制油温在规定范围内

【故障 5】 单向顺序阀反向不能回油

单向顺序阀的单向阀卡死打不开或与阀座不密合时检修单向阀。

第七节 减压阀的故障诊断与维修

当液压系统只有一个动力源，而不同的油路需不同工作压力时，则需要使用减压阀。

一、减压阀的工作原理

1. 直动式减压阀

（1）二通式直动减压阀

如图 4-82 (a) 所示，一次压力油压力为 p_1，从一次油口 P_1 流入，经阀芯下端台肩与阀体沉割槽之间的环状减压口减压后压力降为 p_2，从二次油口 P_2 流出，此为“减压”。二次压力油经阀芯底部小孔进入，作用在阀芯下端，产生液压力上抬阀芯，阀芯上端弹簧力下压阀芯，此二力进行比较。当二次压力未达到阀的设定压力时，阀芯处于最下端，减压口 X 开度最大，p_2 上升；当二次压力达到阀的设定压力时，阀芯上移，减压口 X 开度减小，维持二次压力基本不变。如果进口压力 p_1 增大（或减小），p_2 也随之增大（或减小），阀芯上抬的力增大（或减小），减压口 X 开度便减小（或增大），使 p_2 下降（或上升）到原来由调节螺钉调定的出口压力 p_2 为止，从而保持 p_2 不变。减压阀具有减压与稳压的作用。

（2）三通式直动减压阀

二通式直动减压阀是常见的一种形式，其最大缺点是如果与二通式减压阀出口所连接的负载（如工件夹紧回路）突然停止运动，会产生一反向负载，即减压阀出口压力 p_2 突然上升，反馈的控制压力 p_K 也升高，减压阀阀芯上抬，使减压口接近关闭，高压油没有了出路，使 p_2 升得更高，有可能导致设备受损等事故，只有待 p_2 经内泄漏下降后减压阀才能开启减压口。为解决这一故障隐患，出现了三通式减压阀。

三通式减压阀除了有进、出油口外，还增加了一个回油口 T，其工作原理如图 4-82（b）所示。当压力油从进油口 P 进入，经减压口从出油口 A 流出时，为减压功能，其工作原理与上述二通式减压阀相同，出口压力的大小由调压手柄调节，并由负载决定其大小。当出口压力瞬间增大时，由 A 口引出的控制压力油压力 p_K 也随之增大，破坏了阀芯 2 原来的力平衡而使其右移，溢流口开度增大，A 腔油液经溢流口向 T 口溢流回油箱，使 A 腔压力降下来，行使溢流阀功能。所以三通式减压阀具有 P→A 的减压阀功能和 A→T 的溢流阀功能，一阀起两阀的作用。

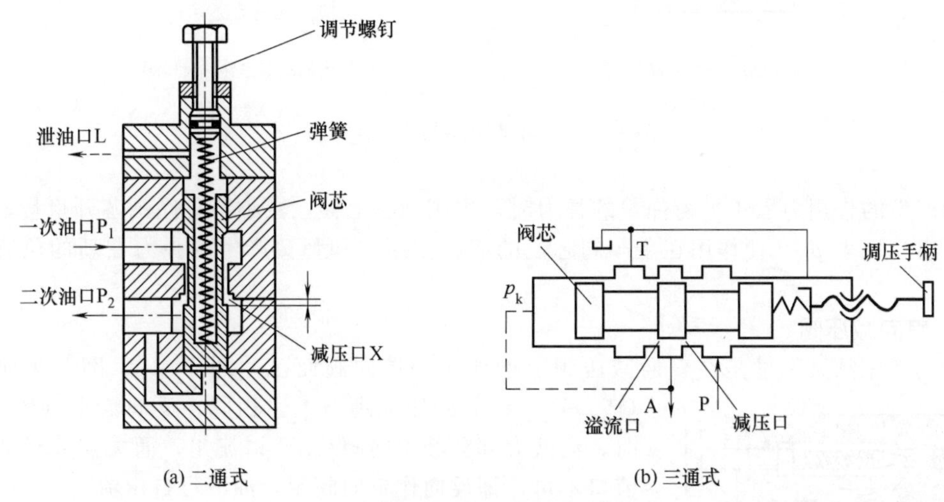

图 4-82 直动式减压阀的工作原理

2. 先导式减压阀

在高压大流量时，为解决直动式减压阀出口压力控制精度较低，因高压大流量产生在阀芯上的液动力、卡紧力、摩擦力较大，导致调压手柄的操作力很大的问题，出现了先导式减压阀。

先导式减压阀由先导调压阀（小型直动式溢流阀）和主阀组成，主阀阀芯有两台肩和三台肩两种（图 4-83），其工作原理相同。主阀多为常开式，利用节流的方法使减压阀的出口压力 p_2 低于进口压力 p_1。工作时主阀节流口能随出口压力的变化自动调节开度，从而可使出口压力 p_2 基本维持恒定。

如图 4-83（a）所示，压力油从进口 P_1 流入，经主阀阀芯和阀体之间的阀口缝隙（节流口 Y）节流减压后，压力降为 p_2，从出口 P_2 流出。部分出口压力油经孔 q、g 作用在阀芯的上下两腔，并经孔 k 作用在先导锥阀上。

当出口压力 p_2 低于减压阀的调整压力时，锥阀阀芯在调压弹簧的作用下关闭先导调压阀的阀口，由于孔 g 内无油液流动，主阀阀芯上下两端的油液压力相等，均为 p_2，主阀阀芯在平衡弹簧的弹力作用下处于最下端，这时开口最大，不起减压作用。

当出口压力 p_2 因进口压力 p_1 的升高，或者因负载增大而使 p_2 升高到超过调压弹簧调定的压力时，锥阀阀芯打开，使少量的出口压力油经 g 孔、k 孔和锥阀开口以及泄油口 L 流回油箱。由于油液在 g 孔中的流动产生压差，使主阀阀芯下端的压力大于上端的压力。当此

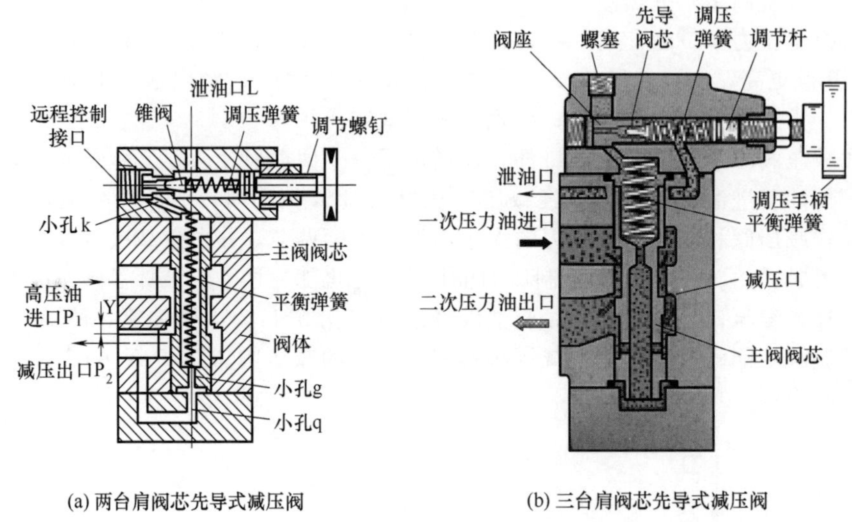

(a) 两台肩阀芯先导式减压阀 (b) 三台肩阀芯先导式减压阀

图 4-83 先导式减压阀的工作原理

压差所产生的作用力大于平衡弹簧的弹力时，主阀阀芯上移，减小了主阀阀芯开口量，从而降低了出口压力 p_2，使作用在主阀阀芯上的液压作用力和弹簧产生的弹力在新的位置上达到平衡。

3. 单向减压阀

单向减压阀只不过是在普通减压阀上增加了一单向阀而已［图 4-84］，因此正向流动（P_1→P_2）时，减压原理与上述相同，反向流动（P_2→P_1）时，油液大部分经单向阀从 P_1 口流出，而无需非经减压节流口不可，即反向作单向阀用，油液可自由流动。

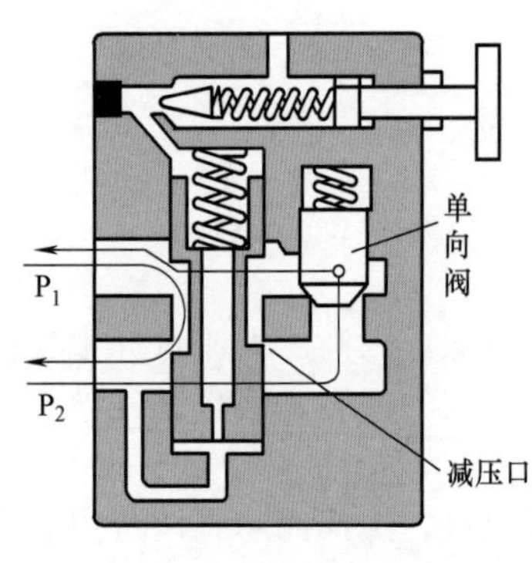

图 4-84 单向减压阀的工作原理

4. 溢流减压阀

溢流减压阀的工作原理如图 4-85 所示。正向流动（A→B）时减压原理同前，从一次侧（A 口）流入的压力油经减压口减压后，从二次侧（B 口）流出。如果出现 B 口压力甚至高于 A 口的异常情况时，B 腔压力油压缩主阀阀芯左边的弹簧，主阀阀芯左移，B 腔部分压力油通过主阀阀芯上的径向横孔从 T 口流回油箱，使 B 腔压力降下来，即反向流动（B→T）时作溢流阀用，从而使二次侧（B 口）压力保持在先导阀预设的调定压力上。

5. 定差减压阀

上述减压阀均为定值减压阀，还有定差减压阀与定比减压阀，下面介绍定差减压阀的工作原理。

定差减压阀是指能使阀的进口压力 p_1 和出口压力 p_2 之差 $\Delta p=p_1-p_2$ 近乎不变的减压阀，其工作原理如图 4-86 所示。进口压力油（p_1）经减压口（节流口）减压后，压力变为 p_2 从出口流出。由作用在阀芯上的力平衡方程可得 $\Delta p=p_1-p_2=4K(Y+Y_0)/\pi(D^2-d^2)]$（$K$ 为弹簧的刚性系数，Y_0 为调节螺钉调好的弹簧预压缩量，Y 为阀芯开口的位移改变量），由于 $Y_0 \gg Y$，所以 $\Delta p=p_1-p_2$ 近似为常数，故称定差减压阀，即无论进、出口压力 p_1、p_2 怎样变化，进、出口压差均为常数。

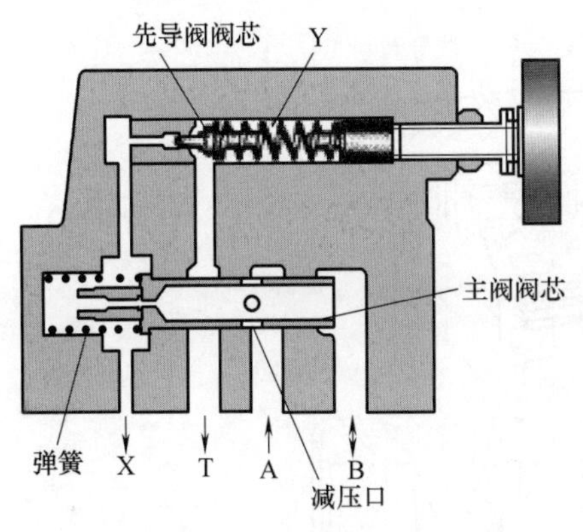

图 4-85 溢流减压阀的工作原理

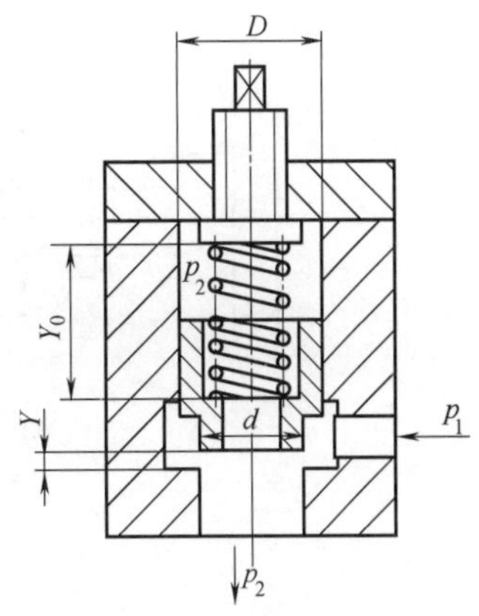

图 4-86 定差减压阀的工作原理

定差减压阀的主要用途是与节流阀串联组成调速阀，此外也可与比例方向阀组成压差补偿型比例方向流量阀。

二、减压阀的结构

1. 直动式减压阀

二通直动式减压阀极少单独使用，一般只用于叠加阀。三通直动式减压阀用得很多，如图 4-87 所示。该阀用于系统减压，A 口二次压力由压力调节元件 4 设定。该阀在初始位置常开，压力油可自由从 P 口流向 A 口，A 口的压力同时经控制油通道 6 作用于压缩弹簧 3 对面的阀芯 2 右端面上。当 A 口的压力未超过压缩弹簧 3 的设定值时，阀芯 2 平衡在控制位上，并保持 A 口的二次减压压力恒定。其控制信号和控制油经通道 6 取自油口 A。

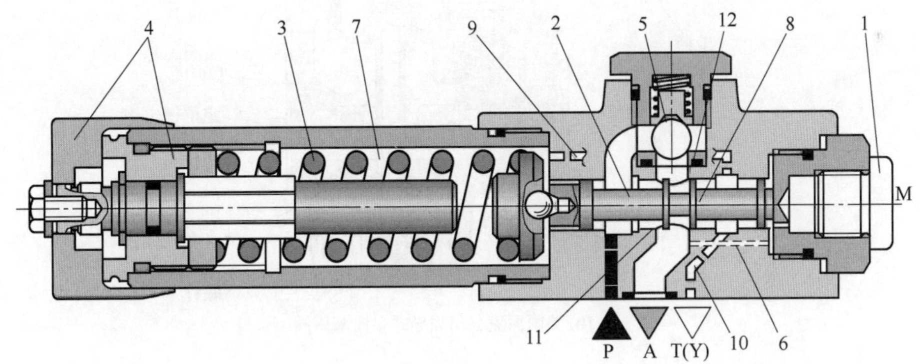

图 4-87 德国力士乐-博世公司 DR6DP 型三通直动式减压阀的结构

1—螺塞；2—阀芯；3—压缩弹簧；4—压力调节元件；5—单向阀；6—控制油通道；7—弹簧腔；8—阀芯台肩；9,10—流道；11—减压口；12—溢流口

如果 A 口压力因执行机构受外力作用而不断升高，阀芯 2 就会不断地左移压向压缩弹簧 3，这样 A 口经阀芯 2 上台肩 8 开启的溢流口与油箱连通溢流，防止 A 口压力进一步升高。弹簧腔 7 经流道 9、10 和 T（Y）口由外部泄油至油箱。单向阀用于使油液从 A 口自由返流至 P 口。压力表接口（图 4-87 中螺塞处）用于阀的二次压力监测。

2. 先导式减压阀

先导式减压阀的结构如图 4-88 所示。

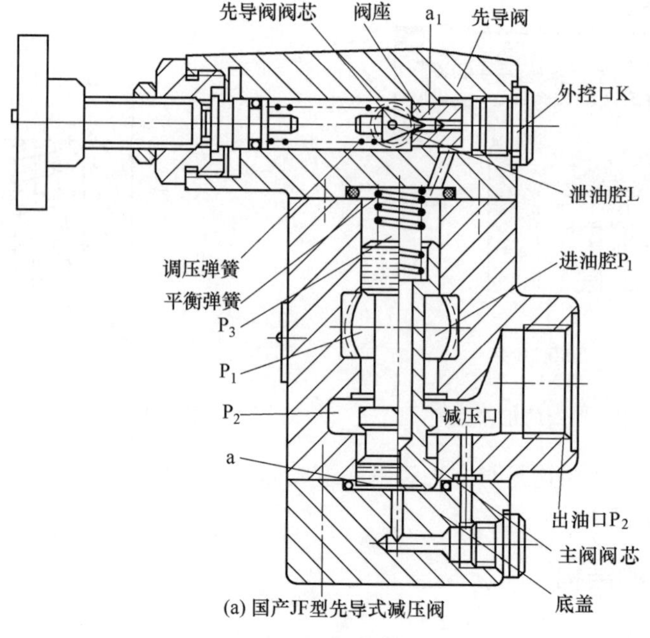

(a) 国产JF型先导式减压阀

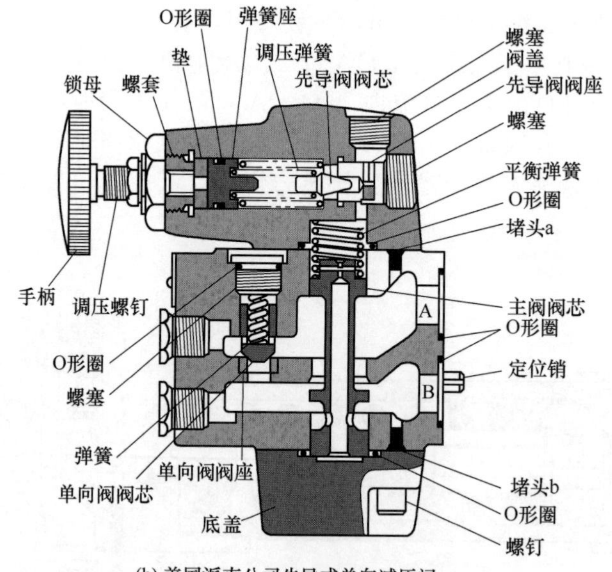

(b) 美国派克公司先导式单向减压阀

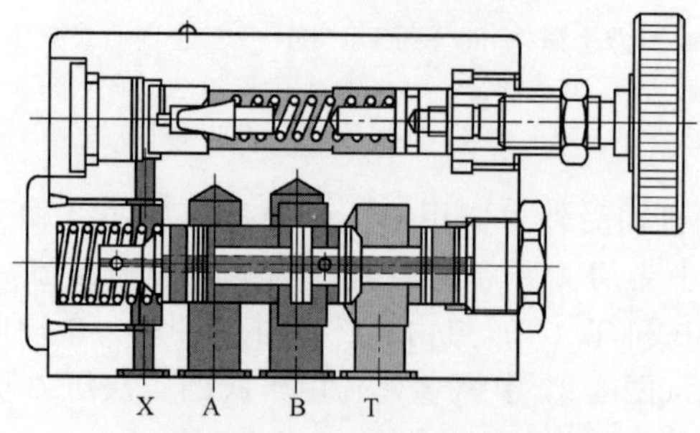

(c) 东京计器BLG型先导式三通溢流减压阀

图 4-88 先导式减压阀的结构

三、减压阀应用回路

1. 单级减压回路

如图 4-89 所示，液压泵（缸 2）的最大工作压力 p 由溢流阀调定，缸 1 的工作压力 p_1 由减压阀调定，得到比泵源的供油压力 p 低的压力 p_1。

2. 多级减压回路

如图 4-90 所示，在同一液压源（供油压力为 p）的液压系统中，可以通过减压阀 J_1、J_2、J_3 向缸 1、缸 2、缸 3 提供多个不同的工作压力 p_1、p_2、p_3。蓄能器的作用是稳定系统压力。

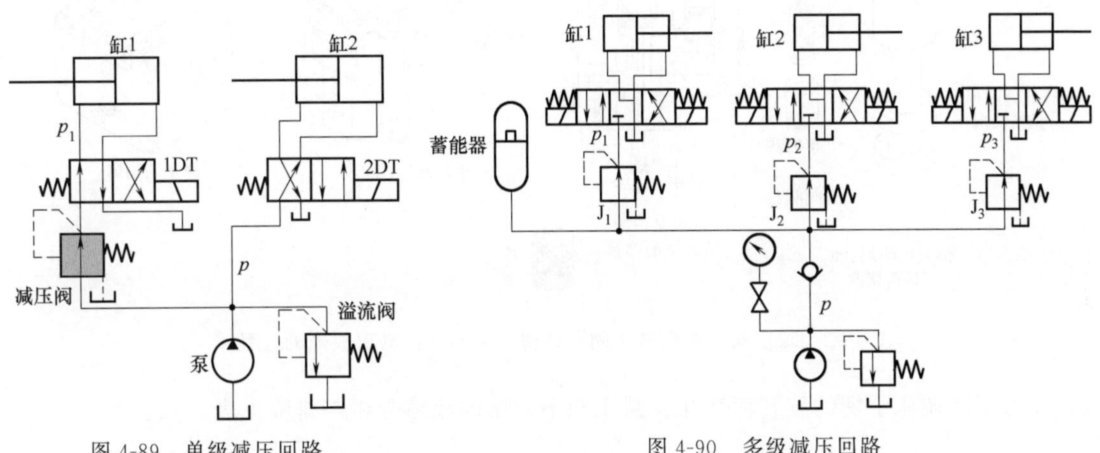

图 4-89　单级减压回路　　图 4-90　多级减压回路

四、减压阀的故障分析与排除

1. 减压阀的外观

为了维修时能迅速找到减压阀在液压设备上的位置，必须熟悉减压阀的外观。减压阀的外观如图 4-91 所示。

图 4-91　减压阀的外观

2. 易出故障的零件及其部位

如图 4-92 所示，减压阀易出故障的零件有阀芯、阀座、调压弹簧等，易出故障的零件部位有阀芯与阀座接触部位等。

3. 故障分析与排除

【故障 1】 减压阀不减压

减压阀大多为常开式。不减压这一故障现象表现为减压阀进、出口压力近似相等，而且

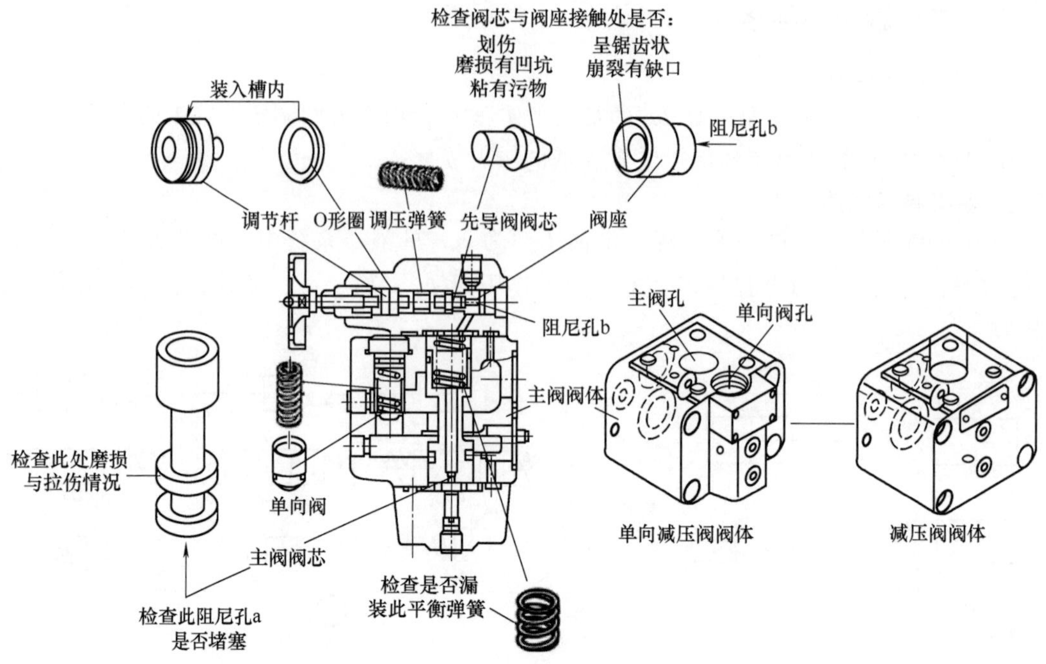

图 4-92　减压阀（单向减压阀）结构与主要零件易出故障的位置

出口压力不随调压手柄的旋转而变化。减压阀不减压的故障分析与排除见表 4-31。

表 4-31　减压阀不减压的故障分析与排除

故障分析	排除方法
主阀阀芯上或阀体孔沉割槽棱边上有毛刺，或者主阀阀芯与阀体孔之间的间隙里卡有污物，或者主阀阀芯或阀体孔形位公差超差，或者主阀阀芯与阀体孔配合过紧等，将主阀阀芯卡死在最大开度位置上。由于开口大，油液不减压	根据上述情况分别采取去毛刺、清洗、修复阀体孔和阀芯精度的方法予以排除，保证阀体孔或阀芯之间合理的间隙，减压阀配合间隙一般为 0.007～0.015mm，配前可适当研磨阀孔，再配阀芯
主阀阀芯下端中心阻尼孔 a(图 4-93)或先导阀阀座阻尼孔 b 堵塞，失去了自动调节功能，主阀弹簧力将主阀阀芯推往最大开度，直通无阻，进口压力等于出口压力	用直径为 1mm 的钢丝疏通或用压缩空气吹通阻尼孔，然后清洗装配
有些减压阀阻尼件是压入在主阀阀芯中的，使用中有可能因过盈量不够阻尼件被冲出。冲出后，使进油腔与出油腔压力相等(无阻尼)，而主阀阀芯两端受力面积相等，但一端有一弹簧推压主阀阀芯，使其总是处于最大开度的位置，使出口压力等于入口压力	重新加工外径稍大的阻尼件，重新将阻尼件压入主阀阀芯
对于一些管式减压阀，出厂时，泄油孔是用油塞堵住的。当此油塞未拧出接管通油箱而使用时，使主阀阀芯上腔(弹簧腔)困油，导致主阀阀芯处于最大开度而不减压。对于板式阀如果设计安装板时未使 Y(L)口连通油箱，也会出现此现象	泄油孔的油塞要卸除，并单独接一泄油管入油箱
拆修管式或法兰式减压阀时，不注意很容易将阀盖装错方向(错 90°或 180°)，使阀盖与阀体之间的小外泄油口堵死，泄油口不通，无法排油，造成同上的困油现象，使主阀顶在最大开度而不减压	将阀盖装配方向调整正确

【故障 2】 减压阀出口压力很低且压力升不起来

减压阀出口压力很低且压力升不起来的故障分析与排除见表 4-32。

表 4-32　减压阀出口压力很低且压力升不起来的故障分析与排除

故障分析	排除方法
减压阀进、出油口接反了：对板式阀为安装反向，对管式阀是接管错误	注意阀上油口附近的标记（如 P_1、P_2、L 等字样），或查阅液压元件产品目录，不可设计错和接错
进油口压力太低，经减压阀阀芯节流口后，从出油口输出的压力更低	查明进油口压力低的原因（例如溢流阀故障）
减压阀下游回路负载太小，压力建立不起来	可考虑在减压阀下游串接节流阀来解决
先导阀（锥阀）与阀座配合面之间因污物卡滞而接触不良，不密合；或先导锥阀有严重划伤，阀座配合孔失圆，有缺口，造成先导阀阀芯与阀座孔不密合	检查锥阀的装配情况或密合情况
拆修时，漏装锥阀或锥阀未安装在阀座孔内	补漏装锥阀或确认锥阀安装在阀座孔内
主阀阀芯上阻尼孔被污物堵塞，B 腔的油液不能经主阀阀芯上的横孔、阻尼孔 a（图 4-93）流入主阀弹簧腔，出油腔 B 的反馈压力传递不到先导锥阀上，使先导锥阀失去了对主阀出油口压力的调节作用；阻尼孔 a 堵塞后，主阀弹簧腔失去了油压的作用，使主阀变成一个弹簧力很弱（只有主阀平衡弹簧）的直动式滑阀，故在出油口压力很低时，便可克服平衡弹簧的作用力而使减压阀节流口关至最小，这样进油口 A 的压力油经此关小的节流口大幅度降压，使出油口 B 压力上不来	清洗疏通各阻尼孔
先导阀调压弹簧错装成软弹簧，或者由于弹簧疲劳产生永久变形和折断等原因，造成出油口压力调不高，只能调到某一低的定值，此值远低于减压阀的最大调节压力	更换弹簧
调压螺钉因螺纹拉伤或者有效深度不够，不能拧到底，从而使压力不能调到最大	用三角锉修理调压螺钉
阀盖与阀体之间的密封不良，严重漏油，造成先导油流量压力不够，压力上不去。产生原因可能是 O 形圈漏装或损伤，压紧螺钉未拧紧以及阀盖加工时出现端面误差，阀盖端面一般是四周凸，中间凹	修理阀盖与阀体接触面
主阀阀芯因污物、毛刺等卡死在小开度的位置上，使出油口压力低	清洗、去毛刺

【故障 3】 减压阀不稳压、压力振摆大、噪声大

按有关标准的规定，各种减压阀出厂时对压力振摆都有相关验收标准。减压阀不稳压、压力振摆大、噪声大的故障分析与排除见表 4-33。

表 4-33　减压阀不稳压、压力振摆大、噪声大的故障分析与排除

故障分析	排除方法
对先导式减压阀，因为先导阀与溢流阀结构相似，所以查找故障的方法基本同先导式溢流阀	产生压力振摆大的排除方法可参照溢流阀的有关部分
减压阀在超过额定流量下使用时，往往会出现主阀振荡现象，使减压阀不稳压，此时出油口压力出现“升压-降压-再升压-再降压”的循环	一定要选用型号规格合适的减压阀，否则会出现不稳压的现象
主阀阀芯与阀体孔几何精度差，主阀阀芯移动迟滞，工作时不灵敏	检修，使其动作灵活
主阀弹簧太弱、变形或卡住，使阀芯移动困难	更换弹簧
阻尼小孔时堵时通	清洗阻尼小孔
油液中混入空气	排气，防止进气

第八节 压力继电器的故障诊断与维修

压力继电器是利用液体压力来启闭电气触点的液压电气转换元件，它在油液压力达到其设定压力时发出电信号，控制电气元件动作，实现泵的加载或卸荷，执行元件的顺序动作或系统的安全保护和联锁等功能。

一、压力继电器的主要参数

① 调压范围：指能发出电信号的最低工作压力和最高工作压力的范围。

② 灵敏度和通断调节区间：压力升高时继电器接通电信号的压力（开启压力）和压力下降时继电器复位切断电信号的压力（闭合压力）之差为压力继电器的灵敏度；为避免压力波动时继电器时通时断，要求开启压力和闭合压力间有一可调节的差值，称为通、断调节区间。

③ 重复精度：在一定的设定压力下，多次升压（或降压）过程中，开启压力和闭合压力本身的差值称为重复精度。

二、压力继电器的结构原理

1. 国产 DP-63 型薄膜式压力继电器

如图 4-93 所示，当作用在橡胶薄膜 11 上的控制油压力达到一定数值（大小由主调压螺钉 1 调定）时，柱塞 10 被因压力油作用而向上鼓起的橡胶薄膜推动而向上移动，压缩弹簧

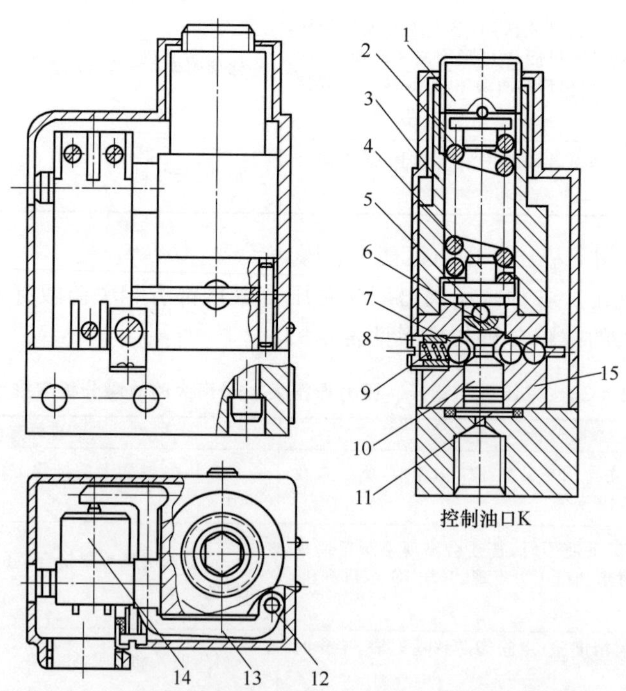

图 4-93 国产 DP-63 型薄膜式压力继电器的结构原理

1—主调压螺钉；2—主调压弹簧；3—阀盖；4—弹簧座；5～7—钢球；8—副调压螺钉；9—副调压弹簧；10—柱塞（阀芯）；11—橡胶薄膜；12—销轴；13—杠杆；14—微动开关；15—中体（阀体）

2，使柱塞维持在某一平衡位置，柱塞锥面将钢球 6（两个）和钢球 7 往外推，钢球 6 推动杠杆 13 绕销轴 12 逆时针方向转动，压下微动开关 14 的触头，发出电信号。

2. 柱塞式压力继电器

如图 4-94 所示，HED1 型柱塞式压力继电器的结构原理是，当由 P 口进入的油液压力上升达到由调节螺塞 4 所调节、调压弹簧 2 所决定的开启压力时，作用在柱塞 1 下端面（感压元件）上的液压力克服弹簧 2 的弹力，通过推杆 3 使微动开关动作，发出电信号；反之当 P 口进入的油液压力下降到闭合压力时，柱塞 1 在弹簧 2 的作用下复位，推杆 3 则在微动开关 5 内触点弹簧力的作用下复位，微动开关也随之复位，发出电信号。

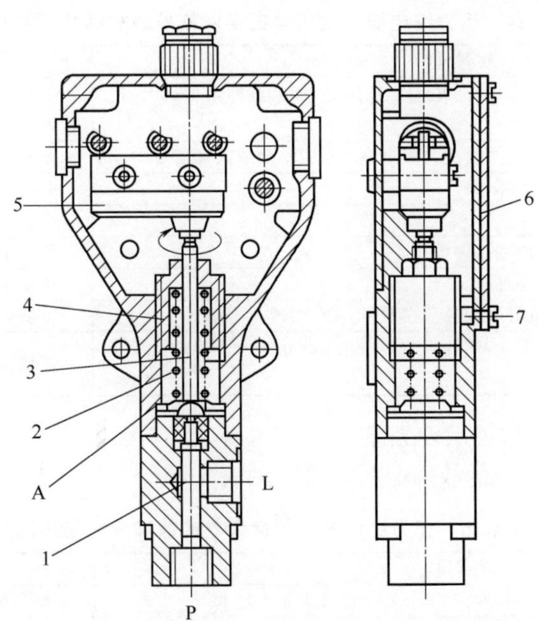

图 4-94 HED1 型柱塞式压力继电器的结构原理

1—柱塞；2—调压弹簧；3—推杆；4—调节螺塞；5—微动开关；6—标牌；7—锁紧螺钉

限位止口 A 起着保护微动开关 5 的触头不过分受压的作用。当需要预先设定开启压力或闭合压力时，可拆开标牌 6，松开锁紧螺钉 7，顺时针方向旋转调节螺塞 4 动作压力升高，反之则减小压力继电器设定的动作压力，调好后用锁紧螺钉 7 锁紧。

3. 半导体压力继电器

如图 4-95 所示，半导体压力继电器中装有一个压力传感器，该压力传感器是由硅半导体制成的。它的工作原理是，当硅材料受到均匀的压力时，沿其某些特定晶向的电阻率会随压力的大小成比例地变大或变小。把硅材料的这种物理特性称为压阻效应。利用硅材料的这一物理特性，根据力学分析将硅材料制成一定形式的弹性元件，并将组成惠斯登电桥的应变电阻用硅平面工艺和弹性元件制成一体。当弹性元件在压力作用下产生应变时，其电桥电阻在应力的作用下两个变大，两个变小，电桥失去平衡。若对电桥两端加一恒定电流或电压，在电桥的输出端便可检测到随压力的大小而变化的差动电压信

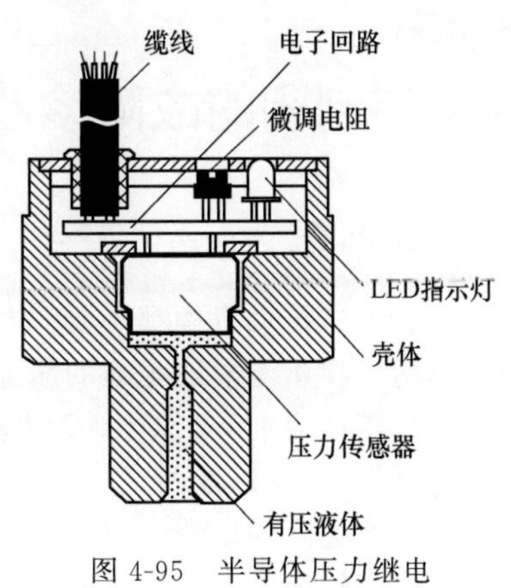

图 4-95 半导体压力继电器的结构原理

号，从而实现测量流体压力大小的目的。

由以上原理可以看出，半导体压力继电器的特点是，因无机械式压力继电器的柱塞或膜片，所以无可动部件、无磨损、无泄漏，它的压力密封为容易解决的静压密封问题。由于采用压力传感器全程感压，无低端死区，无滞后特性，可调范围内高、低压端灵敏度一样。

三、压力继电器的故障分析与排除

【故障 1】 压力继电器不发信号或误发信号

压力继电器不发信号或误发信号的故障分析与排除见表 4-34。

表 4-34 压力继电器不发信号或误发信号的故障分析与排除

故障分析	排除方法
检查压力油压力:无压力时不发信号;压力不稳定时(如系统冲击压力大)乱发信号	查明液压系统压力不稳定的原因，采取相应对策
检查波纹管或薄膜是否破裂:波纹管或薄膜破裂时不发信号或误发信号	更换波纹管或薄膜
检查微动开关是否不灵敏或损坏	必要时更换微动开关
检查电气线路是否有故障	查找电气线路故障原因,予以排除
检查是否错装成太硬或太软的调压弹簧	更换适宜的弹簧
检查主调压螺钉是否压力调得过高	按要求调节压力值
检查销轴是否别劲:别劲时杠杆不能灵活摆动,不发信号或误发信号	重新装配
检查柱塞或滑阀芯是否移动灵活:使柱塞或滑阀芯既要在阀体内移动灵活又不产生内泄漏	清洗或修复

【故障 2】 压力继电器灵敏度太差

压力继电器灵敏度太差的故障分析与排除见表 4-35。

表 4-35 压力继电器灵敏度太差的故障分析与排除

故障分析	排除方法
对 DP-63 型压力继电器,检查钢球与柱塞接触处摩擦力是否过大	重新装配,使其动作灵敏
检查装配是否不良,移动零件是否移动不灵活	重新装配,使其动作灵敏
检查微动开关是否不灵敏	更换合格品
检查副调压螺钉等是否调节不当	合理调节
检查钢球是否不圆	更换已磨损的钢球
检查阀芯、柱塞等移动是否灵活	清洗、修理,使其移动灵活
检查安装方向是否欠妥	压力继电器最好水平安装

第九节 流量控制阀的故障诊断与维修

一、简介

一般液压传动机构都需要调节执行元件运动速度，在液压系统中，执行元件为液压缸或液压马达。在不考虑液压油的压缩性和泄漏性的情况下，液压缸的运动速度为 $v=Q/A$；液压马达的转速为 $n=Q/q_m$（Q 为输入执行元件的流量；A 为液压缸的有效面积；q_m 为液压马达的排量）。从以上两式可知，改变输入液压缸的流量 Q 或改变液压缸有效面积 A，都可以达到改变速度的目的。但对液压缸来说，设计制造好的液压缸其有效面积 A 无法再改变，只能用改变输入液压缸流量 Q 的办法来变速，而对于液压马达，既可通过改变输入流量也可通过改变马达排量来变速。这便要使用流量控制阀。

1. 流量控制阀的分类

流量控制阀依靠改变阀口开度的大小来调节通过阀口的流量，以改变执行元件的运动速度。油液流经阀开口、小孔或缝隙时，会遇到阻力，阀口（节流口）的通流面积越小，油液流过的阻力就越大，因而通过的流量就越小。流量控制阀就是通过改变节流口通流面积的大小，以改变局部阻力，从而实现对流量的控制。常用的流量控制阀有以下几种。

① 节流阀：在调定节流口通流面积大小后，能使载荷压力变化不大和运动均匀性要求不高的执行元件的运动速度基本上保持稳定。

② 调速阀：在载荷压力变化时能保持节流阀的进、出口压差为定值。这样，在节流口面积调定后，无论载荷压力如何变化，调速阀都能保持通过节流阀的流量不变，从而使执行元件的运动速度稳定。

③ 分流阀：无论载荷大小，能使同一油源的两个执行元件得到相等流量的为等量分流阀或同步阀；得到按比例分配流量的为比例分流阀。

④ 集流阀：作用与分流阀相反，使流入集流阀的流量按比例分配。

⑤ 分流集流阀：兼具分流阀和集流阀两种功能。

2. 影响流量稳定性的因素

通过各种节流口的流量 Q 及其前后压差 Δp 的关系均可用式 $Q=KA\Delta p^m$ 来表示，调节阀芯和阀体之间的节流口面积 A 和它所产生的局部阻力可对通过阀的流量进行调节，从而控制执行元件的运动速度。液压系统在工作时，希望节流口大小调节好后，流量 Q 稳定不变。但实际上流量总会有变化，特别是小流量时。流量稳定性与节流口形状、节流口前后压差以及油液温度等因素有关。

① 压差的影响：节流阀进、出口两端压差 Δp 变化时，通过它的流量要发生变化，几种形式的节流口中，通过薄壁小孔（薄刃口）的流量受到压差改变的影响最小。

② 温度的影响：当开口度不变时，若油温升高，油液黏度会降低，对于细长孔，当油温升高使油的黏度降低时，流量 Q 就会增加，所以节流通道长时，温度对流量的稳定性影响大；而对于薄壁孔，油的温度对流量的影响是较小的，这是由于流体流过薄刃式节流口时为紊流状态，其流量与雷诺数无关，即不受油液黏度变化的影响，节流口形式越接近于薄壁孔，流量稳定性就越好。

③ 节流口堵塞的影响：节流阀的节流口可能因油液中的杂质或由于油液氧化后析出的胶质、沥青等而局部堵塞，这就改变了原来节流口通流面积的大小，使流量发生变化，尤其是当开口较小时，这一影响更为突出，严重时会完全堵塞而出现断流现象，因此节流口的抗堵塞性能也是影响流量稳定性的重要因素，尤其会影响流量阀的最小稳定流量，一般节流口通流面积越大，节流通道越短和水力直径越大，越不容易堵塞，当然油液的清洁度也对堵塞产生影响，一般流量控制阀的最小稳定流量为 0.05L/min。

二、节流阀与单向节流阀的故障分析与排除

1. 节流阀的工作原理

（1）简式节流阀

图 4-96（a）所示为简式节流阀的工作原理。压力油从进油口 P_1 流入，经节流阀阀芯和阀体组成的节流口，再从出油口 P_2 流出。旋转手柄便可改变节流口的通流而积，可实现对出油口输出流量的调节。由图 4-96（a）可知，进油腔压力油作用在阀芯下端，产生一个较大的向上的力，因此手柄调节力矩很大，一般只用于压力较低时的情况，或者只有先停机卸压，调校好手柄才通压，这种结构已不太使用。

(2) 可调节流阀

图 4-96 (b) 所示为可调节流阀的工作原理。与上述简式节流阀一样，压力油由进油口 P_1 流入，通过节流口后由出油口 P_2 流出，同样也是用手柄调节节流口的大小，以实现对流量的调节。不同的是，进油腔的压力油通过阀体上的孔 a（或者阀芯上的中心孔）和阀芯上的孔 b 进入阀芯上、下两腔，由于两端承压面积相等，因而阀芯上、下两端受到的液压力相等，阀芯只受复位弹簧的作用，所以手柄调节力矩比简式节流阀小得多，在高压时手动也可轻松调节。

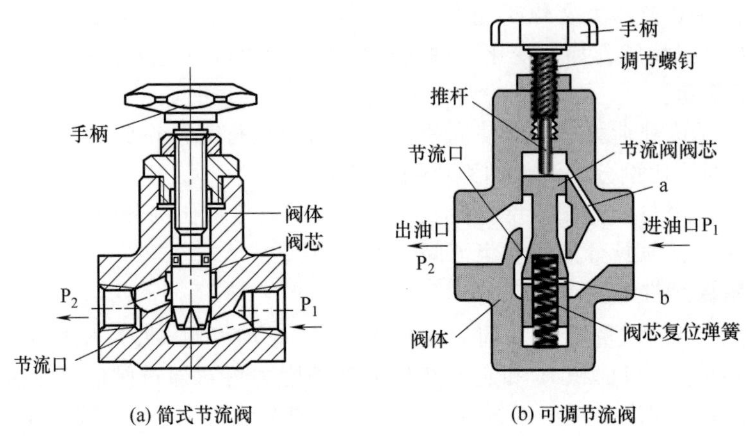

图 4-96 节流阀的工作原理

(3) 单向节流阀

单向节流阀在结构上有两类：一类是节流阀与单向阀共用一个阀芯 [图 4-97 (a)]；另一类是单向阀与节流阀各有一个阀芯，为单向阀与节流阀的组合阀 [图 4-97 (b)]。

单向节流阀正向工作时起节流阀的作用，与上述节流阀的工作原理相同，反向工作时起单向阀的作用，与单向阀的工作原理相同。

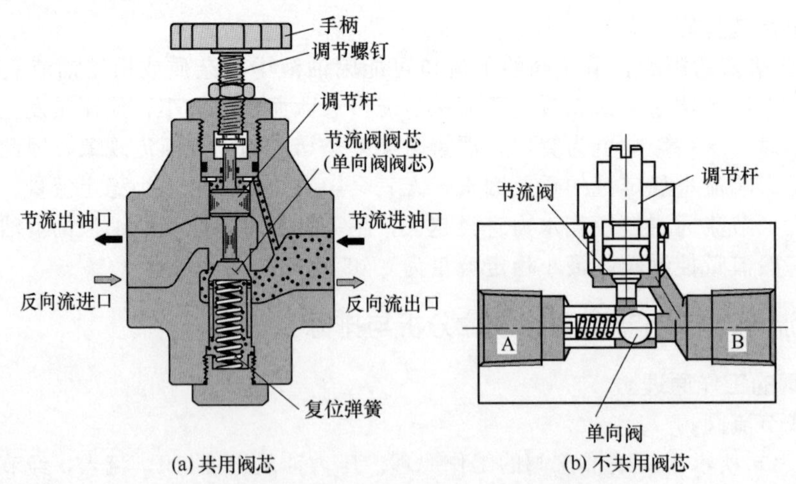

图 4-97 单向节流阀的工作原理

2. 节流口的开口形式对应的节流阀的结构

节流阀是流量控制阀中的一种最基本的阀，其他流量阀均包含有节流阀的部分。节流阀利用改变阀的通流面积来调节通过阀的流量大小，以实现对执行元件的无级调速。节流口是流量阀的关键部位，节流口的开口形式及其特性在很大程度上决定着流量控制阀的性能。几种常用的节流口的开口形式与对应的节流阀的结构见表 4-36。

表 4-36 节流口的开口形式与对应的节流阀的结构

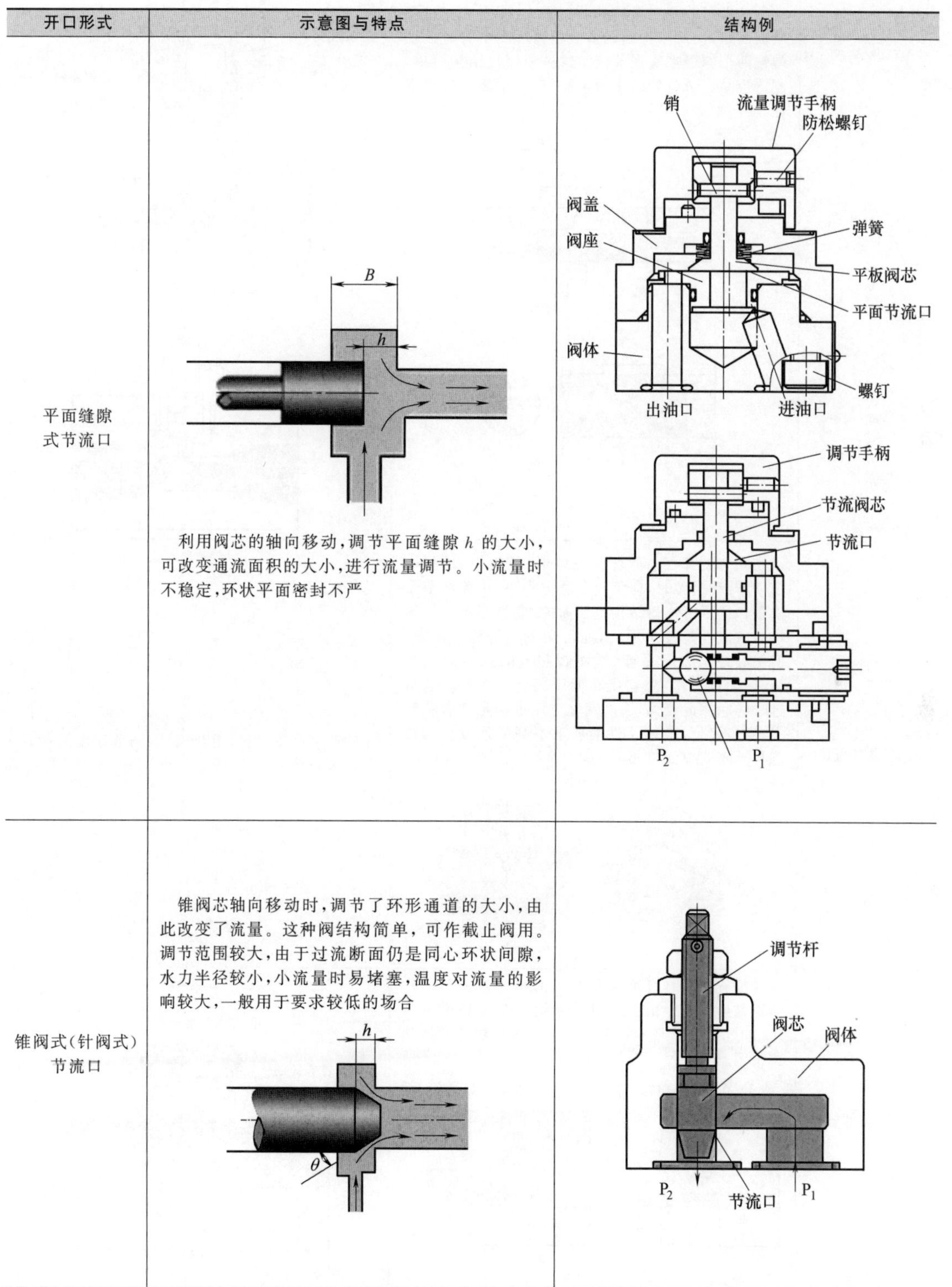

开口形式	示意图与特点	结构例
平面缝隙式节流口	利用阀芯的轴向移动，调节平面缝隙 h 的大小，可改变通流面积的大小，进行流量调节。小流量时不稳定，环状平面密封不严	
锥阀式（针阀式）节流口	锥阀芯轴向移动时，调节了环形通道的大小，由此改变了流量。这种阀结构简单，可作截止阀用。调节范围较大，由于过流断面仍是同心环状间隙，水力半径较小，小流量时易堵塞，温度对流量的影响较大，一般用于要求较低的场合	

续表

开口形式	示意图与特点	结构例
轴向三角槽式节流口	在阀芯端部开有一条或两条斜的三角槽，轴向移动阀芯即可改变三角槽的开口量 h，从而改变过流断面面积，使流量得到调节。在高压阀中有时在轴端铣两个斜面来实现节流。这种节流口结构简单，制造容易。节流口的水力半径较大，小流量时稳定性较好，不太容易堵塞，应用广泛	
偏心式节流口	在阀芯上开一个截面为三角形（或矩形）的偏心槽，当转动阀芯时，即可改变通道大小，由此调节了流量。这种节流口结构也较简单，制造容易。节流口通流截面是三角形的，能得到较小的稳定流量。但偏心处压力不平衡，因而阀芯上的径向力不平衡，转动较费力，只宜用在低压场合。并且油液流过时的摩擦面较大，温度变化对流量稳定性影响较大，容易堵塞，常用于性能要求不高的地方。其性能与针阀式节流口相同	国产磨床操纵箱（组合阀）中调节速度的阀均为这种结构
缝隙旋塞式节流口	缝隙旋塞阀具有短窄流道，工作时基本上与工作油液黏度无关。由于缝隙旋塞阀从全开到全关可转 360°，所以可精确调节流量。不过缝隙旋塞阀制造稍困难	

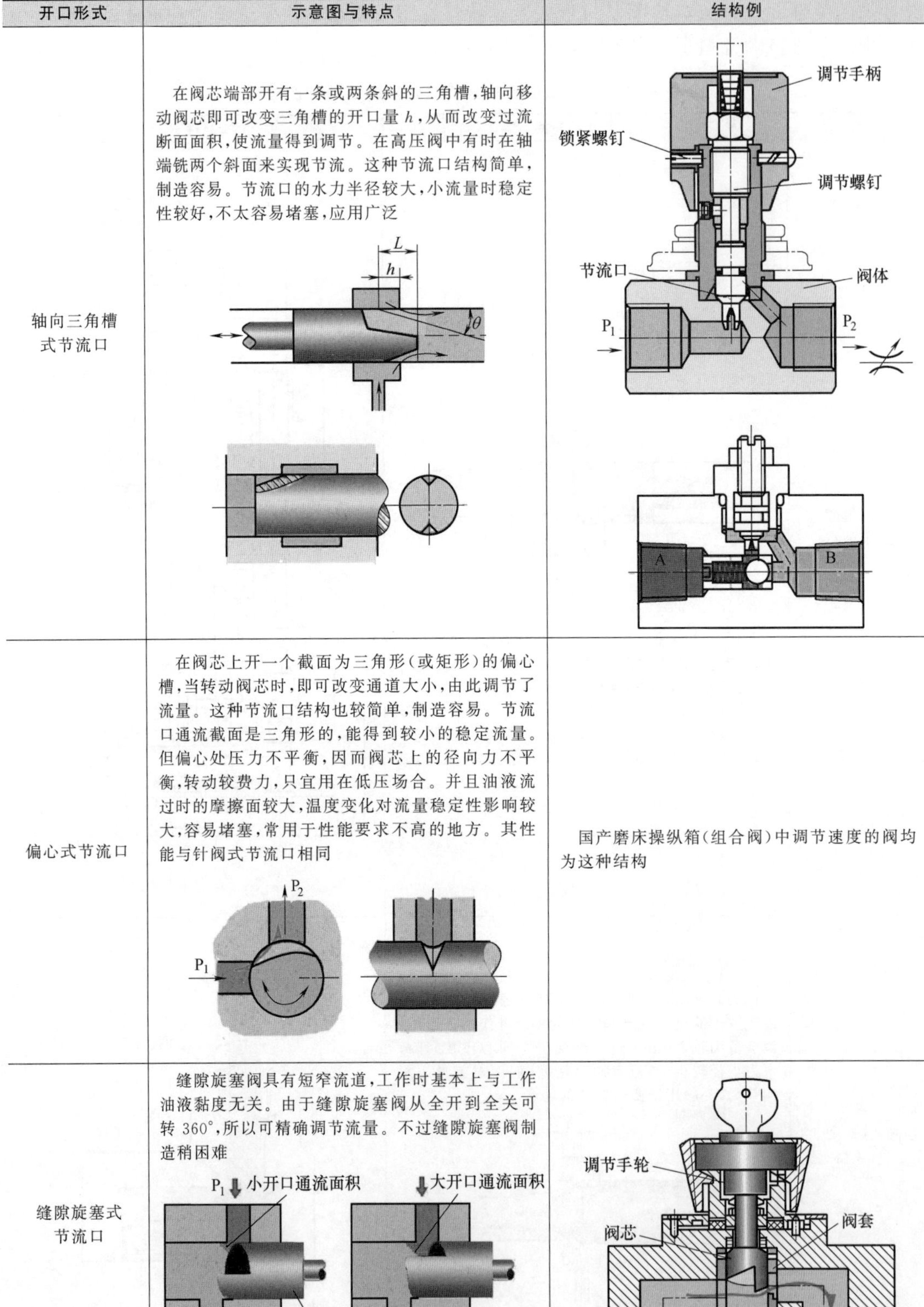

续表

开口形式	示意图与特点	结构例
薄刃口节流口	a为0.1～0.2mm，称薄刃口。阀芯上开有狭缝，旋转阀芯可以改变缝隙的通流面积，使流量得到调节。这种节流形口，油温变化对流量影响很小，不易堵塞，流量小时工作仍可靠，但加工难，应用不广泛 A　P_1　P_2　a　A向放大　b	流量调节手柄　温度补偿杆　薄刃口节流口　P_1　节流阀阀芯　P_2

3. 节流阀的外观

熟悉各种节流阀的外观，维修时容易在液压设备上找到待维修的节流阀。常见节流阀的外观如图4-98所示。

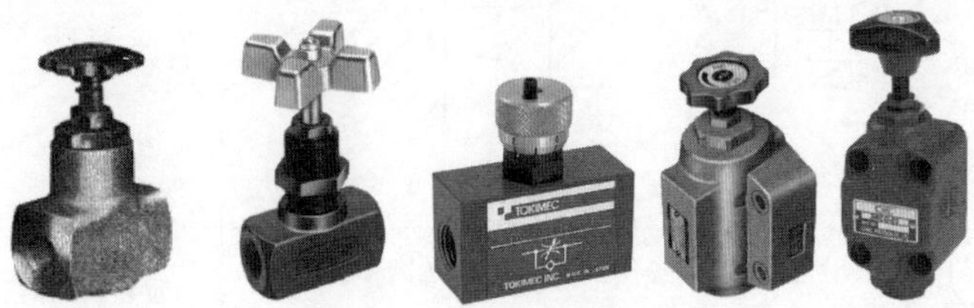

图4-98　常见节流阀的外观

4. 易出故障的零件及其部位

如图4-99所示，节流阀易出故障的零件及其部位主要有阀芯外圆的磨损拉伤、阀体孔

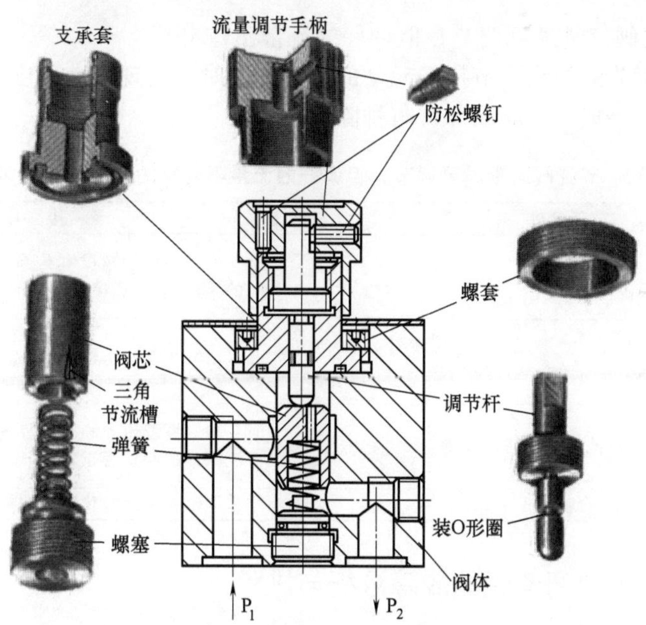

图4-99　节流阀易出故障的零件及其部位

磨损变大等。

5. 故障分析与排除

【故障 1】 节流阀节流调节作用失灵，流量不可调大调小

节流阀节流调节作用失灵，流量不可调大调小的故障诊断与排除见表 4-37。

表 4-37 节流阀节流调节作用失灵，流量不可调大调小的故障诊断与排除

故障分析	排除方法
检查节流阀阀芯是否卡住，当阀芯卡死在全关位置[图(a)]，P_1 与 P_2 不通，无流量经节流阀，当阀芯卡死在某一开度位置[图(b)]，P_1 到 P_2 总是流过一定的流量而不能调节。阀芯卡住的原因有毛刺、污物、阀芯与阀体孔配合间隙过小等，此时虽松开调节手柄带动调节杆上移，但因复位弹簧力克服不了阀芯卡紧力，而不能使阀芯跟着调节杆上移而上抬，还有因阀芯和阀体孔的形位公差不好，如失圆、有锥度，造成的液压卡紧 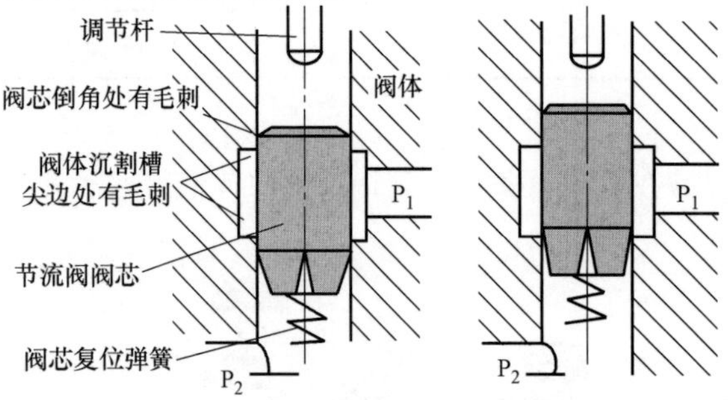 (a) 全关　(b) 某一开度	查明原因，分别采取去毛刺、清洗换油、研磨阀体孔或重配阀芯的方法进行修复
检查设备是否因长时间停机未用，油中水分等使阀芯锈死卡在阀体孔内，重新使用时，出现节流调节失灵现象	重新使用时，应先拆洗节流阀
阀体孔与阀芯内、外圆柱面出现拉伤划痕，使阀芯运动不灵活，或者卡死，或者内泄漏增大，造成节流失灵	阀芯轻微拉毛，可抛光再用，严重拉伤时可先用无心磨床磨去伤痕，再电镀修复

【故障 2】 节流阀流量虽可调节，但调好的流量不稳定

这一故障是指用节流阀来调节执行元件的运动速度时，出现运动速度不稳定，如逐渐减慢、突然增快及跳动等现象，故障分析与排除见表 4-38。

表 4-38 节流阀流量虽可调节，但调好的流量不稳定的故障分析与排除

故障分析	排除方法
检查节流阀是否存在内、外泄漏	检查零件的精度和配合间隙，修配或更换超差的零件，并注意接合处的油封情况
检查是否有杂质黏附在节流口边上，如有，通流截面减小，使速度减慢，时堵时通，速度不稳定	拆开清洗有关零件，更换新油，并保持油液洁净
在简式节流阀中，因系统负荷有变化使速度突变	检查系统压力和减压装置等部件的作用以及溢流阀的控制是否正常
油温升高，油液的黏度降低，会使速度不稳定	采取改善油液散热状况的措施

三、调速阀与单向调速阀的故障分析与排除

节流阀虽可通过改变节流口大小的方法来调节流量，但因阀前后压差的影响，使阀开度

调定后并不能保持流量稳定，所以对速度稳定性要求较高的执行机构来说就不能以普通节流阀进行调速。如果把定差减压阀和节流阀串联，或把定差溢流阀和节流阀并联，以使节流阀前后压差近似保持不变，则节流阀的流量即可保持基本稳定，这种组合阀称为调速阀。调速阀是具有恒流量功能的阀类，利用它能使执行元件匀速运动。

1. 调速阀与单向调速阀的工作原理

（1）调速阀的工作原理

如图 4-100 所示，将节流阀前后压力 p_2 和 p_3 分别引到定差减压阀阀芯两端。当负载压力 p_3 增大即节流阀前后压差变小时，作用在定差减压阀阀芯的力使阀芯右移，减压口增大，压降减少，使 p_2 也增大，从而使节流阀进、出口压差 $\Delta p=p_2-p_3$ 保持不变，反之亦然。这样就使调速阀中节流阀的流量不受其压差变化的影响，而保持出口流量恒定。

（2）单向调速阀的工作原理

单向调速阀的工作原理如图 4-101 所示，正向流动时与前述调速阀工作原理相同，反向流动时经单向阀不受节流阻碍流出。

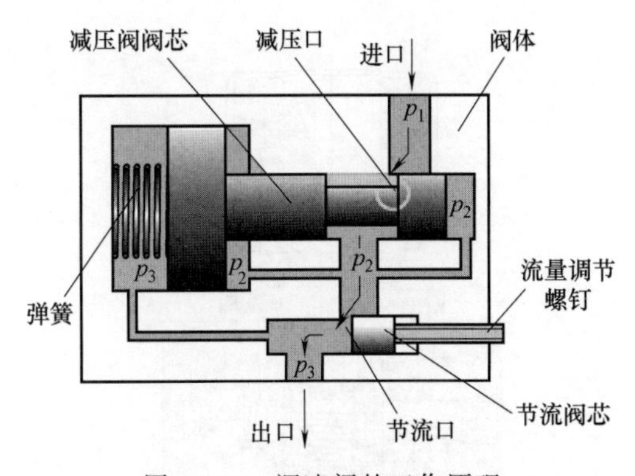

图 4-100 调速阀的工作原理

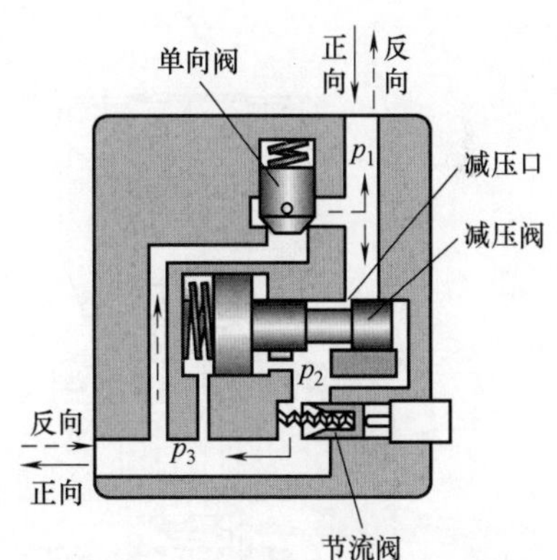

图 4-101 单向调速阀的工作原理

2. 调速阀与单向调速阀的结构

调速阀与单向调速阀的结构如图 4-102～图 4-104 所示。

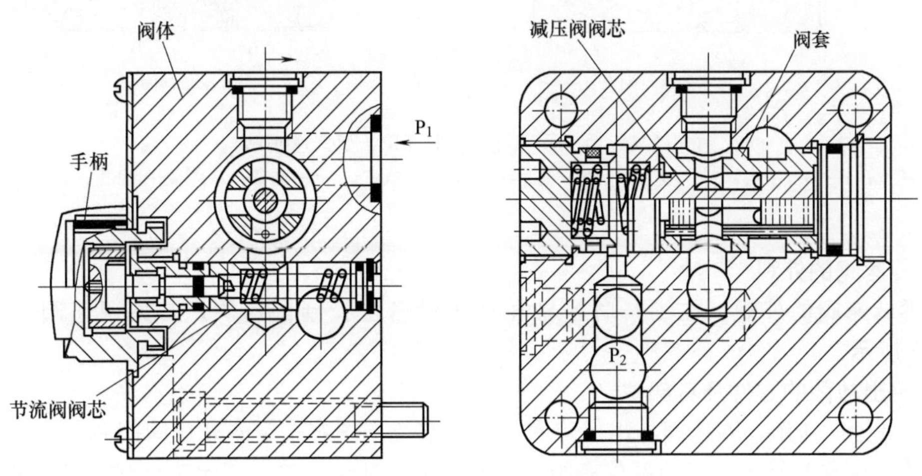

图 4-102 国产 QF 型调速阀结构

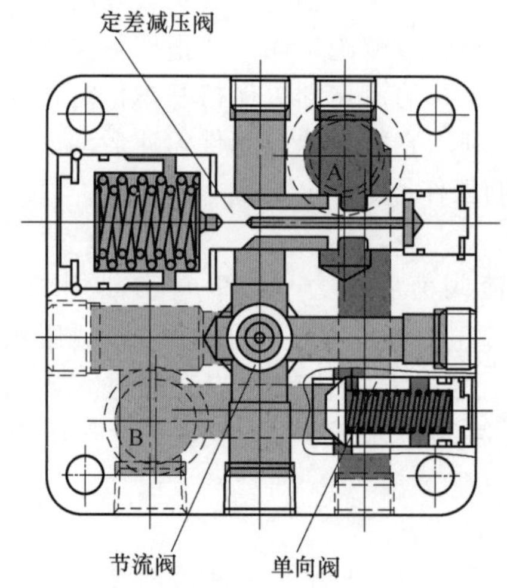

图 4-103 美国威格士公司、日本东京计器公司 PG 型单向调速阀结构

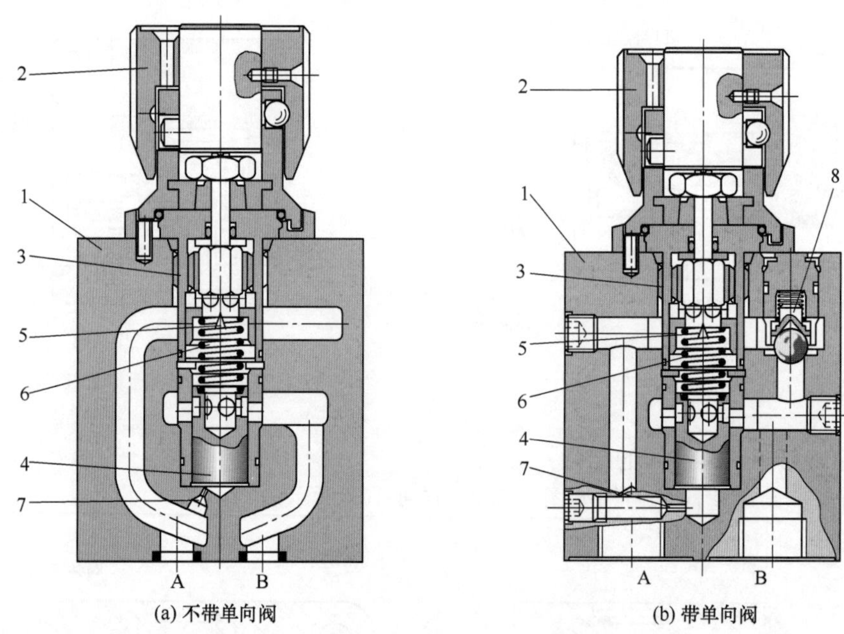

图 4-104 力士乐-博世公司 2FRM 型调速阀结构

1—阀体；2—调节手柄；3—节流装置；4—压力补偿器；5—节流口；6—弹簧；7—固定阻尼孔；8—单向阀

3. 调速阀的外观

熟悉调速阀的外观，在维修时容易在液压设备上找到调速阀。常见调速阀的外观如图 4-105 所示。

4. 易出故障的零件及其部位

如图 4-106 所示，调速阀易出故障的零件有节流阀阀芯、定差减压阀阀芯、阀体、单向阀阀芯等。调速阀易出故障的部位有阀芯与阀体配合部位、单向阀阀芯与阀座接触处、节流阀阀芯节流口等处。

图 4-105 常见调速阀的外观

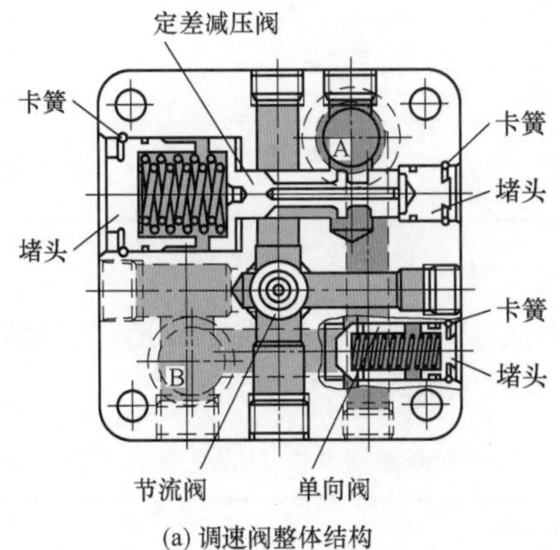

(a) 调速阀整体结构

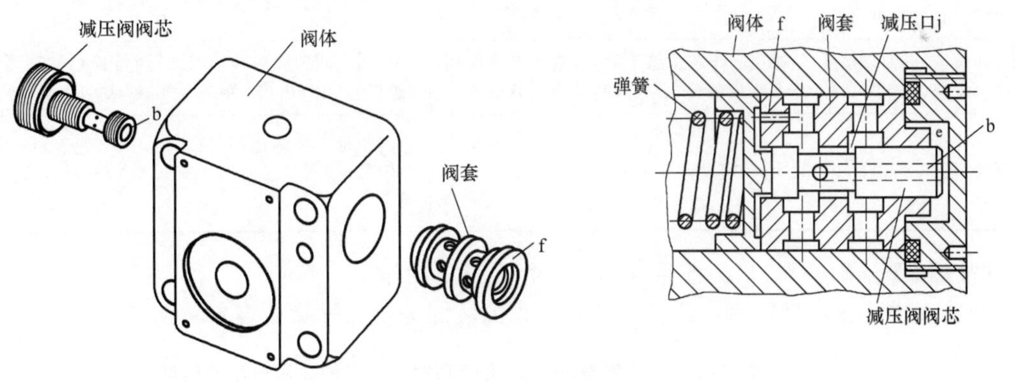

(b) 定差减压阀部分

图 4-106 调速阀易出故障的零件及其部位

5. 故障分析与排除

【故障 1】 调速阀输出流量不稳定使执行元件速度不稳定

这一故障表现为在使用调速阀的节流调速系统中，一旦负载出现扰动，或者调速阀进油口压力流量一发生变化，执行元件（如液压缸）马上出现速度变化，故障分析与排除见表 4-39。

表 4-39 调速阀输出流量不稳定使执行元件速度不稳定的故障分析与排除

故障分析	排除方法
定差减压阀阀芯被污物卡住，减压口 j 始终维持在某一开度上[图 4-106(b)]，完全失去了压力补偿功能，此时的调速阀相当于节流阀	拆开清洗
如图 4-106(b)所示，当阀套上的小孔 f 或减压阀阀芯上的小孔 b 因油液高温产生的沥青质物质沉积而被阻塞时，压力补偿功能失效	拆开用细铁丝穿通与清洗
调速阀进、出油口压差 p_1-p_2 过小。国产 Q 型阀此压差不得小于 0.6MPa，QF 型阀此压差不得小于 1MPa，进口调速阀各有相应规定	维持调速阀应有的进、出油口压差
定差减压阀移动不灵活，不能起到压力反馈补偿作用而稳定节流阀前后压差成一定值，使流量不稳定	拆开该阀端部的螺塞，从阀套中抽出减压阀阀芯，去毛刺、清洗并进行精度检查，特别要注意减压阀阀芯的大、小头是否同轴，不良者予以修复或更换
漏装了减压阀的弹簧，或者弹簧折断和装错	予以补装或更换
调速阀的内、外泄漏量大，导致流量不稳定	采取减少内、外泄漏量的对策
对于安装面上无定位销的调速阀，进、出油口易接反，使调速阀同一般节流阀一样，而无压力反馈补偿作用	纠正调速阀的进、出油口

【故障 2】 调速阀节流调节失灵

这一故障是指当调节流量调节手柄，阀输出流量无变化，从而所控制的执行元件运动速度不变或者不运动，故障分析与排除见表 4-40。

表 4-40 调速阀节流调节失灵的故障分析与排除

故障分析	排除方法
定差减压阀阀芯卡死在全闭或小开度位置，使出油腔(P_2)无油或极少油液通过节流阀	拆洗、去毛刺，使减压阀阀芯移动灵活
调速阀进、出油口接反，使减压阀阀芯总趋于关闭，造成节流作用失灵。Q 型、QF 型阀由于安装面的各孔为对称的，很容易装错	一般板式调速阀的底面上，在各油口处标有 P_1(进口)与 P_2(出口) 字样，仔细辨认，不可接错
调速阀进口与出口压差太小，使流量调节失灵	对于每一种调速阀，进口压力要大于出口压力一定数值(产品说明书中有规定)，方可进行流量调节

【故障 3】 调速阀出口无流量输出，执行元件不动作

调速阀出口无流量输出，执行元件不动作的故障分析与排除见表 4-41。

表 4-41 调速阀出口无流量输出，执行元件不动作的故障分析与排除

故障分析	排除方法
节流阀阀芯卡在关闭位置	拆开清洗
定差减压阀阀芯卡在关闭位置	拆开清洗

【故障 4】 调速阀最小稳定流量不稳定，执行元件低速时爬行抖动

为了实现液压缸等执行元件低速进给的稳定性，对流量阀规定了最小稳定流量界限值，但往往在此界限值以内，执行元件的低速进给也不稳定，从调速阀的原因分析是其最小稳定流量变化，影响最小稳定流量的原因一般是内泄漏量大（节流阀阀芯处、减压阀阀芯处），故障分析与排除见表 4-42。

表 4-42　调速阀最小稳定流量不稳定，执行元件低速时爬行抖动的故障分析与排除

故障分析	排除方法
检查节流阀阀芯与阀体孔配合间隙是否过大，使内泄漏量增大	保证节流阀阀芯与阀体孔之间合适的配合间隙
检查减压阀阀芯与阀体孔配合间隙是否过大，由于大多调速阀的定差减压阀阀芯为两级同心的大小台阶状，大、小圆柱工艺上很难做到绝对同心，因而只能增大装配间隙来弥补，这样便造成配合间隙过大的问题	保证减压阀阀芯与阀体孔之间合适的配合间隙
检查节流阀阀芯三角槽尖端是否有污物堵塞，污物有时造成堵塞有时又被冲走，使节流口小开度时的流量不稳定	最好采用薄刃口节流阀阀芯的调速阀，并注意油液的清洁度
检查单向阀故障，单向调速阀中单向阀的密封性不好	单向阀与阀座要密合
检查液压系统中是否进入了空气，产生振动使节流阀阀芯调定的位置发生变化	将空气排净，并用锁紧螺钉锁住流量调节装置
检查内、外泄漏是否偏大使流量不稳定，造成执行元件工作速度不均匀	减少内、外泄漏导致的流量不稳定

6. 调速阀的拆修

由于生产厂家的不同，各种型号调速阀的外观和内部结构略有差异，图 4-107 中示出了两种调速阀的立体分解图。拆检修理时一定按序拆卸，并将所拆零部件放入干净的油盘内，不可丢失。修理时 O 形密封圈是必须更换的。

修理时主要注意几个重要零件的检修，如图 4-107（a）中的温度补偿杆、减压阀阀芯、节流阀阀芯、单向阀阀芯等，图 4-107（b）中的节流阀阀芯、定差减压阀阀芯、阀套等。另外，对于图 4-107 中的弹簧，要检查其是否折断和疲劳，不良者应予以更换，注意装配时不要漏装。

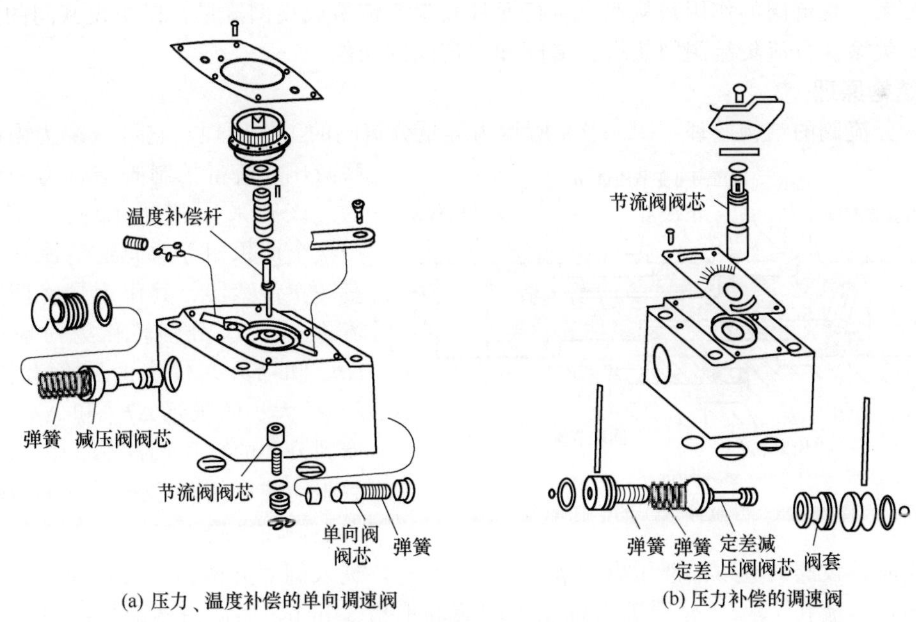

图 4-107　调速阀的拆检

按图 4-108 所示的方法对重点零件和重点部位进行检查，如外圆拉伤磨损，一般可刷镀修复。阀芯和阀套上的小孔堵塞情况是必检项，因堵塞而产生的故障极为多见。

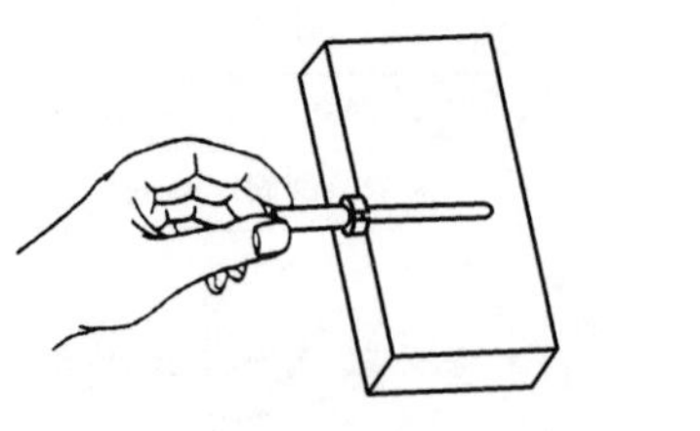

在平板上检查温度补偿杆的弯曲度

(a) 温度补偿杆的检修

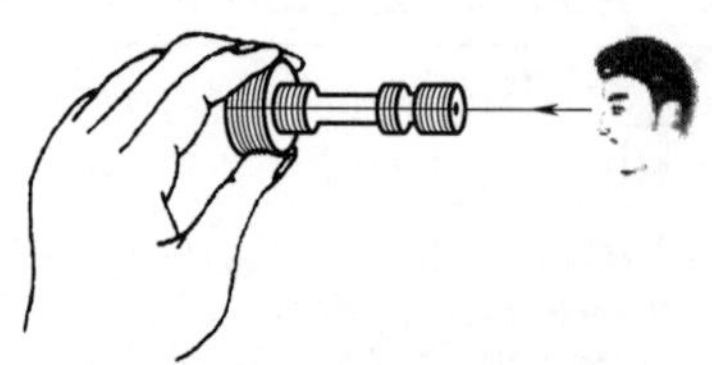

目测减压阀阀芯小孔的堵塞情况

(b) 定差减压阀阀芯的检修

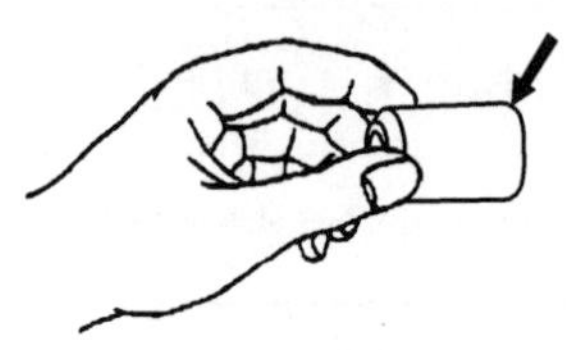

检查拉伤磨损情况

(c) 节流阀阀芯的检修

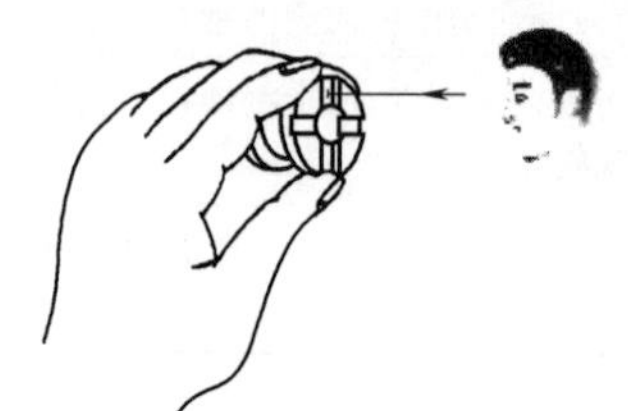

检查阀套小孔的堵塞情况

(d) 阀套的检修

图 4-108 调速阀的检修

四、分流阀、集流阀与分流集流阀的故障分析与排除

分流阀的作用是使液压系统中由同一个油源向两个及以上执行元件供应相同流量（等量分流），或按一定比例向两个执行元件供应流量（比例分流），以实现执行元件速度保持同步或定比关系。集流阀的作用是从两个执行元件收集等流量或比例流量，以实现其间的速度同步或定比关系。分流集流阀则兼有分流阀和集流阀的功能。

1. 结构原理

（1）分流阀的结构原理　图 4-109 所示为等量分流阀的工作原理，它可以视为由两个串联减压式流量控制阀结合为一体构成的。该阀采用流量-压差-力负反馈，用两个面积相等的固定节流孔作为流量一次传感器，其作用是将两路负载流量 q_1、q_2 分别转化为对应的压差 Δp_1 和 Δp_2。代表两路负载流量 q_1 和 q_2 大小的压差 Δp_1 和 Δp_2 同时反馈到公共的减压阀阀芯上，相互比较后驱动减压阀阀芯来调节 q_1 和 q_2 的大小，使之趋于相等。

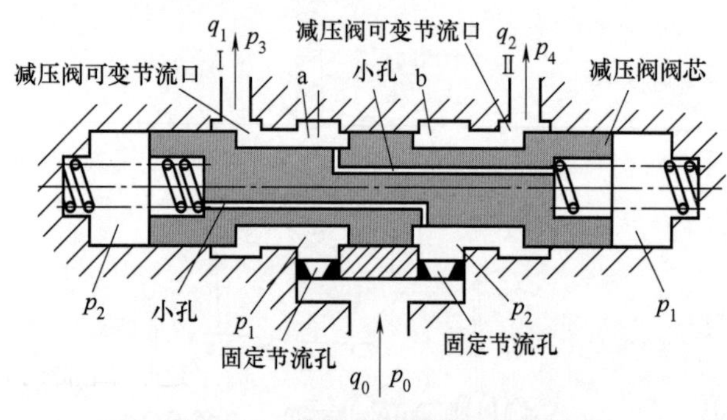

图 4-109 等量分流阀的工作原理

工作时，设阀的进口油液压力为 p_0，流量为 q_0，进入阀后分两路，分别通过两个面积相等的固定节流孔 1、2，分别进入减压阀阀芯环形槽 a 和 b，然后由两减压阀可变节流口 3、4 经出油口Ⅰ和Ⅱ通往两执行元件，两执行元件的负载流量分别为 q_1、q_2，负载压力分别为 p_3、p_4。如果两执行元件的负载相等，则分流阀的出口压力 $p_3=p_4$，因为减压阀阀芯两流道的尺寸完全对称，所以输出流量也对称，即 $q_1=q_2=q_0/2$，$p_1=p_2$。当由于负载不对称而出现 $p_3 \neq p_4$，且设 $p_3 > p_4$ 时，q_1 必定小于 q_2，导致固定节流孔 1、2 的压差

$\Delta p_1 < \Delta p_2$，$p_1 > p_2$，此压差反馈至减压阀阀芯的两端后使阀芯在不对称液压力的作用下左移，使可变节流口 3 增大，可变节流口 4 减小，从而使 q_1 增大，q_2 减小，直到 $q_1 \approx q_2$ 为止，阀芯又在一个新的平衡位置上稳定下来。这样便使输往两执行元件的流量相等，当两执行元件尺寸完全相同时，运动速度将同步。

根据节流边及反馈测压面的不同布置，分流阀有图 4-110（a）、（b）所示两种不同的结构。

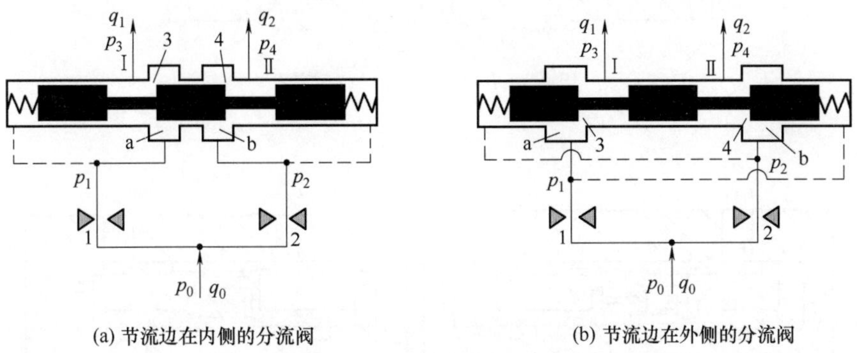

(a) 节流边在内侧的分流阀

(b) 节流边在外侧的分流阀

图 4-110 分流阀的两种结构

（2）集流阀的结构原理 图 4-111 所示为等量集流阀的结构原理，集流阀装在两执行元件液压缸 1 和液压缸 2 的回油路上，如果两液压缸回油同步，则 $q_1 = q_2$，节流边 a 与 b 相同，流动阻力相等，$p'_1 = p'_2$，阀芯处于中间位置，两路相等的回油流量汇集在一起（q_0）回油，实现液压缸 1 和液压缸 2 的回流同步。

如果回油流量 q_1 增大，液压缸 1 和液压缸 2 会出现不同步。q_1 增大，流量传感器 L 的通过流量 q_1 也增大，阻力增大，反馈压力 p'_1 也增大，会推动阀芯向左移动，关小节流边 a，会使 q_1 降下来，反馈压力 p'_1 也会降下来，阀芯又恢复到中间位置，液压缸 1 和液压缸 2 回油又恢复同步。集流阀的压力反馈方向正好与上述分流阀相反。

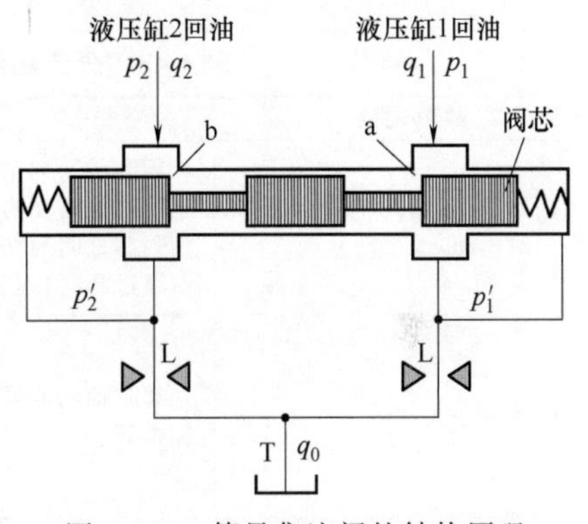

图 4-111 等量集流阀的结构原理

注意，集流阀只能保证执行元件回油时同步。

（3）分流集流阀的结构原理 分流集流阀具有分流和集流功能。当油源向两相同液压缸供油时，通过分流集流阀的分流功能，可使两液压缸保持速度相同（同步）。当液压缸向油箱回油时，通过分流集流阀的集流功能，可使液压缸回程同步。因此，分流集流阀又称同步阀，它同时具有分流阀和集流阀两者的功能，能保证执行元件进、回油时均同步。

图 4-112 所示为分流集流阀的结构原理。分流工作状态时，因 $p_0 > p_1$（或 $p_0 > p_2$），此压差将两阀芯分离，此时的可变节流口由两阀芯的内棱边和阀套的外棱边组成，分流时工作原理与上述分流阀相同［图 4-112（b）］。集流工作状态时，因 $p_0 < p_1$（或 $p_0 < p_2$），此压力差将两阀芯合拢对压成一体，此时的集流可变节流口由两阀芯的外棱边和阀套的内棱边组成，集流时工作原理与上述集流阀相同［图 4-112（c）］。

2. 故障分析与排除

分流集流阀在运行中的常见故障分析与排除见表 4-43。

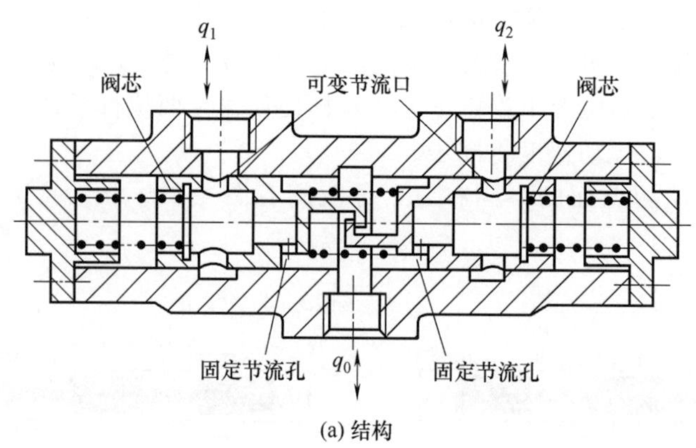

(a) 结构

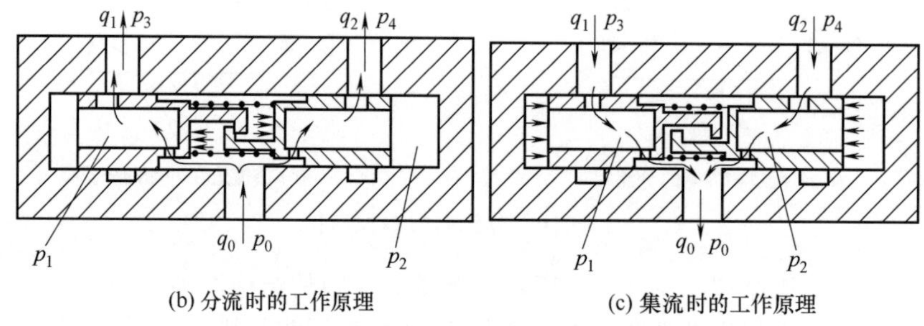

(b) 分流时的工作原理　　(c) 集流时的工作原理

图 4-112　分流集流阀的结构原理

表 4-43　分流集流阀在运行中的常见故障分析与排除

故障现象	故障分析	排除方法
同步失灵(即几个执行元件不同时运动)	阀芯或换向活塞径向卡住。为减少泄漏量对速度同步精度的影响一般阀芯和阀体、换向活塞和阀芯之间的配合间隙均较小,所以油液脏污或油温过高时,阀芯或换向活塞都易径向卡住	检查油温或油液污染状况,并及时清洗阀或换油
同步误差大	阀芯轴向卡紧,使流量过低,或进、出油口压差过小等	①检查油温或油液污染状况,并及时清洗阀或换油 ②分流集流阀的使用流量一般应不小于公称流量的 25%,进、出油口压差应控制在 0.78～0.99MPa
执行元件运动到终点时动作异常(即常有一个执行元件到终点。而另一个执行元件却停止了运动)	①主要是由于阀芯上常通小孔堵塞所引起 ②在拆卸维修装配时,将原装配零件互换了位置,也会影响同步精度。因制造工艺水平限制,多为零件选配式组装,故不能任意交换其原装件的安装位置	①检查清洗,保证阀芯中常通小孔畅通 ②维修拆装时,要做好拆卸零件的标记,并按原位重装

第十节 叠加阀的故障诊断与维修

一、叠加阀的优点

叠加阀是一种可以相互叠装的液压阀。它本身的内部结构与一般常规液压阀相仿，不同的是每一叠加阀以自身的阀体作为连接体，同一通径的各种叠加阀的结合面上均有连接尺寸相同的 P、A、B、T 等油口，这样相同通径的叠加阀就可按不同的系统要求选择适合的几个叠加阀互相用长螺栓叠装起来，组成液压回路甚至一个完整的液压系统。每个叠加阀既起到控制元件的作用，又起到油液通道的作用（图 4-113、图 4-114）。

图 4-113 独立的叠加阀

图 4-114 叠装起来的叠加阀

叠加阀的优点：减小了装置和安装的空间；不需要特殊安装技能，而且能快速方便地增加或者改变液压回路；克服管道连接的泄漏、振动和噪声问题，增大了液压系统的可靠性；由于组装成叠加组件，便于维修、检查和随时更改设计。

二、叠加阀的工作原理与结构

叠加阀包括压力阀、流量阀以及方向阀等。其工作原理与前述常规阀完全相同，结构上也没有太大差异。但由于叠加阀还要起通道作用，所以每种规格的叠加阀都有一些通油孔（如 P、A、B、T 等）。叠加阀的工作原理和结构见表 4-44 所示。

表 4-44 叠加阀的工作原理和结构

类型	外观、工作原理和结构
叠加式溢流阀	泵来的压力油经 a 孔作用在阀芯左端面上，产生向右的力，调压弹簧产生向左的力，向左的力大于向右的力时，P 口与 T 口不通；当压力继续上升到向右的力大于向左的力时，阀芯右移，P 口与 T 口连通溢流，压力不再上升，限制了最高压力。调压螺钉可用来调节最高压力的大小 (a) 外观 (b) 工作原理 (c) 结构

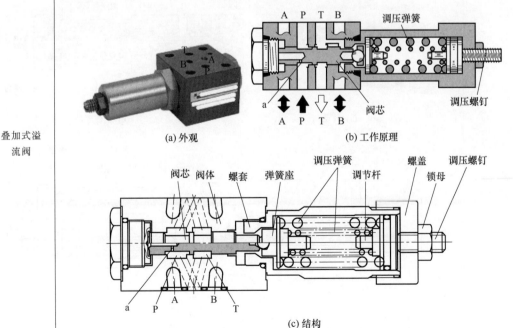

续表

<table>
<tr><th>类型</th><th>外观、工作原理和结构</th></tr>
<tr><td>叠加式
顺序阀</td><td>
油液从 P 口流入，经阀芯阻尼孔 a 作用在阀芯左端面上，产生的力小于调压弹簧向左的弹力时，P 口到 P_1 口不通；当压力上升作用在阀芯左端面上的力大于调压弹簧向左的弹力时，阀芯右移，P 口到 P1 口的通道被打开，P 口与 P1 口连通

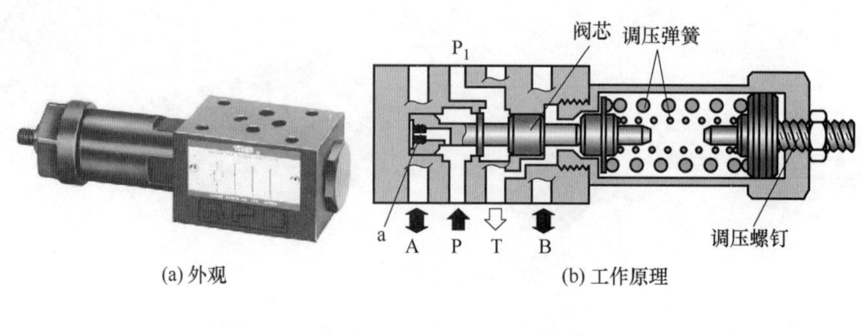

(a) 外观　(b) 工作原理

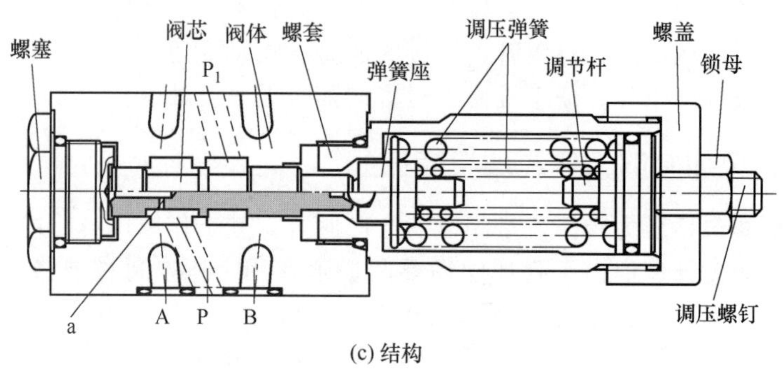

(c) 结构
</td></tr>
<tr><td>叠加式单向
顺序阀</td><td>
压力油由 B 口进入，经 a 孔再经阻尼 e，作用在阀芯左端面上产生的力小于右端的弹簧力时，B→B_1 不通；当由 B 口进入的压力油压力上升，作用在阀芯左端面上产生的力大于右端的弹簧力时，阀芯右移，打开了 B→B_1 的通路，压力油从二次油口 B_1 流出

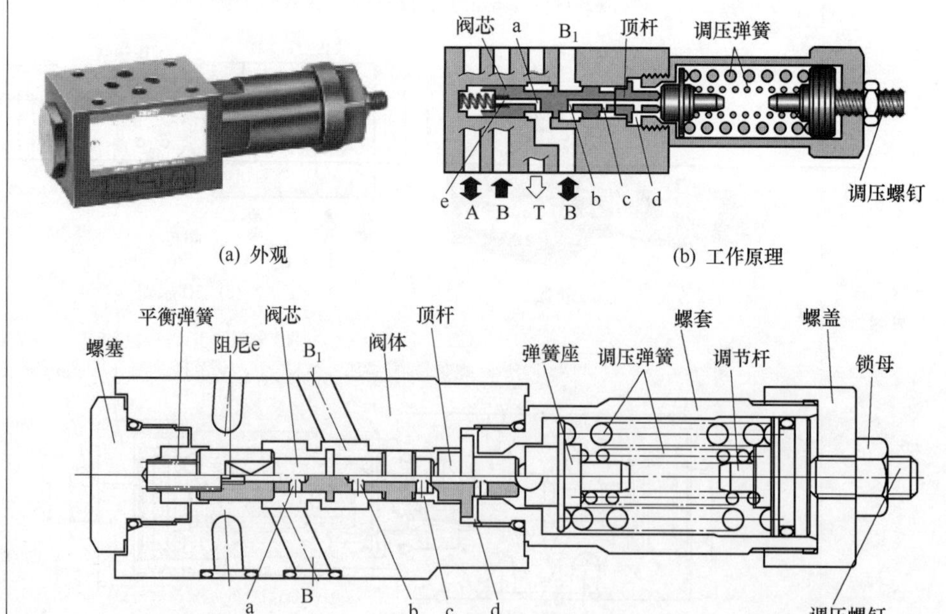

(a) 外观　(b) 工作原理

(c) 结构
</td></tr>
</table>

续表

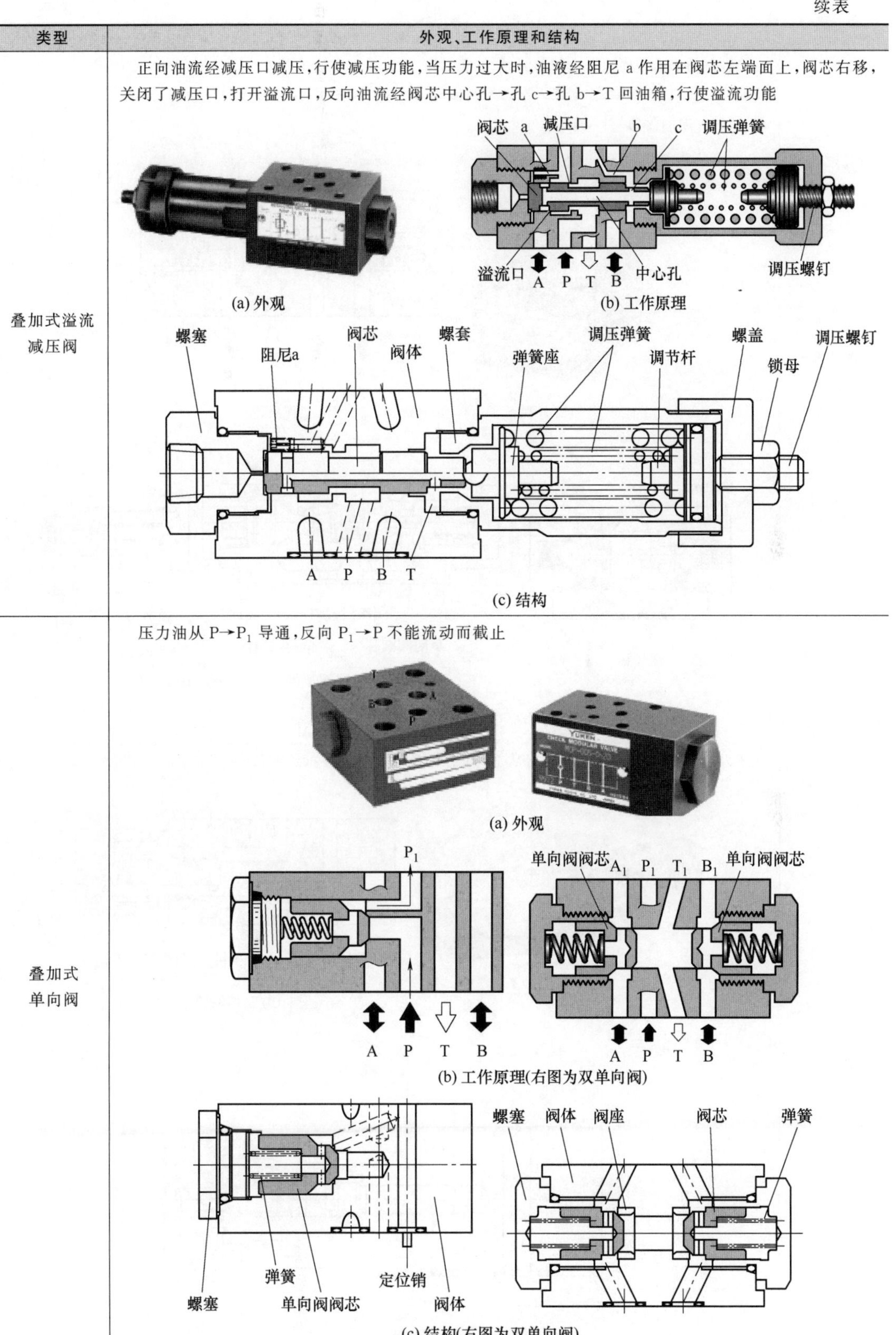

类型	外观、工作原理和结构
叠加式溢流减压阀	正向油流经减压口减压，行使减压功能，当压力过大时，油液经阻尼 a 作用在阀芯左端面上，阀芯右移，关闭了减压口，打开溢流口，反向油流经阀芯中心孔→孔 c→孔 b→T 回油箱，行使溢流功能 (a) 外观　(b) 工作原理 (c) 结构
叠加式单向阀	压力油从 P→P_1 导通，反向 P_1→P 不能流动而截止 (a) 外观 (b) 工作原理(右图为双单向阀) (c) 结构(右图为双单向阀)

续表

类型	外观、工作原理和结构
叠加式液控单向阀（双向液压锁）	当控制活塞右端通入压力控制油时，控制活塞左行，推开左边的单向阀，实现 B_1→B 或 B→B_1 正反方向流动；反之，当控制活塞左端通入压力控制油时，控制活塞右行，推开右边的单向阀，实现 A_1→A 或 A→A_1 正反方向的流动 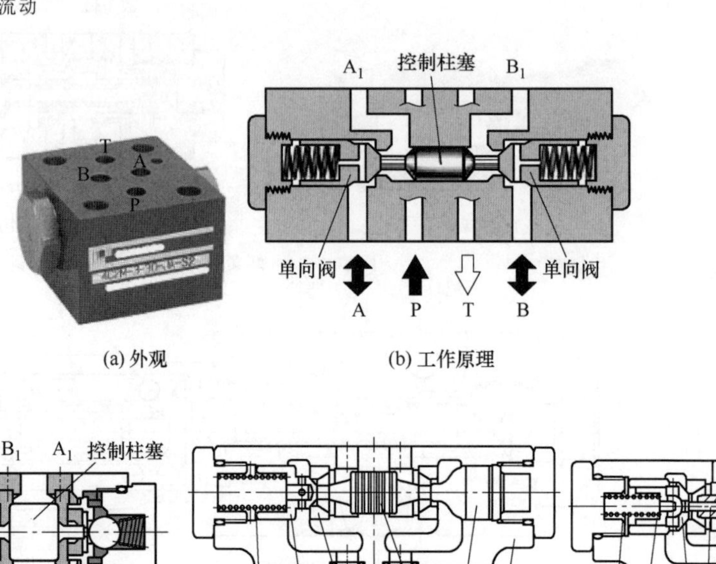 (a) 外观　(b) 工作原理 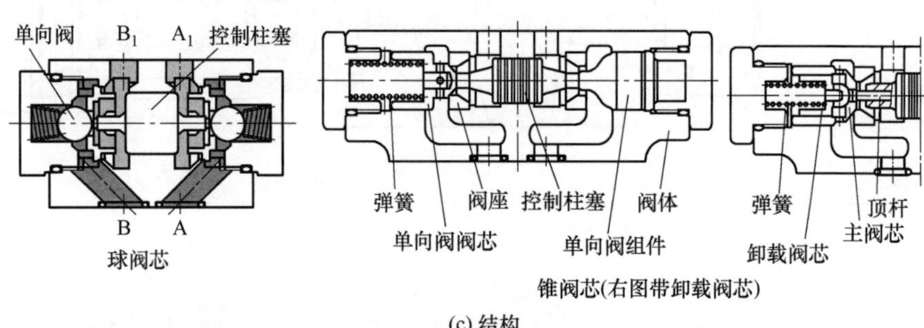 锥阀芯(右图带卸载阀芯) (c) 结构
叠加式节流阀	压力油从 P 口流入，经节流口后从 P_1 口流出，开口大小由手柄调节，进而调节了出口的流量大小 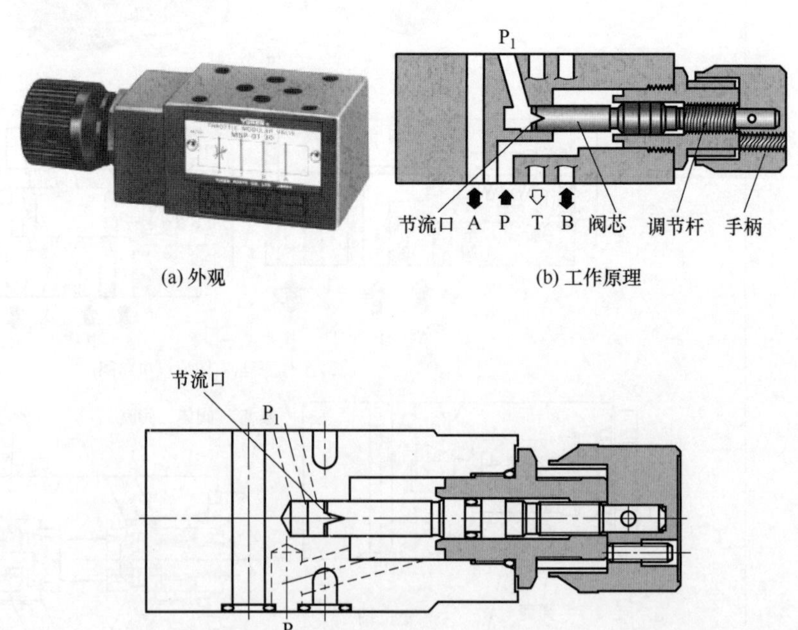 (a) 外观　(b) 工作原理 (c) 结构

续表

类型	外观、工作原理和结构
叠加式单向节流阀	单向阀关闭时，油液只能通过节流阀实现从 $B \to B_1$ 或从 $A \to A_1$ 的流动，实现进油节流；油液反向从 $B_1 \to B$ 或从 $A_1 \to A$ 流动时，单向阀开启，油液不受节流限制而自由流动 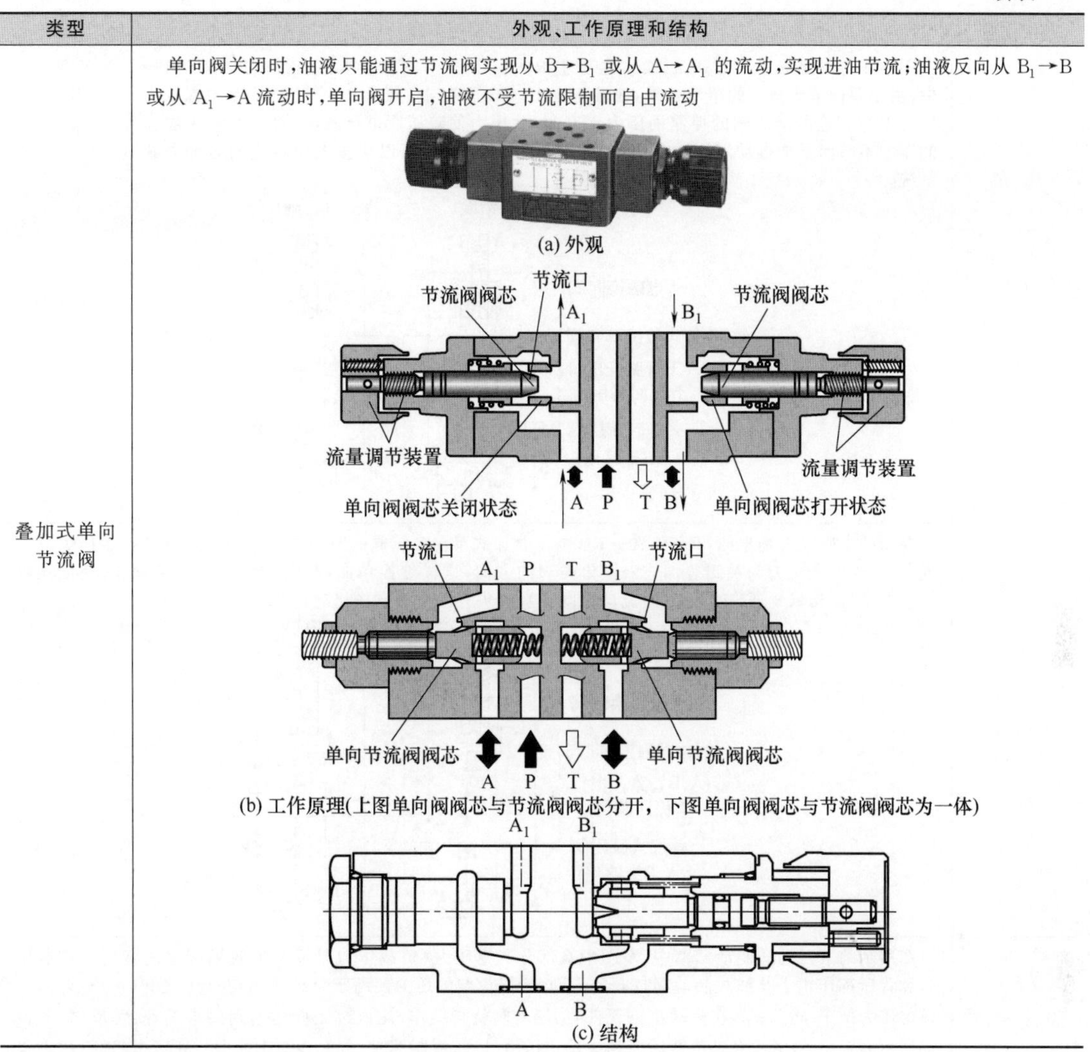 (a) 外观 (b) 工作原理(上图单向阀阀芯与节流阀阀芯分开，下图单向阀阀芯与节流阀阀芯为一体) (c) 结构

三、叠加阀的故障分析与排除

叠加阀的故障分析与排除见表 4-45 所示。

表 4-45 叠加阀的故障分析与排除

故障现象	故障分析与排除
锁紧回路不能可靠锁紧	如图所示的双向液压锁回路，左图的回路不能可靠锁定液压缸，故障原因是双液控单向阀阀块在减压阀阀块后面，而减压阀为滑阀式，从 B 口经减压阀先导控制油路来的控制油会因减压阀的内漏而导致 B 通道的压力降低而不能起到很好的锁定作用，可按右图的叠加顺序进行组合构成系统 (错误) (正确) 电磁换向阀 叠加式液控单向阀 (A、B管路用) 叠加式减压阀 (B管路用) a b P T B A

续表

故障现象	故障分析与排除
液压缸因推力不够而不动作或不稳定	图中左边的叠加方式，当电磁铁 a 通电时（P→A，B→T），液压缸本应左行，但油液在 B→T 的流动过程中，由于单向节流阀 c 的节流效果，在液压缸出口 B 至单向节流阀 c 的管路中（图中▲部分）背压升高，导致与 B 口相连的减压阀的控制油压力也升高，此压力使减压阀进行减压动作，常常导致进入液压缸 A 腔的压力不够而不能推动液压缸左行，或者使其动作不稳定，所以应按图中右边的叠加方式进行组合构成系统 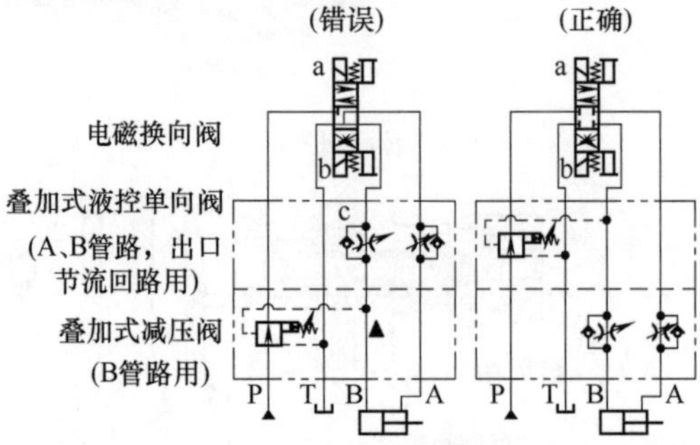 (错误) (正确) 电磁换向阀 叠加式液控单向阀（A、B管路，出口节流回路用） 叠加式减压阀（B管路用）
液压缸产生振动（时停时走）	左图的电磁铁 b 通电时（P→B，A→T），由于叠加式单向节流阀的节流效果在图中▲部位产生压力升高现象，产生的液压力为关闭叠加式液控单向阀的方向，这样液控单向阀会反复进行开、关动作，使液压缸产生振动（电磁铁 a 通电，B→T 的流动也同样），解决方法是按右图进行配置 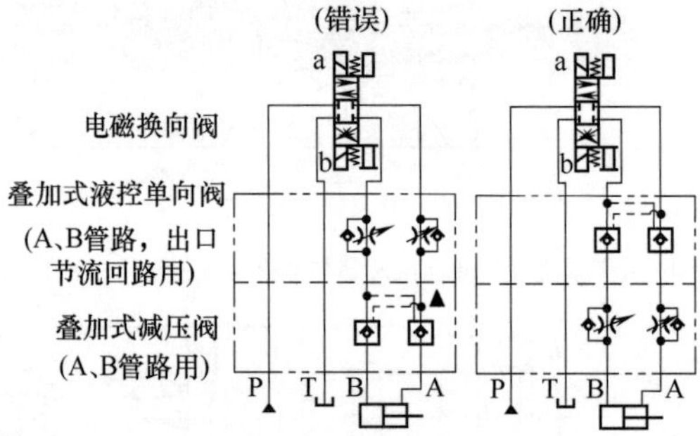 (错误) (正确) 电磁换向阀 叠加式液控单向阀（A、B管路，出口节流回路用） 叠加式减压阀（A、B管路用）
叠加式制动阀与叠加式单向阀（出口节流时）产生故障	图所示的液压马达制动回路中，左图中▲部分产生压力（负载压力以及节流效果产生的背压），负载压力和背压都作用于叠加式制动阀打开的方向，所以设定的压力要高于负载压力与背压之和（p_A+p_B），若设定压力低于 p_A+p_B，在驱动执行元件时，制动阀就会动作，使执行元件达不到要求的速度，反之，若设定压力高于 p_A+p_B，由于负载压力相应设定压力过高，在制动时，常常会产生冲击。所以，在进行这种组合时，要按右图进行配置 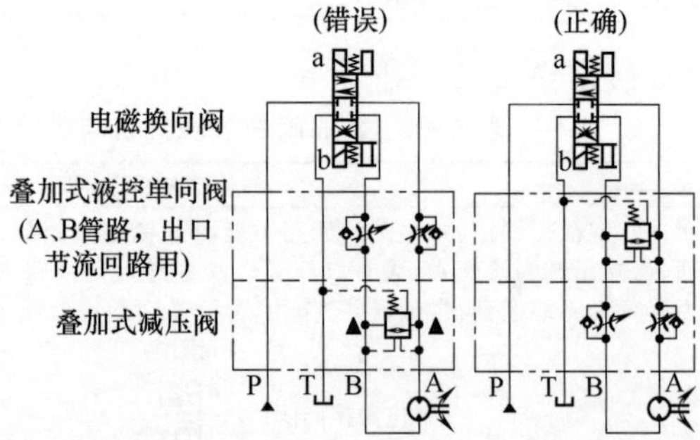 (错误) (正确) 电磁换向阀 叠加式液控单向阀（A、B管路，出口节流回路用） 叠加式减压阀

第十一节 插装阀的故障诊断与维修

插装阀以标准的插装件（逻辑单元）按需插入阀体内孔，并配以不同的先导阀而形成各种控制阀乃至整个控制系统。它具有体积小、功率损失小、动作快、便于集成等优点，特别适用于大流量液压系统的控制和调节。

一、插装阀的组成和插装单元的工作原理

插装阀的组成和插装单元的工作原理见表4-46。

表4-46 插装阀的组成和插装单元的工作原理

<table>
<tr><th>项目</th><th>说 明</th></tr>
<tr><td rowspan="3">插装阀的组成</td><td>插装阀有盖板式和螺纹式两类。盖板式插装阀由先导部分(先导控制阀和控制盖板)、插装件和集成通道块(阀体)等组成
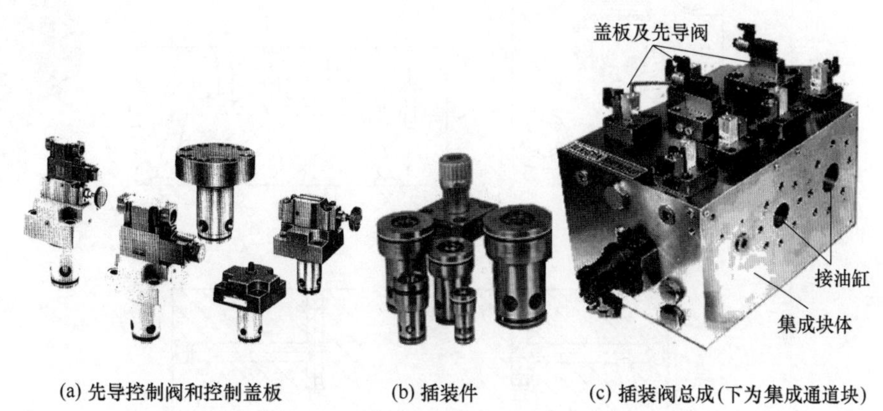

(a) 先导控制阀和控制盖板　(b) 插装件　(c) 插装阀总成(下为集成通道块)</td></tr>
<tr><td>插装件的组成如图所示
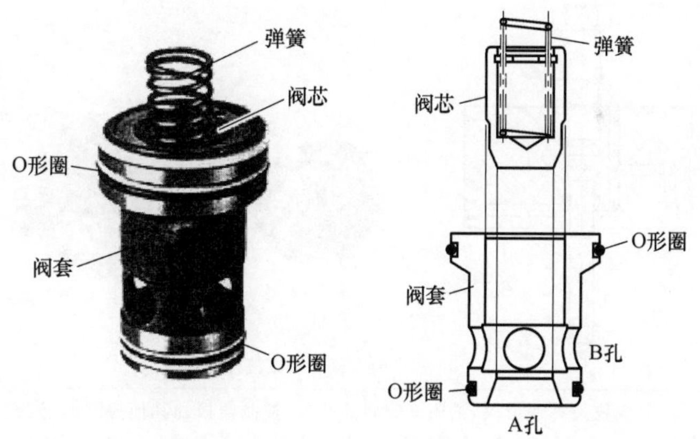
</td></tr>
<tr><td>控制盖板如图所示
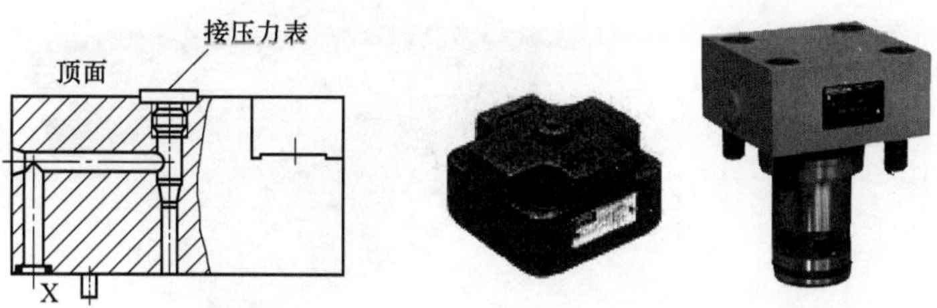

(a) 顶面不装电磁阀等先导阀的盖板(顶面可接压力表)</td></tr>
</table>

续表

项目	说　明
插装阀的组成	A—A B—B C—C (b) 顶面装电磁阀等的盖板  (c) 带定位杆的盖板
	集成块又称通道块，是用来安装插装件、控制盖板和其他控制阀，沟通主油路和控制油路的块体。块体上装入若干个插装件、控制盖板和先导控制元件，可构成一些典型的液压回路。它们可分别起到调压、卸荷、保压、顺序动作以及方向控制和流量调节等作用，组成整台液压设备的插装阀液压控制系统 

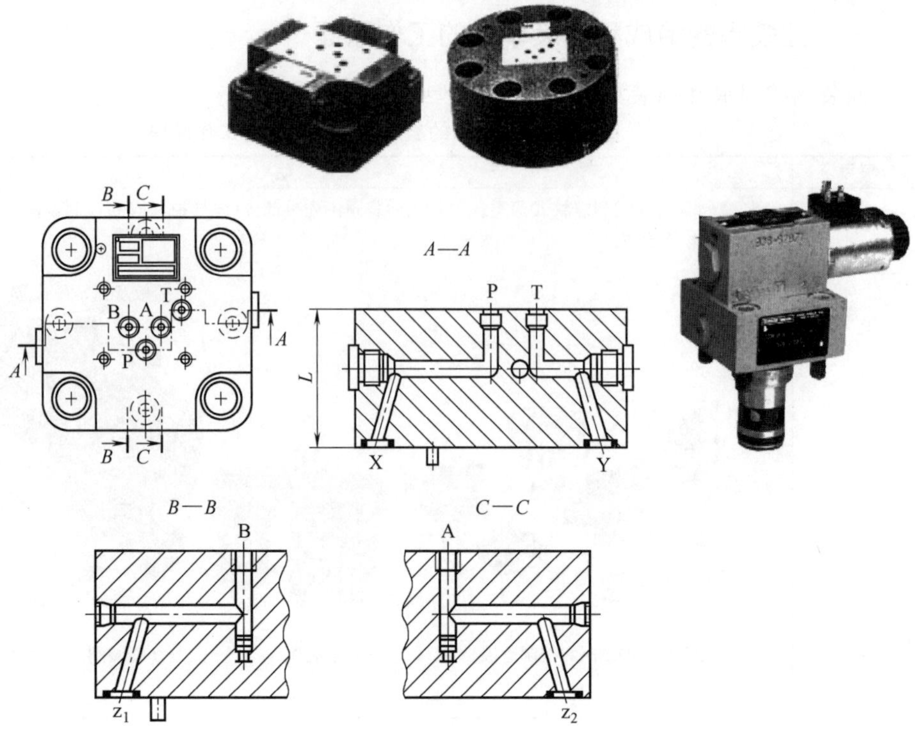

续表

项目	说明
插装单元的工作原理	每一插装件有三个基本油口：主油口 A 与 B 及控制油口 X。从 X 口进入的控制油作用在阀芯大面积 A_X 上，通过控制油 p_X 的加压或卸压，可对阀进行开关控制。如果将 A 口与 B 口的接通称为“1”，断开称为“0”，便实现逻辑功能，所以插装件又称逻辑单元，插装阀又称逻辑阀 一般插装件的弹簧较软，弹簧力很小，锥阀芯受到的液动力也很小，所以阀的启、闭两个工作状态主要取决于作用在 A、B、X 三腔油液的液压力，即决定于各油口处的压力 p_A、p_B、p_X 和对应的作用面积（A_A、A_B、A_X）之积 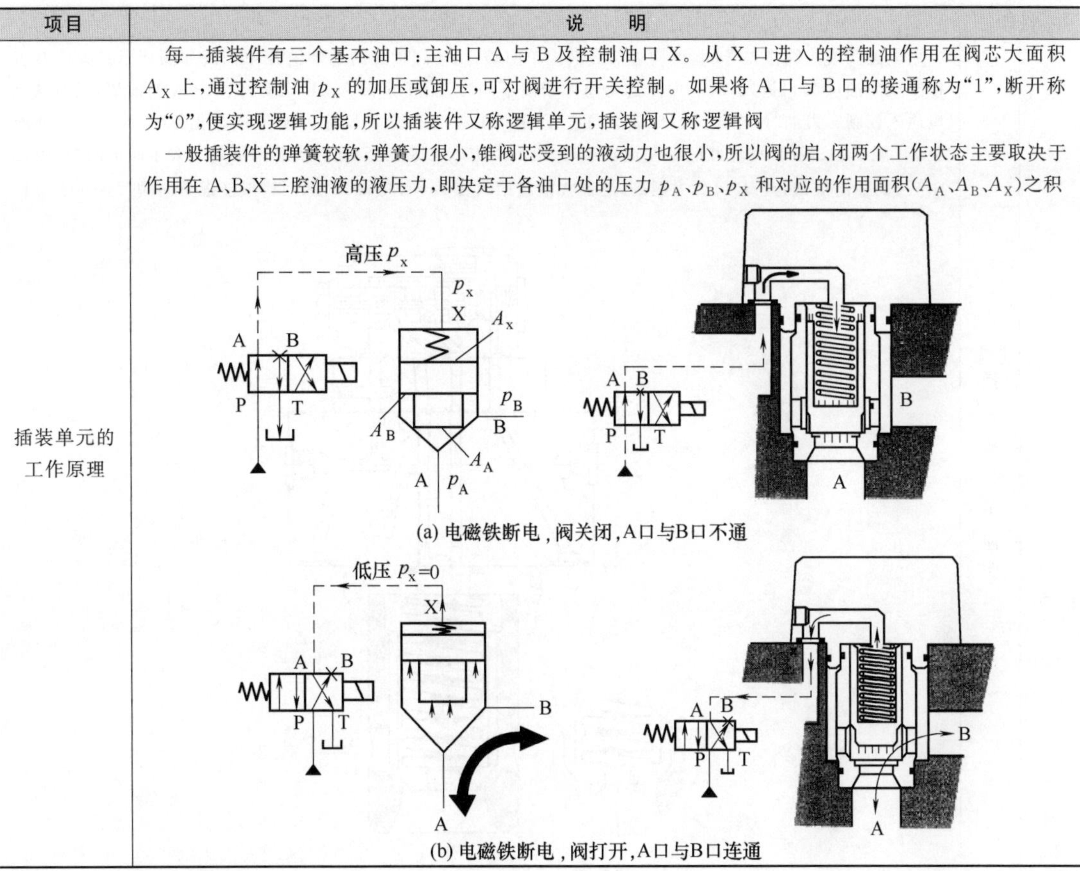 (a) 电磁铁断电，阀关闭，A口与B口不通 (b) 电磁铁断电，阀打开，A口与B口连通

二、插装阀的方向、流量和压力控制

单个插装件能实现接通和断开两种基本功能，通过插装件与盖板的组合，可构成方向、流量以及压力等多种控制功能阀（多种控制阀与组合阀），也可构成液压控制回路以及独立的液压控制系统（表 4-47）。

表 4-47 插装阀的方向、流量和压力控制

项目		说明
方向控制	插装单向阀	控制油由 A 口引入，$p_A>p_B$ 时阀关闭，$p_B>p_A$ 时阀开启；控制油由 B 口引入，$p_B>p_A$ 时阀关闭，$p_B<p_A$ 且 $p_A A_A>KX_0+p_B(A_x-A_B)$ 时阀开启，起单向阀作用。如图所示，控制油是从 B 口引入的，则构成 B→A 截止，A→B 导通的单向阀 ① X 带密封件 B ② A

续表

<table>
<tr><th colspan="2">项目</th><th>说　明</th></tr>
<tr><td rowspan="2">方向控制</td><td>插装液控单向阀</td><td>用电磁阀或梭阀作先导阀，可构成插装液控单向阀，用梭阀构成的插装液控单向阀如图所示。无论有否控制压力油从 X 口进入，阀芯向上的力总大于向下的力，油液可从 A→B 流动；但 B→A 的油流，只有从 X 口通入控制压力油时，梭阀的钢球被推向右边，主阀上腔油液经 Y 口流回油箱时才可实现，否则 B 腔油液经 Z_2、阻尼④、梭阀（钢球此时在左边）、A 口、阻尼①进入主阀上腔，此时阀芯向下的力大于向上的力，因此 B→A 的油流被截止。B 口压力越高，越能无泄漏地封住 B→A 的油口，从而构成液控单向阀
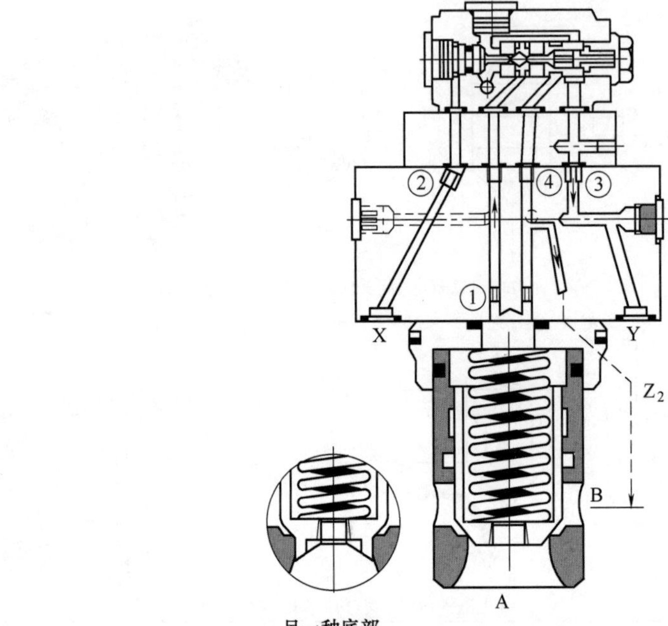

另一种底部</td></tr>
<tr><td>插装电液换向阀</td><td>由 2～4 个插装单元和先导电磁阀可组成二位二通、二位三通、三位三通、四位三通、三位四通、四位四通与十二位四通等电液换向阀。如图(a)所示，当电磁铁断电时，A 到 B 通；当电磁铁通电时，A 到 B 不通。如图(b)所示，当电磁铁断电时，先导电磁阀左位工作，右边插件控制腔通入控制压力油而关闭，左边插件控制腔通回油而打开，A 与 T 通，不与 P 通；当电磁铁通电时，先导电磁阀右位工作，左边插件控制腔通入控制压力油而关闭，右边插件控制腔通回油而打开，P 与 A 通，不与 T 通。如图(c)所示，1DT 与 2DT 均断电时，先导电磁阀处于中位，P 口来的控制油进入所有插装件的控制腔，插装件 1、2、3 与 4 都关闭，主油口 P、A、B、T 均不相通，主阀实现 O 型中位机能；2DT 通电、1DT 断电时，先导电磁阀右位工作，P 口来的控制油进入插装件 2、4 的控制腔，插装件 2、4 关闭，插装件 1、3 打开，主油口 P→B、A→T 相通；1DT 通电、2DT 断电时，先导电磁阀左位工作，P 口来的控制油进入插装件 1、3 的控制腔，插装件 1、3 关闭，插装件 2、4 打开，主油口 P→A，B→T 相通
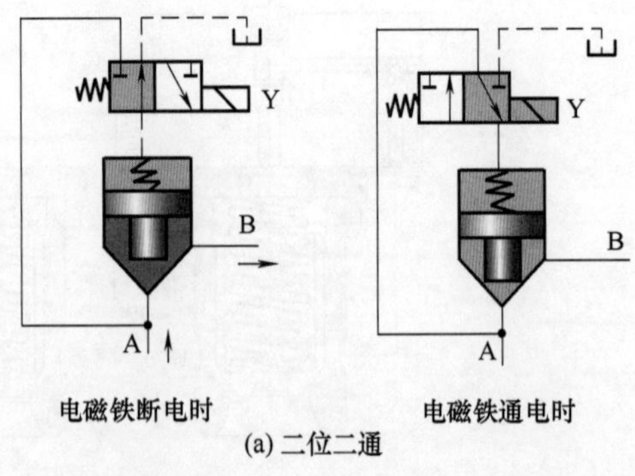

(a) 二位二通</td></tr>
</table>

续表

项目		说明
方向控制	插装电液换向阀	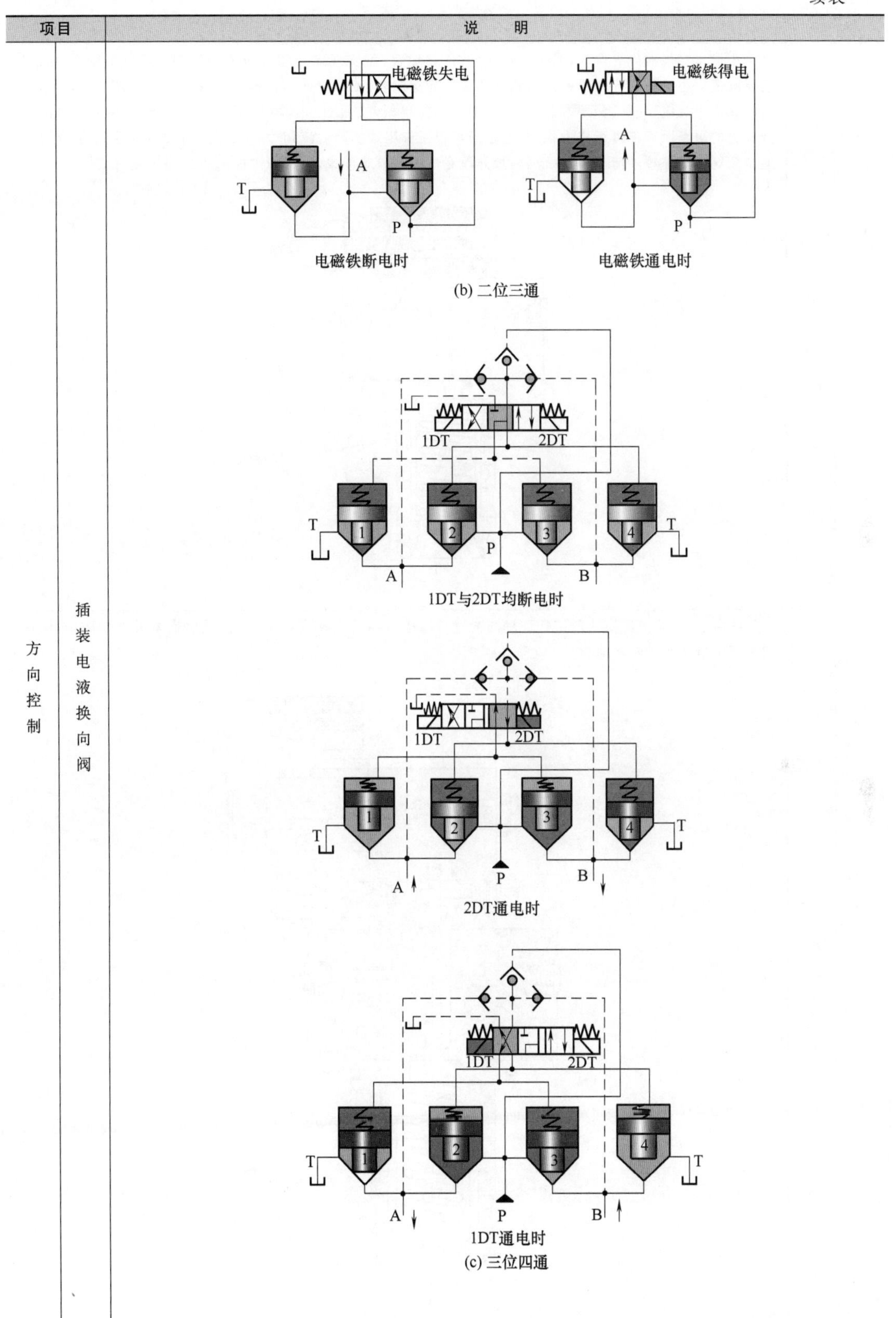电磁铁断电时 电磁铁通电时 (b) 二位三通 1DT与2DT均断电时 2DT通电时 1DT通电时 (c) 三位四通

续表

<table>
<tr><th colspan="2">项目</th><th>说　明</th></tr>
<tr><td rowspan="2">压力控制</td><td>插装溢流阀</td><td>将小流量常规的先导调压(溢流)阀和插装件相组合,可实现插装阀对压力的控制。液压系统中的插装溢流阀由一小流量先导调压(溢流)阀和插装单元组成,其工作原理和普通溢流阀相同。如图所示,插装溢流阀相当于两级(先导阀+主阀)溢流阀,上部的先导阀起调压作用,再利用主阀阀芯上、下两端的压差和弹簧力的平衡原理来进行压力控制,起定压和稳压作用。插装溢流阀可根据不同需要设计油路块,构成普通溢流阀类的外控外泄、外控内泄、内控外泄和内控内泄等形式,图示为内控内泄式,T口接油箱
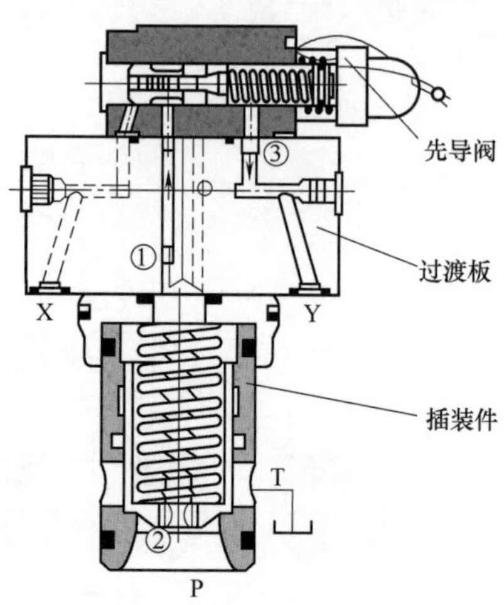
</td></tr>
<tr><td>插装电磁溢流阀</td><td>如图所示,插装电磁溢流阀工作原理与前述普通电磁溢流阀相同,先导电磁阀也有常开与常闭两种,决定是通电泄压还是断电泄压
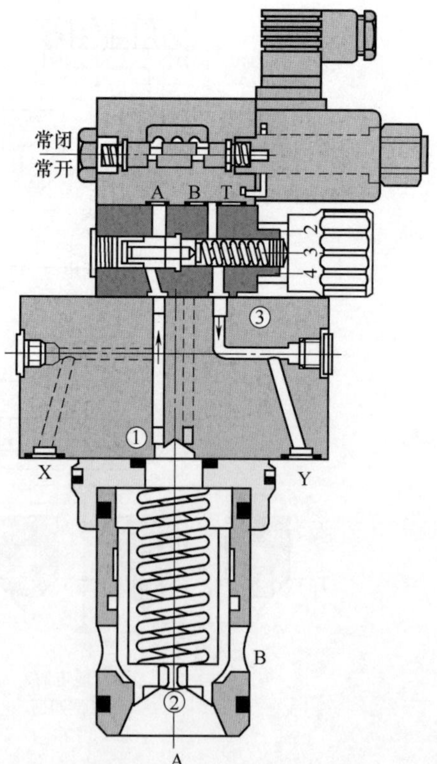
</td></tr>
</table>

续表

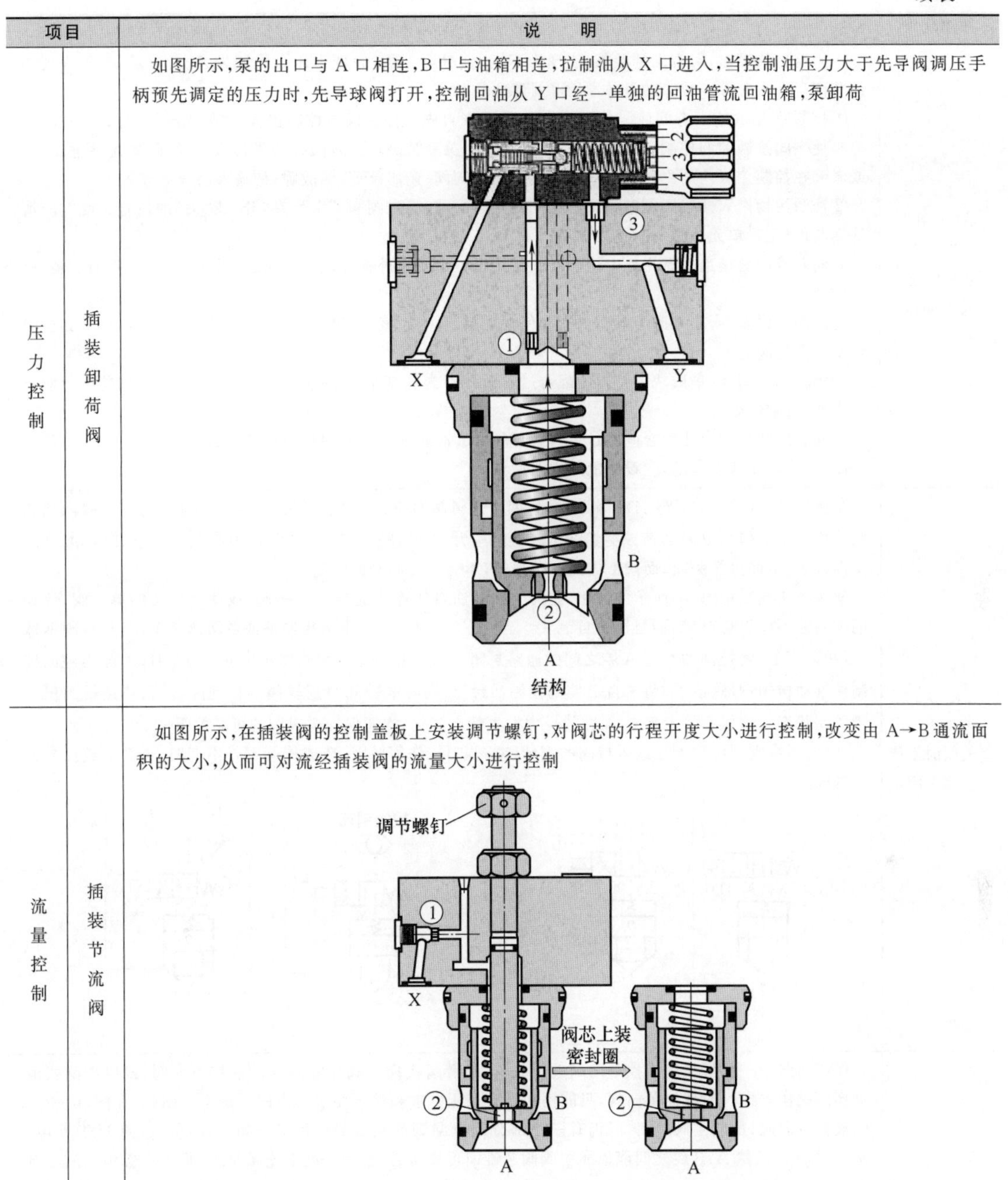

项目		说　　明
压力控制	插装卸荷阀	如图所示，泵的出口与 A 口相连，B 口与油箱相连，拉制油从 X 口进入，当控制油压力大于先导阀调压手柄预先调定的压力时，先导球阀打开，控制回油从 Y 口经一单独的回油管流回油箱，泵卸荷 结构
流量控制	插装节流阀	如图所示，在插装阀的控制盖板上安装调节螺钉，对阀芯的行程开度大小进行控制，改变由 A→B 通流面积的大小，从而可对流经插装阀的流量大小进行控制

三、插装阀的故障分析与排除

二通插装式逻辑阀由插装件、先导控制阀、控制盖板和块体四部分组成。产生故障的原因分析和排除方法也着眼于这四个部分。先导控制阀和控制盖板内设置的阀与一般常规的小流量电磁换向阀、调压阀及节流阀等完全相同，因先导阀引起的故障可参阅本书中的相关内容进行故障分析与排除。插装件不外乎三种形式：滑阀式、锥阀式及减压阀芯式。从原理上讲，均起开启或关闭阀口两种作用，从结构上讲，形如一个单向阀，因而也可参考单向阀的相关内容。现补充说明如下（注意，插装阀的故障有许多来自设计不当），具体见表 4-48。

表 4-48 插装阀的故障分析与排除

故障现象	故障分析与排除
丧失"开"或"关"的逻辑功能,阀不动作	产生这一故障时,对方向插装阀,表现为不换向;对压力阀,表现为压力控制失灵;对流量阀,则表现为调节流量大小失效。故障的具体原因和排除方法如下 ①控制腔 X 的输入有问题。控制腔 X 的输入来自先导控制阀与控制盖板,如果先导控制阀出现故障,势必使主阀控制腔的控制压力油失控,输入的逻辑关系被破坏。解决办法是排除先导阀(如先导电磁阀)或者装在控制盖板内的先导控制元件(如梭阀、单向阀、调压阀等)的故障,使输入信号正常 ②油中污物楔入插装阀阀芯与阀套之间的配合间隙,将主阀阀芯卡死在"开"或"关"的位置。此时应清洗插装件(逻辑单元),必要时更换油液 ③阀芯或阀套棱边处有毛刺,或者装配、使用过程中阀芯外圆柱面拉伤,使阀芯卡住,此时需倒毛刺,修复阀芯 ④因加工误差,阀芯外圆与阀套内孔几何精度超差,产生液压卡紧。此时需检查有关零件精度,必要时修复或重配阀芯 ⑤阀套嵌入阀体(集成块体)内,因配合过紧而导致内孔变形,或者因阀芯与阀套配合间隙过小而使阀芯卡住,可酌情处理 ⑥阀芯外圆与阀套孔配合间隙过大,内泄漏太大,泄漏油从间隙漏往控制腔,在应开阀时也可能将阀芯关闭,造成动作状态错乱,应设法消除内泄漏
应关阀时不能可靠关闭	如图(a)所示,当 1DT 与 2DT 均断电时,两个逻辑阀的控制腔 X_1 与 X_2 均与控制油接通。此时两插装阀均应关闭。但当 P 腔卸荷或突然降至较低的压力,A 腔还存在比较高的压力时,阀 1 可能开启,A、P 腔反向接通,不能可靠关闭,而阀 2 的出口接油箱,不会有反向开启问题 解决办法是采用图(b)所示的方法,在两个控制油口的连接处装一个梭阀,或两个反装的单向阀,使阀的控制油不仅引自 P 腔,而且还引自 A 腔。当 $p_P>p_A$ 时,P 腔来的控制油使逻辑阀 1 关闭,且梭阀钢球(或单向阀 I_2)将控制油腔与 A 腔之间的通路封闭。当 P 腔卸荷或突然降压使 $p_A>p_P$ 时,来自 A 腔的控制油推动梭阀钢球(或 I_1)将来自 P 腔的控制油封闭,同时电磁阀与逻辑阀的控制腔接通,使逻辑阀仍处于关闭状态。这样不管 P 腔或 A 腔的压力发生什么变化,均能保证逻辑阀的可靠关闭 注意,当梭阀因污物卡住或者梭阀的钢球(或阀芯)拉伤等原因,造成梭阀密封不严时,也会造成反向开启的故障 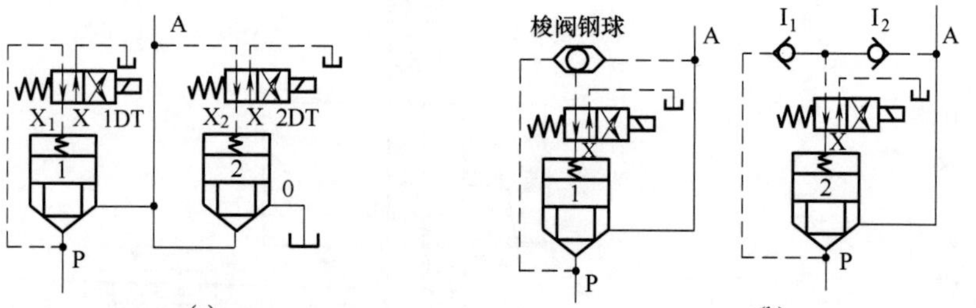 (a) (b)
逻辑阀不能封闭保压	保压回路中一般可采用液控单向阀进行保压,用滑阀式换向阀作先导阀的液控单向阀,或以滑阀式液动换向阀作先导阀的液控单向阀,只能用在没有保压要求和保压要求不高的系统中。图(a)和图(b)所示的液控单向阀,虽然主阀关闭,但仍有一小部分油泄漏到油箱或另一油腔。如图(a)所示,当 1DT 断电,$p_A>p_B$ 时,虽然 A、B 腔之间能依靠主阀阀芯锥面可靠密封,通常状况下绝无泄漏,但从 A 腔引出的控制油的一部分压力油会经先导电磁阀的环状间隙(阀芯与阀体之间)泄漏到油箱,还有一部分压力油会经主阀圆柱导向面间的环状间隙漏到 B 腔,从而使 A 腔的压力逐渐下降而不能很好保压。如图(b)所示,当 2DT 断电,$p_B>p_A$ 时,主油路切断,虽 A、B 腔之间没有泄漏,但 B 腔压力油也有一部分经先导电磁阀(或液动换向阀)的环状间隙漏往油箱,使 B 腔的压力逐渐下降。因为没有了 B 腔压力油经圆柱导向面间的间隙漏向 A 腔的内泄漏,图(b)的情况略好于图(a),但均不能严格可靠保压 为了实现严格的保压要求,可将图(a)和图(b)中的滑阀式先导电磁阀改为座阀式电磁阀[图(c)],或者使用带外控的液控单向阀作先导阀[图(d)]。两种情况下均能确保 A、B 腔之间无内泄漏,也不会出现经先导滑阀的泄漏,因而可用于对保压要求较高的液压系统中 此外下述原因也影响保压性能:阀芯与阀套配合锥面不密合,导致 A 与 B 腔之间的内泄漏;阀套外圆柱面上的 O 形密封圈密封失效;阀体上内部铸造质量不好(如气孔、裂纹、缩松等)造成的渗漏以及集成块连接面的泄漏

续表

故障现象	故障分析与排除
逻辑阀不能封闭保压	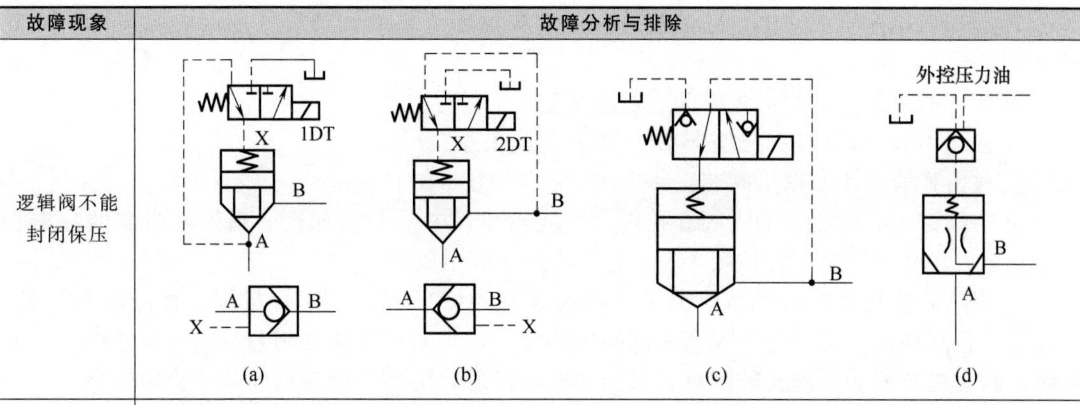 (a) (b) (c) (d)
逻辑阀“开”“关”速度过快或者过慢	插装单元的主阀阀芯开关速度(时间)与许多因素有关。如控制方式、工作压力及流量、油温、控制压力和控制流量的大小以及弹簧力大小等。对同一种阀,其开启和关闭速度也是不同的;另外设计、使用调节不当,均会造成开关速度过快或过慢,以及由此而产生的诸如冲击、振动、动作迟滞、动作不协调等故障 对于外控式方向阀元件,开启速度的主要决定因素是A腔和B腔的压力 p_A、p_B 以及X腔排油管(往油箱)的流动阻力。当 p_A 和 p_B 很大,而X腔排油很畅通时,阀芯上下作用力之差将很大,所以开启速度将极快,以致造成很大的冲击和振动。解决方法是在X腔排油管路上加装单向节流阀来调节其流动阻力,进而降低开启速度。当 p_A、p_B 很小,而X腔排油又不畅通时,阀芯上下作用力之差很小,所以开启速度很慢,这时要适当调大装在控制腔X排油管上的节流阀,使X腔能顺利排油[图(a)]。外控式方向阀元件关闭速度的主要决定因素是控制压力 p_x 与 p_A 或 p_B 的差值、控制流量和弹簧力。当差值很小,主要靠弹簧力关阀时,关闭速度较慢,反之则较快。要提高关闭速度就需要提高控制压力,例如采用足够流量、单独的控制泵提供足够压力的控制油等措施。当差值很大,关闭速度太快时,也可在X腔的进油管路上加节流阀来减小 p_x 和控制流量,以降低关闭速度[图(b)] 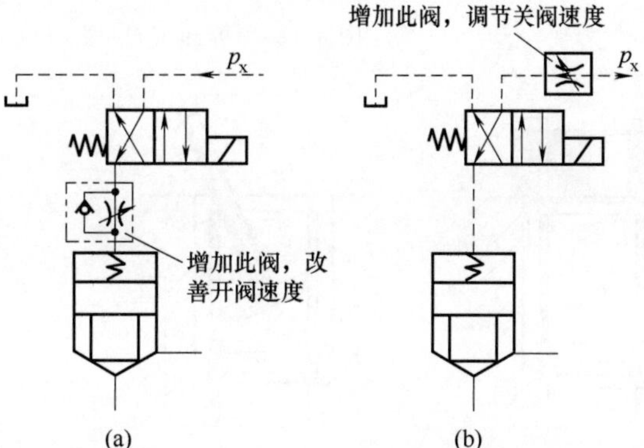 (a) (b) 对于内控式压力阀元件,其开启速度与时间主要取决于系统的工作压力、阀芯上的阻尼孔尺寸和弹簧力,以及控制腔排油管路的流动阻力。作为二位二通阀使用时,与电磁溢流阀卸荷时一样。在高压下如果开启速度太快,会造成冲击和振动。解决方法也是在排油管路上加装单向节流阀,调节排油阻力来改变开启速度。关闭速度主要与阻尼孔和弹簧力有关,为了得到调压与其他工况下的稳定性,关闭速度是有要求的。现有的压力阀的关闭时间一般为十分之几秒,如果需要更迅速,就只有加大阻尼孔和加强弹簧力,但这样反过来又会影响阀的开启时间和压力阀的其他性能,必须兼顾

四、插装阀的修理

1. 拆卸工具的准备

修理插装阀时，会遇到插装件的拆卸问题．首先要准备好拆卸工具，图 4-115 中的拆卸工具可购买或自制，它由胀套、手柄、T 形杆和冲击套等组成，一般机修车间均有此类工具。

2. 拆卸插装件的步骤与方法

① 拆卸前排净集成块体内的油液，并注意与油箱连接的回油管不要因虹吸现象使油液流出。

② 卸下插装阀的盖板或先导阀、过渡块等。

③ 卸下挡板，如挡板与阀套连成一体者无此工序。

④ 取出弹簧，小心取出阀芯。

⑤ 将拆卸工具的胀套插入阀套孔内，并旋转 T 形杆，撑开胀套，借助冲击套的冲击将阀套从集成块孔内取出，可按图 4-116 的方法拆卸取出阀套。

⑥ 阀芯的修理可参阅本书中关于单向阀阀芯的修理部分。阀套与阀芯接触面有两处，一处为内孔圆柱面，另一处为阀套底部的内锥面。修理时重点修复阀芯与阀套圆柱配合面的间隙，阀套内锥面的修理比较困难，只能与阀芯对研，更换一套新的插装件价格较高。

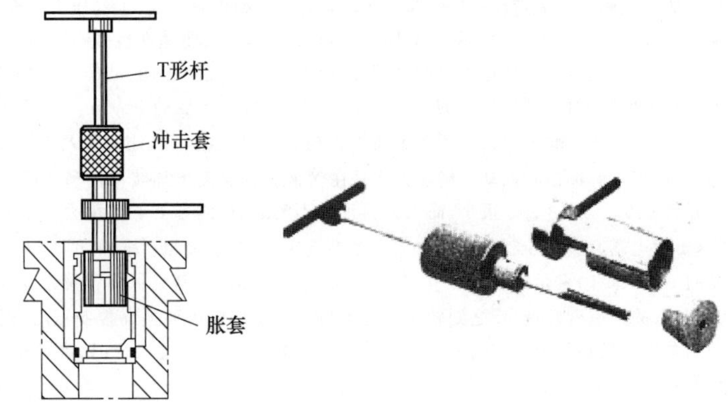

图 4-115 拆卸工具

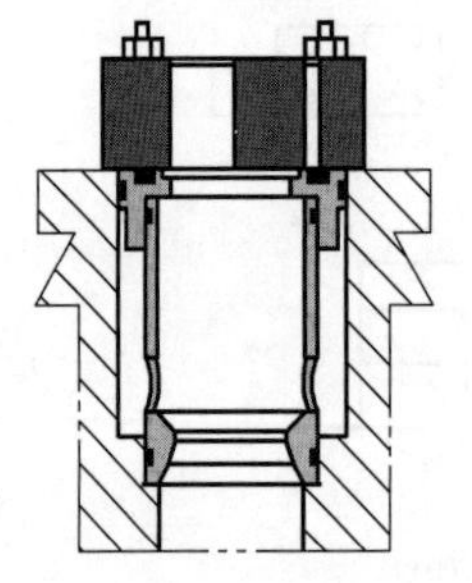
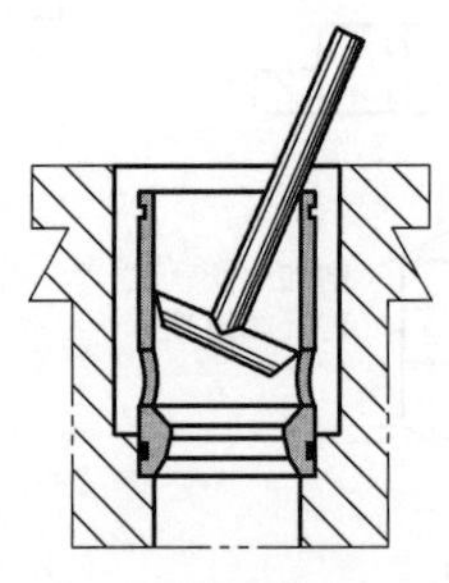
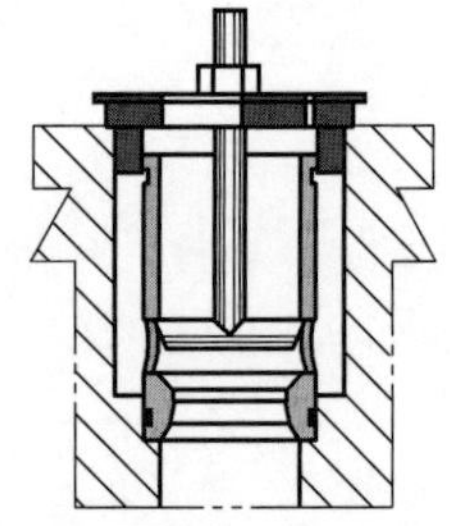

图 4-116 插装件阀套的拆卸方法

第十二节 伺服阀的故障诊断与维修

一、液压伺服系统的组成

伺服阀是一种通过改变输入信号，利用偏差连续成比例地控制流量和压力的液压控制阀。液压伺服系统是采用伺服阀建立起来的一种自动控制系统。在这种系统中，执行元件能以高的精度非常迅速地自动跟踪输入信号的变化规律运动，进行自动控制，因此液压伺服系统也叫跟踪系统或随动系统。液压伺服系统具备了液压传动的显著优点，同时具有系统刚度大、控制精度高、响应速度快、自动化程度高以及能高速启动、制动和反向等优点，因此可组成体积小、重量轻、加速能力强、快速动作和控制精度高的系统，可以控制大功率和大负载。液压伺服系统的缺点是加工精度高，加工难度大，因而价格昂贵，液压油的污染对系统可靠性影响大，对液压油的污染度要求高，维护保养成本高，因此限制了它的使用。按控制信号分类，即按伺服控制阀是机控阀还是电控阀，液压伺服系统分为机液伺服系统与电液伺服系统。

液压伺服系统由以下五部分组成：液压控制阀（伺服阀），接收输入信号，并控制执行元件的动作；执行元件，接收控制阀传来的信号，并产生与输入信号相适应的输出信号；反馈装置，将执行元件的输出信号反过来输入控制阀，以便消除原来的误差信号；外界能源，为了使作用力很小的输入信号获得作用力很大的输出信号，就需要外加能源，这样就可以得到力或功率的放大；控制对象，即负载。

液压伺服系统的工作原理也可用框图来表示。如图 4-117 所示，系统有反馈装置，框图自行封闭，形成闭环。因此，液压伺服系统是一种闭环控制系统，从而能够实现高精度控制。

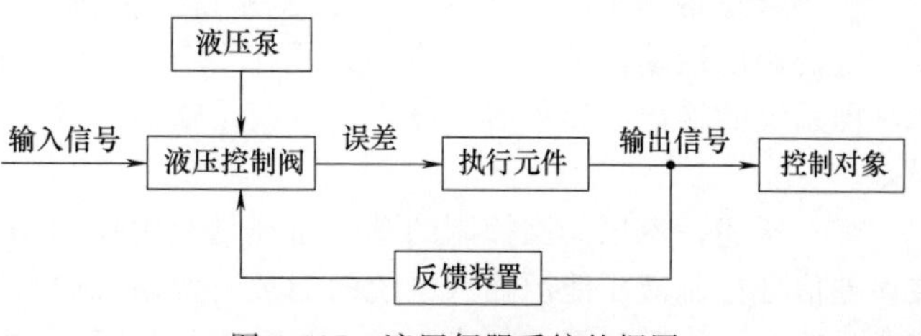

图 4-117 液压伺服系统的框图

二、液压伺服系统的工作原理

现以图 4-118 所示液压伺服系统为例，说明液压伺服系统的工作原理。液压泵 1 以恒定的压力 p_s 向系统供油，溢流阀 2 溢流多余的油液。当滑阀阀芯 3 处于中间位置时，阀口关闭（图中双点画线表示的），阀的 a 口与 b 口没有流量输出，液压缸不动，系统处于静止状态 。若阀芯 3 向右移动一段距离 X_i，则 b 处便有一个相应的开口 $X_v=X_i$，压力油经 b 口进入液压缸右腔后使其压力升高，由于液压缸采用杆固定，故缸体右移，液压缸左腔的油液经 a 口到 T 口流回油箱。由于缸体与阀体制成一体，因此阀体也跟随缸体一起右移，其结果使阀的开口量 X_v 逐渐减小。当缸体位移 X_p 等于 X_i 时，阀的开口量 $X_v=0$，阀的输出流量等于零，液压缸便停止运动，处在一个新的平衡位置上。如果阀芯不断地向右移动，则液压缸就拖动负载不停地向右移动。如果阀芯反向运动，则液压缸也反向跟随运动。

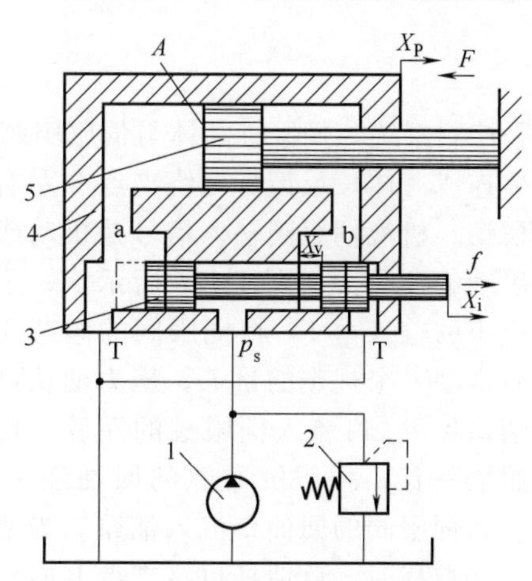

图 4-118 液压伺服系统工作原理

1—液压泵；2—溢流阀；3—阀芯；4—阀体（缸体）；5—活塞及活塞杆

在这个系统中，滑阀作为转换放大元件（控制阀），把输入的机械信号（位移或速度）转换并放大成液压信号（压力或流量）输出至液压缸，而液压缸则带动负载移动。由于滑阀阀体和液压缸缸体做成一个整体，从而构成反馈控制，使液压缸精确地复现输入信号的变化。

三、液压伺服系统的特点

经过上述分析可以看出，液压伺服系统有如下特点。

① 快速跟踪。液压伺服系统是一个位置跟踪系统，由图 4-118 可知，缸体的位置完全由滑阀阀芯 3 的位置来确定，阀芯 3 向前或向后一个距离时，缸体 4 也跟着几乎同时向前或向后移动相同的距离。

② 放大。液压伺服系统是一个力放大系统，执行元件输出的力或功率远大于输入信号的力或功率，可以多达几百倍甚至几千倍。移动阀芯 3 的力很小，而缸体输出的力 $F(=p_sA)$ 却很大。

③ 反馈。液压伺服系统是一个负反馈系统。反馈是指输出量的部分或全部按一定方式回送到输入端，回送的信号称为反馈信号。若反馈信号不断地抵消输入信号的作用，则称为负反馈。负反馈是自动控制系统具有的主要特征。由其工作原理可知，液压缸运动抵消了滑阀阀芯的输入作用。

④ 误差。液压伺服系统是一个误差系统，如图 4-118 所示，为了使液压缸克服负载并以一定的速度运动，控制阀节流口必须有一个开口量，因而缸体的运动也就落后于阀芯的运动，即系统的输出必然落后于输入，也就是输出与输入间存在误差，这个差值称为伺服系统误差。

综上所述，液压伺服控制的基本原理是利用反馈信号与输入信号相比较得出误差信号，该误差信号控制液压能源输入系统的能量，使系统向着减小误差的方向变化，直至误差等于零或足够小，从而使系统的实际输出与希望值相符。

液压伺服系统基本上由执行元件（液压马达或液压缸）、电液控制阀（电液伺服阀、电液比例阀和数字阀）、传感器及伺服放大器组成。液压伺服系统中使用电液伺服阀进行控制。电液伺服阀作为一种自动控制阀，既是电液转换元件，又是功率放大元件。

四、机液伺服阀与机液伺服控制系统

1. 机液伺服控制系统的结构原理

图 4-119 所示为机液伺服阀与伺服缸组成的机液伺服控制系统，伺服缸缸体与伺服阀阀体连成一体，反馈杆可绕支点 b 左右摆动。机液伺服阀输入信号是机动或手动的位移。如图 4-120 所示，一个很小的输入力 F_1 将伺服阀的阀芯向右推动一个规定的量 L，压力油从进油口经 P_1 口流入伺服缸的左腔，伺服缸右移，伺服缸右腔的回油经 P_2 口和伺服阀的回油口流入油箱。当活塞杆右移时，反馈杆也绕支点 b 向右摆动，带动连杆使阀体也向右移动，直至关闭阀芯，封闭伺服缸的进回油通路。于是给定阀一个输入运动量 L，伺服缸就跟踪产生一个确定的输出运动控制量，这种输出被反馈回来修正输入的系统称为闭环系统。

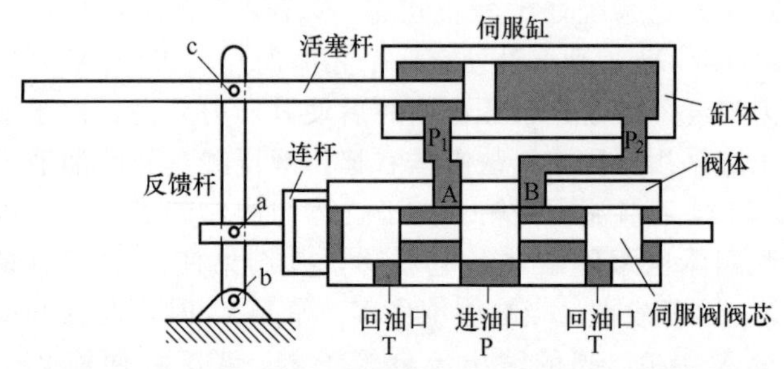

图 4-119 机液伺服阀与伺服缸的组成的机液伺服控制系统

机液伺服阀的结构如图 4-121 所示。

图 4-122 所示的机液位置伺服控制系统由随伺服阀 3、伺服缸 4 和差动杆 1 等组成。给差动杆上端一个向右的输入运动，使 a 点移至 a'，活塞因负载阻力较大暂时不移动，因而差动杆上的 b 点就以 c 为支点右移至 b' 点，同时使伺服阀的阀芯右移，阀口 δ_1 和 δ_3 增大，而 δ_2 和 δ_4 则减小，从而使液压缸的右腔压力增大而左腔压力减小，活塞向左移动；活塞的运动通过差动杆又反馈回来，使滑阀阀芯向左移动，这个过程一直进行到 b' 点又回到 b 点，

使阀口 δ_1 和 δ_3 与 δ_2 和 δ_4 分别减小与增大到原来的值为止，这时差动杆上的 c 点运动到 c' 点，系统在新的位置上平衡。若差动杆上端的位置连续不断地变化，则活塞也连续不断地跟随差动杆上端的位置变化而移动。

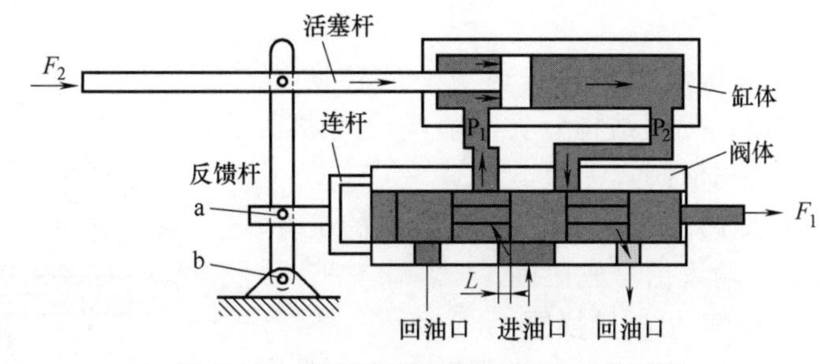

图 4-120　机液伺服控制系统的工作原理

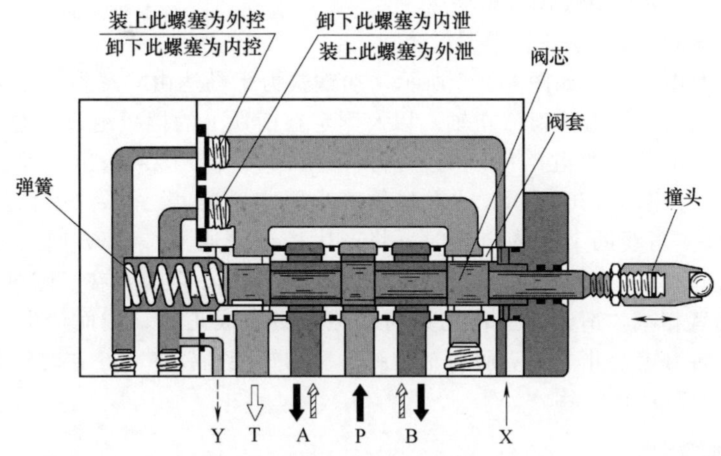

图 4-121　机液伺服阀的结构

2. 机液伺服控制系统的典型应用

机液伺服阀常用于仿形机床的仿形刀架（图 4-123）、车辆和船舶的液压转向系统（图 4-124）、雷达和战车的跟踪系统以及飞机的尾舵操纵系统等。

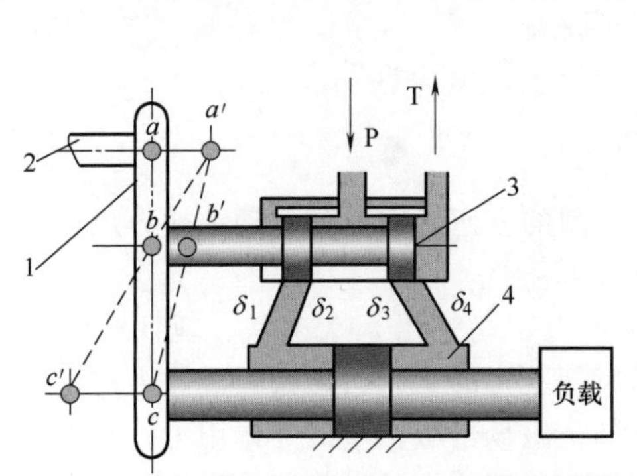

图 4-122　机液位置伺服控制系统工作原理

1—差动杆；2—受讯杆；3—伺服阀；4—伺服缸

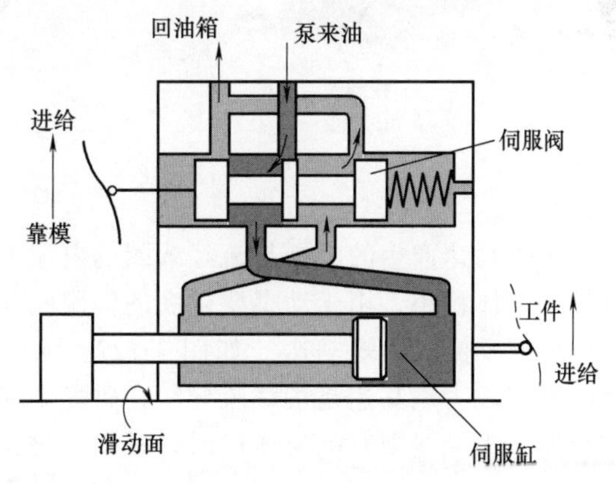

图 4-123　仿形刀架

五、电液伺服阀与电液伺服控制系统

1. 电液伺服阀的组成

① 电气-机械转换装置：将输入的电信号转换为转角或直线位移输出，常称为力矩马达

或力马达。

② 液压放大器：实现功率的转换和放大控制。按阀结构分类有喷嘴-挡板式、射流管式与滑阀式三种类型。

③ 反馈平衡机构：使阀输出的流量或压力与输入信号成比例。

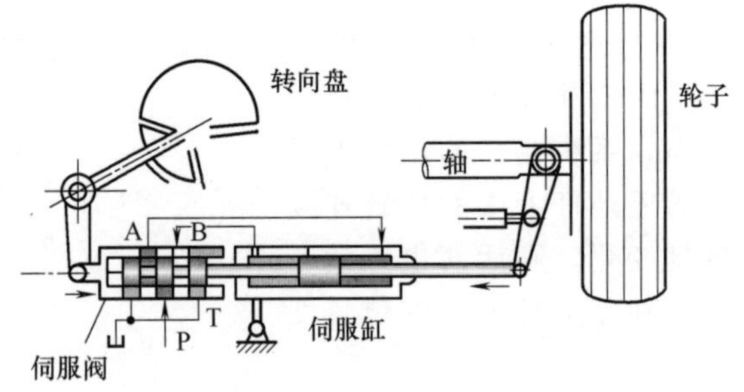

图 4-124 车轮液压助力转向装置

2. 电气-机械转换器

典型的电气-机械转换器为力马达或力矩马达。目前力矩马达有动铁式力矩马达、动圈式力矩马达与线性力马达三种类型。

(1) 动铁式力矩马达 如图 4-125 所示，动铁式力矩马达由马蹄形的永久磁铁、可动衔铁、轭铁、控制线圈、扭力弹簧（扭轴）以及固定在衔铁上的挡板组成。通过动铁式力矩马达，可以将输入力矩马达的电信号，变为挡板的角位移（位移）输出。可动衔铁由扭轴支承，处于气隙间。如图 4-126 所示，永久磁铁产生固定磁通 Φ_p。永久磁铁使左、右轭铁产生 N 与 S 两磁极。当线圈上通入电流时，将产生控制磁通 Φ_c，其方向按右手螺旋法则确定，大小与输入电流成正比。气隙 A、B 中磁通由 Φ_p 与 Φ_c 合成：在气隙 A 中为两者相加，在气隙 B 中为两者相减。衔铁所受作用力与气隙中磁通成正比，因而产生一与输入电流成正比的逆时针方向力矩，此力矩克服扭轴的弹性反力矩使衔铁产生一逆时针角位移，电流反向则衔铁产生一顺时针角位移。

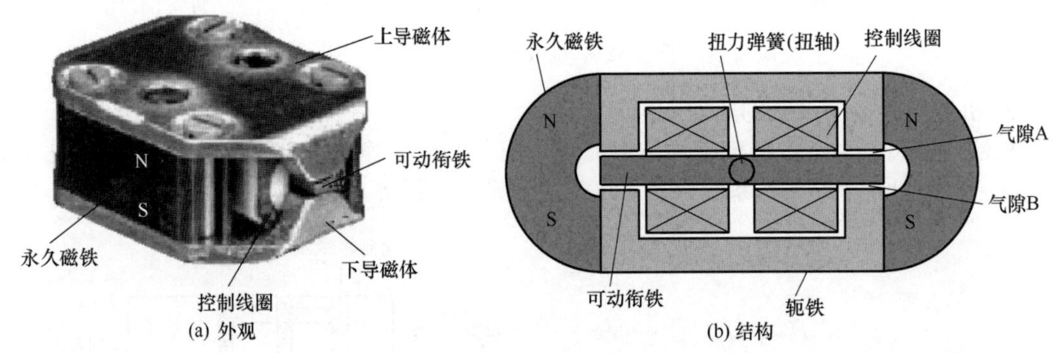

图 4-125 动铁式力矩马达的外观与结构

力矩马达产生的力矩与流经线圈的电流大小和线圈的安匝数成比例。动铁式力矩马达动特性好，体积小，用于动态要求高的伺服阀和比例阀中。

(2) 动圈式力矩马达 如图 4-127 所示。动圈式力矩马达由永久磁铁、轭铁和动圈组成。动圈式力矩马达是按载流导线在磁场中受力的原理工作的。永久磁铁在气隙中产生一固定磁通，当导线中有电流通过时，根据电磁作用原理，磁场给载流导线一作用力，其方向根据电流方向和磁通方向按左手定则确定。动圈式力矩马达结构简单、价廉，但体积较大，频率响应较低，一般用于工业伺服阀中。

(3) 线性力马达 它是永磁式微分马达，包括线圈、一对高能稀土制成的磁铁、衔铁和对中弹簧，对中弹簧有碟形与螺旋形两种（图 4-128）。

在线圈内没有电流时，永久磁铁磁力和弹簧力平衡，使衔铁静止不动［图 4-129（a)］；当线圈内通有一种极性的电流时，磁铁周围一个气隙内的磁通增加，另一个气隙内的磁通减小，这种不平衡使衔铁向磁通强的方向移动［图 4-129（b)］。改变线圈内电流的极性，衔铁就朝相反的方向移动。

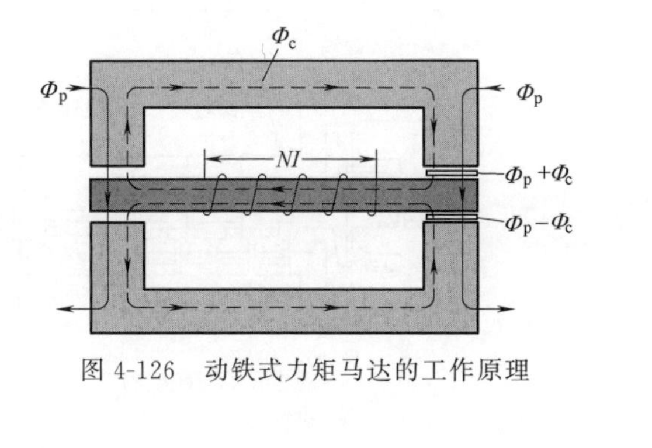

图 4-126　动铁式力矩马达的工作原理

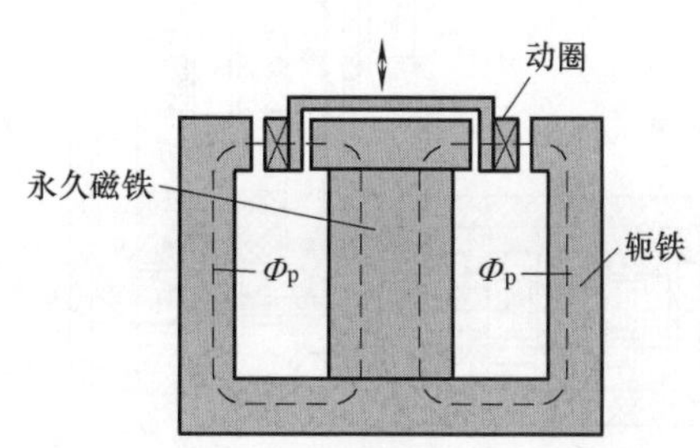

图 4-127　动圈式力矩马达的工作原理

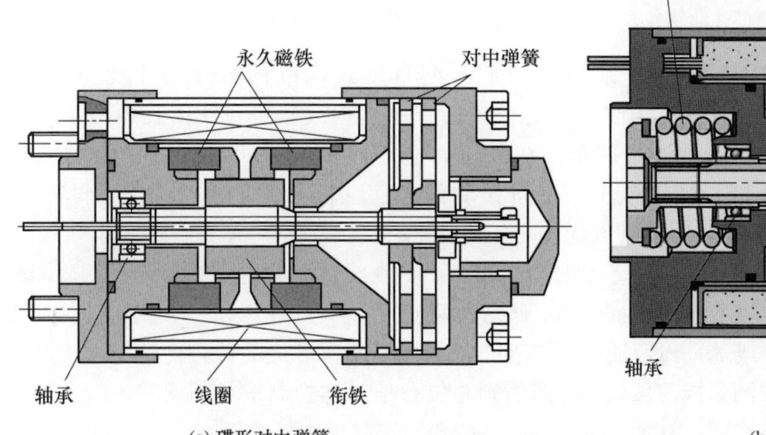

(a) 碟形对中弹簧

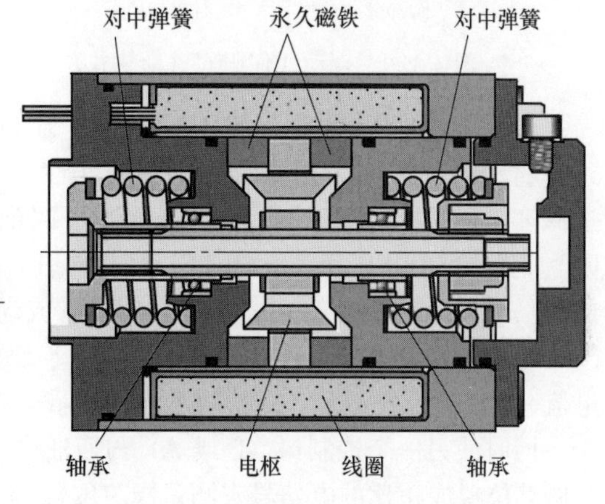

(b) 螺旋形对中弹簧

图 4-128　线性力马达的两种类型

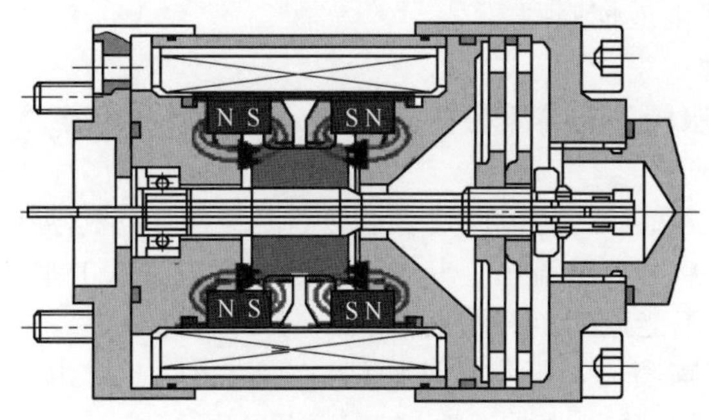

(a) 未通入电流时衔铁不动

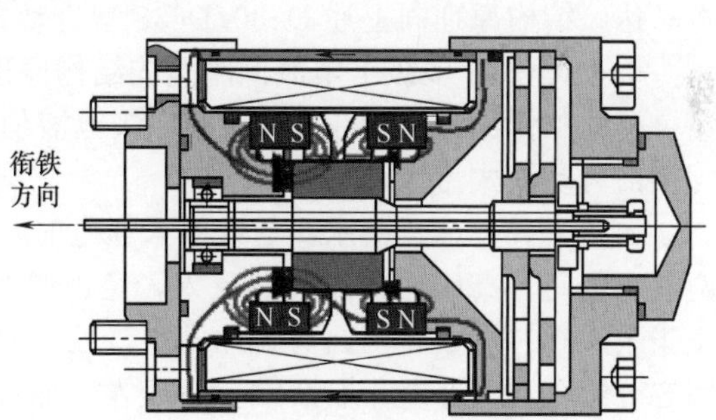

(b) 通入电流时衔铁移动

图 4-129　线性力马达的工作原理

3. 直动式（单级）电液伺服阀的结构原理

（1）动铁式力矩马达型　如图 4-130 所示，这种伺服阀在线圈通电后衔铁受力略为转动，通过连接杆直接推动阀芯移动并定位，扭力弹簧进行力矩反馈。这种伺服阀结构简单，但由于力矩马达功率一般较小，摆动角度小，定位刚度也差，因而一般只适用于中低压(7MPa 以下)、小流量和负载变化不大的场合。

（2）动圈式力矩马达型　如图 4-131 所示，永久磁铁产生一磁场，动圈通电后在该磁场中产生力，驱动阀芯运动，阀芯承力弹簧进行力矩反馈。阀芯右端设置的位移传感器可提供控制所需的补偿信号。

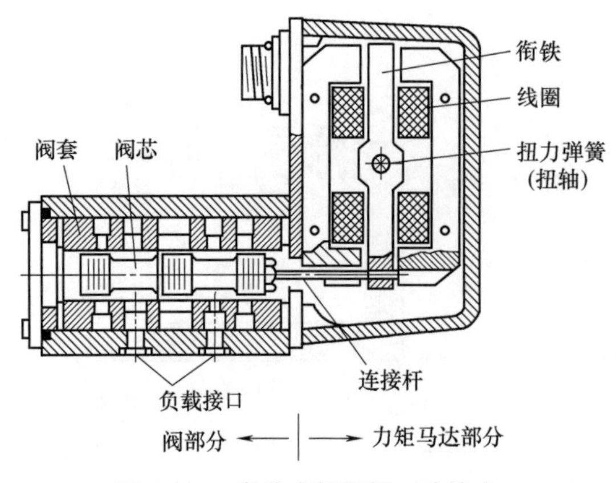

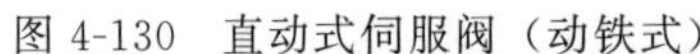

图 4-130 直动式伺服阀（动铁式）

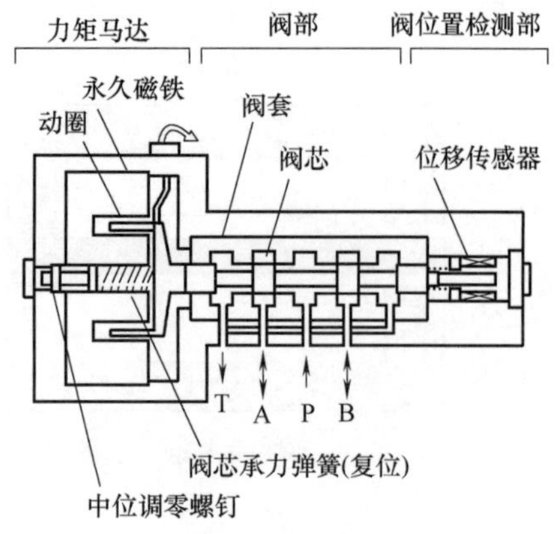

图 4-131 直动式伺服阀（动圈式）

（3）线性力马达型　图 4-132 所示为 D636/D638 型直动式电液伺服阀的外观与结构。这种直动式伺服阀采用碟形对中弹簧线性力马达，阀芯在阀套内或直接在阀体孔内滑动，通过阀套上的方孔（槽）或环形槽供油与回油。在零位，阀芯在阀套中央，阀芯的凸肩（台阶）正好遮盖住 P 和 T 的开口。阀芯向任一方向移动都会使油液从 P 口向一个控制口（A 或 B）、另一个控制口（B 或 A）向 T 口流动。

电信号与阀芯期望位置相对应，作用于积分电子设备上，在线性力马达线圈内产生脉宽调制电流。电流使衔铁运动，衔铁随之触发阀芯运动。阀芯运动打开了压力口 P 和一个控制口（A 或 B），同时使另一个控制口（B 或 A）与回油口 T 连通。机械附着于阀芯上的位移传感器通过产生与阀芯位置成正比的电信号来测量阀芯位置。解调的阀芯位置信号与控制信号相比较，产生的误差电信号驱动电流流向力马达线圈。因此，阀芯的最终位置与控制电信号成正比。

图 4-133 所示为 D634-P 型直动式伺服阀的外观与结构，它采用螺旋形对中弹簧的线性力马达。结构原理同上述 D636/D638 型直动式电液伺服阀。

4. 先导式（多级）电液伺服阀的结构原理

（1）工作原理　图 4-134 所示二级电液伺服阀的先导级为喷嘴-挡板式，主级为滑阀式。阀顶部为动铁式力矩马达。

如图 4-134（a）所示，当线圈未通电时，力矩马达的衔铁处于水平平衡位置，挡板停在两喷嘴中间，高压油自油口 P 流入，经过滤器后分四路流出。其中两路经内流道进入 P 腔，止于主阀阀芯左、右两凸肩盖住的窗口处，而不能流入负载油路 A、B；另外两路经左、右固定节流孔到阀芯左、右两端，再经左、右喷嘴喷出，汇集后从回油口 T 流出，此时由于挡板与两喷嘴处于对称位置，$p_s=p_s'$，主阀阀芯对中，油口 P、A、B、T 互不相通。

当有控制信号线圈通电时，衔铁根据输入线圈电流的大小和极性逆时针或顺时针方向转动对应角度。如图 4-134（b）所示，力矩马达衔铁顺时针方向偏转一个角度，带动反馈杆向左偏斜，挡板与左喷嘴之间的间隙小，挡板与右喷嘴之间的间隙大，因喷嘴阻力不同使 $p_s>p_s'$，致使主阀阀芯偏离中间位置向右移动，阀芯的移动打开了供油压力口 P 和一个控制油口 A，同时也连通了回油口 T 和另一个控制油口 B，形成 P→A 与 B→T 相通，使与 A、B 两口相连的执行元件动作。改变电流大小，可控制执行元件动作的速度，改变电流的极性，可控制执行元件动作的方向。

阀芯的运动在悬臂弹簧上作用了力，在衔铁-挡板部件上产生回复力矩，当回复力矩等于电磁力矩时，衔铁-挡板部件就回到中间位置，阀芯就又保持着平衡的状态，直到控制信号再一次改变。

(a) 外观

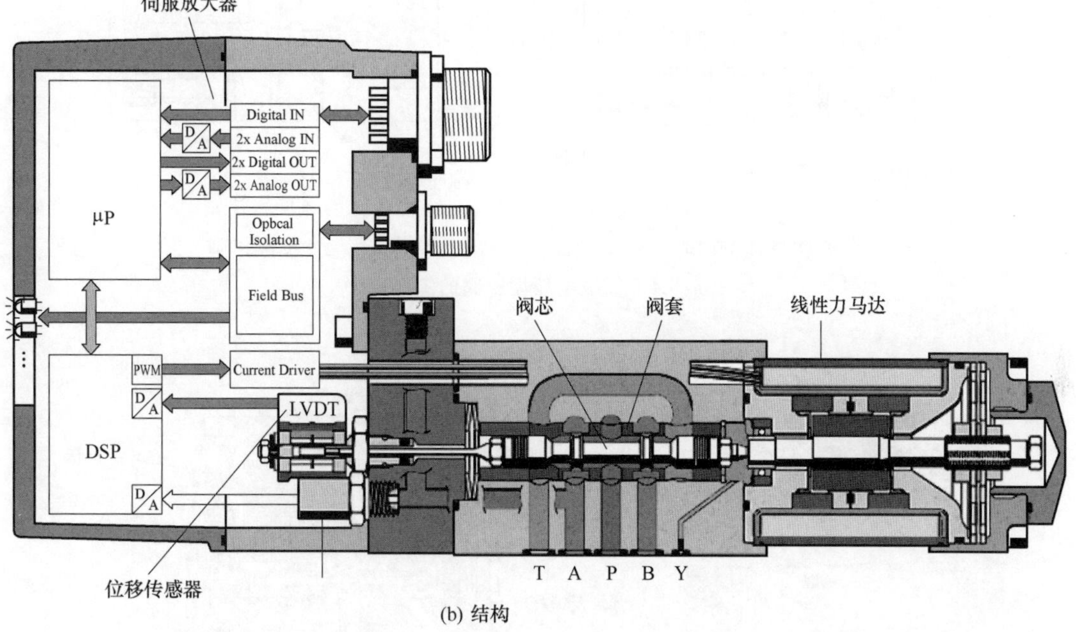

(b) 结构

图 4-132 D636/D638 型直动式电液伺服阀的外观与结构

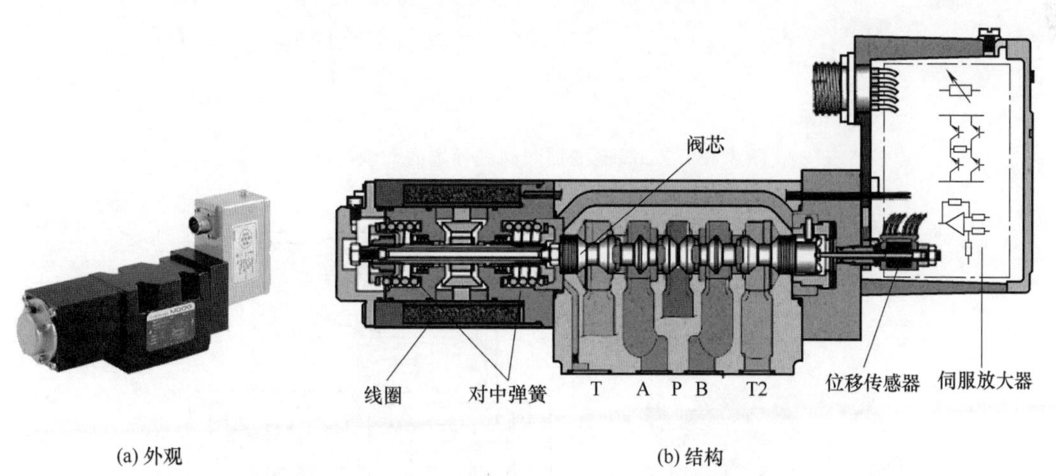

(a) 外观 (b) 结构

图 4-133 D634-P 型直动式伺服阀的外观与结构

总之，阀芯位置与输入电流成正比，在通过阀的压降恒定时，负载流量与阀芯位置成正比。

（2）结构 图 4-135 所示为二级电液伺服阀先导级的外观与结构。先导级与主级（放大级）构成的二级电液伺服阀的外观与结构如图 4-136 所示。

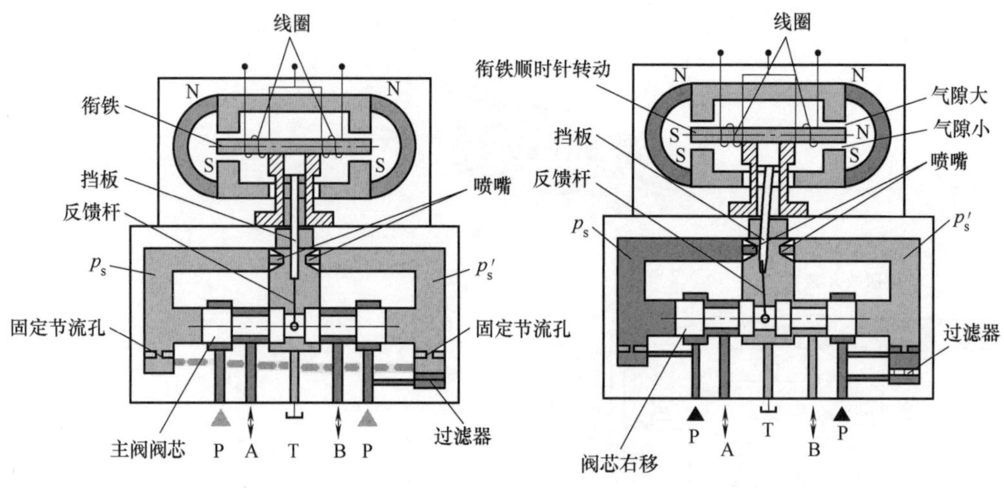

(a) 线圈未通电时　　(b) 线圈通电时

图 4-134　二级电液伺服阀的工作原理

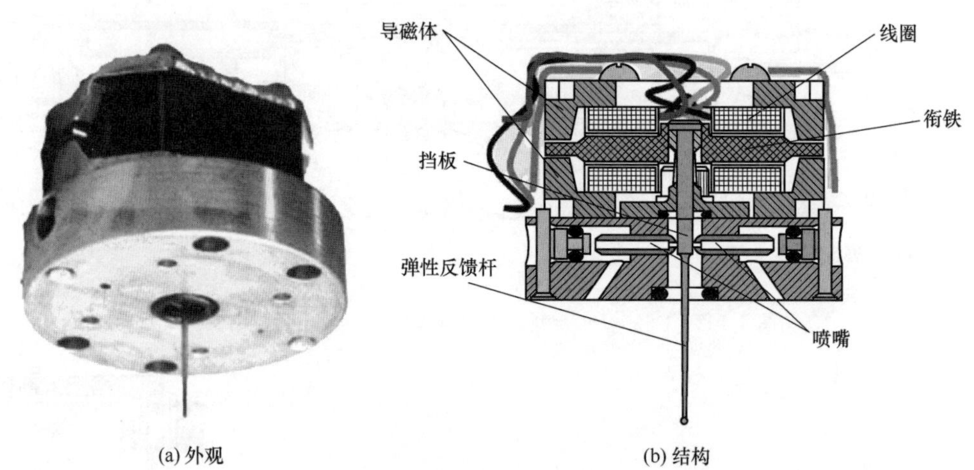

(a) 外观　　(b) 结构

图 4-135　二级电液伺服阀先导级的外观与结构

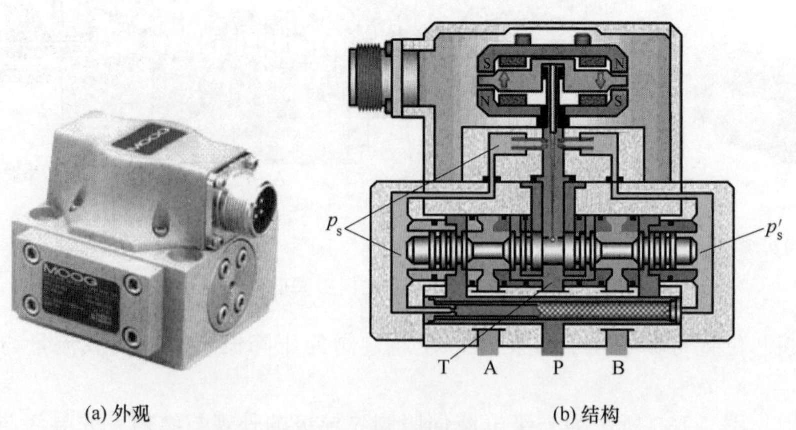

(a) 外观　　(b) 结构

图 4-136　二级电液伺服阀的外观与结构

5. 电液伺服阀的典型应用

图 4-137 所示为钢带张力伺服控制系统。牵引辊 2 与加载装置 8 使钢带具有一定的张力。由于张力可能有波动，为此在转向辊 4 的轴承上设置一力传感器 5，以检测带材的张力，并用伺服缸 1 带动浮动辊 6 来调节张力。当实测张力与要求张力有偏差时，偏差电压经放大器 3 放大后使电液伺服阀 7 由输出活塞带动浮动辊 6 调节钢带的张紧程度以减少其偏差，所以这是力控制系统。

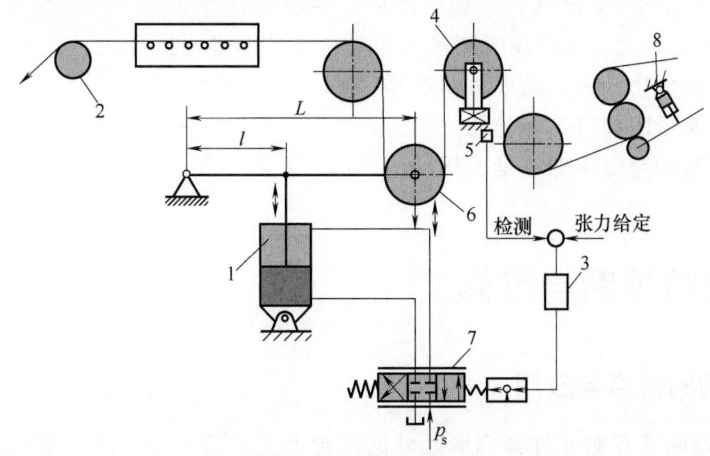

图 4-137　钢带张力伺服控制系统

1—伺服缸；2—牵引辊；3—放大器；4—转向辊；5—力传感器；6—浮动辊；7—电液伺服阀；8—加载装置

六、喷嘴-挡板式电液伺服阀故障分析与排除

【故障 1】 伺服阀不工作

这一故障主要表现为执行机构停在一端不动或缓慢移动。

① 检查线圈的接线方向是否正确。

② 检查线圈引出线是否松焊。

③ 检查两个线圈的电阻值是否正确。

④ 检查输入电缆线是否接通。

⑤ 检查进、回油管路是否畅通。

⑥ 检查进、回油孔是否接反。

【故障 2】 伺服阀只能从一个控制腔出油

这一故障是指伺服阀只能从一个控制腔出油，另一个不出油。因此执行机构只能向一个方向运动，改变控制电流也不起作用。

① 检查节流孔是否堵塞（清洗时注意两个节流孔拆前各自位置，切不可把两边的位置倒换）。

② 检查阀芯是否卡死。

③ 检查喷嘴是否堵塞。

④ 检查弹簧片是否断裂。

【故障 3】 流量增益下降，执行机构速度下降，系统振荡

① 用 500V 兆欧表检查线圈是否短路（如果需要更换线圈，阀要重新调试）。

② 检查阀内滤油器是否堵塞（堵塞的要更换滤油器）。

③ 检查油源是否正常供油。

【故障 4】 只输出最大流量，系统振荡，闭环后系统不能控制

① 检查阀芯是否卡死。

② 检查阀套上各个密封环是否损坏。

③ 检查节流孔或喷嘴是否堵死。

【故障 5】 系统响应差

伺服阀零偏电流增大，动作慢，输出滞后，系统响应差。

【故障 6】 零偏太大，伺服阀线圈输入很大电流才能维持执行某一稳定位置

① 机械零位调整松动时，需要重新调零。

② 检查一级座紧固螺钉是否松动。

③ 检查力矩马达导磁体螺钉是否松动。

第十三节 比例阀的故障诊断与维修

一、比例阀的特点与应用

比例阀是在通断式控制元件和伺服元件的基础上发展起来的一种新型电液控制元件，故称为电液比例阀。这种阀从阀的基本结构和动作原理来讲与通断式液压阀更接近或相同；但比例阀输入的是电流信号而输出的是液压参数（压力、流量等），只要改变输入电流的大小，就能连续比例地改变输出压力或流量，因而其控制原理又同伺服控制阀是相同的，而与通断式液压阀又是不相同的。通常比例阀用在开环控制的液压系统中。

一般来讲，比例阀的主阀结构和工作原理同于通断式液压阀，先导控制的结构取自伺服阀，但比伺服阀简单得多。所以比例控制阀适用在一些要求进行连续比例的电液控制，控制精度和速度响应要求不高、油液污染要求也不太高且使用维护不难、造价又明显低于伺服阀的液压控制系统。它将通断式液压控制元件和电液控制元件的优点综合起来，避开了某些缺点，使两类元件互相渗透，因此比例控制阀得到了越来越广泛的应用，例如用于注塑机、压铸机等。

比例阀的优点如下。

① 能简单地实现自控、遥控、程序控制及初级的适应控制，解决了液压与 PC 或 CPU 的连接问题，即与程控器或电脑的连接问题，但一般比例阀多用于开环控制系统。

② 把电的快速性、灵活性、遥控性等优点与液压力量大等特点结合起来。

③ 能连续地、按比例地控制液压机构的力、速度及其运动方向，并能防止因压力或速度变化或改变运动方向时产生的冲击。

④ 可简化液压系统，减少液压元件的使用数量；用于注塑机可大大节约能量。

⑤ 使用条件、维修保养与普通液压阀相同，耐污染。

⑥ 控制性能比伺服控制差，但其静、动态性能足可满足绝大多数液压设备（例如注塑机）的要求，技术上易于掌握。

二、比例阀的分类与组成

1. 比例阀的分类

比例阀控制的参数有压力、流量和方向等，有控制一个参数（单参数、单机能）的比例

阀，有控制两个参数或多个参数（多参数、多机能）的比例阀。

（1）比例压力阀

包括比例先导式压力阀、比例溢流阀、比例减压阀、比例顺序阀等，均是输入电信号控制液压系统的压力参数（单参数）的比例阀。

（2）比例流量阀

包括比例节流阀、比例调速阀、比例单向调速阀等，也为单参数控制阀。

（3）比例方向（方向-流量）阀

属于多（两）参数控制阀，根据输入电信号的大小和方向来同时控制液流的流量和流动方向。

（4）比例复合阀

属于多参数控制阀，它是在比例方向阀的基础上复合了压力补偿器和压力阀的一种比例复合阀。根据输入电信号的大小和方向同时控制回路的流量及液流方向。并且由于装有压力补偿器，因此在控制回路的流量时可不受负载变化的影响，与负载变化无关。另外又由于组合了压力阀，还可用来控制液压系统的最高工作压力，实现多种控制机能。

2. 比例阀的组成

比例控制阀由两部分组成：电气-机械转换器和液压部分。前者可以将电信号比例地转换为机械力与位移，后者接受这种机械力和位移后可按比例地、连续地提供油液压力、流量等的输出，从而实现电-液转换过程。简言之，电液比例阀就是以电气-机械转换器代替普通常规式（通断式）液压阀的调节手柄，用电调代替手调。

三、比例电磁铁的类型与结构原理

比例电磁铁是电液比例控制元件中的电气-机械转换装置，它的作用是将比例控制放大器输送的电流信号转换为力或位移信号输出。比例电磁铁推力大，结构简单，对油质要求不高，维护方便，成本低廉，衔铁腔可制成耐高压结构。比例电磁铁有单向和双向两种，常用的为单向型。比例电磁铁的类型与结构原理见表 4-49。

表 4-49　比例电磁铁的类型与结构

类型	工作原理与结构示意	说明
单向比例电磁铁	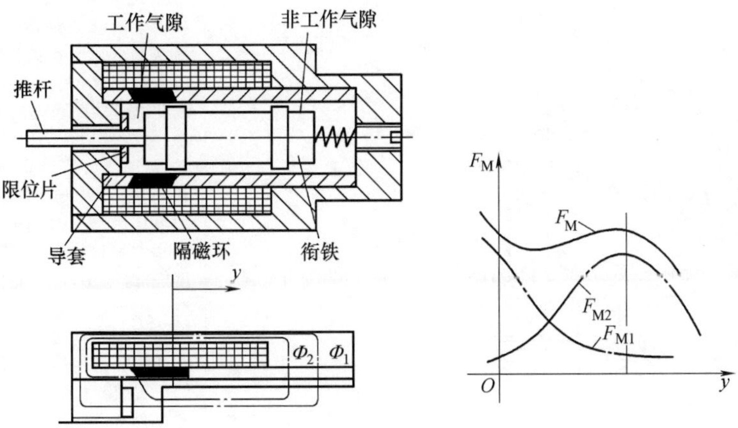 (a) 工作原理	单向比例电磁铁的工作原理如图(a)所示，在工作气隙附近被分为 Φ_1 与 Φ_2 两部分，其中 Φ_1 沿轴向穿过气隙进入极靴，产生端面力 F_{M1}，而 Φ_2 则穿过径向间隙进入导套前端，产生轴向附加力 F_{M2}，两者的综合就得到了比例电磁铁的位移-力特性，在其工作区域内，输出电磁力与衔铁位移基本呈水平力特性，即输出力与衔铁位置基本无关。特殊形式磁路的形成，主要是由于采用了隔磁环节结构，构成了一个带锥形端部的盆形极靴，盆口部位几何形状及尺寸，经过优化设计和试验研究确定。单向比例电磁铁分为力控制型、行程控制型和位置调节型三种基本类型

续表

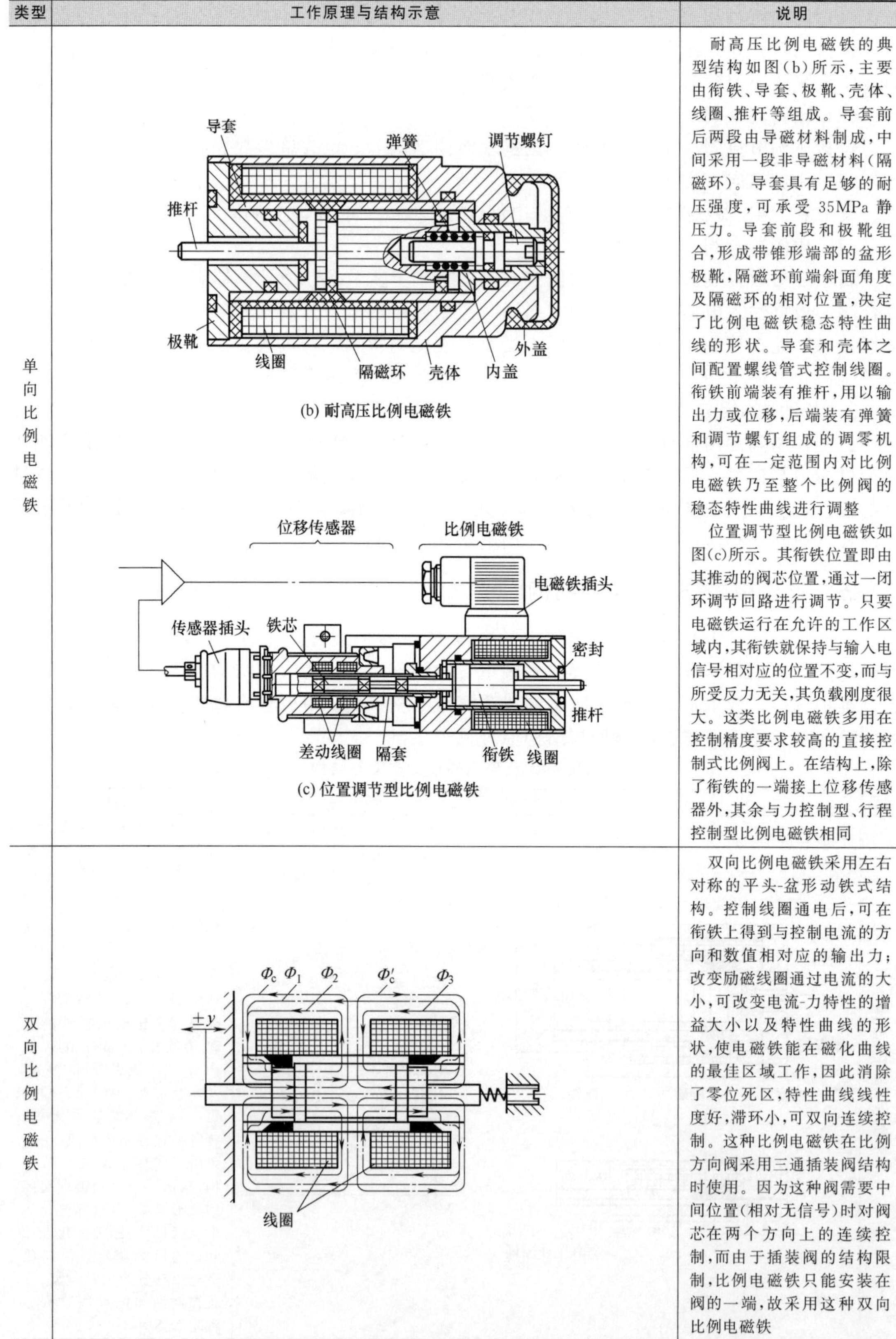

类型	工作原理与结构示意	说明
单向比例电磁铁	(b) 耐高压比例电磁铁 (c) 位置调节型比例电磁铁	耐高压比例电磁铁的典型结构如图(b)所示，主要由衔铁、导套、极靴、壳体、线圈、推杆等组成。导套前后两段由导磁材料制成，中间采用一段非导磁材料(隔磁环)。导套具有足够的耐压强度，可承受35MPa静压力。导套前段和极靴组合，形成带锥形端部的盆形极靴，隔磁环前端斜面角度及隔磁环的相对位置，决定了比例电磁铁稳态特性曲线的形状。导套和壳体之间配置螺线管式控制线圈。衔铁前端装有推杆，用以输出力或位移，后端装有弹簧和调节螺钉组成的调零机构，可在一定范围内对比例电磁铁乃至整个比例阀的稳态特性曲线进行调整 位置调节型比例电磁铁如图(c)所示。其衔铁位置即由其推动的阀芯位置，通过一闭环调节回路进行调节。只要电磁铁运行在允许的工作区域内，其衔铁就保持与输入电信号相对应的位置不变，而与所受反力无关，其负载刚度很大。这类比例电磁铁多用在控制精度要求较高的直接控制式比例阀上。在结构上，除了衔铁的一端接上位移传感器外，其余与力控制型、行程控制型比例电磁铁相同
双向比例电磁铁		双向比例电磁铁采用左右对称的平头-盆形动铁式结构。控制线圈通电后，可在衔铁上得到与控制电流的方向和数值相对应的输出力；改变励磁线圈通过电流的大小，可改变电流-力特性的增益大小以及特性曲线的形状，使电磁铁能在磁化曲线的最佳区域工作，因此消除了零位死区，特性曲线线性度好，滞环小，可双向连续控制。这种比例电磁铁在比例方向阀采用三通插装阀结构时使用。因为这种阀需要中间位置(相对无信号)时对阀芯在两个方向上的连续控制，而由于插装阀的结构限制，比例电磁铁只能安装在阀的一端，故采用这种双向比例电磁铁

四、比例压力阀的类型与结构原理

比例压力阀是指用于控制液压系统压力的比例控制阀。与普通压力阀一样，其按功率大小可分为直动式和先导式两类；按功能分有比例溢流阀、比例减压阀等；按结构形式分有锥阀式、滑阀式和插装式。比例压力阀的类型与结构原理见表 4-50。

表 4-50 比例压力阀的类型与结构原理

类型		结构原理
比例溢流阀	直动式	图(a)所示为直动式比例溢流阀的工作原理。吸力 F 与通入的电流 i 成正比，即 $F=ai$（a 为比例常数）。给比例电磁铁线圈通入电流 i，产生的吸力 F 通过传力弹簧或直接作用在锥阀芯上，系统来的压力油 p 也从另一反方向作用在锥阀芯上，根据针阀的力平衡方程有 $pA=KX=F$，所以 $P=ai/A$（A 为针阀承受压力油的面积）。由此可知改变通入电磁铁的电流 i 的大小，便可改变调压阀的调节压力。当系统压力未超过比例溢流阀的比例电磁铁设定电流所调定压力时，锥阀芯关闭不溢流，泵供油继续升压；当系统压力超过比例溢流阀的比例电磁铁设定电流所调定压力时，锥阀芯打开溢流，泵维持比例电磁铁设定电流所调定的压力，不再升压。直动式比例溢流阀只能允许一个小流量通过，因而单独使用较少，常用来作先导式比例溢流阀的先导级，作调压阀用 图(b)所示为德国博世-力士乐公司的 DBET 型直动式比例溢流阀的外观与结构，推杆与锥阀芯之间无弹簧，衔铁推杆输出的力直接作用在锥阀芯上。比例电磁铁产生与输入电流大小成比例的力，随电流的增加比例电磁铁的推力增大。指令信号改变控制电流值的大小，比例电磁铁便可进行对压力大小的调节。通过衔铁推杆将锥阀芯推压在阀座上。P 口产生的压力也作用在锥阀芯上，与比例电磁铁产生的力相抗衡。当压力油产生的力超过比例电磁铁对锥阀芯的力时，锥阀芯 4 开启，压力油由 P 口向 T 口流出回油箱。通过这种动作控制设定压力。指令电压为零或最小控制电流时，为最小设定压力。 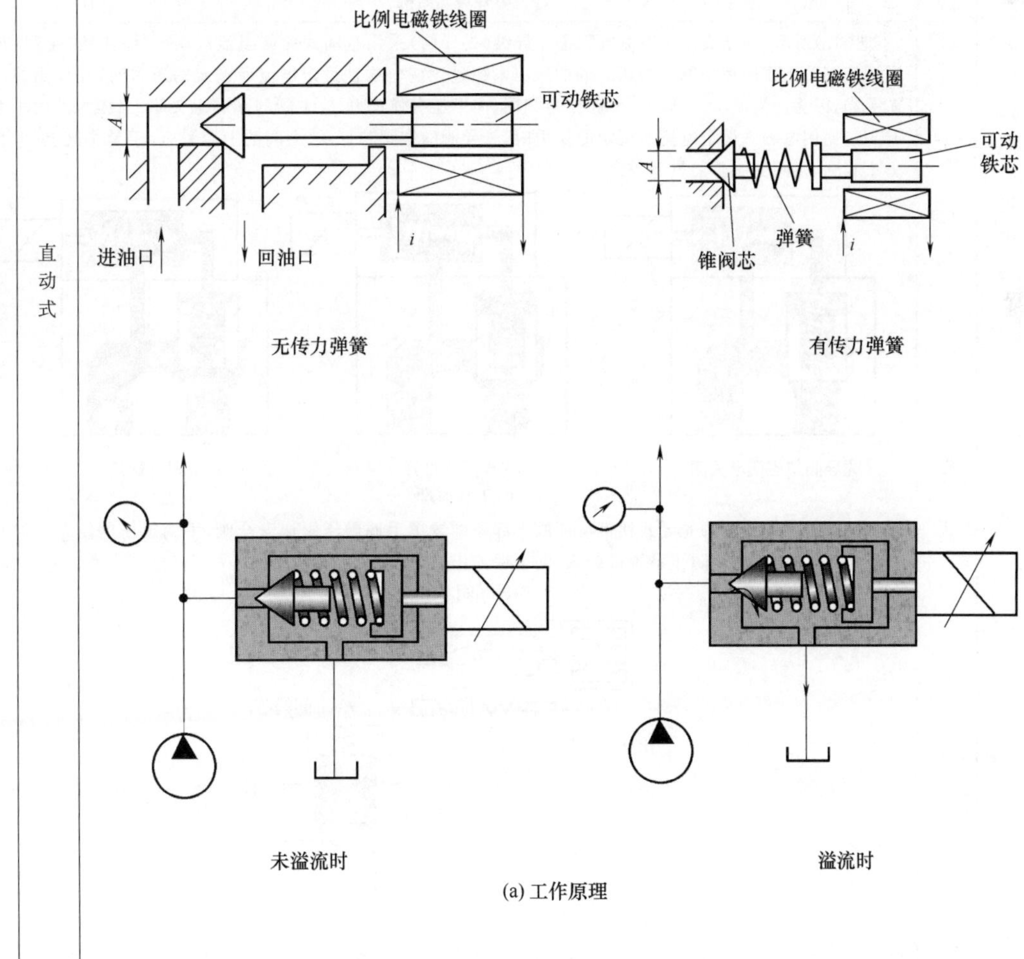 (a) 工作原理

续表

类型		结构原理
 比例溢流阀	直动式	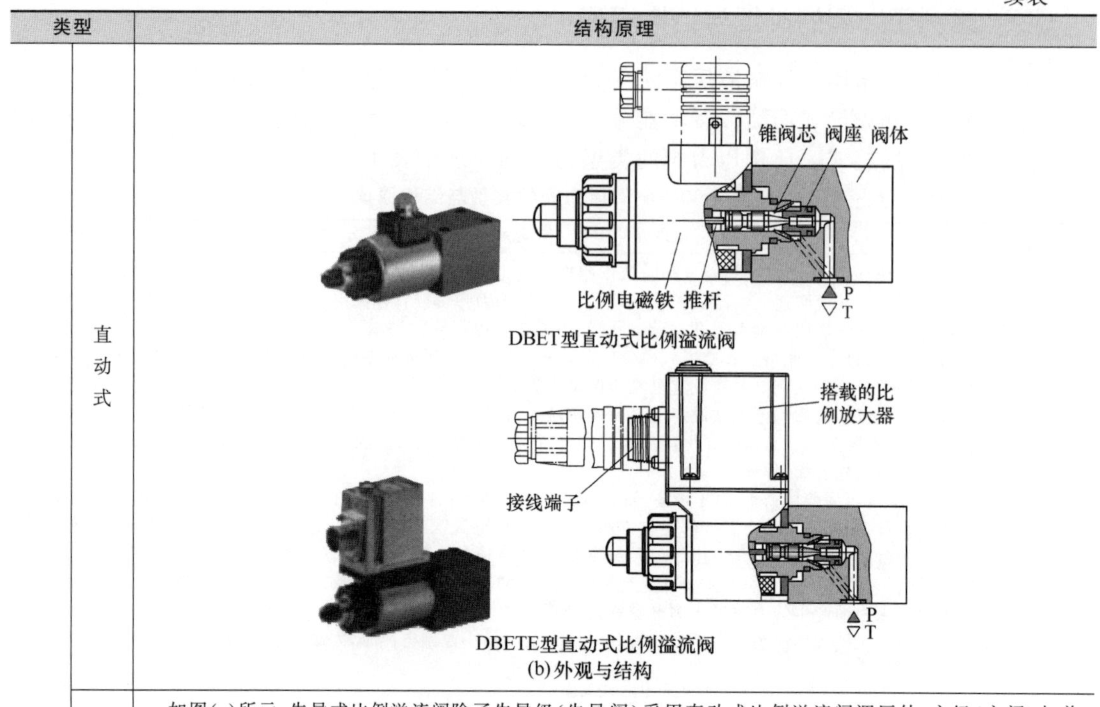 DBET型直动式比例溢流阀 DBETE型直动式比例溢流阀 (b)外观与结构
	先导式	如图(a)所示，先导式比例溢流阀除了先导级(先导阀)采用直动式比例溢流阀调压外，主级(主阀)与普通溢流阀的工作原理相同。当压力油的压力未超过比例电磁铁设定电流所调定的压力时，先导阀的锥阀芯关阀，因无油液流动，主阀上、下腔压力相同，向下还有弹簧力，故主阀的阀芯也关闭；当压力油的压力上升超过比例电磁铁设定电流所调定的压力时，先导阀的锥阀芯打开，主阀的上腔泄压，于是主阀上、下腔压力不相同，主阀的阀芯便打开溢流 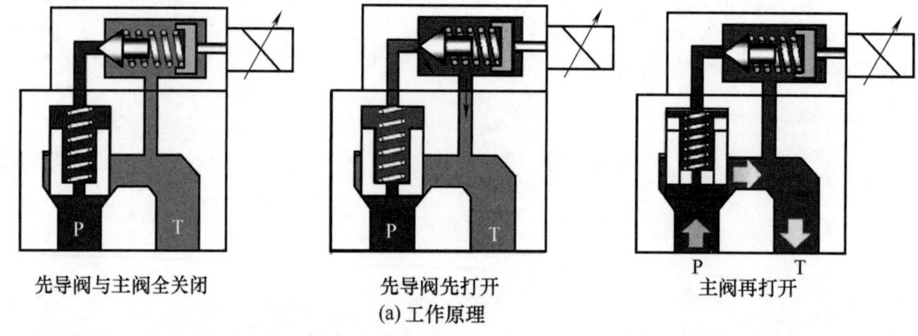 先导阀与主阀全关闭　先导阀先打开　主阀再打开 (a) 工作原理 如图(b)所示，大多的先导式比例溢流阀下部还配置了手调限压阀作安全阀，手调限压阀较先导阀的最高设定压力稍高，用于防止系统过载，起安全保护作用。 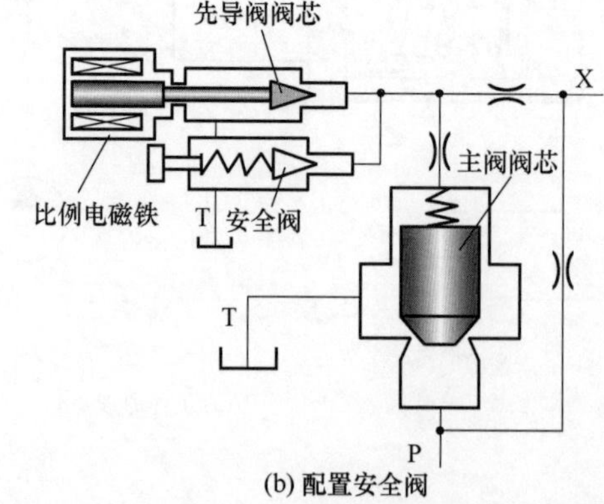 (b) 配置安全阀

续表

类型		结构原理
比例溢流阀	先导式	先导式比例溢流阀的外观与结构如图(c)所示。根据输入比例电磁铁的电流设定值来调节压力，A口压力作用于主阀阀芯的底部同时，此压力也通过控制管路通过阻尼孔 R_1、R_2、R_3 作用于主阀阀芯的弹簧加载面。液压力还通过阀座作用于先导阀来平衡比例电磁铁的力。当液压力克服电磁力时，先导阀打开，先导油通过油口Y流回油箱，在节流器 R_1、R_2 处产生压降，主阀阀芯因此克服弹簧反力而提升，A口及B口油路接通，从而压力不会再升高。油口X封死，且螺塞有阻尼孔通油时，为先导油内控；油口X打开从外部引入先导油，用无阻尼孔的螺塞拧上，称外供。油口Y封死，且螺塞有阻尼孔通油时，为先导油内排；油口Y打开，用无阻尼孔的螺塞拧上，先导油独立零压回油箱，称外排 (带最高压力保护装置) (c) 外观与结构
比例减压阀	直动式	与普通减压阀一样，比例减压阀也有直动式和先导式、二通式与三通式之分。直动式比例减压阀的工作原理如图(a)所示，油液以一个较高的输入压力从一次油口进入，通过减压口的节流作用减压，产生一定的压差，减压后变成二次压力从二次油口(出口侧)流出。二通式的缺点是当出口压力因某种可能存在的原因突然升高时，压力油经K油道推动阀芯左行，可能使减压口全关，造成出口压力升得更高而可能发生危险。而三通式没有这种危险，同样的情况如果出现在三通减压阀中，阀芯的左移虽然关小了减压口，但却打开了溢流口，出口压力油可经溢流口流回油箱而降压，不会再发生事故。直动式比例减压阀单独使用的情况很少，一般用作其他先导式比例减压阀的先导级(如在比例方向阀与比例多路阀中)。 图(b)所示为双三通减压阀，主要由两个比例电磁铁、壳体、阀芯和两个活塞组成。比例电磁铁按比例地将电信号转变为作用于阀芯的电磁力，控制电流越大则相应的电磁力也越大。通过改变先导阀输入电信号，可成比例地改变A口和B口的压力。在两个电磁铁未通电时，阀芯4由弹簧保持在中位。此时A和B与油口T相通，因而油口P封闭，油口A、B没有压力。当电磁铁B通电，电磁力通过同侧活塞作用于阀芯上，阀芯右移，此时，油从P→A及B→T相通，在A口建立起来的压力，通过阀芯上的径向孔，作用于对侧活塞上，由此阀芯上受到向右的电磁力和向左的液压力，当两个力达到平衡时，A口打开在某个位置上，A口建立起来某个不变的压力，行使P→A的减压功能。即便P→A的油路断开，工作油口A的液压力仍能保持不变。在此过程中，对侧活塞静止于电磁铁的衔铁中。若因突发情况A口的压力突然升高，则作用在阀芯的液压力大于电磁力，因此阀芯就向左移动，使油口A和T相通而泄压，阀芯上的力再度平衡，A口压力仍维持恒定，然而却处于较低值上，行使A→T的溢流功能，对执行器进行压力保护。在控制阀中位，比例电磁铁失电，这时A口和B口均连通T口，亦即油液在A口和B口得到泄压。同时，P口与A口或P口与B口不再相通。同理，当电磁铁A通电时，可行使P→B的减压功能，B→T的溢流功能 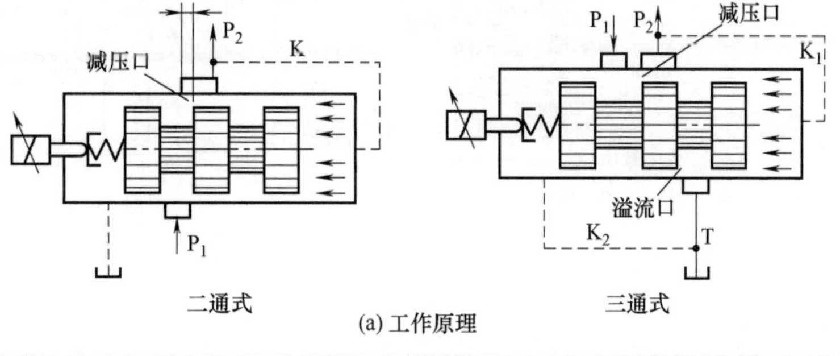 (a) 工作原理

续表

类型		结构原理
比例减压阀	直动式	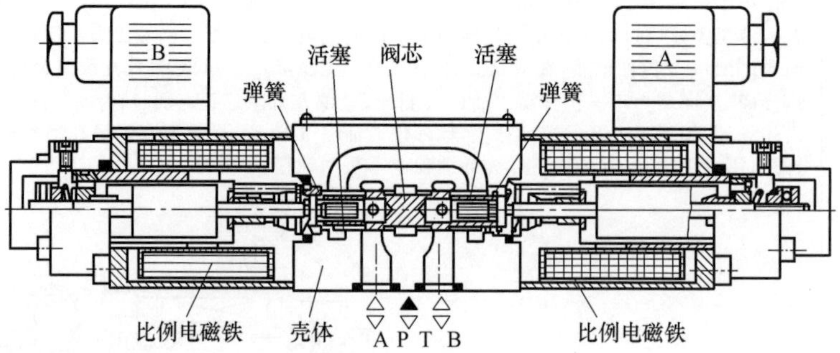 (b) 结构
	先导式	先导式比例减压阀的工作原理如图(a)所示 先导式二通比例减压阀的先导阀是一个直动式比例调压阀，主阀为普遍的开关式手调减压阀。减压阀的调定压力值由先导阀的比例电磁铁通过的电流大小来设定，而最高压力由手调安全阀限定。当阀接收到输入电信号，比例电磁铁产生的电磁力直接作用在比例先导阀阀芯上。只要电磁力使阀芯保持关闭，先导油就处于静止状态。先导油从二次油口(出油口)A经油道1、阻尼R_1和R_2作用在主阀阀芯的上下两端面上，因主阀阀芯上下面积相等，所以主阀阀芯在液压力和一个很小的弹簧力作用下，平衡在主阀某一减压口的开启位置，二次油口输出一定压力；当出口油液压力超过比例电磁铁所调定的压力时，先导阀开启，先导油流回油箱，由于有油液流动，在阻尼孔R1处产生压力降，使主阀阀芯失去平衡而向上移动，使一次油口(进油口)B到二次油口(出油口)A减压口的通流面积变小，于是减压作用增加，出油口A的压力又降为比例电磁铁所设定的二次压力值，维持二次油口A的压力不变；当出口油液压力低于比例电磁铁所调定的压力时，主阀阀芯下移，开大减压口，减压作用减小，出油口液压力又升上来。这样，通过设定比例电磁铁电流大小，可调定出油口A的压力大小并维持不变 先导式三通比例减压阀有三个油口：一次油口(进油口P_1)，二次油口(出油口P_2)，回油口。当负载增大，二次压力过载时能产生溢流，防止二次压力异常增高。其工作原理是，一次压力经减压口B减压变成二次压力后从二次油口流出，二次压力的大小由比例调压阀设定。当二次压力上升到比例调压阀设定压力时，比例调压阀打开，节流口A产生油液流动，因而在节流口A前后产生压差，从而主阀阀芯左右两腔C与D也产生压差，主阀阀芯向左移动，关小减压口B，使二次压力降至比例调压阀调定的压力 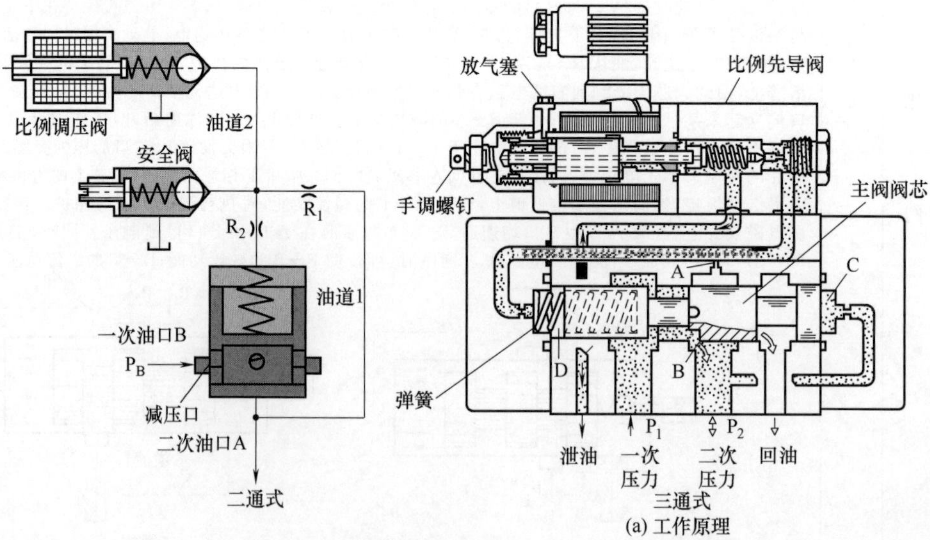 二通式　　三通式 (a) 工作原理

续表

<table>
<tr><th colspan="2">类型</th><th>结构原理</th></tr>
<tr><td>比例减压阀</td><td>先导式</td><td>先导式比例减压阀的结构如图(b)所示
二通比例减压阀的压力油从进口B流入，经减压口减压后从A口流出。从A腔引入的控制油经小孔a、通道b作用在先导阀锥阀右端，由电磁铁通电产生的电磁力经弹簧作用在锥阀左端，左右两端力的平衡与否决定着主阀出口A的压力大小。主阀为插装阀，这种阀有可选择的先导遥控口，可进行远程调压。当比例电磁铁不通电与电磁铁1DT通电时，可通过调压阀调节比例减压阀出口压力的大小，非遥控时X口被堵住
三通比例减压阀主要由带比例电磁铁的先导阀，带阀芯组件的主阀，以及可选的单向阀组成。油口A的压力决定于比例电磁铁当前的电压值。静止时，B口无压力，主阀阀芯由其弹簧保持在起始位置，B口与A口之间的油路被切断，避免在启动时产生突变。A口压力通过主阀阀芯上面的通油口起作用，先导油从B口通过主阀芯下面的通油口流到流量稳定控制器，流量稳定控制器可使先导油流量保持稳定而不受A口与B口之间的压力降影响。先导油从流量稳定控制器进入主阀弹簧腔，通过流道和先导阀阀座流入Y口，然后进入排油管。A口所需压力由相关放大器控制，比例电磁铁推动先导阀锥阀压向其阀座，以限制主阀弹簧腔的压力达到调节值。如果A口压力低于设定值，主阀弹簧腔的压差推动主阀阀芯移到右边，从而接通B口到A口的油路。当A口达到所需压力时，主阀芯受力平衡，保持在工作位置。要使油液无阻挡地从A口流到B口，可选用单向阀，来自A口的部分油液将通过主阀阀芯的控制边同时流入Y口进入回油管路。为防止由于比例电磁铁的控制电流意外增加，从而引起A口压力增加，影响液压系统安全，可选择弹簧加载的最高压力溢流阀(安全阀)，以对系统进行最高压力保护
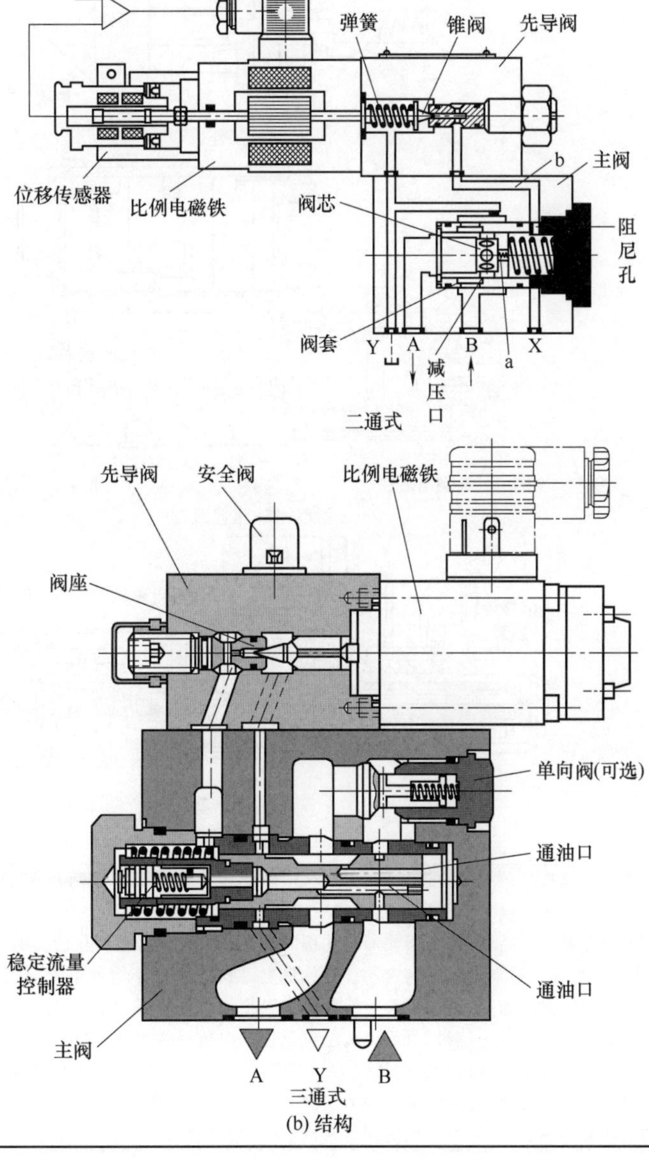

(b) 结构</td></tr>
</table>

五、比例流量阀的类型与结构原理

比例流量阀的类型与结构原理见表 4-51。

表 4-51 比例流量阀的类型与结构原理

类型	结构原理
比例节流阀	比例节流阀的工作原理如图(a)所示。当比例电磁铁线圈通入电流 i 后，产生铁芯吸力，此力推动推杆再推动节流阀阀芯，克服弹簧的弹力，平衡在某一位置上 比例节流阀的结构如图(b)所示。行程控制型比例节流阀阀芯的位移与输入的电信号成比例，从而改变节流口开度，进行流量控制，没有进、出口压差或其他形式的检测补偿，所以控制流量受进、出口压差变化的影响。位置调节型比例节流阀与行程控制型比例节流阀的主要区别在于配置了位移传感器，可检测阀芯的轴向位移量，并通过电反馈闭环控制，消除了其他干扰力的影响，使阀芯位移更精确地与输入电信号成比例，因而可提高控制精度。由于比例电磁铁的功率有限，所以直动式只能用于小流量系统的控制，更大流量的比例节流阀需采用先导多级控制 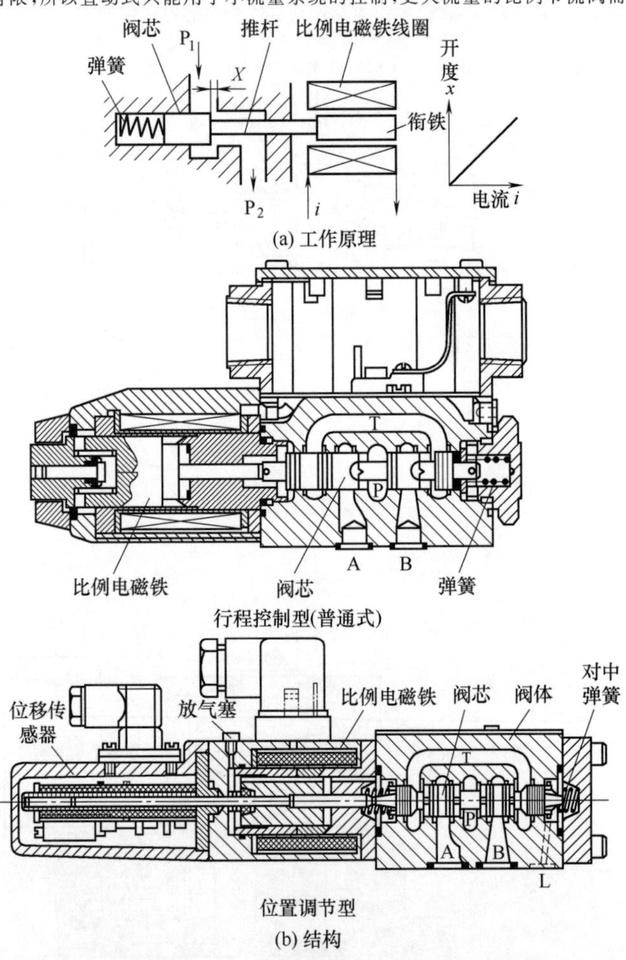 (a) 工作原理 行程控制型(普通式) 位置调节型 (b) 结构
比例调速阀	比例节流阀可连续按比例地调节通过阀的流量，但所调流量受节流口前后压差变化的影响，为此出现了比例调速阀。如图(a)所示，在比例节流阀阀口或前或后串联一个定差减压阀(压力补偿装置)，产生的压力补偿作用可使节流口前后的压差基本保持恒定，从而使通过比例阀的流量不会受压差变化的影响 图(b)所示为带位移传感器的比例调速阀。向比例电磁铁输入指令信号电流，比例电磁铁产生的力使节流阀芯开口由中位向开阀的方向移动，同时位移传感器将位置检测信号反馈到比例放大器，比例放大器输出指令信号与反馈的位置检测信号相等的电信号，对节流阀芯位置进行控制。因此，通过指令信号可控制节流口的开度，从而控制流量。压力补偿阀控制节流口的前后压差为一定值，以得到与指令信号相符的稳定的控制输出流量。指令信号为零时，节流口关闭。通过行程限位螺钉的适当调节，可防止突跳现象；单向阀实现 B→A 反向油流的自由流动；正反两方向油流均需控制流量时，可在比例阀与底板之间加装整流板

续表

类型	结构原理
比例调速阀	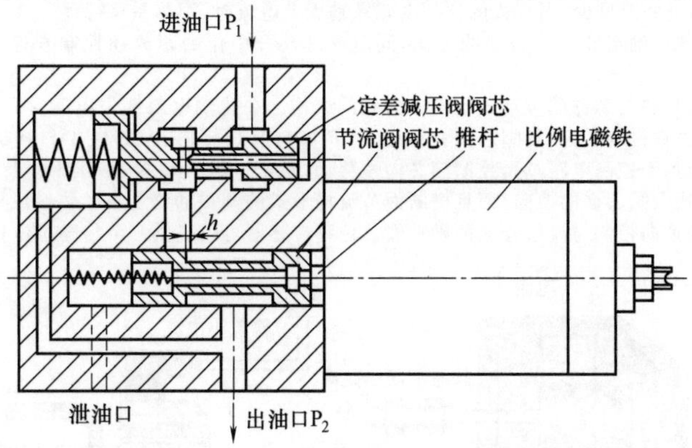 进油口P_1 定差减压阀阀芯 节流阀阀芯 推杆 比例电磁铁 h 泄油口 出油口P_2 (a) 工作原理 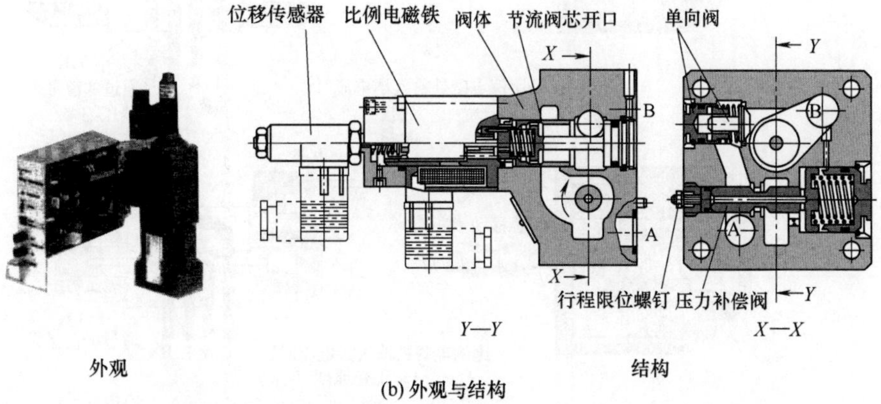 位移传感器 比例电磁铁 阀体 节流阀芯开口 单向阀 X B Y B A X A 行程限位螺钉 压力补偿阀 Y $Y—Y$ $X—X$ 外观 结构 (b) 外观与结构

六、比例方向阀的类型与结构原理

比例方向阀是具有对液流方向控制功能的比例阀。比例方向阀除了能按输入电流的极性和大小控制液流方向外，还能控制流量的大小，属多参数比例控制阀。因此，比例方向阀又称比例方向流量阀。比例方向阀的外观和结构与普通开关式电磁阀相似，两者阀芯的区别如图 4-138 所示。

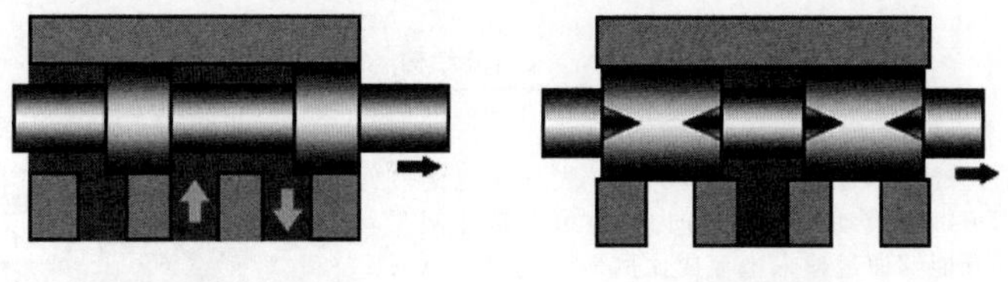

(a) 普通开关式电磁阀　　(b) 比例方向阀

图 4-138　普通开关式电磁阀与比例方向阀阀芯的区别

比例方向阀的类型与结构原理见表 4-52。

表 4-52　比例方向阀的类型与结构原理

类型	结构原理
直动式	如图(a)所示，比例方向阀利用输入不同大小的电流得到不同大小的力，压缩弹簧推动阀芯产生一个对应的位移。当左边的比例电磁铁输入小电流时，阀芯右移行程小，P→B 与 A→T 通过的流量少；当左边的比例电磁铁输入大电流时，阀芯右移行程大，P→B 与 A→T 通过的流量多。当右边的比例电磁铁输入小电流时，阀芯左移行程小，

续表

<table>
<tr><th>类型</th><th>结构原理</th></tr>
<tr><td>直动式</td><td>P→A 与 B→T 通过的流量少；当右边的比例电磁铁输入大电流时，阀芯左移行程大，P→A 与 B→T 通过的流量多。阀芯离开中位的方向确定液压缸运动的方向，同时阀芯离开中位的距离还控制着速度（例如液压缸活塞的运动速度）
图(b)所示为带位移传感器的直动式比例方向阀的结构。在比例电磁铁失电时，两复位弹簧将阀芯维持在中间位置。当左侧电磁铁得电后，控制阀芯向右移动，则 P 口与 B 口接通，A 口与 T 口接通；反之，当右侧电磁铁得电（即负的指令电压加于控制电路）后，控制阀芯向左移动，则 P 口与 A 口接通，B 口与 T 口接通。其结果是实现了如常规开关式电磁换向阀那样的换向，而且横断面节流槽形式的阀口通路打开，并形成对输入信号成比例的渐进的流量特性，即行使换向控制与流量控制两种功能。位移传感器可以提供一个与阀芯位移成比例的反馈信号
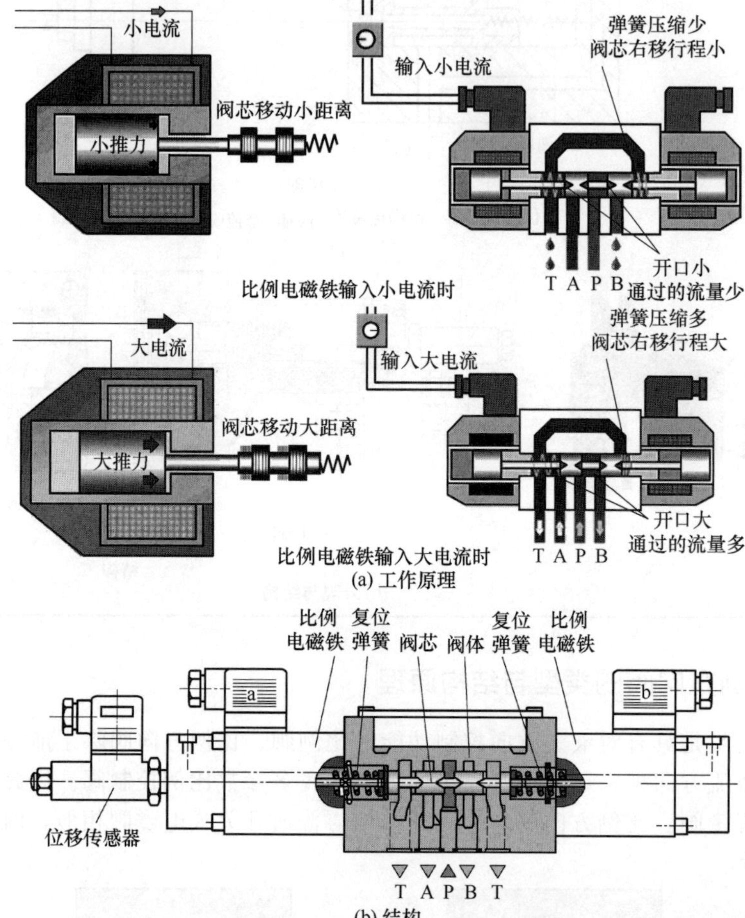

(a) 工作原理

(b) 结构</td></tr>
<tr><td>先导式</td><td>先导式比例方向阀的工作原理如图(a)所示。先导式比例方向阀中的先导阀可以是直动式比例方向阀，也可以是比例三通减压阀。先导阀能够通过输入电流成比例地改变油口 A 或 B 的压力，亦即改变主阀阀芯两端的先导腔压力。如果比例电磁铁 b 通电，则先导阀阀芯右移。这时先导油通过从内部油口经 P→p→b→x 进入主阀阀芯左腔，推动主阀阀芯克服主阀对中弹簧的弹力右移，阀芯台肩上的控制沟槽逐渐打开，主油路油液 P→A，B→T，主阀右腔回油经 y→a→t→T→油箱，此为控制油的内控内排。主阀阀芯的位移与先导腔压力成比例，从而与输入的电流成比例。控制油的控、排也可以采用其他形式。
先导式比例方向阀的结构如图(b)所示
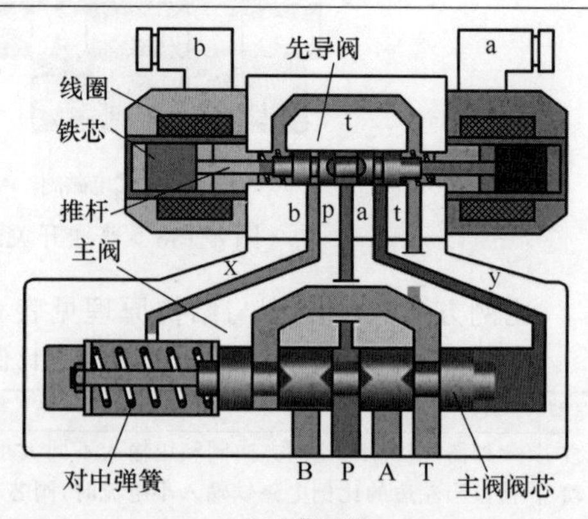

(a) 工作原理</td></tr>
</table>

续表

类型	结构原理
先导式	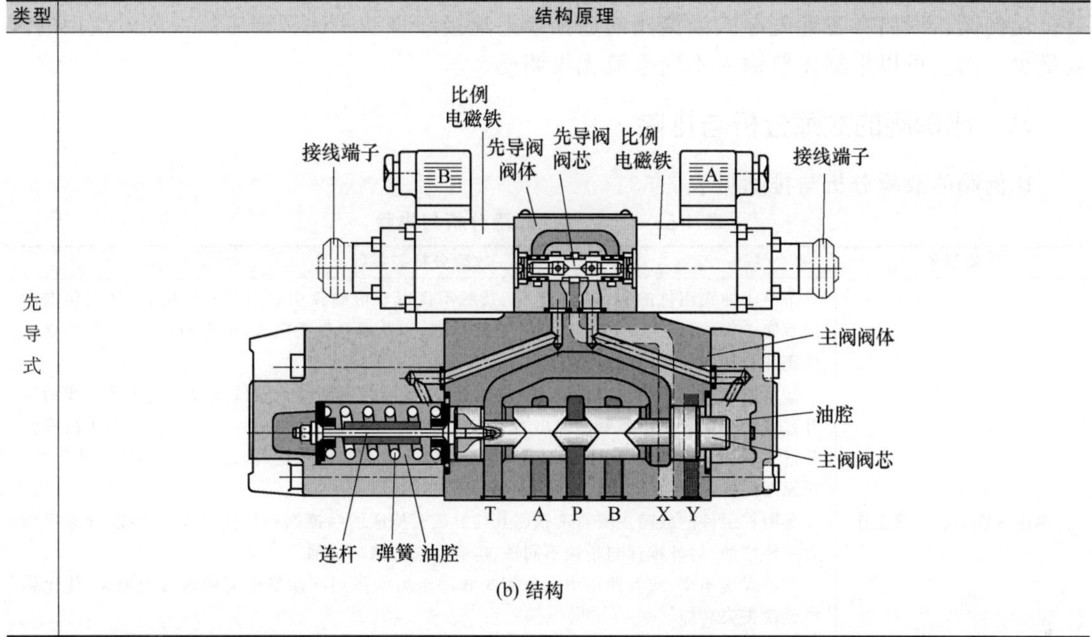 (b) 结构

七、比例阀的应用回路

1. 比例阀的换向回路

如图 4-139 所示，用比例电液换向阀可以控制液压缸的运动方向和速度。改变比例电磁铁 1DT 和 2DT 的通电、断电状态，即可改变液压缸的运动方向。改变输入比例电磁铁的电流大小，即可改变通过比例电液换向阀的流量，因而也可改变液压缸的运动速度。

2. 比例阀调压回路

图 4-140 所示为普通调压回路与比例调压回路的比较：普通调压回路是以普通直动式溢

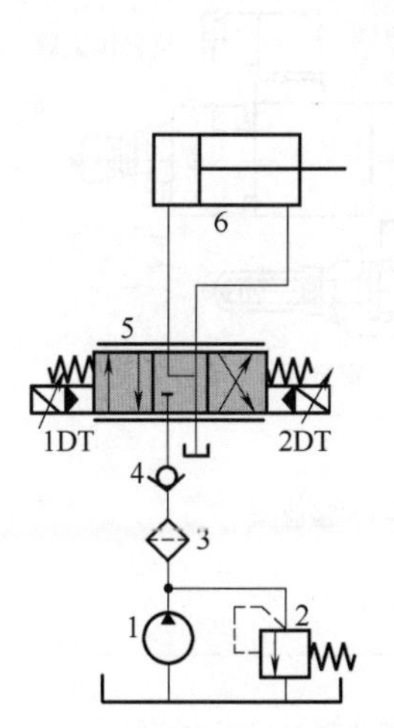

图 4-139 比例阀的换向回路

1—泵；2—溢流阀；3—过滤器；4—单向阀；5—比例电液换向阀；6—液压缸

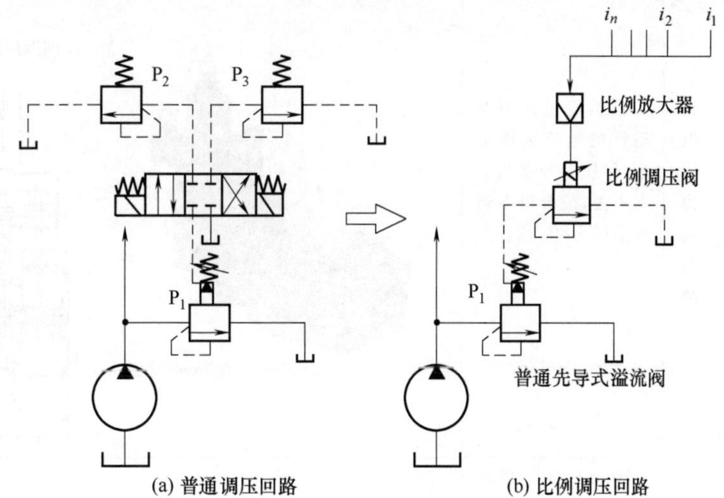

(a) 普通调压回路 (b) 比例调压回路

图 4-140 普通调压回路与比例调压回路的比较

流阀与主溢流阀组合成的三级调压回路，此方式使用的阀较多，且系统只能实现三级压力调节；比例调压回路在普通先导式溢流阀的遥控口上连接一直动式比例调压阀，此时使用的阀数量少，而且可以根据需要输入不同电流无级调压。

八、比例阀的故障分析与排除

比例阀的故障分析与排除见表 4-53。

表 4-53　比例阀的故障分析与排除

<table>
<tr><th colspan="2">故障现象</th><th>故障分析与排除</th></tr>
<tr><td colspan="2">比例电磁铁不能正常工作</td><td>①由于插头组件的接线插座老化、接触不良以及电磁铁引线脱焊等原因，导致比例电磁铁不能工作(不能通入电流)。可用电表检测，如发现电阻无限大，可重新将引线焊牢，修复插座并将插座插牢
②线圈组件的故障有线圈老化、线圈烧毁、线圈内部断线以及线圈温升过大等。线圈温升过大会造成比例电磁铁的输出力不够，其他故障会使比例电磁铁不能工作。对于线圈温升过大，可检查通入电流是否过大，线圈漆包线是否绝缘不良，阀芯是否因污物卡死等，查明原因并排除。对于烧毁、断线等故障，需更换线圈
③衔铁组件的故障主要有衔铁因其与导磁套构成的摩擦副在使用过程中磨损，导致阀的力滞环增加，另外推杆与衔铁不同轴，也会引起力滞环增加
④因焊接不牢，或者使用中在比例阀脉冲压力的作用下使导磁套的焊接处断裂，使比例电磁铁丧失功能
⑤导磁套在冲击压力下发生变形，导致比例阀出现力滞环增加的现象
⑥比例放大器有故障，导致比例电磁铁不工作，此时应检查放大器电路的各元件情况
⑦比例放大器和电磁铁之间的连线断开或放大器接线端子接线脱开，使比例电磁铁不工作。此时应更换断线，重新连接牢靠</td></tr>
<tr><td rowspan="3">比例压力阀故障</td><td>比例电磁铁无电流通过，调压失灵</td><td>此时可按“比例电磁铁不能正常工作”的内容进行分析。调压失灵时可先用电表检查电流值，断定究竟是电磁铁的控制电路有问题，还是比例电磁铁有问题，或者阀部分有问题，可对症处理</td></tr>
<tr><td>虽然流过比例电磁铁的电流为额定值，但压力一点儿也上不去，或者得不到所需压力</td><td>如图所示的比例溢流阀，在比例调压阀(先导溢流阀)和主阀之间的安全阀调定压力过低时，虽然比例电磁铁的通过电流为额定值，但先导流量从安全阀流回油箱，使压力上不来。此时应将安全阀调定压力比比例调压阀的最大工作压力调高 1MPa 左右  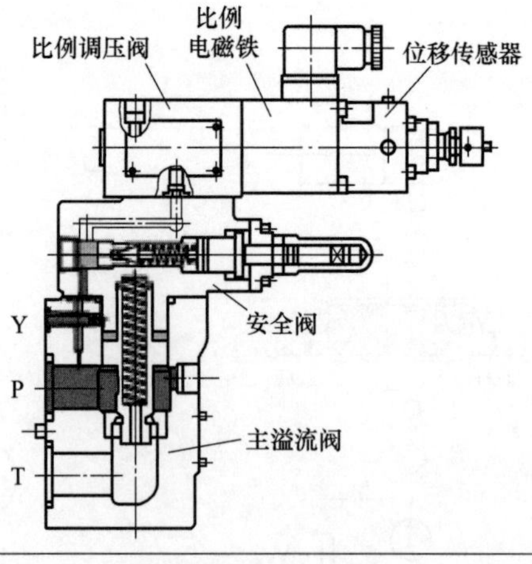</td></tr>
<tr><td>流过比例电磁铁的电流已经过大，但压力还是上不去，或者得不到所要求的压力</td><td>此时可检查比例电磁铁线圈电阻，若远小于规定值，那么是电磁铁线圈内部断路了；若电磁铁线圈电阻正常，那么是连接比例放大器的连线短路了。此时应更换比例电磁铁，将连线接好，或者重绕线圈装上</td></tr>
</table>

续表

故障现象		故障分析与排除
比例压力阀故障	使压力阶跃变化时，小振幅的压力波动不断，设定压力不稳定	原因主要是比例电磁铁的铁芯和导向部分（导套）之间有污物附着，妨碍铁芯运动，或者主阀阀芯滑动部分上有污物，妨碍主阀阀芯的运动，由于这些污物的影响，滞环增大了，在滞环的范围内，压力不稳定，压力波动不断；另外，铁芯与导磁套的配合副磨损，间隙增大，也会出现所调压力（通过某一电流值）不稳定的现象。此时可拆开阀和比例电磁铁进行清洗，并检查液压油的污染度，如超过规定值则应换油；对于铁芯磨损造成间隙过大引起的力滞环增加引起的调压不稳，应加大铁芯外径尺寸，保持与导磁套的良好配合
	压力响应迟滞，压力改变缓慢	原因为比例电磁铁内的空气未排放干净；电磁铁铁芯上设置的阻尼用的固定节流孔及主阀阀芯节流孔（或旁路节流孔）被污物堵住，比例电磁铁铁芯及主阀阀芯的运动受到不必要的阻碍；另外系统中进了空气，通常发生在设备刚装好后开始运转时或长期停机后。解决办法是比例压力阀在刚开始使用前要先拧松放气螺钉，排放空气，至有油液流出为止；对于污物堵塞阻尼孔等情况，要拆开比例电磁铁和主阀进行清洗；在空气容易集中的系统油路的最高位置，最好设置放气阀放气，或者拧松管接头放气
比例流量阀	流量不能调节，节流调节作用失效	①比例电磁铁未通电。产生原因有比例电磁铁插座老化，接触不良；电磁铁引线脱焊；线圈内部断线等。可参照“比例电磁铁不能正常工作”的方法进行故障排除 ②比例放大器有问题
	调好的流量不稳定	比例流量阀流量的调节是通过改变通入其比例电磁铁的电流决定的。当输入电流值不变，调好的流量应该不变。但实际上调好的流量（输入同一信号值时）在工作过程中常发生某种变化，这是力滞环增加所致。影响力滞环的因素主要是存在径向不平衡力及机械摩擦。减小径向不平衡力及减小摩擦因数等措施可减小滞环。滞环减小，调好的流量自然变化较小。具体可采取如下措施：尽量减小衔铁和导磁套的磨损；推杆与衔铁要同轴；注意油液清洁，防止污物进入衔铁与导磁套之间的间隙而卡住衔铁，使衔铁能够跟随输入电流按比例地均匀移动，不产生突跳现象
比例方向阀和其他比例阀		可参照前述普通方向阀与上述比例压力阀和比例流量阀的思路及方法进行故障分析与排除

第五章

辅助元件的故障诊断与维修

第一节 管路的故障诊断与维修

1. 管路漏油的故障分析与排除

① 检查油管选用是否正确。应根据液压系统工作压力的大小，选用合适的油管。尼龙管只能用于低压，紫铜管用于中低压，中高压以上要使用无缝钢管或者高压钢丝编织胶管。必须按工作压力正确选用符合要求的油管。

② 检查直软管是否妥善安装。安装时软管不应扭曲，否则会破裂，接头处也会漏油。

③ 检查运行时，软管长度方向是否伸缩顺畅，要有余地，不可拉得太紧。软管在压力温度的作用下长度会发生变化，一般为收缩，收缩量为管长的3%左右（图 5-1）。

④ 检查运行中软管是否与其他管道或硬物摩擦。

⑤ 检查软管接头弯曲半径是否合理，特别注意在工作过程中是否存在使软管有不合理的弯曲半径的情况。

⑥ 检查硬管在弯曲处是否有足够的直管长度，弯曲半径是否足够大。弯曲处（与管接头的连接处）应有一段直管，长度应不小于 $2D$（D 为管子外径），弯曲最小曲率半径不小于 $(9\sim10)D$（图 5-2）。

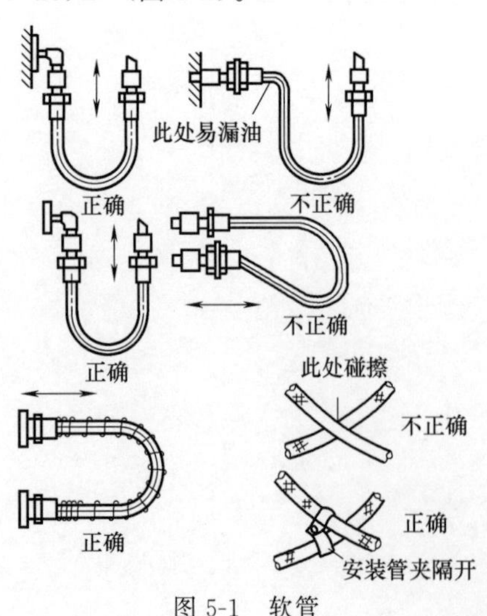

图 5-1　软管

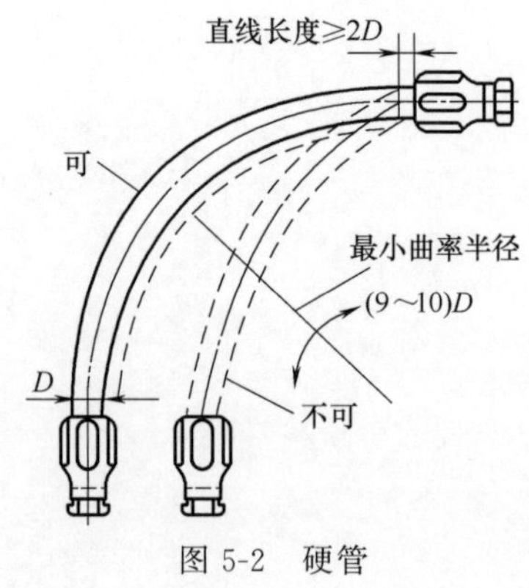

图 5-2　硬管

⑦ 在直角拐弯处最好不用软管，否则在压力交变的工况下，软管会因弯曲处的长度和曲率半径的变化而疲劳破裂，产生漏油。

⑧ 检查软管外壁是否互相碰擦或与机器的尖角棱边相接触或摩擦，导致软管受损。为了保护软管不受外界作用损坏及在接头处过度弯曲，可在软管外面套上螺旋细钢丝，并在靠近接头处密绕，以增大抗弯折的能力。

⑨ 检查软管是否在高温、有腐蚀气体的环境中使用。

⑩ 检查排列的多根管子是否采取了固定措施。如系统软管数量较多，应分别安装管夹加以固定，或者用橡胶板隔开。尽量避免软管相互接触或与其他机械零件接触，以免相互影响和相互碰擦造成破损而漏油。

2. 管接头漏油的故障分析与排除

（1）扩口式管接头漏油

① 拧紧力过大或过小造成泄漏。拧紧力过大，将扩口处的管壁挤薄，引起破裂，甚至在拉力作用下使管子脱落引起漏油和喷油现象；拧紧力过小，不能用管套和接头体锥面将管端的锥面夹牢而漏油。对于扩口式管接头，在拧紧管接头螺母时，紧固力矩要适度，可用力矩扳手。在没有力矩扳手的情况下，可采用划线法拧紧，即先用手将螺母拧到底，在螺母和接头体间划一条线，然后用一扳手扳住接头体，再用另一扳手扳螺母，只需再拧紧1/4～3/4圈即可，可确保不拧裂扩口部分（图5-3）。

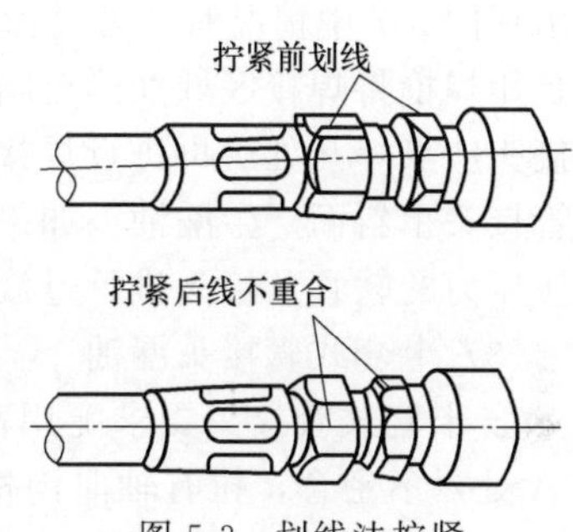

图5-3 划线法拧紧

② 管子的弯曲角度不正确和接管长度不正确。如图5-4所示，弯曲角度不正确和接管长度不正确时，管接头扩口处很难密合，进而造成泄漏。为保证不漏，应使弯曲角度正确和控制接管长度适度（不能过长或过短）。

③ 接头靠得太近，即使用套筒扳手空间都不够，不能拧紧所有接头螺母，进而造成漏油。对于有若干接头在一起的情形，设计时应适当拉开连接安装板上各管接头之间的开挡尺寸，采用不同的管接头悬伸长度（图5-5）。

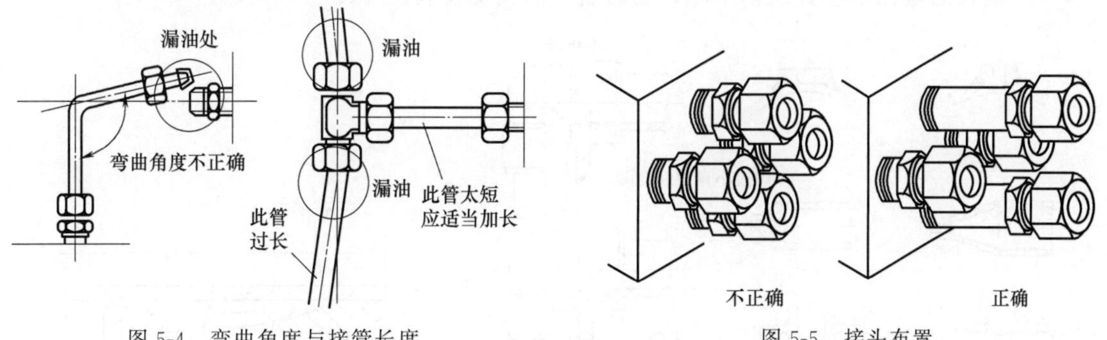

图5-4 弯曲角度与接管长度

图5-5 接头布置

④ 扩口管接头的加工质量不好，引起泄漏。扩口管接头有A型和B型两种，图5-6所示为A型扩口管接头。当管套、接头体与紫铜管互相配合的锥面与图5-6中的角度值不符时，密封性能不良。特别是在锥面尺寸精度和表面粗糙度太差，锥面上拉有沟槽时，会产生漏油。另外，当螺母与接头体的螺纹有效尺寸不够（螺母的螺纹有效长度短于接头体），不能将管套和紫铜管锥面压紧在接头体锥面上时，也会产生漏油，必须酌情处置。

（2）焊接管及焊接管接头漏油　管接头、钢管及铜管等硬管需要焊接进行连接时，如果

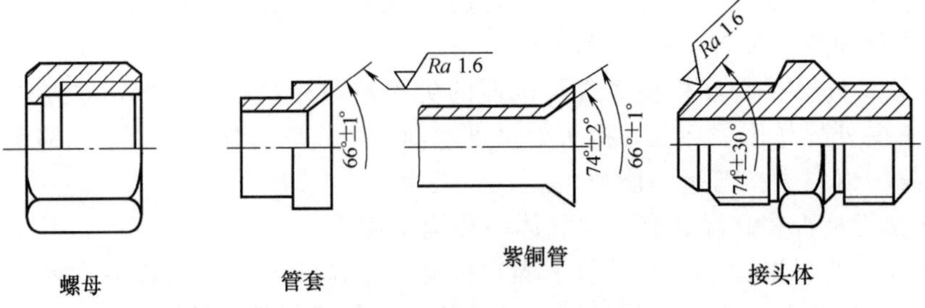

图 5-6 扩口管接头的组成零件

焊接不良，焊接处出现气孔、裂纹和夹渣等焊接缺陷，会引起焊接处的漏油；另外，虽然焊接较好，但因焊接位置处的形状处理不当，用一段时间后会产生焊接处的松脱，造成漏油。当出现图 5-7 中情况时，可磨掉焊缝，重新焊接。焊后在焊接处需进行去应力处理。具体做法是用焊枪将焊接区域加热至暗红色，在空气中自然冷却。为避免高应力，刚性大的管子和管接头应点焊几处后再进行焊接，切忌用管夹、螺栓或管螺纹等强行拉直，以免使管子破裂或管接头歪斜而产生漏油。如果焊接部位难以将接头和管子对准，则应考虑是否采用能承受相应压力的软管及接头进行过渡。

（3）卡套式管接头漏油

① 卡套式管接头要求配用高精度（外径）冷拔管。当冷拔管与卡套相配部位（图 5-8 中 A 处）不密合，拉有轴向沟槽（管子外径与卡套内径）时，会产生泄漏。此时可将拉伤的冷拔管锯掉一段，或更换合格的卡套重新装配。

② 卡套与接头体内、外锥面配合处（图 5-8 中 B 处）不密合，相接触面拉有轴向沟槽时，容易产生泄漏。应使锥面之间密合，必要时更换卡套。

③ 锁紧螺母拧得过松或过紧。拧得过松，则接头体与卡套锥面配合不紧，卡套刃口难以切入管子外周形成可靠密封。拧得过紧，使卡套屈服变形而丧失弹性。两种情况均产生漏油。

④ 卡套刃口硬度不够，或者钢管太硬，在装配后卡套刃口不能切入管壁形成密封。

⑤ 钢管的端面不垂直或不干净，妨碍管子的正确安装。

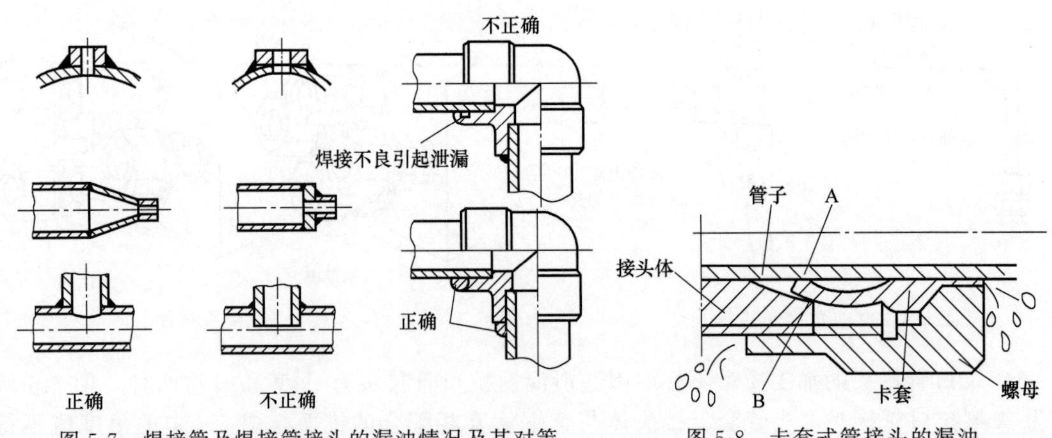

图 5-7 焊接管及焊接管接头的漏油情况及其对策

图 5-8 卡套式管接头的漏油

⑥ 接头体与钢管不同轴，导致装配不正，挤压不紧，此时拆开后可发现卡套在切入管壁时，留下的痕印是不成整圆的单边环槽，可酌情处置。

（4）其他原因造成的管接头漏油

① 管接头未拧紧造成漏油者，拧紧管接头即可。

② 管接头拧得太紧，会使螺纹孔口裂开或破坏其他密封面等而造成漏油。此时必须根据情况修复或更换有关零件。

③ 公制细牙螺纹的管接头拧入在锥牙螺孔中，或者反之，使螺纹损伤。可用丝锥或板牙重新攻螺纹或套螺纹，或更换新接头。特别要注意各种螺纹的螺距，不可混用。如果不仔细测量，很难断定是锥管螺纹还是普通细牙螺纹。特别是牙形角为55°的锥管螺纹与牙形角为60°的锥管螺纹容易混用。它们除了牙型角不同外，每寸牙数（同一公称直径，例如ZG 1/8″与Z 1/8″）往往不一样。混用时开始可以拧入，但拧入几扣后，便感到拧不动，此时很容易误认为管接头已经拧紧，但通入压力油后往往漏油。如果螺纹有效长度不够，也会产生虚拧紧现象，好像拧紧了，但其实并未使一些零件紧密接触。

④ 管接头在使用过程中被振松而漏油，要查明振动原因，保证配管有足够的刚性和抗振性，在管路的适当位置配置支架和管夹，并采取防松措施。

⑤ 螺纹配合太松，螺纹表面太粗糙，缠绕的聚四氟乙烯带因缠绕方向不对，在拧紧螺纹管接头时被挤出（图5-9），均可能造成漏油。缠绕密封带时应从接头后端第2扣螺纹处开始，正确选择缠绕方向。拧紧时如果拧到最大力矩仍漏油，则重新缠绕密封带或更换管接头。

⑥ 管接头密封圈或密封垫漏装或破损造成漏油，可补装或更换密封圈或密封垫。

⑦ 管道的重量不应由阀、泵等液压元件和辅助元件承受，反之，液压元件只有重量较轻并且是管式液压件的情况下，才可由管路支承其重量。否则管路被压弯变形，造成管接头处的不密合而漏油。如果管式液压件太重，应改用板式阀或用辅助支承支承其重量，以防止管接头因变形产生漏油。

⑧ 管路安装布局不好，直接影响到管接头处的漏油情况。在配管时应采取下述措施。

a. 尽量减少管接头的数量。

b. 在尽量缩短管路长度的同时（可减少管路压力损失和振动等），要采取避免因温升产生的管路热伸长而拉断、拉裂管路，并注意接头部位的质量。

c. 在靠近接头的部位需要有直管段部分 L（图5-10）。

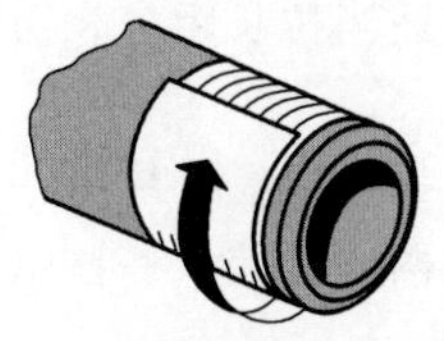

图5-9 密封带的缠绕方法

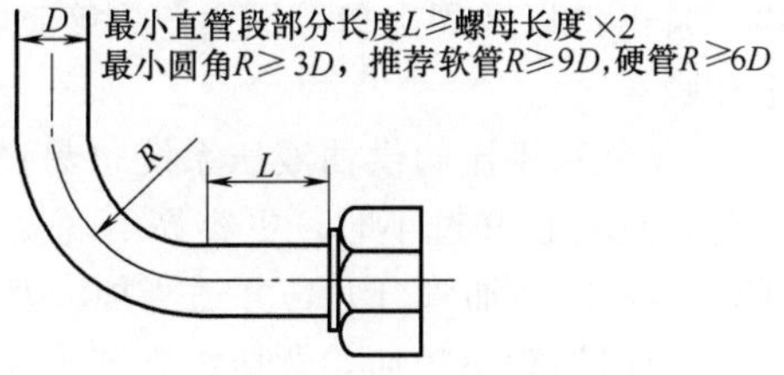

图5-10 靠近接头的部位需要有直管段部分 L

d. 弯曲长度要适当，不能斜交。

⑨ 产生液压冲击时，会导致接头螺母松动而产生漏油。此时应重新拧紧接头螺母，并找出产生液压冲击的原因，设法予以防止，例如设置蓄能器等吸振，采用缓冲阀等缓冲元件消振等。

⑩ 对瞬时流速大于10m/s的管路，均可能产生瞬间负压（真空）现象［图5-11（a）］，如果接头又没有采用防止负压产生的密封结构［图5-11（b）］，负压产

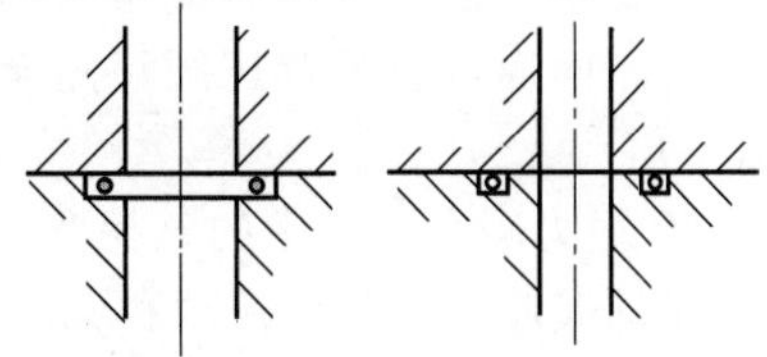

图5-11 负压产生的泄漏

生时会吸走O形密封圈，压力上来时因无O形密封圈了而产生泄漏。

3. 管路振动与噪声的故障分析与排除

① 液压泵、电动机等振源的振动频率与配管的振动频率合拍产生共振，为防止共振，两者的振动频率之比要在1/3～3的范围之外。

② 管内油柱的振动，可通过改变管路长度来改变油柱的固有振动频率，在管路中串联阻尼（节流器）来防止和减轻振动。

③ 管壁振动，尽量避免有狭窄处和急弯处，尽可能少用弯头。需要用弯头时，弯曲半径应尽量大。

④ 采用管夹和弹性支架等，防止振动（图5-12）。

⑤ 油液汇流不当产生振动和噪声（图5-13）。

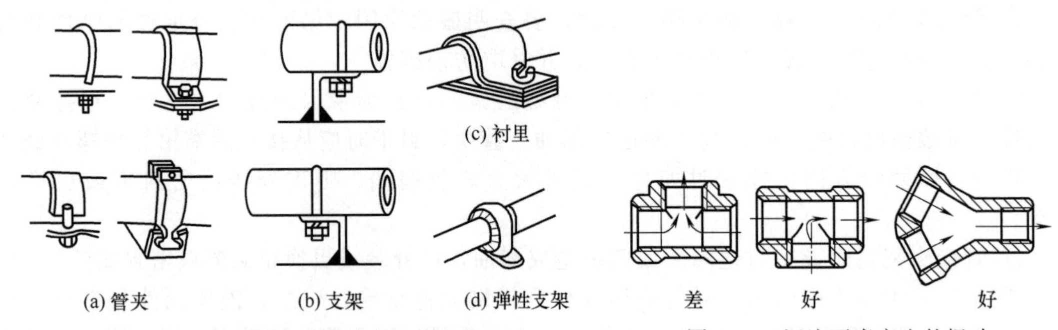

图5-12 采用管夹和弹性支架等防振

图5-13 汇流不当产生的振动

⑥ 管内进了空气，造成振动和噪声。

⑦ 远程控制（遥控）管路过长，管内可能有气泡存在，这样管内油液体积时而被压缩，时而又膨胀，便会产生振动。并且可能和溢流阀的先导阀弹簧产生共振，导致噪声。在系统远程控制管路需大于1m时，要在远程控制口附近设置节流元件（阻尼）。

⑧ 在配管不当或固定不牢靠的情况下，如两泵出口很近处用一个三通接头连接溢流管排油，这样管路会产生涡流，而引起管路噪声。油泵排油口附近一般具有旋涡，这种方向急剧改变的旋涡和另外具有旋涡的液流合流，就会产生局部真空，引起空穴现象，产生振动和噪声。泵出口以及阀出口等压力急剧变动的合流配管不能靠得太近，应适当拉长距离，可避免上述噪声。

⑨ 双泵双溢流阀供油液压系统也易产生两溢流阀的共振，特别是当两溢流阀共用一根回油管，且管径又过小时，更容易出现振动和噪声。共用一个溢流阀或两阀压差大一些（大于1MPa），使回油管分开，并适当加大管径，可避免振动与噪声的出现。

⑩ 当回油管不畅通，背压大，或因安装在回油管中的滤油器、冷却器堵塞时，产生振动和冲击。为减小背压，回油管应尽量粗些、短些，当回油路上装有滤油器或冷却器时，为避免回油不畅，可另辟一支路，装上背压阀或溢流阀。在滤油器或冷却器堵塞时，回油可通过背压阀短路至油箱，防止振动冲击（图5-14）。

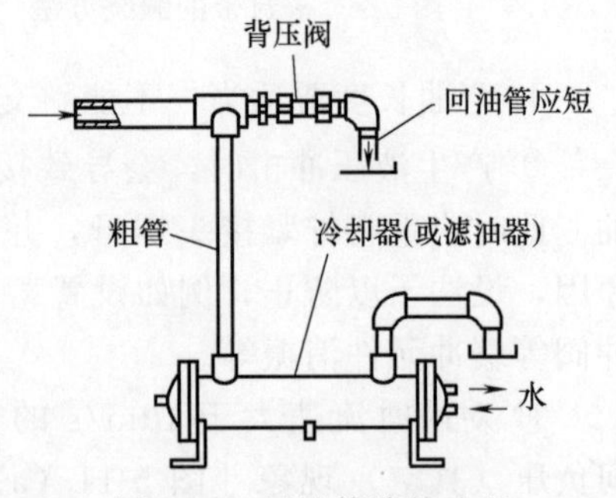

图5-14 回油管路的处理

⑪ 尽力减少管路中的急拐弯、突然变粗或变细、增加管子的壁厚，可降低振动和噪声。

⑫ 在容易产生振动和噪声的位置（例如弯头处）串接一段短挠性管［图5-15（a）］，对降低噪声效果明显。

为防止振动也往往使用弹性衬垫［图 5-15（b)］。这种办法往往是在串接一小段挠性管没有余地时使用，但对高频振动的衰减是有效的。

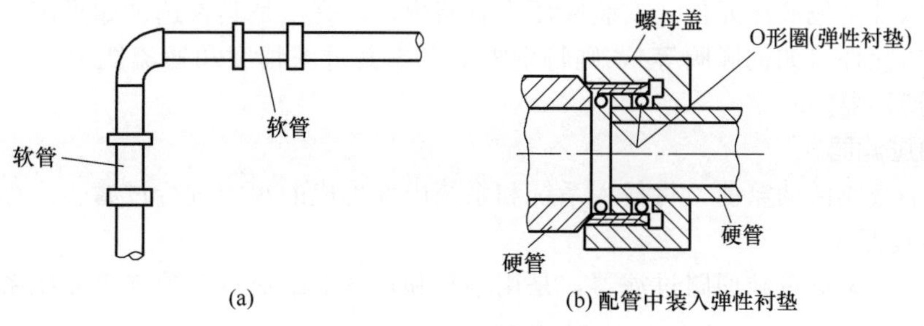

(a) (b) 配管中装入弹性衬垫

图 5-15 弹性衬垫减振

第二节 过滤器的故障诊断与维修

一、过滤器的种类与功能

如图 5-16 所示，过滤器可分为吸油过滤器、高压管路过滤器、回油过滤器、泄油过滤器、旁路过滤器、安全保护过滤器、通气过滤器（空气滤清器)、注油过滤器、充油过滤器等。

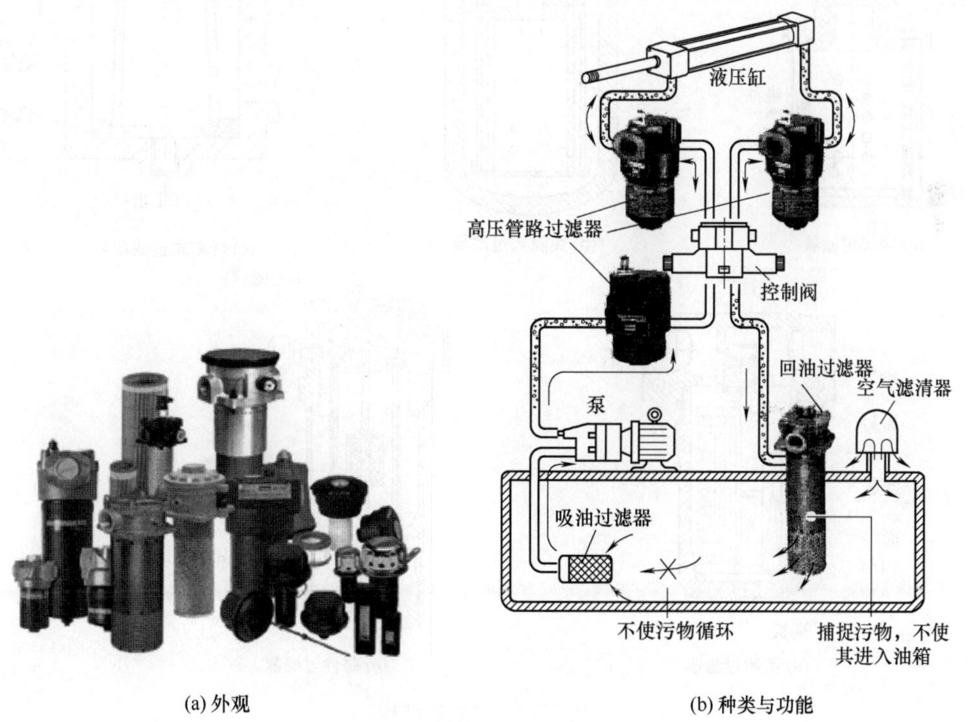

(a) 外观 (b) 种类与功能

图 5-16 过滤器的外观与种类

1. 吸油过滤器

保护系统所有液压元件。重点是保护泵免遭污染颗粒的直接损害。要选用通流能力大、过滤效率高、纳垢容量大、较小的压力损失的网式和线隙式过滤器。

2. 高压管路过滤器

保护泵以外其他液压元件，安装在压力管路中，耐高压是其首选。如果用于保护抗污染能力差的液压元件（如伺服阀等），则特别需要考虑其过滤精度和通流能力，一般宜选用带壳体的高压滤油器。

3. 回油过滤器

在系统油液流回油箱前，将侵入系统和系统内部生成的污物进行过滤。

4. 旁路过滤器

旁路过滤器又称单独回路过滤器，是用小泵和过滤器组成一个独立于液压系统之外的专门用于过滤的回路。

5. 通气过滤器

过滤进入油箱的空气，防止尘埃混入。

6. 注油过滤器

防止向油箱加（补）油时，外界污物被带入油箱内。

二、过滤器的结构

过滤器的结构如图 5-17 所示。

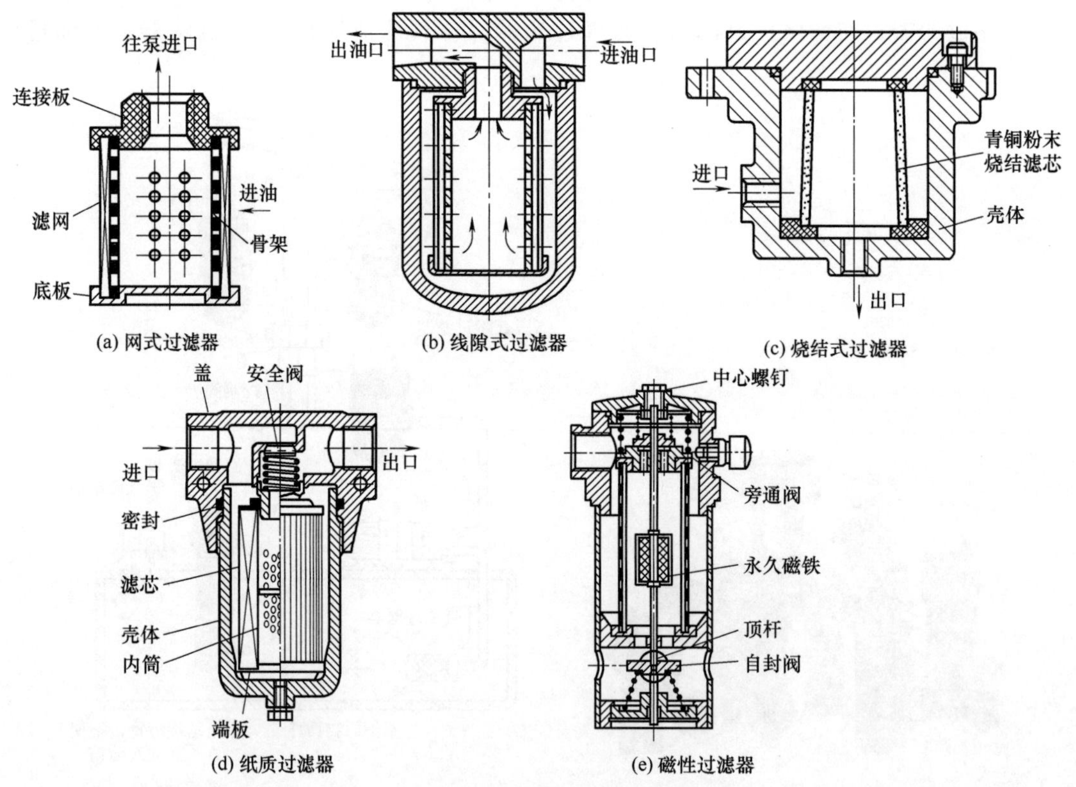

图 5-17 过滤器结构

三、过滤器的故障分析与排除

【故障 1】 滤芯损坏

滤芯损坏包括变形、弯曲、凹陷吸扁与冲破等。

产生原因如下。

① 滤芯在工作中被污物严重堵塞而未得到及时清洗，流进与流出滤芯的压差增大，滤芯强度不够而导致变形。

② 滤油器选用不当，超过了其允许的最高工作压力。

③ 在装有高压蓄能器的液压系统中，因某种故障，蓄能器油液反灌冲坏滤油器。

排除方法如下。

① 及时定期检查清洗滤油器。

② 正确选用滤油器，强度、耐压能力要与所需滤油器的种类和型号相符。

③ 针对各种特殊原因采取相应对策。

【故障 2】 金属网状滤油器脱焊

当环境温度高时，金属网状滤油器处的局部油温过高，超过或接近焊料熔点温度，加上原来焊接就不牢，油液的冲击造成脱焊。此时可将锡铅焊料（熔点为 183℃）改为银焊料或银镉焊料，它们的熔点大为提高（235～300℃）。

【故障 3】 烧结式滤油器掉粒

金属粉末烧结式滤油器脱落的颗粒进入系统后，堵塞节流孔，卡死阀芯。其原因大多是烧结粉末滤芯质量不佳造成的。要选用质量合格的烧结式滤油器。

【故障 4】 滤油器堵塞

一般滤油器在工作过程中，滤芯表面逐渐堵塞是正常现象，此处所说的堵塞是指导致液压系统产生故障的严重堵塞。滤油器堵塞后，至少会造成泵吸油不良、产生噪声，系统无法吸进足够的油液而使压力上不去，油中出现大量气泡以及因压差增大而使滤芯被击穿等故障。各种滤芯的处理方法如下。

① 纸质滤芯：根据压力表或堵塞指示器指示的过滤阻抗更换新滤芯，一般不清洗。

② 网式和线隙式滤芯：溶剂脱脂→毛刷清扫→压力水清洗→压缩空气吹净、干燥。

③ 烧结金属滤芯：毛刷清扫→溶剂脱脂（或用加热挥发法，400℃以下)→压力水冲洗、压缩空气吹洗（反向压力 0.4～0.5MPa)→酸处理→压力水冲洗、压缩空气吹洗→压缩空气吹净，脱水、干燥。

拆开清洗后的滤油器，应在清洁的环境中，按与拆卸相反的顺序组装起来，若需更换滤芯，应保证外观、材质、过滤精度及耐压能力等相同。对于滤油器内所用密封件，要按材质、规格更换，并注意装配质量，否则会产生泄漏、吸油和排油损耗以及吸入空气等故障。

【故障 5】 堵塞指示发讯装置不发讯

当滤芯堵塞后过滤器的堵塞指示发讯装置不能发讯，如过滤器用在吸油管上，则泵不进油，如过滤器用在压油管上，则可能造成管路破损、元件损坏甚至使液压系统不能正常工作等，失去了包括过滤器本身在内的液压系统的安全保护功能和故障提示功能。排除办法是检查堵塞指示发讯装置是否被污物卡死而不能移动，查明原因予以排除。

【故障 6】 带旁通阀的过滤器故障

带旁通阀的过滤器密封圈破损或漏装、弹簧折断或漏装、旁通阀阀芯的锥面不密合或卡死在开阀位置，过滤器将失去过滤功能，可酌情排除，例如更换或补装密封圈和弹簧。当阀芯被污物卡死在关阀位置，且当滤芯严重堵塞时，失去了安全保护作用，系统回油背压太大，击穿滤芯，发生液压系统执行元件不动作甚至破坏相关液压元件的危险情况，此时可解体过滤器，对旁通阀（背压阀）的阀芯重点检查，消除卡死等现象。

第三节 蓄能器的故障诊断与维修

蓄能器并联于回路中，当回路压力大于蓄能器内压力时，回路中一部分液体充入蓄能器腔内，将液压能转变为其他工作物体的势能储存起来；当蓄能器内压力高于回路压力时，蓄能器中工作物体释放势能，将腔内液体压入系统。工作物体势能常用的是气体压缩和膨胀时的弹性势能，也可以是重锤的重力势能或弹簧的弹性势能。

蓄能器有重锤式、活塞式、弹簧加载式和皮囊式等多种，皮囊式蓄能器具有体识小、重量轻、惯性小、反应灵敏等优点，目前应用最为普遍。下面仅以皮囊式蓄能器为例说明蓄能器的工作原理、结构及故障排除方法。其他类型的蓄能器可参考。

一、皮囊式蓄能器的工作原理与结构

皮囊式蓄能器的工作原理如图 5-18 所示，蓄能器中无油时，皮囊中为充气压力，皮囊胀至最大；皮囊中储存压力油时，皮囊中压力最高，皮囊被压缩至最小体积；充液释放势能时，皮囊胀大，将皮囊中压力油补入液压系统。

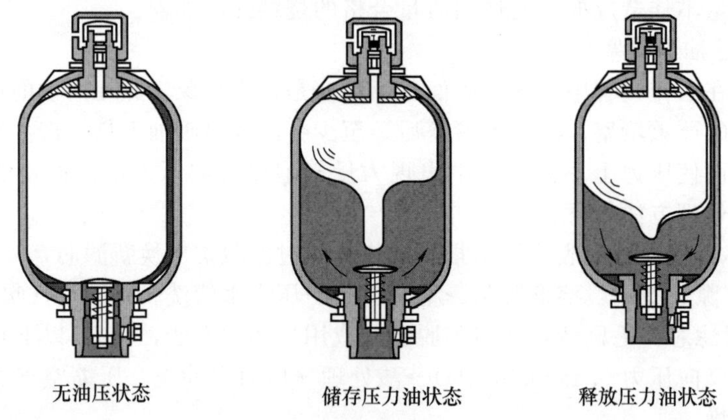

图 5-18 皮囊式蓄能器的工作原理

皮囊式蓄能器的结构如图 5-19 所示。

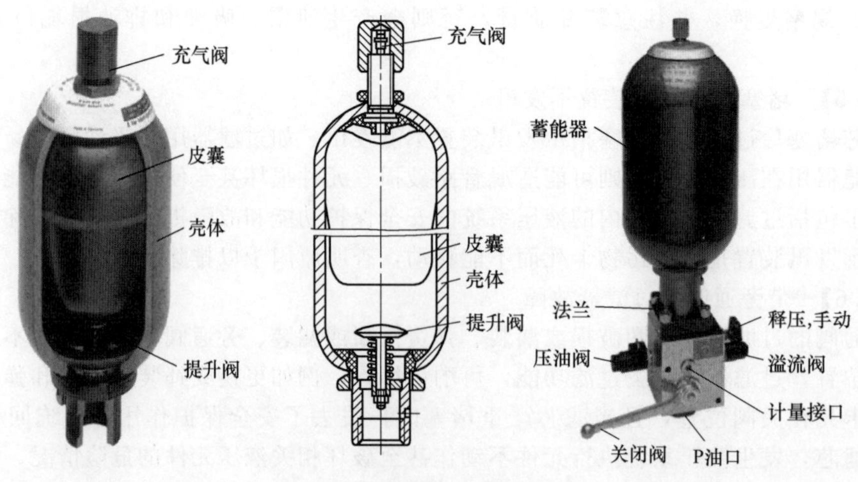

图 5-19 皮囊式蓄能器的结构

二、皮囊式蓄能器的故障分析与排除

【故障 1】 皮囊式蓄能器压力下降严重，经常需要补气

皮囊的充气阀为单向阀，靠密封锥面密封（图 5-20）。当蓄能器在工作过程中受到振动时，有可能使阀芯松动，使密封锥面不密合，导致漏气。另外，阀芯锥面上拉有沟槽，或者锥面上粘有污物，均可能导致漏气。可在充气阀的密封盖内垫入厚 3mm 左右的硬橡胶垫，以及采取修磨密封锥面使之密合等措施。

如果出现阀芯上端螺母松脱，或者弹簧折断或漏装的情况，有可能使皮囊内气体顷刻泄完。

【故障 2】 皮囊使用寿命短

其原因有皮囊质量差；使用的工作介质与皮囊材质不相容；有污物混入；选用的蓄能器公称容量不合适（油口流速不能超过 7m/s）；油温太高或过低；作储能用时，往复频率超过 1 次/10s，则寿命开始下降，若超过 1 次/3s，则寿命急剧下降；安装不到位；配管设计不合理等。

另外，为了保证蓄能器在最低工作压力 p_1 时能可靠工作，并避免皮囊在工作过程中常与蓄能器下端的菌形阀相碰，延长皮囊的使用寿命，充气压力 p_0 一般应在 $(0.75\sim0.9)p_1$ 的范围内选取；为避免在工作过程中皮囊收缩和膨胀的幅度过大而影响其使用寿命，要保证 $p_1\geqslant1/3p_2$（p_2 为最高工作压力）。

【故障 3】 蓄能器不能向系统供油

其原因主要是气阀漏气严重，皮囊内根本无氮气，以及皮囊破损进油。另外当 $p_0>p_2$，即最高工作压力过低时，蓄能器完全丧失储能功能。

检查气阀的气密性，发现漏气，应加强密封，并加补氮气。若气阀处泄油，则很可能是皮囊破裂，应予以更换。当 $p_0\geqslant p_2$ 时，应降低充气压力或者根据负载情况提高最高工作压力。

【故障 4】 蓄能器吸收压力脉动的效果差

为了更好地发挥蓄能器对脉动压力的吸收作用，蓄能器与主管路分支点的连接管道要短，通径要适当大些，并要安装在靠近脉动源的位置。否则，它消除压力脉动的效果就差，有时甚至会加剧压力脉动。

【故障 5】 蓄能器释放出的流量稳定性差

蓄能器充放液的瞬时流量是一个变量，特别是在大容量且 $\Delta p=p_2-p_1$ 范围又较大的系统中，若要获得较恒定的和较大的瞬时流量时，可采用下述措施。

① 在蓄能器与执行元件之间加入流量控制元件。

② 用几个容量较小的蓄能器并联，取代一个大容量蓄能器，并且几个容量较小的蓄能器采用分挡的充气压力。

③ 尽量减少工作压力范围 Δp，也可以适当增大蓄能器结构容积（公称容积）。

④ 保证在一个工作循环中有足够的充液时间，减少充液期间系统其他部位的内泄漏，使充液时蓄能器的压力能迅速升到 p_2，再释放能量。

【故障 6】 蓄能器充压时压力上升得很慢，甚至不能升压

其原因有：充气阀密封盖（图 5-20）未拧紧或使用中松动而漏气；充气阀密封用的硬橡胶垫漏装或破损；充气的氮气瓶气压太低；充气液压回路的问题中，例如图 5-21 所示的用卸荷溢流阀组成的充液回路，当溢流阀的阀芯卡死在微开启位置时，蓄能器压力上升得很慢，溢流阀的阀芯卡死位置的开口越大，充压速度越慢，完全开启，则不能使蓄能器升压。

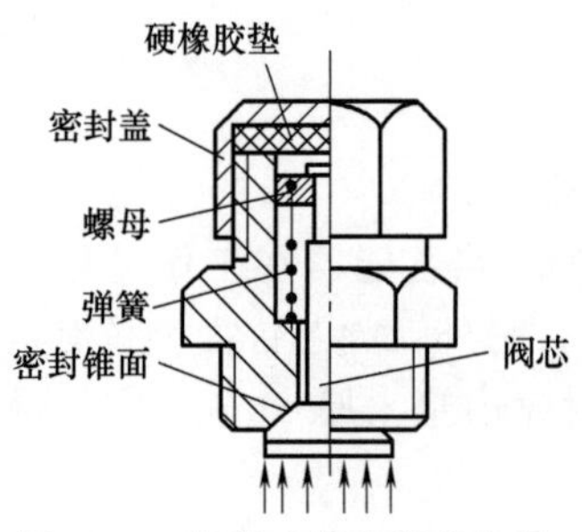

图 5-20 皮囊式蓄能器充气阀

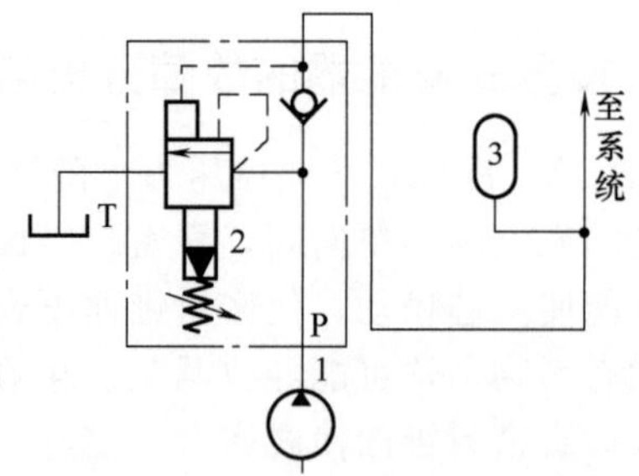

图 5-21 用卸荷溢流阀组成的充液回路

1—泵；2—溢流阀；3—蓄能器

三、蓄能器的拆装方法

1. 工具准备

拆卸旧皮囊前准备好图 5-22 所示的通用工具与专用工具。

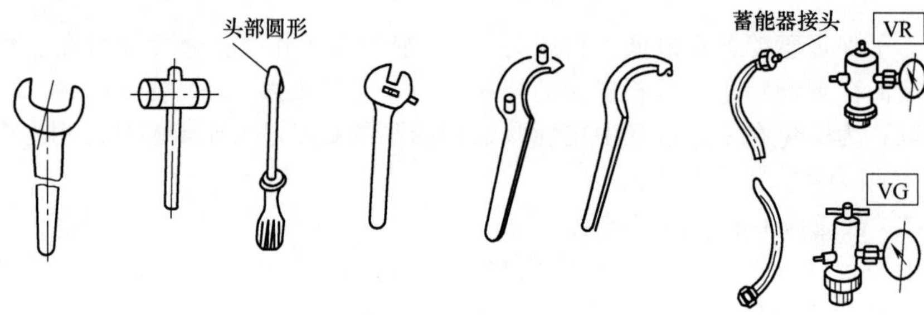

图 5-22 拆装工具

2. 蓄能器的拆卸

蓄能器的拆卸方法如图 5-23 所示。

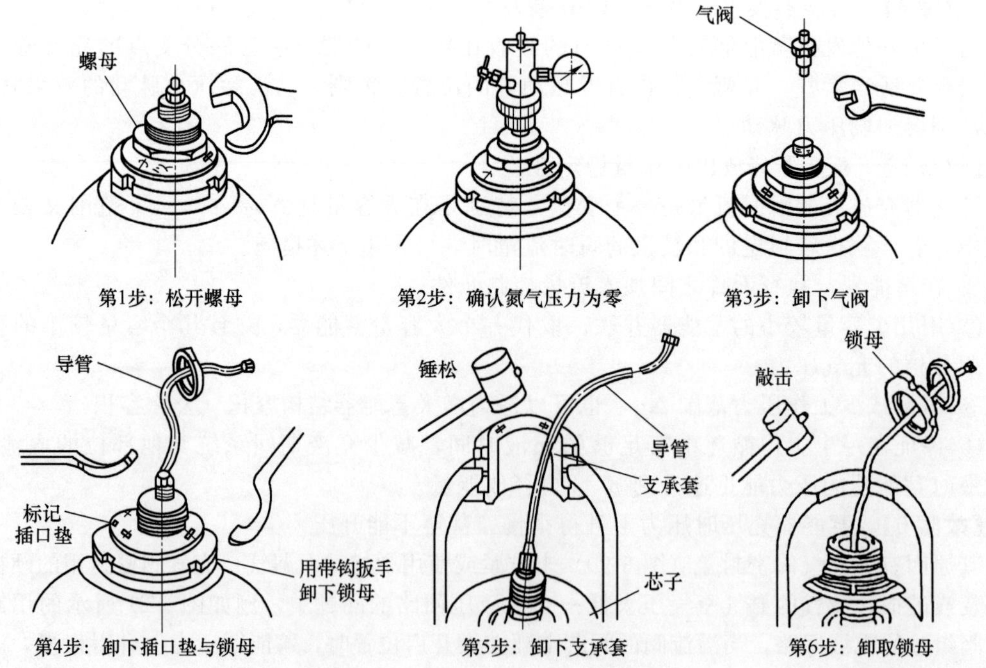

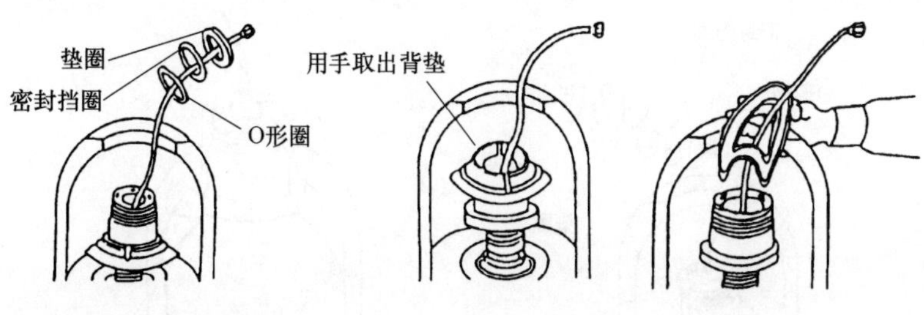

第7步：用手取出密封组件　　第8步：用手取出背垫等

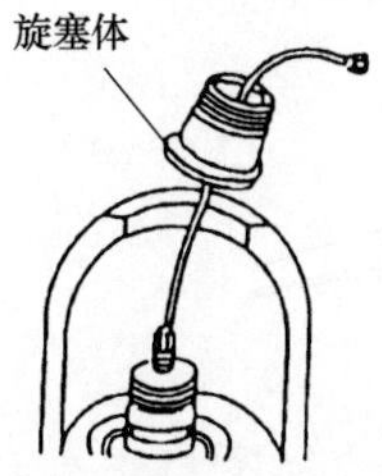

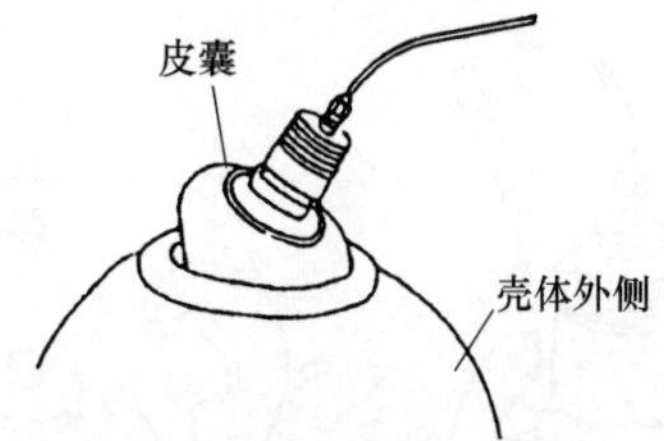

第9步：取出旋塞体　　第10步：取出皮囊，清洗各零件备用

图 5-23　蓄能器的拆卸方法

3. 蓄能器的装配

蓄能器的装配方法扣图 5-24 所示。

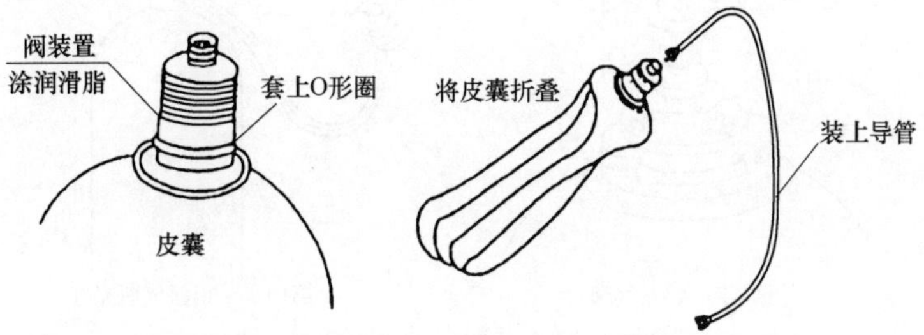

第1步：皮囊阀装上O形圈　　第2步：装导管

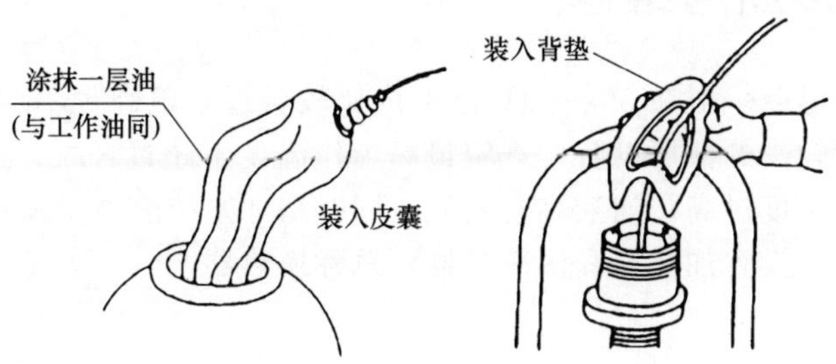

第3步：装入皮囊　　第4步：装入背垫

图 5-24

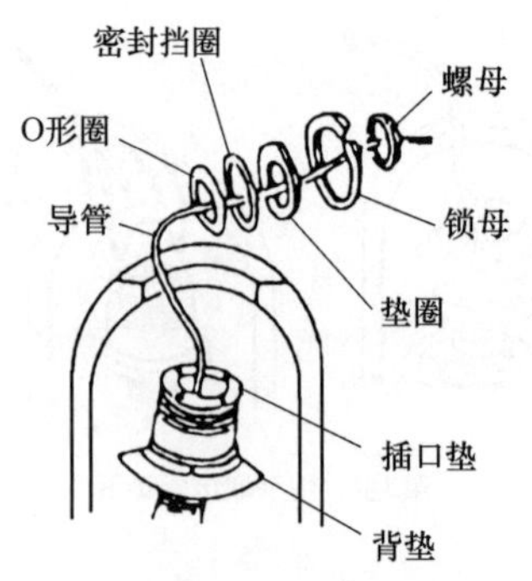

第5步：装入密封组件

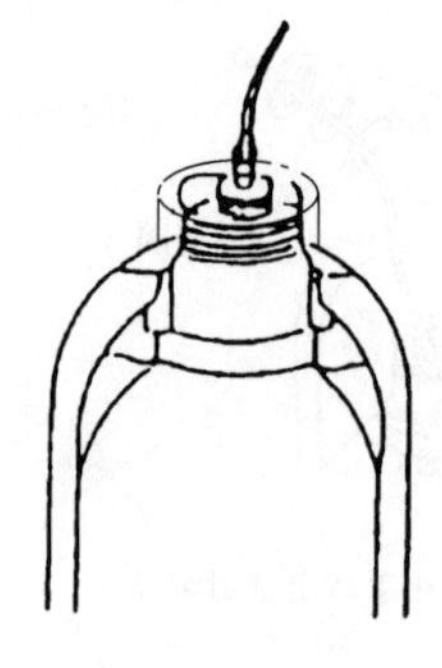
第6步：将装件拉出至壳体口

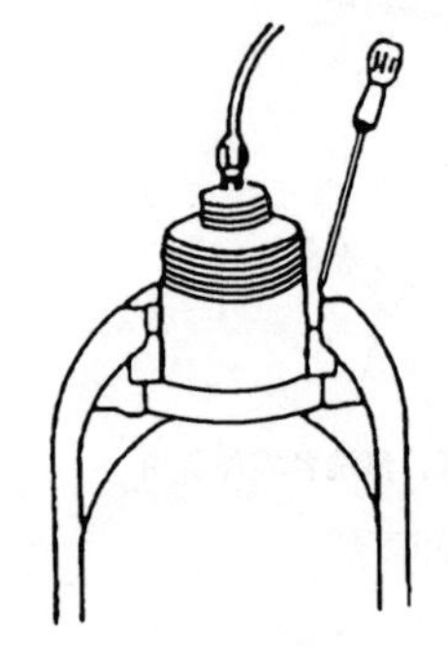
第7步：去毛刺润滑壳体口

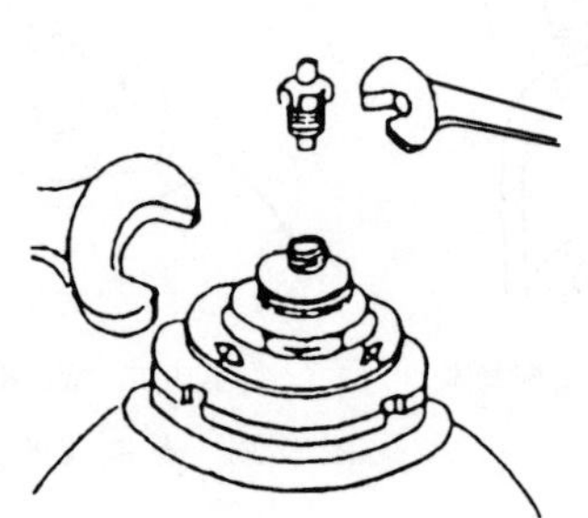
第8步：装支承座、锁母、气阀等零件

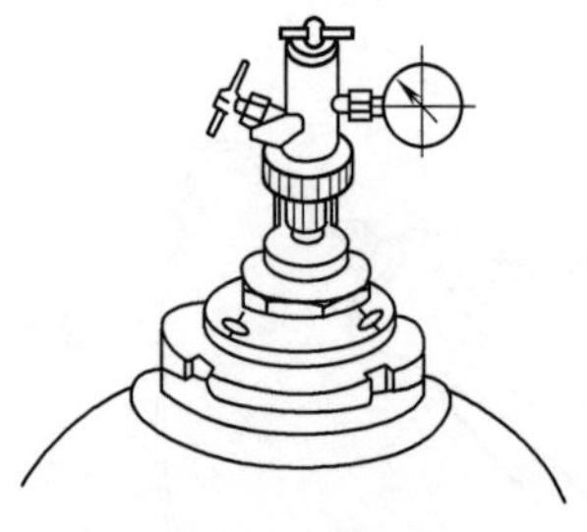
第9步：装充气阀

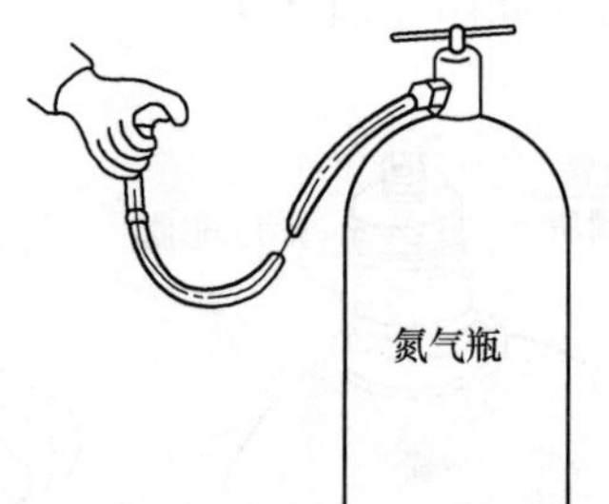

第10步：用氮气瓶充气

图 5-24 蓄能器的装配方法

第四节 油冷却器的故障诊断与维修

液压系统液体的工作温度一般在 30～50℃范围内比较合适，最高也不应超过 65℃。一些在露天作业，环境温度较高的液压设备，规定最高工作温度不超过 85℃。油液温度过低，液压泵启动时吸入困难；温度过高，油液容易变质，同时增加系统的内泄漏。为防止油温过低、过高，常在液压系统中设置加热器和油冷却器，总称换热器。

一、常用换热器

1. 列管式换热器

图 5-25 所示为列管式换热器。

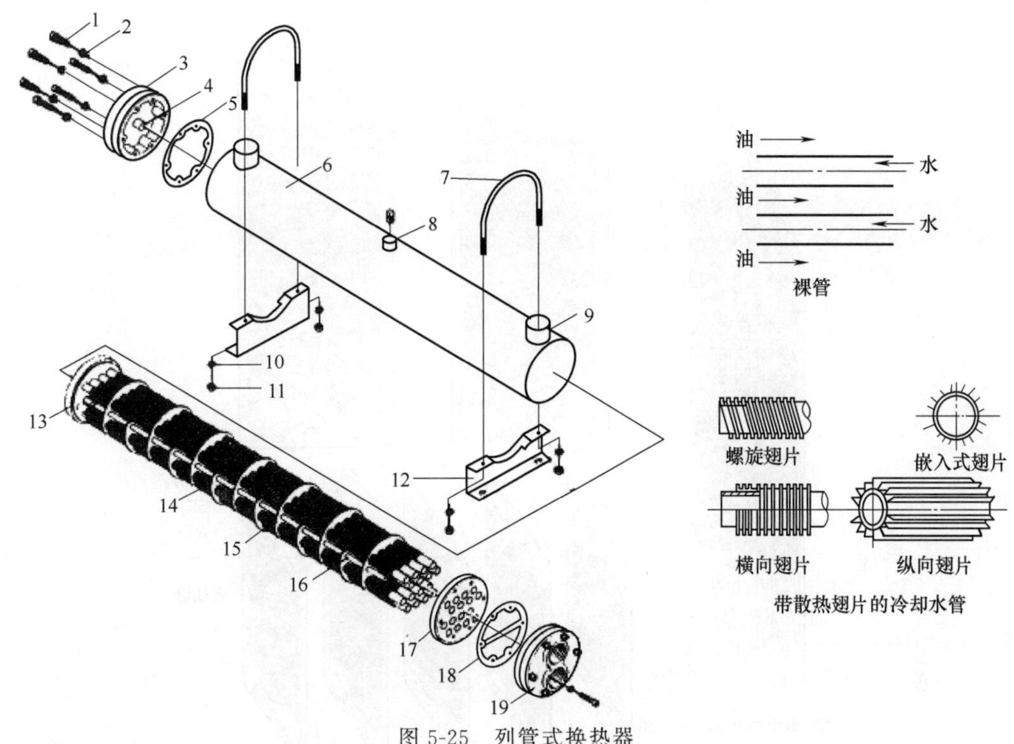

图 5-25 列管式换热器

1—螺栓；2—垫圈；3,19—水侧端盖板；4—防蚀锌棒；5—密封垫；6—筒体；7—固定架；8—排气塞；9—油出入口；10—防振垫片；11—螺母；12—固定座；13,17—管束端板；14—冷却水管；15—导流板；16—固定杆；18—密封垫

2. 板式换热器

板式换热器由一组长方形的薄金属板平行排列构成（图 5-26 中为 5 块板片），板片结构分为 A、B 两种，A、B 相邻板片的边缘衬以垫片，起到密封作用。由于 A、B 两种板片导流槽方向不同，使冷、热流体相间流过，进行热交换。其换热效率高，节能，重量相对较轻，拆卸后清洗方便。

二、油冷却器的故障分析与排除

【故障 1】 油冷却器被腐蚀

选用耐腐蚀材料，是防止腐蚀的重要措施。目前列管式油冷却器多用散热性好的铜管制作，其离子化倾向较强，会因与不同种金属接触产生接触性腐蚀（电位差不同），例如在定孔盘、动孔盘及冷却铜管管口往往产生严重腐蚀的现象。解决办法一是提高冷却水质，二是选用铝合金冷却管。

油冷却器的工作环境包含溶存的氧、冷却水的水质（pH 值）、温度、流速及异物等。水中溶存的氧越多，腐蚀反应越激烈；在酸性范围内，pH 值越低，腐蚀越严重，在碱性范围内，对铝等两性金属，随 pH 值的增加腐蚀的可能性增加；流速的增大，一方面增加了金属表面的供氧量，另一方面产生涡流，会产生汽蚀性腐蚀；水中的砂石、微小贝类、细菌附着在冷却管上，也往往产生局部侵蚀。

氯离子的存在增加了使用液体的导电性，使电化学反应引起的腐蚀加剧，特别是氯离子吸附在不锈钢、铝合金上也会局部破坏保护膜，引起孔蚀和应力腐蚀。一般温度增高腐蚀增加。

综上所述，为防止腐蚀，在冷却器选材和水质处理等方面应引起重视，前者往往难以改

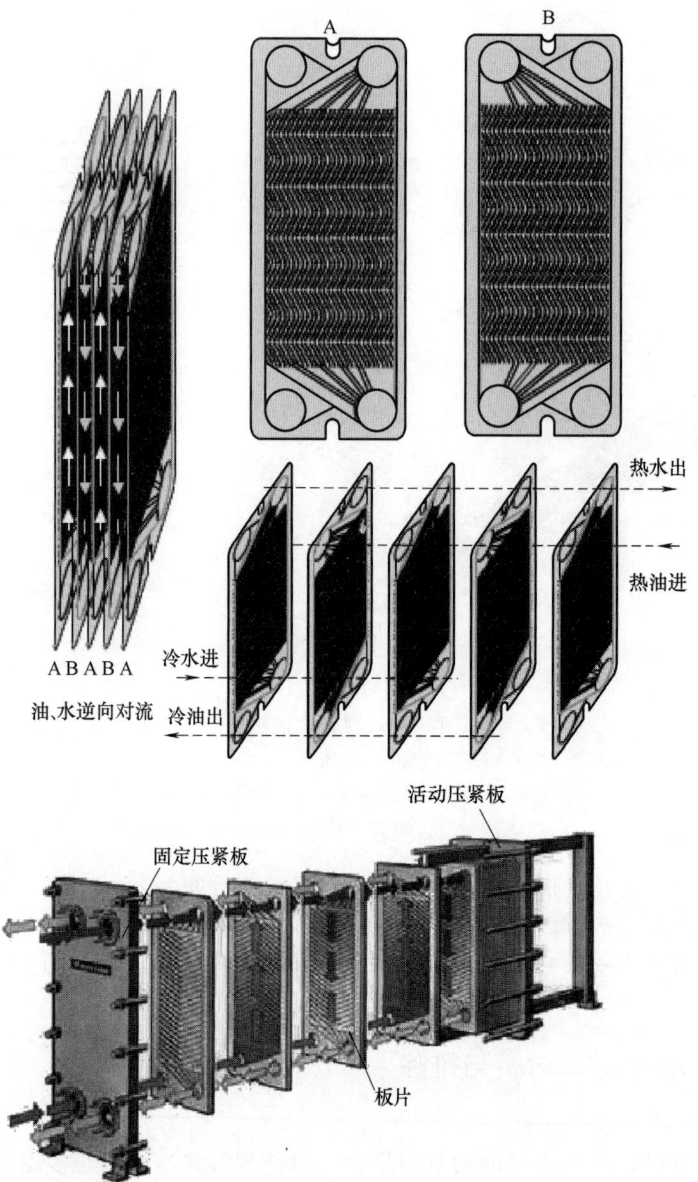

图 5-26 板式换热器

变，后者可想办法。特别注意对安装在水冷式油冷却器中用来防止电蚀作用的锌棒要及时检查和更换。

【故障 2】 油冷却器冷却性能下降

其原因主要是堵塞及沉积物滞留在冷却管壁上，使换热功能降低。另外，冷却水量不足、冷却器水、油腔积气也均会造成冷却性能下降。

首先从设计上采用难以堵塞和易于清洗的结构，而目前似乎办法不多；在选用冷却器的冷却能力时，应尽量以实践为依据，并留有较大的余地（增加 10%～25%容量）；采用刷子、压力水、蒸汽等或 Na_2CO_3 溶液及清洗剂等进行清洗；增加进水量或用温度较低的水进行冷却；拧下螺塞排气。

【故障 3】 油冷却器破损

由于两流体的温差，油冷却器材料受热膨胀的影响，产生热应力，或流入油液压力太高，可能使有关部件破损；另外，在寒冷地区或冬季，夜间停机时，管内结冰膨胀，冷却水管炸裂。要尽量选用受热膨胀影响不大的材料，并采用浮动头等变形补偿结构；在寒冷季节每晚都要放净冷却器中的水。

【故障 4】 油冷却器漏油、漏水

漏水、漏油多发生在油冷却器的端盖与筒体结合面处，或因焊接不良、冷却水管破裂板式换热器片间的密封破损所致。

可根据具体情况，采取补焊、更换密封等措施予以解决。更换密封时，要洗净结合面，涂敷胶黏剂。

第五节 油箱的故障诊断与维修

油箱的主要作用是储油、散热和分离油中空气、杂质等。因此，油箱应有足够的容量，较大的表面积，且液体在油箱内流动应平缓，以分离气泡和沉淀杂质。

【故障 1】 油箱温升严重

油箱可在短时间内吸收热量，也可防止处于寒冷环境中的液压系统短时间空转被过度冷却。油箱的主要问题还是温升。严重的温升会导致液压系统多种故障。油箱上往往还装有泵-电机装置、各种控制阀以及一些辅助元件。

引起油箱温升严重的原因有油箱设置在高温热辐射源附近，环境温度高；液压系统各种压力损失（如溢流、减压等）产生的能量转换大；油箱设计时散热面积不够；油液的黏度选择不当。

解决油箱严重温升的办法是尽量避开热源；正确设计液压系统，如系统应有卸荷回路，采用压力适应、功率适应、蓄能器等高效液压系统，减少高压溢流损失，减少系统发热；正确选择液压元件，努力提高液压元件的加工精度和装配精度，减少泄漏损失、容积损失和机械损失带来的发热现象；正确配管，减少因管路过细过长、弯曲过多、分支与汇流不当带来的局部压力摄失；正确选择油液黏度；油箱设计时应考虑有充分的散热面积和油箱容量，一般油箱容积对低压系统可取泵额定流量的 2～4 倍，中压系统取 5～7 倍，高压系统取 10～12 倍，当机械停止工作时，油箱中的油位高度不超过油箱高度的 80%，流量大的系统取下限，反之取上限；在占地面积不允许加大油箱体积的情况下或在高温热源附近，可设油冷却器。

【故障 2】 油箱内油液被污染

油箱内油液污染物有装配时残存的，从外界侵入的以及内部产生的。

装配时残存的，例如油漆剥落片、焊渣等。在装配前必须严格清洗油箱内表面，严格去锈、去油污，油箱内壁涂漆防护。以床身作油箱的，如果是铸件则需清理干净芯砂等，如果是焊接件则注意焊渣的清理。

由外界侵入的，应采取下列措施。

① 油箱应注意防尘密封，并在油箱顶部设置空气滤清器和大气相通，使空气经过滤后才进入油箱。空气滤清器往往兼作注油口，可配装铜网滤油器，以过滤加进油箱的油液。也可用纸芯过滤，效果更好，但与大气相通的能力差些，所以纸滤芯容量要大。

② 为了防止外界侵入油箱内的污染物被吸进泵内，油箱内要安装隔板（图 5-27），以隔开回油区和吸油区。通过隔板，可延长油液回到油箱内的间隔时间，既可防止油液氧化劣化，也利于污染物的沉淀。隔板高度为油面高度的 3/4。

③ 油箱底板倾斜程度视油箱的大小和使用情况，由油液黏度而定。在油箱底板最低部分设置放油塞，使堆积在油箱底部的污染物得到清除。

④ 吸油管离底板最高处的距离要在 150mm 以上，以防污染物被吸入（图 5-28）。

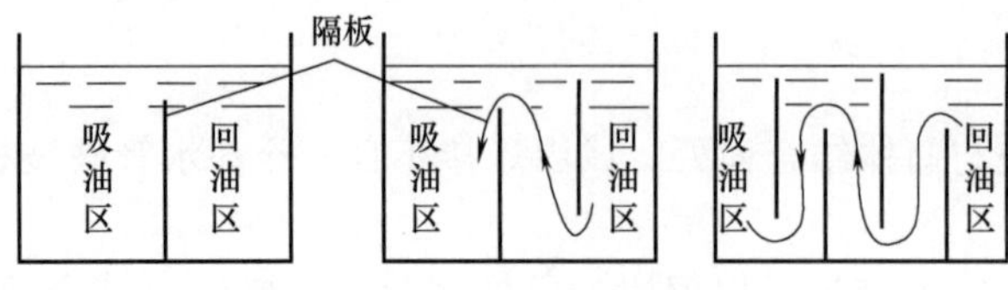

图 5-27 油箱内安装隔板

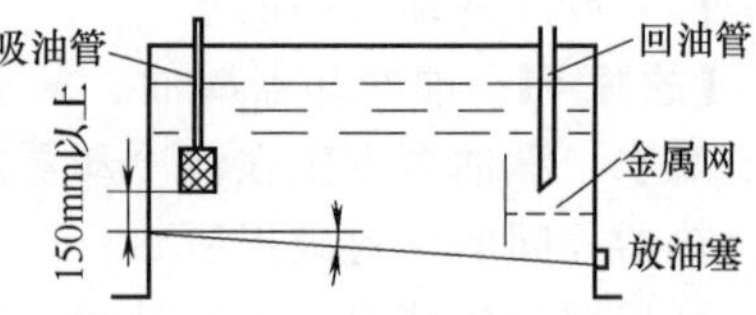

图 5-28 吸油管离底板最高处的距离

减少系统内污染物产生的措施如下。

① 防止油箱内凝结水的产生：必须选择大容量的空气滤清器，以使油箱顶层受热的空气尽快排出，不会在冷的油箱盖上凝结成水珠掉落在油箱内，另外大容量的空气滤清器或通气孔可消除油箱顶层空间内的压力与大气压的差异，防止因顶层空间内的压力低于大气压时，从外界吸进粉尘。

② 使用防锈性能好的润滑油，减少磨损物、防止锈蚀。

【故障 3】 油箱内油液空气泡难以分离

由于回油在油箱内的搅拌作用，易产生悬浮气泡夹在油内。若被带入液压系统会产生许多故障。为了防止油液气泡在未消除前便被吸入泵内，可采取图 5-29 所示的方法。

① 设置隔板［图 5-29（a）］，隔开回油区与吸油区，回油被隔板折流，流速减慢，利于气泡分离，使气体逸出油面，但这种方式分离细微气泡较难，分离效率不高。

② 设置金属网［图 5-29（b）］，在油箱底部装设一金属网捕捉气泡。

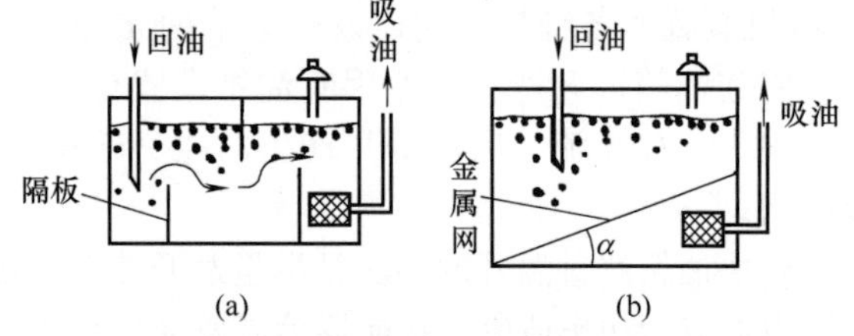

图 5-29 油液气泡的分离方法

③ 当箱盖上的空气滤清器被污物堵塞后，也难于与空气分离，此时还会导致液压系统工作过程中因油箱油面上下波动而在油箱内产生负压使泵吸入不良，所以此时应拆开清洗空气滤清器。

④ 除了上述消泡措施，并采用消泡性能好的油液之外，还可采取图 5-30 的几种措施，以减少回油搅拌产生气泡的可能性以及去除气泡。回油经螺旋流槽减速后，不会对油箱油液产生搅拌而产生气泡；金属网有捕捉气泡并除去气泡的作用。

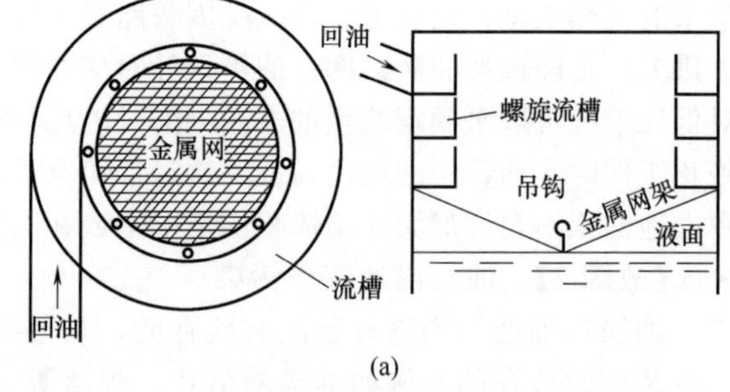

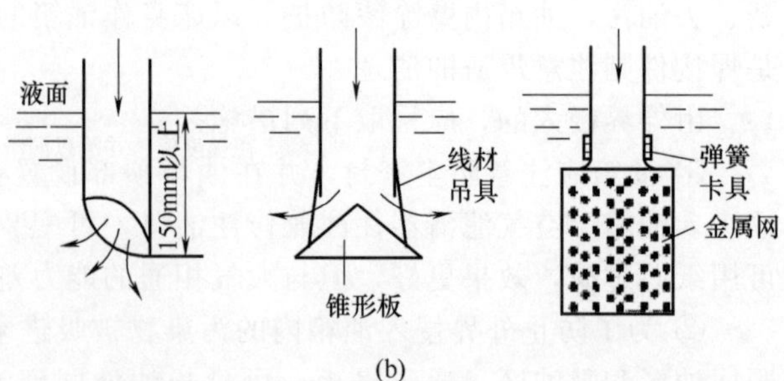

图 5-30 回油扩散缓冲作用

【故障 4】 油箱有振动和噪声

① 减小振动和隔离噪声。

a. 主要对泵-电机装置使用减振垫、弹性联轴器等措施。并注意电机与泵的安装同轴度。

b. 油箱盖板、底板、墙板必须有足够的刚度。

c. 在泵-电机装置下部垫以吸声材料，泵-电机装置与油箱分离，回油管端离油箱壁的距离不应小于 50mm 等。

d. 油箱加吸声材料的保护罩，隔离噪声。

e. 在油箱结构上采用整体性防振措施。例如油箱下地脚螺栓固牢于地面，油箱采用整体式较厚的泵-电机座安装底板，并在泵-电机座与底板之间加防振垫板；油箱薄弱环节，加设加强筋等。

② 防止泵进空气。

a. 排除泵进油管进气。

b. 减少回油管回油对油箱内油液的搅拌作用，可采取图 5-30 中的措施。

c. 减少液压泵的进油阻力，防止气穴。

d. 保持油箱比较稳定的较低油温。油温升高会提高油中的空气分离压力，应使油箱油温尽量在 30～55℃范围内。

第六节 密封的故障诊断与维修

密封的作用是用来防止液压元件的内漏与外漏以及污染物进入液压系统，密封的故障主要表现为漏油。密封的维修工作主要如下。

一、密封圈的正确安装

① 注意密封圈的装入方法。例如装入 O 形圈时，要采用图 5-31 所示的防止松脱的方法。

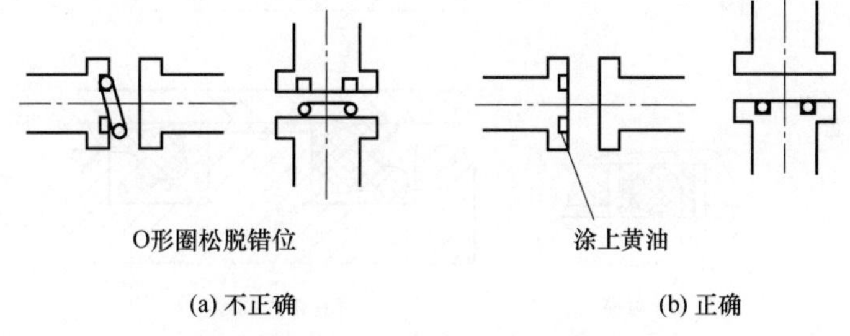

图 5-31　防止 O 形圈松脱的装配方法

② 使用必要的装配工具进行安装（图 5-32～图 5-35）。

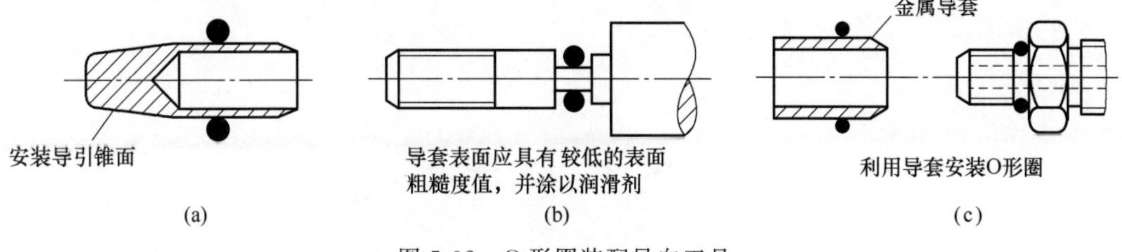

图 5-32　O 形圈装配导向工具

二、防止密封圈挤出的措施

O 形圈挤出漏油及其对策如图 5-36 所示。

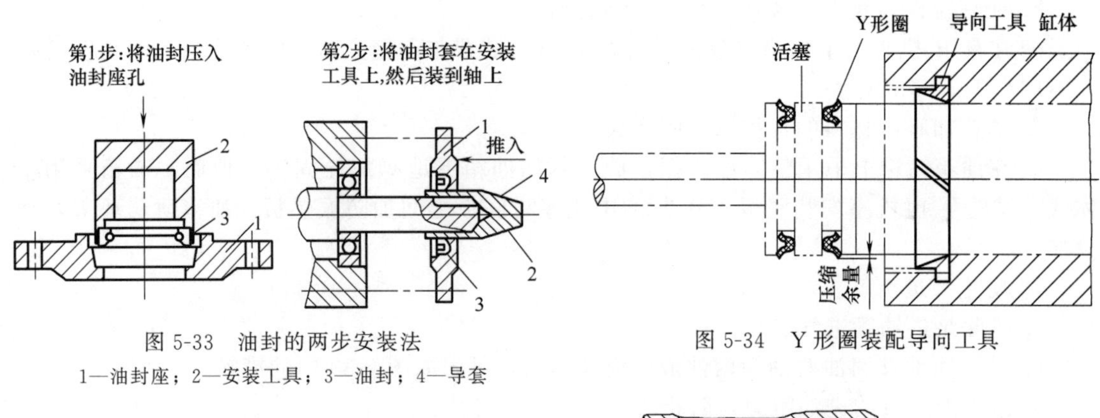

图 5-33　油封的两步安装法

1—油封座；2—安装工具；3—油封；4—导套

图 5-34　Y 形圈装配导向工具

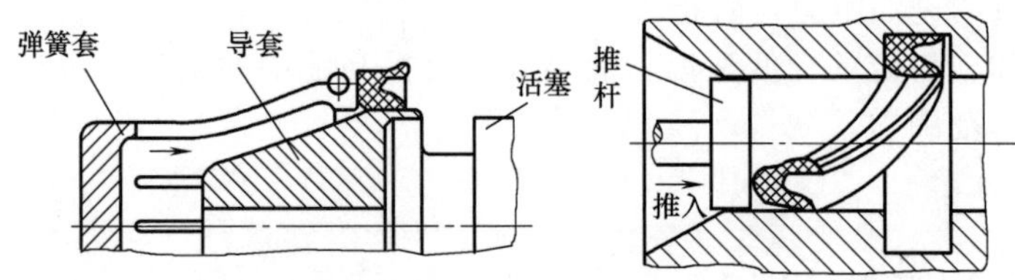

图 5-35　U 形圈装配引导方法

Y 形圈唇部挤出漏油及其对策如图 5-37 所示。

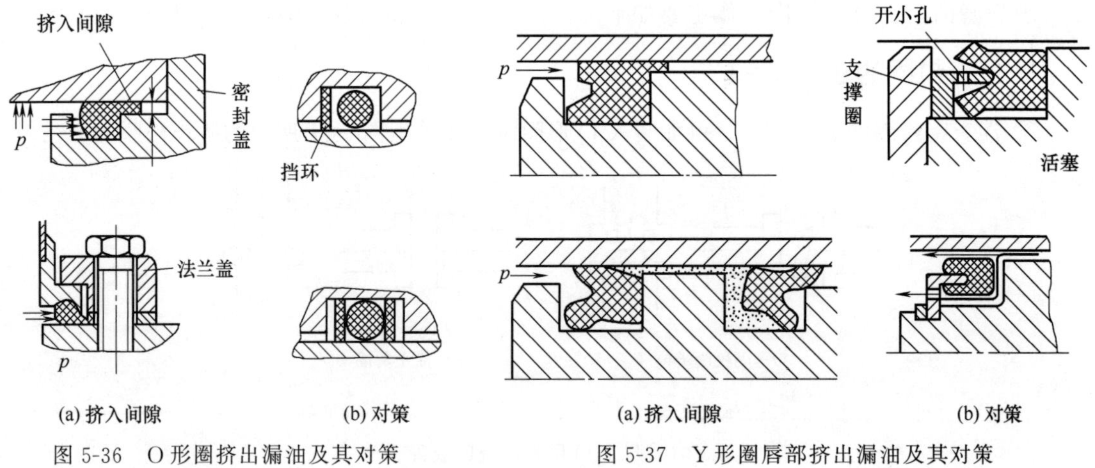

图 5-36　O 形圈挤出漏油及其对策

图 5-37　Y 形圈唇部挤出漏油及其对策